ていねいに学ぶ

Blender
モデリング入門

Blender
3
対応

ウワン 著

本書のサポートサイト

本書で使用されている作例ファイルおよび、制作工程を撮影した動画を掲載しております。訂正・補足情報についてもここに掲載していきます。作例ファイルおよび動画は、本書をご購入いただいた方のみ利用・閲覧可能です。恐れ入りますが図書館での閲覧者などご購入いただいていない方はご利用いただけませんので、あらかじめご了承ください。

https://book.mynavi.jp/supportsite/detail/9784839979003.html

※閲覧用パスワード：f7e35a

- サンプルファイルのダウンロードにはインターネット環境が必要です。
- サンプルファイルはすべてお客様自身の責任においてご利用ください。
- サンプルファイルおよび動画を使用した結果で発生したいかなる損害や損失、その他いかなる事態についても、弊社および著作権者は一切その責任を負いません。
- サンプルファイルに含まれるデータやプログラム、ファイルはすべて著作物であり、著作権はそれぞれの著作者にあります。本書籍購入者が学習用として個人で閲覧する以外の使用は認められませんので、ご注意ください。営利目的・個人使用にかかわらず、データの複製や再配布を禁じます。
- 本書に掲載されているサンプルはあくまで本書学習用として作成されたもので、実際に使用することは想定しておりません。ご了承ください。

ご注意

- 本書での説明は、Blender 3.2 ／ Windows 10で行っています。また、Blender 3.3でも問題なく動作することを確認しています。環境が異なると表示が異なったり、動作しない場合がありますのでご注意ください。
- 本書の内容は、macOSにおいても動作を確認しています。macOSでは、一部ショートカットキーやキーによる操作が効かない場合がありますので、その場合はメニューからの操作を行ってください。また、紙面の［Ctrl］は［command］、［Alt］は［option］キーに読み替えてください。
- 本書の内容を実行するための使用条件は本書P.012に掲載しています。ご参照ください。
- 本書での学習にはインターネット環境が必要です。
- 本書に登場するソフトウェアやURLの情報は、2022年10月段階での情報に基づいて執筆されています。執筆以降に変更されている可能性があります。
- 本書の制作にあたっては正確な記述につとめましたが、著者や出版社のいずれも、本書の内容に関して何らかの保証をするものではなく、内容に関するいかなる運用結果についても一切の責任を負いません。あらかじめご了承ください。
- 本書中の会社名や商品名は、該当する各社の商標または登録商標です。本書中では™および®は省略させていただいております。

はじめに

本書籍をお手に取っていただきありがとうございます！ 著者のウワンといいます。普段はYouTubeで「Blender」の使い方を紹介する動画の投稿や配信活動などをしています。

近年では「メタバース」という言葉をところどころで耳にするようになり、それに類した3DCGモデルを扱ったアプリケーションやサービスも多くなってまいりました。またその多くが任意の3DCGモデルを自身のアバターや空間としてアップロードできるような仕様だったことから、これまでは映像やゲーム制作、設計、シミュレーションなどへの利用が主だった3DCGモデルに新たな需要が生まれつつあります。このような背景から、以前にも増して個人ベースで3DCGモデルを制作販売するケースも増えてきました。

3DCGソフトを制作するためには専用のソフトウェアが必要になり、高機能なものは軒並み高価ですが無料で利用できるソフトもいくつか存在しています。特にその中でも「Blender」は、すべての機能を無料で利用できるにも関わらず度重なるアップデートにより機能面の強化や使いやすさが年々向上しており、初心者からプロの方まで幅広いユーザに利用されています。

無料である分導入しやすいということで、個人ベースではもちろん企業ベースでもアニメや映画、ミュージックビデオといったように多岐にわたって活用されるケースも最近では増えてきました。これからもっともっと「Blender」が活用される場が増えていくことは想像に難くないと言えるでしょう。

そんな「Blender」について本書籍では、初めて使い始める方を対象に、パソコンへの導入の仕方から基本的な操作の解説を始め、いくつかの作例を通して様々な機能について紹介していきます。

初心者の方が躓きやすいポイントや予備知識についてのコラム、動画での解説や完成版の作例のサンプルファイルの配布なども用意しております。もし分からない箇所があれば読み飛ばしてしまっても大丈夫ですので、焦らず楽しんで理解を進めていただけたなら嬉しいです！

本書籍が「Blender」で作品作りを始める方のきっかけや参考、お力になることができたなら幸いです。

● **動画の閲覧・作例ファイルのダウンロードページ**

https://book.mynavi.jp/supportsite/detail/9784839979003.html

Contents

Contents

Contents

Chapter

1

Blenderのインストールと基本操作

まずは「Blender」のインストールと各種初期設定を行いましょう。さらに「Blender」の初期画面の各ウィンドウの説明とレイアウトの調整、基本の操作についても触れていきます。

動画はコチラ

※パスワードはP.002をご覧ください

Blenderとは

本書で扱う「Blender」が、具体的にどのようなソフトなのかについて簡単にご紹介します。

Blenderの生い立ち

「Blender」は1994年に生まれ、現在は非営利団体の「Blender Foundation」によって開発が行われているソフトで、今でも頻繁なアップデートと共に使いやすさの向上や新たな機能の開発などが盛んに進められています。開発にかかる費用は主に寄付や企業からの出資でまかなわれており、これにより「Blender」は無料で利用することができるソフトとなっています（寄付は個人でも＄6から可能です）。

また「Blender」は「オープンソースのソフトウェア」として配布されています。「オープンソース」とはその名の通りソースコードがすべて公開されており、「GPLライセンス」のもと用途を問わず自由に修正や複製、改造、再配布することが可能なソフトウェアのことを指します（※GPLはあくまでBlender自体に適用されるライセンスで、Blenderで作成した成果物には適用されません）。
有志による「Blender」の開発は非常に活発に行われており、高機能なものからニッチなものまで様々な拡張機能が配布販売されていることも特徴です。

このように「Blender」は誰でも手軽に利用できるうえに、開発元だけでなく第3者による開発も活発ということから、非常にコミュニティが大きいという強みもあります。コミュニティサイトに加え有志による多数の解説サイトや記事、動画なども公開されているので、本書籍を見て分からない箇所があったり本書籍には載っていない内容を学びたい場合は是非活用してみてください！

Blenderでできること

さて「Blender」でなにができるかといえば、メインとなるのはやはり「3DCGモデルを作ることができる」ということです。
3DCGモデルを作る工程のことを「モデリング」と呼びますが、それだけではなく他にも必要に応じて「リギング」、「テクスチャリング」、「アニメーション」、「シェーディング」、「ライティング」、「レンダリング」、「コンポジット」などの工程を通して作品作りをしていくことになります。

これらの工程には特化したソフトもいくつか存在していて、場合によっては1つの3DCGモデルを作成するために複数のソフト間を行き来するということもよくあります。

このような特化したソフトに対して、「Blender」は1つのソフト内で多くの工程をこなすことができます。このように様々な機能を兼ね備えた3DCG用ソフトのことを「統合型3DCGソフト」または「DCC（Digital Content Creation）ツール」と呼びます。同様のソフトとしては「Autodesk」社からリリースされている「Maya」や「3dsMax」なども該当します。

各工程単位で見た場合、「DCCツール」は特化しているソフトに対して機能面で劣ることもありますが、複数のソフトを経由しなくても単一のソフトのみで制作を完結できるのは便利です。もちろん特化ソフトで制作したものを「DCCツール」で利用することも可能なので、より多くのソフトが扱えると制作の幅が広がるでしょう。

本書籍では先ほど挙げた各工程のうち「モデリング」、「シェーディング」、「ライティング」、「レンダリング」を通して「Blender」の機能を紹介しつつ作品を作っていきます。これらの内容は「Blender」に限らず多くの3DCGを扱うソフトで共通する部分が多くあるので、本書籍で覚えた知識が他のソフトを扱う場合にも役に立つこともあるかと思います。

もし今回読者の皆様が「Blender」で3DCGに触れることで、他の様々なソフトや制作環境にご興味を持っていただけるような機会が生まれたなら嬉しいです。

Blenderホームページ：https://www.blender.org/
ライセンスについて：https://www.blender.org/about/license/

モデリング

シェーディング

ライティング

レンダリング

必要なPCスペックについて

何はともあれ、まずは「Blender」をパソコンに導入していきましょう！ まずは今使用しているパソコンが「Blender」を使用するうえで必要なスペックを満たしているかを確認しておきましょう。

「最低スペック」は「Blender」を動かすうえで最低限必要なスペックの目安ですが、安定した動作を保証するものではありません。なるべく推奨スペック以上のものの方が以降の操作が快適になります。

基本的にはゲーミング用や動画編集用に使用されるようなスペックのパソコンを要求されています。しかし簡単な操作をするだけなら、快適ではないものの一般的なスペックのパソコンでもある程度動作します。

手元のパソコンのスペックが対応しているかよく分からない場合は、試しに実際に「Blender」を導入して動作するかを確認してみるのもアリです。

OSについてはWindows版、macOS版、Linux版が用意されています。本書ではWindows版での説明になりますが、macOS版とLinux版もあまり大きな違いはありませんのでひとまずお手元の環境で確認してみてください（参照：https://www.blender.org/download/requirements/ ）。

	最低スペック	推奨スペック
OS	64bit版OS	64bit版OS
CPU	4コア以上	8コア以上
メモリ	8GB	32GB
グラフィックボード	メモリが2GB以上でOpenGL4.3を搭載したもの	メモリが8GB以上のもの
ディスプレイサイズ	フルHD（1920×1080）	2560×1440
周辺デバイス	マウス、トラックパッド、ペンタブレットのいずれか	3ボタンマウス またはペンタブレット

ヒント

個人的にキーボードはテンキー、マウスはホイールが付いているものをおすすめします。

ヒント

macOS版を使用する場合は「Ctrl」は「control」、「Alt」は「option」にそれぞれ置きかえて操作してください。

Blenderをダウンロードする

それでは早速「Blender」を入手しましょう！　以下では、公式サイトからのダウンロードと、インストール手順を説明します。

1　公式サイト（https://www.blender.org/）にアクセスして、「Download Blender」ボタン（❶）をクリックしてダウンロードページに移動します。

するとその時点での最新版の「Blender」をダウンロードできるボタン（❷）が配置されているので、クリックして対応したOS用のインストーラーをダウンロードしてください。

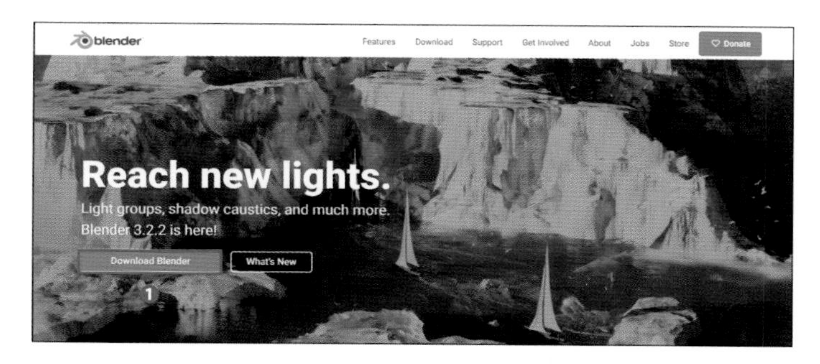

補足説明：旧バージョンのBlenderをダウンロードする場合

本書はバージョンが「3.0」以降の「Blender」を対象にしています。もしそれ以前のバージョンの「Blender」を入手したい場合は過去にリリースされたバージョンが配布されている（❶）ので利用してみてください。https://download.blender.org/release/

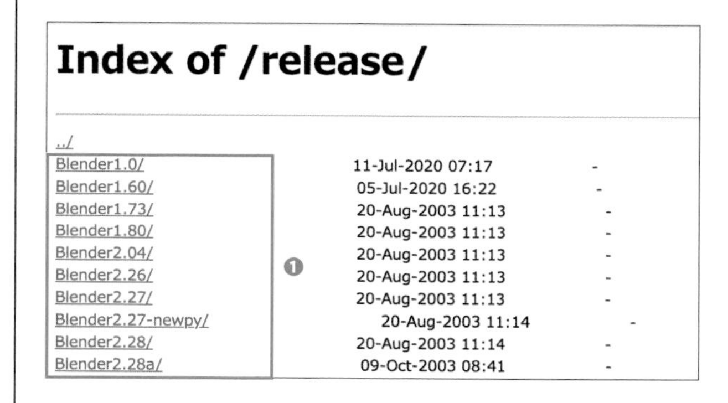

Index of /release/

../

Blender1.0/	11-Jul-2020 07:17	-
Blender1.60/	05-Jul-2020 16:22	-
Blender1.73/	20-Aug-2003 11:13	-
Blender1.80/	20-Aug-2003 11:13	-
Blender2.04/	20-Aug-2003 11:13	-
Blender2.26/	20-Aug-2003 11:13	-
Blender2.27/	20-Aug-2003 11:13	-
Blender2.27-newpy/	20-Aug-2003 11:14	-
Blender2.28/	20-Aug-2003 11:14	-
Blender2.28a/	09-Oct-2003 08:41	-

❶

Blenderをインストールする

インストーラーがダウンロードできたら実行して「Blender」をインストールしていきます。

1 ダウンロードしたインストーラーをダブルクリックします。起動直後のトップ画面で「Next」を押したら（❶）ライセンス合意の画面が表示されるので、各規約に目を通したら「I accept the terms in the License Agreement」にチェックを入れて（❷）「Next」を押して（❸）進みます。

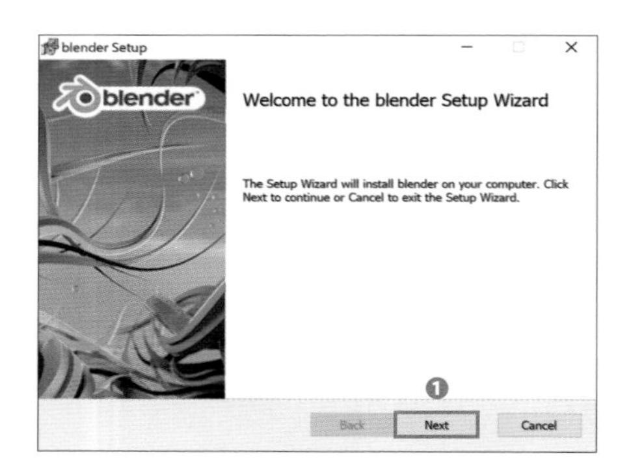

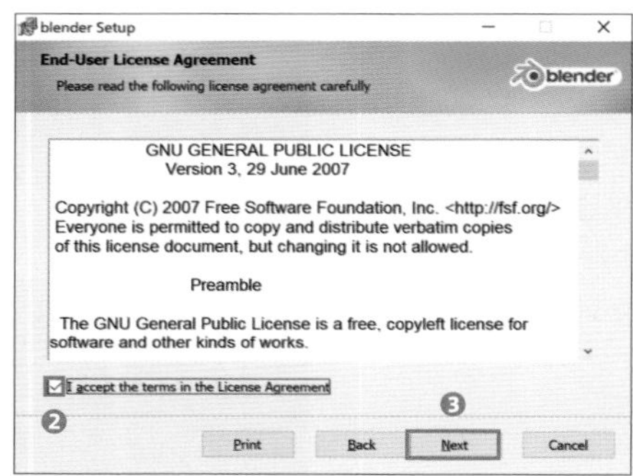

2 すると「Blender」のインストール先が表示されます。インストール先のパスに日本語が含まれていないことを確認し（❶）、問題がなければそのまま「Next」を押して（❷）先に進み「Install」を押すと（❸）「Blender」のインストールが開始されます。

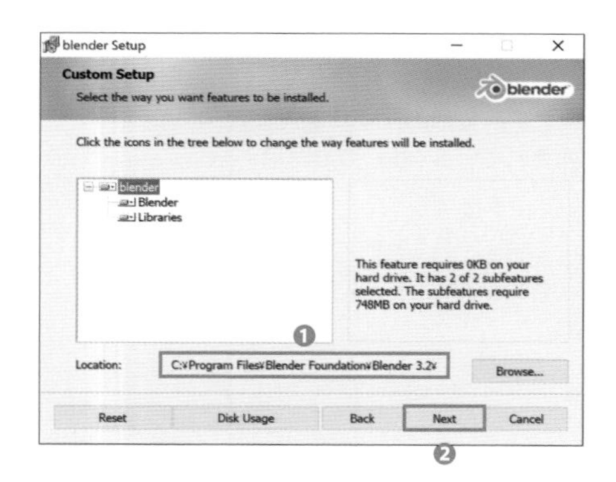

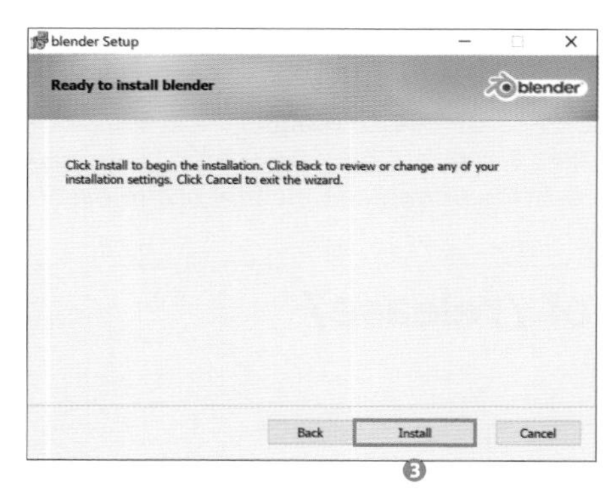

ヒント

動作が安定しなくなる場合があるので、インストール先のパスの中には日本語（2バイト文字）が含まれないように注意してください。

3 しばらくして「Blender」のインストールが完了しましたら、デスクトップに作成された「Blender」のショートカット（ⓐ）、またはインストール先のフォルダ内の「blender.exe」ファイル（ⓑ）をダブルクリックして「Blender」を起動してみてください。

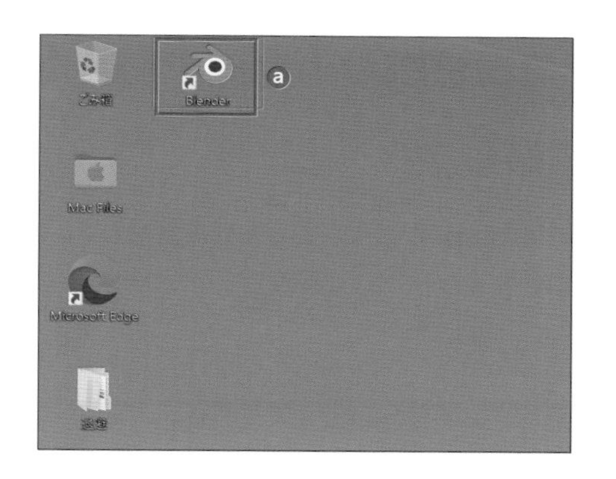

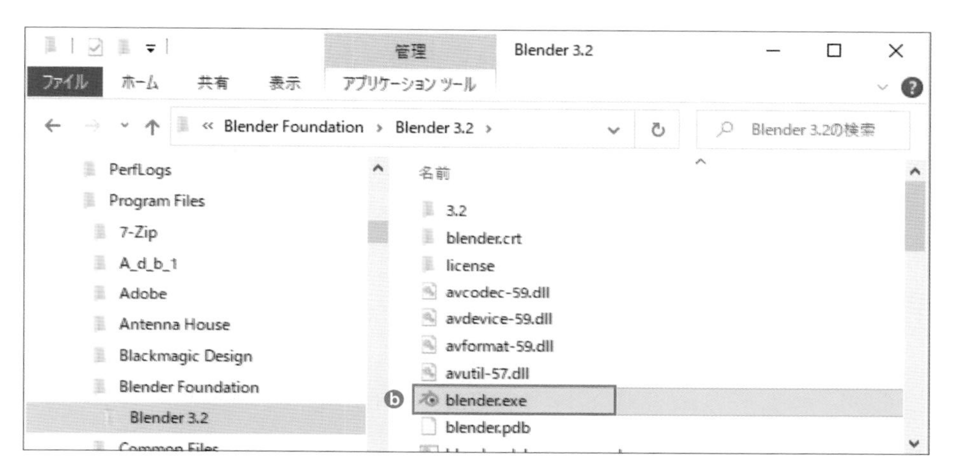

補足説明：macOS版のインストールについて

macOS版では、インストーラーをダブルクリックして画面を表示し、「Blender.app」アイコン（❶）を「アプリケーション」フォルダにドラッグしてインストールします。

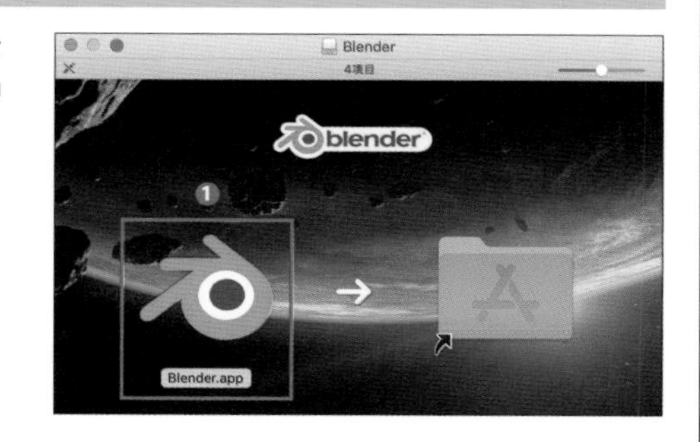

macOSの場合、標準のプラグインや環境テクスチャの画像がインストールされる場所が分かりにくいので紹介しておきます。「アプリケーション」フォルダの「blender.app」を右クリックして「パッケージの内容を表示」（❷）を選ぶと「Contents」フォルダがあり、この中にデータがインストールされています。

Blenderの初期設定をする

無事に「Blender」が起動したら初期設定をしていきましょう！　画面を日本語表記にするとともに、作業が便利になる設定をいくつか行います。

1 起動直後はスプラッシュスクリーン（❶）が表示されていて、ここから簡単な設定を変更することもできます。しかし今回はここでは設定を変更せずに、適当な箇所をクリックして（❷）スプラッシュスクリーンを閉じてください。

2 まずは「Blender」を日本語表記に変更してみましょう。画面左上にある「Edit」メニューから「Preferences」を選択して（❶）設定画面を開きます。

言語の設定は開かれた設定画面の「Interface」タブの「Translation」の「Language」（❷）から設定することができます。

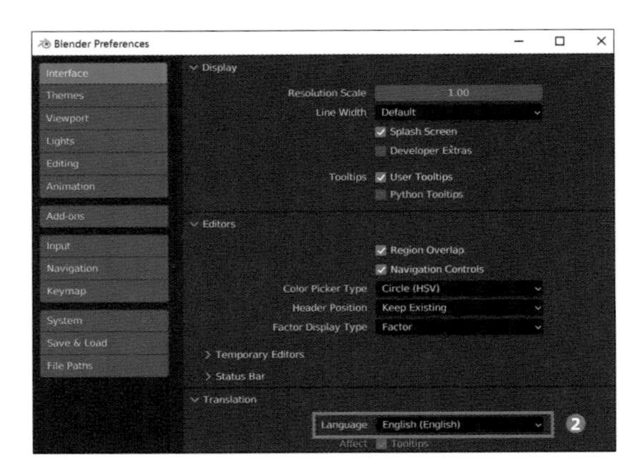

今回は日本語に変更するので「Language」の項目を「Japanese（日本語）」に変更（❸）しましょう。

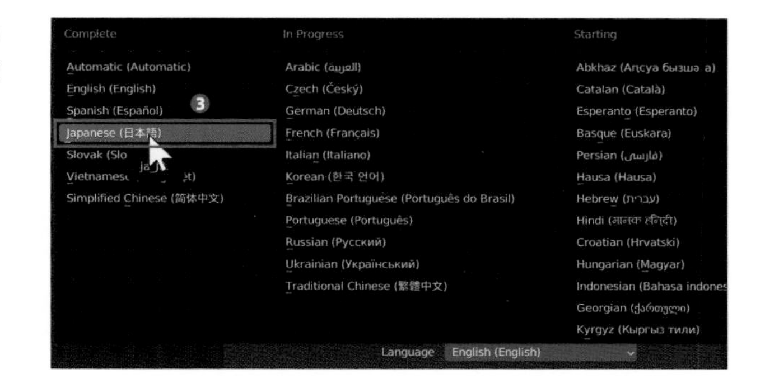

3 するとその下の「影響」の各チェックマークが有効になり、表記が日本語に変更されたことが確認できます。

このとき「新規データ」の項目も有効になりますが、この場合新規で何かしらのデータを作成したときにそのデータ名が日本語表記になります。しかしデータ名が日本語表記になっていると場合によってはうまく処理がされない場合があるので、念の為「新規データ」の項目は無効にしておいてください（❶）。

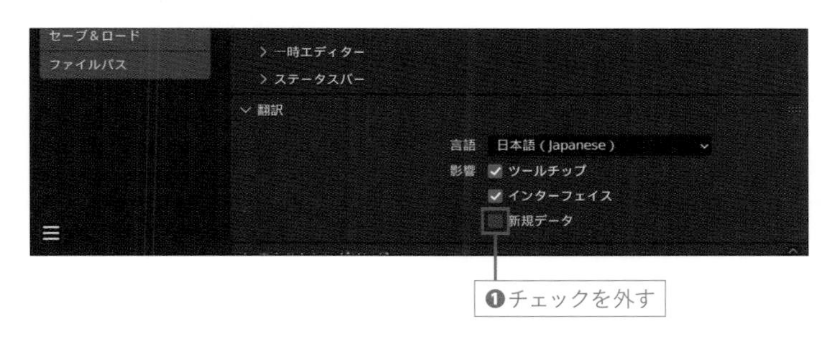

4 次にアンドゥ回数（操作を手戻りできる回数）を調整します。アンドゥ回数は「システム」のタブ内の「メモリーと制限」の項目から調整することができます。

初期設定では「アンドゥ回数」の値が「32」になっていますが、実際に操作するとそれよりも前の状態まで戻りたい場合が多々あるので「50～100」ぐらいの設定がおすすめです（❶）。しかしアンドゥできる回数が増えるとその分メモリ確保が必要なので、パソコンの性能的に不安がある場合は逆に値を減らすと動作が安定しやすくなるので状況に合わせて調節してみてください。

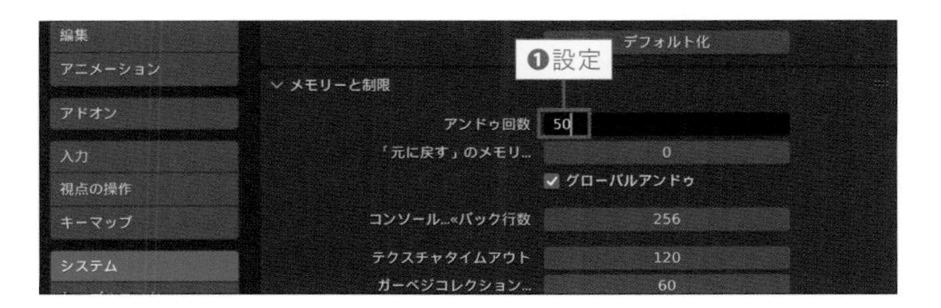

5 「視点の操作」のタブ内の設定もしておきましょう。おすすめの設定は「周回とパン」の項目内の「選択部分を中心に回転」を有効にし（❶)、「自動」の「透視投影」を無効にします（❷)。後から実際に視点を操作したときに操作方法を変更したい場合はここから各種変更できるので覚えておいてください。

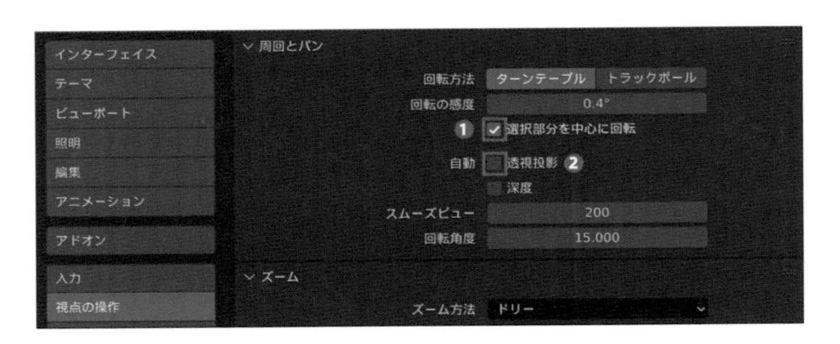

6 最後に「入力」のタブからデバイスに応じた設定もしておきます。キーボードにテンキーが付いていない場合は「キーボード」の項目内の「テンキーを模倣」（❶）を有効にすることで「1 ～ 0キー」で操作できるようになります。また、ホイールがないマウスの場合は「マウス」の項目内の「3ボタンマウスを再現」（❷）を有効にすることで「Alt」キーを押しながら左マウスボタンを押すと、中ボタンを押した際と同じ操作ができるというように、それぞれ入力を切り替えることができるので必要に応じて設定しておきましょう。

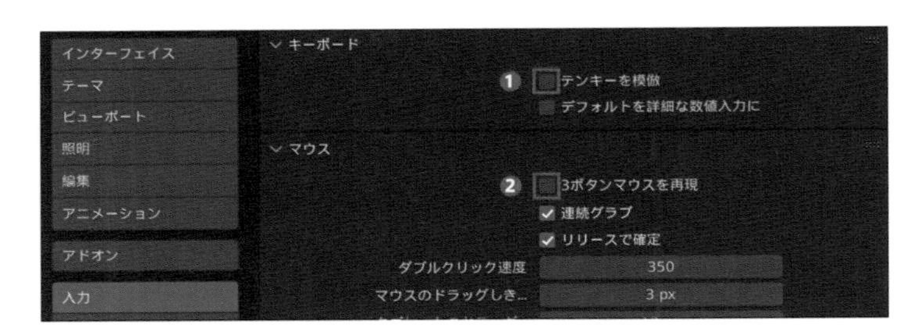

7 設定が終わりましたら、最後に左下の☰ボタン（❶）から「プリファレンスを保存」（❷）を選択して設定を保存しておいてください。これで初期設定の完了です！

06

ファイルを保存する

初期設定が完了しましたら、最初に「Blender」の状態を保存する手順について確認しておきましょう。

1 ファイルへの保存は「ファイル → 保存（または「名前をつけて保存」）」（❶）から実行できます。ショートカットも一般的なソフトと同様で「Ctrl ＋ S（Shift ＋ Ctrl ＋ S）」に設定されていますので実行してみましょう。

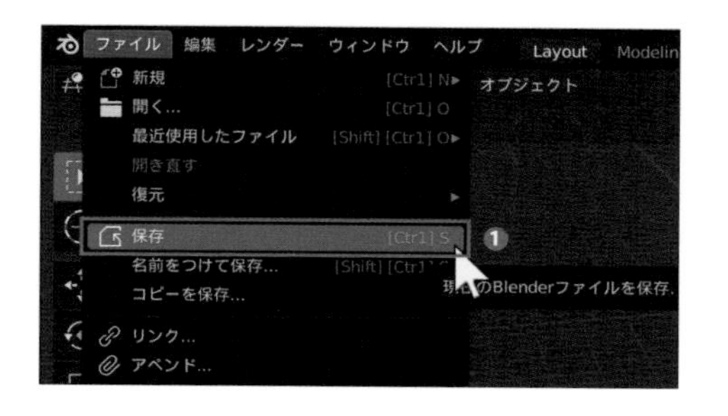

2 まだ一度も保存がされていない場合はどちらを実行しても「Blenderファイルビュー」ウィドウが表示されます。ここでファイルの保存先とファイル名を指定することができるので、分かりやすい保存先（❶）とファイル名（❷）を指定した状態で「名前をつけて保存」ボタン（❸）を押してください。
このとき、ファイル名に日本語を使用すると後からファイルを開く際にうまく読み込むことができなくなる場合があるので、基本的にファイル名は半角英数字にするようにしてください。

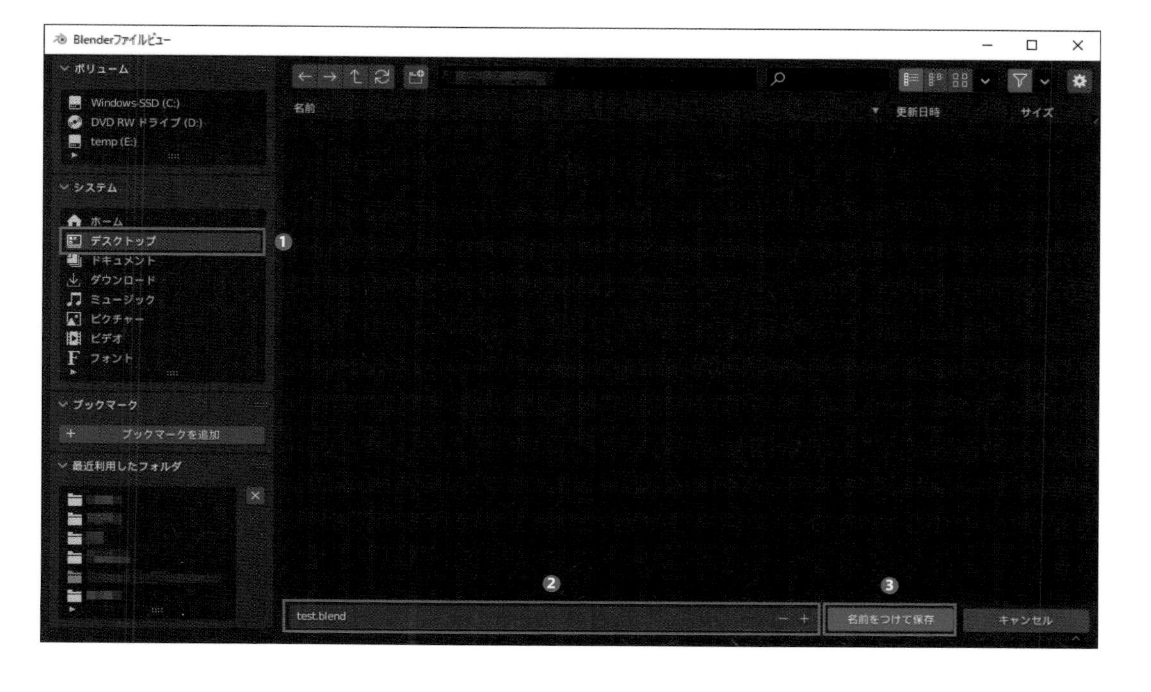

3 保存を実行したら一番右上にある「×」ボタンを押して一度「Blender」を終了してから、エクスプローラーなどのファイルビュー用のアプリケーションで保存先を確認してみましょう。
フォルダ内に「Blender」のアイコンが付いた「~.blend」ファイルが生成されていたら（❶）保存成功です！

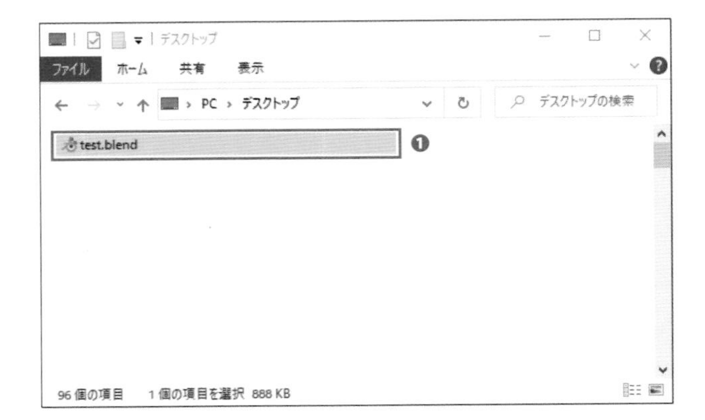

補足説明：ファイルの圧縮について

ファイルを保存する際に「Blenderファイルビュー」の右端にある⚙をクリック（❶）または「N」キーを押すとオプションのメニューが表示されます。
メニューのうち「ファイルを圧縮」（❷）を有効にするとファイルが圧縮され容量が軽くなりますので、保存先のストレージの空き容量が少ない場合などに試してみてください。

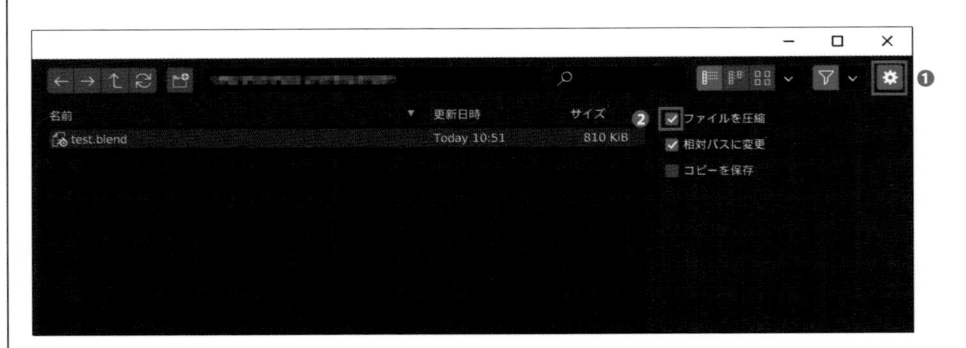

なお、圧縮することでファイルを保存／開く際に時間がかかるようになったり、圧縮に使用したBlenderよりも古いバージョンでファイルを開くことができなくなったりする場合があるので注意してください。

07 保存したファイルを開く

先の節で保存したファイルを開いてみましょう。自動で保存されるバックアップファイルについても知っておきましょう。

1

保存したファイルが確認できたらダブルクリックで開いてみましょう。すると「Blender」が立ち上がり先ほどまでと同じ状態のものが表示されることが確認できると思います。

また「Blender」を立ち上げた状態からファイルを開きたい場合は「ファイル → 開く」を選択して（❶）表示された「Blenderファイルビュー」から開きたいファイルを選択（❷）します。
どちらも実際に試してみましょう。

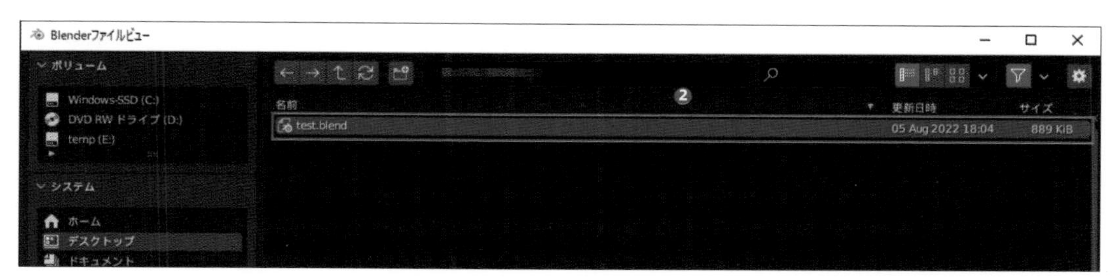

2

また「Blenderファイルビュー」の右上にある「表示モード」の設定を「サムネイル」に変更すると（❶）ファイルの中身を画像で確認することができるようになります（❷）。開くファイルがどのようなものか分かりやすくなるのでこちらも実際に試して確認してみてください。

3 直近で開いていたファイルをもう一度開きたい場合や、現在開いているファイルをもう一度開きなおしたい場合は「ファイル → 最近使用したファイル」(❶) や「ファイル → 開き直す」(❷) が便利です。こちらも合わせて覚えておきましょう。

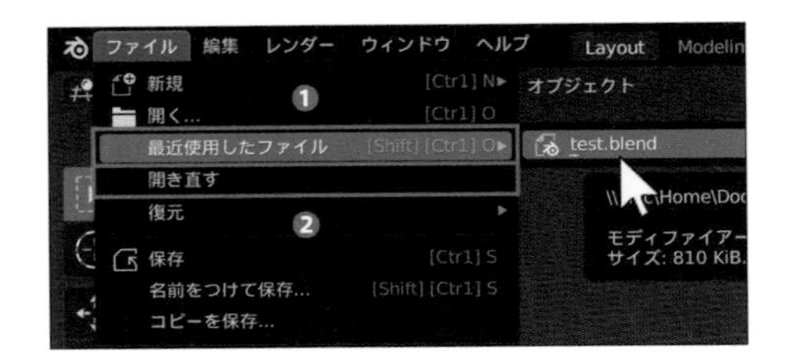

補足説明 :「.blend1」ファイルについて

複数回保存をすると保存先のファイルと同名で拡張子が「.blend1」となったファイルが生成されます (❶)。これはバックアップ用のファイルで、保存するひとつ前の状態が保持されています。
そのままでは使用することはできないですが、拡張子を「.blend」に変更することで開くことができるようになります。何かしらの理由で以前の保存状態に戻りたい場合に試してみてください。

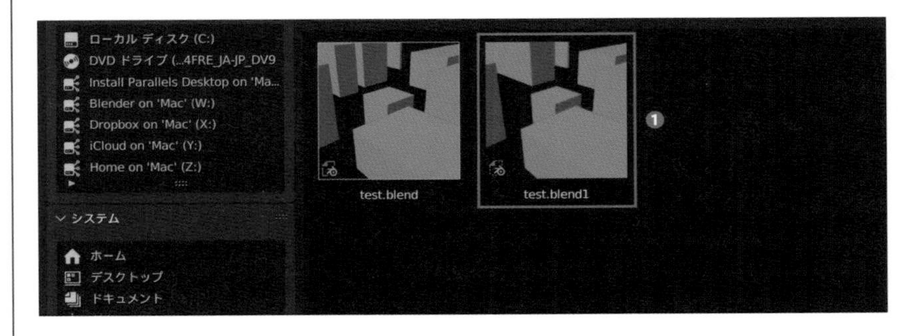

また「編集 → プリファレンス」メニューで開く画面の「セーブ&ロード」のタブのうち、「Blenderファイル」の項目内の「バージョンの保存」の値 (❶) を変更することでさらに前の状態のバックアップファイルも保存できるようになります。拡張子は「.blend2、3…」となり、「.blend1」に最も直近の状態が保存されています。
この値を「0」にすればバックアップファイルは生成されなくなるので、容量が気になる場合は設定しておきましょう。

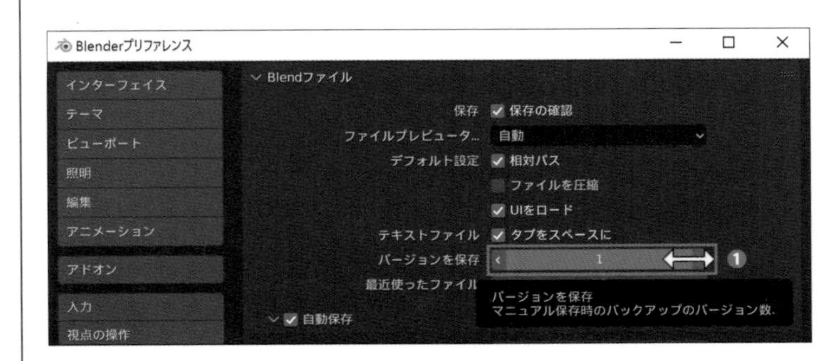

Blenderの初期画面を確認する

ファイルの保存と開く方法が分かったところで、次に「Blender」の画面をみてそれぞれがどのような役割を持つか見ていきましょう。

1 バージョンが「3.2」時点での「Blender」を起動した場合、初期画面は以下の図のようなレイアウトになっています。

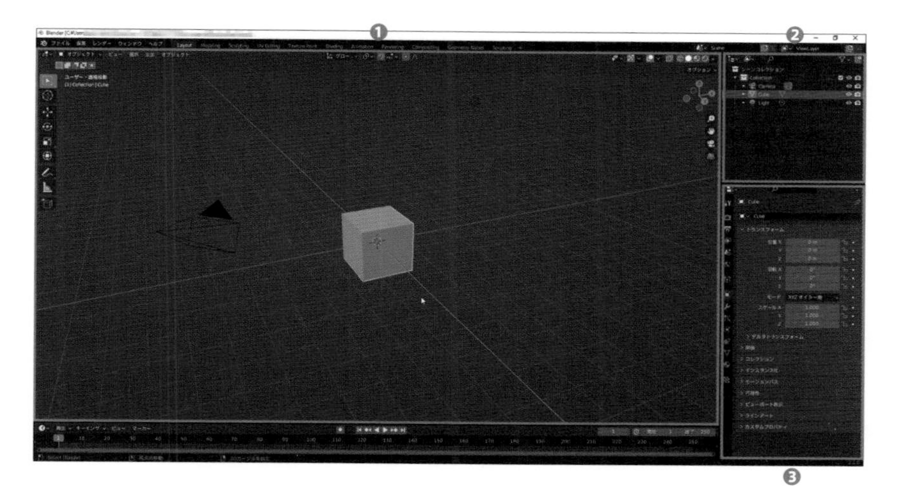

ヒント

本書籍では使用しませんが、一番下のウィンドウは「タイムライン」と呼びアニメーションを作成する際に使用します。

中央に立方体が配置されている一番大きなウィンドウが「3Dビューポート」（❶）といい、実際に3CGモデルを表示、操作、編集するメインのウィンドウになります。
その右隣のうち、上側のウィンドウを「アウトライナー」（❷）と呼び、「3Dビューポート」内に配置されている3DCGモデルなどを一覧で確認することができます。
下側のウィンドウは「プロパティ」（❸）で、ここから各種設定を編集します。本書籍では主にこの3つのウィンドウを使用していきますので、ひとまず名前だけ覚えておきましょう！

2 また、各ウィンドウ内の内容を保持しているものを「シーン」と呼び、右上の項目（❶）から今使用している「シーン」を確認することができます。「シーン」を使うことで1つの「Blender」のファイル内で複数の状態を管理することができたりします。

本書籍内では「シーン」の操作については触れませんが、用語として登場しますのでこちらについても名前だけ覚えておいてください！

09 ウィンドウのレイアウトを操作する

各ウィンドウのレイアウトですが、自分好みに変更することも可能です。様々な変更の方法と、レイアウトを戻す方法について紹介します。

レイアウトに不用意に触れてしまうと元に戻せず操作ができなくなってしまうこともあるので、ここでそれぞれ簡単に操作してみましょう。

1 まずウィンドウのサイズについては、マウスカーソルを縁に合わせると両向きの矢印にカーソルが変化するので、そのまま左ドラッグすることで（❶）広げたり縮めたりすることができます。

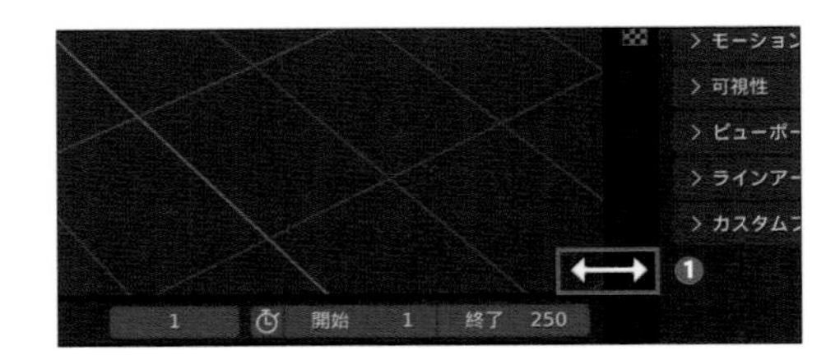

2 またマウスカーソルを四隅に合わせると十字状のカーソルに変化します（❶）。この状態で左ドラッグ（❷）すると、ドラッグした方向にウィンドウを分割したり、動かした方向にあるウィンドウを削除することも可能です。

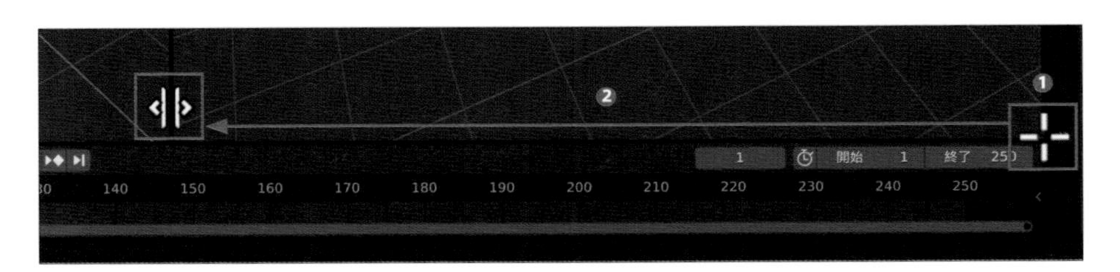

ヒント

分割したウィンドウは、分割部分のウィンドウの縁にマウスカーソルを合わせて両向きの矢印になった状態で右クリック（❶）するとメニューが表示されるので、「エリア統合」を選び（❷）、消したい方の画面でクリックします。

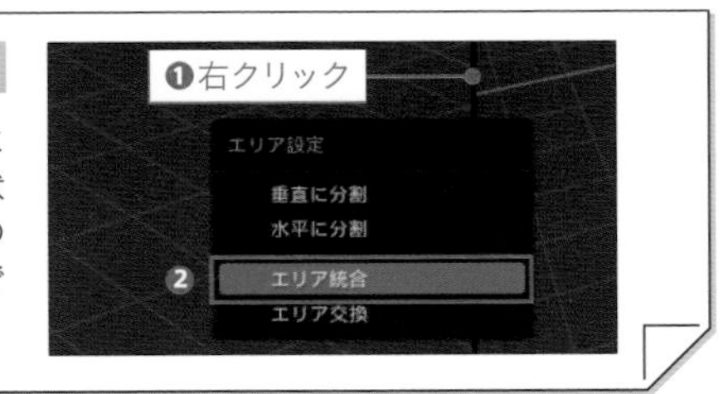

3 さらに四隅にカーソルを合わせて十字状にした状態で「Shift」キーを押しながらドラッグすることでウィンドウを別枠に分離することもできます（❶）。ディスプレイが複数ある場合は広い画面で作業することができるようになるので覚えておくと便利です。

分離したウィンドウは元の箇所に統合することはできないので、不要になったら右上の「×」ボタンから削除してください。

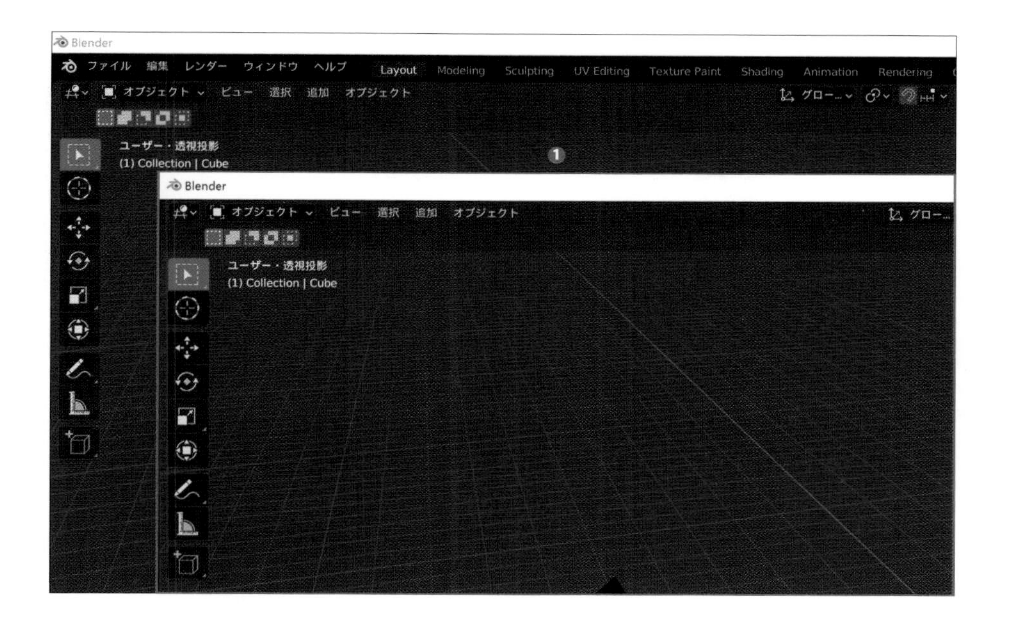

ヒント

「ウィンドウ → 新規ウィンドウ」からでも別枠で「3Dビューポート」ウィンドウを開くことができます。なお、開いた直後は真上からの視点になっています。視点の変更方法についてはP.027をご覧ください。

4 単一のウィンドウだけを拡大表示したい場合は、拡大したいウィンドウの上部メニュー部分にマウスカーソルをあわせた状態で「右クリック → 最大化」(❶、❷) を選択するか「Ctrl + Space」を入力します。
画面上部の「戻る」ボタン (❸) を押すか、もう一度「Ctrl + Space」を入力することで元の表示に戻すことができるので試しておきましょう。

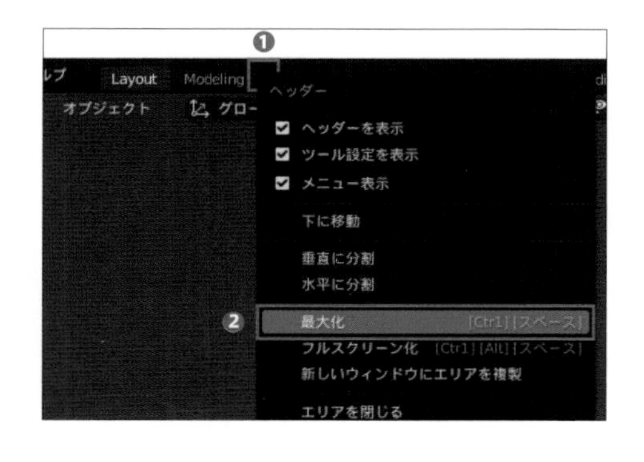

ヒント

「フルスクリーン化」を選択するとさらに拡大表示することもできます。元に戻す場合はマウスカードルを画面右上に合わせたときに表示されるアイコンをクリックしてください。

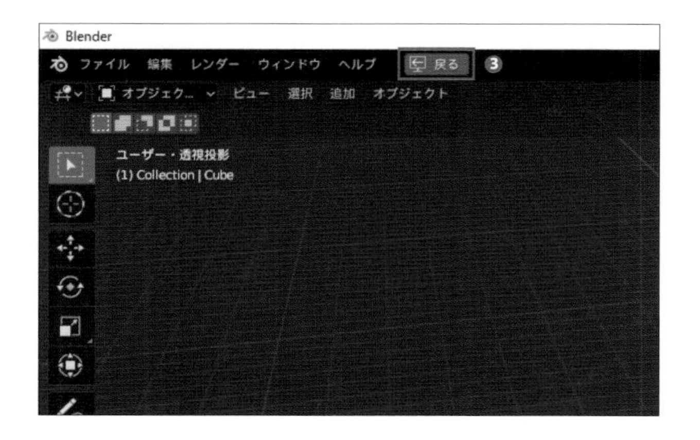

5

元からあるウィンドウを別のウィンドウに切り替えることも可能です。各ウィンドウの左上にある「エディタータイプ」のメニュー（❶）からウィンドウの種類を選択することができるので、よく使用する「3Dビューポート」（❷）、「アウトライナー」（❸）、「プロパティ」（❹）がそれぞれどこに配置されているかも確認してください。

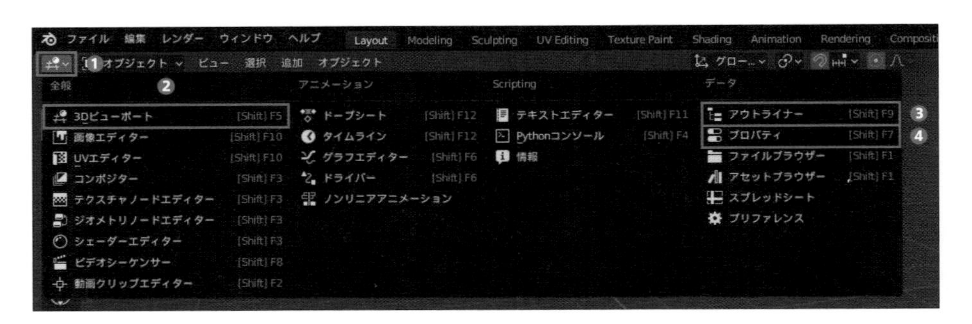

6

レイアウトを元に戻したい場合はファイルを読み込みなおす必要があります。まずは「ファイル → 新規 → 全般」（❶）を選択すると「Blender」の初期状態のシーンを開くことができるので実行しましょう。

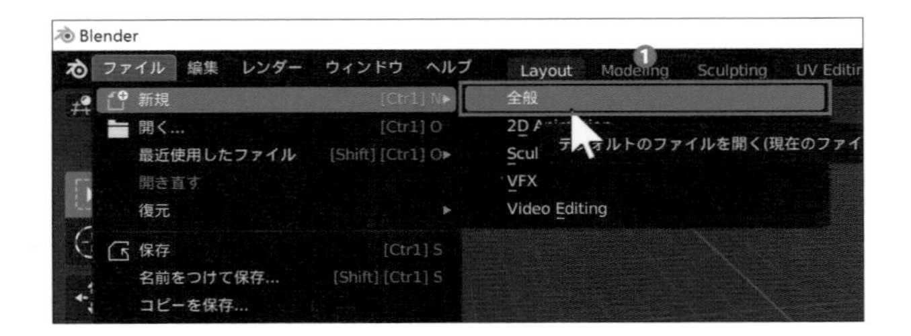

7

次に「ファイル → 開く」からファイルを開きます。ファイルにはレイアウトの状態も保存されているのでそのまま開くとレイアウトはそのままになってしまいます。

そこでファイルを開く際に「Blenderファイルビュー」の右端にある⚙（❶）をクリックするか「N」キーを押してオプションのメニューを表示して設定を変更します。その中の「UIをロード」（❷）のチェックを外すことでレイアウトの設定だけ読み込まれないようになります。いざという時のためにこちらも覚えておいてください！

10

3Dビューポートの視点操作を確認する

レイアウトの編集の仕方がある程度理解できましたら、最後に「3Dビューポート」を操作してみましょう。

3Dビューポートでの視点変更の方法

「3Dビューポート」は先述した通り、実際に3DCGモデルを空間内に配置して編集するウィンドウです。3DCGモデルはその名の通り立体物なのでどの方向からでも見ることができるのですが、そのためには視点を操作する必要があります。

この立体空間の視点の操作は3DCGを扱うソフト特有のものなので初めのうちは戸惑うかもしれませんが、「Blender」で作業をするうえで必須になります。まずは表のマウスの操作を順に試してみて、どのように視点が変化するか試してみてください！

視点の移動内容	操作内容
視点を回転	マウスのホイールを押しながらドラッグ
視点を平行移動	[Shift] とマウスのホイールを押しながらドラッグ
ズームイン／アウト	マウスのホイールを上下に回転または [Ctrl] を押し、マウスのホイールを押しながらドラッグ
視点を90°回転	[Alt] を押しながらマウスのホイールドラッグ

さらにキーボードのテンキーを使用することでも細かな視点操作をすることができます。こちらも表に合わせてそれぞれ実際に操作して確認しましょう。

視点の移動内容	操作内容
正面／背後からの視点に変更	テンキーの [1] ／ [Ctrl] ＋テンキーの [1]
右／左側からの視点に変更	テンキーの [3] ／ [Ctrl] ＋テンキーの [3]
上／下からの視点に変更	テンキーの [7] ／ [Ctrl] ＋テンキー [7]
反対側からの視点に変更	テンキーの [9]
視点を上下左右に15°ずつ回転	テンキーの [8]、[2]、[4]、[6]
視点を上下左右に平行移動	[Ctrl] を押しながらテンキーの [8]、[2]、[4]、[6]
視点を左右に傾ける	[Shift] を押しながらテンキーの [4]、[6]
ズームイン／アウト	テンキーの [+]、[-]

また「テンキーの5」を入力することで遠近感（パース）が付いた状態と全く遠近感がない状態とを切り替えることができます。前者を「透視投影」（❶）、後者を「平行投影」（❷）と呼び、頻繁に切り替えるので覚えておきましょう。

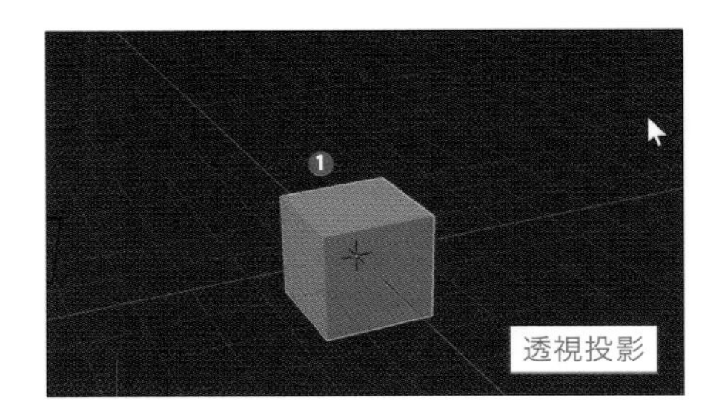

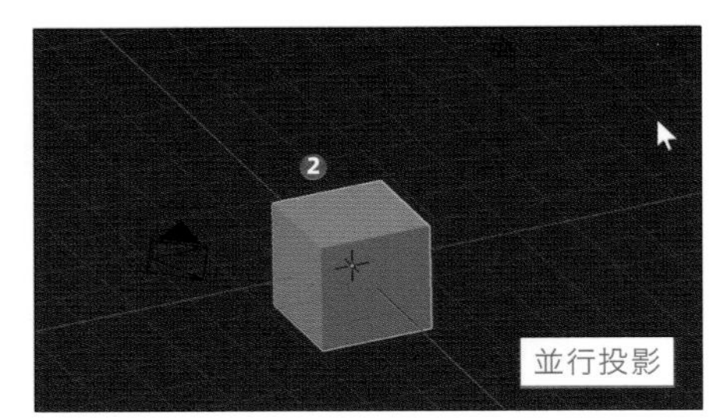

さらにこれらの操作は「3Dビューポート」内の右上に存在するアイコンをクリック／ドラッグすることでも操作することができます。

特にペンタブを使用して「Blender」を使用する場合は、特別な設定をしなくてもこれらのアイコンからペンの操作だけで視点を変更できるので便利です。念の為に覚えておくと役に立つかもしれません。

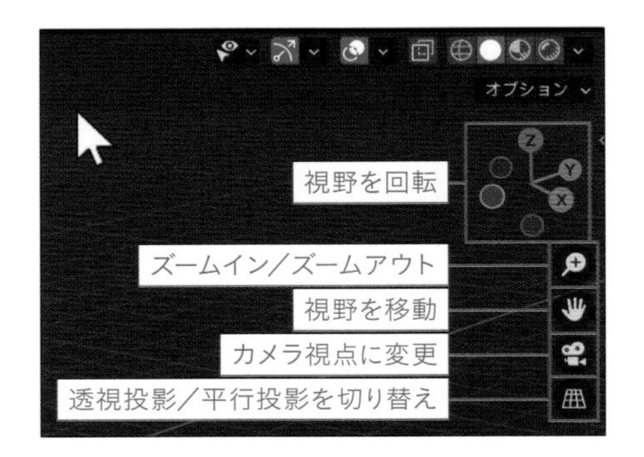

この他には「3Dビューポート」内の右側に配置されている「サイドバー」内の「ビュー」のタブ（❶）から「透視投影」時の遠近感を調整することも可能です（「サイドバー」が表示されていない場合は「ビュー → サイドバー」を有効にするか「N」キーで表示を切り替えてください）。

「ビュー」内の「焦点距離」（❷）の値は初期値が「50mm」になっていますが、この値を変更すると遠近感が変化するので確認してみてください。この項目は「モデリング」をするときなどの作業のしやすさに関わるので、適宜見やすい遠近感に調整できるよう事前に確認してみてください。

これで「3Dビューポート」の基本的な視点の操作については一通り触れました。3DCGモデルを作り始める前にそれぞれ実際に操作してある程度慣れておきましょう！

以上で「Blender」の導入と初期設定が完了し、基本的な視点の操作もできるようになりました！ 次章からはいよいよ3DCGモデルを作成していきます。

もしこの段階で「Blender」を起動するまで非常に時間がかかる、処理が重くて視点がスムーズに操作できないといった問題がある場合、使用されているパソコンのスペックが足りていない可能性が高いです。その場合は「Blender」の推奨スペックを満たしたパソコンの導入を検討してみてください。

Chapter

2

簡単なモデルを作ってみよう！

早速モデリングを始めましょう！　Chapter 2ではモデリングをする上での基本的な操作について触れつつ「プリミティブモデリング」という手法で3DCGモデルを作成し、簡単に「レンダリング」をするまでの手順について紹介します。

動画はコチラ

※パスワードはP.002をご覧ください

モデリングをはじめよう

このChapterでは、もともとBlenderに用意されている基本的な形状を使ってモデリングする「プリミティブモデリング」を行います。ここで作る「ウサギの3DCGモデル」の形も確認しておきましょう。

「Blender」の準備が整ったところで、早速「モデリング」をしていきます！ まずは「モデリング」をする上での基本的な操作を、実際に手を動かしながら覚えるところから始めてみましょう。

「モデリング」の手法は何通りもありますが、全く何もない状態から「モデリング」を始めるのは手間がかかります。しかしほとんどのモデリングソフトには「球」や「立方体」といった基本的な形状を追加する機能が標準で用意されています。こういった初めから用意されている基本形状のことを「プリミティブ」と呼び、どの「モデリング」手法でもこの「プリミティブ」を編集して3DCGモデルを作成していくのが一般的です。

Chapter 2ではまずこの「プリミティブ」を移動や回転・拡大縮小といった大まかな操作のみを使用してモデリングをしていく「プリミティブモデリング」という手法を通して「ウサギの3DCGモデル」を制作していきます。

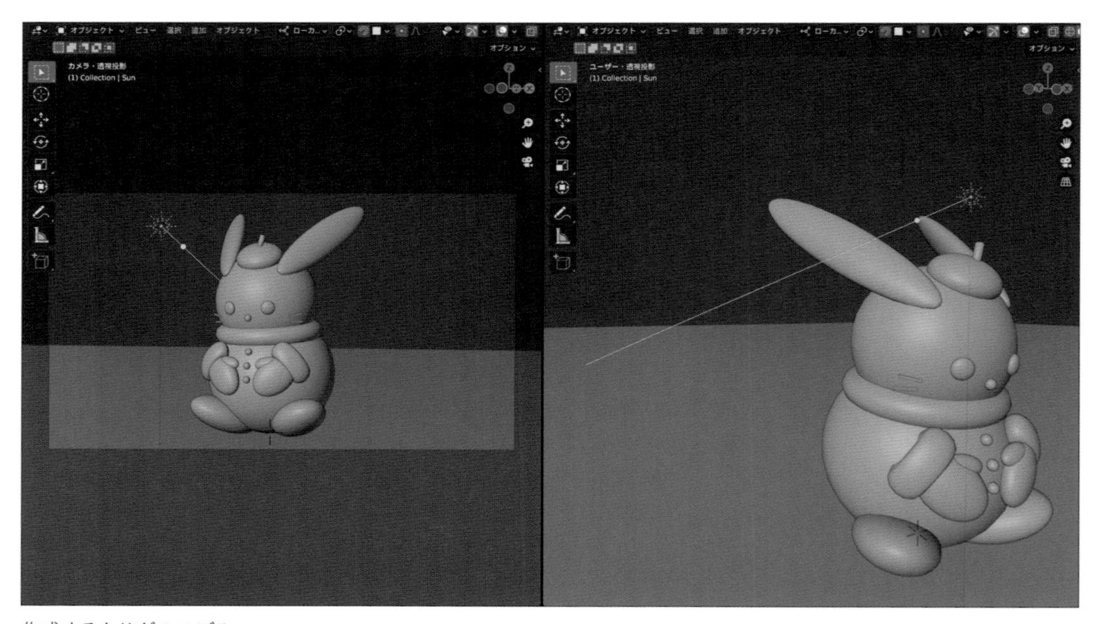

作成するウサギのモデル

オブジェクトの基本操作

02

ウサギのモデルを作る前に、基本的なオブジェクトの操作方法に慣れておきましょう。このChapter 2-02からChapter 2-04までは、ウサギのモデルを作る前の基本操作の解説です。Chapter 2-05以降でも操作が分からなくなったらここに戻ってきましょう。

オブジェクトを選択する

1 「プリミティブモデリング」をしていくにあたって、まずは基本的な操作から覚えていきましょう。

「Blender」を立ち上げた直後の状態では「3Dビューポート」の真ん中付近に立方体などの物体が3つほど配置されています。この「3Dビューポート」内に配置されている物体のことを「オブジェクト」と呼びます。

これらのデフォルトで配置されている「オブジェクト」は今回不要なので、始めにすべて削除していきます。

「オブジェクト」を削除するためには、削除する対象を選択する必要があります（❶）。「3Dビューポート」内で対象の「オブジェクト」にマウスカーソルを合わせて左クリックをするか、「アウトライナー」内のオレンジ色のアイコンの項目をクリック（❷）すると「オブジェクト」がオレンジ色で縁取られて選択中の状態になります。

デフォルトでは「Camera」、「Cube」、「Light」の3つのオブジェクトが配置されているので、それぞれ選択して確認してみましょう。

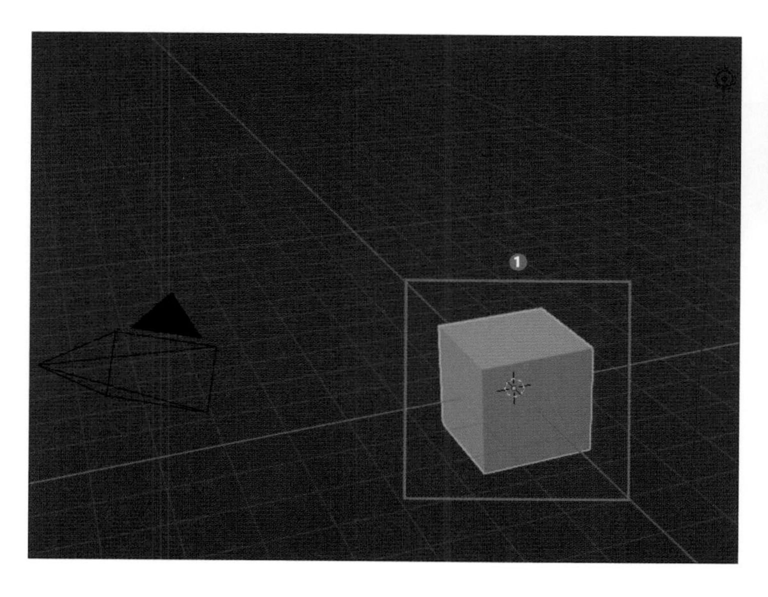

「アウトライナー」の表示

複数のオブジェクトを選択する

1 1つの「オブジェクト」を選択すると他の「オブジェクト」の選択は解除されてしまいます。このようにそのままでは1つずつしか選択することができませんが、[Shift] キーを押しながら選択することで複数の「オブジェクト」を選択することができます（❶）（後述する「アウトライナー」内では [Ctrl] を押しながらでも複数選択することができます）。
1つ1つ選択するのが面倒な場合には「選択 → すべて」で、「3Dビューポート」内に表示されている「オブジェクト」を一度にすべて選択することができますのでそれぞれ試してみましょう（ショートカット：[A] キー）。
また、最後に選択した「オブジェクト」は「アクティブな状態」となり、通常よりも縁のオレンジ色が明るくなりますので（❷）、覚えておきましょう。

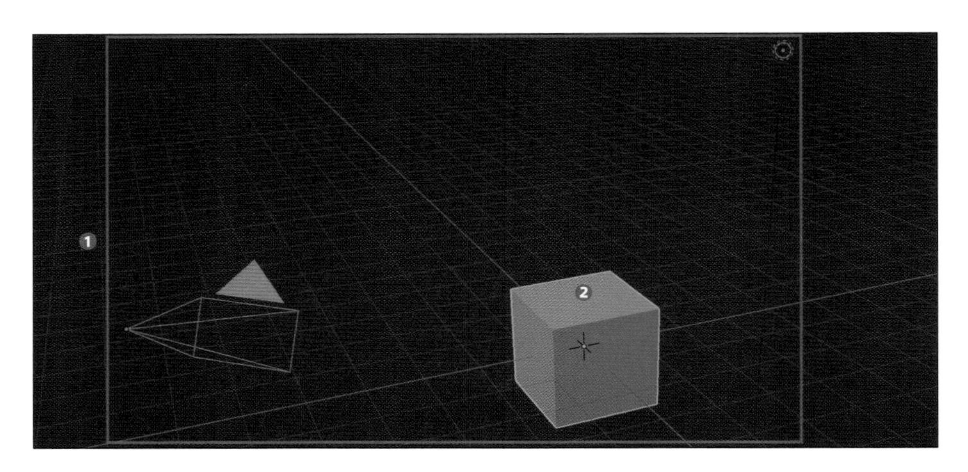

2 さらに「3Dビューポート」内の左側に配置されている「ツールバー」のうち一番上に配置されている「ボックス選択」（❶）が選択されていると、左ドラッグで範囲選択（❷）をすることもできます。
範囲選択ですべての「オブジェクト」を囲んで選択できるかを確認してみてください。

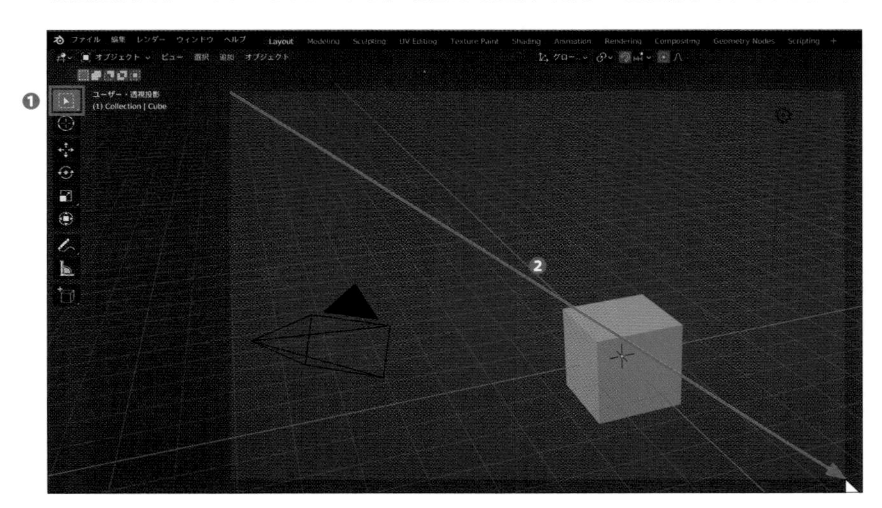

ヒント

「ツールバー」が表示されていない場合は、「3Dビューポート」上部のメニューから「ビュー → ツールバー」を選ぶか、[T] キーから表示できます。

選択を解除する

1 選択を解除するには「3Dビューポート」または「アウトライナー」内の何もないところで左クリックするか、「3Dビューポート」のメニューから「選択→ なし」(❶) を選びます (ショートカット:[Alt + A] キーまたは [A] キーを2回押し)。

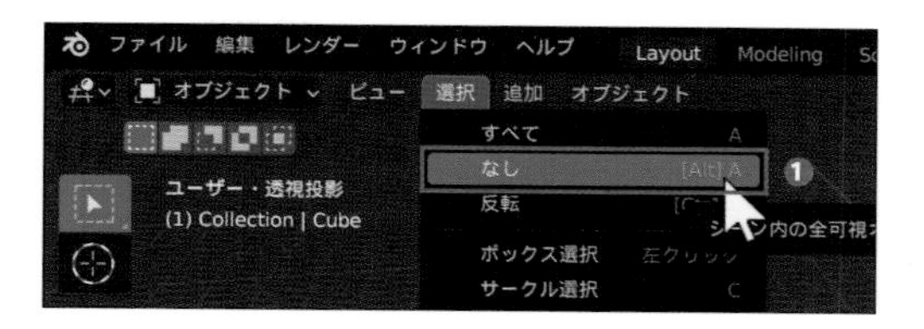

補足説明:いろいろな選択方法

選択の仕方は他にもいくつか用意されています。「ボックス選択」のアイコンを長押しすることで各種選択ツールを切り替えることができます (❶)。

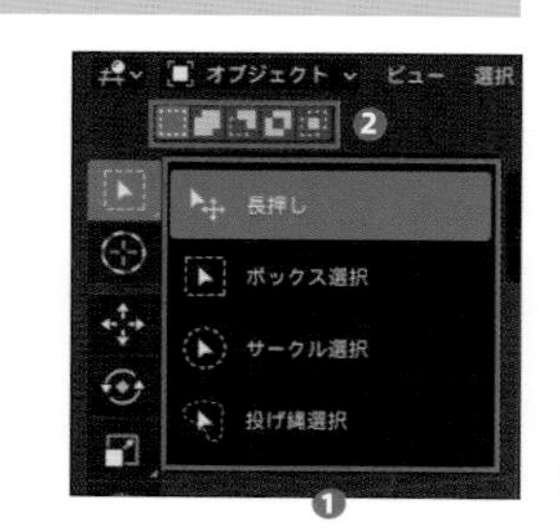

ツール名(ショートカット)	選択の仕方
長押し	左クリックで選択
ボックス選択([B] キー)	左ドラッグで四角い範囲を指定して選択
サークル選択([C] キー)	左ドラッグをしながら対象にマウスカーソルを合わせて選択
投げ縄選択([Ctrl] + 右ドラッグ)	任意の範囲を輪で取り囲むように指定して選択

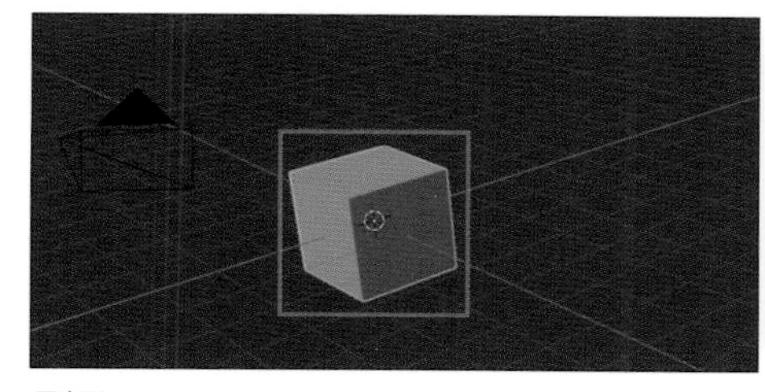
長押し

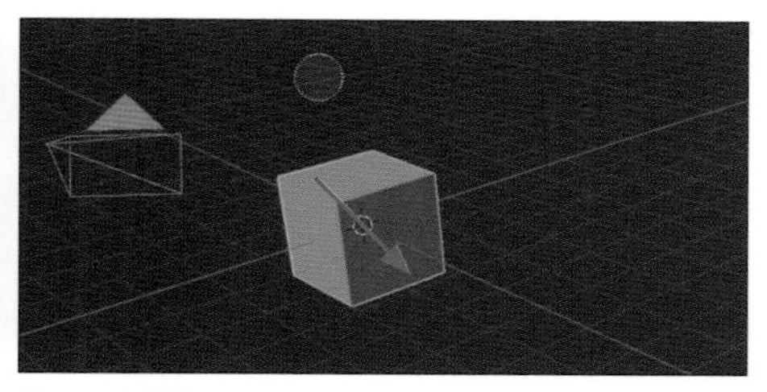
サークル選択

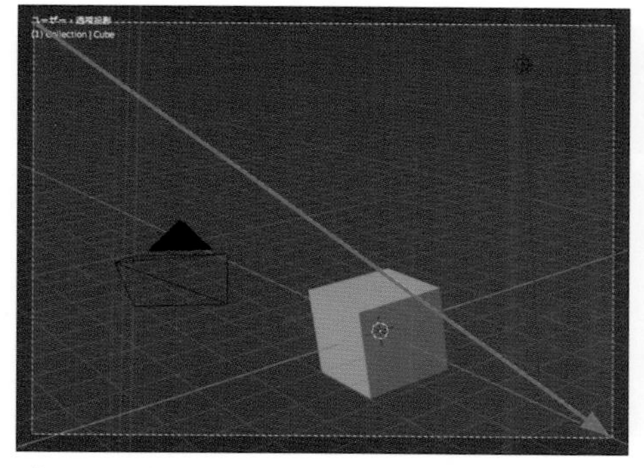
ボックス選択

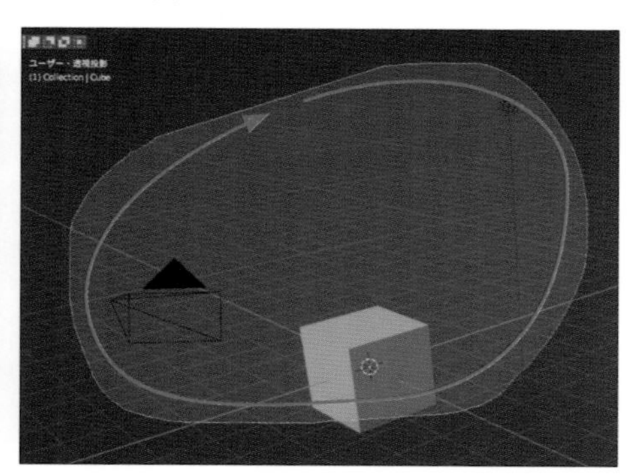
投げ縄ドラッグ

これらの選択ツールで「Shift」キーを押しながら実行することで、追加で選択をすることができます。また上部に表示される選択ツールの「モード」(❷) を に切り替えることでも同様の操作ができるので覚えておくと便利です。

オブジェクトの表示と非表示を切り替える

1 すべての「オブジェクト」を選択しましたら、削除する前にオブジェクトの表示と非表示の切り替えも試しておきましょう。

「3Dビューポート」上部のメニューから「オブジェクト → 表示/隠す → 選択物を隠す」を実行すると（❶）選択していた「オブジェクト」が「3Dビューポート」から見えなくなり（❷）、「アウトライナー」の表記もグレーアウトします（ショートカット：[H] キー）。
非表示にした「オブジェクト」を再度表示する場合は「オブジェクト → 表示/隠す → 隠したオブジェクトを表示」を選択します（ショートカット：[Alt+H] キー）。

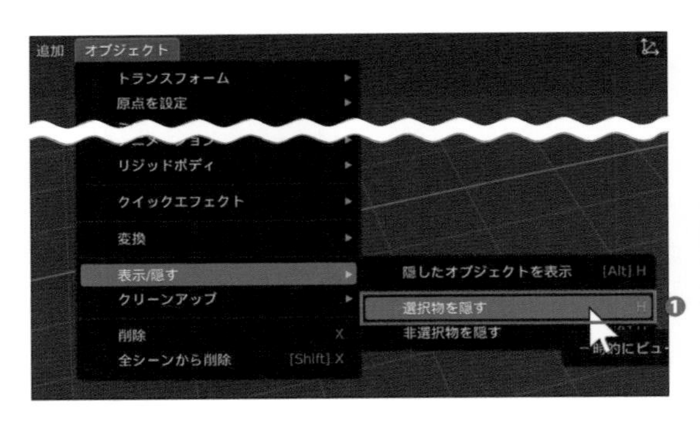

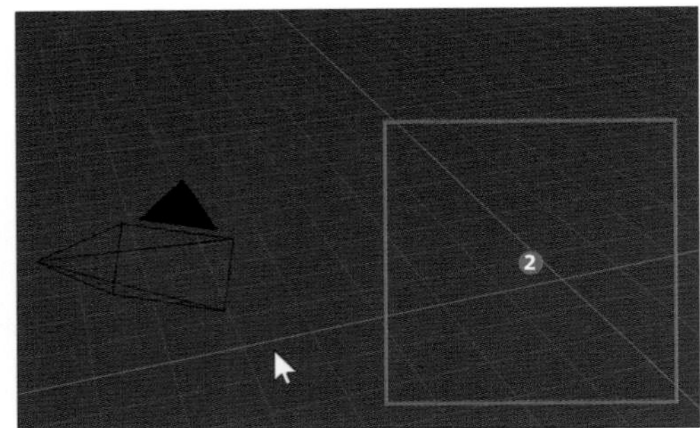

2 またオブジェクトの表示非表示の切り替えは「アウトライナー」内のオブジェクト名の横に表示されている目のアイコン（❶）をクリックしてオン/オフすることでも切り替えることができますので試してみてください。

3 再度すべての「オブジェクト」を表示しましたら、一度立方体の「オブジェクト」だけを選択してみましょう。この状態で「3Dビューポート」上部のメニューから「オブジェクト → 表示/隠す → 非選択物を隠す」を実行する（❶）ことで選択している「オブジェクト」以外の「オブジェクト」を非表示にすることもできます（ショートカット：[Shift + H] キー）。

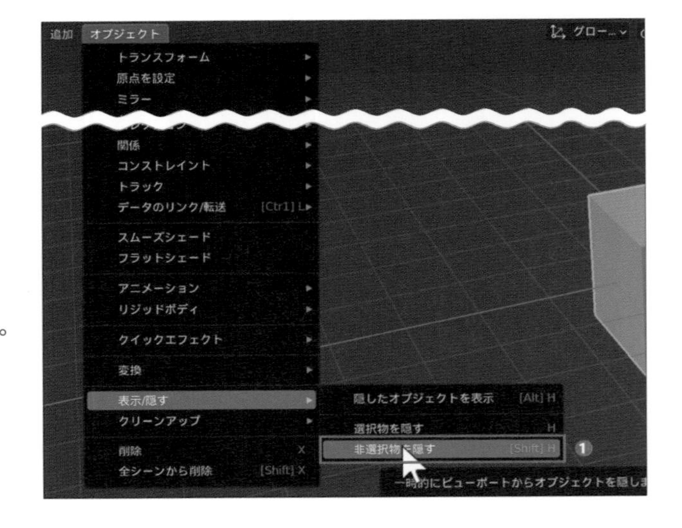

4 また「3Dビューポート」上部のメニューから「ビュー → ローカルビュー → ローカルビュー切り替え」(❶)を選択すると、選択していた「オブジェクト」だけが「3Dビューポート」内に表示される「ローカルビュー」という状態にすることもできます（ショートカット：[/] キーまたは テンキーの [/]）。

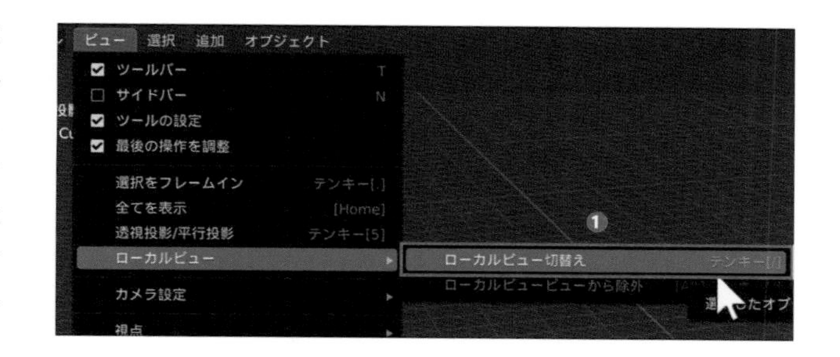

「ローカルビュー」はもう一度「ローカルビュー切り替え」を実行することで元に戻すことができるので、余裕がありましたらこちらも合わせて試してみてください。

オブジェクトを削除する

1 改めてデフォルトで配置されていた「オブジェクト」をすべて選択したら「オブジェクト → 削除」(❶)を実行してみましょう（ショートカット：[Delete] または [X] キー →「削除」)。すると選択していた「オブジェクト」をすべて削除することができます。
「3Dビューポート」と「アウトライナー」から選択していた「オブジェクト」がすべて無くなっていることを確認してください。

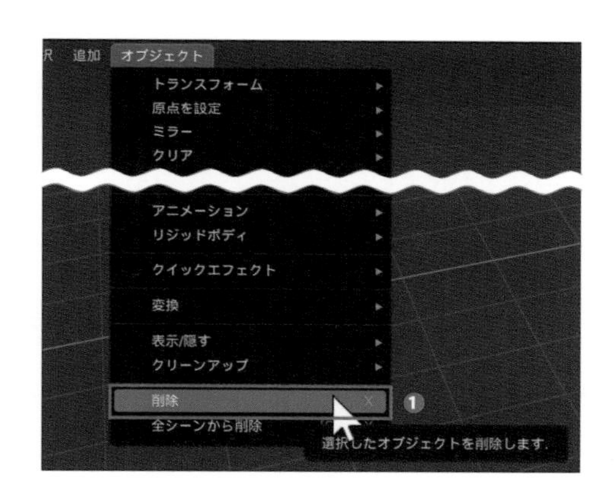

操作を元に戻す／やり直す

1 「オブジェクト」を削除できたら一度削除する前の状態に戻してみます。「編集 → 元に戻す」(❶)を選択して操作を1つ前に戻してみましょう。
逆に「編集 → やり直す」から操作を1つずつやり直すことができます。これで「オブジェクト」を削除した状態に戻ります。
それぞれのショートカットは多くのソフトと同様に [Ctrl + Z] キー、[Shift + Ctrl + Z] キーに設定されています。こちらはよく使うので覚えておきましょう。

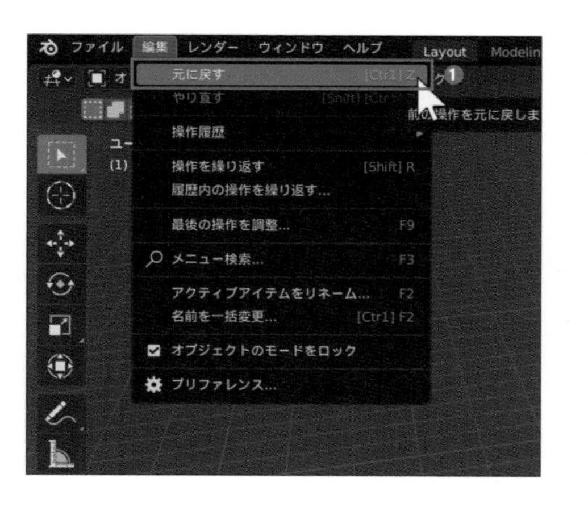

3Dカーソルを操作する

「3Dカーソル」はBlenderに特有の機能で、様々な操作の基準になります。本書では主にオブジェクトを追加する際の基準として使用します。[Shift + C] キーで画面の中央にカーソルを戻す操作は必ず覚えておきましょう。

1 デフォルトで配置されていた「オブジェクト」を削除したら「3Dビューポート」内に「プリミティブ」を追加していくのですが、その前に「Blender」特有の「3Dカーソル」が重要になるので触れてみましょう。
「3Dカーソル」は「3Dビューポート」内に表示されている赤と白の縞模様の円のカーソル（❶）で、様々な操作の基準となる位置を指定することができるものになります。

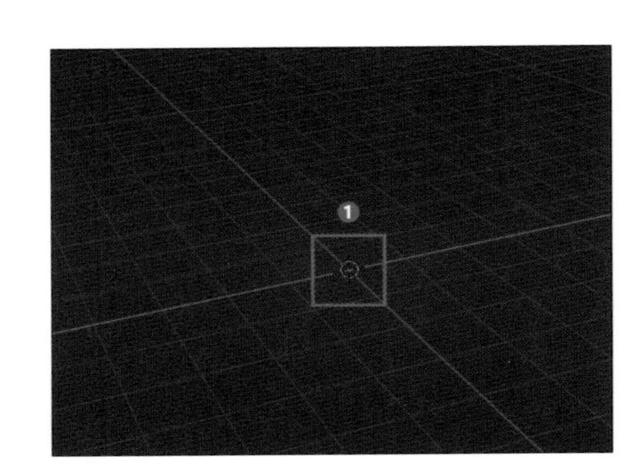

2 「3Dカーソル」はツールバー内の「カーソル」（❶）が選択されている状態で左クリック（❷）をするか、[Shift] キーを押しながらの右クリックで移動させることができますので確認してみてください。

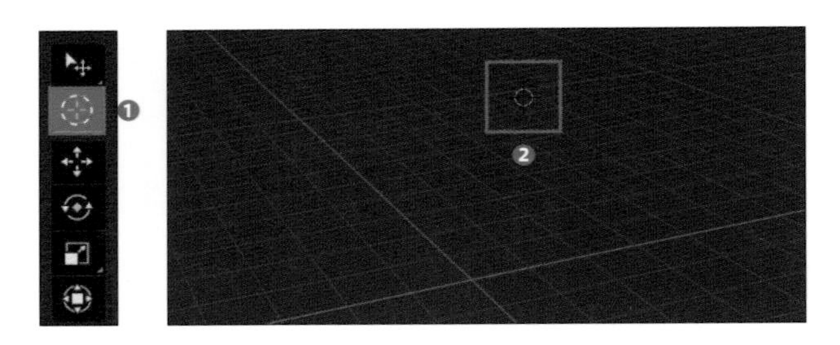

3 また「3Dカーソル」を初期位置に戻す場合は「3Dビューポート」上部のメニューから「ビュー → 視点を揃える → 3Dカーソルのリセットと全表示」（❶）を選択します（ショートカット：[Shift + C] キー）。特にこの操作はよく使いますので覚えておきましょう。
「3Dカーソル」の移動には他にもいくつか操作方法がありますが、初めのうちはこれらの操作を覚えるだけで十分です！

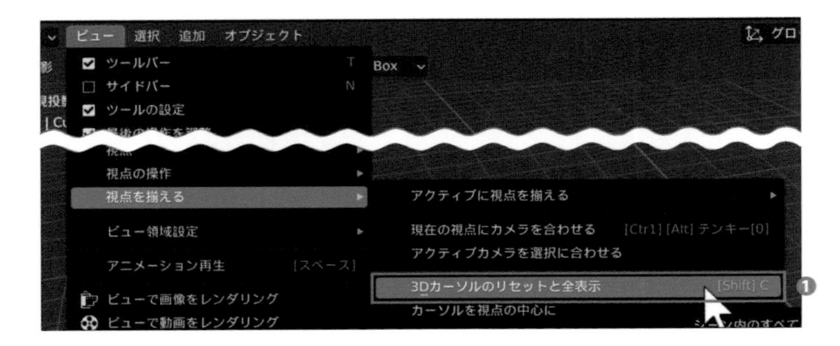

04

プリミティブを追加してみよう

プリミティブのオブジェクトを追加する手順を紹介します。オブジェクトには、操作の基準となる「オブジェクトの原点」があることを知っておいてください。

さてこの「3Dカーソル」なのですが、特に「プリミティブ」を追加する位置を指定する際によく利用します。試しに確認してみましょう！

「プリミティブ」は「3Dビューポート」上部のメニューから「追加 → メッシュ」を選ぶと生成するものを選択することができます。今回は「追加 → メッシュ → 立方体」（❶）を追加してみましょう。そうしますと「オブジェクト」の中心に表示されているオレンジ色の点（❷）が「3Dカーソル」の位置と重なるように立方体が生成されるのが分かるかと思います。

このオレンジ色の点のことを「オブジェクトの原点」と呼び、「オブジェクト」を操作する際の基準点となるので覚えておいてください。

一通り確認ができましたら追加した立方体の「オブジェクト」も削除しておきましょう。

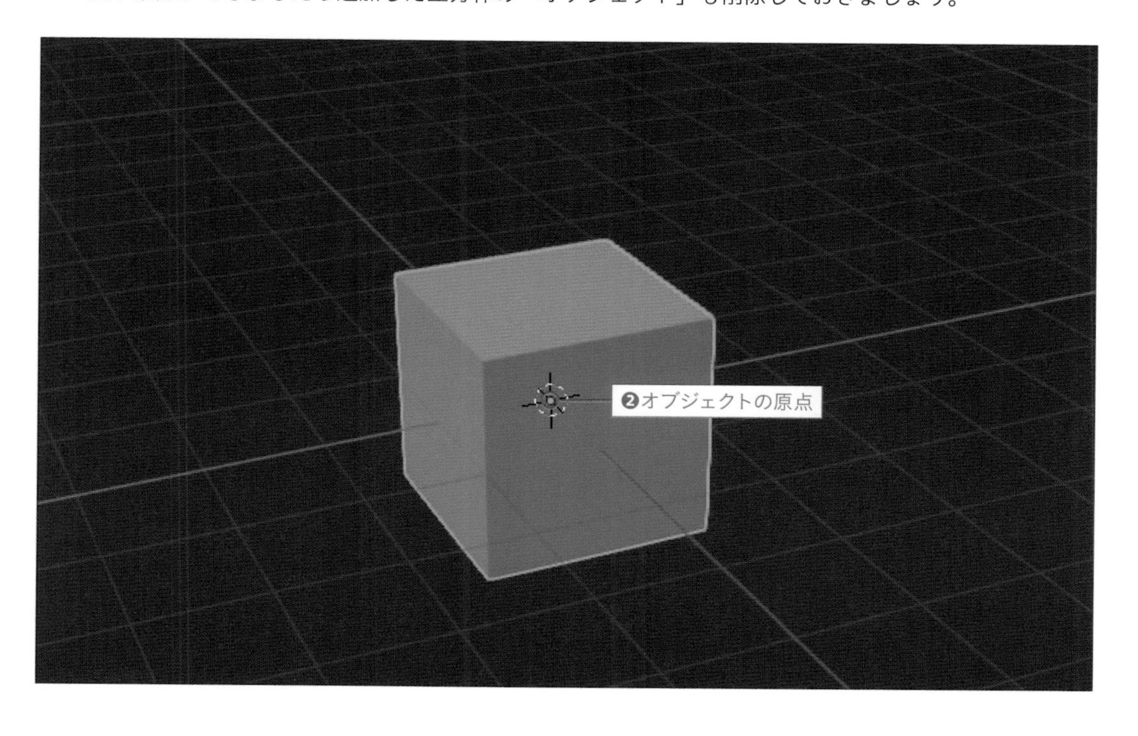

頭部のベースを作る

それではここからはウサギのモデルを作っていきます。まずはウサギの頭部を作っていきましょう。「プリミティブ」の「UV球」を使います。

UV球を追加する

1 「オブジェクト」や「3Dカーソル」の操作、「プリミティブ」を追加する際の基本が分かりましたら実際に「プリミティブモデリング」をしていきましょう。まずは「ウサギのモデル」の頭部から作っていきます。
始めに3Dビューポート上部のメニューで「追加 → メッシュ → UV球」を選択して（❶）中心に「球のプリミティブ」を生成しましょう。この球が「頭部のベース」になります（❷）。このとき球が中心に生成されるように、先に［Shift + C］キーで「3Dカーソル」を中心に戻しておいてください。

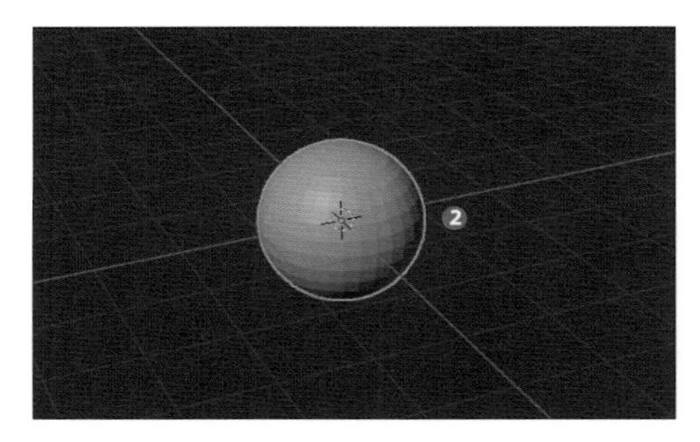

調整メニューを確認する

1 球を追加した際に「3Dビューポート」の左下をみてみると、小さいメニューが表示されている（❶）ことが確認することができると思います。これを便宜的に「調整メニュー」とします。
左クリックで選択すると各種項目が表示され、これらの項目から直前に行った操作の内容を細かく調整することができます。

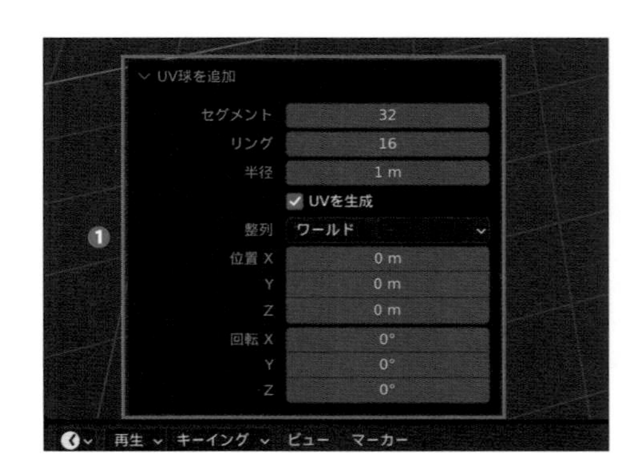

2 「プリミティブ」を追加した場合の「調整メニュー」からは位置や向き、形状などを数値で指定することが可能です。UV球の場合では「セグメント」と「リング」の値を操作すると形状が変化することがわかると思います。
一通りどのように形状が変化するか確認できましたら、今回は「セグメント」と「リング」の値はそれぞれデフォルトの「32」と「16」、半径は「0.8」に調整（❶、❷）しておきましょう。

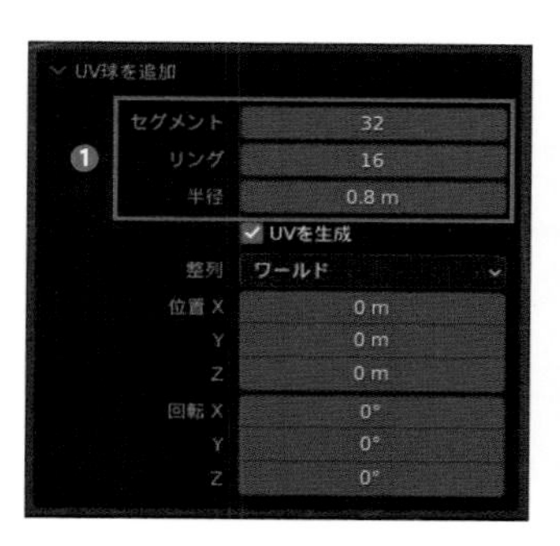

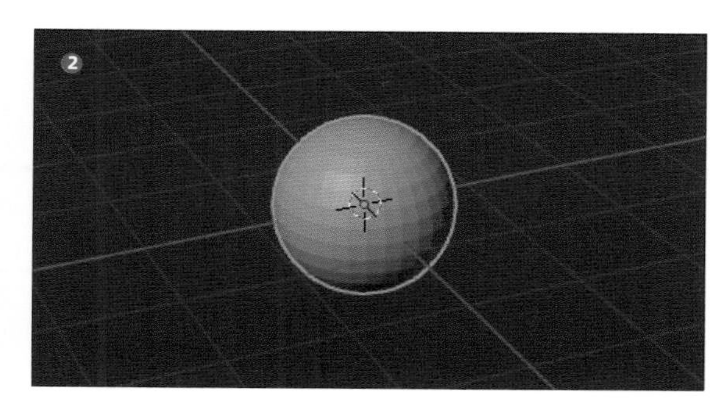

補足説明

調整メニューはそれ以外の箇所をクリックしたりすると消えてしまいますが、次の操作を行うまでは「3Dビューポート」上部のメニューで「ビュー → 最後の操作を調整」にチェックを入れる、または[F9]キーから再度表示することができます。

スムーズシェードに切り替える

1 追加した直後の「プリミティブ」は、よく見ると角張った見た目をしています。このときの表示方法を「フラットシェード」と呼ぶのですが、これを滑らかに見えるように「スムーズシェード」に設定を変更してみましょう。
切り替え方は対象の「オブジェクト」を選択している状態で「3Dビューポート」上部のメニューから「オブジェクト → スムーズシェード」（❶、❷）を選択するか、「3Dビューポート」内で右クリックをして表示されるメニューから「スムーズシェード」を選択するだけです。
同メニュー内の「フラットシェード」を選択すれば表示方法を「フラットシェード」に戻すこともできますので、合わせて試しておきましょう。

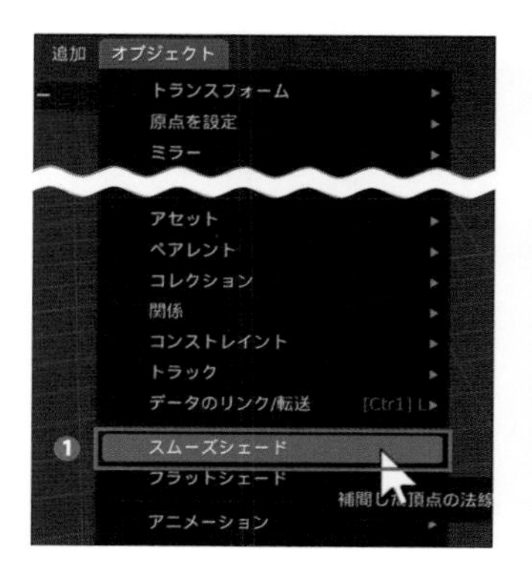

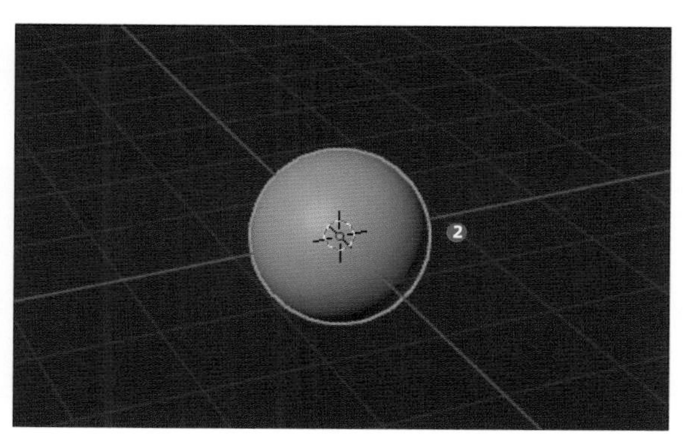

06 顔に目を付ける

続いて顔に目を付けていきます。大きさや位置、角度を変える操作が必要になりますので、操作方法を身につけながら進んでいきましょう。

目を追加する

1 次に顔に目を付けていきましょう。まずは「頭部のベース」の正面付近のうち目を付けたいところを、「Shift」キーを押しながら右クリックして「3Dカーソル」を移動させます（❶）。すると「3Dカーソル」を「頭部のベース」の表面上に配置できることが確認できると思います。

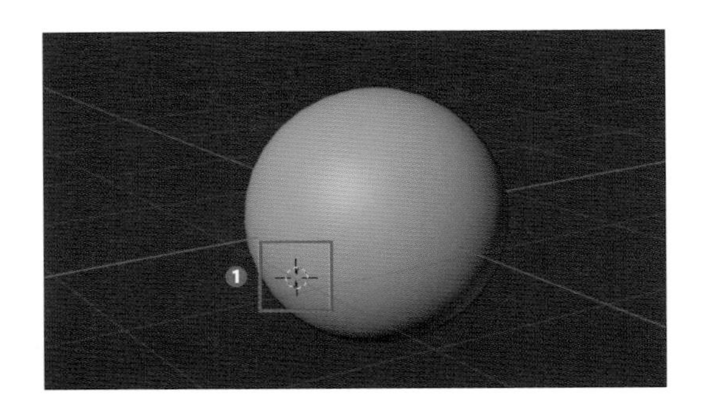

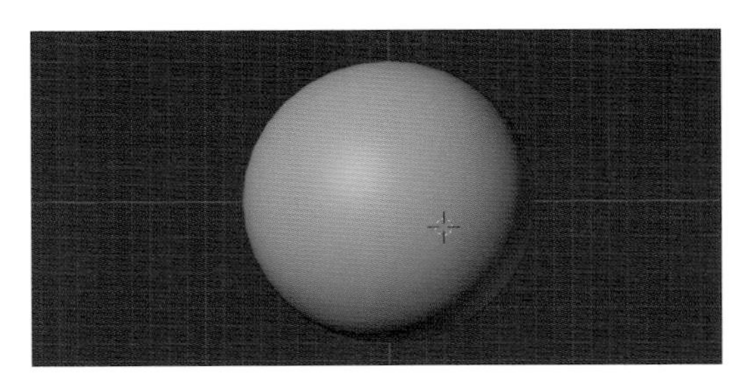

テンキーの［1］で正面から見た場合に右下になる箇所に3Dカーソルを移動

2 この状態で再び「3Dビューポート」上部のメニューから「追加 → メッシュ → UV球」から球を生成してみましょう（❶）。このとき直前に生成した「頭部のベース」を生成したときの情報が残っているので、「調整メニュー」内の「半径」の値を「1」に戻しておきましょう（❷）。

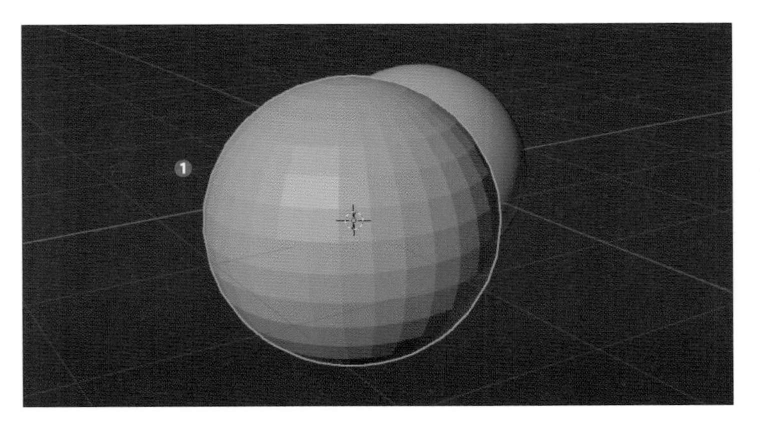

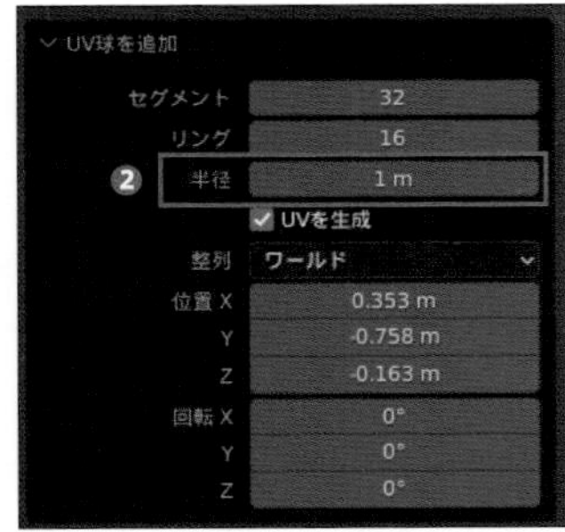

目の大きさを調整する

1 この球が目の部分になるのですが、そのままでは大きすぎるのでサイズを調整します。「オブジェクト」の大きさは「スケールツール」（❶）を使用して変更します（ショートカット：[Shift+Space] キー → [S] キー)。
「スケールツール」はツールバー内の上から5つめのツールで、これを選択すると選択中の「オブジェクト」の原点から3方向に伸びた四角い矢印が表示されます。これを「マニピュレータ」と呼び、いずれかの矢印をドラッグする（❷）ことでその方向に「オブジェクト」を引き延ばしたり、押しつぶしたりすることができます（❸)。

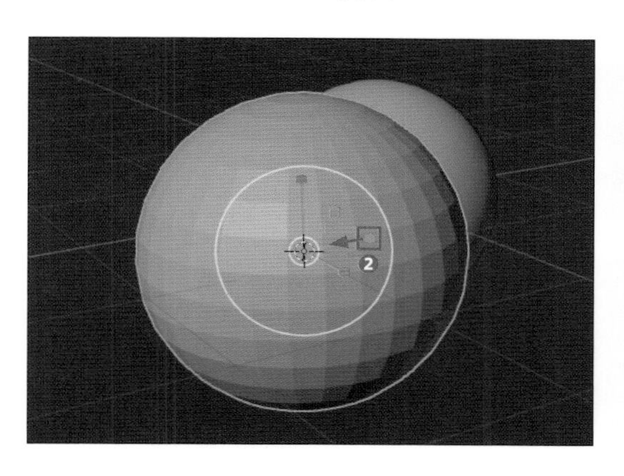

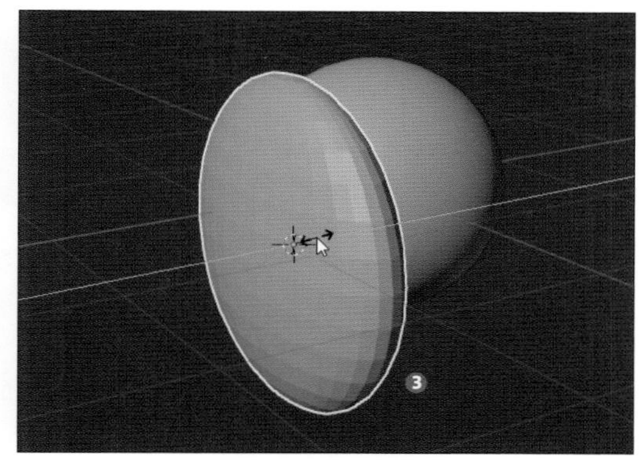

2 さらに、マニピュレータの半透明の四角い板（❶）をドラッグすれば板と同じ平面方向にだけ引き延ばすことができ（❷)、中心または外周付近にある白い円をドラッグ（❸）することで全体を均一に拡縮することもできます。それぞれ試しておきましょう。
このとき「Shift」キーを押しながら操作すると移動量が少なくなり、微調整がしやすくなります。こちらも試してみてください。
試し終わったら、目のオブジェクトを追加した時点まで［Ctrl + Z］キーで戻しておきましょう。

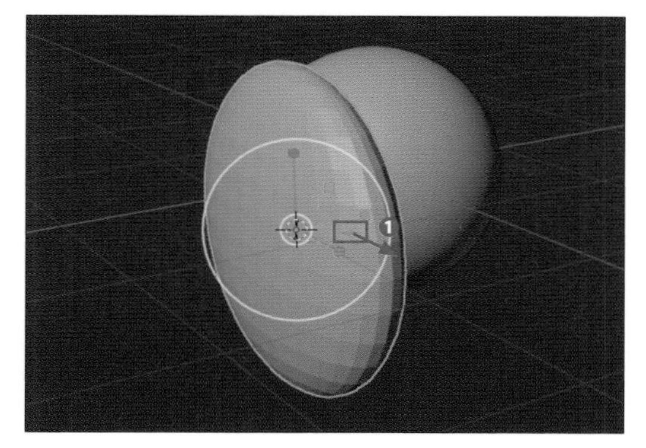

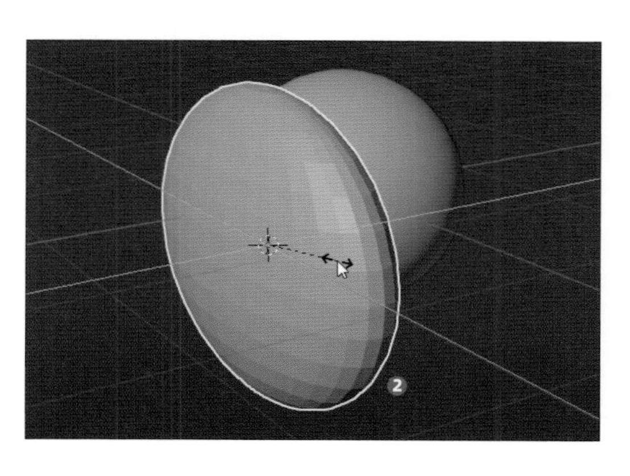

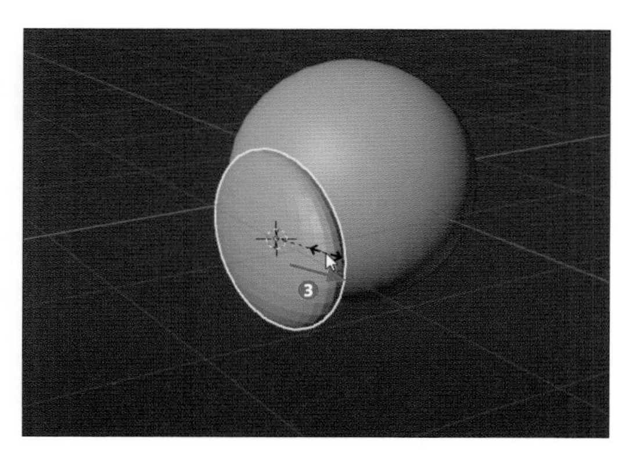

補足説明

マニピュレータを操作中にテンキーから「0.1」のように数値を撃ち込むか、「スケールツール」の操作後に表示される「調整メニュー」から「スケール」の各値を操作することで拡縮率を数値で指定することもできます。

3 今回は最初の大きさから「スケールツール」の「調整メニュー」内の「スケール」の値を「X：0.1、Y：0.1、Z：0.05」に指定しておはじき状になるよう調整しました。「スケールツール」でいずれかのマニピュレータを少しドラッグして（❶）、表示された「調整メニュー」で指定する（❷、❸）とやりやすいでしょう。

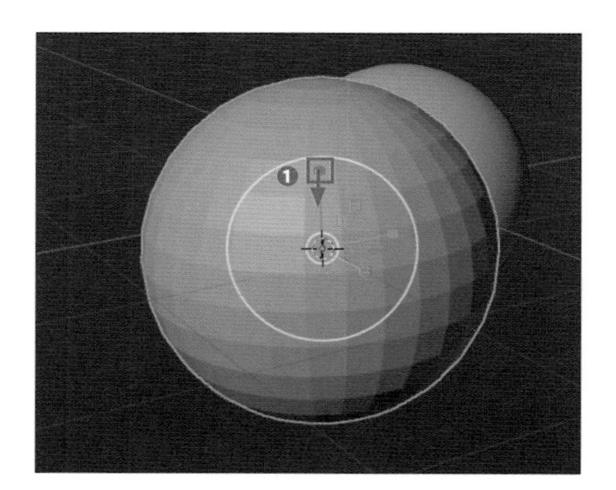

ヒント

初期設定（P.018）で「テンキーを模倣」を有効にしていた場合は、キーボード上部の数値入力のキーから値を入力してください。

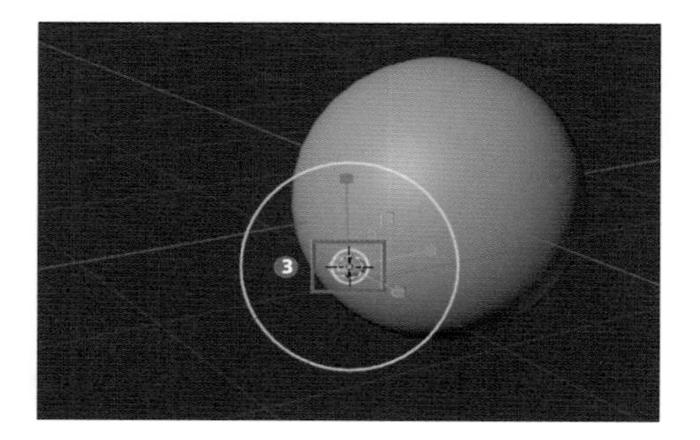

目の向きを調整する

1 スケールツールで目の大きさを調整しましたが、そのままでは頭部と目の向きが一致していません。そこで「回転ツール」（❶）を使用して「目のオブジェクト」を回転して向きを揃えてみましょう。「回転ツール」はツールバーの上から4つめのツールで、このツールを選択すると選択している「オブジェクト」の原点まわりに直行する3つの円（❷）が表示されます（ショートカット：[Shift+Space] キー → [R] キー）。それぞれの円をドラッグ（❸）することで、対応した方向に「オブジェクト」を回転させることができます。

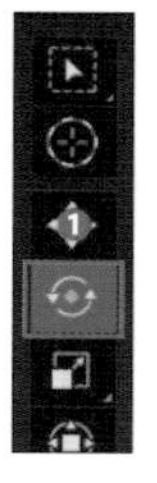

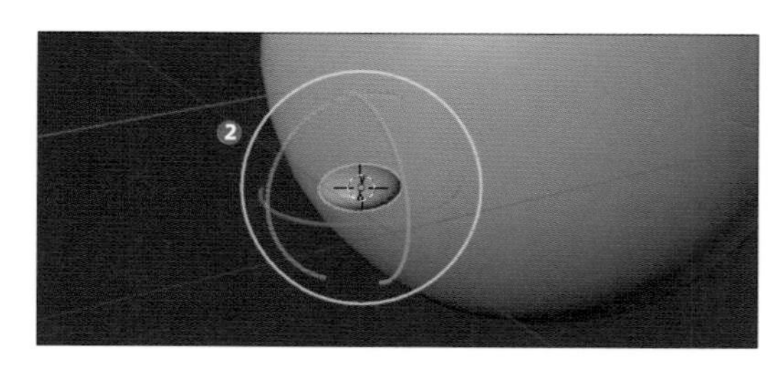

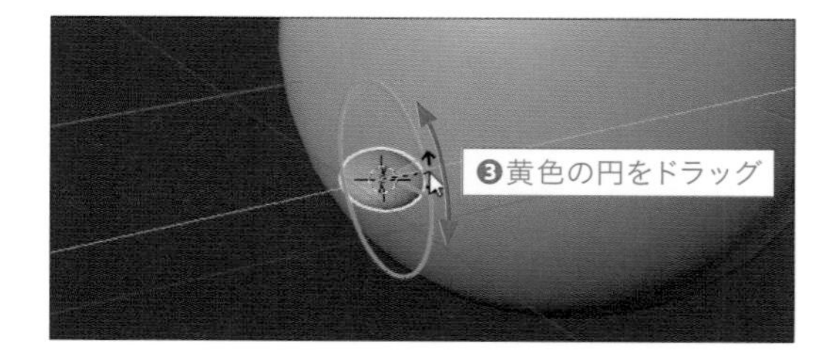

さらに白い円をドラッグすると今見ている方向を軸にして回転（❹）、白い円内のいずれかの箇所をドラッグすると自由回転（❺）させることもできますのでそれぞれ試してみましょう。

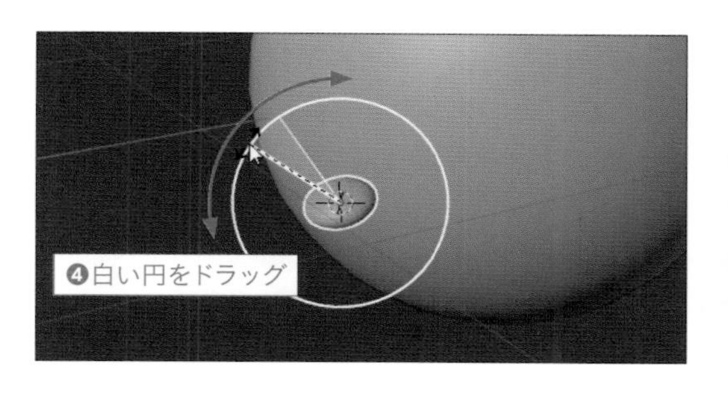

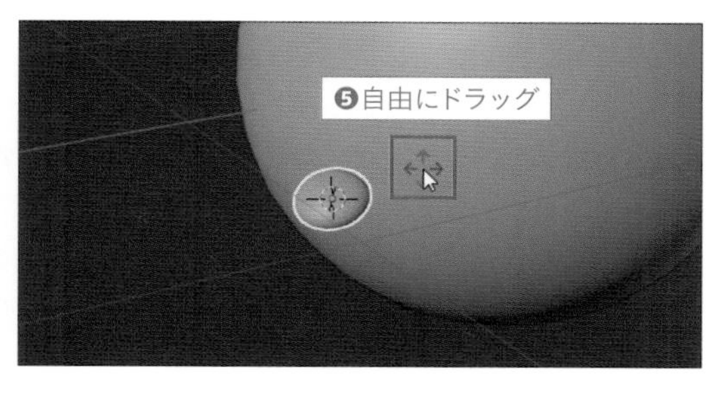

2 このツールも操作中や「調整メニュー」から数値での設定が可能です。
まず、スケールツールでおはじき状に大きさを調整した状態まで戻ります（❶）。そして、「回転ツール」で赤い円のマニピュレータを操作し（❷）、「調整メニュー」から「角度」に「100」（❸）を入力、その後青い円のマニピュレータを操作（❹）した後の「調整メニュー」の「角度」に「25」（❺）を入力して「頭部のベース」の表面と「目のオブジェクト」との向きを合わせました（❻）。

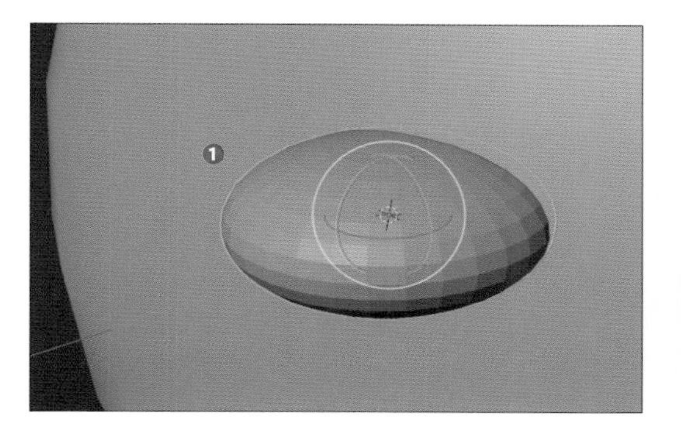

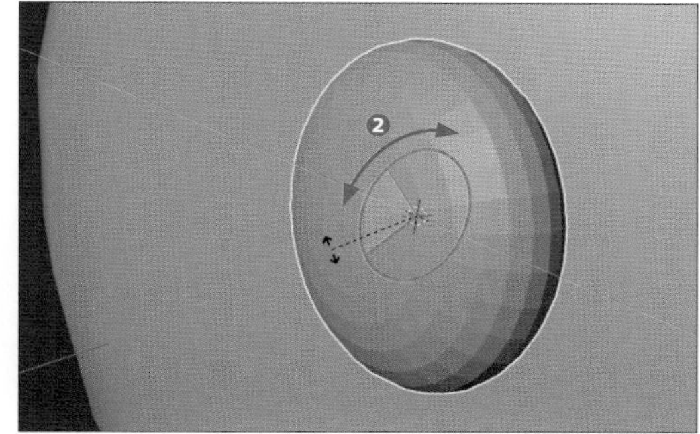

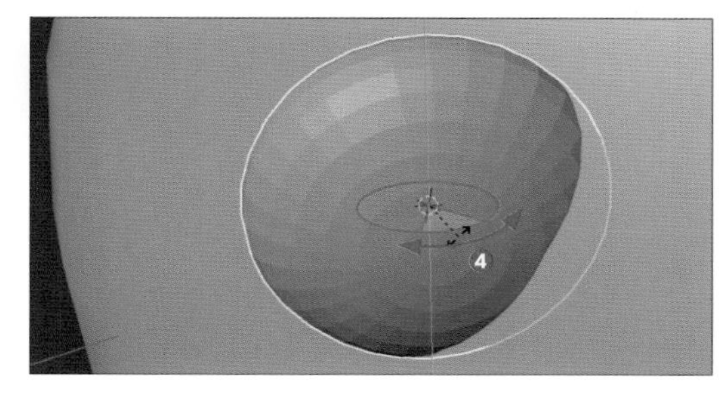

ヒント

オブジェクトが視点から離れていて操作しにくい場合は、テンキーの「.」を入力することで選択している対象が中心にくるように調整できます。

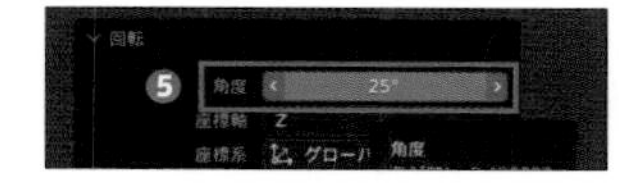

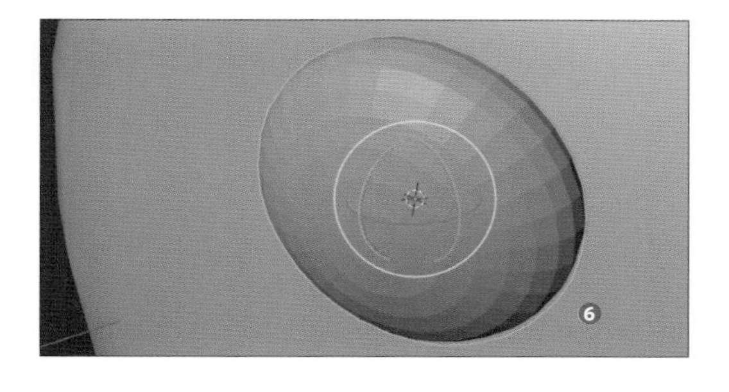

ヒント

目の位置によっては、ここで頭部と目の向きが合わないこともあります。次のページで調整するのでそのまま進んでください。

目の位置を調整する

1 「目のオブジェクト」の向きを調整しましたが、配置した場所によっては「頭部のベース」に埋まってしまったり逆に離れてしまったりする場合もあります。その場合は「移動ツール」(❶)を使用して「目のオブジェクト」の位置を調整してみましょう。
「オブジェクト」を移動させるためにはツールバーの上から3つ目の「移動ツール」を使用します(ショートカット:[Shift+Space] キー → [G] キー)。こちらもそれぞれの矢印や四角い板をマウスのドラッグで引っ張る(❷)とその方向に、中心の白い円をドラッグすると自由に移動(❸)させることができますので、試しに操作してみてください。

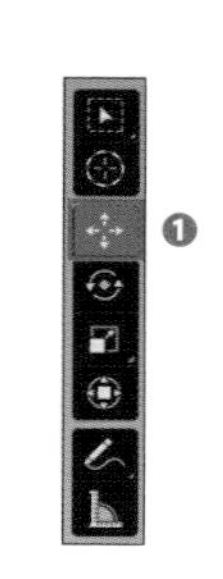

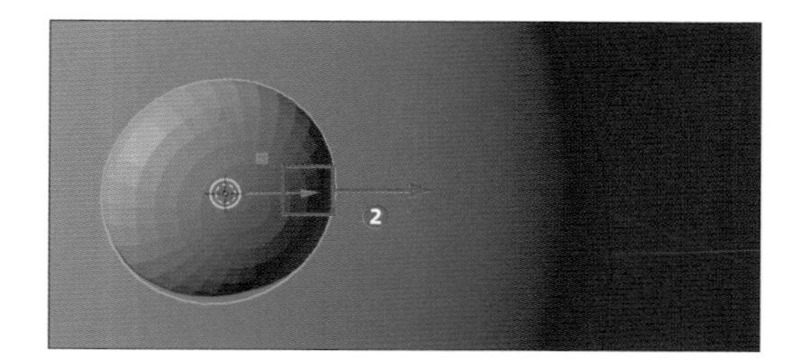

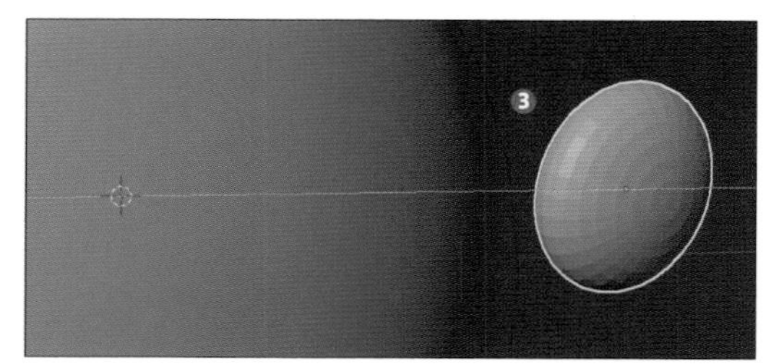

2 また、マニピュレータでの操作以外にも、「オブジェクト」の位置や向き、大きさは「トランスフォーム」(❶)のメニューから直接数値で指定することも可能です。
「トランスフォーム」は「サイドバー([N] キーまたは [ビュー → サイドバー] で表示)」内の「アイテム → トランスフォーム」から表示することができるので確認してみましょう。

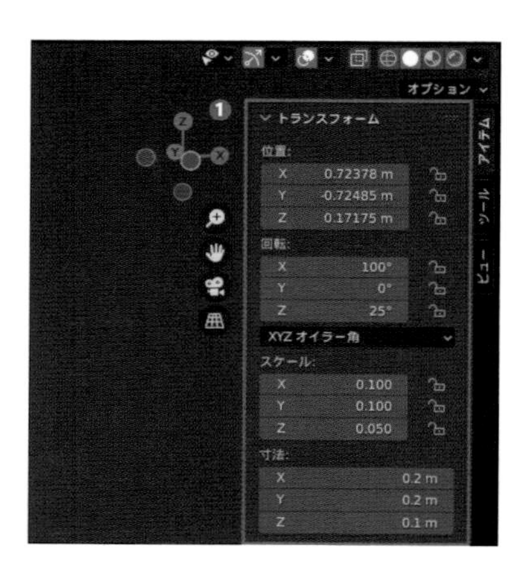

3 「トランスフォーム」内には選択している「オブジェクト」の現在の「位置」、「回転」、「スケール」などの値が「X、Y、Z」という項目に分けられて表示されています。今回は「目のオブジェクト」の「位置」の値をそれぞれ「X:0.3、Y:-0.73、Z:-0.15」に指定して位置を調整しました(❶、❷)。

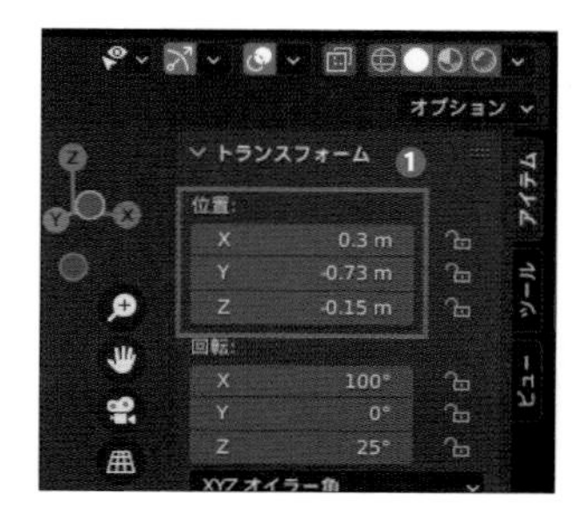

ヒント

プロパティウィンドウ内にも同様に「トランスフォーム」という項目が存在しますが、こちらからでは操作できない項目も存在するため本書籍では基本的に「サイドバー」内のメニューを使用します。

補足説明：グローバル座標系とローカル座標系について

3DCGを扱うソフトでは、一般的に3DCGモデルが配置される空間は「X、Y、Z」の3軸がそれぞれ垂直に交わる座標系で示されます（❶）。これにより、どこの座標にモデルが配置され、どの軸ごとにどの程度回転しているかといった立体的な表現をすることが可能となっています。
この「オブジェクト」が配置される空間全体を示す座標系のことを「Blender」では「グローバル座標系」と呼び、その中心が「グローバルの原点」（❷）となります。
この座標系の軸の方向はソフトによって異なる場合があるのですが、「Blender」では右から左へ向かう軸が「X軸（赤色）」、前方から後方へ向かう軸が「Y軸（緑色）」、下から上へ向かう軸が「Z軸（青色）」とされています。
これらの軸方向は様々な操作をするうえでの基準となりますので、一応覚えておきましょう。

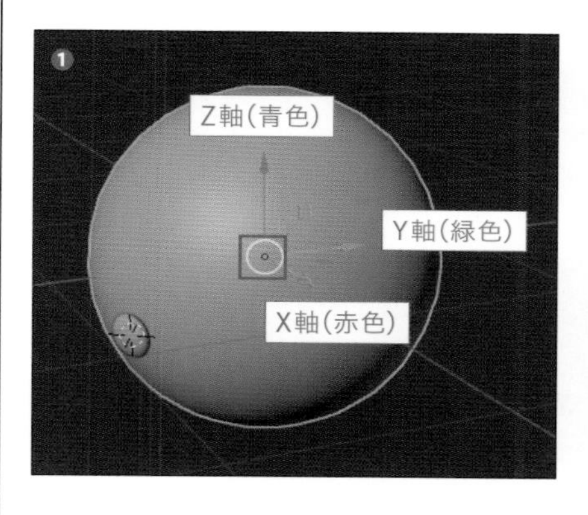

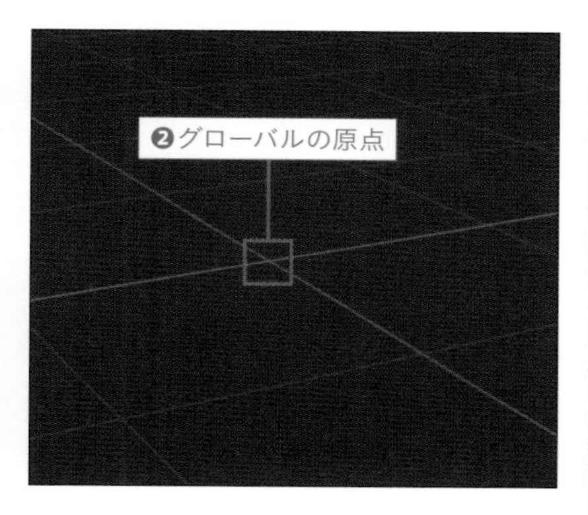

また「目のオブジェクト」の「トランスフォーム」の項目内の「スケール」の値をよく見ると、形状が縮小されている軸の方向と「グローバル座標系」の軸の方向とが一致していないように見えます。
これは「スケール」の値が「グローバル座標系」ではなく「オブジェクト」自身の向きを基準にして指定されているからになります（❸、❹）。

このような「オブジェクト基準の座標系」を「Blender」では「ローカル座標系」と呼びます。こちらも合わせて覚えておきましょう。なお、座標系の切り替えは、P.051で行います。

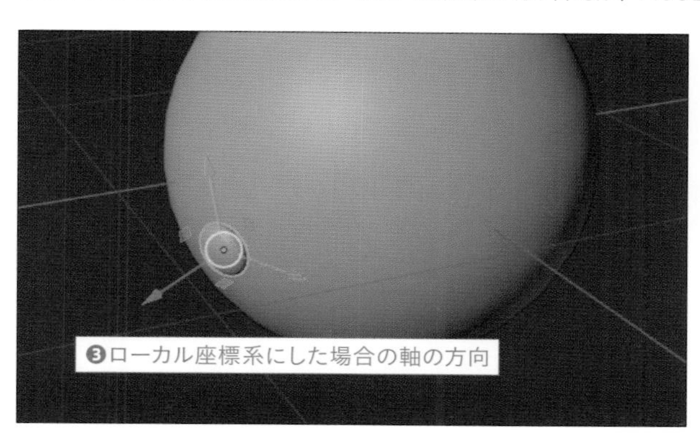

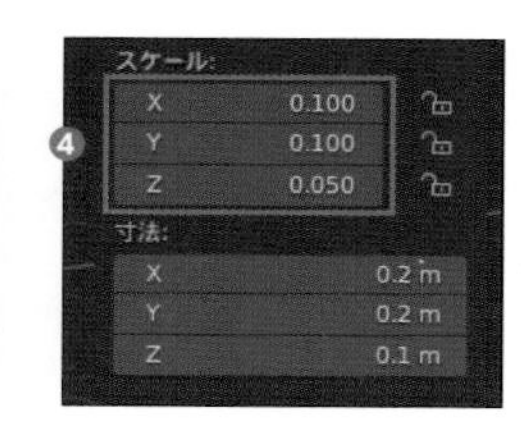

「スケール」の値はローカル座標系

補足説明：簡略版の移動／回転／スケールツールについて

「オブジェクト」を移動や回転、拡縮する機能については、マニピュレータでの操作の代わりにマウスカーソルの移動量とキーボード入力での操作ができる簡略版の機能も用意されています。

「3Dビューポート」上部のメニューから「オブジェクト → トランスフォーム → 移動／回転／スケール」を選択する（❶）、またはショートカットでそれぞれ「G」、「R」、「S」を入力することで使用することができます。「掴む（Grab）」、「回転する（Rotation）」、「スケール（Scale）」の頭文字と考えると覚えやすいかもしれません。

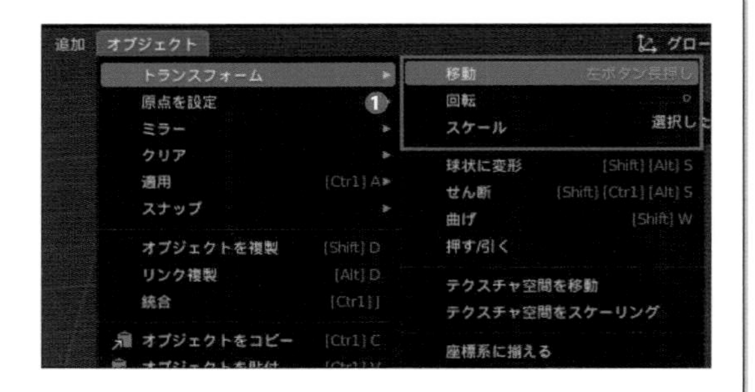

実行すると、マウスカーソルを移動させた距離に応じてそれぞれの操作をすることができるので確認してみましょう。操作の確定は「Enter」キーまたは「左クリック」、キャンセルは「Esc」キーまたは「右クリック」なので合わせて確認してください。

また、操作中に「X／Y／Z」を入力すると各軸の方向、「Shift ＋ X／Y／Z」を入力するとそれ以外の軸方向にのみの操作に制限をすることもできますので試してみてください。
これによりマニピュレータで操作するときと同様に各軸の方向に対して操作をすることができるようになります。

この簡略版のツールをショートカットから使うことで、移動や回転、拡縮をする際にツールを切り替える手間を省くことができます。またマニピュレータの位置までマウスカーソルを移動させなくても操作ができることから、効率的に「オブジェクト」を操作することができるようになります。
一方でそれぞれの操作する軸方向がぱっと見では分からなくなってしまうので、慣れるまでは操作が難しく感じるかもしれません。
ただこちらはあくまで効率化を求めたときに使用すると便利な機能なので、マニピュレータでも同様の操作は可能です。ですので初めのうちは無理に使う必要はありません！ 理解が進んでもう少し効率的に制作を進めたいとなったときに挑戦してみてください。

オブジェクトの複製とトランスフォームのミラー

1 片方の目が付きましたら、もう片方にも目も付けましょう。先ほどと同様の手順で作成しても問題ありませんが、今回は既に作成してある方の目の「オブジェクト」を複製して作成します。先に作った目が画面の右側にくるように、視点を変更しておくとやりやすいでしょう。

複製したい「オブジェクト」を選択した状態で「オブジェクト → オブジェクトを複製」(❶)を選択します(ショートカット：[Shift] + [D])。

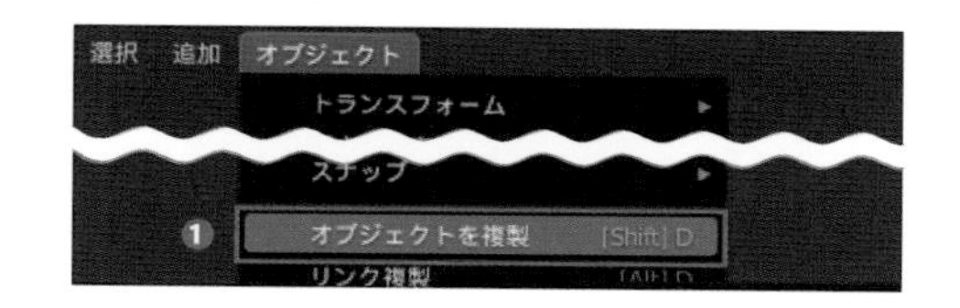

その後マウスを動かすと複製された「オブジェクト」が一緒に動くので(❷)、[Enter] キーまたは左クリックで位置を確定します。今回は複製元と同じ位置に配置したいので、その場合は左クリックの代わりに右クリックで確定します(❸)。

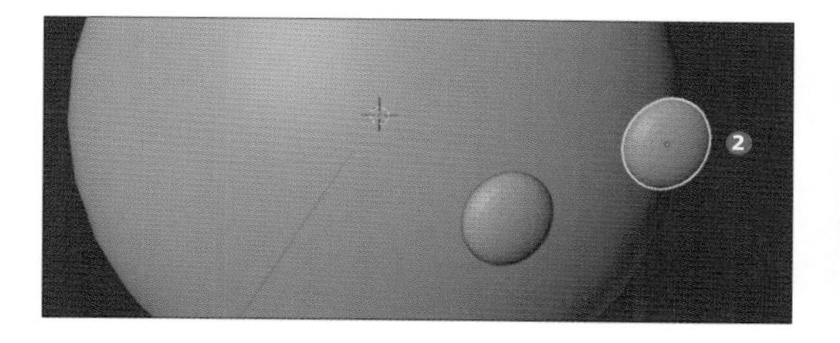

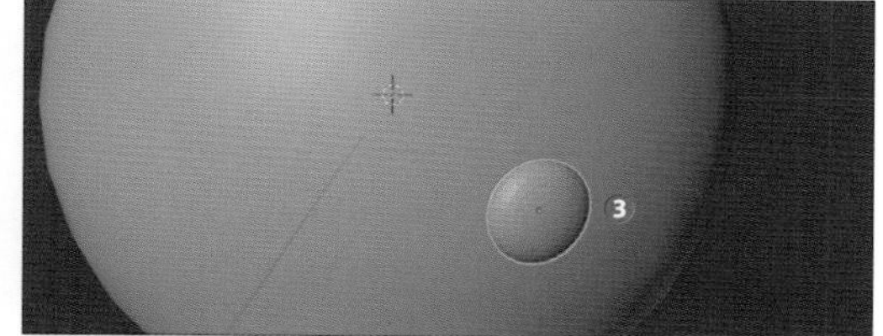

2 複製した「目のオブジェクト」は「トランスフォーム」から「位置」の「X」の値を「0.3」から「-0.3」に変更して(❶、❷)左右で対称の位置になるよう移動させておきましょう。

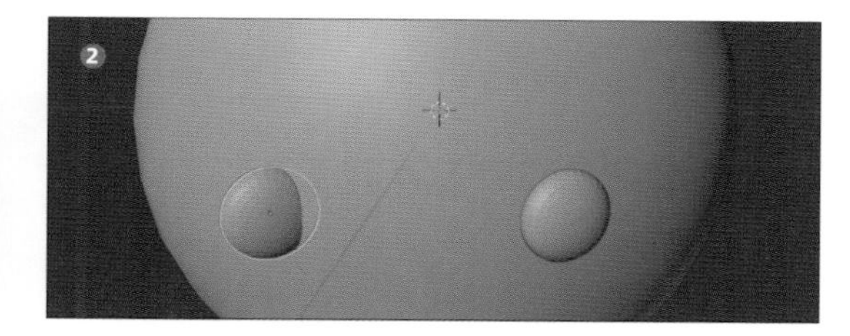

3 このように「位置」の反転は数値で簡単に指定できるのですが、「回転」と「スケール」に関しては値で決め打ちするのが難しい場面が多いです。
「オブジェクト → ミラー → X/Y/Z Global」から「回転」と「スケール」の値を「グローバル座標系」のそれぞれの軸方向を基準に反転することができます。今回は「X Global」(❶)を使用しましょう(❷)。これで「目のオブジェクト」が左右で同じ位置に付きました！

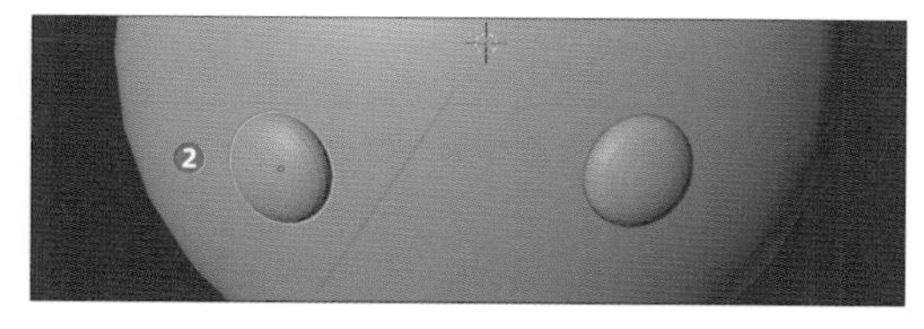

07 耳を付ける

続いて頭部に耳を付けます。耳のオブジェクトの操作では、「オブジェクトの原点」を使うことで頭部にぴったりと耳をくっつけ、「ローカル座標系」を使うことで、ちょうど良い角度に回転をさせます。

耳を球で作る

1 目が作成できましたら、続いて耳も付けていきましょう。今回は耳にもUV球を使用します。「3Dビューポート」上部のメニューから「追加 → メッシュ → UV球」を生成します。「調整メニュー」の値はデフォルトのままで問題ありません。そして、作業しやすいように「ローカルビュー」に切り替えてください（テンキーの[/]）。「ローカルビュー」では、選択したオブジェクトしか表示されないため（❶）、ほかのオブジェクトに影響を受けず作業することができます。

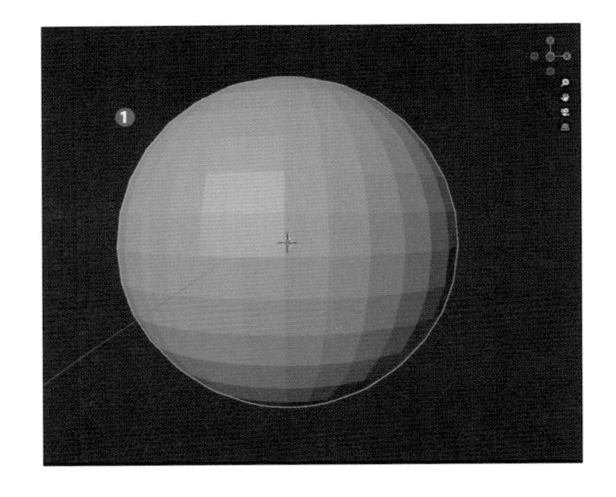

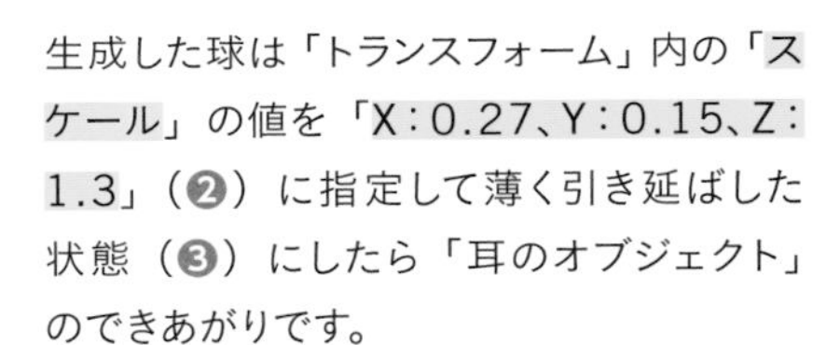

生成した球は「トランスフォーム」内の「スケール」の値を「X：0.27、Y：0.15、Z：1.3」（❷）に指定して薄く引き延ばした状態（❸）にしたら「耳のオブジェクト」のできあがりです。

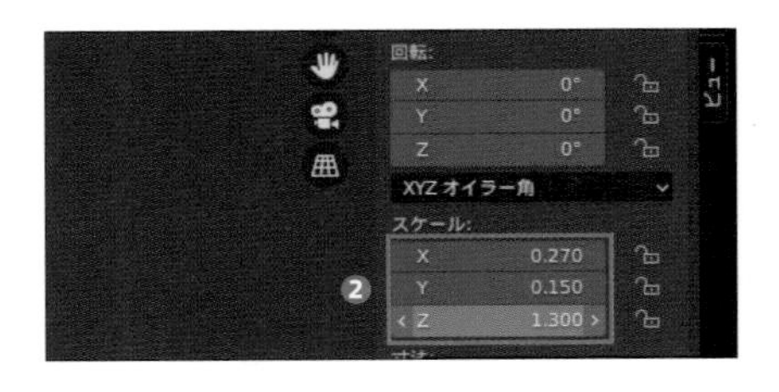

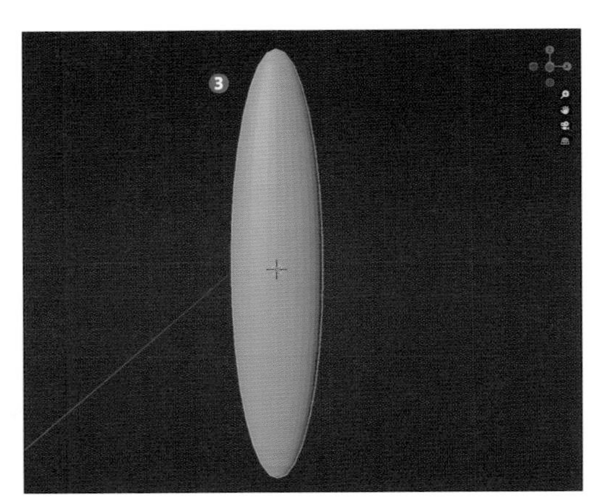

オブジェクトの原点を移動する

1　この「耳のオブジェクト」のうち、下側が「頭部のベース」との付け根になります。しかしそのままでは「オブジェクトの原点」が球の中心にあるので位置や向きを調整することが難しいです。そこで「耳のオブジェクト」の原点の位置を付け根側に移動してみましょう。

「オブジェクトの原点」を移動する方法はいくつかありますが、一番自由度が高いものは「3Dビューポート」内の右上付近に配置されている「オプション」の中から「影響の限定」の「原点」を有効（❶）にする手法です。

2　これを有効にした状態で「移動ツール」を使用すると「オブジェクトの原点」のみを移動させることができます。今回は「移動ツール」で少し移動させて、表示された「調整メニュー」から「Z」の値のみを「-1」にして（❶）「耳のオブジェクト」の「オブジェクトの原点」を付け根側に移動しましょう（❷）。

「オブジェクトの原点」を移動し終わったら「オプション」内の「原点」は無効にしてください。

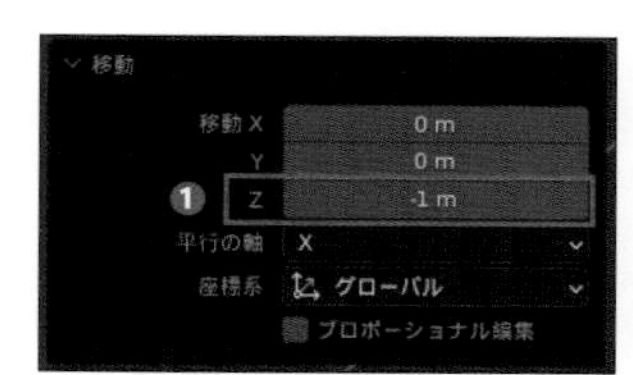

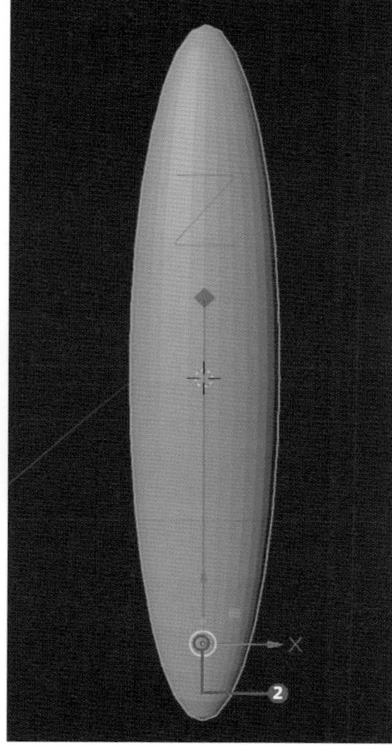

操作後、「原点」は無効にする

ヒント

回転ツールやスケールツールを使うと「ローカル座標系」の向きや縮尺を変更することもできますが、今回は使用しません。

スナップツールで配置する

1　「オブジェクト原点」を調整できましたら「ローカルビュー」を解除してください（テンキーの［/］）。

そうしましたら「頭部のベース」の上に「耳のオブジェクト」を配置していきます。これまでと同様に「移動ツール」で調整してもいいですが、ここで「スナップツール」を使用してみましょう！

「スナップツール」は「オブジェクト」などを指定した対象に合わせてピッタリと配置する（スナップする）ことができるツールで、「3Dビューポート」の上部に配置されている「スナップ」（❶）から有効にすることができます（ショートカット：[Shift+Tab] キー または移動ツール使用中に [Ctrl] キー）。
デフォルトではそれぞれの軸方向に「1m」ずつ移動することができる設定になっているので「移動ツール」を使用して確認してみましょう（❷）。

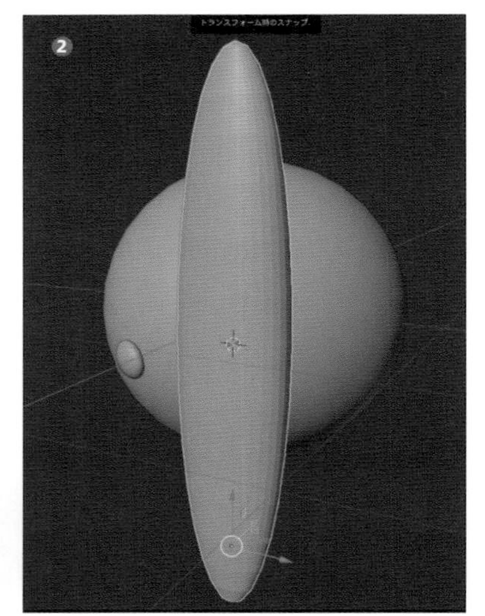

2 スナップの対象は隣の「スナップ先」のメニューで選択できます。今回は「頭部のベース」の表面上に「耳のオブジェクト」を配置するので「面」（面に投影）を選択します（❶）。この状態で「移動ツール」で「耳のオブジェクト」を「頭部のベース」付近に近づけると、「耳のオブジェクト」の先端が「頭部のベース」の表面に吸い付くことが確認できます（❷）。

ヒント

ここでは「移動ツール」でオブジェクト周辺の白い円を使用して移動させると、吸い付く様子がわかりやすいです。

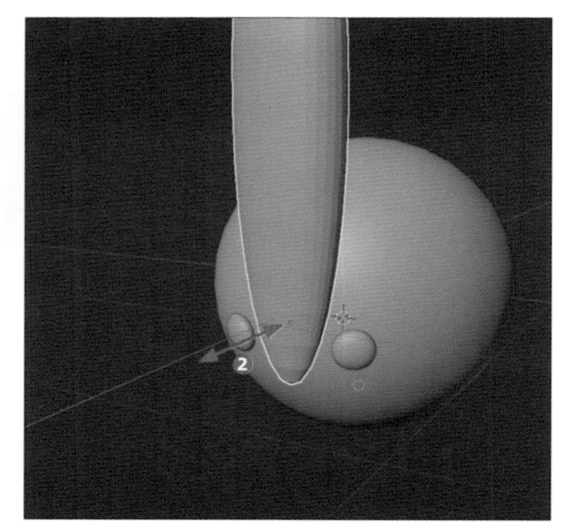

3 さらに「スナップ方法」の項目を「近接」から「中心」（❶）に変更することで「オブジェクト原点」がスナップするようになるほか、「ターゲットに回転を揃える」を有効にする（❷）と「頭部のベース」の表面に対して「Z軸方向」が垂直に伸びるように「オブジェクト」が自動で回転してくれるようになりします（❸）。

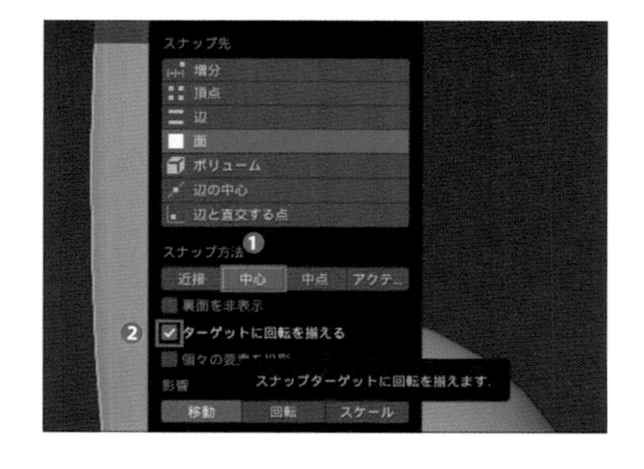

このように「スナップツール」を使用することで「オブジェクト」の移動配置が簡単になる場合がありますので工夫して使用してみましょう。

この作例では最終的に「耳のオブジェクト」は「トランスフォーム」から「X：0.5、Y：-0.34、Z：0.53」の座標に配置しました（❹、❺）。配置し終わりましたら「スナップツール」は無効にしておきましょう。

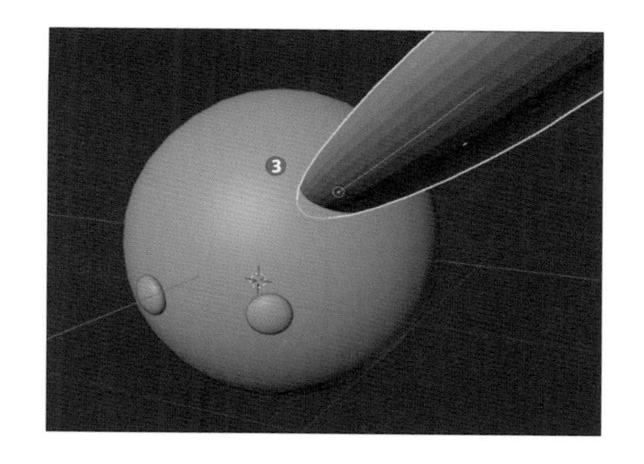

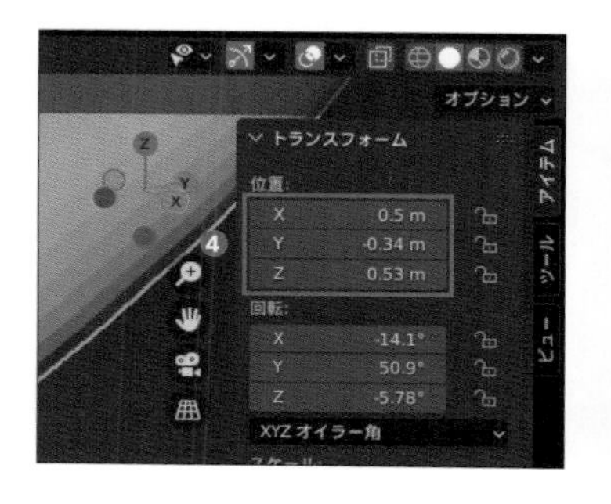

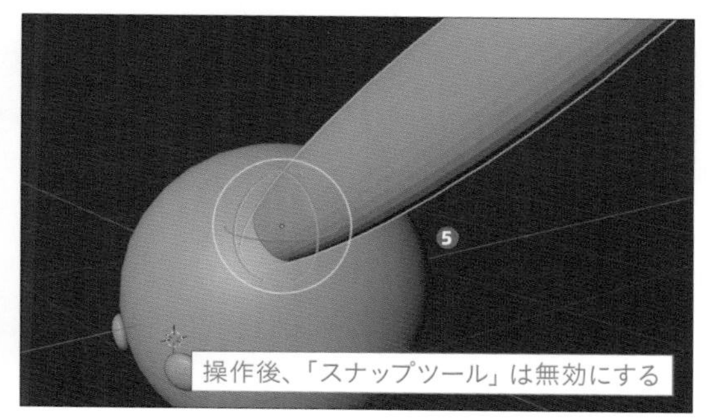

ローカル座標系で耳の向きを調整する

1 「耳のオブジェクト」の位置を決めたら次に角度を決めていきましょう。「耳のオブジェクト」は「頭部のベース」に対して斜めに配置していきますが、デフォルトの状態では「マニピュレータ」の軸方向は常に「グローバル座標系」が基準になっているため調整が難しいです。そこで「マニピュレータ」の軸方向を「ローカル座標系」が基準になるように変更してみましょう。
「マニピュレータ」の軸方向は「3Dビューポート」内の上部にある「トランスフォーム座標系」から変更することができます（ショートカット：[<] キー）。
デフォルトでは「グローバル」が選択されていますが、これを「ローカル」（❶）に変更すると「マニピュレータ」の軸方向が選択している「オブジェクト」の「ローカル座標系」を基準としたものに変化します（❷）。

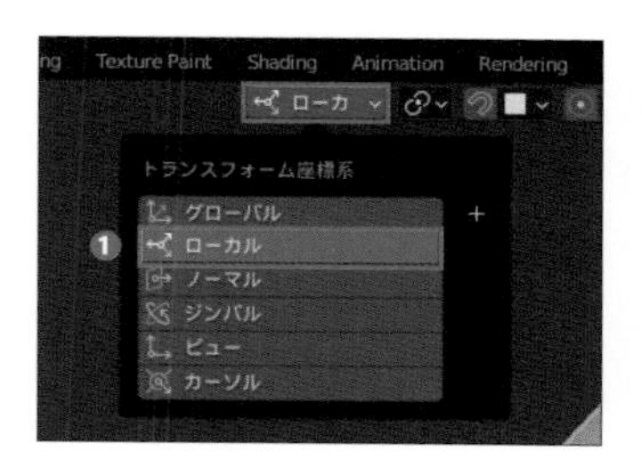

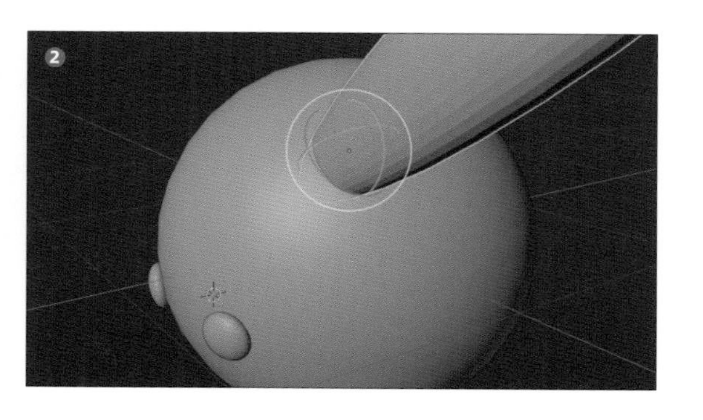

この状態では「回転ツール」で「オブジェクト」の向きに対して常に同じ軸周りに回転できるようになるので、比較的角度を調整することが簡単になります。
モデリングをするにあたってこの座標系の切り替えはよく使用するので覚えておきましょう。このChapterではこのまま「ローカル座標系」で最後まで進めます。

2 最終的に耳は「トランスフォーム」の「回転」で「X：-45、Y：45、Z：16」になるよう調整しました。

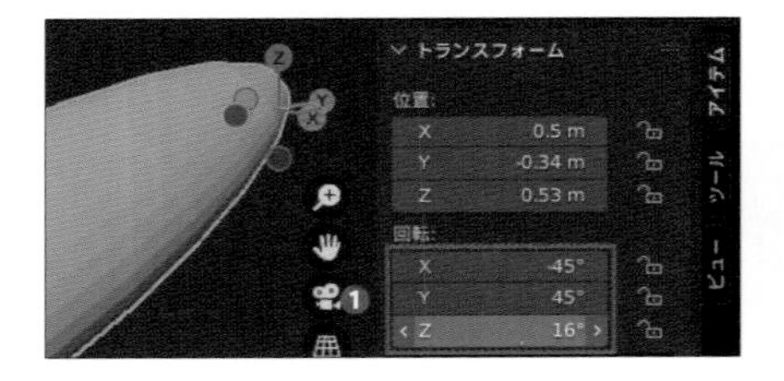

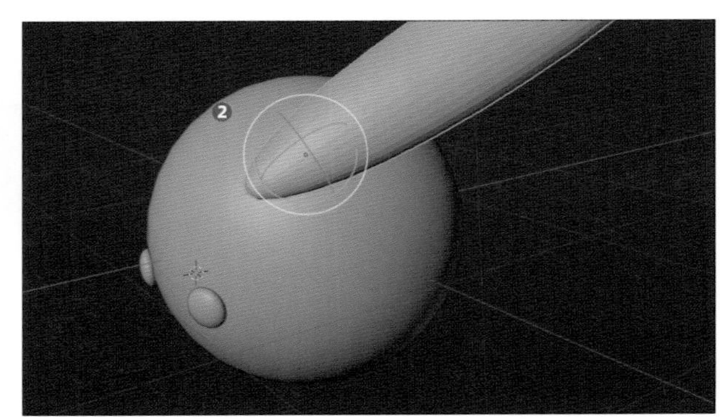

3 調整し終わりましたら「目のオブジェクト」と同様の手順で左右対称となるように「オブジェクト」を複製して配置しましょう。「3Dビューポート」上部のメニューから「オブジェクト → オブジェクトを複製」を選択して右クリックで確定し、トランスフォームで「位置」の「X」の値に「ー」をつけて移動させ、その後「オブジェクト → ミラー → X Global」を選択してください。

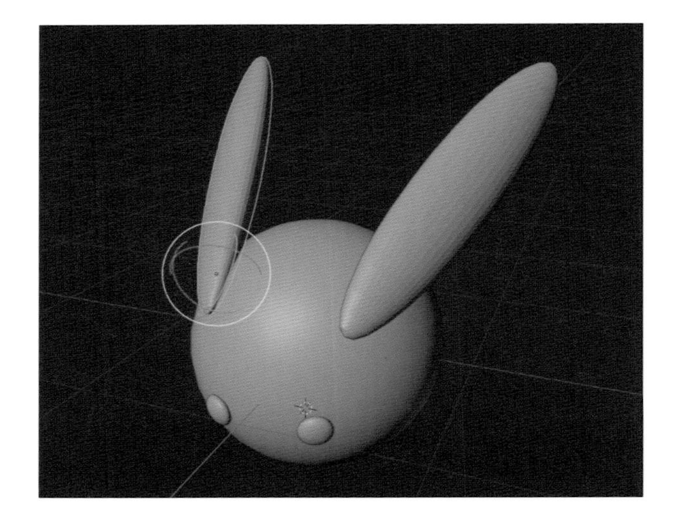

補足説明：ピボットポイントについて

このように「オブジェクトの原点」を移動させることで、位置や回転、スケールの基準となる位置を変更することができます。このような操作の基準となる点を「ピボット」と呼びます。
今回の「耳のオブジェクト」の場合は「オブジェクト原点」を移動することで付け根周りで回転させることができるようになり（❶、❷）、中心に原点があるとき（❸、❹）よりも向きが調整しやすくなりました。

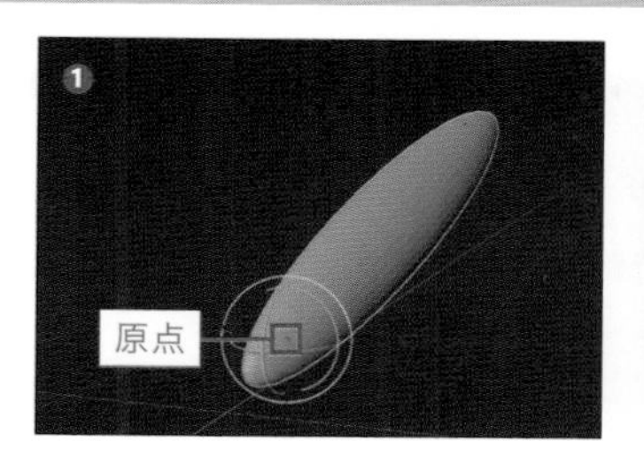

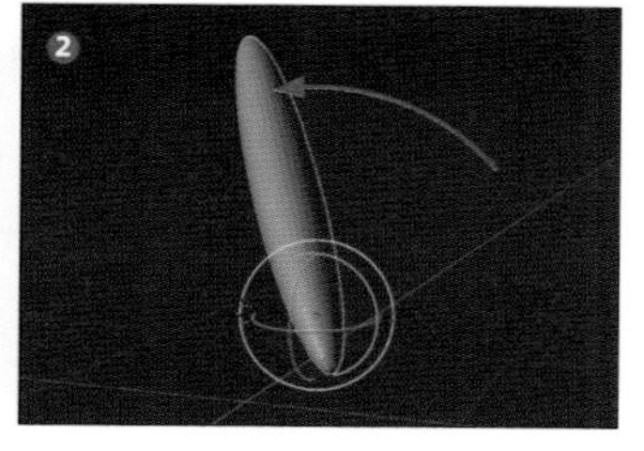

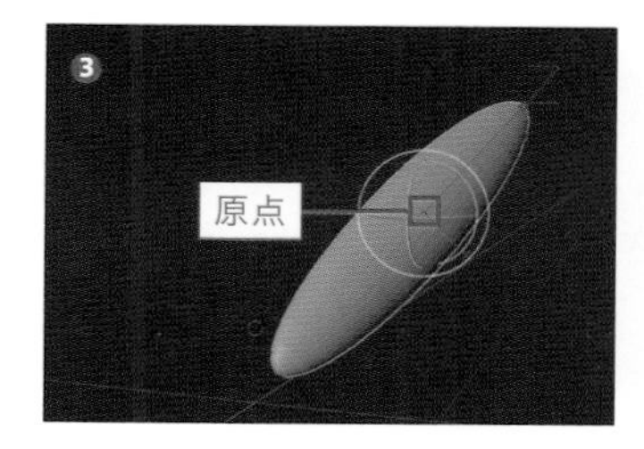

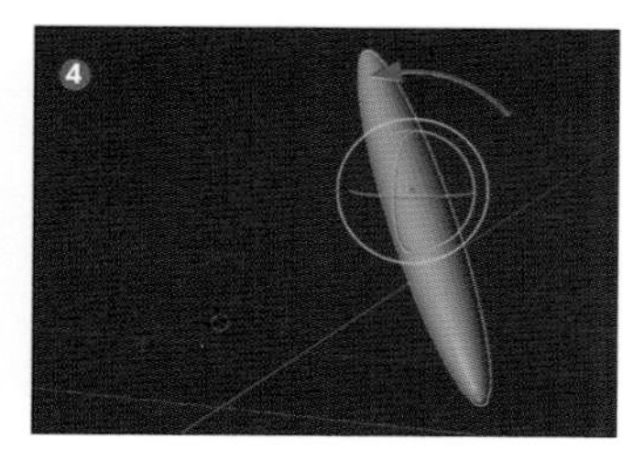

しかし一度「オブジェクト原点」の位置を変更してしまうと元に戻すのが難しく、場合によってはうまく意図した処理が実行されなくなることもあります。そのため「オブジェクト原点」はそのままの位置にしておきながら「ピボット」の位置を変えたいケースも多くあります。
このような場合にも「3Dカーソル」を使用することで「ピボット」の位置を「オブジェクト原点」の位置によらない任意の位置に指定することができたりします。確認してみましょう！

何を「ピボット」の基準にするかは「3Dビューポート」内上部の「トランスフォームピボットポイント」（❺）から変更することができます（ショートカット：[>] キー）。今回はこれを「3Dカーソル」に変更しますと、「3Dカーソル」の位置を基準点として回転することができるようになります（❻）。
この「トランスフォームピボットポイント」の設定を先ほどの「トランスフォーム座標系（グローバル、ローカルなど）」の設定と組み合わせることで複雑な操作も簡単に行うことができるようになる場合もありますので、余裕がありましたらそれぞれ試してみてください。

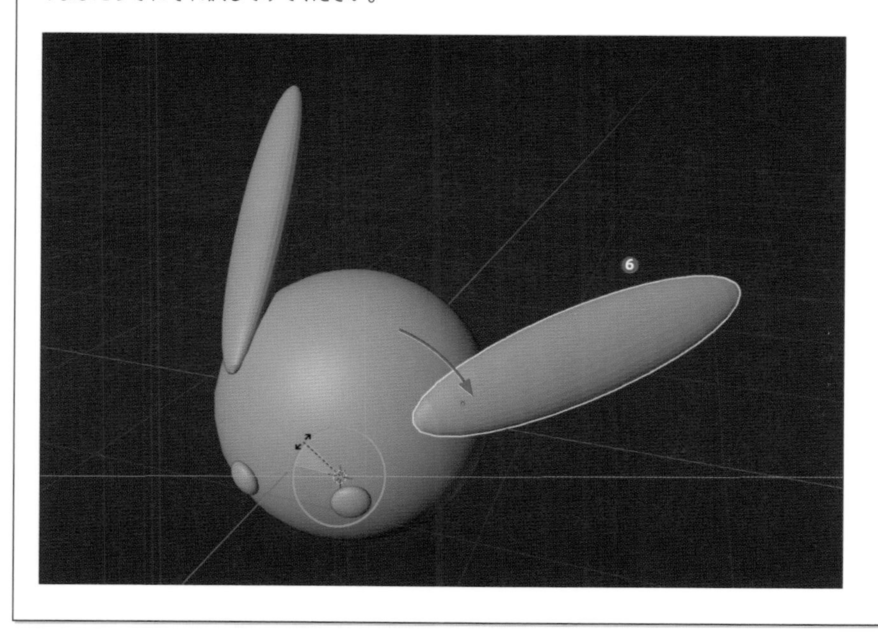

08 他の頭部のパーツも付ける

続いて、頭部の残りのパーツである鼻、ヒゲ、帽子（本体とヘタ）を作りましょう。ここまで説明してきた操作方法で作りますので、わからない場合はこれまでのページも見直しながら進めてください。

1 目と耳が付きましたら、残りの鼻、ヒゲ、帽子もくっつけていきましょう。使用する「プリミティブ」はそれぞれ、鼻と帽子本体はUV球、ヒゲは立方体、帽子ヘタは円柱で作られています。いずれも「調整メニュー」内の値はデフォルトで生成して以下の表のように調整して配置してみてください。

部位（プリミティブ）	位置(m)	回転(°)	スケール
鼻（UV球）	X：0 Y：-0.75 Z：-0.3	X：0 Y：0 Z：0	X：0.05 Y：0.05 Z：0.05
ヒゲ左側(立方体)	上 X：0.63 Y：-0.46 Z：-0.25 下 X：0.62 Y：-0.41 Z：-0.35	上 X：35 Y：75 Z：70 下 X：87 Y：67 Z：125	上 X：0.01 Y：0.01 Z：0.1 下 X：0.01 Y：0.01 Z：0.1
帽子本体（UV球）	X：0.04 Y：-0.4 Z：0.65	X：30 Y：2 Z：1.5	X：0.35 Y：0.35 Z：0.2
帽子ヘタ（円柱）	X：0.1 Y：-0.5 Z：0.87	X：-2.9 Y：16 Z：-2.95	X：0.04 Y：0.04 Z：0.1

ヒゲについては、目のオブジェクトや耳のオブジェクトと同じように、1つずつ複製して右側も作ってください。このとき、「オブジェクト→ミラー→XGrobal」を実行する際に「トランスフォームピボット」（P.053）の設定を「3Dカーソル」にしておくと、「位置」の値も「3Dカーソル」の場所を中心に左右で反転した値になります。余裕がありましたら試してみてください。

これで頭部部分の完成です。ヒゲ以外のパーツには「スムーズシェード」（P.039）を設定して滑らかに見えるように設定しておきましょう。

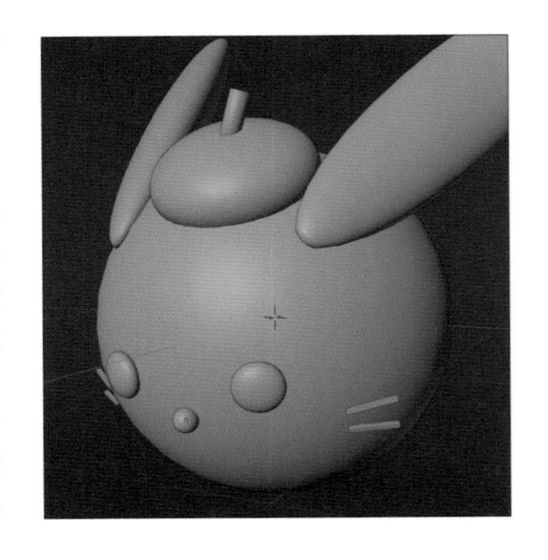

ペアレントを設定する

ここでは、オブジェクトに「ペアレント（親子関係）」を設定して、一緒に移動や回転ができるようにしてみましょう。ペアレントは解除することもできます。

CHAPTER 1
CHAPTER 2
CHAPTER 3
CHAPTER 4
CHAPTER 5
CHAPTER 6
CHAPTER 7

ペアレント（親子関係）とは

一通り頭部のパーツを配置し終えたところで、「オブジェクト」をひとまとめにして動かしやすくしてみましょう。「オブジェクト」をひとまとめにする機能はいくつかあるのですが、今回は「ペアレント（親子関係）」という機能を使用します。

「ペアレント」とは、一方の「オブジェクト」を「親」、もう一方の「オブジェクト」を「子」としたときに、「親」のトランスフォームの値を変化させると「子」もそれに合わせてトランスフォームの値が変化するようになる設定です。

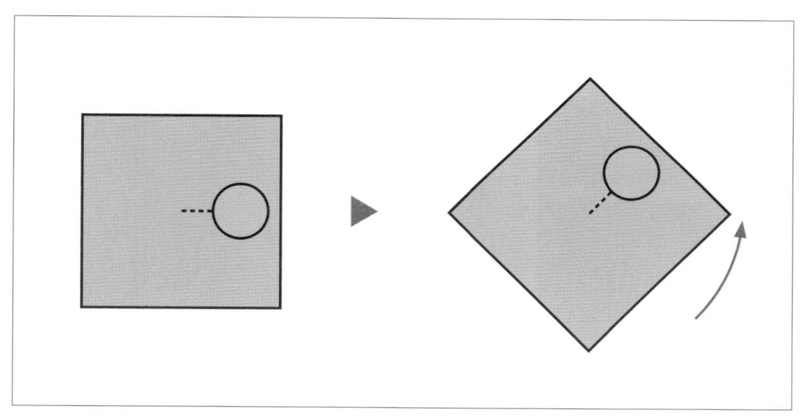

「親」を操作すると「子」も一緒に動く

例えば今回の例ですと、頭部のベースの球を「親」、それ以外の顔のパーツを「子」として「ペアレント」の設定したうえで親を操作することで、頭部の各パーツがまるで1つの「オブジェクト」であるかのように位置や回転、スケールを変化させることができます。

「子」は「親」と別々の「オブジェクト」のままなので、あとから個別に動かすことができるのも特徴です。

ペアレントの設定方法

1 ペアレントの設定方法には、主に「3Dビューポート」から設定する方法と「アウトライナー」から設定する方法の2通りがあります。
「3Dビューポート」内で「ペアレント」を設定する場合は、まず「子」にしたい「オブジェクト」を選択した後に「親」にしたい「オブジェクト」を選択します。今回は顔の各パーツの「オブジェクト」をすべて選択した後に、[Shift] キーを押しながら「頭部のベース」をクリックして選択して、「頭部のベース」が「アクティブな状態」になっている状態にします（❶）。

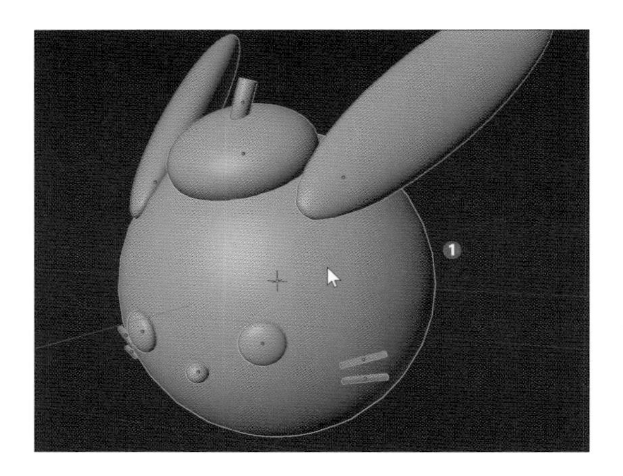

2 この状態で「3Dビューポート」上部のメニューから「オブジェクト → ペアレント → オブジェクト」（❶）を実行してみましょう。これで「頭部のベース」を「親」とした「ペアレント」が設定されました（ショートカット：[Ctrl+P] キー → オブジェクト）。
試しに「頭部のベース」を各ツールで移動や回転、拡縮すると他のパーツも一緒に動くようになっていることを確認してみましょう（❷）。確認したら「Ctrl + Z」で元の位置、回転、スケールに戻しておいてください。

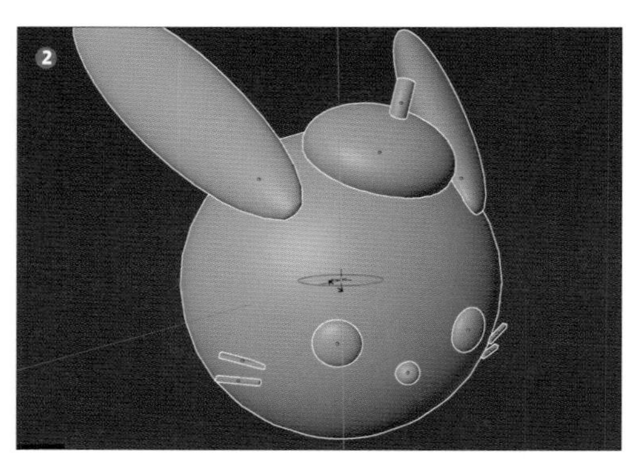

3 また「ペアレント」の状態は「アウトライナー」内では階層として表現されます。「頭部のベース」名の横にある三角マークをクリックして階層を展開すると、先ほど「子」に設定した他のパーツが階層内に移動しています（❶）ので確認してください（緑色のアイコンの項目については次のChapterで触れます）。

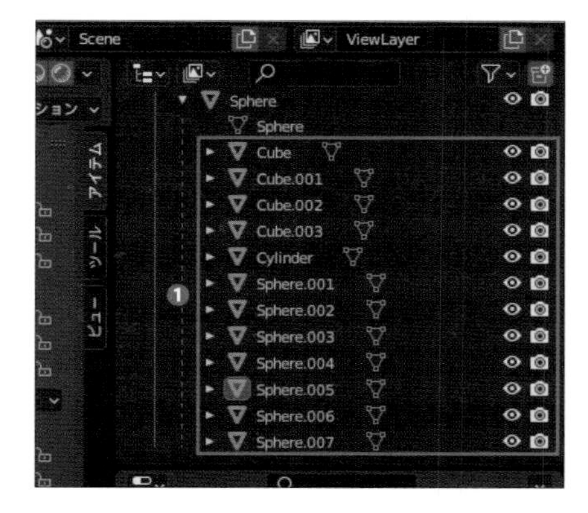

4 「アウトライナー」から「ペアレント」を設定する場合は、「Shift」を押しながら「子」にしたい「オブジェクト」を「親」にしたい「オブジェクト」の上にドラッグします（❶）。今回は「アウトライナー」内で「帽子本体」が「帽子ヘタ」の「親」となるように設定してみましょう（❷）。
これで「頭部のモデル」のできあがりです！

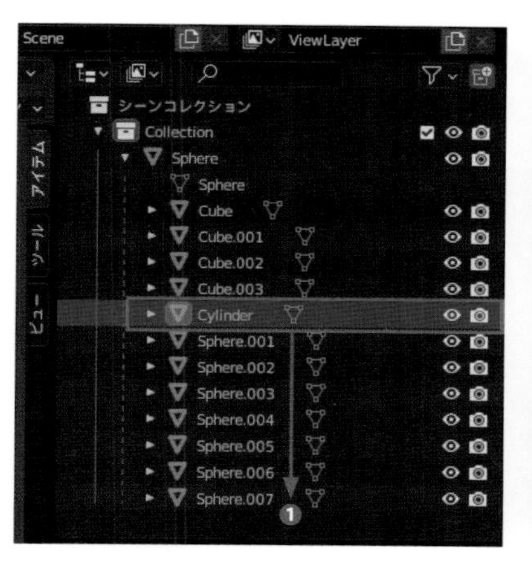

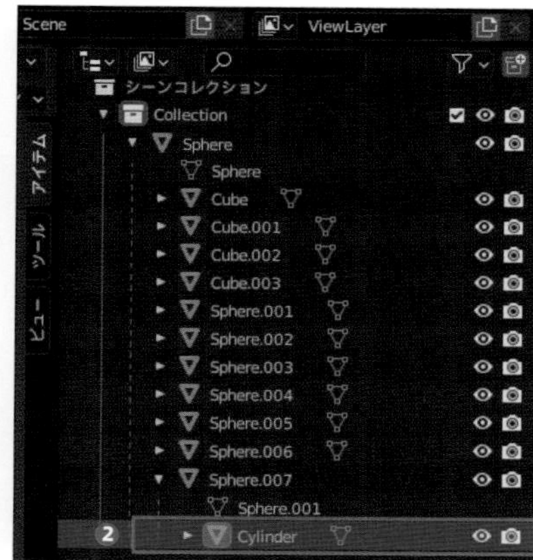

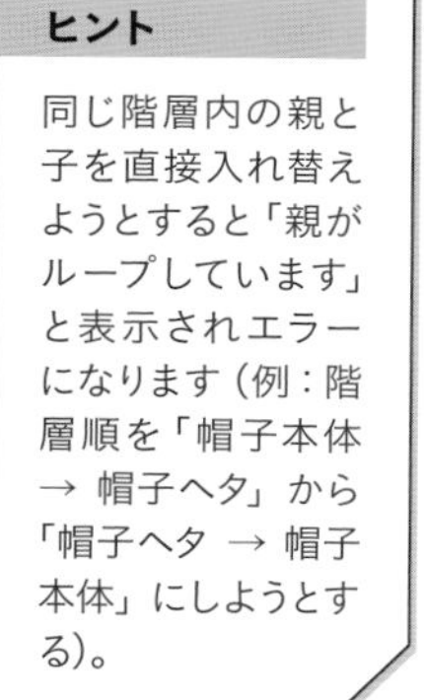
ヒント
同じ階層内の親と子を直接入れ替えようとすると「親がループしています」と表示されエラーになります（例：階層順を「帽子本体 → 帽子ヘタ」から「帽子ヘタ → 帽子本体」にしようとする）。

ペアレント設定を解除する

1 合わせて「ペアレント」の設定を解除する方法についても触れておきましょう。「3Dビューポート」の場合は「ペアレント」を解除したい「子のオブジェクト」を選択した状態で「オブジェクト → ペアレント → 親子関係をクリア」（❶）を選択することで「ペアレント」を解除できます。
「アウトライナー」で解除する場合は先ほどと同様に「Shift」キーを押しながら「子になっているオブジェクト」を左ドラッグで別の階層に移動することで「ペアレント」を解除することができます。
ここでは解除を確認したら、元に戻しておいてください。

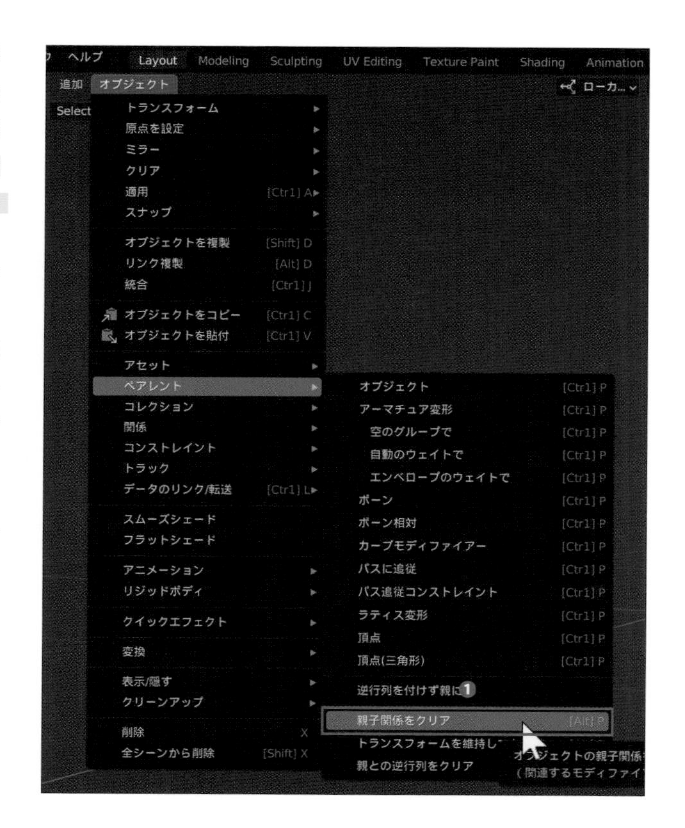

2 しかし「ペアレント」を設定した後に「親のオブジェクト」を移動や回転、スケールを変更していると、「ペアレント」を解除した際に「子のオブジェクト」の「トランスフォーム」の各値が**「ペアレント」を設定する前の値に戻ってしまう**ことがあります。
これは「Blender」では「ペアレント」の設定時の「トランスフォーム」の値がそのまま保存されているために起こる仕様です。実際に「頭部のベース」を「移動ツール」で適当な位置に移動してから（❶）「耳のオブジェクト」などの「ペアレント」の設定を解除して確認してみてください（❷）。

3 基本的には「ペアレント」を解除したらそのままの状態になる方が都合が良いことが多いです。ですのでその場合は「3Dビューポート」からは「**オブジェクト → ペアレント → トランスフォームを維持してクリア**」（❶）、「アウトライナー」からは「子のオブジェクト」を「Shift」キーと「Alt」キーを押しながらドラッグして別の階層に移動することで、「ペアレント」をそのときのトランスフォームのまま「ペアレント」を解除できます（❷）。
それぞれ確認ができましたら「Ctrl ＋Z」で「ペアレント」の設定をして「頭部のモデル」が完成したときの状態まで戻しておきましょう。

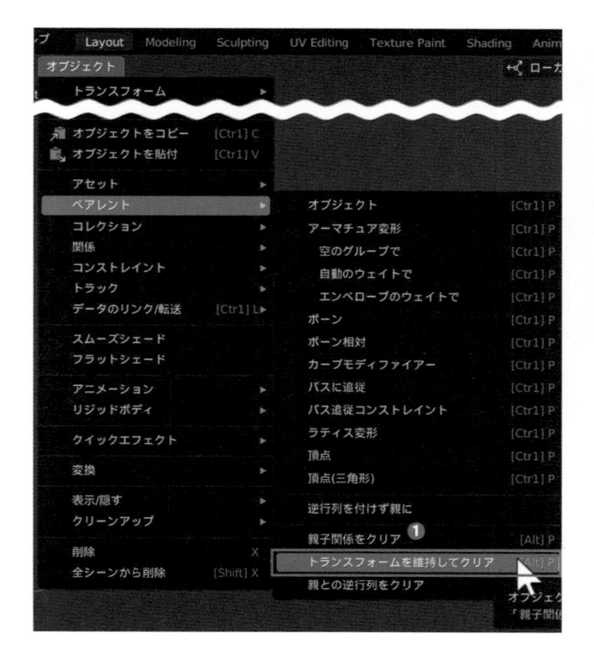

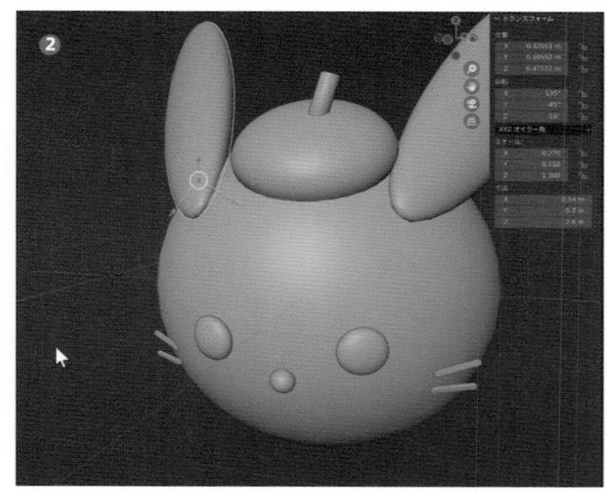
位置を保ったまま解除された

10

他の体のパーツも作る

ここまでで頭部のモデルができました。胴体やマフラー、足、手など他のパーツも作りましょう。ここまで学習した作業で作れますので、わからなくなったら前を見直しつつ進めてみてください。

CHAPTER 1
CHAPTER 2
CHAPTER 3
CHAPTER 4
CHAPTER 5
CHAPTER 6
CHAPTER 7

胴体を作る

1 「頭部のモデル」ができあがりましたら胴体や手足などの部位も作成していきましょう！ 手順についてはこれまでと同様なので詳細は省きますので、もしわからない箇所が出てきた場合は焦らず一度内容を見返してみてください。

まずは胴体を作成していきますが、その前に「頭部のモデル」を「X：0、Y：-0.15、Z：2.1」に移動して位置を決めておきましょう（❶、❷）。

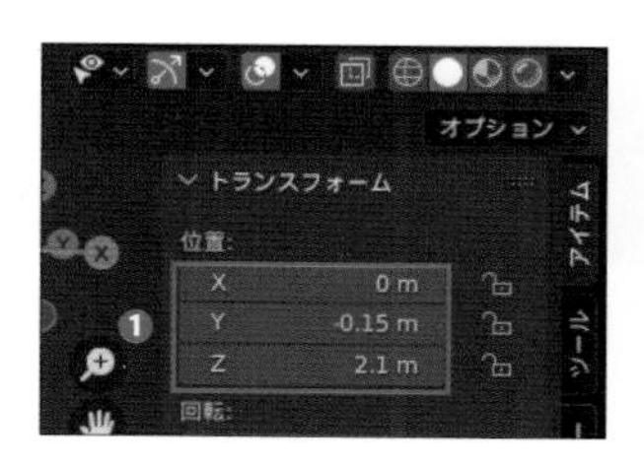

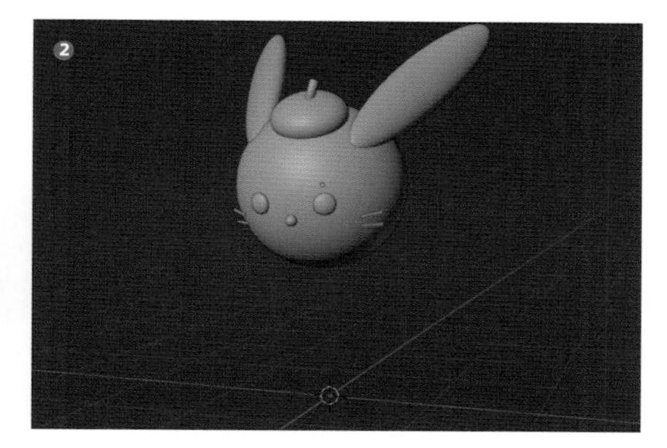

2 胴体についても球で作成していきます。「3Dビューポート」上部のメニューから「追加 → メッシュ → UV球」をデフォルトの状態で生成したら、「トランスフォーム」の値をそれぞれ以下の通りになるように調整してみましょう。

位置	X：0 Y：0.06 Z：0.94
回転	X：15 Y：0 Z：0
スケール	X：1 Y：1 Z：0.95

マフラーを作る

1 これで「胴体のベース」ができました。そのままでもいいのですが、折角なので飾りつけもしてみましょう。まずは首元にマフラーのような飾りをつけていきます。こちらには「トーラス」を使用します。
「トーラス」はドーナツ状の形状をしている「プリミティブ」で、生成時の調整メニューから中心の穴やチューブ状の部分の半径を調整することができます。「3Dビューポート」上部のメニューから「追加 → メッシュ → トーラス」(❶)を選び、表示される「調整メニュー」で、今回は「大半径：1」、「小半径：0.4」の「トーラス」を生成しました(❷、❸)。

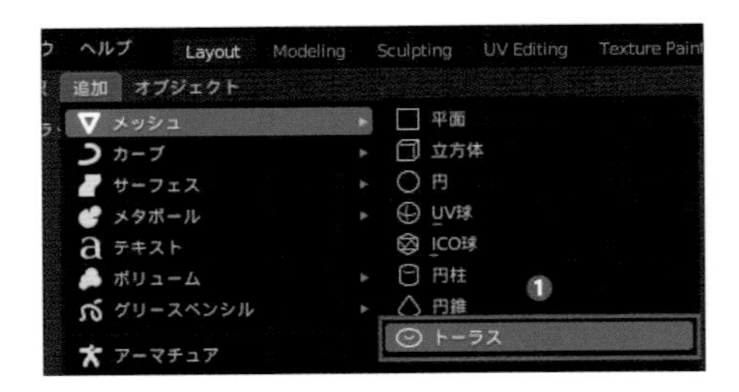

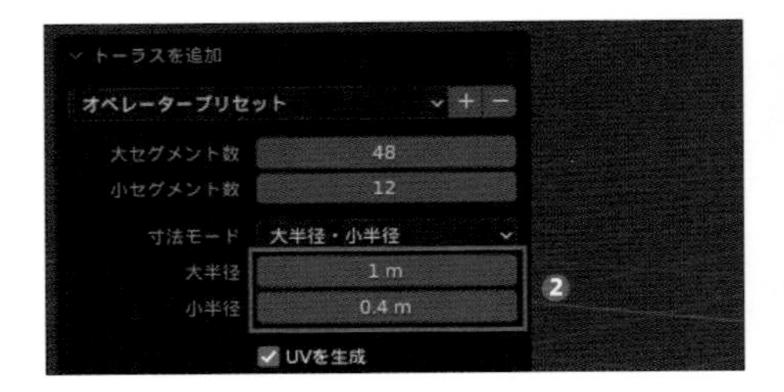

2 生成した「トーラス」の「トランスフォーム」の各値は以下のように調整します。これで首周りの飾りのできあがりです。

位置	X：0 Y：-0.05 Z：1.6
回転	X：7 Y：0 Z：0
スケール	X：0.6 Y：0.6 Z：0.45

ボタンと尻尾を作る

1 残りのボタンと尻尾もデフォルトのUV球で作成してみましょう。「オブジェクト」の表面上に配置するようなものはP.050で触れた「スナップツール」を使うと便利なので、余裕がありましたら活用してみましょう！
今回は最終的にそれぞれ以下のように配置しましたので参考にしてください。

部位	位置	回転	スケール
第1ボタン	X：0 Y：-0.87 Z：1.3	すべて0	すべて0.05
第2ボタン	X：0 Y：-0.94 Z：1.1	すべて0	すべて0.05
第3ボタン	X：0 Y：-0.95 Z：0.9	すべて0	すべて0.05
尻尾	X：0 Y：0.8 Z：0.3	X：50 Y：0 Z：0	すべて0.3

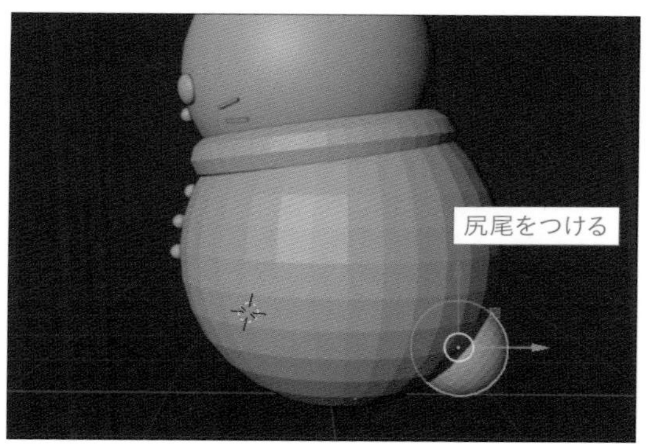

2 それぞれのパーツが配置し終わりましたら「頭部のモデル」も含めてすべて選択して(❶)、「胴体のベース」を「親」にした「ペアレント」の設定をしておきましょう（❷、[Ctrl + P] → オブジェクト)。これで「胴体のモデル」が完成です。

足と手を付ける

1　次に足もつけていきますが、こちらもデフォルトのUV球で作成します。今回は「トランスフォーム」の値は右の表のように設定しました。設定ができましたら複製して左右対称に配置してください（❶、P.047参照）。
配置が終わったら先ほどと同様にこれらの「足のオブジェクト」も「胴体のベース」の「子」になるように「ペアレント」の設定をしておきましょう（❷、ショートカット：[Ctrl + P] キー → オブジェクト）。

位置	X：0.6 Y：-0.4 Z：0.3
回転	X：70 Y：-10 Z：35
スケール	X：0.4 Y：0.25 Z：0.6

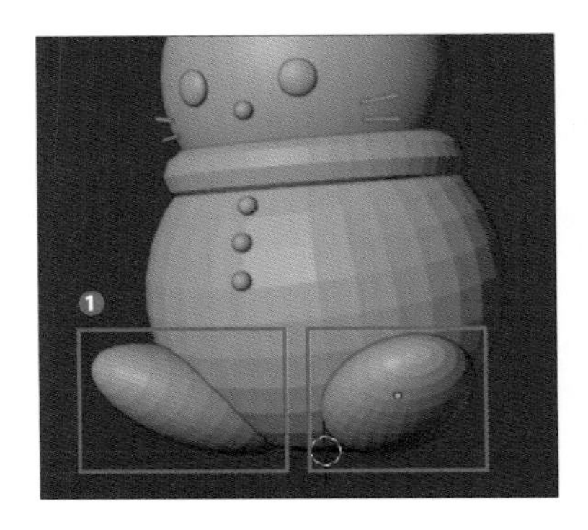

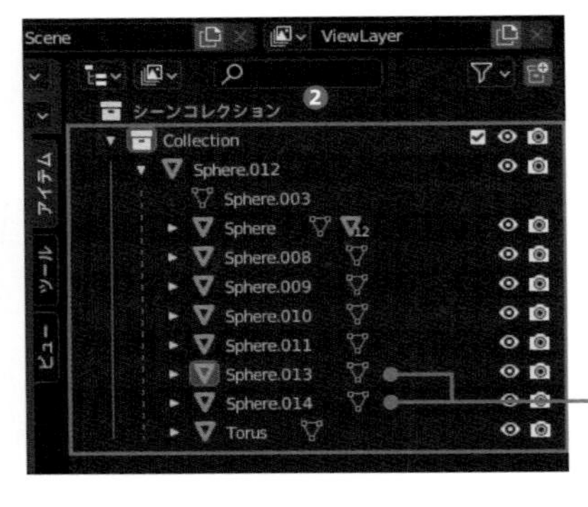

2　最後に手を作成していきましょう。こちらはいくつかの「プリミティブ」を組み合わせて作成していきます。
まずは「3Dビューポート」上部のメニューから「追加 → メッシュ → トーラス」を選び、表示される「調整メニュー」で「小半径」を「0.5」にした「トーラス」を生成します（❶、❷）。
これが「袖口」のパーツになります。

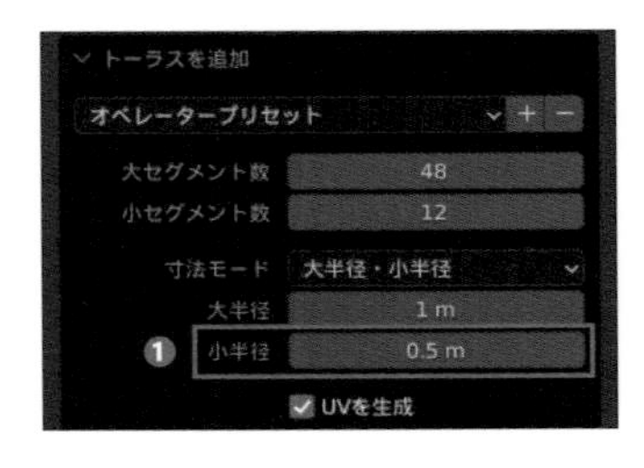

生成しましたら作業がしやすいように「ローカルビュー」に切り替えて（ショートカット：テンキーの [/]）おきましょう（❸）。

3 この状態でさらに「追加 → メッシュ → UV球」を2つ生成してそれぞれ「手の甲」と「指」のパーツとして使用します。
今回それぞれのパーツの「トランスフォーム」の各値は以下の用に設定して組み合わせましたので参考にして配置してみてください（❶）。
配置し終わりましたら「袖口」を「親」にして他のパーツに「ペアレント」の設定（ショートカット：[Ctrl + P] →「オブジェクト」）をしておきます（❷）。これで「手のモデル」のできあがりです。

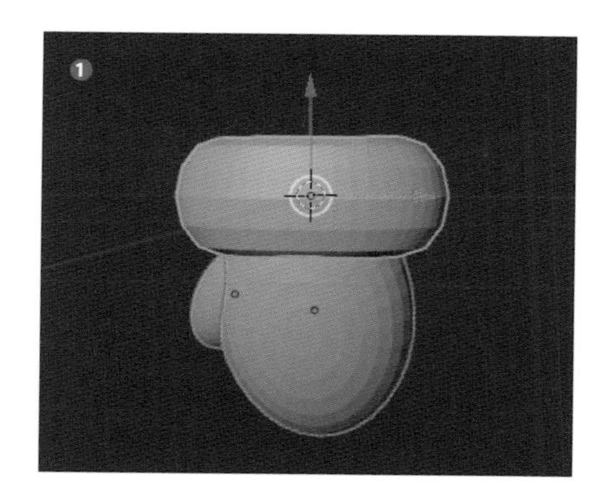

部位	位置	回転	スケール
袖口	すべて0	すべて0	X：0.225 Y：0.113 Z：0.3
手の甲	X：0 Y：0.05 Z：-0.3	X：105 Y：0 Z：0	X：0.25 Y：0.35 Z：0.15
指	X：-0.2 Y：0.04 Z：-0.26	X：110 Y：40 Z：-10	X：0.097 Y：0.188 Z：0.075

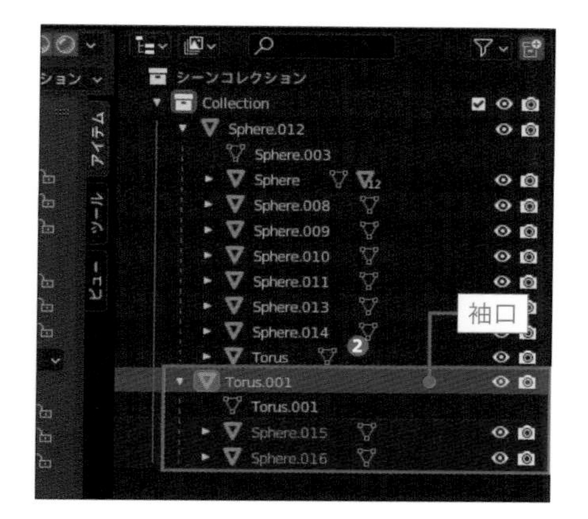

4 「手のモデル」ができあがりましたら「ローカルビュー」を解除して配置を調整しましょう（テンキーの [/]）。このときの移動と回転は「袖口」の「オブジェクト」に対して行います。
今回は「位置」は「X：0.6、Y：-0.74、Z：1.15」、「回転」は「X：-15、Y：50、Z：25」に設定しましたので、参考にしつつ配置してください。

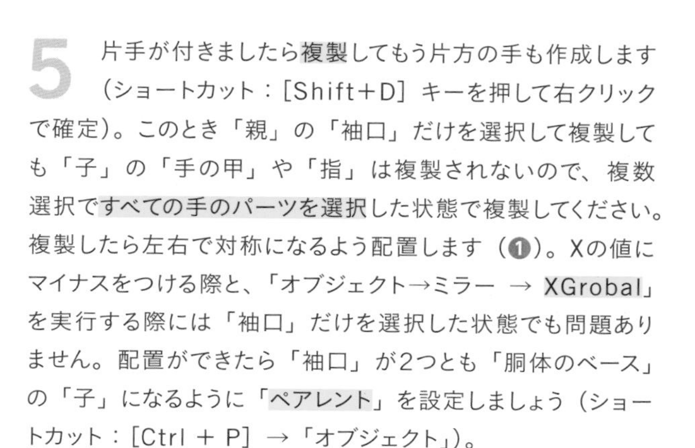

5 片手が付きましたら複製してもう片方の手も作成します（ショートカット：[Shift+D] キーを押して右クリックで確定）。このとき「親」の「袖口」だけを選択して複製しても「子」の「手の甲」や「指」は複製されないので、複数選択ですべての手のパーツを選択した状態で複製してください。
複製したら左右で対称になるよう配置します（❶）。Xの値にマイナスをつける際と、「オブジェクト→ミラー → XGrobal」を実行する際には「袖口」だけを選択した状態でも問題ありません。配置ができたら「袖口」が2つとも「胴体のベース」の「子」になるように「ペアレント」を設定しましょう（ショートカット：[Ctrl + P] →「オブジェクト」）。

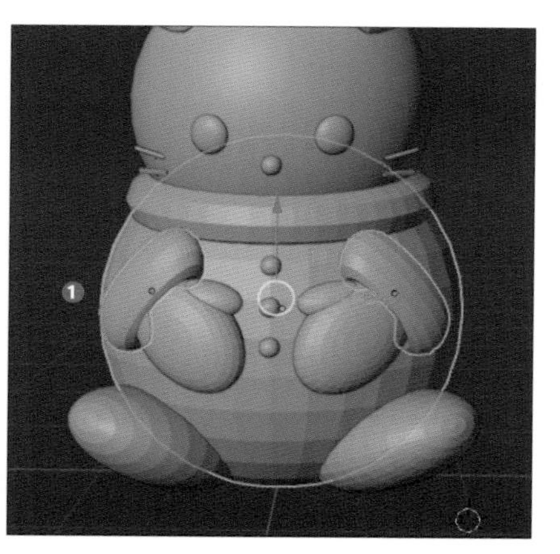

6 これで「ウサギのモデル」の形ができあがりました！ 最後に立方体で作成した「ヒゲ」以外のすべての「オブジェクト」に対して「右クリック → スムーズシェード」を適用して、表面が滑らかに表示されるように変更しておきましょう。

ここまでの状態を保存する

「ウサギのモデル」の形ができましたら一度「ファイル → 保存（または名前をつけて保存）」（❶）から現在の状態をファイルに保存しましょう（[Ctrl + S]キー）。保存先やファイル名には全角文字が含まれないように注意してください。

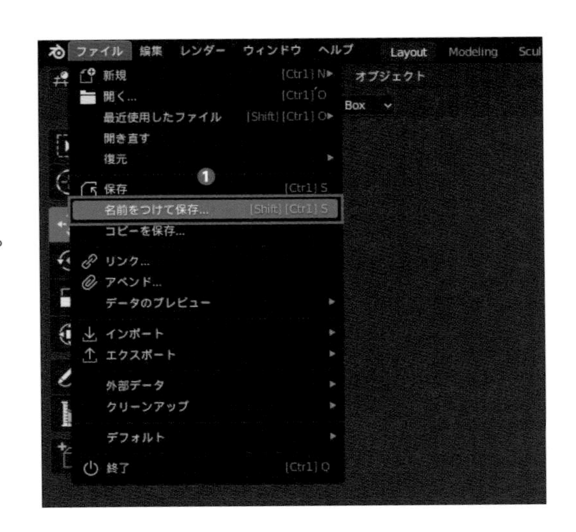

補足説明：「Blender」が意図せず終了してしまった

これまでに何かしらの作業をするうえで、作業内容を保存する前に「誤って終了してしまった」、「重い処理に耐えられずソフトが強制終了してしまった」、「パソコンの電源が急に落ちてしまった」という経験を一度はしたことがあるかもしれません。
このような場合、「Blender」では直近の作業内容を自動保存から復元できる可能性があります。

自動保存の設定についてはメニューの「編集 → プリファレンス」内の「セーブ&ロード」のタブから確認できます。デフォルトで既に「自動保存」が有効になっており（❶）、「タイマー（分）」の項目で「2分」おきに自動的に保存がされるように設定されていますので、基本的にそのままで問題ありません。

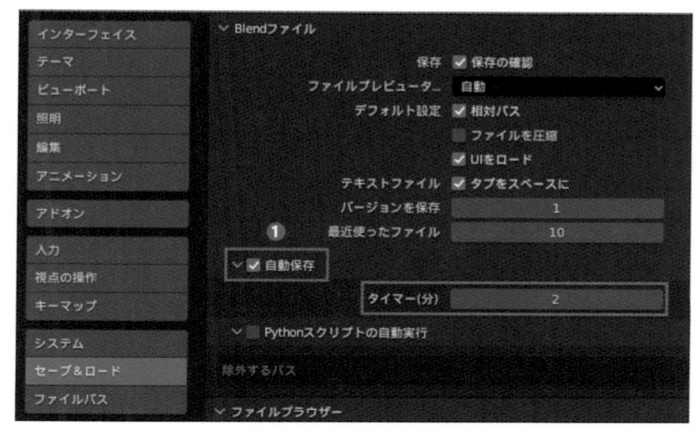

次に自動保存されたファイルからシーンの状態を復元してみましょう。これはメニューの「ファイル → 復元 → 自動保存...」（❷）から実行することができます。

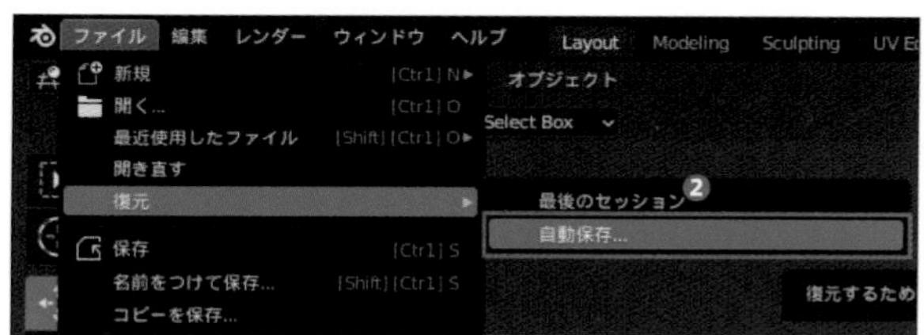

実行すると「ファイルビュー」が開かれるので（❸）、その中からファイルを選択して「自動保存を復元」を選択しましょう。これで自動保存された時の状態を復元することができます。
復元したら「ファイル → 保存（[Ctrl+S] キー）」または「名前をつけて保存（[Ctrl+Shift+S] キー）」から改めて保存するようにします。
万が一のときに備えて、余裕がありましたらこの自動保存の復元方法について一度試してみてください。

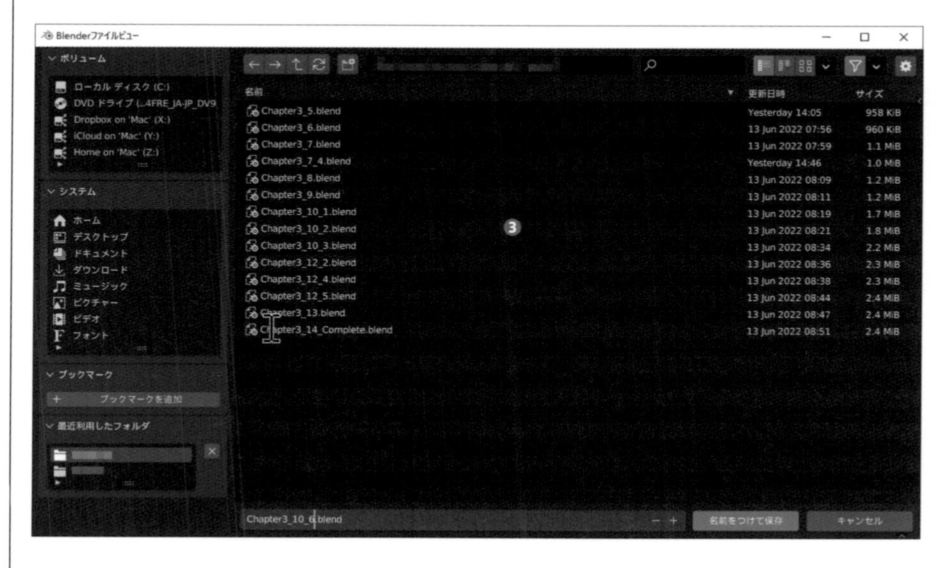

11 「ウサギのモデル」に色をつけよう

次は、作成したモデルに色をつけていきましょう。表示モードを変えて、「マテリアルプロパティ」で色をつけます。

「表示モード」を切り替える

1 「ウサギのモデル」の形ができあがりましたが、そのままでは見た目は白一色です。そこで各「オブジェクト」に色を付けてさらに魅力的にしてみましょう！
「オブジェクト」に色を付けるためには「マテリアル」というものを使用します。「マテリアル」については後々詳しく紹介しますので、ここでは「マテリアル」の作成から設定までの操作について触れていきます。

しかしデフォルトのままでは「マテリアル」の変化が「オブジェクト」に反映されないので、まずは「表示モード（シェーディング）」を切り替えましょう。
「表示モード」は「3Dビューポート」内の右上にある4つの球のアイコンから変更することができ、左から「ワイヤーフレーム」、「ソリッド」、「マテリアルプレビュー」、「レンダー」が設定されています（ショートカット：[Z] キー）。
今回は右から2つめの「マテリアルプレビュー」に変更しましょう（❶）。この「マテリアルプレビュー」モードにすることによって、名前の通り「マテリアル」の結果を確認できるようになります（❷）。

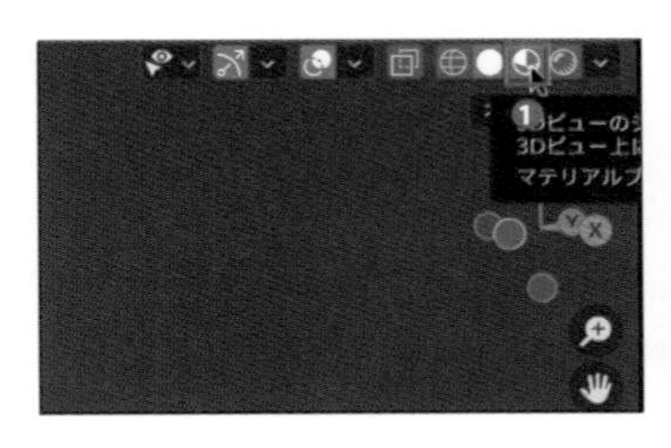

ヒント

これまで使用していた「ソリッド」は簡易的なモデルの表示を行うモードで、主にモデルの形状を作成や確認する際に使用します。

「マテリアル」の作成と設定

1 「表示モード」を変更したら続いて「マテリアル」を作成していきましょう。まずは「頭部のベース」の「オブジェクト」を選択（❶）してから、「プロパティ」内の下から2番目に配置されている「マテリアルプロパティ」（❷）の項目を選択します。
この項目から「マテリアル」の作成や編集、「オブジェクト」での割り当てなどをすることが可能です。

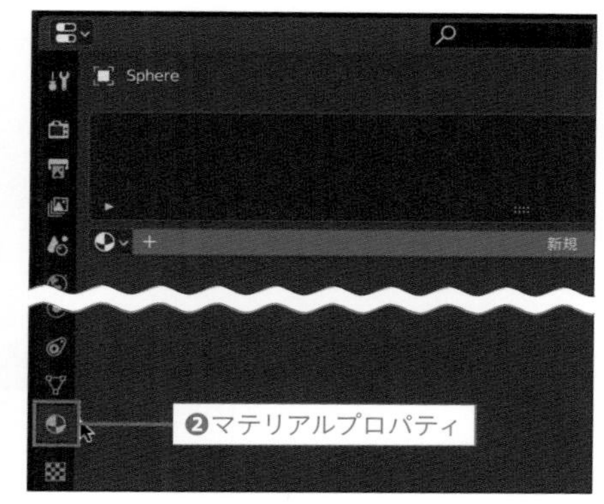

2 「マテリアルプロパティ」を開くと「新規」というボタン（❶）が表示されていますので、こちらを押して新規の「マテリアル」を作成してみましょう（❷）。
すると一覧に「マテリアルスロット」という「オブジェクト」と「マテリアル」とを紐づけるための項目が1つ追加され、そこに新しく作成された「マテリアル」が自動的に割り当てられます。

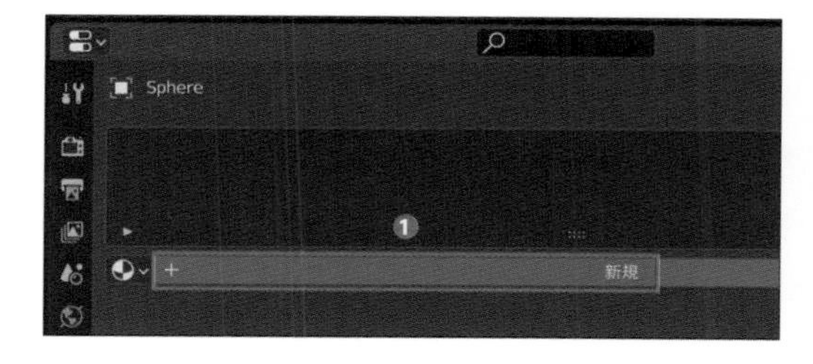

3 また、「マテリアルスロット」に表示されている名前部分を左ダブルクリック、またはその下の同じ名前が表示されている入力欄から「マテリアル」の名前を変更することができるので、今回は分かりやすく「BodyColor」と変更しておきましょう（❶）。

4 「マテリアルスロット」を選択した状態では様々な設定項目が表示されますが、今回はそのうちの「ベースカラー」を操作します。

「ベースカラー」の色のついた項目を左クリックすると色を変更するための項目が表示されますので、カラーパレットの上で左ドラッグをしたり、各数値を変更したりして「オブジェクト」の色が変化することを確認してください（❶、❷）。

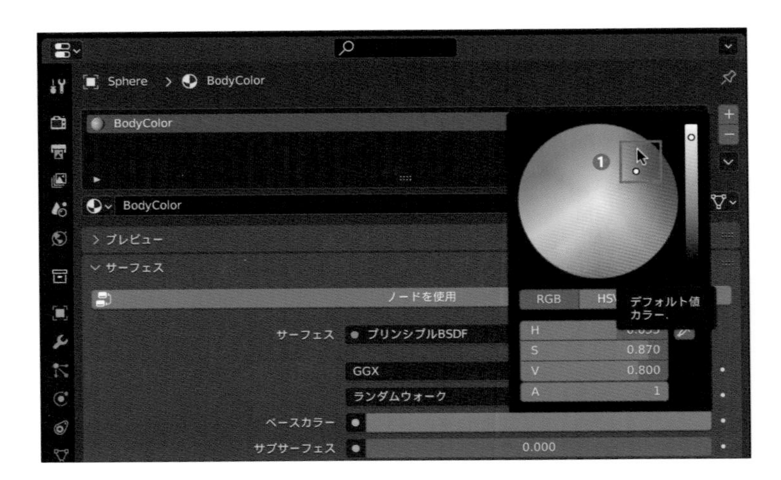

今回は「H：0、S：0、V：1」に設定して白色にしました（❸）。色の設定ができましたら［Enter］キーまたは項目外の部分を左クリックして操作を完了しましょう。

補足説明：色の設定について

「Blender」では「RGB色空間」と「HSV色空間」のほか「カラーコード」を使用して色の指定をすることもできます。設定のしやすさに応じて使い分けてみましょう。
また「スポイト」を使用することで「Blender」内の任意の場所の色を拾って設定することもできるので試してみてください。

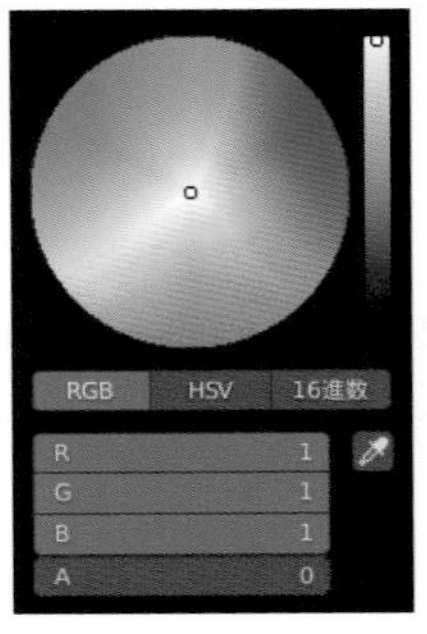

RGB色空間

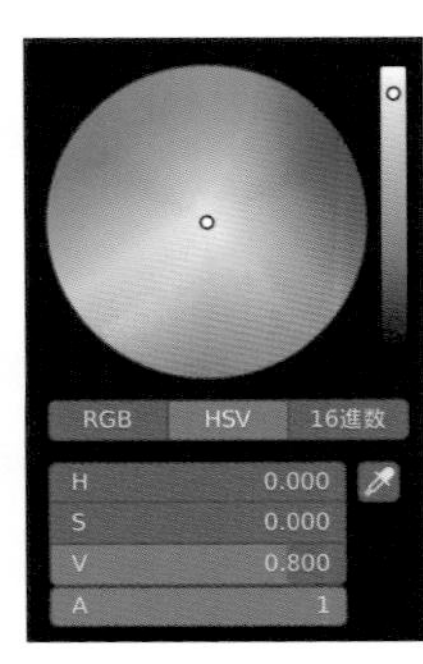

HSV色空間

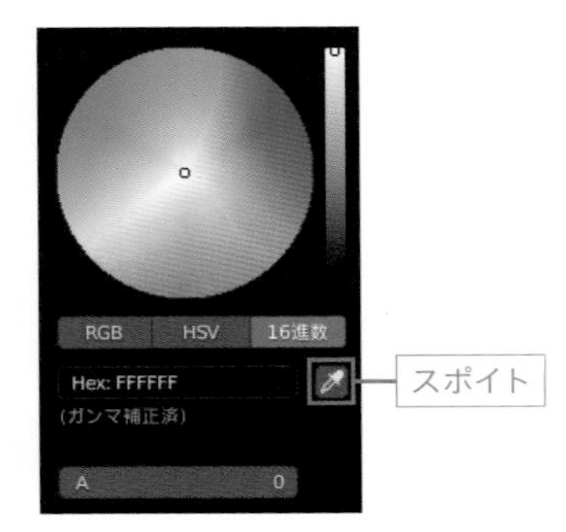

カラーコード（16進数）

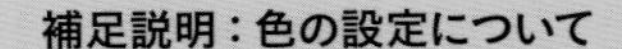

「マテリアル」のリンク

1 「頭部のベース」の色を決定したら、次に胴体や足、耳、尻尾の「オブジェクト」にも同じ色を設定していきましょう。同様の手順でそれぞれに「マテリアル」を作成してもいいですが、先ほど作成した「マテリアル」を使いまわすこともできますので確認していきましょう。

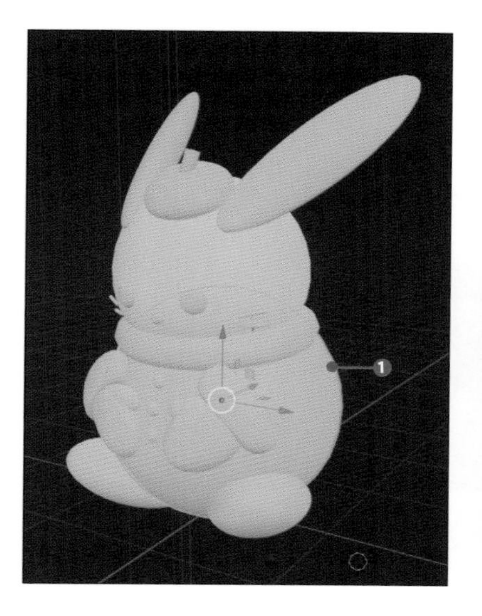

まずは「胴体のベース」を選択し（❶）「マテリアルプロパティ」を開きます。先ほどは「新規」ボタンから「マテリアル」を新しく作成しましたが、既存の「マテリアル」を使いまわす場合は「リンクするマテリアルを閲覧」（❷）を選択します。

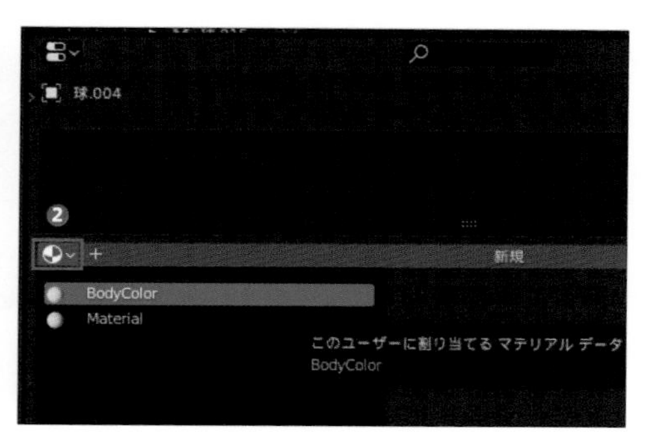

すると既存の「マテリアル」がリストで表示されますので、その中から先ほど作成した「BodyColor」マテリアルを選択します（❸）。これで「BodyColorマテリアル」が「胴体のベース」にも割り当てられました（❹）。
このようにデータを項目に割り当てることを「リンク」と呼びます。

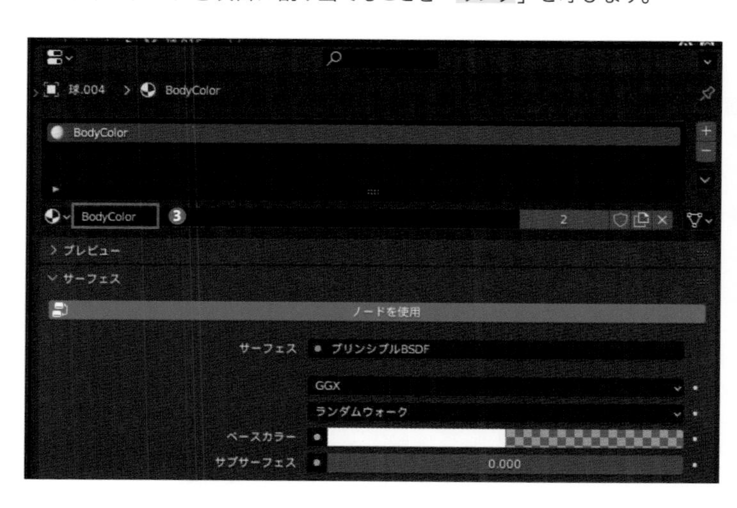

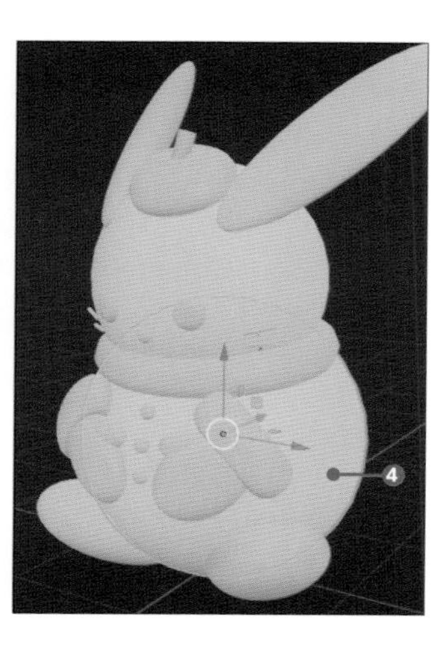

2 さらに「マテリアル」の名前の横に「2」という数値の表記が追加されます(❶)が、これは「BodyColorマテリアル」が2つの項目に「リンク」されていることを示しています。

今の状態では「頭部のベース」と「胴体のベース」に「BodyColorマテリアル」が「リンク」されているので、試しに「ベースカラー」を変更すると(❷)両方の「オブジェクト」の色が変化する(❸)ことが確認できると思います。

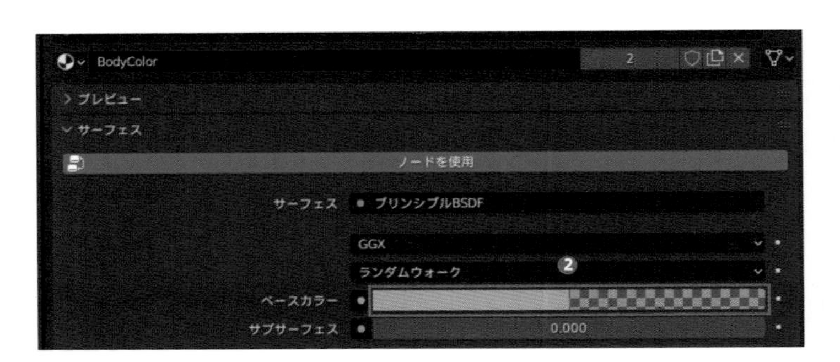

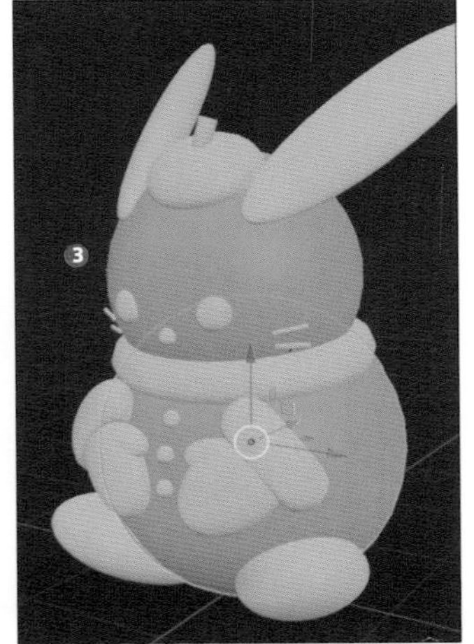

「マテリアル」を一括でリンクする

1 ほかの耳や足、尻尾にも「BodyColorマテリアル」を「リンク」していきますが、1つずつ設定するのは手間がかかります。このような場合には特定の「オブジェクト」の「マテリアル」の「リンク」の設定状態を他の「オブジェクト」に一括でコピーすることもできます。

まず「BodyColor」マテリアルを設定したい耳、足、尻尾の「オブジェクト」を「Shift」キーを押しながら選択してから、最後に「BodyColor」マテリアルを設定済みの「頭部のベース」を選択して「アクティブな状態」にします(❶)。

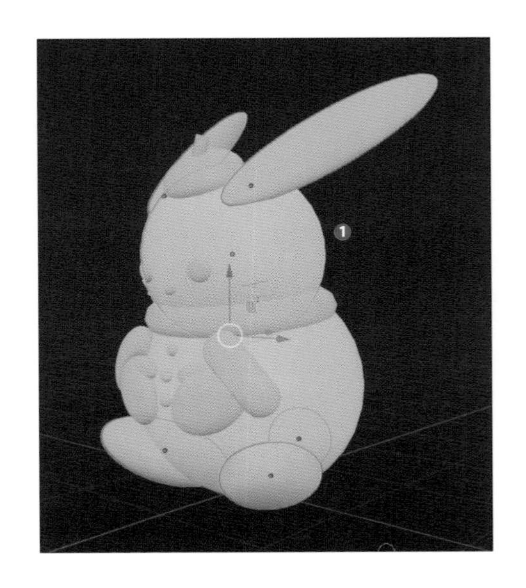

その後「3Dビューポート」上部のメニューから「オブジェクト → データのリンク/転送 → マテリアルをリンク」（❷）を選択しましょう。すると選択しているすべての「オブジェクト」の項目に一括で「BodyColorマテリアル」を「リンク」することができるので確認してください（❸）。

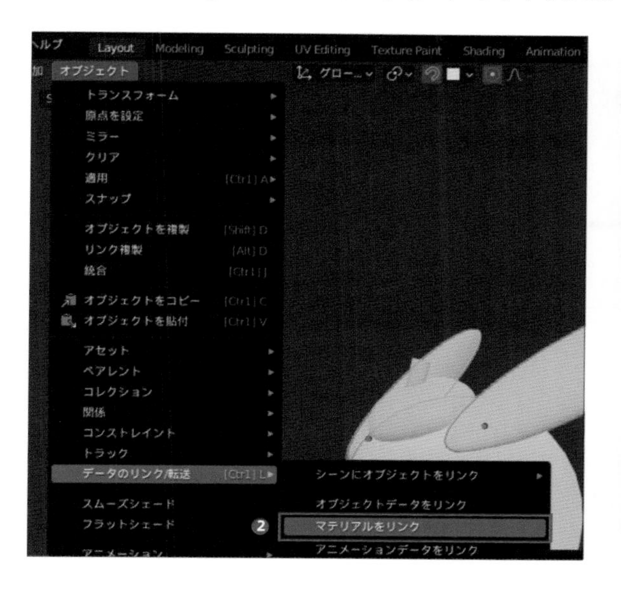

残りのパーツにも色を付ける

1　残りの目や鼻、帽子、手、首飾りにも同様の手順で色をつけてみましょう。今回は目やヒゲには黒、手はピンク、鼻と首飾りは赤、帽子は緑を設定しました。作例での「マテリアル」の「ベースカラー」の値は「RGB」で以下の表のように設定していますので、こちらを参考にそれぞれ設定してみてください。

パーツ	マテリアル名	RGB
目、ヒゲ、ボタン	BlackColor	R：0、G：0、B：0
鼻	NoseColor	R：1、G：0、B：0
手	HandColor	R：1、G：0.25、B：0.5
マフラー	NeckColor	R：1、G：0、B：0
帽子（ヘタを含む）	HatColor	R：0、G：1、B：0

すべての部位に色をつけ終わりましたらこれで「ウサギのモデル」の完成です！

「レンダリング」をしてみよう

それでは、モデルをレンダリングしてみましょう。レンダリングは、3D空間にカメラを設置して画像を出力する作業です。カメラの位置や角度を調整して、うまくモデルをカメラ内に収めましょう。

「カメラ」を配置する

1　「ウサギのモデル」ができあがりましたら簡単に「レンダリング」もしてみましょう。「レンダリング」とは配置した「カメラ」に映る3D空間内の景色を画像として出力する工程になります。今回作成した3DCGモデルは「Blender」内でしか表示できないですが、「レンダリング」を通して画像として出力することでほかの場所でも扱うことができるようになります。

まずは「レンダリング」をするために「3Dビューポート」内に「カメラオブジェクト(以下カメラ)」を配置しましょう。「カメラ」は「3Dビューポート」上部のメニューから「追加 → カメラ」で生成することができます（❶）。
実行すると枠線だけが表示された四角錘のような見た目の「オブジェクト」が生成されます（❷）。この四角錘の底面が向いている方向にある景色が画像に写るようになります。また四角錘の底面のうち三角形がついている一辺の方向が画像の上側になります。

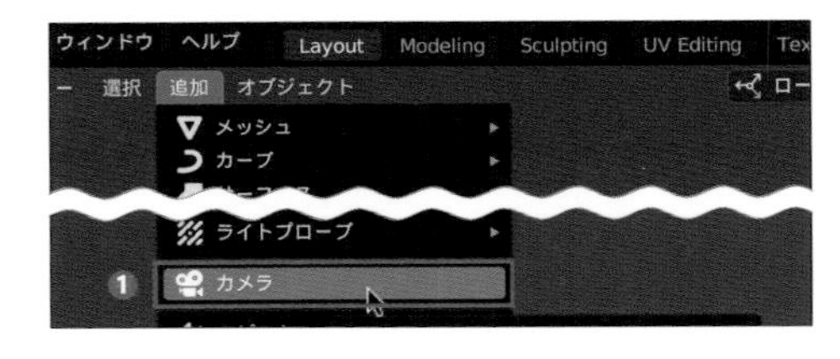

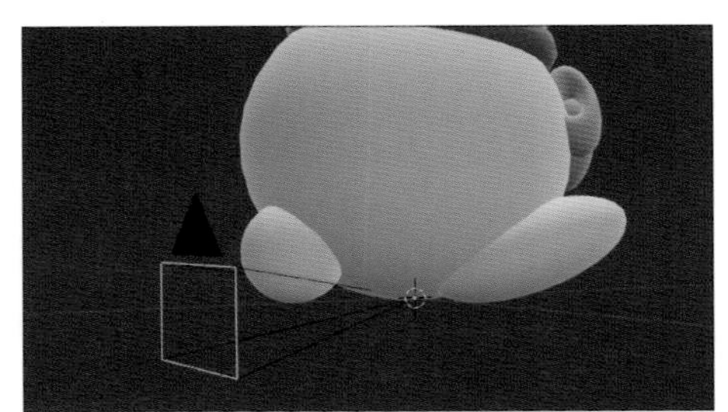

2　またテンキーの［0］を押すと「カメラ」から見た視点に切り替わりますので確認してください（もう一度［0］を押すと元の視点に戻ります）。この視点の範囲内に「ウサギのモデル」が収まるように「カメラ」の位置と向きを「移動ツール」や「回転ツール」を使用して調整します（❶、❷）。

3 また「サイドバー」内の「ビュー」のタブにある、「ビューのロック」の「ロック」で「カメラをビューに」（❶）を有効にすると、「カメラ」からの視点にしている状態で行う視点操作に「カメラ」が追従するようになります（❷）。こちらも便利ですので実際に試してみてください。

今回は最終的に「カメラ」の「トランスフォーム」のうち、「位置」が「X：3.65、Y：-9.5、Z：1.6」、「回転」が「X：91、Y：0、Z：20」となるように調整しました（❸、❹）。

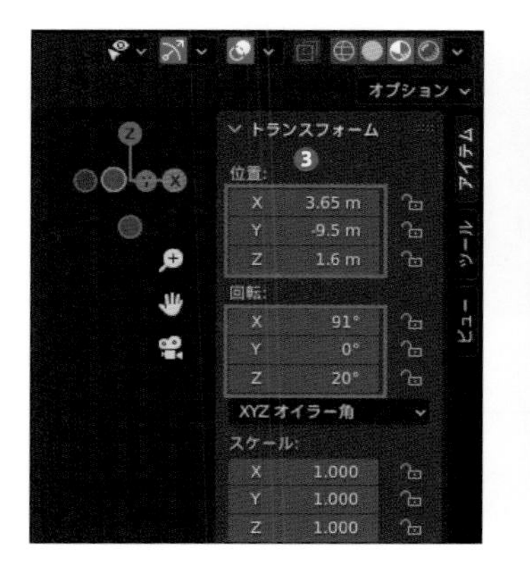

補足説明：ウィンドウを分割してカメラを調整する

もし通常の視点と「カメラ」からの視点を行ったり来たりしながら調整するのが難しい場合はウィンドウを分割してあげると便利です（ウィンドウの分割については「1-09」節を参照）。

まずは「3Dビューポート」ウィンドウの左上の隅にマウスカーソルを合わせてドラッグして左右に分割します（❶、❷）。この状態で視点を操作すると、ウィンドウごとにそれぞれ異なる視点から「3Dビューポート」内を表示することが確認できると思います。

この状態で片方は通常の視点のまま、もう片方を「カメラ」からの視点にします（❸）。これにより「カメラ」がどこを映しているのかを確認しつつ「移動／回転ツール」で位置や向きを調整することができるようになります。
このようにレイアウトを工夫することで作業の効率がアップする場合もありますので、場合に応じて試してみてください。

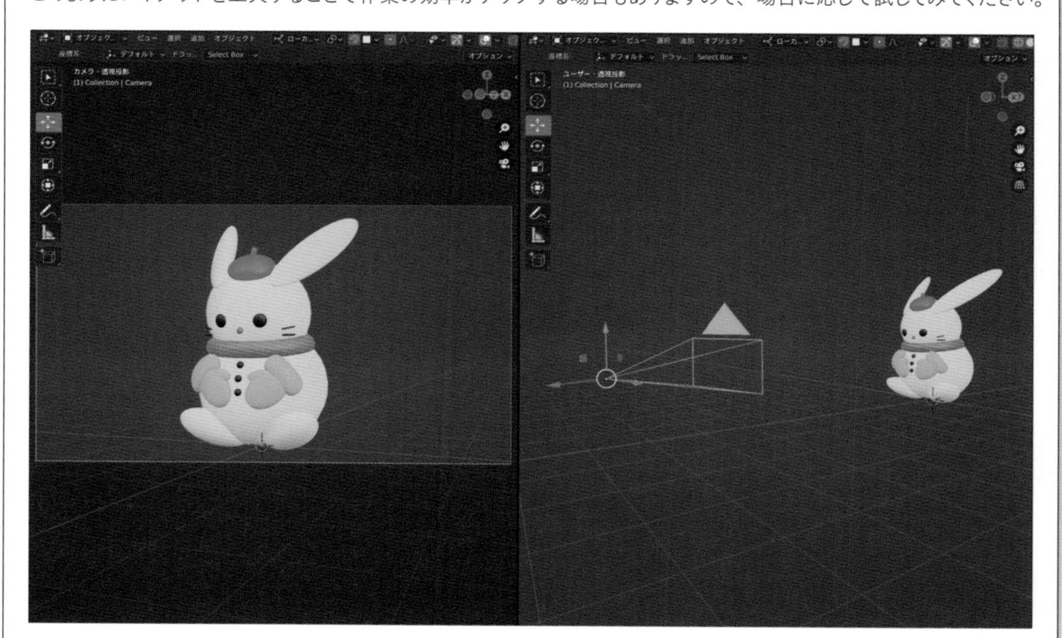

カメラからの視点　　通常の視点

「レンダリング」を実行する

1 「カメラ」を配置したら「レンダリング」を実行してみましょう。「レンダリング」はメニューの「レンダー → 画像をレンダリング」(❶)から実行することができます(ショートカット:[F12] キー)。

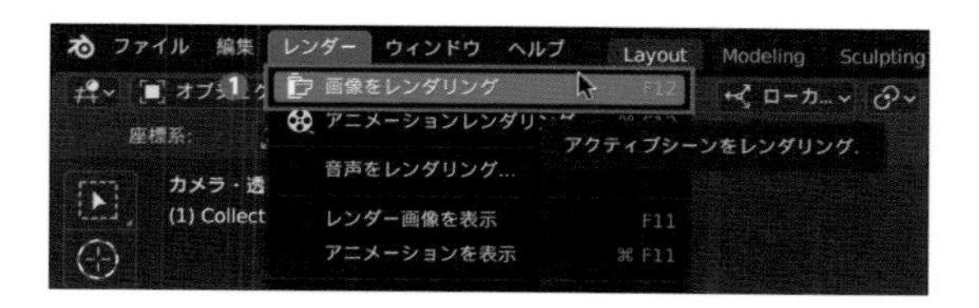

2 「レンダリング」を実行すると「レンダー」ウィンドウが開き、しばらくすると「レンダリング結果」の画像が表示されます(❶)。
「レンダー」ウィンドウ内では「3Dビューポート」内での視線操作と同様にマウスのホイールドラッグとホイール回転で視点の平行移動とズームができますので、「ウサギのモデル」が画像内に収まっているかを確認してみてください。

3 「レンダリング」は負荷が高い処理なので、パソコンの性能によってはレンダリング結果が表示されるまでに時間がかかる場合があります。画面下に「レンダリング」の進行バー(❶)が表示されますので、使用しているパソコンで「レンダリング」にどれぐらいの時間がかかるかの目安にしましょう。

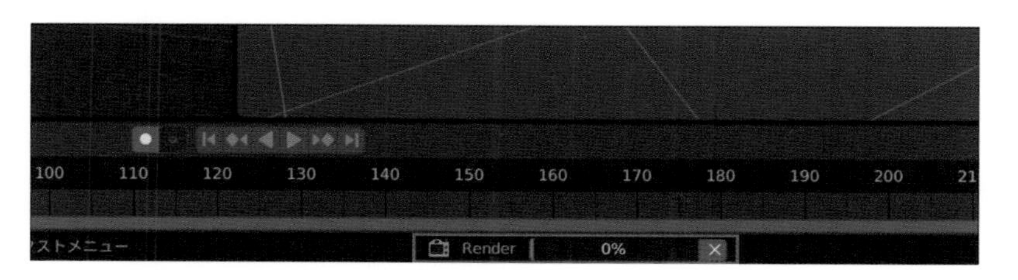

ライトでオブジェクトを照らそう

レンダリングした画像は暗い状態になっていましたが、これを「ライト」で照らして明るい画像にしてみましょう。ここでは「サン」という種類のライトを追加してみます。

レンダービューに切り替える

1 「レンダリング」の結果をみてみますと、「3Dビューポート」に表示されている状態よりも全体的に暗い状態になっていると思います。これは、「レンダリング」をした際に画像として出力されるのは「マテリアルプレビュー」モードでの画面ではなく、「レンダー」モードで表示される画面だからになります。

一度「レンダー」ウィンドウは邪魔にならないところに配置するか右上の「×」から閉じて、「3Dビューポート」の「表示モード」を右から1つめの「レンダー」モード（❶）に変更しましょう（ショートカットキー：[Z] キー）。

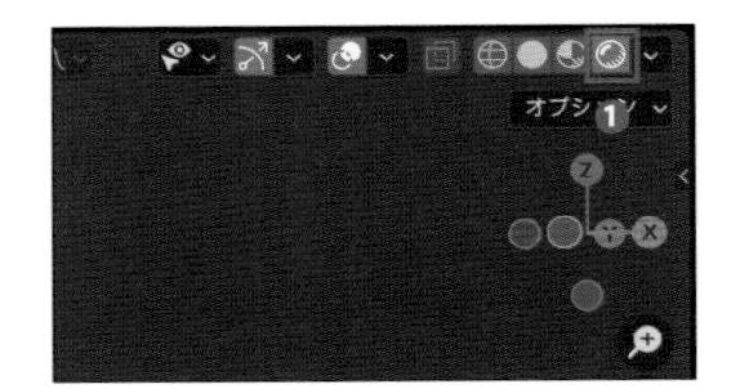

「ライト」を配置する

1 表示モードを「レンダー」に切り替えると「レンダリング」の結果と同様に全体的に暗い状態になることが確認できると思います。

「マテリアルプレビュー」モードではデフォルトで周囲の明かりの設定がされていたためモデルも明るく照らされていたのですが、「レンダーモード」ではユーザーがこれを設定する必要があります。

明かりの設定方法はいくつかあるのですが、一番基本的なのは「ライトのオブジェクト（以下ライト）」を配置して「オブジェクト」を照らす方法です。

「ライト」は「3Dビューポート」上部のメニューから「追加 → ライト」から追加することができます。いくつか種類があるのですが今回は「サン」を選択（❶）して生成してみてください。

2 すると「オブジェクト原点」の位置に円と放射状に伸びた点線が描かれ、そこから1本の線が伸びたような「オブジェクト」が生成されます。生成した「ライト」は「移動ツール」で分かりやすい位置に移動してください（❶）。
今回追加した「サンライト」は、空間全体を「ライト」の位置から伸びている線の方向に一律で照らす「ライト」で、「ウサギのモデル」も線が伸びている方向から明るく照らされるようになったことが確認できると思います。

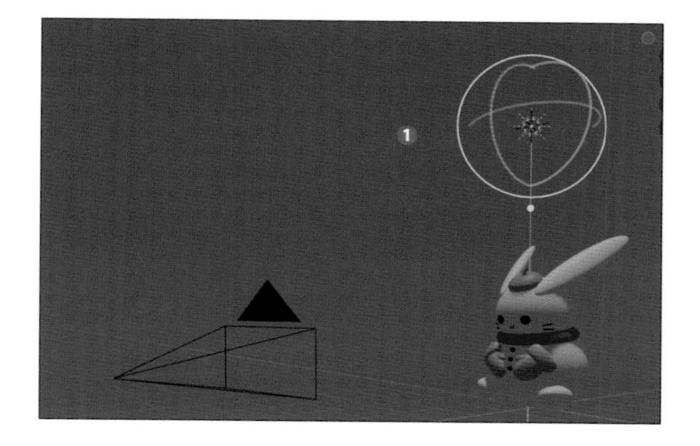

3 「ライト」も「回転ツール」や丸いアイコンをドラッグすることで照らす方向を調整することができます。実際に操作してどのように光の方向が変化するかを確認してみましょう。
今回は最終的に「トランスフォーム」の「回転」の値を「X：80、Y：0、Z：10」になるよう調整しました（「位置」の値は適当で大丈夫です）。

影の落ち方を確認する

1 「ライト」は「オブジェクト」を照らすだけでなく、「オブジェクト」によって遮られた箇所に「影」も表示されるようになります。分かりやすく確認するために「3Dビューポート」上部のメニューから「追加 → メッシュ → 平面」（❶）を追加、拡大して地面を作成してみてください（「位置」はすべて「0」、「スケール」はすべて「50」など）。
すると作成した地面に「ウサギのモデル」からの影が落ちている（❷）ことが確認できると思います。
余裕がありましたら「ライト」を回転して、影がどのように変化するかも確認してみましょう。

レンダリング結果を保存する

それでは、再度モデルをレンダリングして、明るく照らされているのを確認しましょう。そして、レンダリングの結果を画像として描き出してみましょう。

1 「ライト」の配置と確認ができましたらもう一度メニューから「レンダー → 画像をレンダリング」を選択して、レンダリングを実行してみましょう。すると今度は「ウサギのモデル」が明るく照らされた状態の結果が表示されるはずです（❶)。
この「レンダリング」の結果はまだどこにも保存されておらず、再度「レンダリング」を実行したときや「Blender」を終了したときなどに破棄されてしまいます。なので「レンダリング」結果を残しておくために画像として保存してみましょう。
「レンダリング」結果の保存は「レンダー」ウィンドウ内の「画像 → 保存/名前をつけて保存」（❷）を選択します。すると保存先を指定する「ファイルビュー」が表示されるので、任意の保存先と名前を決めた状態で「画像を別名保存」を押すことで画像が保存されます。
画像を保存したらエクスプローラーなどから画像を開き確認してみてください。無事に表示できたら完成です!
「Blender」で作品作りをしていくうえで、最終的にはこのように3DCGモデルを「レンダリング」をして画像を出力することが基本になります。

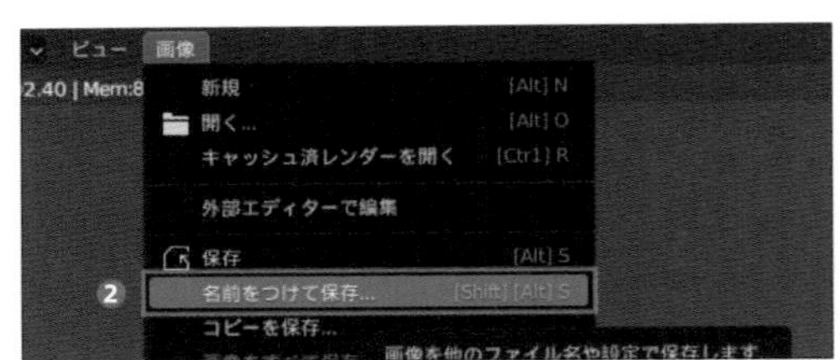

Chapter1の内容は以上です！ かわいい「ウサギのモデル」を作ることができましたでしょうか？「オブジェクト」の操作は以降も使用する基本操作ですので、ある程度慣れるまで実際に手を動かして色々と試してみましょう！
ただ「少し難しいな」、「よく分からないな」という内容や機能（例えば座標系や3Dカーソルなど）はいったん読み飛ばしてしまっても大丈夫です。焦らずに少しずつ慣れていきましょう！

今回のChapterでは作成した3DCGモデルが配置してある様子を「レンダリング」して画像にするまでの内容を取り上げました。これが「Blender」で作品作りをしていくうえでの基本的な流れになります。

この後のChapterで作成する3DCGモデルや、今後作成するであろう作品も「レンダリング」を通して画像を出力することで、SNSで発信したり、何かしらの素材として使うことができるようになったりします。

この後のChapterにてさらに作品を魅力的にしていくための設定方法についても触れていきます。その際に今回作成した「ウサギのモデル」も使用しますので、しっかりと保存しておきましょう！

コラム　3DCGモデルにポーズをつけるには？

今回作成した「ウサギのモデル」は胴体や手、頭などでパーツが分かれているので、これらを「移動ツール」や「回転ツール」を使って回転させることでポーズを付けることができます。目や鼻のパーツも「ペアレント」の設定をしているので位置がずれてしまうこともありません。余裕がありましたら各パーツを動かして自由にポーズをつけてみてください！

ウサギのモデルにポーズを付けた様子

しかし足のパーツについては「オブジェクトの原点」が球の中心に位置しているので、「回転ツール」で回転するだけでは付け根の位置がずれてしまいます。耳のパーツのように「オブジェクトの原点」の位置を調整して操作しやすくする方法もありますが、完成したモデルを再度編集することになってしまいます。

また今後複雑な形状の3DCGモデルにポーズを付けようとすると「オブジェクトの原点」を移動させるだけでは対応が難しくなってきます。

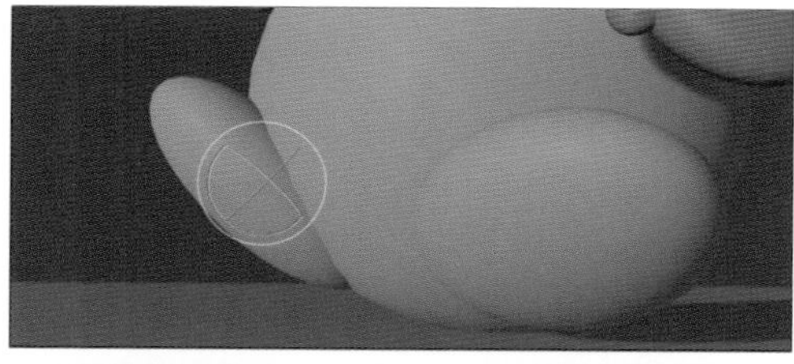

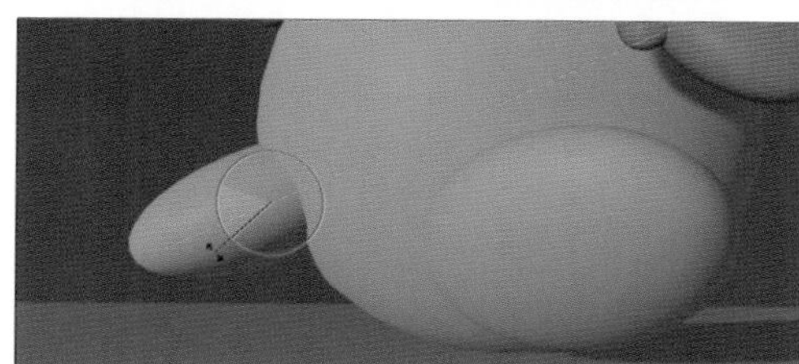

足を回転させると付け根がずれてしまう

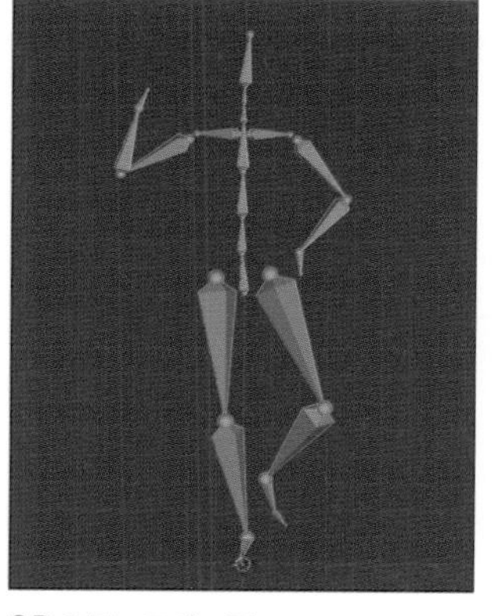

3Dのアーマチュア

そこで「Blender」には、3DCGモデルにポーズをつけやすくするために「アーマチュア」というものが用意されています。どのような機能なのか少しだけ見てみましょう。

実物の「アーマチュア」はクレイアニメなどでポーズ付けをするために人形の中に入れる金属の骨格のことなのですが、「Blender」の場合もこれと同様に3DCGモデルの中に仕込む骨格のことになります（一般的には「スケルトン」とも呼びます）。

この「アーマチュア」は「ボーン」という棒状の「オブジェクト」のようなものが複数集まって構成されていて、それぞれの「ボーン」同士が「ペアレント」設定されたような状態になっています。「ボーン」はそれぞれの根本を中心に回転などをさせることができ、自由にポーズを付けることが可能です。

3DCGモデルに「アーマチュア」を割り当てるときには、3DCGモデルのどの部分が各「ボーン」に対して追従して動くかを設定する必要があります。この工程を「スキニング」と呼びます。

これにより3DCGモデルの好きな位置に関節を設けることができるようになるのでポーズ付けが比較的簡単になります。

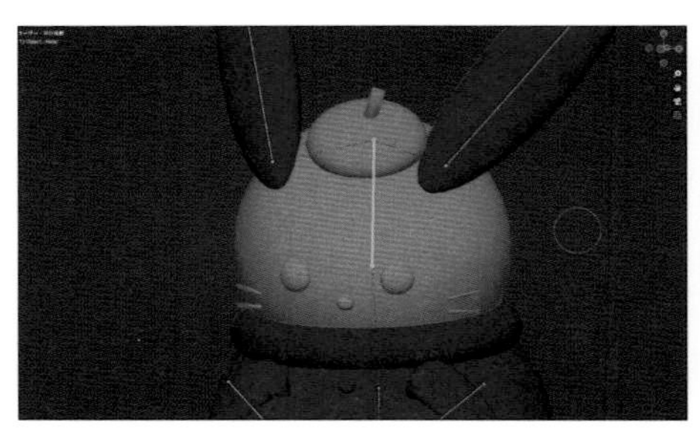

スキニングの様子と結果

また本書では主に画像のレンダリングを取り扱っていますが、「Blender」では動画も出力することができます。このときの3DCGモデルのアニメーションを作成する際にも「アーマチュア」の設定は重要になってきます。アニメーション用の3DCGモデルの場合は骨格用の「ボーン」以外にも様々な役割の「ボーン」や「オブジェクト」を追加してポーズや動きを効率的に作成できるようにセットアップすることが一般的です。

このような3DCGモデルを操作しやすくするための仕組みを「リグ」と呼び、3DCGモデルに「リグ」を設定する工程全般のことを「リギング」とも呼んだりします。

これを一通りきちんと学ぶためにはもう1冊書籍が必要になってしまうぐらいの内容なので本書では軽く触れるだけに留めますが、より表現の幅が広がるので興味がありましたら是非調べてみてください！

使用しているバージョンは古いですが、私のYouTubeチャンネルでも「Blender」での「リギング」やアニメーションについて取り上げた動画をアップしているので、参考にしていただけたら嬉しいです。

- **Blenderでリギング！モデルを動かしてみよう！～リグの基本編～**
  https://youtu.be/C9LW-HHa19g

- **Blenderでアニメーション！作って出力してみよう！**
  https://youtu.be/cZ35JFPjr3o

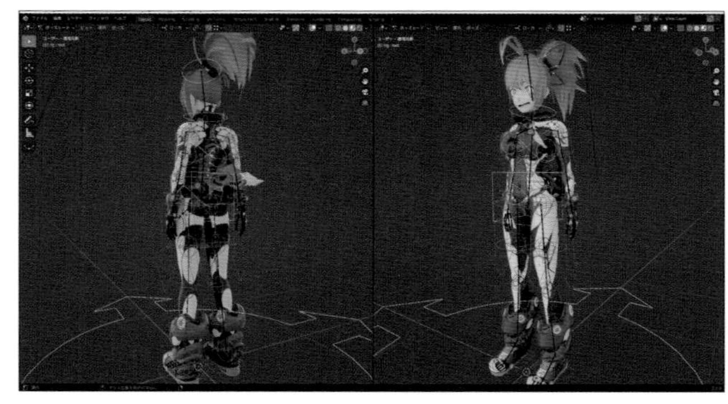
アニメーション用にリグを設定したモデルの例

Chapter

3

いろいろなモデリングを試してみよう！

基本的な「オブジェクト」の操作方法が分かったところで、Chapter 3ではいくつかの作例の制作を通して「編集モード」、「モディファイア」、「カーブ」などの機能について触れつつ、より複雑な形状の3DCGモデルを制作する手法を紹介していきます。

3-01の動画

3-02の動画

3-03の動画

3-04の動画

※パスワードはP.002をご覧ください

「ポリゴン」でモデリングしてみよう

最初に、「ポリゴン」を使ったモデリングに挑戦してみましょう。「編集モード」の使い方に慣れ、頂点、辺、面の選択方法や、押し出し、差し込みといったメッシュの基本的な編集方法を身につけましょう。

ポリゴンでモデルを作ろう

Chapter 2では「プリミティブモデリング」について紹介しましたが、「プリミティブ」をそのまま使用するだけでは表現できる形状に限界があります。そこで「プリミティブ」の形状を編集することで、さらに複雑なモデルを作れるようにいろいろな機能を紹介していきます。手始めに「マグカップのモデル」の作成を通して最も基本的な「ポリゴンモデリング」に挑戦してみましょう。

もし他のファイルを開いていた場合は「ファイル → 新規 → 全般」から新しいファイルを作成し、すべてのオブジェクトを削除してから始めてください。

作成するマグカップ

「ポリゴン」と「メッシュ」について

1 制作に入る前に、まずは「ポリゴン」と「メッシュ」について確認していきましょう。多くの3DCGモデルは基本的に複数の「板」を繋ぎ合わせて表現されています。

試しに「3Dビューポート」上部のメニューから「追加 → メッシュ → UV球」を選んでUV球を追加してから（❶)、「3Dビューポート」の右上にある表示モードを左から1つ目の「ワイヤーフレームモード」に切り替えて（❷、ショートカット：[Shift+Z]キー）みましょう。

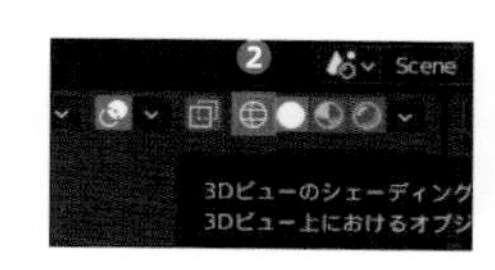

すると球はたくさんの板が網のように繋ぎ合わさって形状が表現されているのが確認できると思います（❸)。これを「メッシュ」と呼び、「メッシュ」の網目を構成する1つ1つの板のことを「ポリゴン」と呼びます。

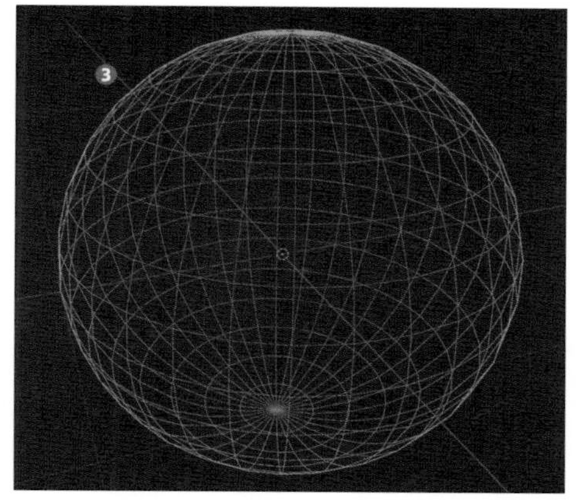

2 1つの「ポリゴン」は、3つの点、それらをそれぞれ繋いだ3つの線、その線で囲まれた1つの平面という要素で構成された三角形です。それぞれの要素を「頂点」「辺」「面」と呼びますので覚えておきましょう。
また四角い面は一見すると1つの「ポリゴン」に見えますが、実際には2つの三角形で表現されているので「ポリゴン」の数は「2」として数えられます。一応覚えておきましょう。
それぞれ確認ができましたら「表示モード」を「ソリッド」に戻してください。

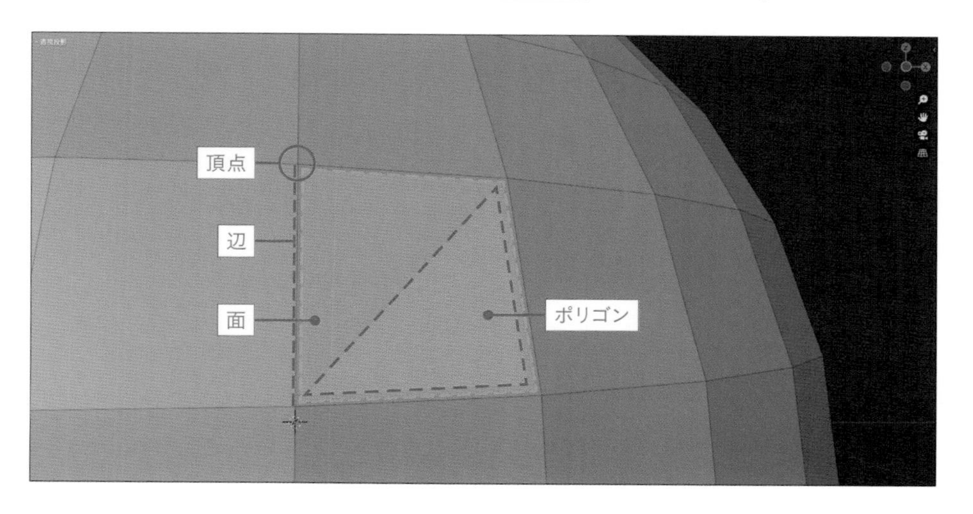

「オブジェクトモード」から「編集モード」への切り替え

1 「プリミティブモデリング」では「オブジェクト」を移動、回転、拡大縮小して「モデリング」をしていましたが、このときに使用していた操作方法のモード（以下「対話モード」）は「オブジェクトモード」と呼びます。「3Dビューポート」の左上にある「対話モードメニュー」の表記を見ると、「オブジェクトモード」が選択されていることが確認できると思います。

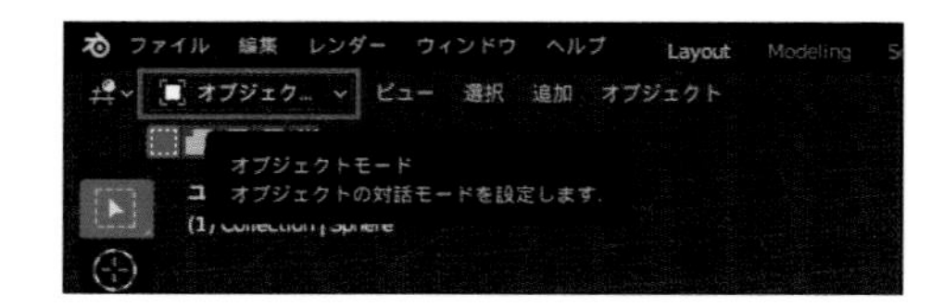

2 しかし「オブジェクトモード」では基本的に「メッシュ」を編集することはできないので、「対話モード」を「メッシュ」の編集に使用する「編集モード」に変更してみましょう。「編集モード」への切り替えは「対話モードメニュー」を選択して表示されたメニューから「編集モード」を選択する（❶）か、「3Dビューポート」内で「Tab」キーを押すことで切り替えることができます。「編集モード」に切り替えると通常よりも「メッシュ」の「辺」などが強調された見た目に変化しますので確認してください（❷）。

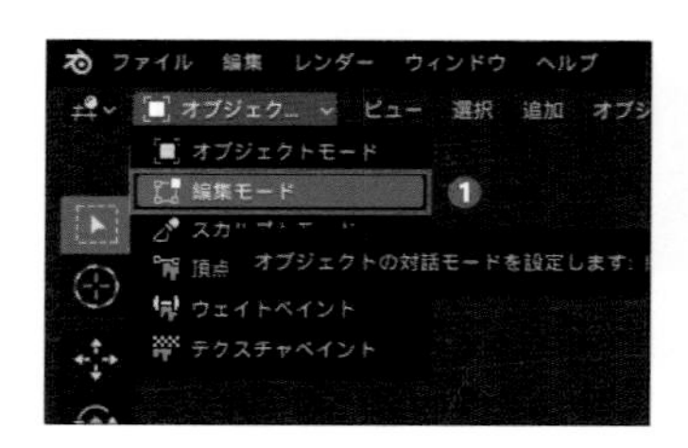

頂点／辺／面の選択と移動

1 「編集モード」では先ほど触れた「頂点」、「辺」、「面」の3つの要素を動かしたり、分割したり、複製したりすることで様々な形状の「メッシュ」を作ることができます。これらの要素を選択する際には、まず「対話モードメニュー」の隣に表示されている「頂点選択」、「辺選択」、「面選択」から選択したい要素を左クリックして切り替えます。

まずは「頂点選択」を有効にしてみましょう（❶）。すると「メッシュ」上の各「頂点」が強調されるようになります（❷）。

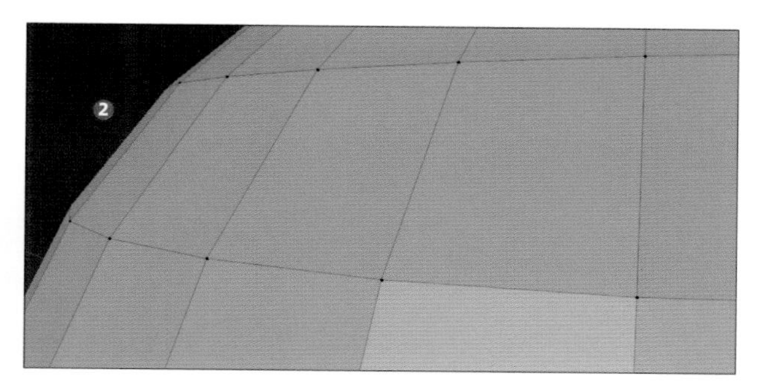

この状態でいずれの「頂点」を左クリックすると「オブジェクト」を選択したときと同様に色が変わり「アクティブ」な選択状態になるので確認してください（❸）。

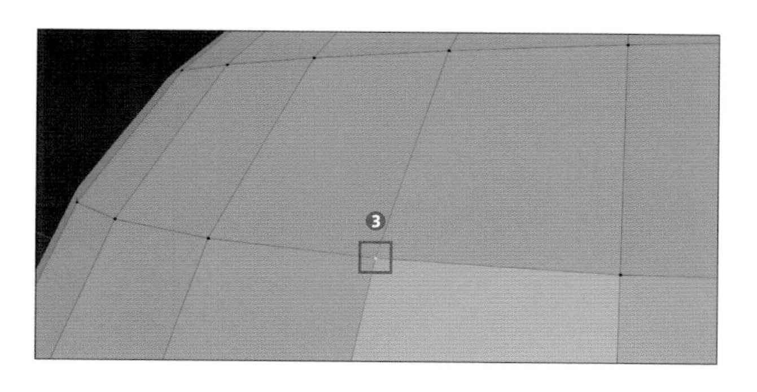

2

1つの「頂点」を選択したら試しに「移動ツール」（❶）で適当に移動させてみましょう。「頂点」を移動させると、その「頂点」にくっついている「辺」や「面」がつられて変化することを確認してください（❷）。

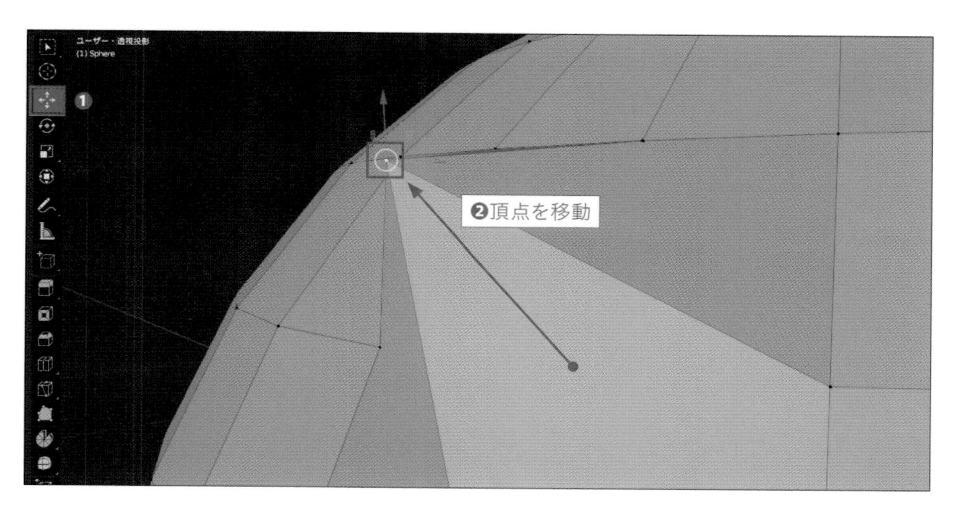

3

「頂点」の選択方法は「オブジェクトモード」での選択方法と概ね同じで、「Shift」キーを押しながらの複数選択や、[A] キーによる全体選択、各種選択ツールによる範囲選択なども同様に使用することができます。

このとき、隣り合った「頂点」を選択するとその間にある「辺」が（❶）、四隅をすべて選択するとその中にある「面」が選択状態になる（❷）ことも確認してみてください。

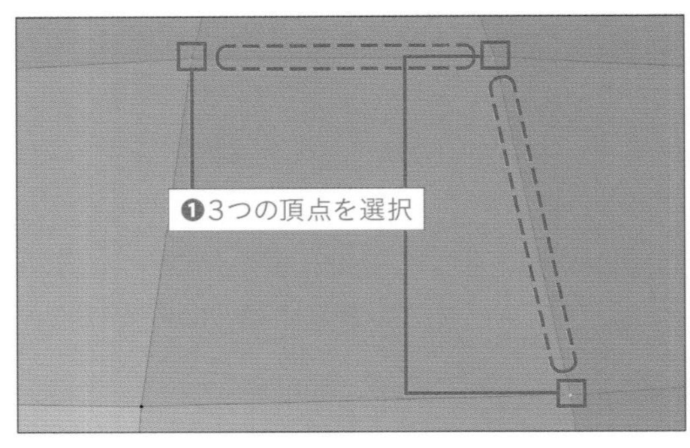

隣り合った「頂点」を選択すると間の「辺」が選択状態になる

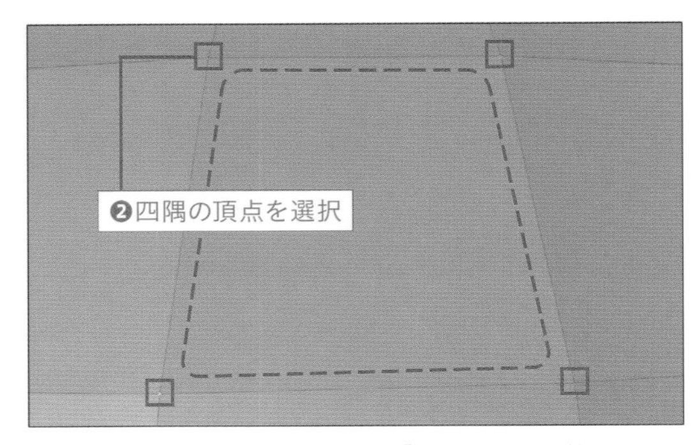

四隅を選択すると、その中にある「面」が選択状態になる

4 この状態で試しに「回転ツール」や「スケールツール」を使ってみましょう。すると「辺」や「面」を回転（❶）、拡大縮小（❷）できることができると思います。実際に操作して確認しましょう。

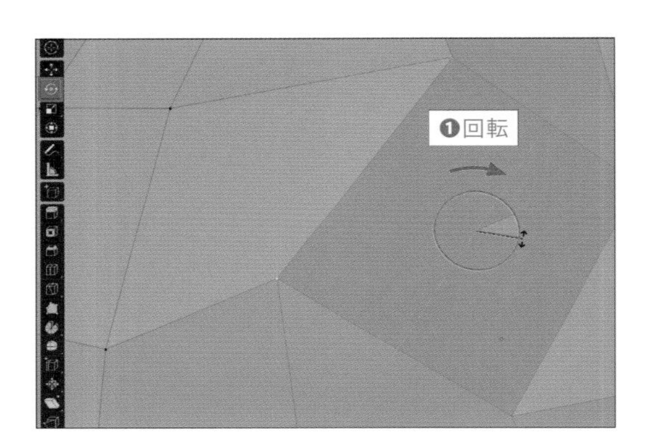

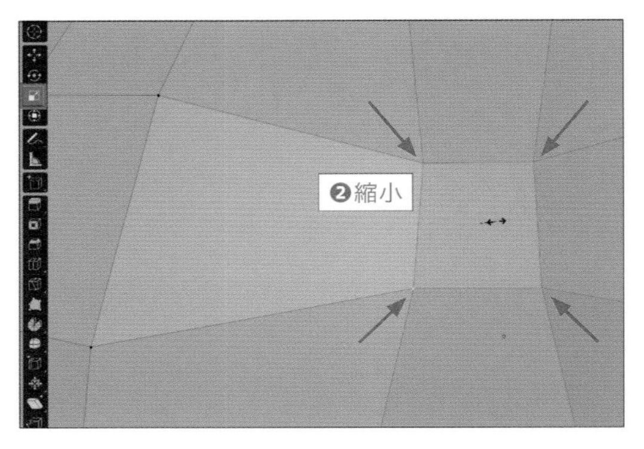

5 「辺選択」と「面選択」についても、選択の対象が変わっただけで選択の仕方はどちらも「頂点選択」と同様なので、どのように選択できるか試してみましょう。
また、「辺選択」（❶）なら円周部分の「辺」だけを選択したり（❷）、「面選択」（❸）ならチェック状に「面」を選択したり（❹）といったような、「頂点選択」ではできない選択の仕方もすることができます。余裕がありましたら実際に操作して確認してみてください。

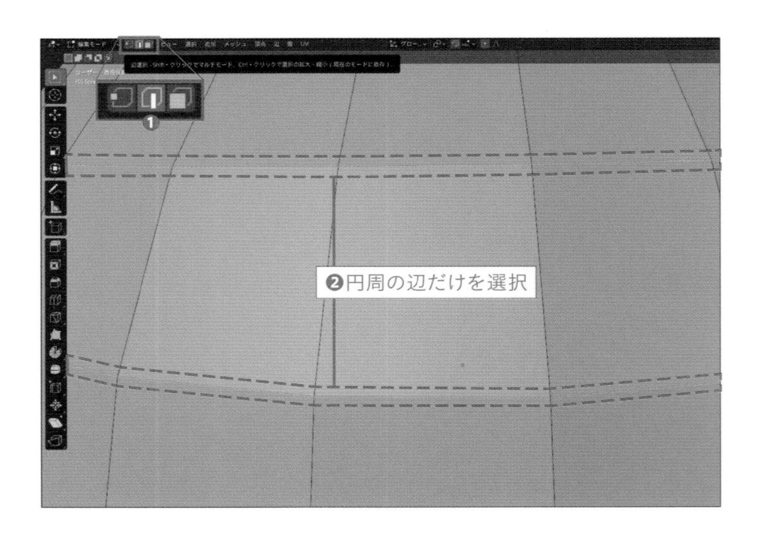

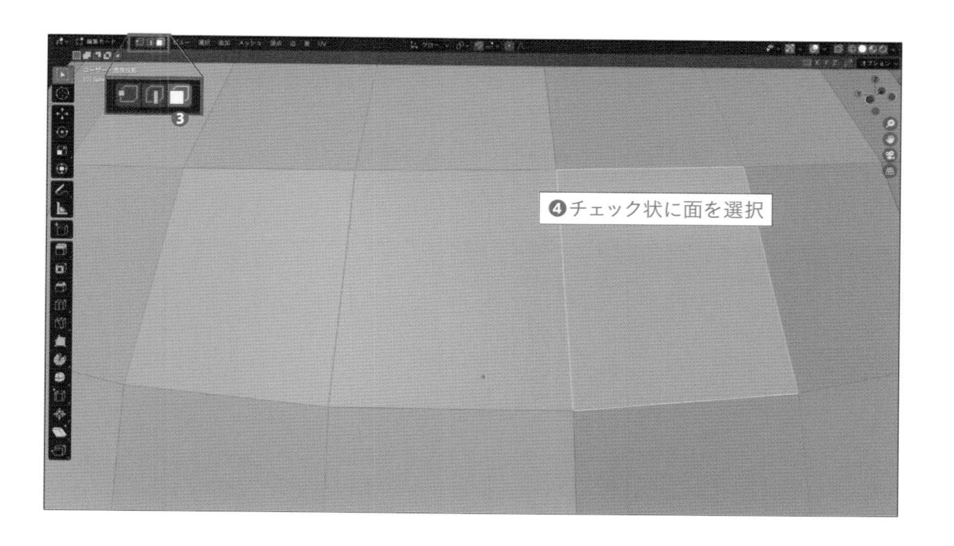

頂点／辺／面の削除、溶解と非表示

1 選択した「頂点」や「辺」、「面」は「メッシュ → 削除 → 頂点/辺/面」からそれぞれ削除することができます（ショートカット：[Delete] キーまたは [X] キー）。試しに適当な面を1つだけ選択している状態（❶）で「3Dビューポート」上部のメニューから「メッシュ → 削除 → 面」（❷）を選択してみると「面」が削除され「メッシュ」に穴が開くことが確認できます（❸）。

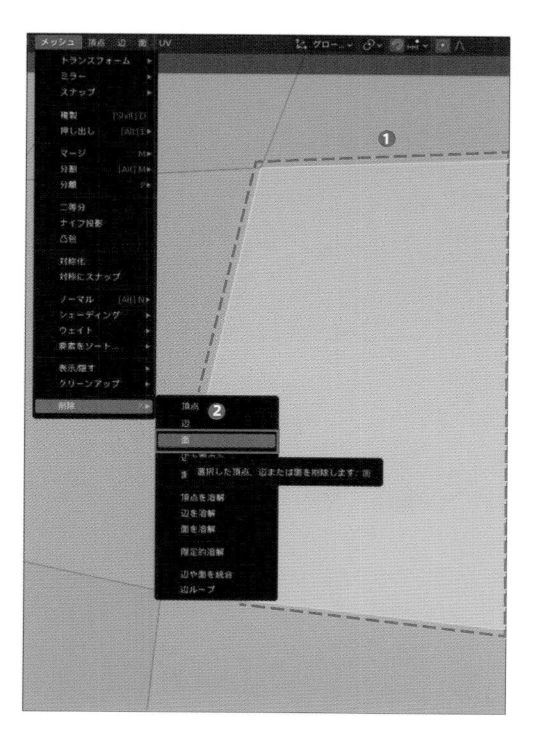

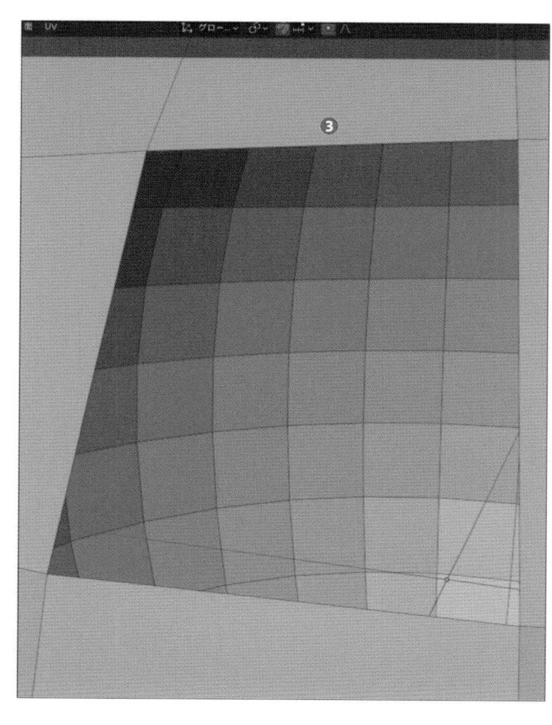

2 このとき、代わりに「メッシュ → 削除 → 頂点 または 辺」を選択すると「面」を構成していた「頂点」や「辺」が削除されるのですが、一緒に隣接していた「面」も削除されます。
このように「頂点」(❶、❷) や「辺」(❸、❹) を削除することで形を維持できなくなってしまった「面」は自動的に削除されます。実際に確認しておきましょう。

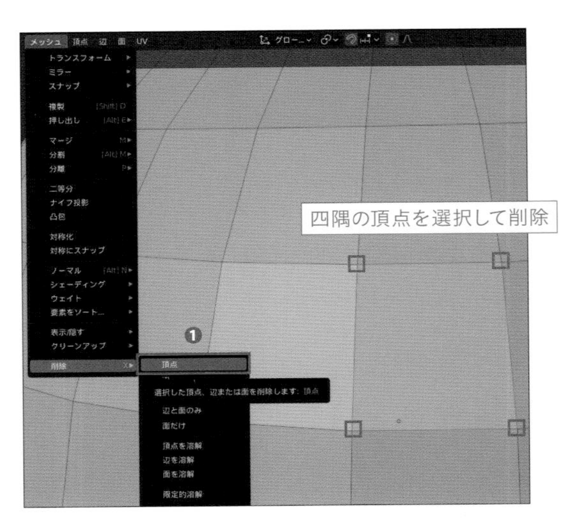

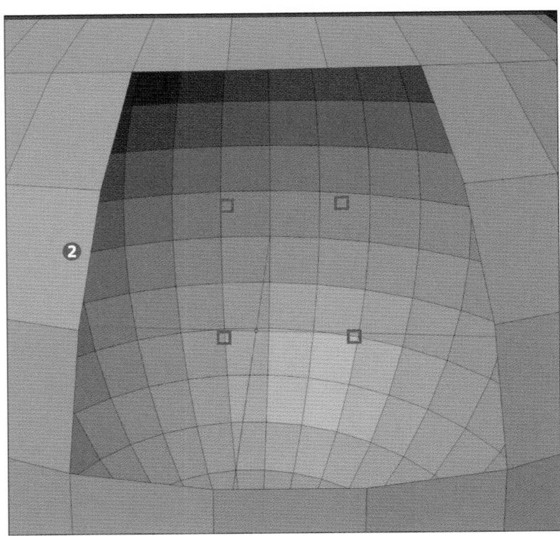

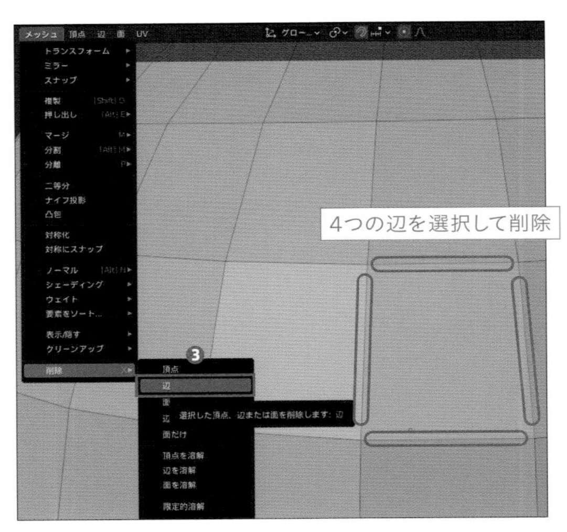

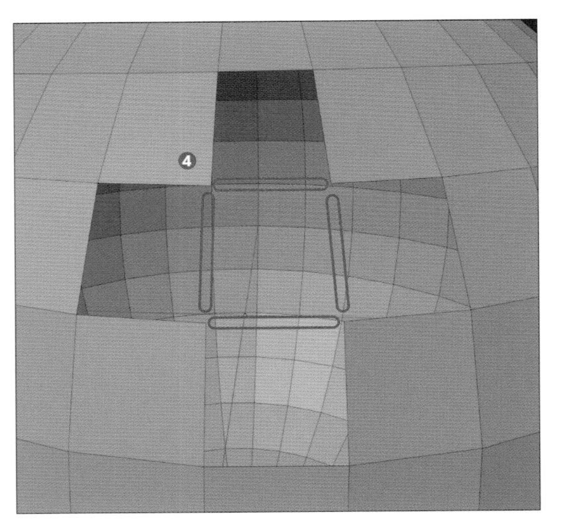

3 また、場合によっては「辺」や「頂点」を削除しても穴はあけたくないという場合があります。その場合には「メッシュ → 削除 → 頂点/辺/面を溶解」(❶) が便利です (ショートカット：[Ctrl+Delete] キーまたは [X] キー)。
「溶解」を使用すると、選択していた各要素は削除されるものの「メッシュ」に穴が開かないように自動的に補完してくれます (❷)。こちらも合わせて確認しておきましょう。

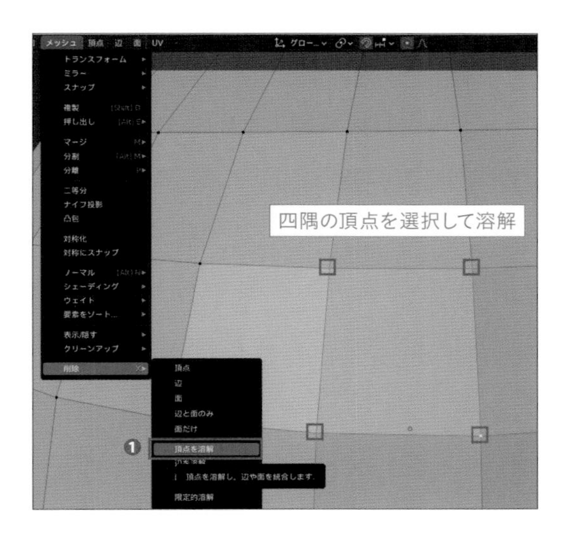

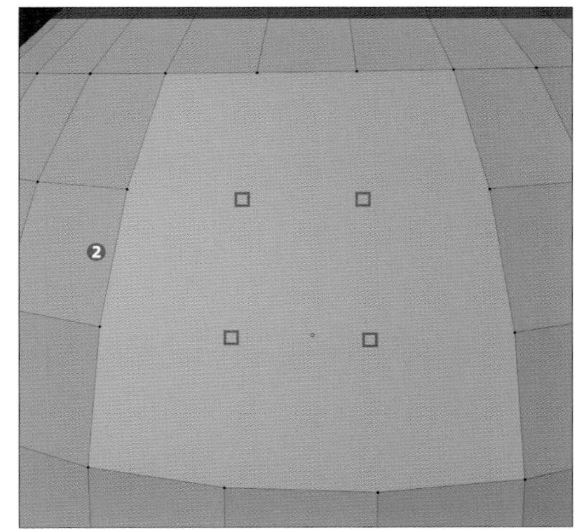

4 さらに今後作業を進めていきますと「編集したい箇所が他の面が邪魔で見えにくい」といったことから「頂点」や「面」などを一時的に非表示にしたいときが出てくると思います。その場合は非表示にしたい箇所を選択した状態で「3Dビューポート」上部のメニューから「メッシュ → 表示/隠す → 選択物を非表示」(❶)を実行することで非表示にすることができる(❷)ので試してみてください(ショートカット：[H] キー)。
また非表示にした箇所は「メッシュ → 表示/隠す → 隠したものを表示」(ショートカット：[Alt+H] キー)から再度表示できるので、合わせて確認しておきましょう。

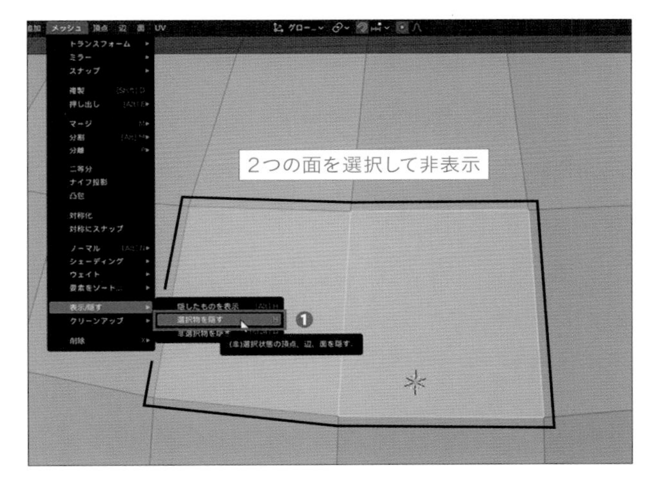

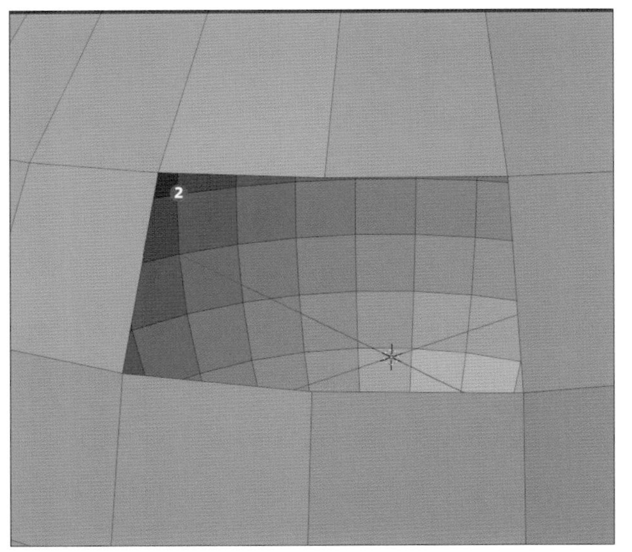

5 非表示にした箇所を直接編集することはできませんが、非表示にした箇所に隣接していた「頂点」や「辺」などを移動したり（❶）削除した場合は、非表示にしている側も影響を受けるので注意しましょう（❷）。

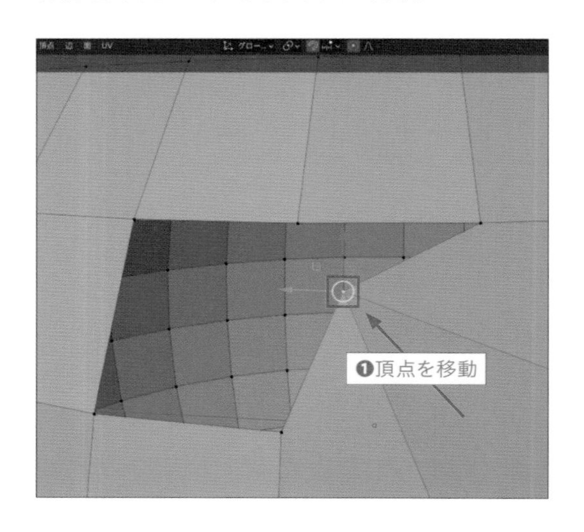

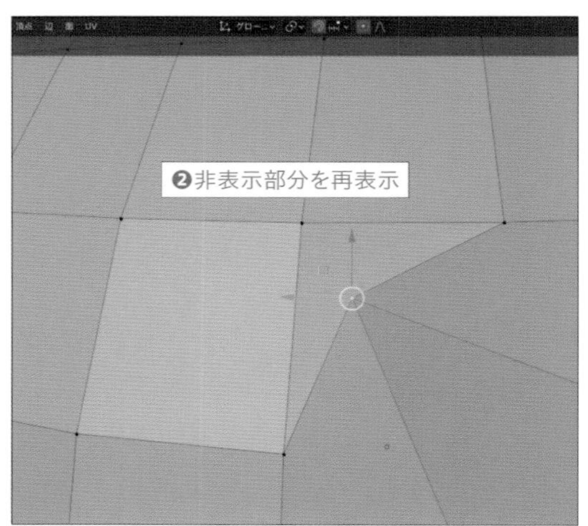

「オブジェクト」と「メッシュ」の関係について

ここで一度、このあとの混乱を防ぐために「オブジェクト」と「メッシュ」の関係について触れます。こちらも難しく考える必要はありませんが、ここでは「『オブジェクト』と『メッシュ』は別のもの」ということだけ覚えておきましょう！

1 まず画面右上の「アウトライナー」内を確認してみましょう。「オブジェクト」名の横に配置されている三角形を左クリックして階層を展開してみると、階層下に緑色の三角形のアイコンがあることが確認できると思います。

この項目は「オブジェクトデータ」と呼び、ここに、どの「メッシュ」のデータがどの「オブジェクト」に割り当てられているかの情報も含まれています（❶）。

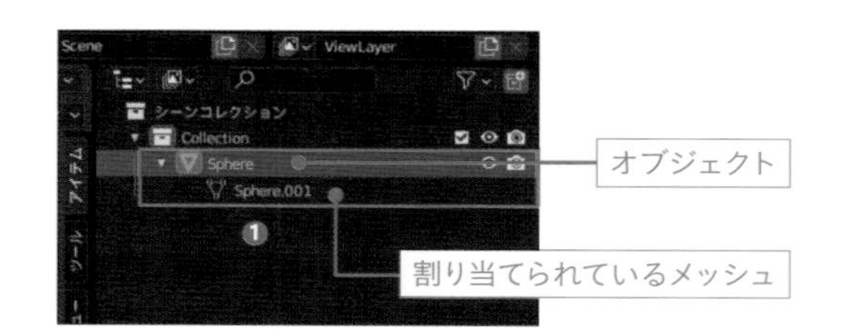

割り当てられている「メッシュ」は「プロパティウィンドウ」内にある同じアイコンの「オブジェクトデータプロパティ」の一番上の項目から確認することもできます（❷）。

2 このように「メッシュ」は「オブジェクト」を親にした「ペアレント」のように紐づいているので、「オブジェクト」を移動や拡縮させるとそれに合わせて**「メッシュ」も移動したり変形したり**します。一方で子にあたる「メッシュ」を変形させても「オブジェクト」の「トランスフォーム」の値は変化しません（例外的に「寸法」の項目だけ「メッシュ」の見た目の縦横奥行の幅をみて値が変化します）。
試しに「編集モード」で球のすべての面を選択（ショートカット：[A] キー）してから「移動ツール」で適当な位置に移動してみましょう（❶、❷）。

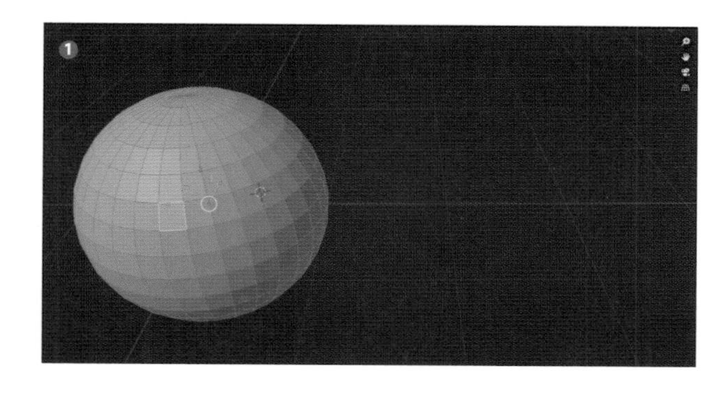

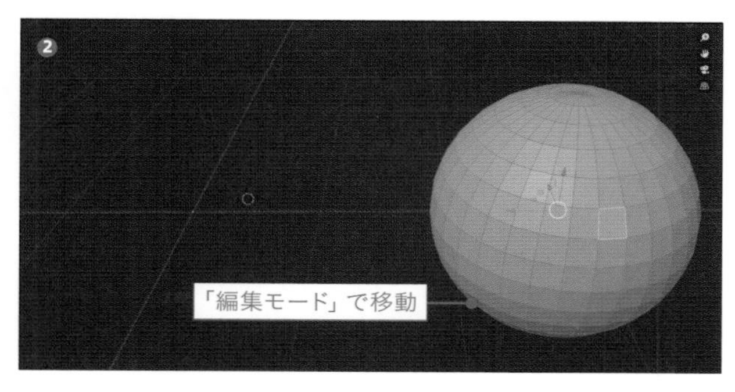

この状態で「オブジェクトモード」に戻して「トランスフォーム」の位置の値を確認しても移動前と変化がないことが確認できます（❸）。実際に「オブジェクトの原点」の位置も変化していません（❹）。
これは「編集モード」ではあくまで「原点からずれた位置に球がある形」になるよう「メッシュ」を編集しただけで、「オブジェクト」には何も操作を加えていないからになります。

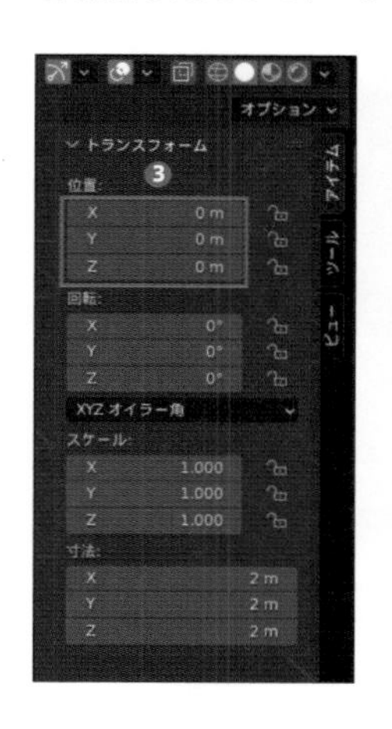

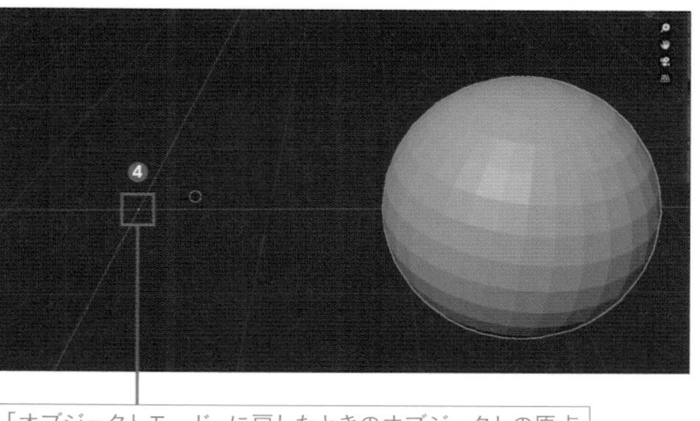

3 Chapter 2内の「ウサギのモデル」の「耳のパーツ」のように「オブジェクトの原点」をずらすことで操作しやすくなる場合もありますが、あまりに「オブジェクトの原点」からずれたような見た目の「メッシュ」になってしまうと「オブジェクトモード」での調整が難しくなってしまいます。

原点がずれた状態で回転をする様子

ですので基本的には「メッシュ」を変形してモデルの形を細かく作りこんでいく場合には「編集モード」、作成したモデル全体を移動、回転、拡大縮小して配置を調整する場合には「オブジェクトモード」と意識して使い分けるようにしていきしょう！

「メッシュ」の追加

1 それではここからは、本格的に「編集モード」で「メッシュ」の編集をしていきましょう。まずは「編集モード」でUV球の面をすべて選択してから削除します。「3Dビューポート」上部のメニューから「選択 → すべて」（ショートカット：[A] キー）、「メッシュ → 削除 → 面」を選んで削除します。
すべての「メッシュ」を削除したら「3Dビューポート」上部のメニューから「追加 → 円柱」（❶）から中心に円柱の「メッシュ」を追加します（❷）。「調整メニュー」内の値はすべてデフォルトのままで大丈夫です。これがマグカップを作る素の形になります。このとき「オブジェクトモード」ではなく「編集モード」で円柱の「メッシュ」を追加している点に注意してください。

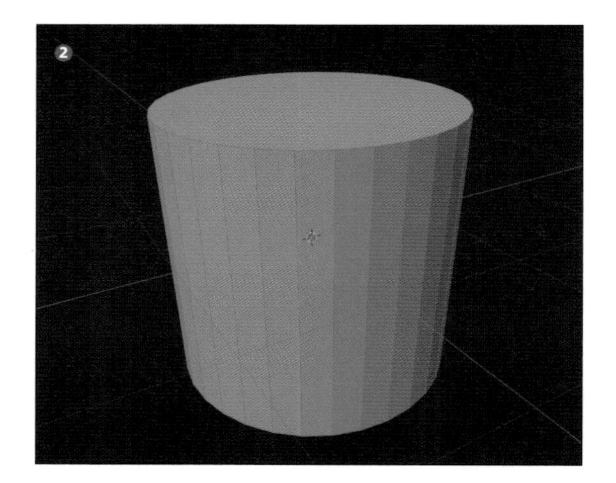

補足説明

「オブジェクトモード」からUV球や立方体を追加すると別々の「オブジェクト」になっていましたが、「編集モード」で追加すると1つの「メッシュ」としてまとめられます。
「編集モード」でUV球や立方体などを追加（❶）してから「オブジェクトモード」に切り替えて「回転ツール」などで「オブジェクト」を操作してみると分かりやすいので、余裕があれば試してみましょう（操作した内容は円柱を追加した直後まで「Ctrl + Z」で戻してください）。

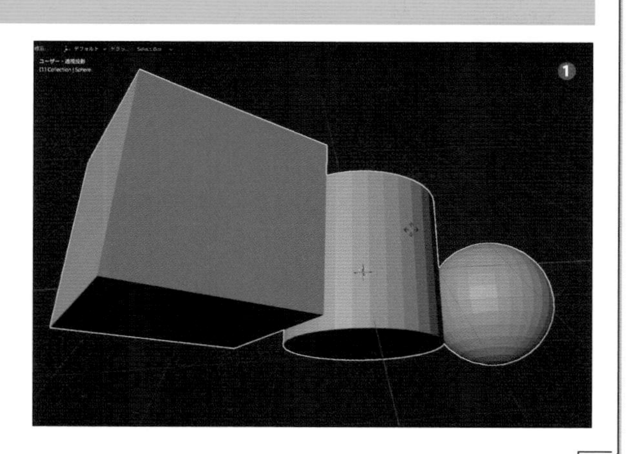

「編集モード」でのトランスフォームメニュー

1 円柱を追加したらすべての「面」を選択し、「編集モード」で円柱の底面が「オブジェクトの原点」の位置と同じ高さに来るように移動させます。

ピッタリとした位置に移動させたい場合に、Chapter2では「サイドバー」内の「トランスフォーム」を使用していましたが、「編集モード」でも同様に「トランスフォーム」から数値で頂点を移動させることができます。「編集モード」では1つの「頂点」を選択していた場合はその「頂点」の位置（❶）、複数の「頂点」を選択した場合（❷）はそれらの中点の位置が数値で表示されます。試しに「頂点」や「辺」、「面」を選択して、それぞれ数値が変わることを確認しましょう。

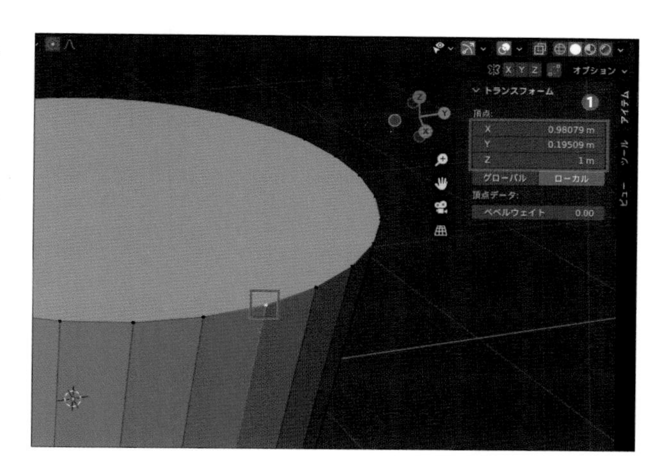

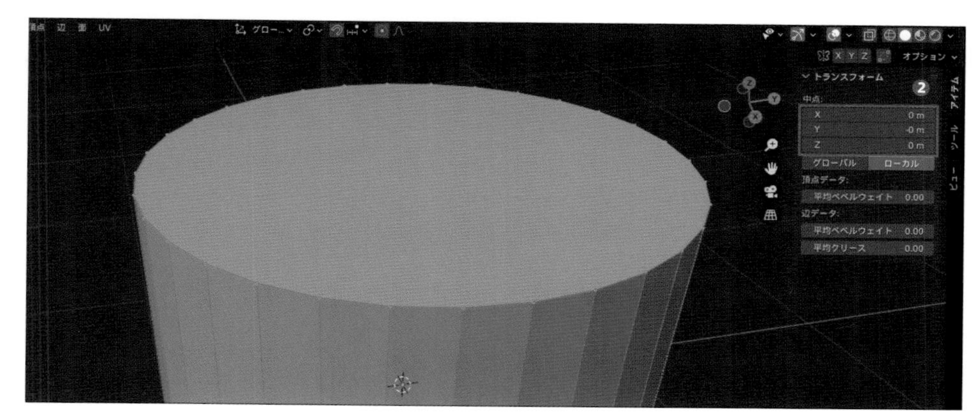

2 数値の変化を確認したら全体を選択して（❶、ショートカット：[A]キー）、「トランスフォーム」の中点の項目の「Z」の値を「1」にして移動させましょう（❷）。

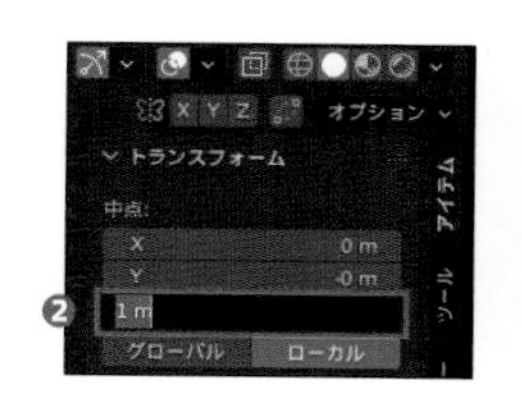

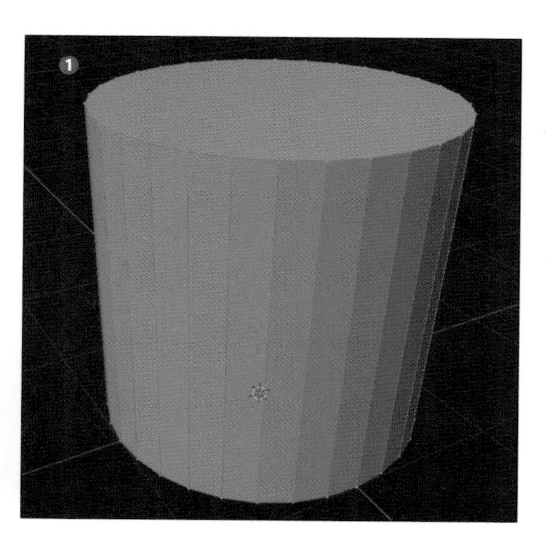

移動したらテンキーの［1］と［5］を入力して視点を正面から「平行投影ビュー」にして、底面が原点と同じ高さに位置していることを確認してください（❸）。このときの底面がコップの接地面になります。
このように「オブジェクトの原点」の位置と接地面の位置とを揃えておくことで後から「オブジェクトモード」で操作する際に床面への配置がしやすくなります。

補足説明：トランスフォームメニューの「グローバル」と「ローカル」について

「編集モード」の「トランスフォームメニュー」には「グローバル」と「ローカル」という項目が用意されています。こちらはそれぞれChapter 3で触れた「グローバル座標系」と「ローカル座標系」での「頂点」の位置の値に切り替えることができます。

特に「ローカル」の値は「オブジェクト」を移動や回転、拡縮させても値が変化しないので、「オブジェクトモード」でモデルを配置し終わった後に「メッシュ」の各要素を数値で調整したい場合に便利だったりします。今回は操作する必要ありませんが、一応覚えておきましょう！

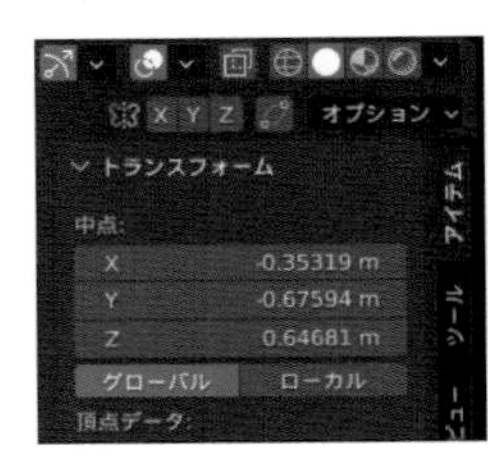

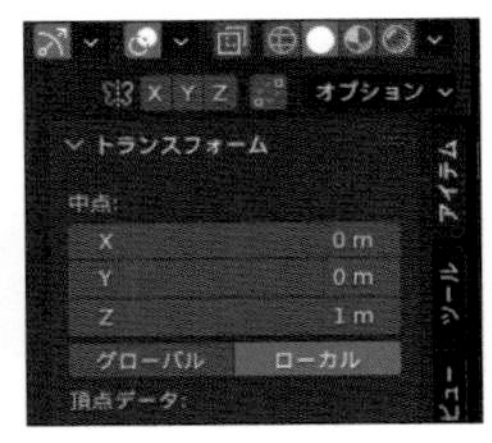

グローバルとローカルの値の違い

面を差し込む

1　それではここからはさらに細かな「メッシュ」の編集をしていきましょう！「メッシュ」の形状を細かく凹凸させるためには、基本的にその分だけ「ポリゴン」が必要になります。
「ポリゴン」を増やすためには「メッシュの分割」系のツールを使うと便利です。
まずは「差し込みツール」（❶）を使用して円柱の上面にマグカップのフチの厚さ分だけ「面」を差し込んでみましょう。「差し込みツール」は「編集モード」のツールバーの上から11個目のツールで、このツールを選択した状態で円柱の上面を選択すると中心に黄色い円が表示されます（❷）。

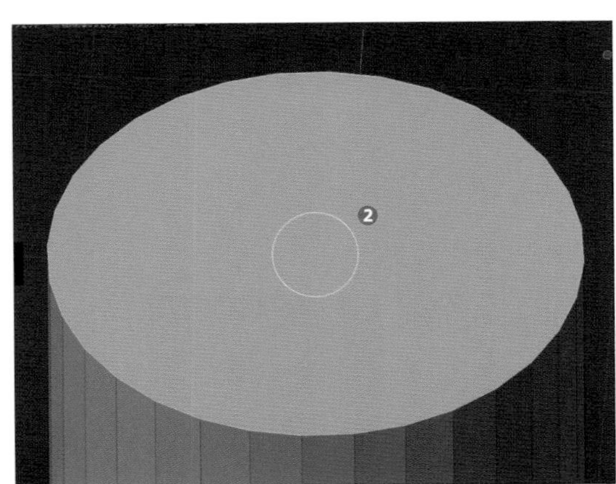

この円を中心に向かってドラッグすると（ショートカット：[I] キー）選択していた面が小さくなり、小さくなった部分を補うよう周囲に面が追加されることが確認できると思います（❸）。
今回は「調整メニュー」から「幅」の値を「0.2」に調整しました（❹、❺）。
このように「差し込みツール」は選択していた面とその周囲の面との間に新しく面を追加するツールです。額縁のように中心に穴が開いたような形状を作りたいときに便利です。

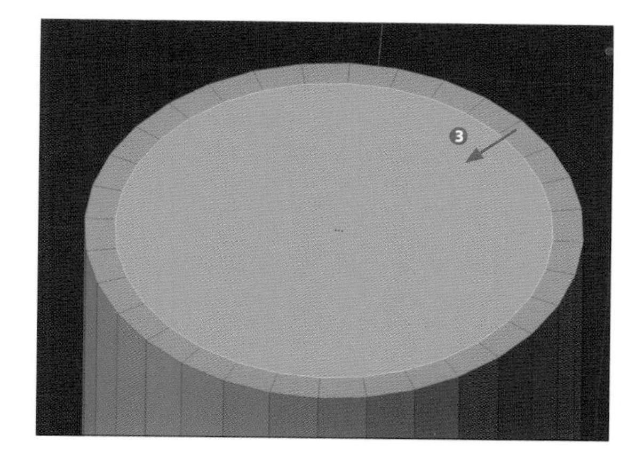

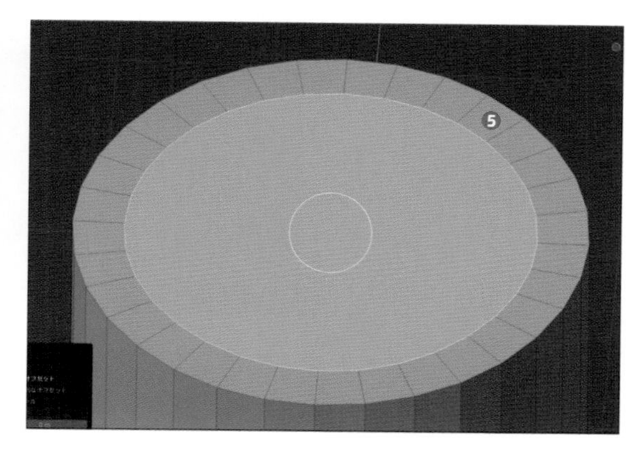

補足説明：「重複頂点」と「頂点のマージ」

先ほどは「差し込みツール」で円の中心に向かってドラッグして面を差し込みましたが、逆に円の外側に向かってドラッグするとどうなるでしょう？
実際に操作しても変化がないように見えますが、ちゃんと面が差し込まれています。試しに「移動ツール」を使用して「面」を移動してみると、複数の「頂点」が同じ位置にあり、それらの間に隠れるように「面」が張られていたことが確認できます（❶）。

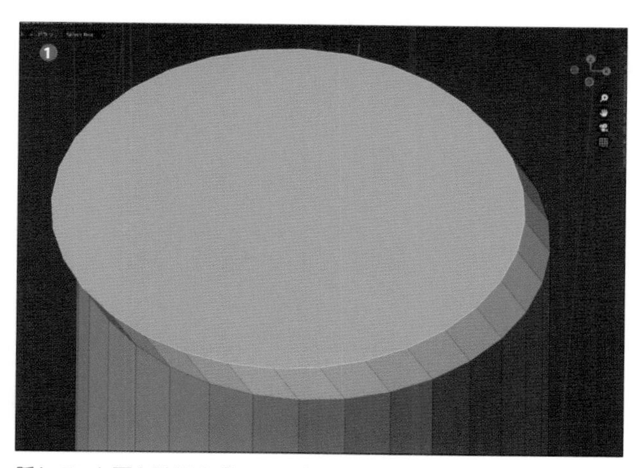

隠れていた面を引き延ばしている様子

このように1つの「メッシュ」内で同じ位置にある頂点のことを「重複頂点」と呼びます。「重複頂点」はそのままにしておく場合もありますが、様々な処理をする上で不都合となる場面も多いです（重複頂点が存在する場合にどんな不都合があるかについては後述します）。そこで事前に「重複頂点」を削除する方法も確認してみましょう。
「重複頂点」を削除する方法はいくつかありますが、「マージ」機能を使うのが一番簡単だと思います。「マージ」は「3Dビューポート」上部のメニューから「メッシュ → マージ」（ショートカット：[M] キー）から使用でき、選択している複数の「頂点」を1つの頂点としてまとめてくれます。まとめた頂点間に張られていた「面」や「辺」については自動的に削除されます。
試しに円柱の上面を選択した状態で「メッシュ → マージ → 中心に」（❷）を選択しますと、選択している「面」に含まれる「頂点」が中心に集まって1つの「頂点」になることがわかります（❸）。確認ができたら「Ctrl+Z」で操作を戻しておきましょう。

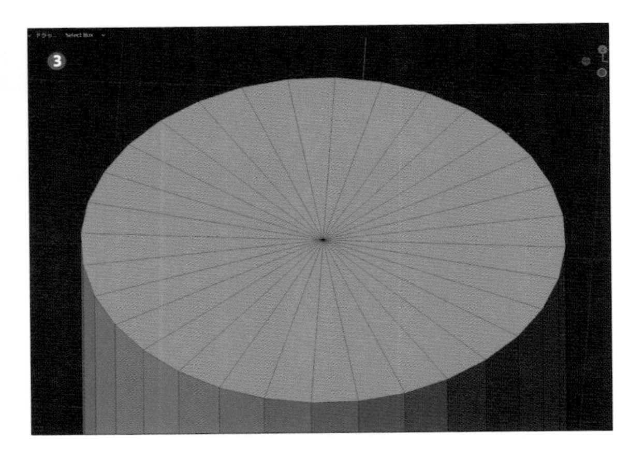

マージする位置は「中心に」以外にもいくつか選択することができ、最初または最後に選択した頂点の位置や、3Dカーソルの位置にまとめることができたりします。ただ今回は「重複頂点」を削除することが目的なので、その場合は「距離で」を使うと便利です。
こちらは先ほどまでのマージ方法と異なり、選択している「頂点」の中から一定の距離以下の位置にある「頂点」同士を1つの「頂点」としてまとめてくれます。試しに円柱のすべての「頂点」を選択してから「メッシュ → マージ → 距離で」（❹）を実行してみましょう（ショートカット：[A] キー →［M］キー →「距離で」を選択）。
すると重複頂点があった場合は「〜個の頂点が削除されました」と表示され（❺）、先ほどと同様に「移動ツール」で面を移動させても「差し込みツール」で追加されていた面が削除されていることを確認できます（❻）。

もし今後Chapter 3の内容で「画像と同じようにならない！」といった場合は「重複頂点」が存在していることが原因の可能性もありますので、こちらの手順を実行して正しい状態になるか試してみてください。

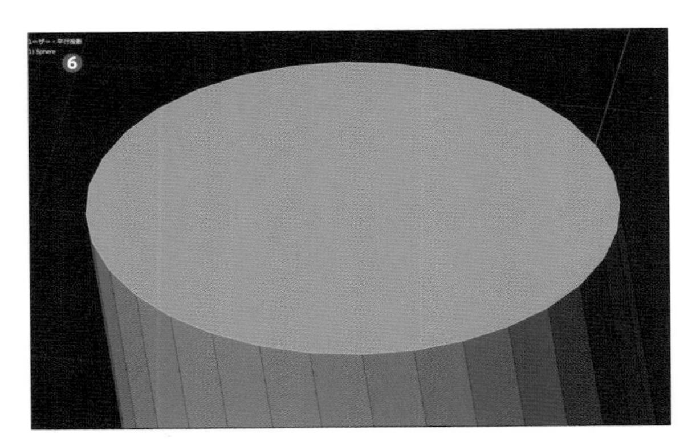

なお、「距離で」は調整メニューから頂点の「結合距離」を調整することで、範囲距離内にある頂点同士を1つにまとめることもできます。

面を押し出す

1 「差し込みツール」でフチの厚さの分だけ面を差し込んだら、今度はマグカップの内側を作っていきます。こちらには「押し出しツール」（❶）を使うと便利です。「押し出しツール」は「差し込みツール」の1つ上にあるツールで、このツールを選択した状態で面を選択すると白い円と選択している面に対して垂直に伸びる黄色いプラスボタンのマニピュレータが表示されます（❷）。

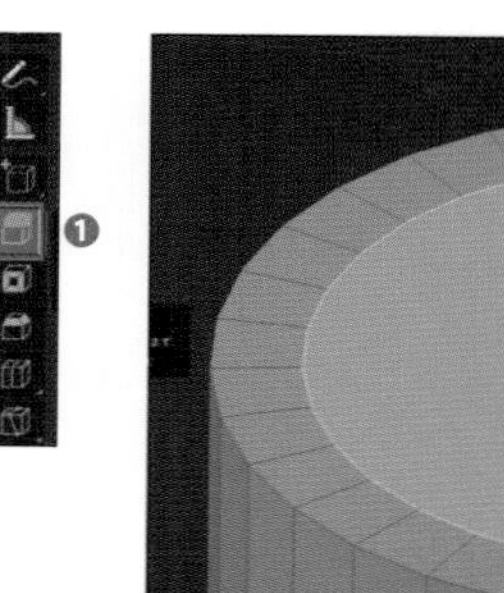
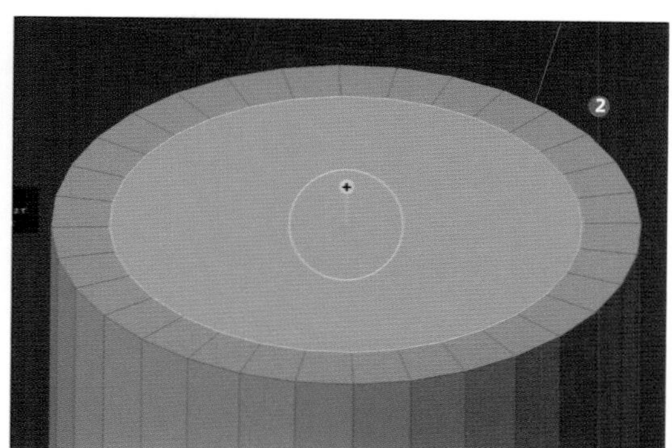

このマニピュレータをドラッグすると、マニピュレータが伸びている方向に選択している面が移動し、間には面が張られます（❸）。今回は「調整メニュー」から「移動」の「Z」の値を「-1」にして奥に押し込みました（❹）。これがマグカップの内側の面になります。
このように「押し出しツール」は新しく「辺」や「面」を差し込みながら選択対象を移動できるツールです。「面」の場合なら引っ張ると出っ張りを、押し込むと凹みを作ることができます。

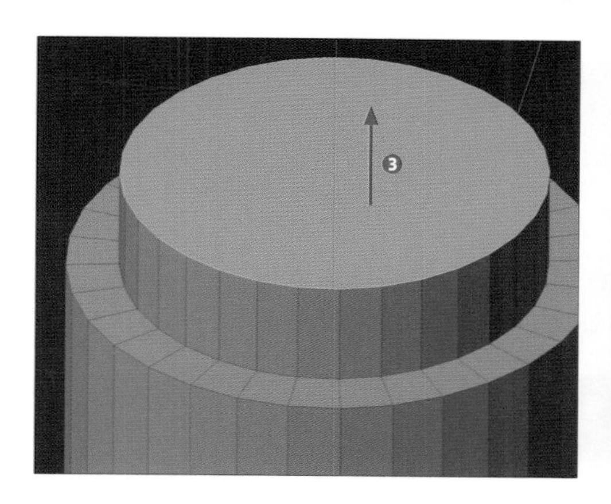
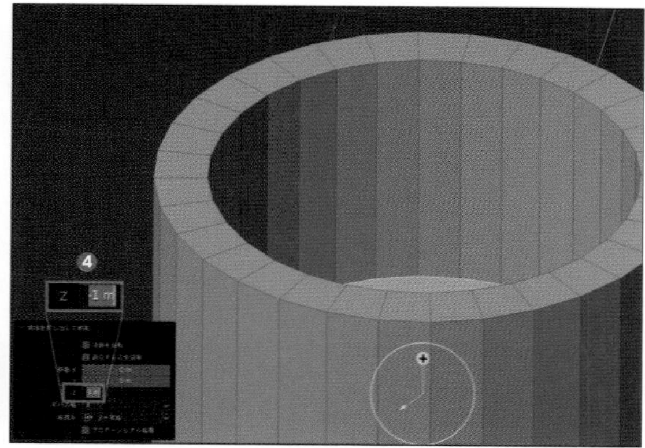

飲み口を広げる

1 今回作るマグカップは底よりも飲み口が少し広い形状にしてみましょう。具体的な操作内容としては、上部フチ部分の面をすべて選択して「スケールツール」で拡大します。
しかしフチ部分の面を1つ1つ選択するのは手間がかかります。範囲選択をしようにも入り組んだ形状をしているので思うように選択ができません。
そこで今回のように四角い面が輪のように繋がった部分を一括で選択したい場合は「ループ選択」を使用すると便利です。

「ループ選択」は、「メッシュ」上でループ状に繋がっている「頂点」や「辺」を一度に選択してくれる機能になります。試しに隣同士の2つの「頂点」、または「辺」を1つ選択（❶）してから「3Dビューポート」上部のメニューから「選択 → ループ選択 → 辺ループ」を選択する（❷）と、選択した「頂点」または「辺」が伸びている方向に繋がっている部分が一度に選択される（❸）ことが確認できると思います。

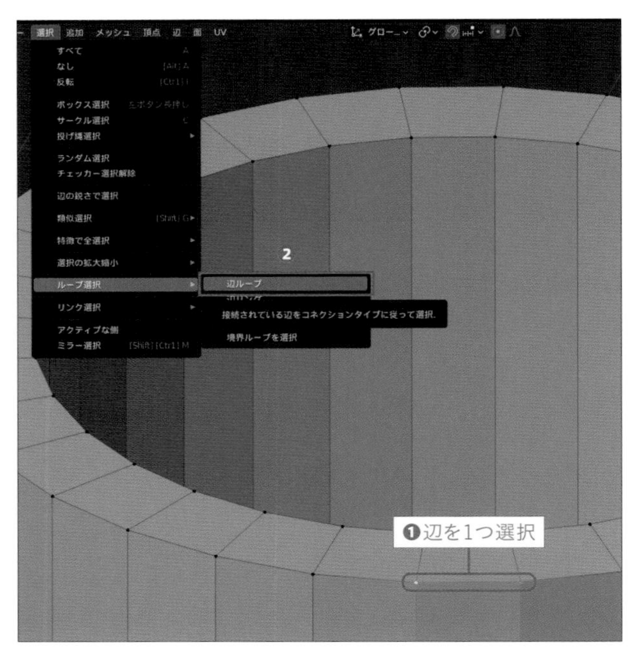

2 また「ループ選択」は「Alt」キーを押しながら各要素を選択することでも実行可能です。こちらの場合は事前に「頂点」などを選択しておく必要は無く、「頂点」や「辺」の場合は「ループ選択」したい方向に伸びている「辺」の中心付近を、「面」の場合は「面」同士の境目付近を「Alt」キー＋左クリックすることですぐに実行できます。特に「面のループ選択」はこちらのショートカットからでないと思い通りの選択結果にならない場合が多いので覚えておきましょう。

今回は「ループ選択」でフチ部分の面をすべて選択してから（❶）「スケールツール」で「X、Y」ともに「1.35」倍拡大して飲み口を広げてみてください（❷）。

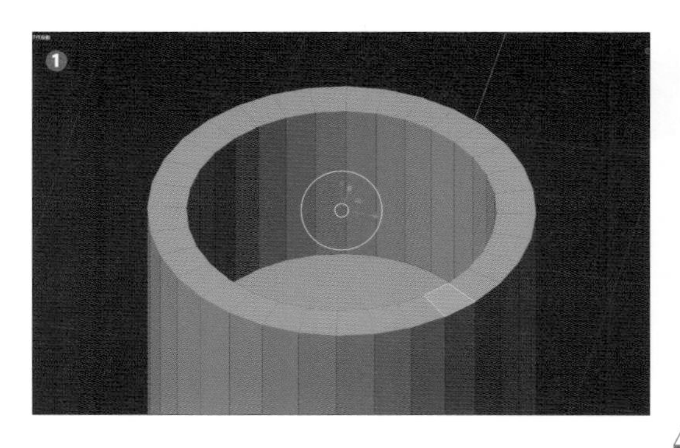

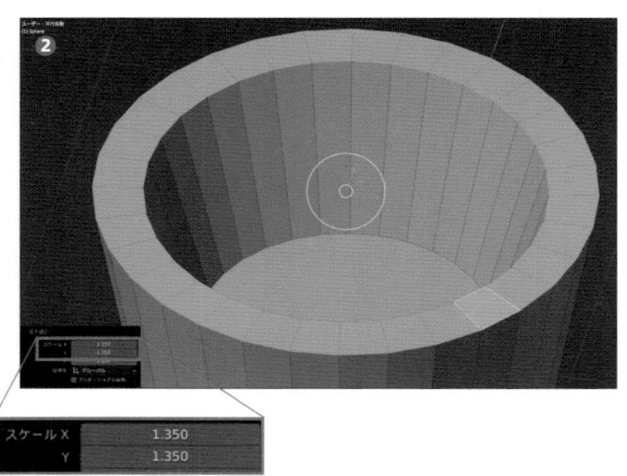

補足説明：メッシュの各種選択機能について

「ループ選択」以外にも便利な選択機能がいくつか用意されています。特によく使用する機能に「最短パス選択」と「リンク選択」があるので、それぞれ実際に操作して試してみましょう。

まず「最短パス選択」は、2つの選択箇所を「メッシュ」上で最短距離で結んだときの経路にある対象を選択してくれる機能です。試しに適当な「頂点」を2箇所選択してから「3Dビューポート」上部のメニューから「選択 → リンク選択 → 最短パス選択」(❶) を実行すると、片方の「頂点」から「辺」をたどってもう片方の頂点まで繋ぐ経路上にあるすべての頂点が選択されることが確認できます (❷)。
また「最短パス選択」は「Ctrl+左クリック」でも実行することができるので、実際に操作して確認しておきましょう！

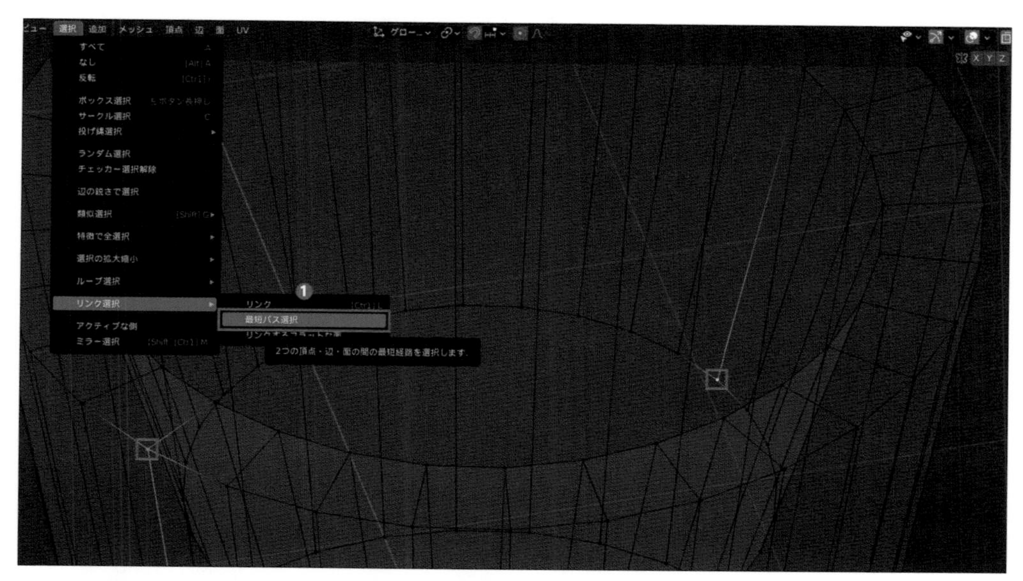

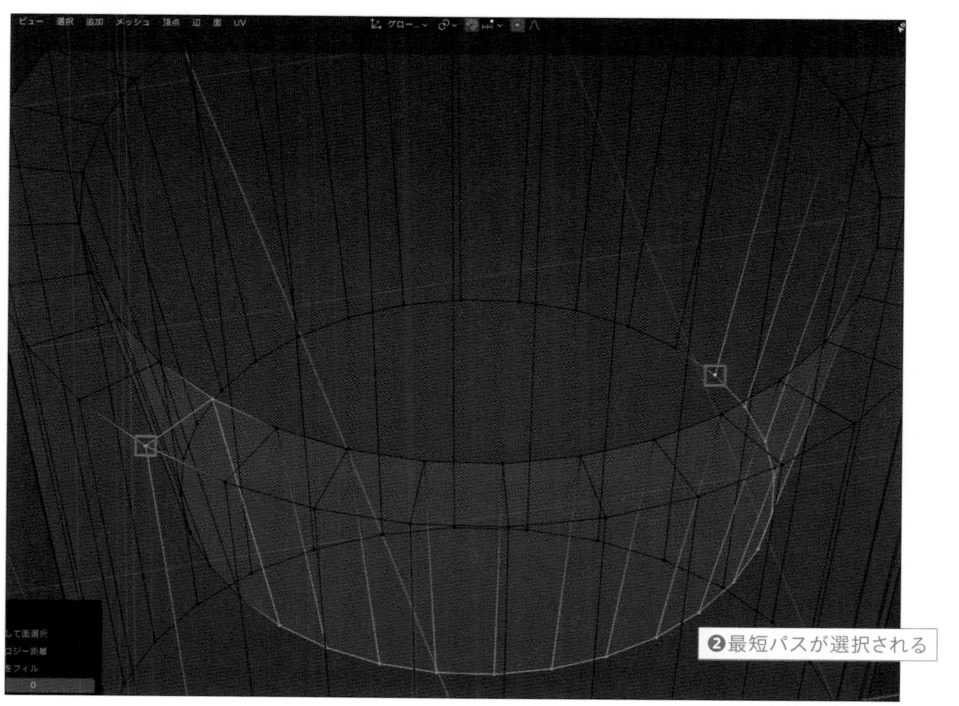

❷最短パスが選択される

次に「リンク選択」は、選択中の「面」や「頂点」と繋がっている「メッシュ」全体を選択してくれる機能です。「3Dビューポート」上部のメニューから「選択 → リンク選択 → リンク」(❸、ショートカット:[Ctrl+L]キー)から使用できるので、適当な「面」などを選択してから実行して結果を確認してみましょう(❹)。
こちらは「メッシュ」が分離している場合や、「調整メニュー」から選択できる「区切り」を設定してある「メッシュ」を選択する際に有用なので覚えておきましょう(区切りを指定する際の「シーム」や「シャープ」などの用語については後のChapterで触れます)。

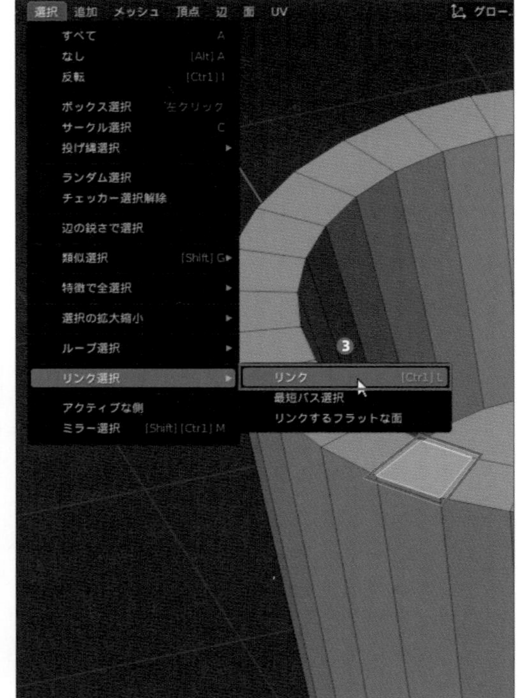

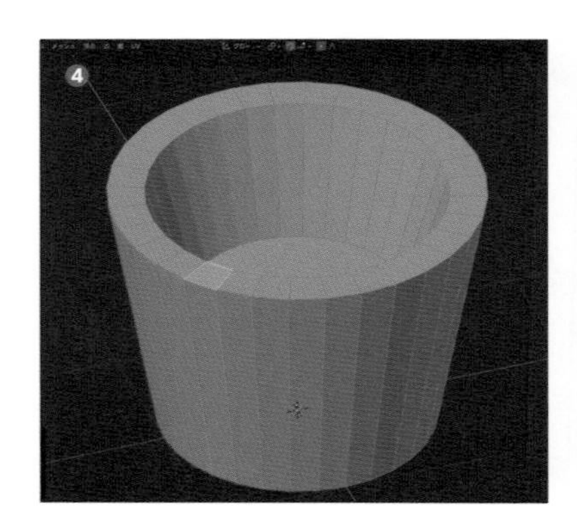

また選択箇所は「3Dビューポート」上部のメニューから「選択 → 反転」(❺、ショートカット:[Ctrl + I] キー)で反転することもできます(❻)。部分的に操作をしたくない箇所があった際に、先に操作をしたくない箇所を選択してから反転するといったような使い方もできますので、こちらも覚えておくと後々便利です。

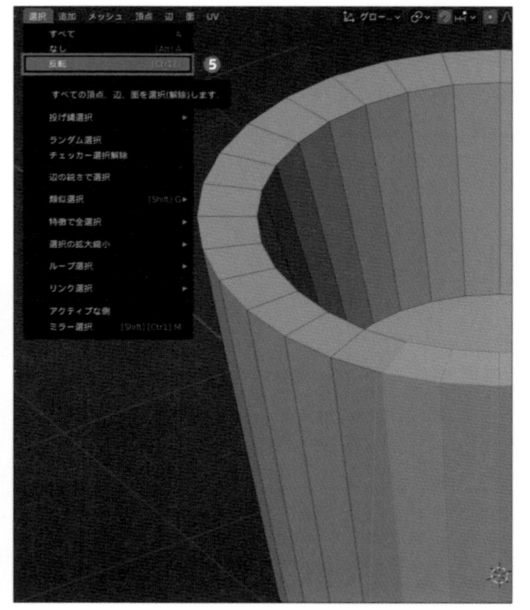

そのほかにも例えば、「ループ選択」や「最短パス選択」を使用して輪になるようにした際に、その輪の中にある「メッシュ」を一度に選択したい場合があります。その場合は「3Dビューポート」上部のメニューから「選択 → ループ選択 → 内側領域のループを選択」(❼)を実行することで該当箇所を選択することができます(❽)。

また「選択 → ループ選択 → 境界ループを選択」を実行することで選択中の面を取り囲む辺だけを選択することもできます。どちらも用途は限られますが、こういう選択もできると覚えておくと役に立つ場面がありますので、実際に操作して確認してみましょう。

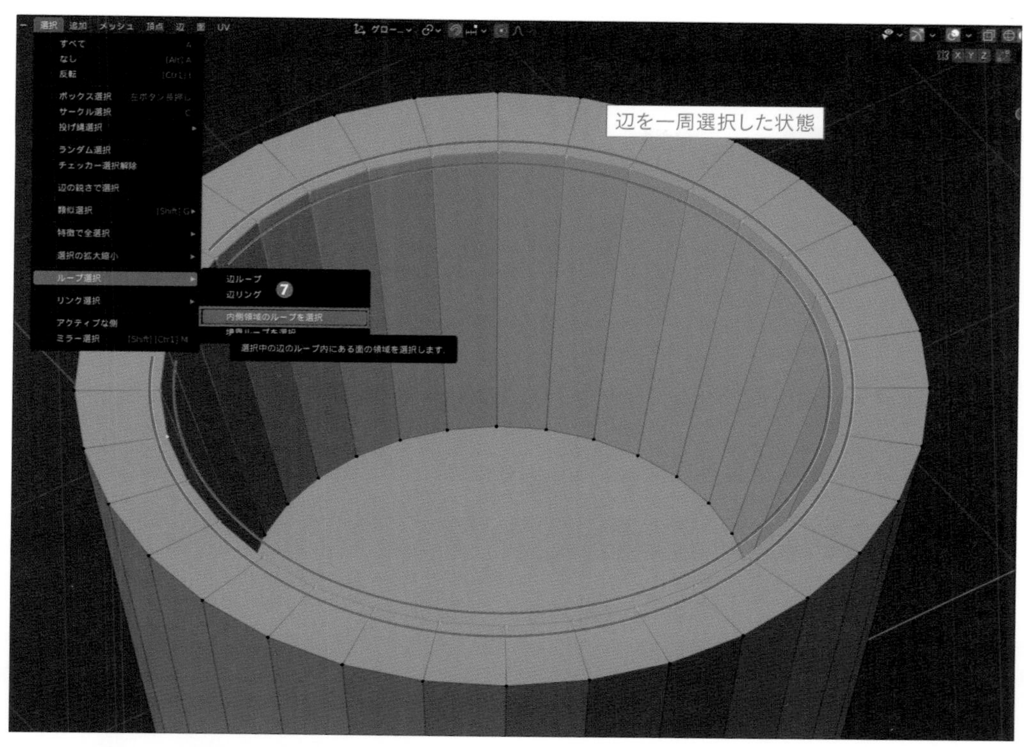

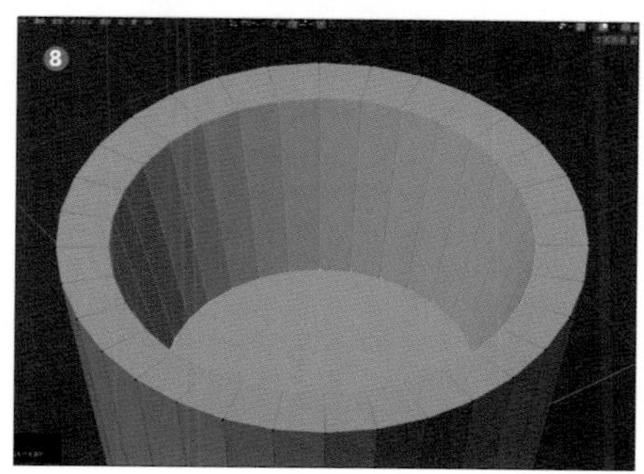

今回取り上げたものは一部だけですが、このように選択機能にはいくつか種類が用意されています。軽く一通り試したらマグカップのモデリングに戻りましょう！

角を丸める

1 飲み口を拡大したことで少しずつ形状がマグカップに近づいてきましたが、まだ全体的に角ばっています。「オブジェクトモード」に戻って「スムーズシェード」（P.039）を設定してみましょう。

すると滑らかな見た目になりますが、こちらはあくまで見た目を滑らかにするだけの設定なので横から見ると角の形はそのままになっています（❶、❷）。
そこでこの角の部分を「ベベルツール」を使用して丸みをつけてみましょう。

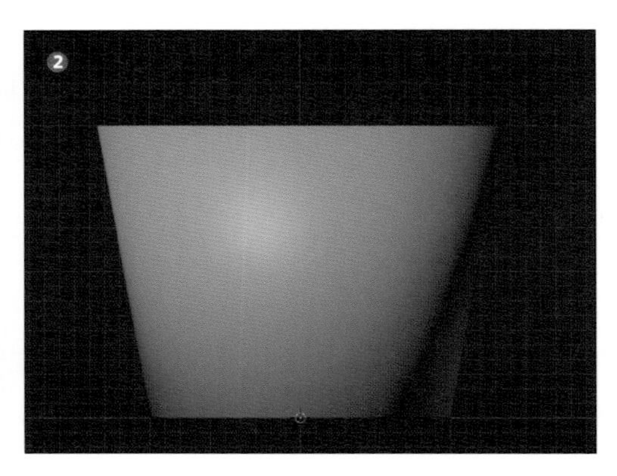

2 「ベベルツール」（❶）は「編集モード」の「差し込みツール」の1つ下にあるツールで、このツールを左クリックすると選択している「辺」や「面」の中心から垂直に伸びるマニピュレータが表示されます。

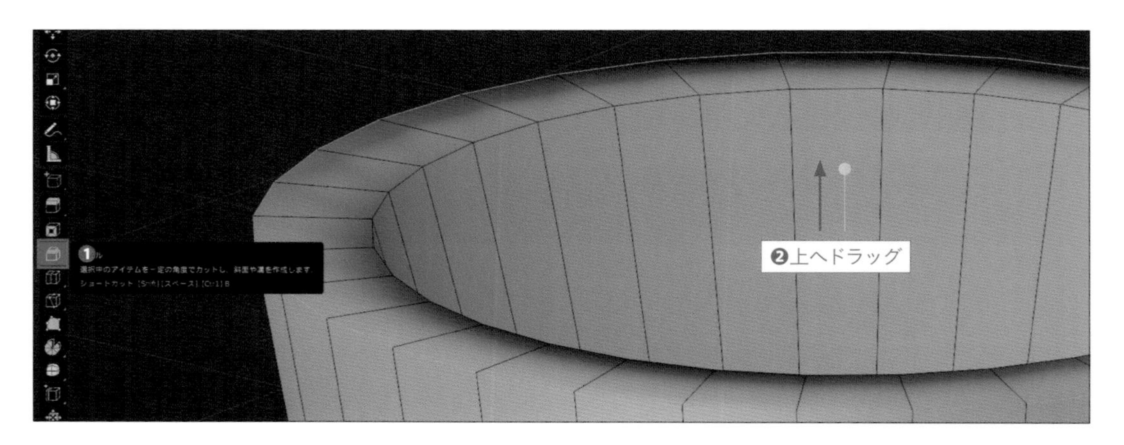

試しにコップの外側のフチ部分の「辺」を「ループ選択」ですべて選択した状態でこのマニピュレータを上に少しだけドラッグしてみましょう（❷、ショートカット：[Ctrl+B] キー）。すると角が削られるように「面」が分割されていくのが分かると思います（❸）。このように角を削り取るような編集を「ベベル（面取り）」と呼びます。

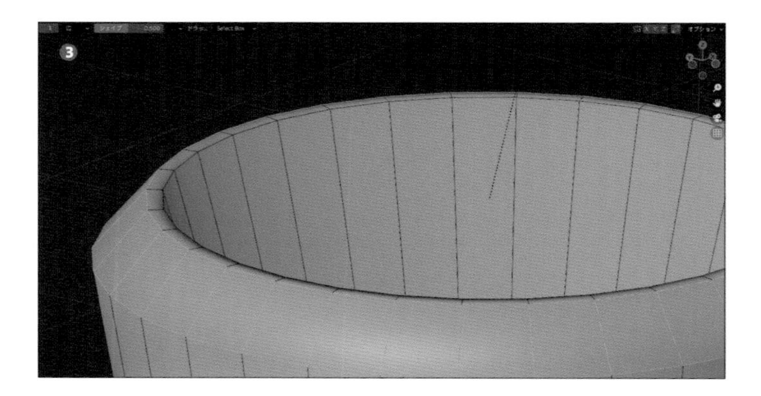

ヒント

うまく「ベベル」ができない場合は「重複頂点」（P.095参照）が存在していないか確認してみましょう！

3 さらに操作中にマウスホイールを上下に回転させるか、操作後の「調整メニュー」から「セグメント」の値を増やしてみましょう（❶）。するとその分だけ分割数が増えて丸みを帯びた形状にすることができます（❷）。

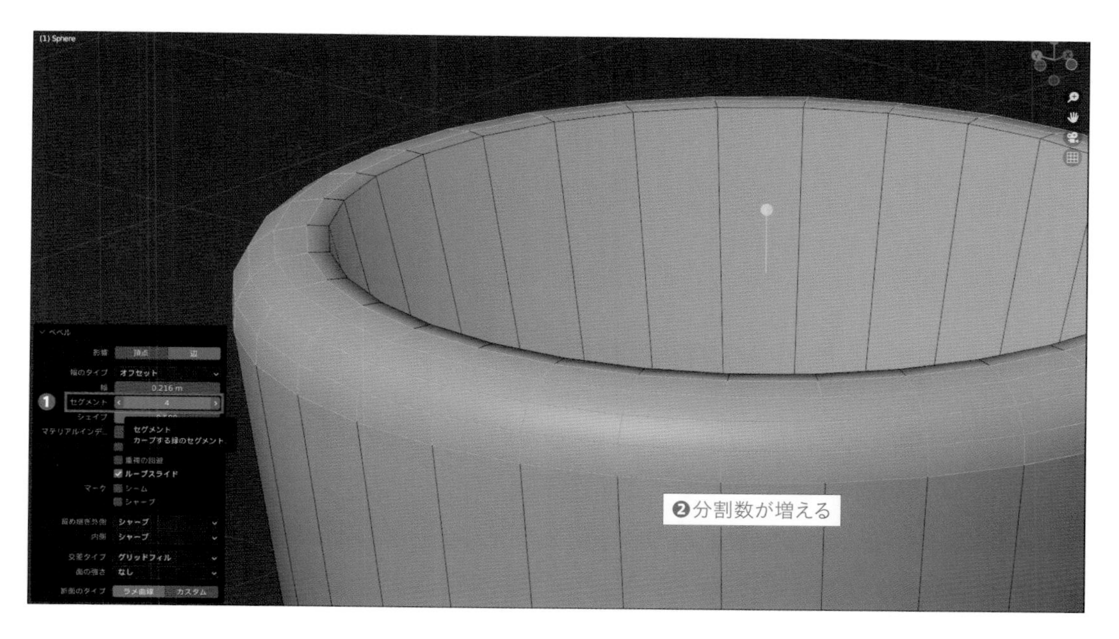

このときの丸みのつき方については「調整メニュー」内の「シェイプ」を操作することで調整することもできるので（❸、❹）、余裕がありましたらどのように変化するか試してみましょう。

ある程度操作を確認できたら「Ctrl+Z」で「ベベル」をかける前の状態に戻してください。

4 次にフチ部分の内側と外側の辺をそれぞれ「ループ選択」してから「ベベルツール」を使用してみましょう。すると一度に両側から「ベベル」をかけることができます。
このとき、「ベベル」の範囲をちょうど真ん中付近で留めるようにするとフチを完全に丸めることができるのですが、少しでも通り過ぎてしまうとマグカップの内側と外側が交差しているような不自然な形状になってしまいます（❶）。

そのときには「調整メニュー」から「重複の回避」（❷）を有効にしておくことで、「ベベル」の編集箇所のいずれかが隣接した「頂点」や「辺」に到達したらそれ以上範囲が広がらないよう制限してくれるようになります（❸）。

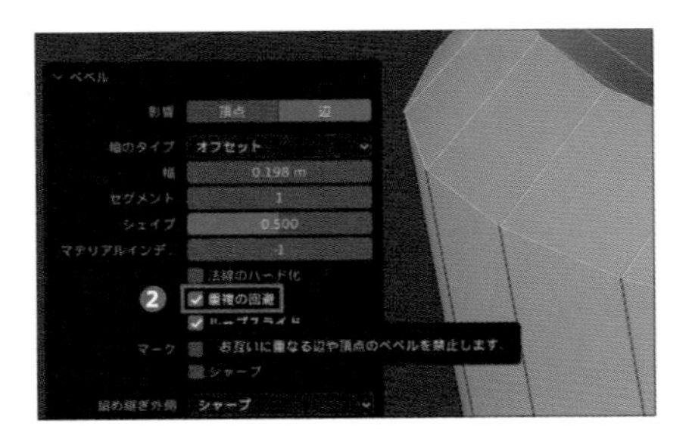

5 今回はフチの角にそれぞれ「重複の回避」を有効にした状態で「幅：0.15」、「セグメント：4」、「シェイプ：0.5」で「ベベル」をかけました（❶、❷）。
またこのとき「ベベル」がぶつかり合った箇所には「重複頂点」が存在するので、すべての「頂点」を選択してから「メッシュ → マージ → 距離で」（「結合距離」は初期設定の「0.0001m」）を使用して削除しておいてください。

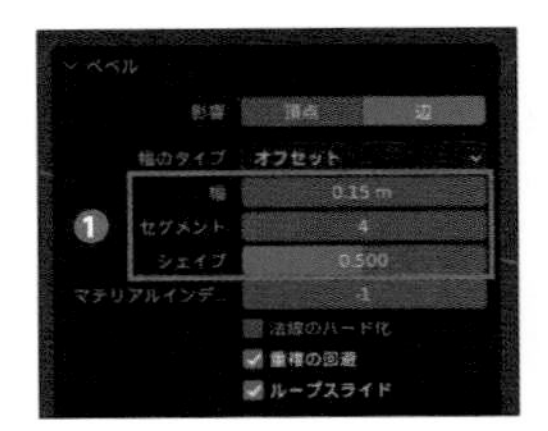

内側と外側底面の角も同じ数値で「ベベルツール」を使用して角を丸めておきましょう。

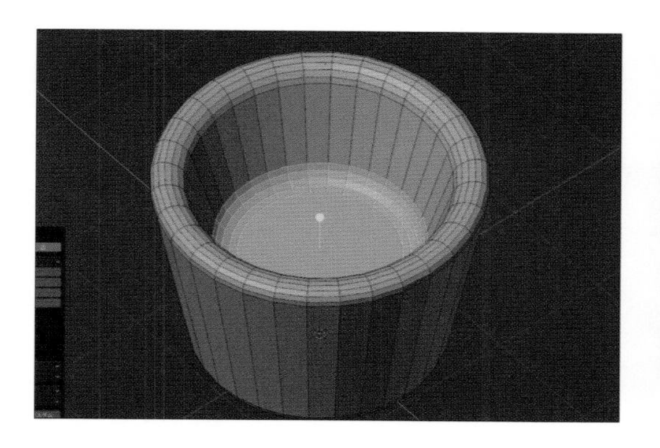

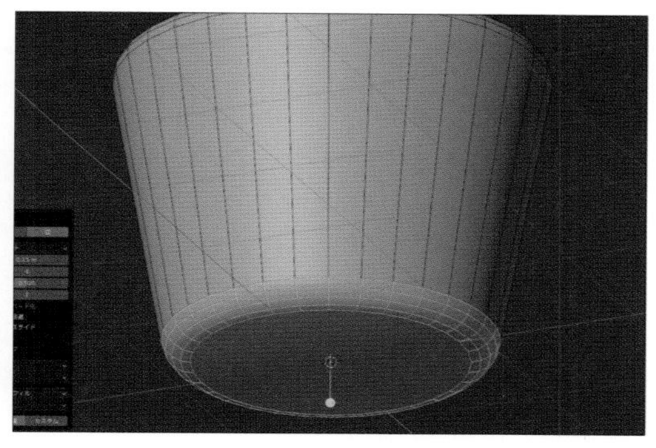

ループカットツール

1 ここまででマグカップの本体部分はおおよそ形になりましたので、次は取っ手部分を作っていきましょう。
取っ手は「押し出しツール」で面を押し出して作成していくのですが、まずは側面の「面」を分割して取っ手を付けたい部分を決めます。今回の面の分割には「ループカットツール」を使用してみましょう。

「ループカットツール」(❶) は「ベベルツール」の1つ下にあるツールで、ツールを選択しただけでは何も表示されませんが、マグカップの側面のように四角い面が連なっている箇所にマウスカーソルを乗せると中心を分断するように線が表示されます(❷)。

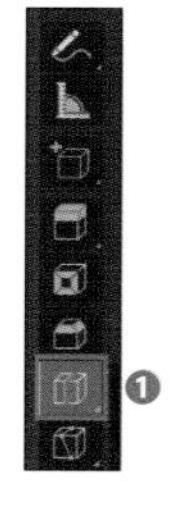

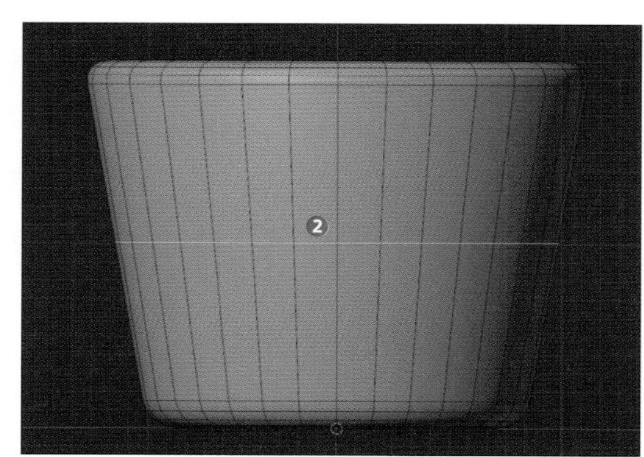

この状態で左クリックを長押ししながらマウスカーソルを移動させると線の位置をスライド移動させることができ(❸)、離すと確定されて線の位置で「面」が分割されます。確認ができたら「Ctrl+Z」でループカットの前まで戻してください。

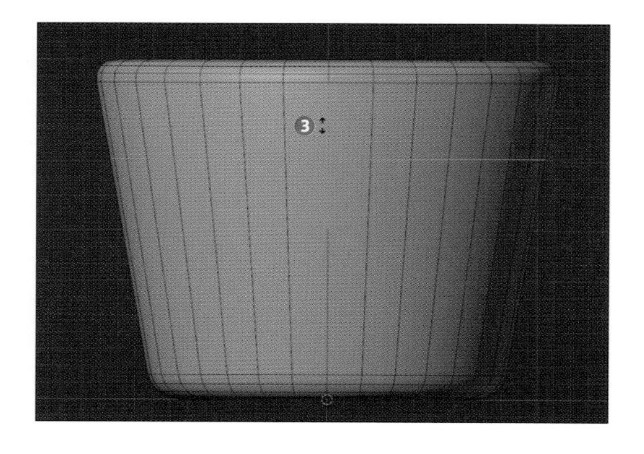

2 今回はこのような分割を2つ追加します。1つ1つ分割を追加しても問題ありませんが、「調整メニュー」から「分割数」の値を変更するとその分だけ分割が増えます。
ですので今回は、「ループカットツール」でクリックして分断した後、「調整メニュー」で「分割数」を「2」に増やして分割してみましょう。

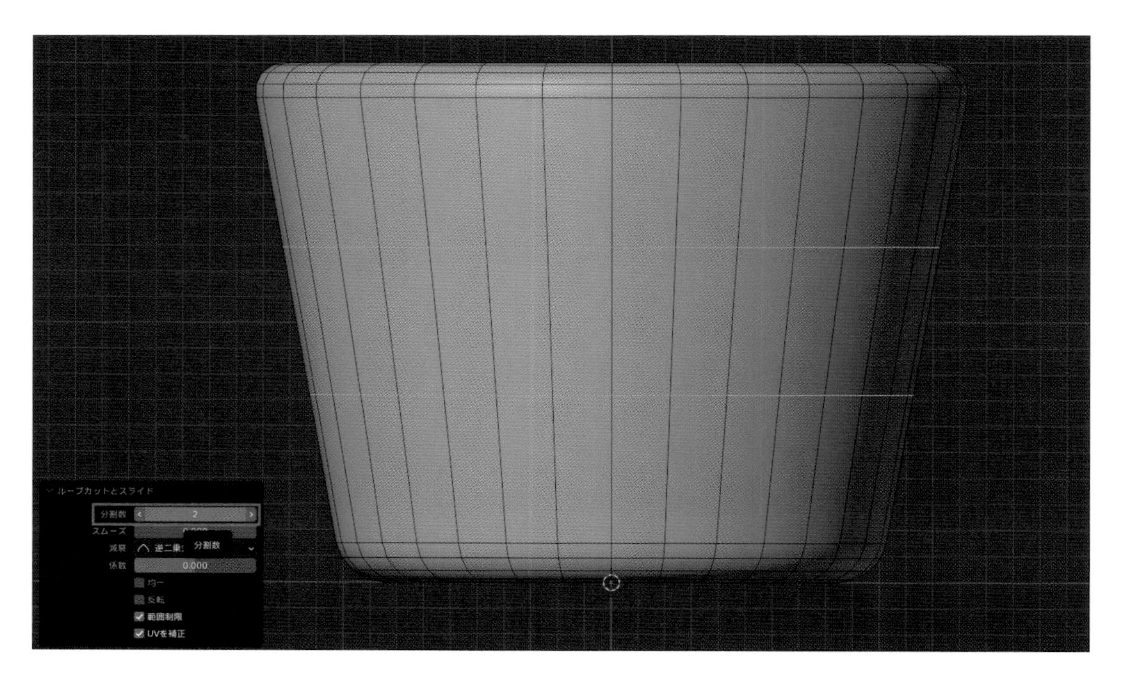

ヒント

「ループカットツール」は「Ctrl ＋ R」キーからも使用できますが、こちらの場合は面にカーソルを合わせた状態でマウスホイールの上下を回転させることで分割数を増減させることができます。

「辺のスライドツール」と「頂点スライドツール」

1 「ループカットツール」で面を分割したら、分割によって挿入された辺を上下に移動させて間隔を詰めます。このときの間隔が取っ手の厚みになります（❶）。

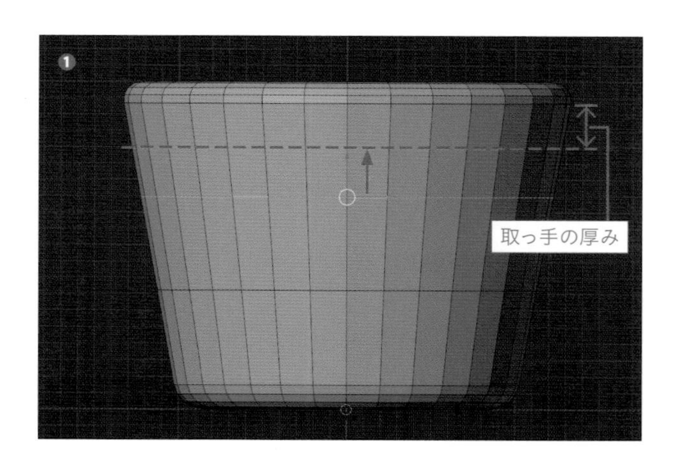

しかし今回のマグカップは底から飲み口にかけて広がった形状をしているので、そのまま「移動ツール」で移動させようとすると形が崩れてしまいます（❷）。このような場合は「辺のスライドツール」を使用すると形を崩さずに編集することができます。

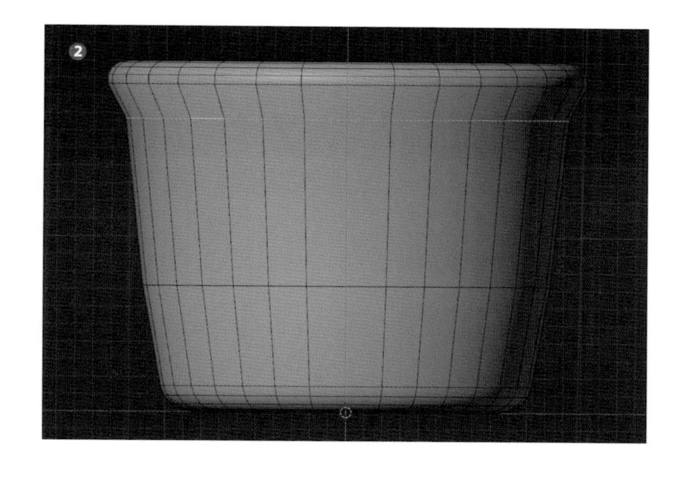

2

「辺のスライドツール」（❶）はツールメニュー内の下から4つめのツールです。ツールを選択した状態で辺を選択するとマニピュレータが表示されますので、これをドラッグで操作してみましょう（❷）。すると「面」の上をスライドするように「辺」を移動させることができることが確認できます（❸）。

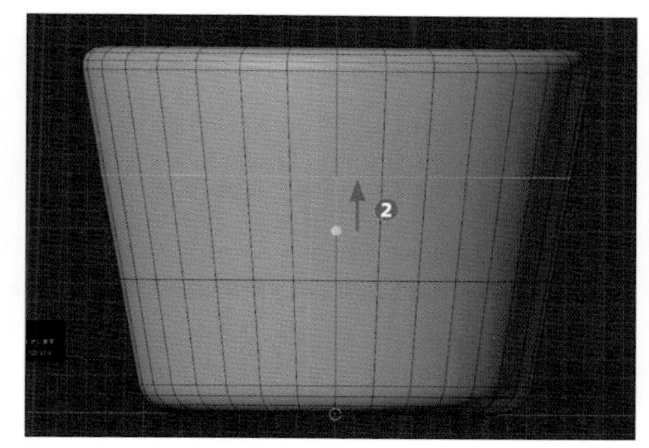

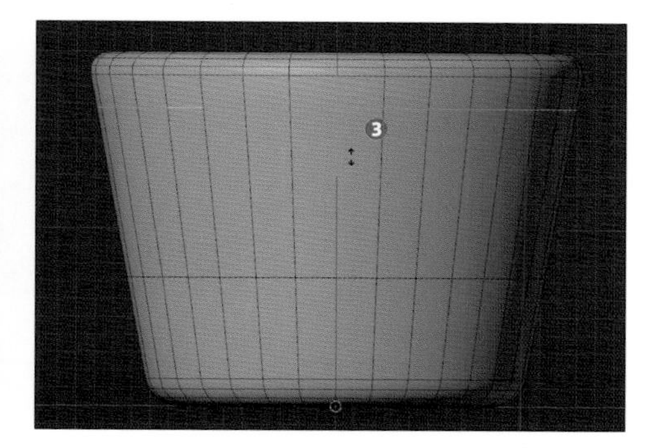

3

今回は「ループカットツール」で追加した辺を、「辺のスライドツール」を使ってそれぞれ「調整メニュー」の「係数」で「-0.6」移動して（❶）上下に間隔を詰めるように調整しました（❷）。

補足説明

「辺のスライドツール」では「頂点」や「面」をスライド移動させることはできませんが、「辺のスライドツール」のアイコンを長押しすることで「頂点スライドツール」(❶) に変更することもできます(ショートカット:[G] キー →[G] キー)。

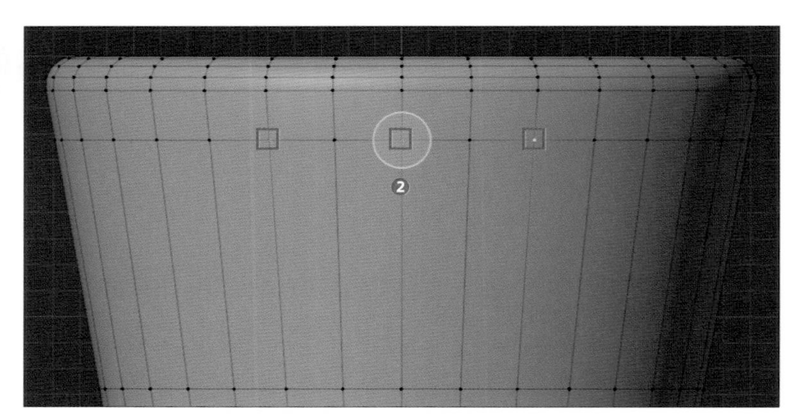

こちらは「辺」だけでなく、「頂点」や「面」もスライド移動させることができます (❷、❸) ので試してみてください。

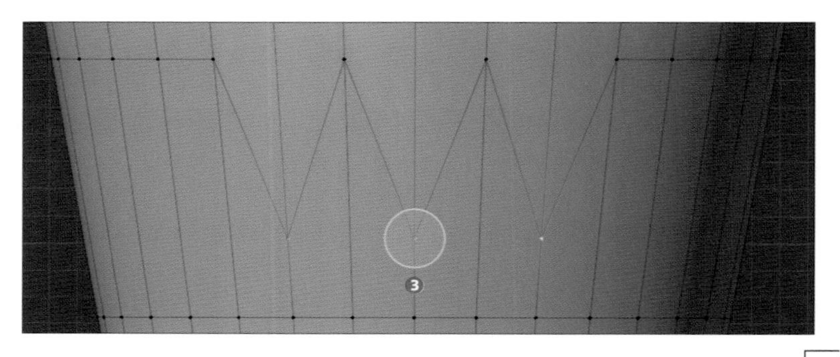

取っ手部分の面を押し出す

1 側面を分割し終えたら「押し出しツール」を使用して取っ手部分を作成していきましょう。
今回は右正面から見て (テンキーの [3])、ちょうど正面にくる4か所の面を輪になるように繋げます (❶)。

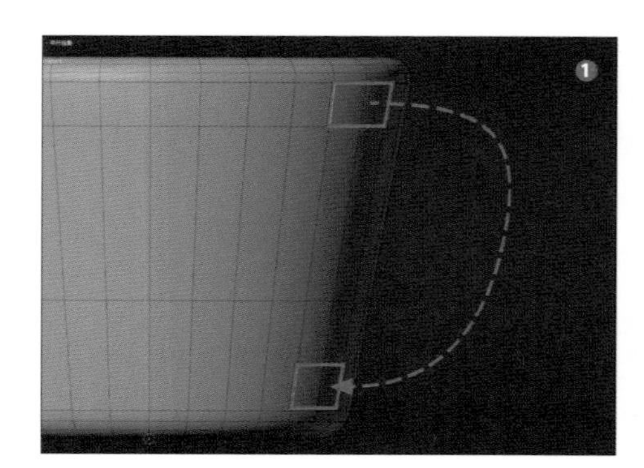

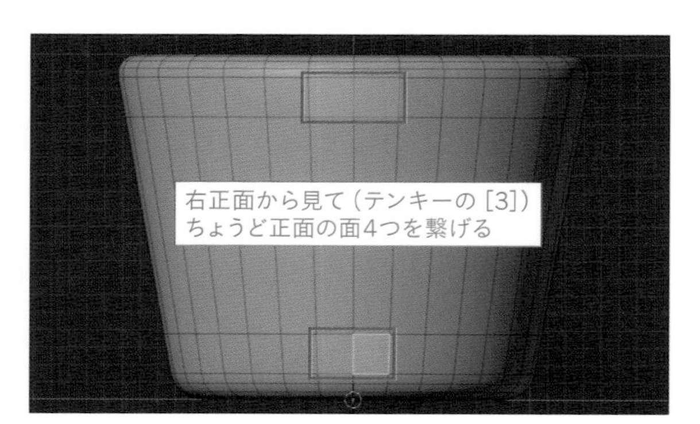

押し出す前に画像と同じ箇所の面を選択し、それぞれ「差し込みツール」を使用して「調整メニュー」の「幅」の値が「0.04」になるよう面を差し込んでおいてください（❷、❸）。面を差し込む理由については後述します。

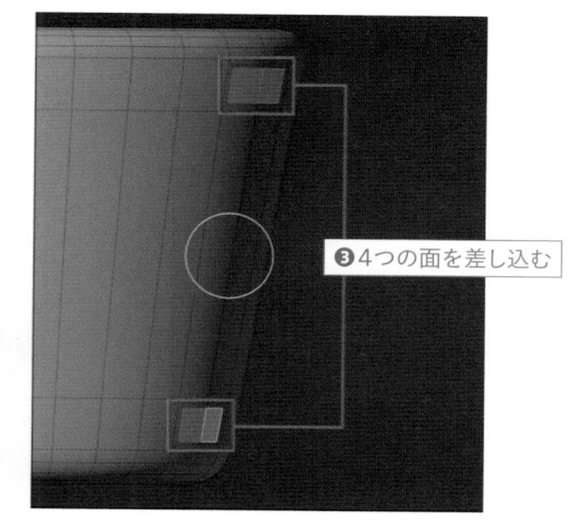

2

そうしましたら今回は上側の「面」から下側の「面」に向かって輪になるように押し出していきます。

上側の「面」を選択したら、押し出す際に形が歪まないように、視点を正面からの平行投影ビューに切り替えておきましょう（ショートカット：テンキーの［1］→［5］）。

ここで、通常の「押し出しツール」を使用してもいいのですが、その場合は押し出した「面」が輪になっていくように「移動ツール」や「回転ツール」などを使用して都度調整する必要があります。しかし実際にこの方法を試してみると、太さを一定に保ったまま綺麗な輪にするのはなかなか難しかったりします（❶、❷、❸）。

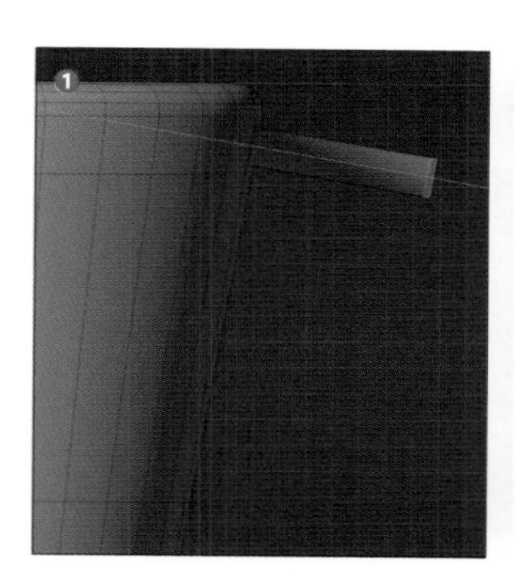

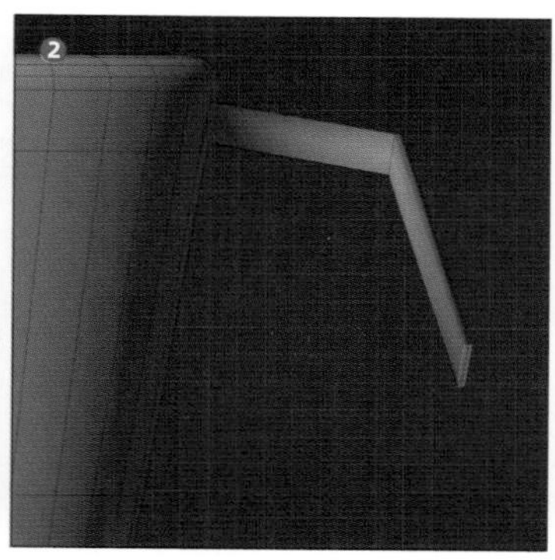

3

今回のように一定の幅を保ちながら「面」を細長く押し出しをしていく場合は、「押し出し（カーソル方向）ツール」が便利です。

「押し出しツール」にはいくつか種類があり、デフォルトでは先ほどまで使用していた「押し出し（領域）」が選択されているのですが、アイコンを左クリックで長押しすると他にも候補がいくつか表示されます。その中から「押し出し（カーソル方向）」を選択してみてください（❶）。

4 この状態で先ほど押し込んだ上部2か所の「面」を選択し、押し出したい位置を左クリックしてみましょう。するとその位置に向かって自動的に面を押し出してくれます（❶、ショートカット：[Ctrl] キー＋右クリック）。
さらに続けて伸ばしたい位置を左クリックしていくことで同様に「面」を押し出していってくれるのですが、その際に太さを一定に保つようある程度自動的に調整してくれます。
ツールの都合上具体的な押し出す位置を示すことができませんが、大体「10回」程度を目安に下側の「面」付近まで押し出してみましょう（❷、❸）。

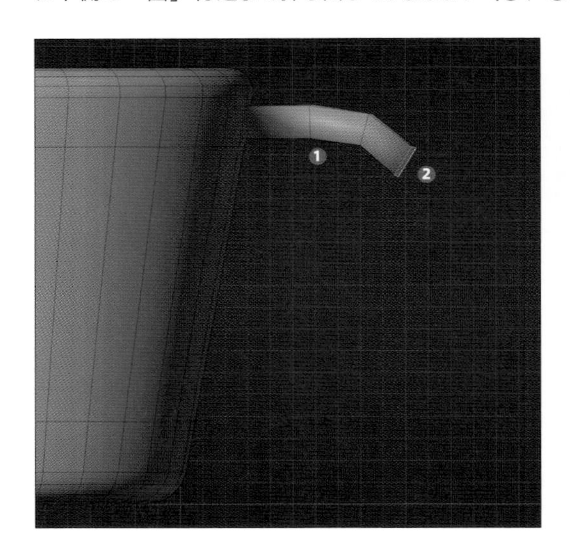

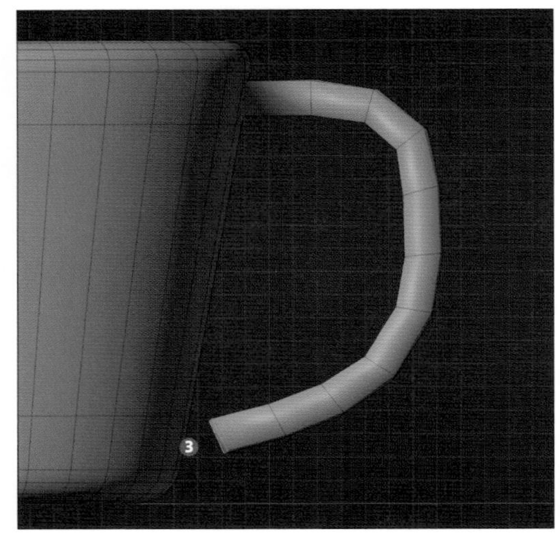

補足説明：様々な押し出しツールについて

「押し出し(カーソル方向)」以外にもいくつかの種類の「押し出しツール」が用意されているのですが、特に「押し出し（法線方向）ツール」と「押し出し（個別）ツール」は利用する場面が多いです。

「押し出し（法線方向）」では面が向いている方向に合わせて膨らむように押し出しすることができ、「押し出し（個別）」では選択している面が向いている方向にそれぞれ別々に押し出すことができます。覚えておくと便利なので、一度試してみてください。

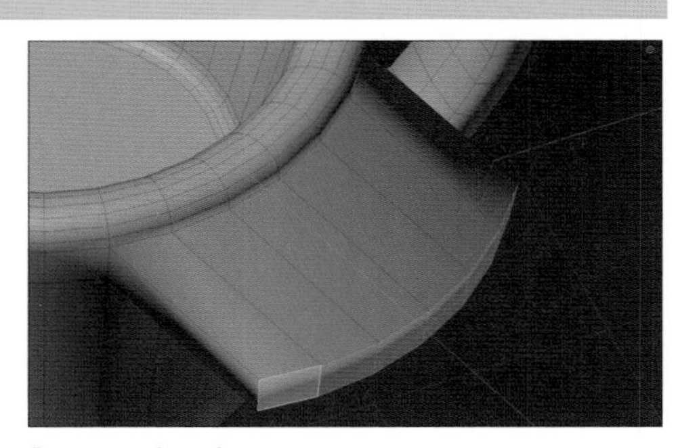

「押し出し（領域）ツール」

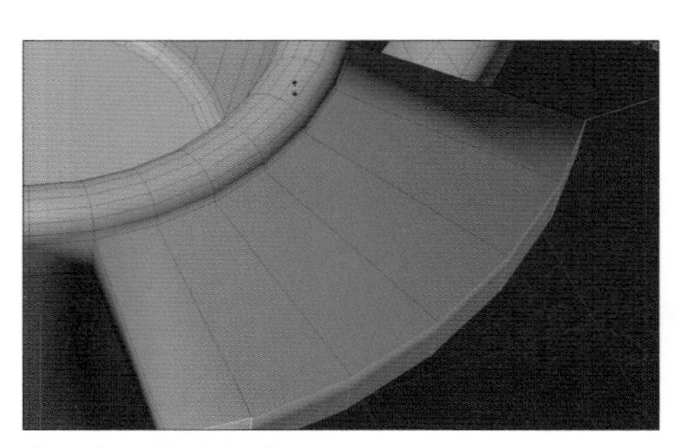

「押し出し（法線方向）ツール」

「押し出し（カーソル方向）ツール」

補足説明：「法線」とは？

「法線」とは「ノーマル」とも呼び、基本的に「面」や「頂点」に対して垂直に伸びる直線で、「面」が向いている向きなどを示します。
「法線」の向きは「3Dビューポート」上部の「ビューポートオーバーレイ」のメニューの中から「ノーマル」の各項目を有効にすることで実際に確認することもできます。余裕がありましたら実際に表示して確認してみてください！

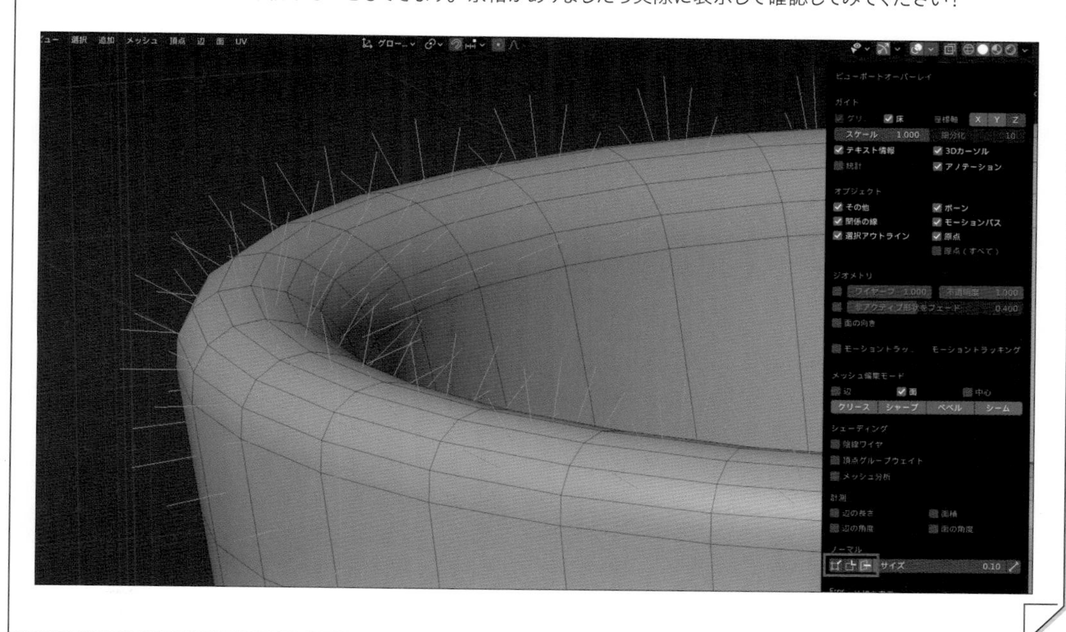

新規の面の作成とブリッジ

1 取っ手部分の「面」を伸ばしたら、取っ手部分の断面とマグカップ本体の下側の「面」とを接続しましょう。まずは接続する部分の「面」をそれぞれ削除します（❶、❷、❸）。

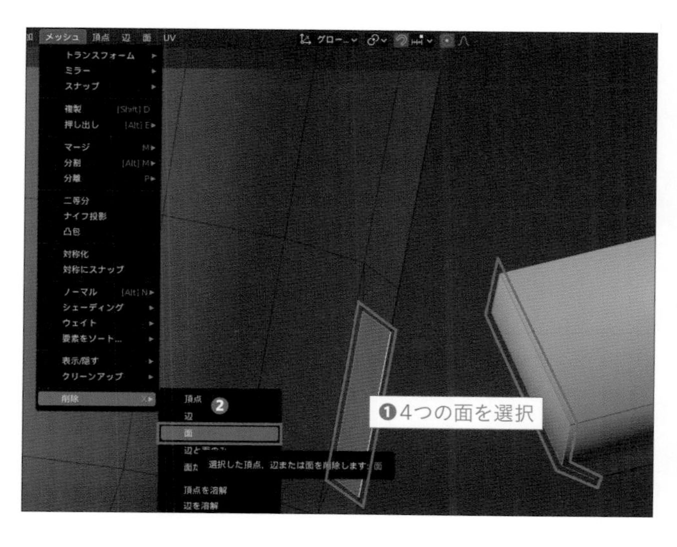

2 「面」を削除したらマグカップ本体側と取っ手側とで向かい合った位置にある「頂点」を2つずつ選択します。この状態で「3Dビューポート」上部のメニューから「頂点 → 頂点から新規辺/面作成」（❶、ショートカット：［F］キー）を実行すると、先ほど選択した4つの頂点の間に新しく面が作成されます（❷）。

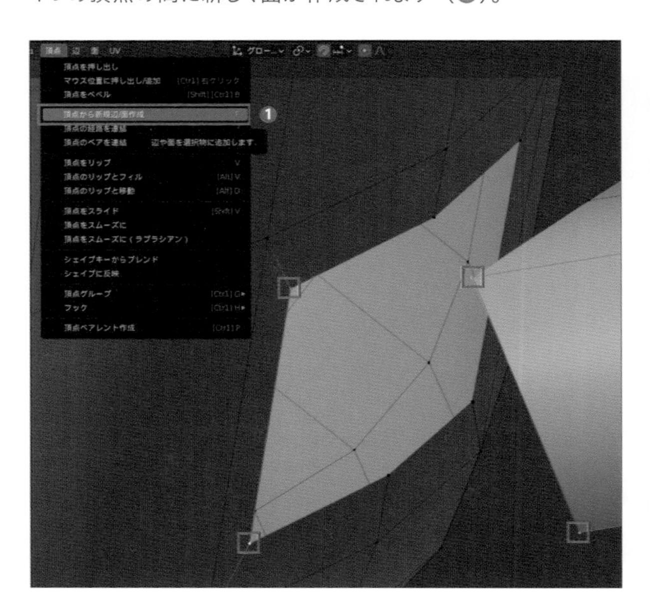

3 そのまま繰り返して取っ手部分を接続していきましょう。このとき、まだ「面」が繋がっていない部分の2つの「頂点」を選択した状態で「頂点 → 頂点から新規辺/面作成」（❶）を実行すると、自動的に新規の「面」を作成してくれます（❷）。

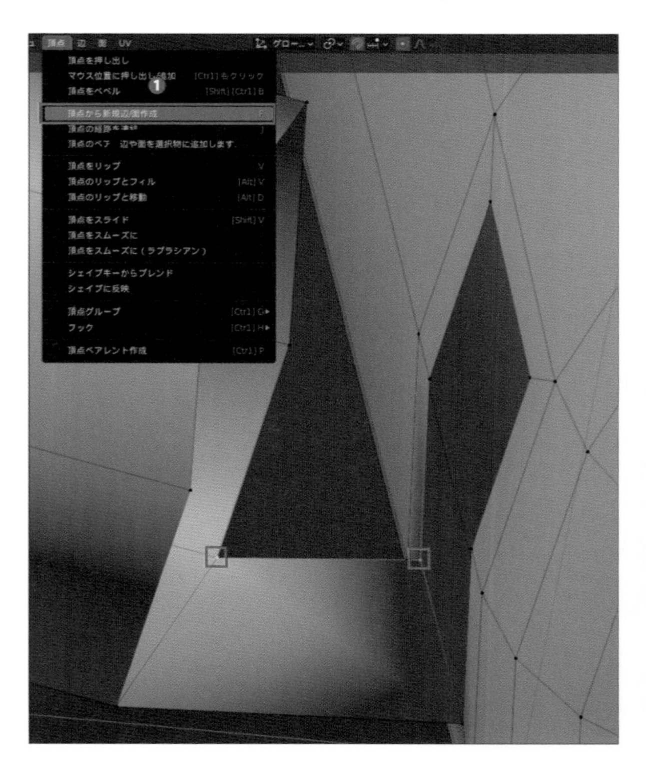

選択箇所も新規で張られた「面」の端の「頂点」に移動するので、今回のように接続する箇所の断面の「頂点」の数が一致している場合でしたらショートカットの「F」キーを長押しするだけでぐるっと面を張ってくれます（❸）。
こちらの方法ですと手早く「面」を接続することができるので実際に試してみてください。

補足説明：「辺ループのブリッジ」機能

問題なく「面」を接続できることを確認できたら、一度「面」を接続する前の状態まで手順を戻して「辺ループのブリッジ」機能も試してみましょう。
「辺ループのブリッジ」機能も選択した2箇所の「辺」の間に自動的に「面」を張ってくれる機能なのですが、こちらでは先ほどの手順を一括で行うことができます。
今回の場合でしたら、両側の断面の「辺」を「ループ選択」で選択した状態で「3Dビューポート」上部のメニューから「辺 → 辺ループのブリッジ」（❶）を選択すると、自動的にすべての面を繋ぎ合わせてくれます（❷）。
どちらを使用しても特に問題ありませんが、「頂点から新規辺/面作成」は部分的に面を張りたい場合に、「辺ループのブリッジ」は辺ループ同士の間に一括で面を張りたい場合にと使い分けしてみると効率的に編集することができるので覚えておくと便利です。

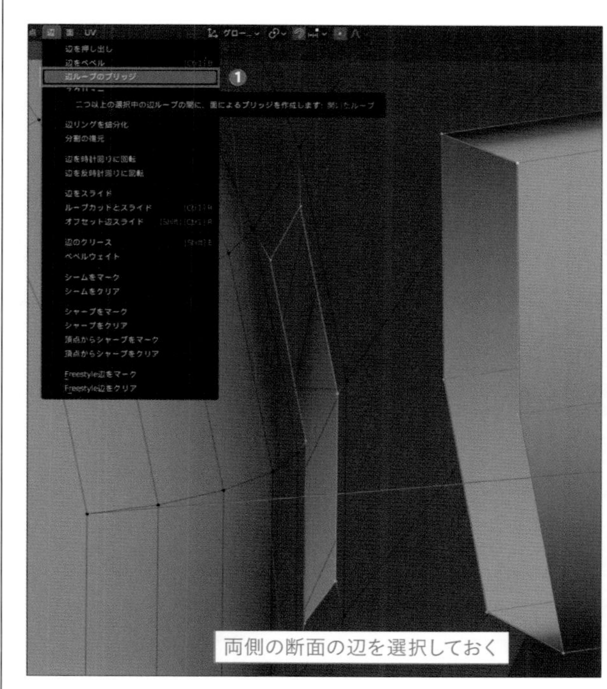

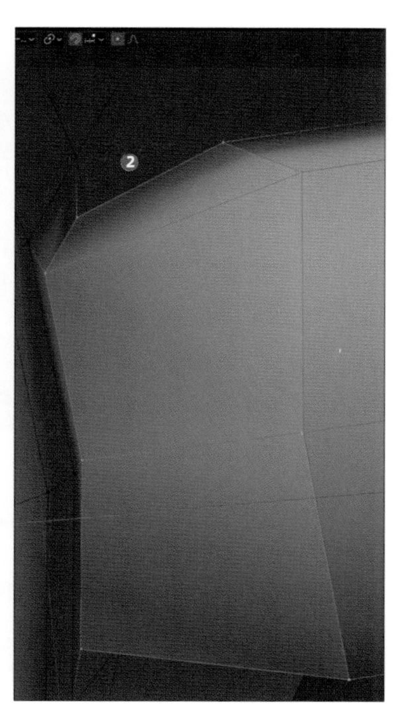

透過表示について

1 「面」を繋ぎ終わったら取っ手の形を少し調整していきます。そのためにまず取っ手部分の「面」をすべて選択したいのですが、「ループ選択」ではマグカップ本体の面まで選択されてしまいますし（❶)、「投げ縄選択」などの範囲選択ツールも一度の選択では見えている側の面しか選択することができません（❷、❸)。

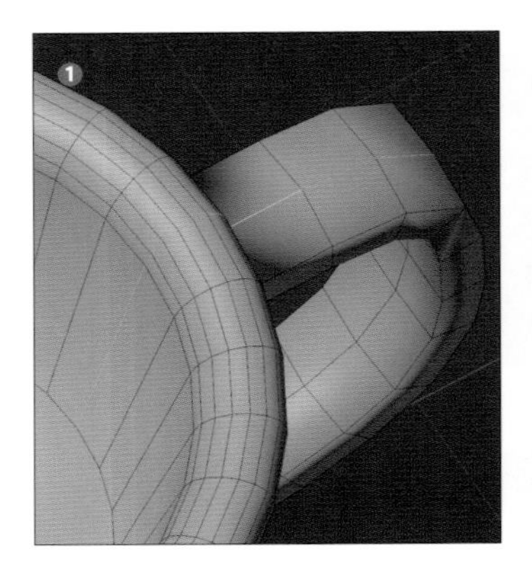

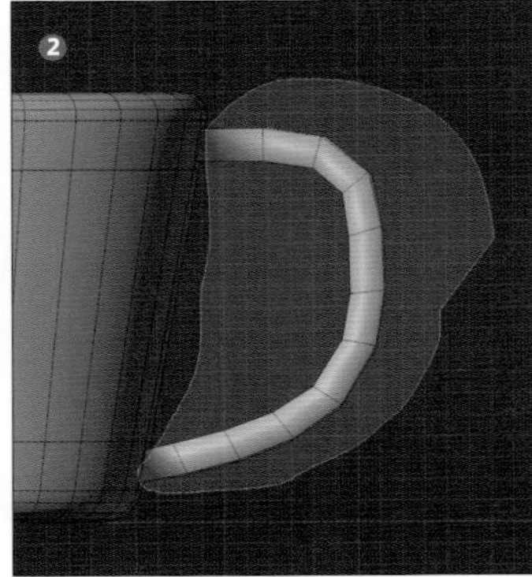

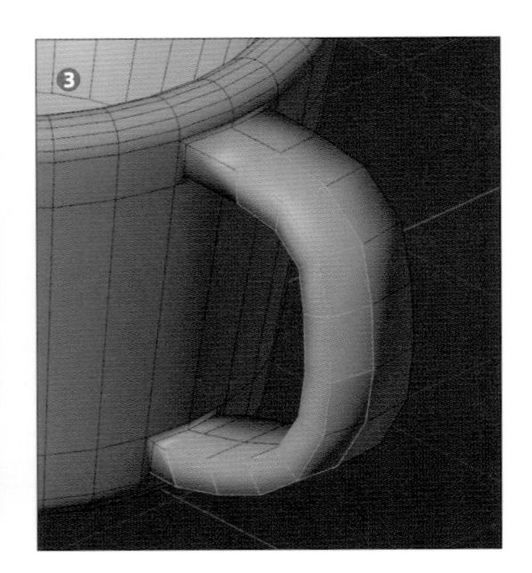

2 このように入り組んでいる形状で範囲選択をしたい場合には「透過表示」（❶）が便利です「透過表示」はモード表示の切り替えボタンの横に配置されています。こちらを有効にすると面が半透明で表示されるようになり（ショートカット：[Alt+Z] キー）、視点に対して通常では見えない裏側に位置する「頂点」などの各要素を表側からでも選択できるようになります（❷)。

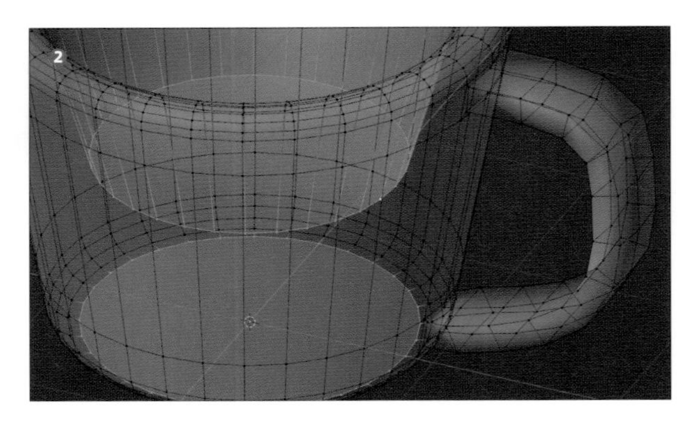

3 範囲選択を使用すれば範囲内の面などをすべて選択することができるので、場面に応じて「透過表示」を使い分けてみましょう。
試しに「投げ縄選択（[Ctrl] キー + 右ドラッグ)」（❶）や「複数選択（[Shift] キーを押しながら左クリック)」（❷）などを使用して取っ手部分の「面」をすべて選択した状態にしてみましょう（❸)。「投げ縄選択」は、ツールの一番上にあるアイコンを長押しして選びます。

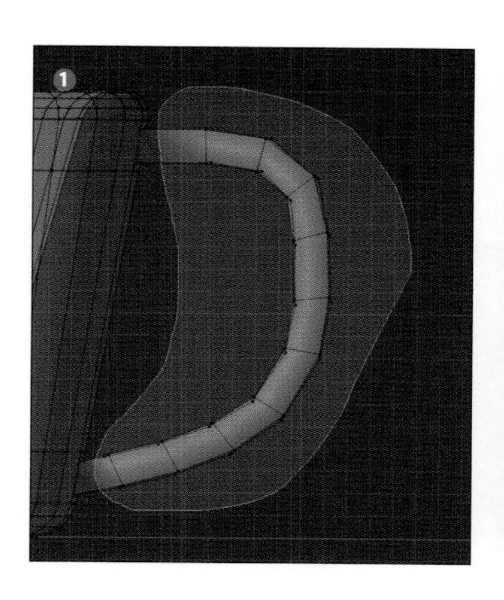

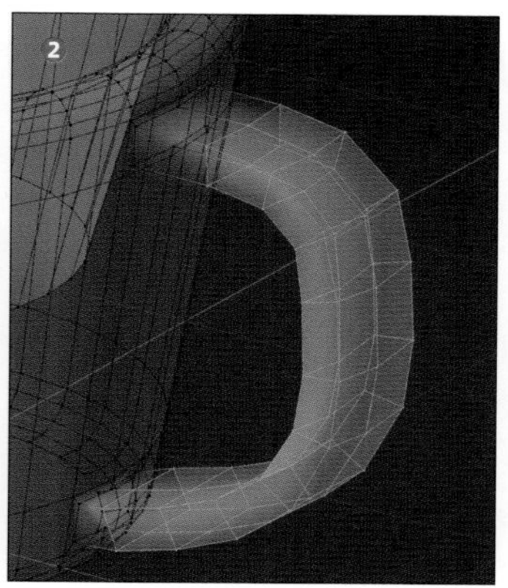

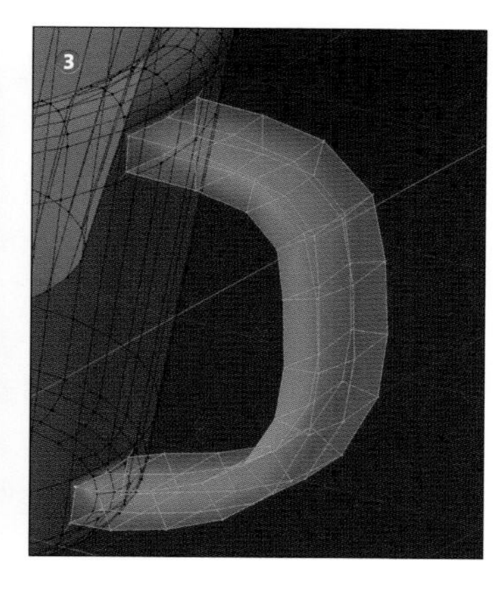

ヒント

表示モードのワイヤーフレーム表示でも「透過表示」と同様の処理が可能です。

スムーズツール

1 取っ手部分は四角い「面」を押し出して作成したので、マグカップの本体部分と比べて角ばった形状をしています。そこで取っ手部分もマグカップ本体と同様に角を丸めていきます。先ほどは「ベベルツール」を使用して角を丸めましたが、今度は「スムーズツール」(❶)を使用してみましょう。
「スムーズツール」はツールバーの下から5番目のツールで、面同士の角度を平均化して滑らかにしてくれます。ツールを選択して表示されたマニピュレータ(❷)をドラッグすると選択部分の形状が滑らかになっていき、反対にドラッグすると粗くなっていくことを確認してみてください([Ctrl+V] →「頂点をスムーズに」)。

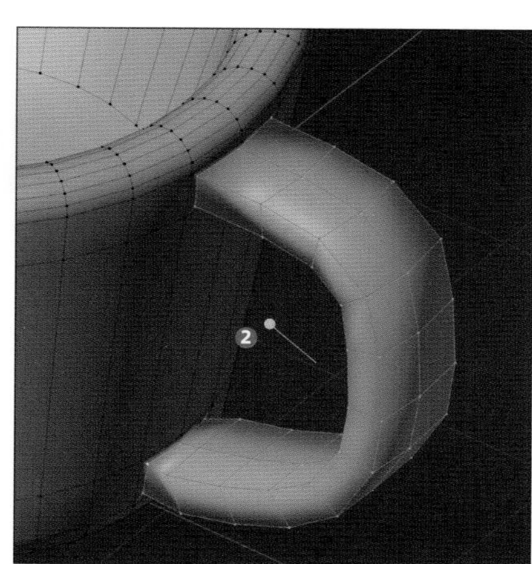

今回は最終的に「調整メニュー」から「スムージング」の値が「1」になるように調整しました(❸、❹)。

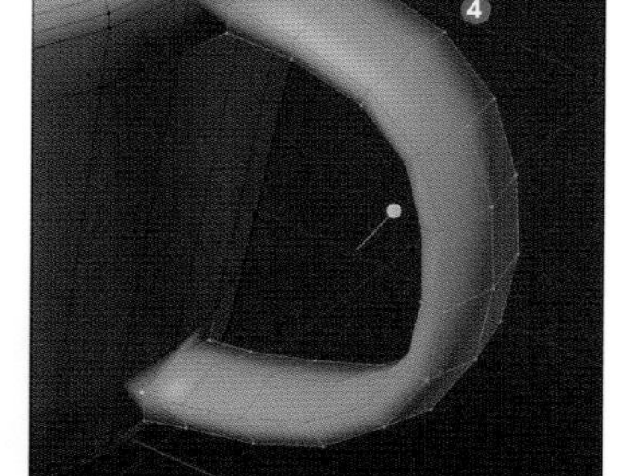

ヒント

最初に「差し込みツール」で差し込んだ面は、スムーズをかけた際に引き延ばされる部分を確保するために用意していました。

収縮／膨張ツール

1 取っ手部分に「スムーズツール」を使用することで形状が滑らかになりましたが、スムーズ前と比べて若干細くなってしまったので太さを調整しましょう。今回のように筒状のメッシュの太さを変更したい場合は「収縮／膨張ツール」（❶）が便利です。
「収縮／膨張ツール」はツールバーの下から3つ目のツールで、選択している「頂点」をそれぞれの法線方向に向かって移動することで膨張や収縮するように変形してくれるツールになります。説明だけでは難しく聞こえるかもしれませんが、「選択箇所を膨らませたり萎ませたりすることができるツール」だと思っていただければ大丈夫です。
ツールを選択して表示されたマニピュレータ（❷）をドラッグすると、取っ手の太さを調整できることが確認できると思います。

今回は「調整メニュー」内の「オフセット」の値が「0.03」になるように調整しました（❸、❹）。

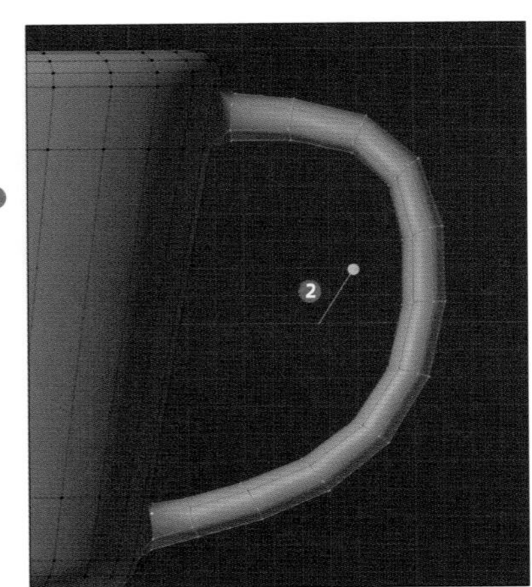
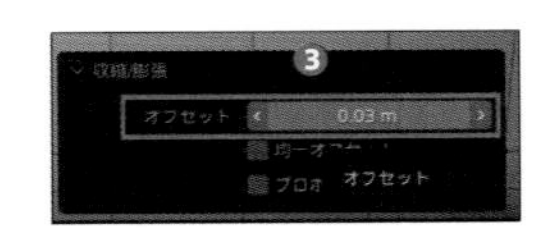

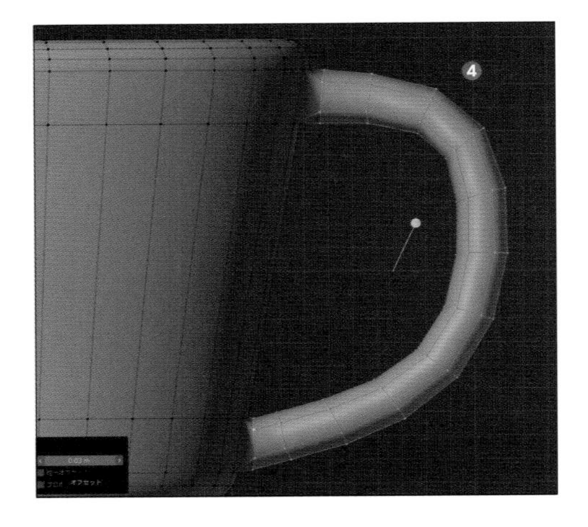

2 このとき、継ぎ目部分に段差ができてしまう（❶）可能性がありますが、その場合は「スライドツール」や「スムーズツール」を使用して取っ手とマグカップ本体とが滑らかに接続されるように調整してみましょう。
例えば今回の参考の場合は取っ手の付け根部分の面を選択した状態で「スムーズツール」で「スムージング」の値を「0.3」にして調整しています（❷、❸）。

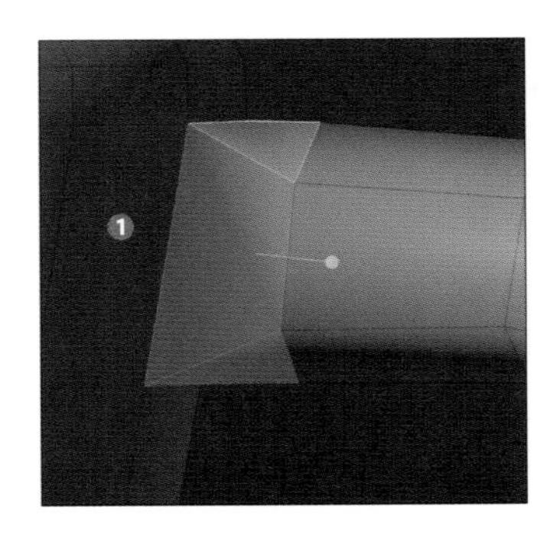

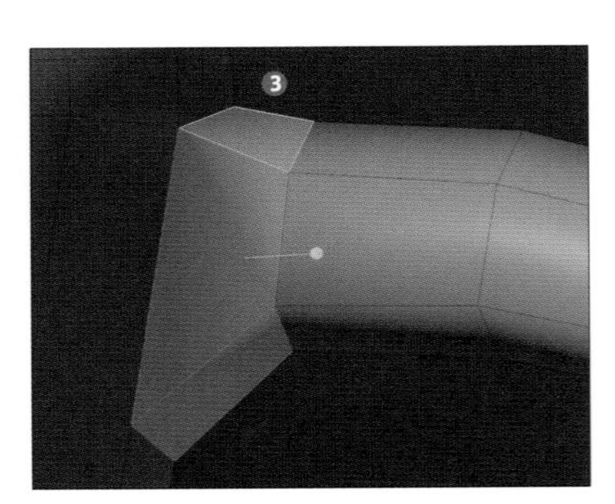

プロポーショナル編集

1 さて、これでマグカップの形ができあがりました！ このままでもいいのですが、今回はもう少し高さのあるマグカップにしてみましょう。しかし「移動ツール」で上部の頂点を移動するだけでは形が崩れてしまい、うまく引き延ばすことは難しいです。

形が崩れてしまった例

2 そこで今回は「プロポーショナル編集モード」という機能を使用して滑らかに「メッシュ」の形状を変形できるようにしてみましょう。「プロポーショナル編集モード」は「3Dビューポート」の上部にあるアイコンから有効にすることができます（❶、ショートカット：[O] キー）。
有効にしたら試しに適当な「頂点」を選択して「移動ツール」を使って移動させてみましょう。すると編集を開始したときにマウスカーソルがあった位置を中心にした白い円が表示されるようになります。そのまま「頂点」を移動してみると、その動きに合わせて円の範囲内にある頂点もつられて動くことが確認できると思います（❷）。このときの移動の影響は円の中心にあるほど強くなります。

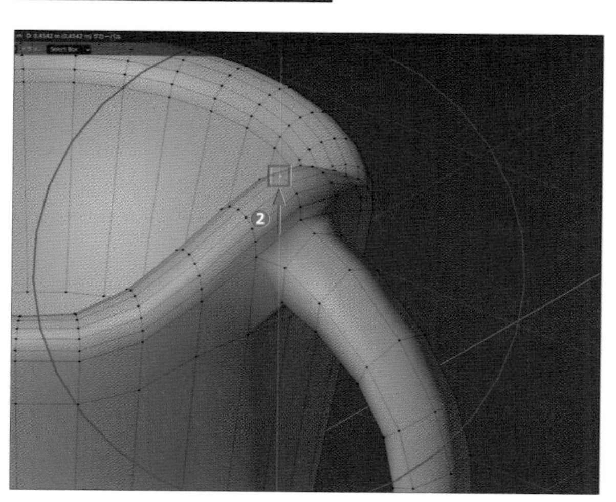

3 この円の大きさはマウスホイールの上下で変更することができるので、どのように影響の仕方が変わるかも試してみましょう（❶、❷）。
もし円が表示されなくなってしまった場合は円が極端に小さくまたは大きく表示されている可能性があります。その場合は円が確認できるまでマウスホイールを回転するか、移動後の「調整メニュー」の中から「プロポーションのサイズ」から数値で影響範囲を指定することができるので、適度な大きさまで戻してみてください。
変化が確認できたら「Ctrl ＋ Z」で操作した内容を戻しておきましょう。

円が大きい場合

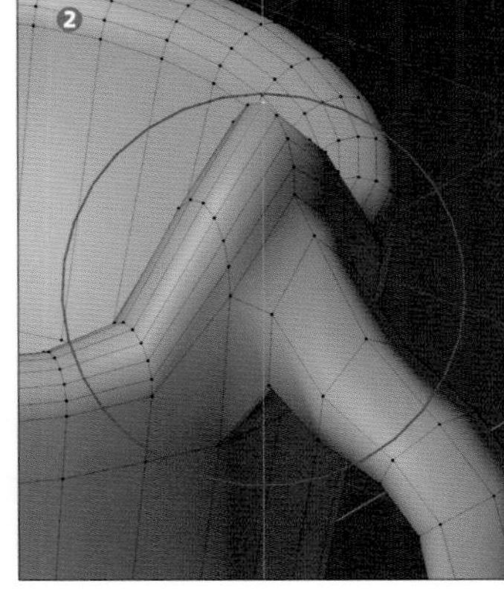
円が小さい場合

4 このように「プロポーショナル編集」では、選択対象の編集に合わせて影響範囲内の頂点位置を補完してくれるので、大きく形を崩さずにメッシュを編集することができます。
今回は「ベベルツール」で丸みを付けた飲み口の部分の「面」と取っ手部分の上部の「面」を選択してから、「プロポーションのサイズ」が「1.5」の状態で「移動ツール」で「Z軸方向」に「0.5」移動させました（❶、❷、❸）。
取っ手の「面」を押し出した位置によってはうまく移動できない場合もあるので、場合に応じて選択する「面」や「プロポーションのサイズ」を変更してみてください。
移動し終わったら「プロポーショナル編集」は無効にしておきましょう。

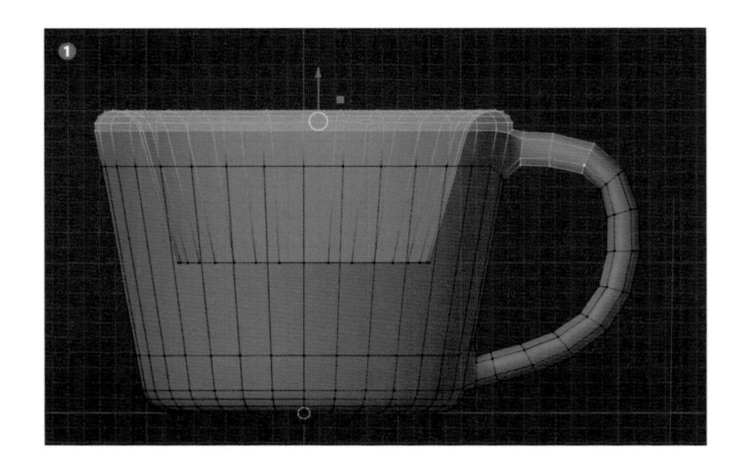

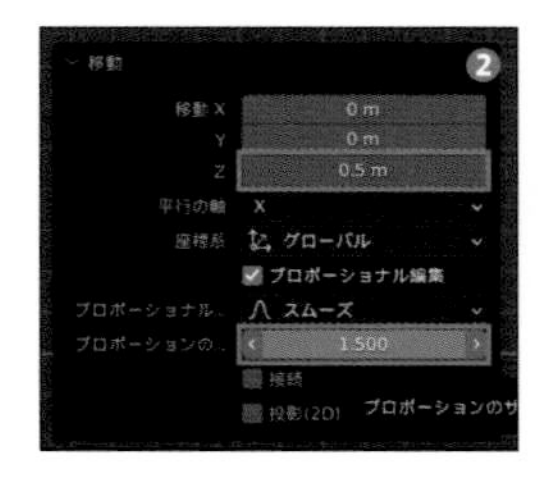

補足説明：プロポーショナル編集の補完方法について

「プロポーショナル編集」による補完のされ方については切り替えボタンの横にあるタブから変更することができます。デフォルトでは「スムーズ」が選択されていますが、余裕があればその他の設定ではどのように補完の仕方が変わるか試してみてください。

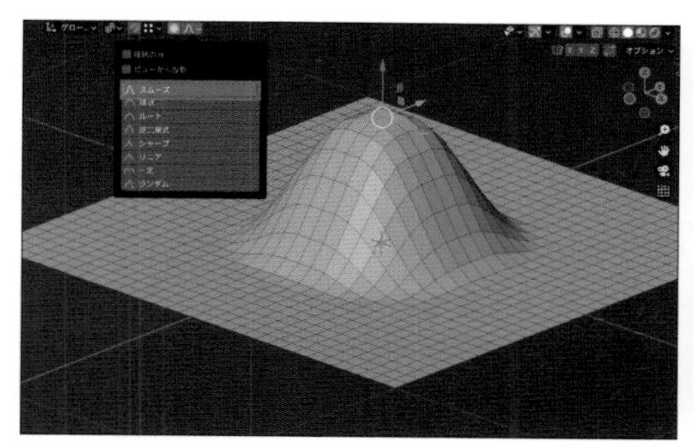

スムーズ

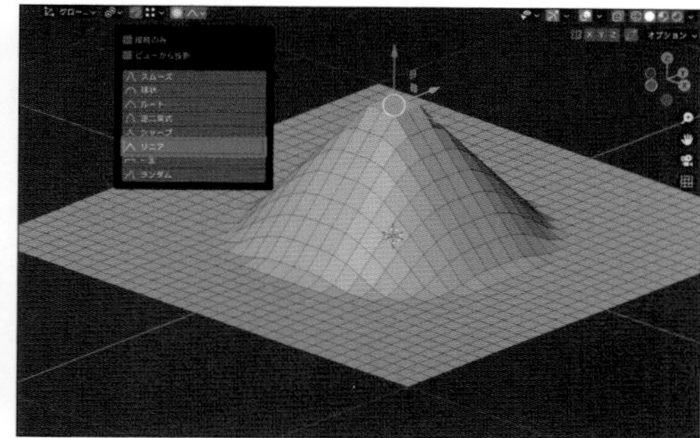

リニア

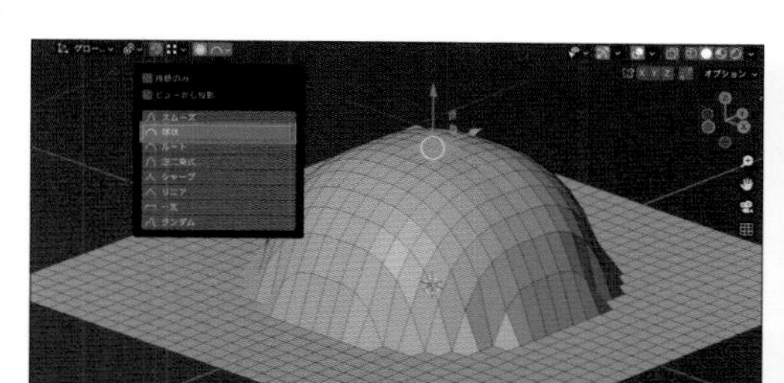

球状

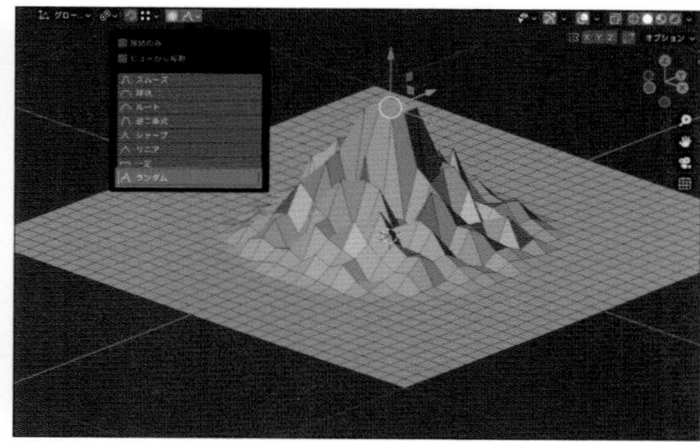

ランダム

また、デフォルトの設定では範囲内にある頂点がすべて影響を受けてしまいます。しかし「接続のみ」を有効にすると、選択している頂点と辺や面で繋がっている頂点が優先的に影響されるようになります。こちらも合わせて覚えておきましょう。

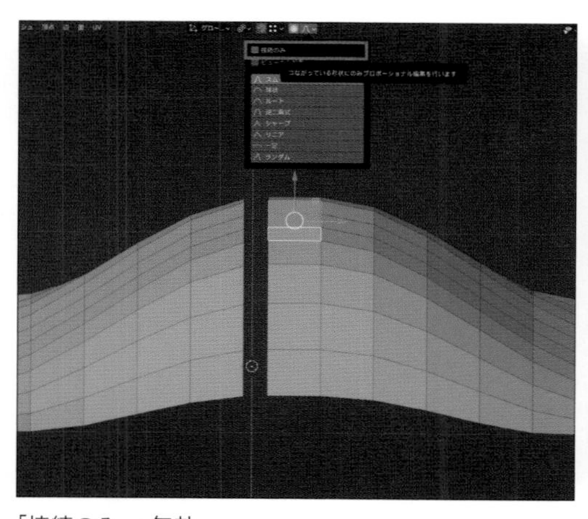

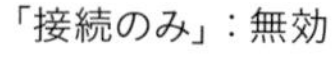

「接続のみ」：無効

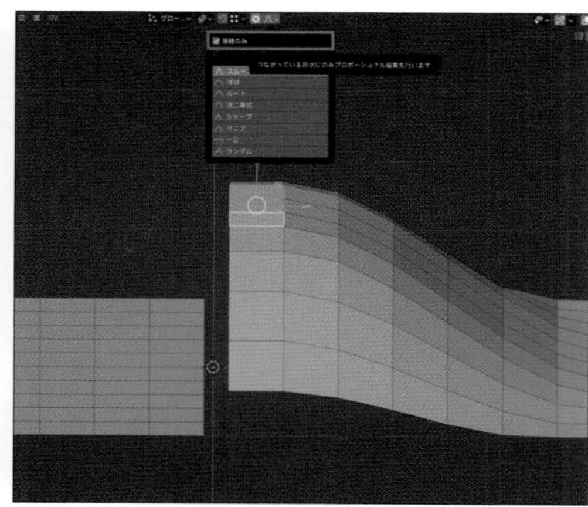

「接続のみ」：有効

面ごとに「マテリアル」を割り当てる

1 マグカップの形が決まったら表示モードを「マテリアルプレビューモード」に切り替えて「マテリアル」で色を付けましょう。「マテリアル」の作成についてはChapter 2で紹介したように「マテリアルプロパティ」から新規作成します。今回は「ベースカラー」の色を「H：0、S：0、V：0.8」に設定して（❶）少し灰色がかった白色に設定しました（❷）。

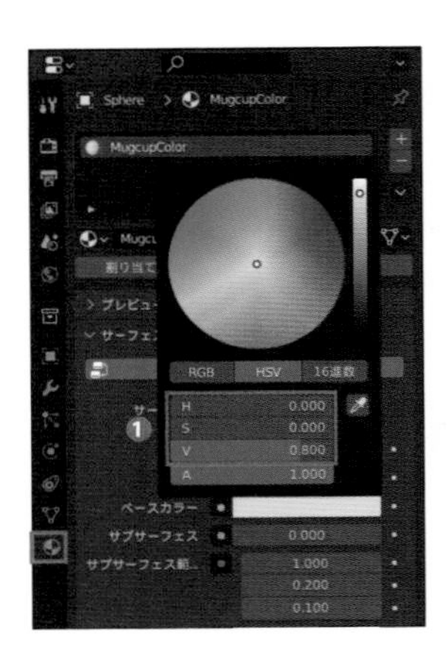

ヒント

「編集モード」中に「マテリアル」を追加した場合は、編集モードの対象になっている「オブジェクト」に対して「マテリアル」が「リンク」されます。

2 マグカップだけでは少し寂しいので、中にコーヒーを入れているような見た目にしてみましょう。

まずはコーヒー部分の面を用意します。「オブジェクトモード」と同様に「編集モード」でも「頂点」や「辺」、「面」を複製することができるので、マグカップの底の「面」を選択して複製しましょう。

「面」を選択したら（❶）「3Dビューポート」上部のメニューから「メッシュ → 複製」（❷）から「面」を複製することができます。複製した「面」は右クリックでいったん位置を確定させた後、「移動ツール」で「Z軸方向」に「1」移動し（❸）、「スケールツール」で「1.5」倍ほど拡大して配置してください（❹）。

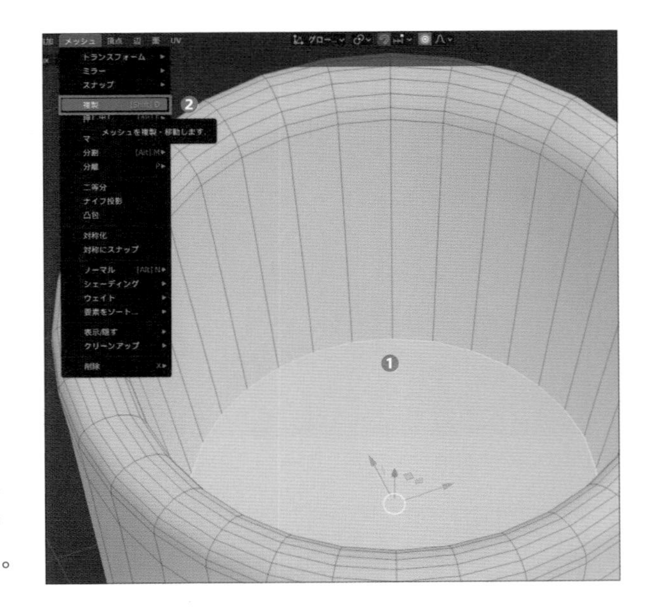

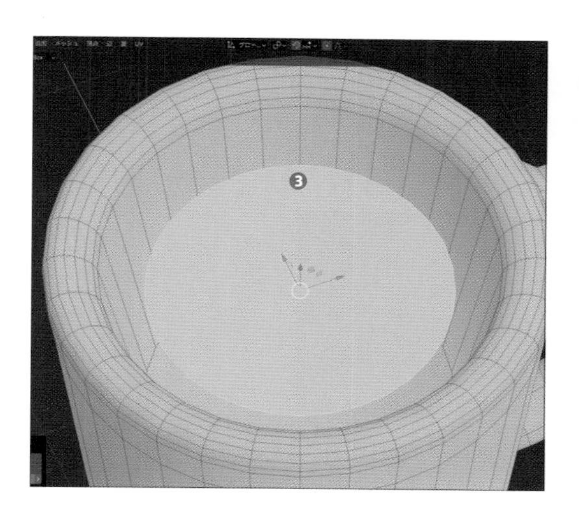

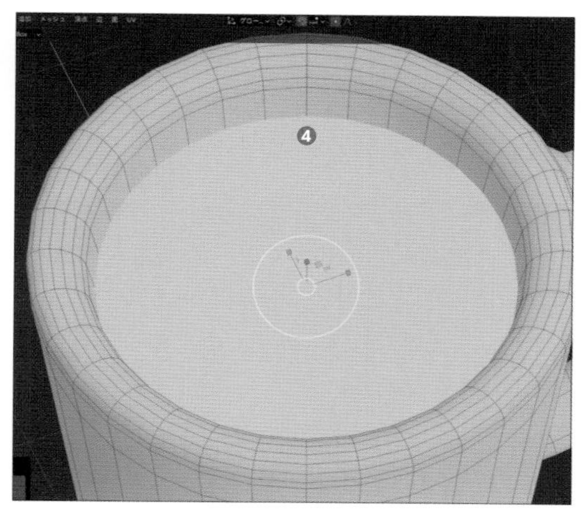

3 配置した「面」はコーヒー色にしてみましょう。しかしそのままですとマグカップ部分とコーヒー部分とで別の色を指定することができません。部分ごとに色分けする方法は色々あるのですが、今回は「マテリアルスロット」を追加して色分けをしてみます。
「マテリアルスロット」は「マテリアルプロパティ」内の一覧の横に表示されている「+」ボタンを押すことで追加することができます（❶）。
追加された「マテリアルスロット」を選択している状態で「新規」を選択（❷）してマテリアルスロットを増やすことで1つの「メッシュ」に複数の「マテリアル」を割り当てることができます。
この「マテリアル」の「ベースカラー」にはコーヒー色として「H：0、S：1、V：0.01」を設定しておきましょう（❸）。

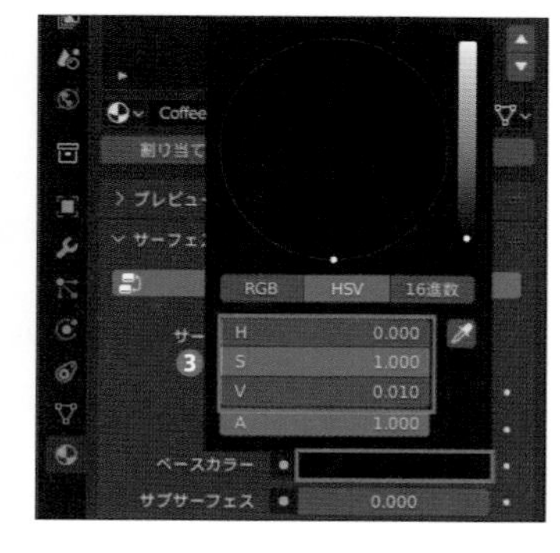

ヒント

不要な「マテリアルスロット」は「-」ボタンから削除することができますが、「オブジェクトモード」でないと削除できないので覚えておきましょう。

4 しかしそのままではモデルの色は何も変化しません。これはデフォルトの状態では1つめの「マテリアルスロット」がすべての「面」に割り当てられているからになります。
「マテリアルスロット」は「編集モード」から「面」ごとに割り当てることができるので、コーヒー部分の面に2つめの「マテリアルスロット」を割り当ててみましょう。

まずは「編集モード」でコーヒー部分の面を選択します（❶）。この状態で2つめの「マテリアルスロット」を選択している状態で「割り当て」ボタンを押します（❷）。これでマグカップ部分とコーヒー部分とで異なる「マテリアルスロット」を割り当てて色分けすることができました（❸）。

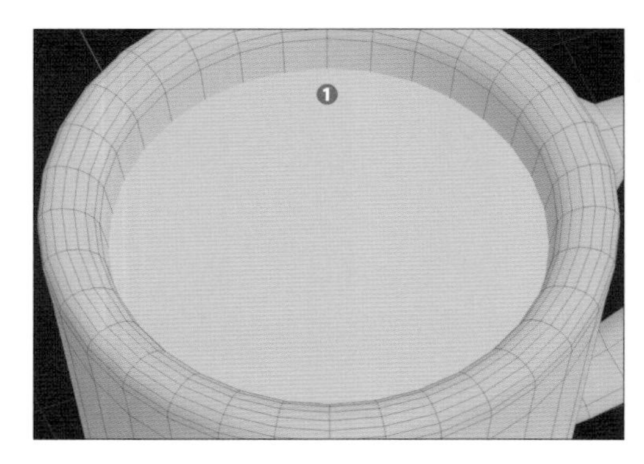

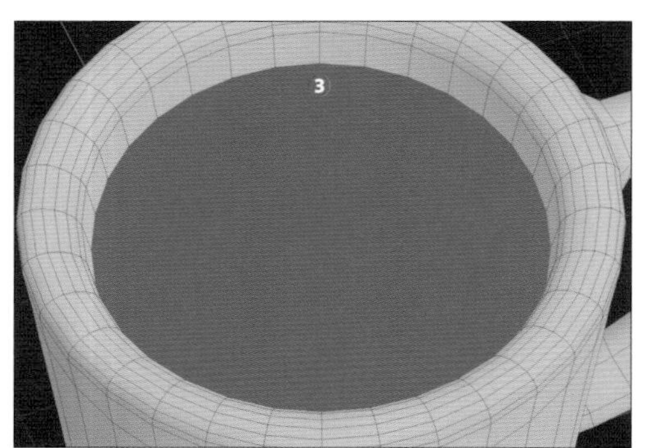

5 これで「コーヒーが入ったマグカップ」のモデルの完成です。もし余裕がありましたら、折角なのでChapter 2と同様に床面やライト、カメラのオブジェクトも追加してレンダリングしてみてください。

このマグカップの作成を通して「オブジェクトモード」と「編集モード」での操作対象の違いや、「ポリゴンモデリング」をするうえで使用するほとんどの基本的なツールについて紹介しました。簡単なモデルでしたら、ここまでの内容だけでも様々な形状の「メッシュ」を作ることができます。無理にすべてをマスターする必要はありませんが、次の作例からはここで紹介したツールや機能がある程度合扱えることを前提に進んでいきます。
実際に一通り手を動かしながら試して「こんなことができるんだな！」と覚えておきましょう。

「オブジェクト」モードで表示したところ

02 「モディファイア」を使ってみよう

この節では、「モディファイア」という機能を使いながらテーブルのモデルを作っていきましょう。「モディファイア」を使うと、手軽に様々な処理や変形を行うことができます。いくつかの種類のモディファイアを使っていきますので、どんな機能なのか理解しつつ進めていきましょう。

「モディファイア」を使ってモデルを作ろう

マグカップの作例では、「編集モード」で頂点や辺、面を直接操作してモデルを作成しました。ただすべてを手動で操作して作ろうと思うと、複雑な形状になればなるほど制作の難易度が上がり、操作工程が多くなってしまいます。そこで複雑な形状のモデルをより簡単に作りやすくするために「モディファイア」という機能を使ってみましょう！

「モディファイア」とは「オブジェクト」に対して様々な処理や変形を加えることができる機能になります。また「モディファイア」による編集は元の形を破壊しないため、簡単に手順のやり直しや変更ができることも特徴です。「モディファイア」には多くの種類があるのですが、今回はそのうちの「ミラー」「配列」「シンプル変形」「厚み付け（ソリッド化）」「サブディビジョンサーフェス」「ベベル」「スクリュー」の7つについて紹介しつつ、丸テーブルのモデルを作成します。

作成する丸テーブル

モディファイアの設定とミラーモディファイア

1 それでは早速モデリングを始めましょう！　まずはテーブルの脚から作成していきます。「対話モードメニュー」で「オブジェクトモード」（❶）を選び、「3Dビューポート」上部のメニューから「追加 → メッシュ → 平面」を選択して中心に板を追加しましょう（❷）。「調整メニュー」の値はデフォルトのままで大丈夫です。

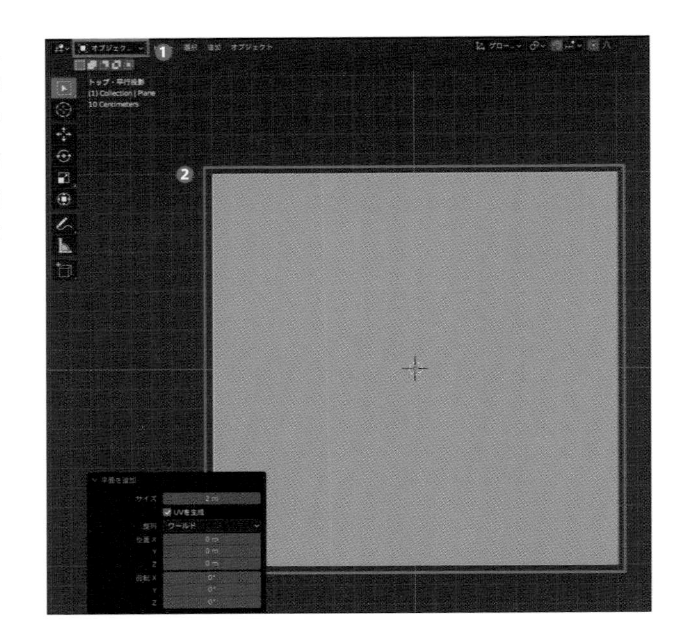

板を追加したら「対話モードメニュー」で「編集モード」（❸）に切り替えて、テンキーの「7」で上からの視点にした状態で「ループカットツール（Ctrl+R）」（❹）で「面」を左クリックして左右に分割します（❺）。

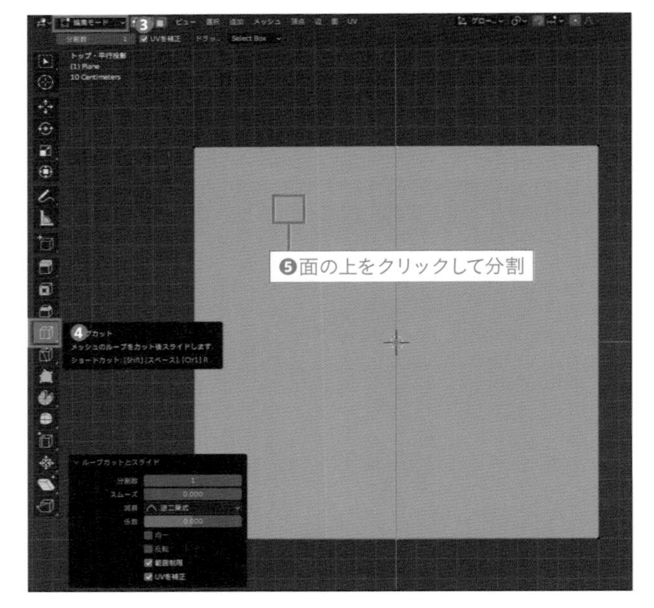

2 分割した後は左右で「面」が対称的になるように編集していきます。しかしそのままでは左右でキレイな対称を維持しながら編集していくのは手間がかかるので、このような場合に「モディファイア」を活用すると便利です。
今回の場合は「ミラーモディファイア」を使用して、自動的に左右対称な形状になるよう設定してみましょう。

まずは「モディファイア」をどこから設定できるかを確認します。「モディファイア」は「プロパティ」ウィンドウ内のスパナのアイコン🔧のメニューの「モディファイアープロパティ」(❶)から設定することができます。

3 「モディファイアープロパティ」を開くと「モディファイアーを追加」(❶)というメニューが用意されているので、こちらを開くと様々な「モディファイア」の項目が表示されます。この中から必要なものを選択することで「オブジェクト」に「モディファイア」を設定することができます。今回は「生成」カテゴリ内の「ミラー」(❷)を選択しましょう。すると「ミラーモディファイア」用の設定項目が追加されたのが確認できると思います(❸)。

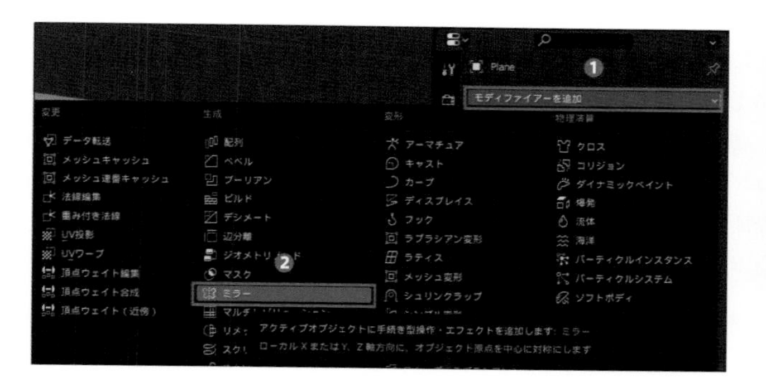

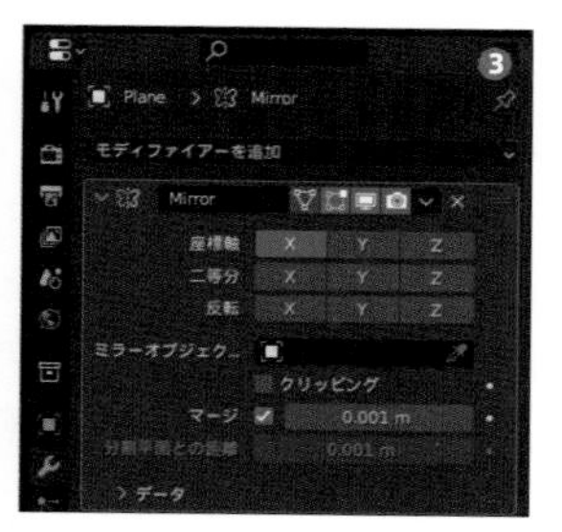

4 一見すると何も変化がないように見えますが、分かりやすいように少し視点を傾けた状態で片側の「頂点」を動かすと(❶)、一緒に対称的な位置にある「頂点」も動く(❷)ことが確認できます。この「頂点」は「ミラーモディファイア」によって対称的な形状になるように生成されたものになります。

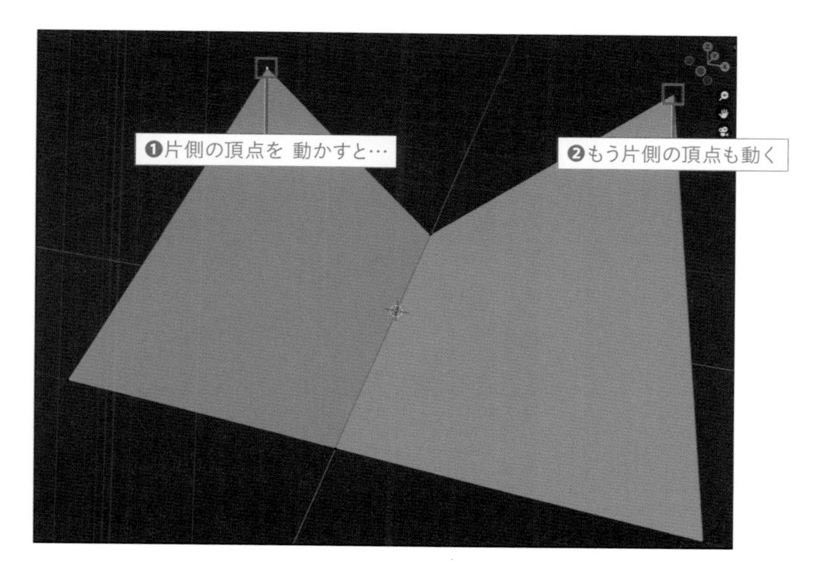

「モディファイア」の設定項目内の「リアルタイム」(❸)の項目をオフにすると「モディファイア」を一時的に無効化することができるので、「ミラーモディファイア」の「リアルタイム」■の項目を切り替えて対称化の動きがなくなるのを確認してみてください(❹)。

5 このように「ミラーモディファイア」は「オブジェクト」の原点を基準として特定の軸方向に対称化した「メッシュ」を生成してくれる機能になります。単純に「対称化されたモデルが作れる機能」として覚えても大丈夫です!

「モディファイアプロパティ」の設定項目を見てみますと、デフォルトでは「座標軸」の「X」(❶)が有効になっているので「X軸方向」に対称化されている(❷)のですが、「Y」(❸)や「Z」(❹)にチェックを入れることでそれぞれの軸方向でも対称化することもできます。

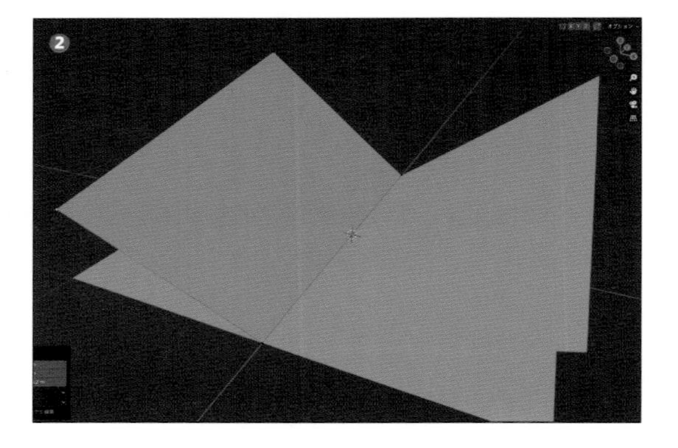

6 なお、このときの「対称軸」に使用している軸方向は「グローバル座標系」ではなく、「ローカル座標系」が基準になっています。
余裕がありましたら試しに「オブジェクトモード」で「ミラーモディファイア」を設定した「オブジェクト」を回転させて、「オブジェクト」自身の原点と軸方向を基準にメッシュが対称化されていることも確認してみてください（❶）。
一通り確認ができましたら「Ctrl+Z」で「ミラーモディファイア」を設定した直後の状態まで手順を戻しておきましょう。

7 今回は左側の「面」は対称化する必要はありませんので削除してしまいましょう。分かりやすいように一度「ミラーモディファイア」の「リアルタイム」をオフにして（❶）、左側の「面」を削除します（❷、❸、❹）。

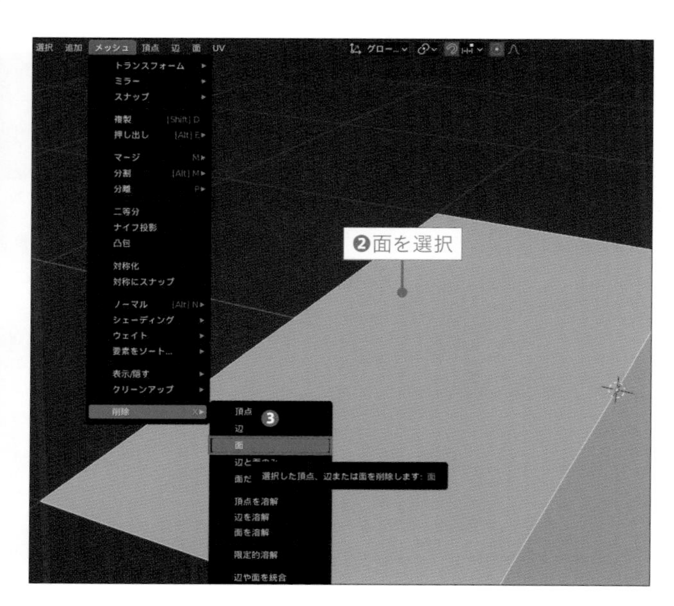

そうしたら、再度「リアルタイム」を有効にしてください（❺、❻）。

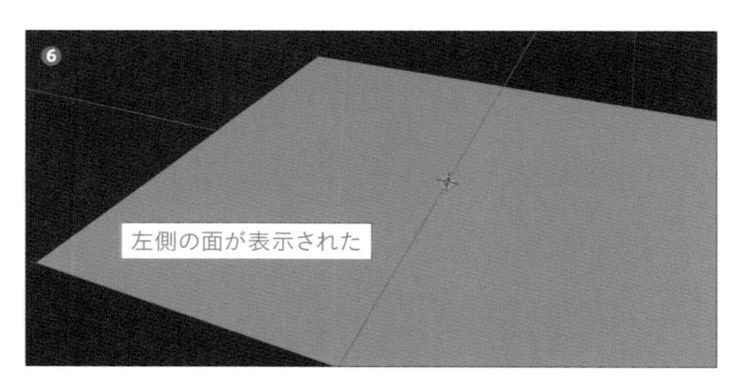

8 これで左右対称に「メッシュ」を編集できる状態になったのですが、対称の境目にある頂点を操作しようとすると、頂点が反対側に突き抜けてしまったり、離れてしまったりしてしまい境目の位置に維持したまま編集するのが難しいです。

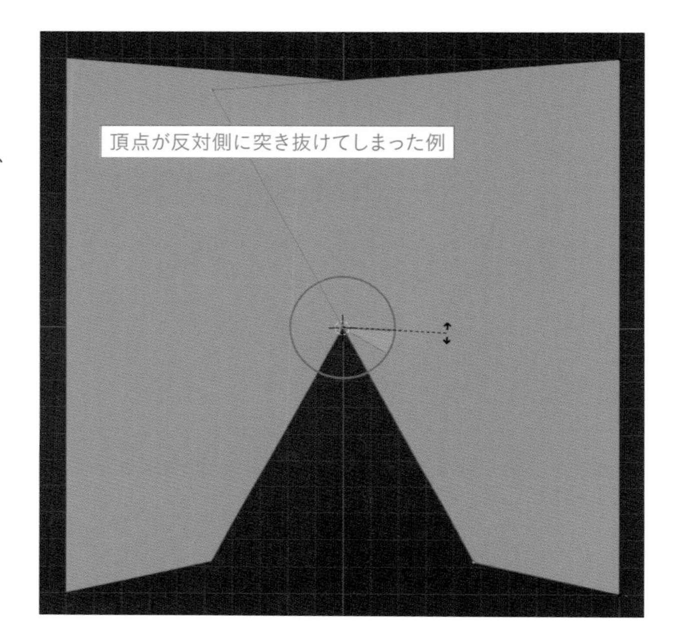

9 その場合には「ミラーモディファイア」の項目内の「クリッピング」（❶）を有効にすると便利です。これを有効にすると境目部分の頂点は対称の軸方向には移動しないようになるので操作がしやすくなります（❷）。

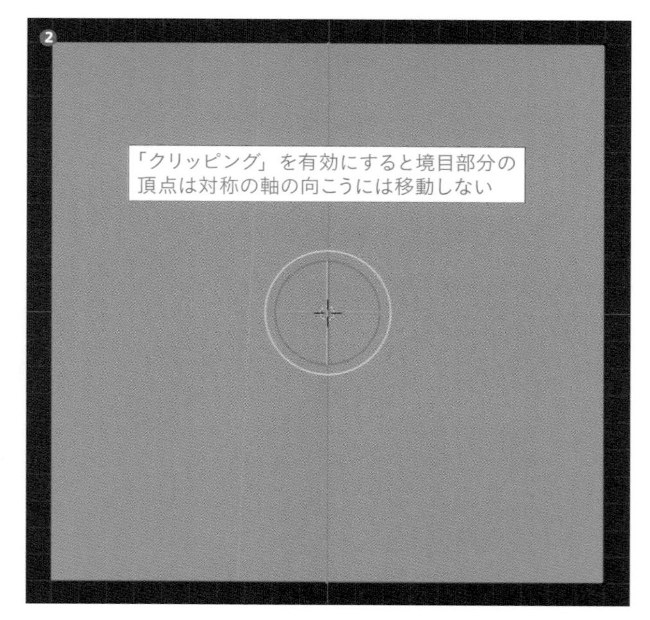

また「ミラーモディファイア」ではデフォルトで「マージ」（❸）が有効になっているため、境目部分の頂点の「重複頂点」は自動的に削除されます（❹）。
両方の項目が有効になっていることが確認できたら「メッシュ」を対称的に編集する準備が整いましたので次の工程に進みましょう。

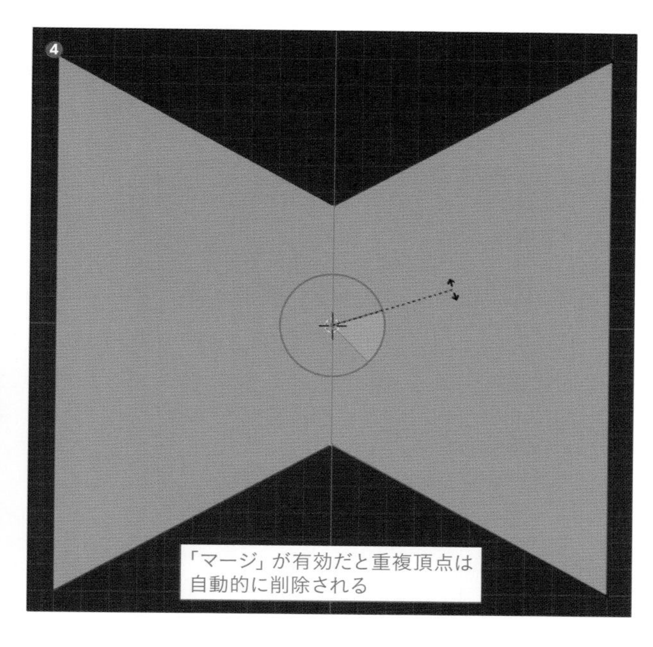

配列モディファイア

1 「ミラーモディファイア」を設定したら「メッシュ」を編集していきます。まずは「辺選択モード」で、左側からの視点（テンキーの［3］）から見たとき向かって右側にある「辺」を選択します。そして、「押し出し（領域）ツール（F）」（❶）でドラッグしていきます（❷）。

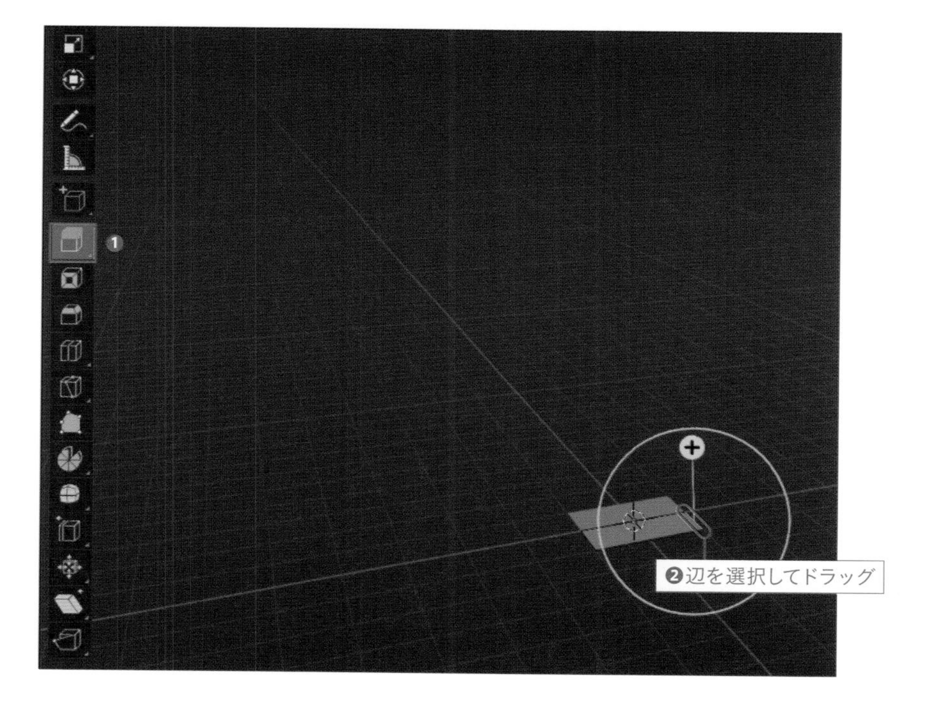

「調整ツール」で「座標系」を「グローバル」にして「Z軸方向」に「9」押し出した後（❸）、さらにドラッグし（❹）、「調整ツール」で「Y軸方向」に「-2」押し出して（❺）、横から見て「コの字形」になるように編集してみましょう。

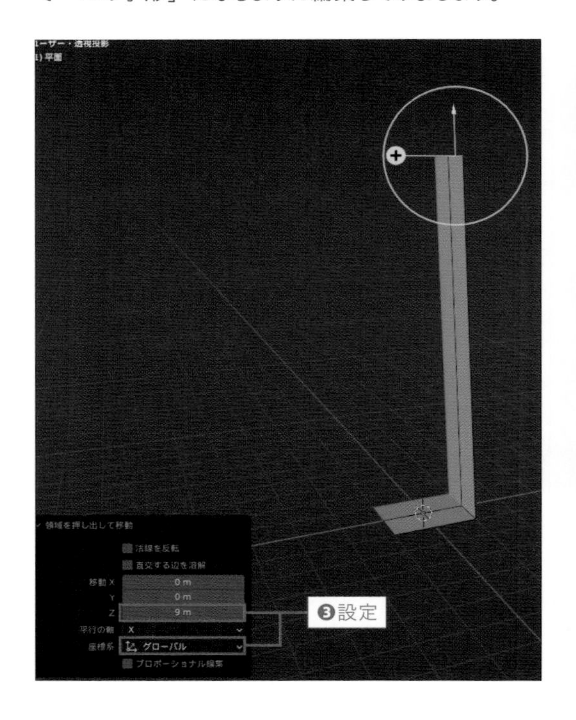

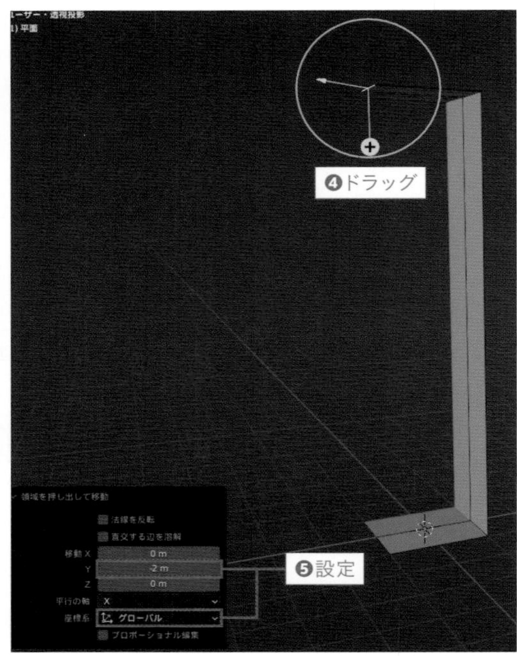

2 さらに「ベベルツール（Ctrl+B）」で角の部分の「辺」をそれぞれ選択してドラッグし（❶、❷）、調整メニューから「幅」の値を「1m」に調整します（❸、❹）。これがテーブルの脚のうちの1本になります。

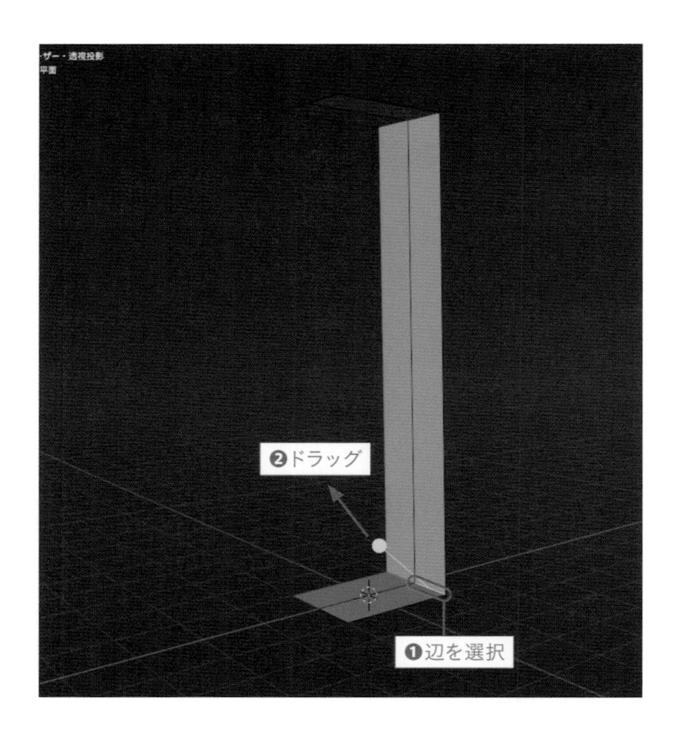

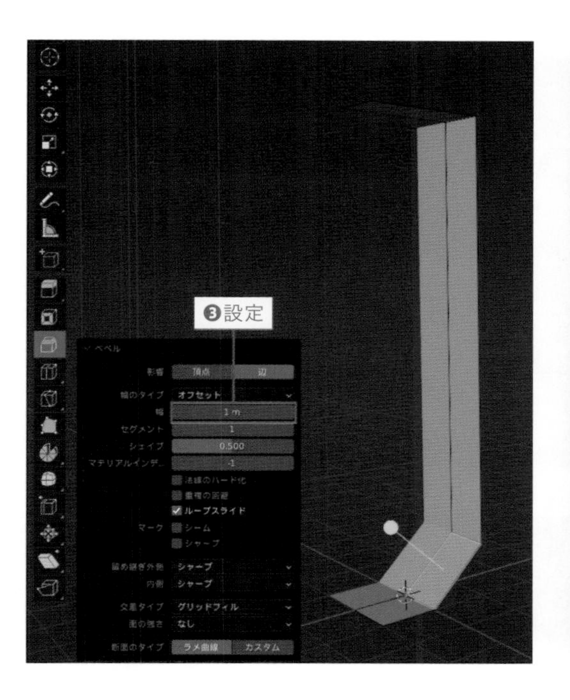

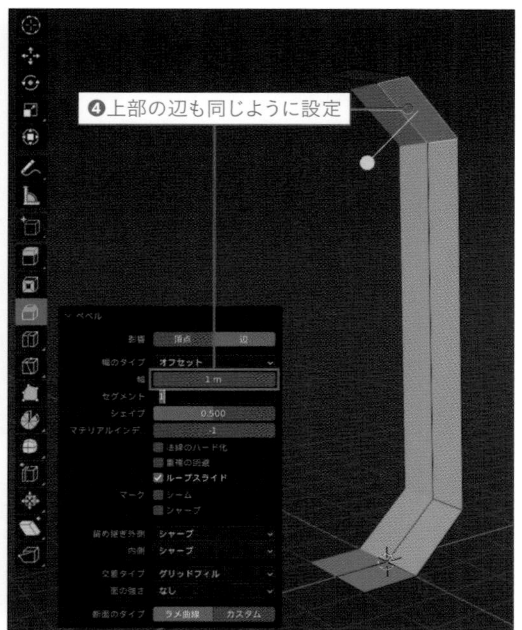

3 今回の作例のテーブルは5本脚なので、現状の「メッシュ」を複製して増やしていきます。「メッシュ」の複製については、マグカップの作例内では「メッシュ → 複製（ショートカット：[Shift+D] キー）」を使用していましたが、こちらでは「配列複製モディファイア」を使用してみましょう。

先ほどの「ミラーモディファイア」と同様に「モディファイアーを追加」メニューを開いて、「生成」カテゴリ内の「配列」（❶）を選択して追加してください。すると元の「メッシュ」の隣に同じ形の「メッシュ」が生成されたのが確認できると思います（❷）。

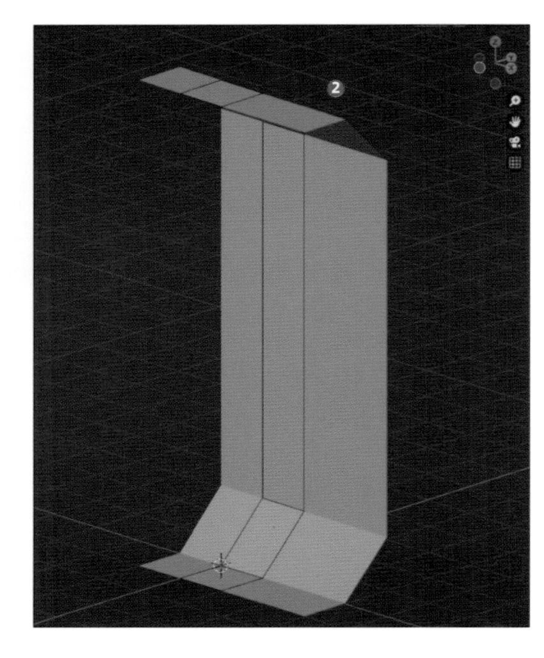

4 さらに追加された設定項目内の「数」の値を増やすとその分だけ複製される「メッシュ」の数が増えていきます。今回は「5」まで複製しましょう（❶、❷）。

このように「配列モディファイア」は設定したオブジェクト内の「メッシュ」を指定した間隔で複製して並べてくれる機能です。並べ方は「オフセット」の値から調整できるのですが、試しに「オフセット（倍率）」の項目内の値を変更（❸）してみますと、間隔を変えたり、上下や前後方向にも並べることができるのが確認できると思います（❹）。

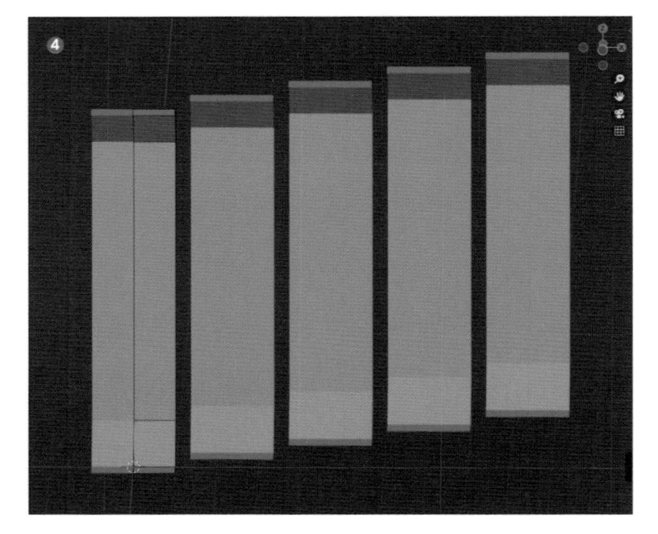

今回は「オフセット（倍率）」の値は変更せず、複製されたメッシュ同士がピッタリとくっついたままの❷の状態にしておきます。

補足説明 :「配列モディファイア」のオフセットについて

「オフセット」には「オフセット（倍率）」と「一定のオフセット」が用意されています（「オフセット（OBJ）」についてはP.227で触れます）。
「オフセット（倍率）」では、「オブジェクト座標系」でのそれぞれの軸方向のメッシュの幅の長さを「1」とした場合の倍率で間隔を設定することができます（❶）。「編集モード」でメッシュの幅を変えても端をピッタリとくっつけて並べたいときなどに便利です。

一方で「一定のオフセット」では数値で決めた間隔で複製してくれます（❷）。メッシュの形状に関わらず一定の間隔で並べたい場合に利用します。

これらは例えば「柵」や「網目」のような繰り返しパターンのある「メッシュ」（❸）を作成するときに間隔を調整するのに便利です。余裕がありましたら値を操作して、どのように並び方が変化するか確認してみてください。

シンプル変形モディファイア

1　「配列複製モディファイア」で脚の「メッシュ」を複製して並べたら、今度は円形に並ぶように変形していきます。これには「シンプル変形モディファイア」を使ってみましょう。

「シンプル変形モディファイア」(❶) は「モディファイアーを追加」メニューの「変形」カテゴリに含まれているので追加しましょう。

追加すると「メッシュ」全体が「オブジェクトの原点」から伸びるX軸周りに少しひねられたような変形がされます（❷）。
さらに設定項目内の「角度」の値を変更するとひねり具合が変化するので試してみてください（❸、❹）。

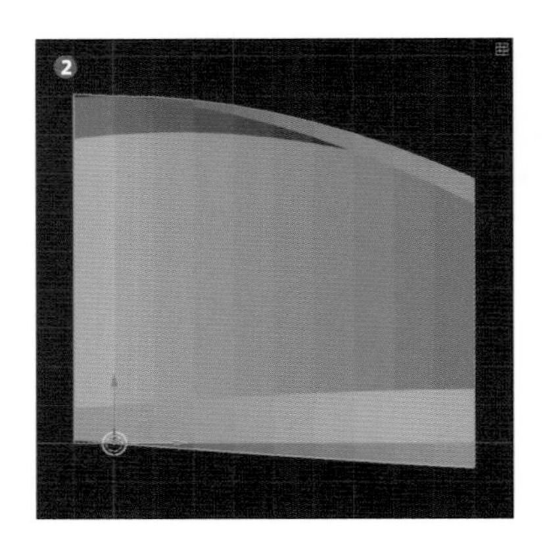

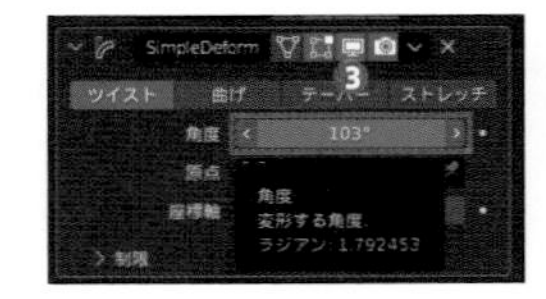

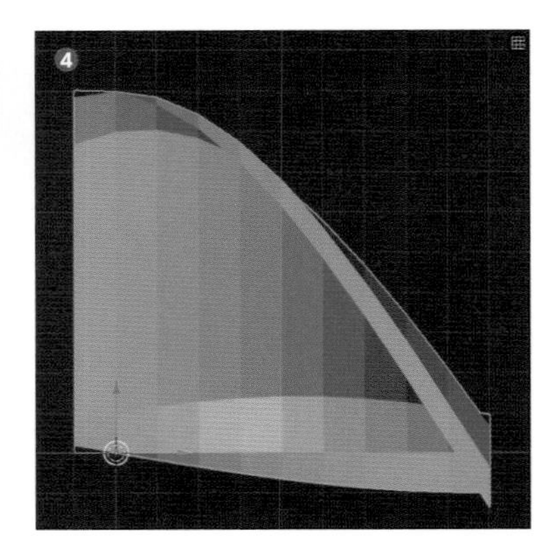

2

このように「シンプル変形モディファイア」はメッシュ全体に対して曲げたり捻ったりといった簡易的な変形を加えることができる機能です。

変形の仕方は「ツイスト」（❶）「曲げ」（❷）「テーパー」（❸）「ストレッチ」（❹）の4つが用意されていて、それぞれ「ツイスト」と「曲げ」は指定した軸周りに捻ったり曲げたりすることができ、「テーパー」と「ストレッチ」は指定した軸方向に拡大縮小することができます。それぞれ値を操作して、どのようにメッシュが変形されるか確認してみましょう。

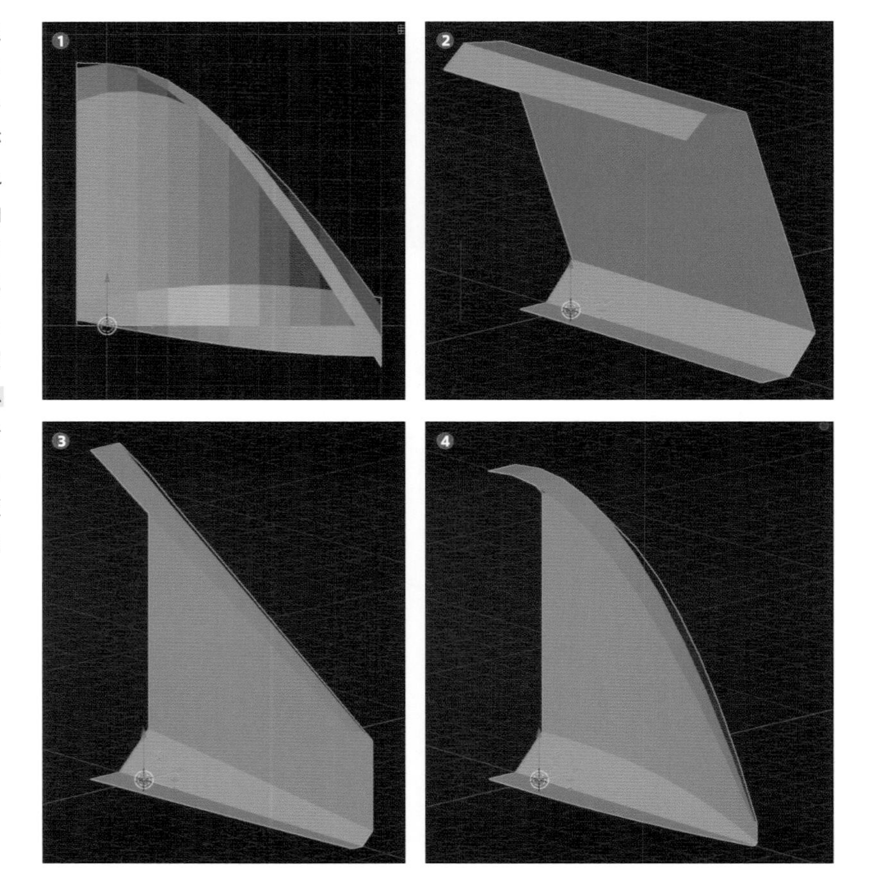

3 今回はこれらのうち「曲げ」を使用します。「座標軸」は「Z」を選択した状態で（❶）「角度」の値を「360°」（❷）に指定して「メッシュ」全体が筒状に丸まった状態になることを確認してください（❸）。

「シンプル変形モディファイア」は名前の通り簡単な変形しかできないので使える場面が限られますが、工夫次第で手作業では作るのが難しい形状も簡単に作成できる場合もあるので色々と試してみると面白いかもしれません。

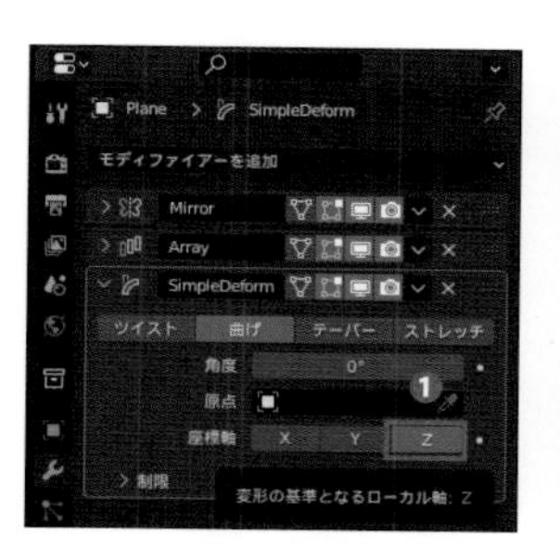

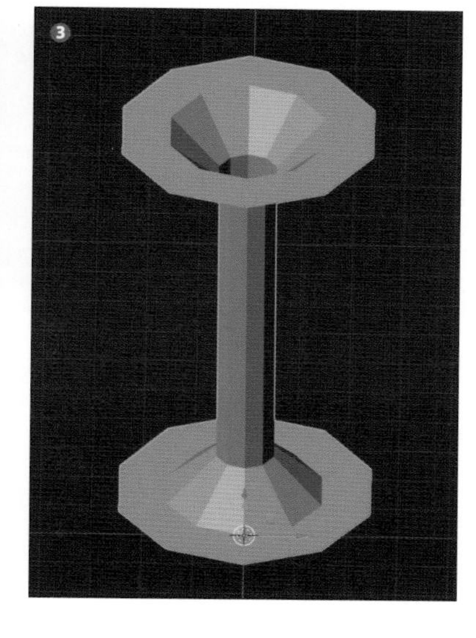

ヒント

図と同じ筒状に丸まらない場合は「オブジェクトモード」で回転していないか確認してみてください。また「編集モード」でメッシュ全体を動かすと筒の半径も変化してしまうので注意しましょう。

補足説明：「モディファイア」の処理順について

ここで「モディファイア」の設定項目をよく見てみますと、それぞれの項目の右上の角に8つ点が集まった箇所 ▦ があります。この部分をドラッグすると設定項目を動かすことができ、項目同士の位置を入れ替えることも可能です。

試しに「配列複製モディファイア」と「シンプル変形モディファイア」の位置を入れ替えてみましょう（❶）。すると先ほどまでとは全く異なる形になってしまいました（❷、❸）。

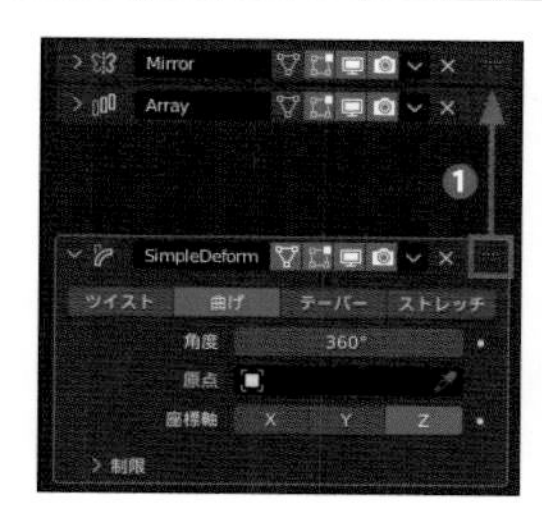

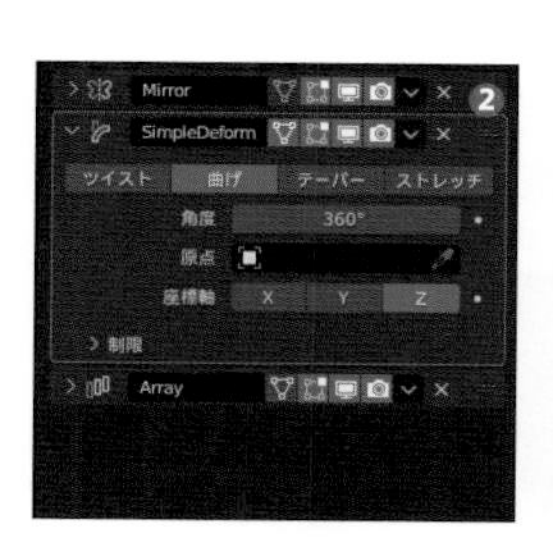

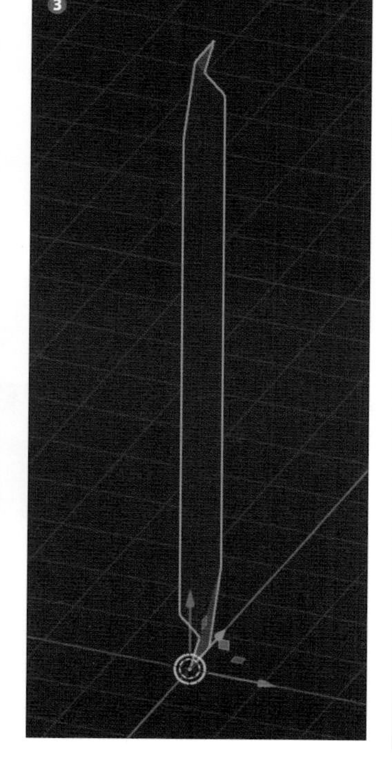

この状態で「シンプル変形モディファイア」の「角度」の値をすこし変更してから各「モディファイア」の「リアルタイム」の有効無効を切り替えてみますと(❹)、先にメッシュが曲げられて、その後に複製されて並べられているという処理に変わっていることが確認できます(❺、❻)。
このように「モディファイア」は上にあるものから順番に処理が実行されていきます。処理結果が思うようにならない場合は処理順が正しいかも確認してみてください!

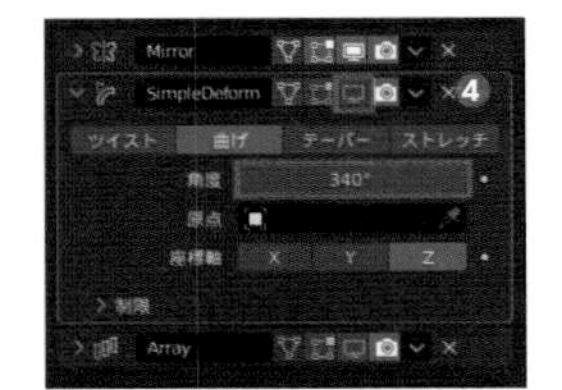

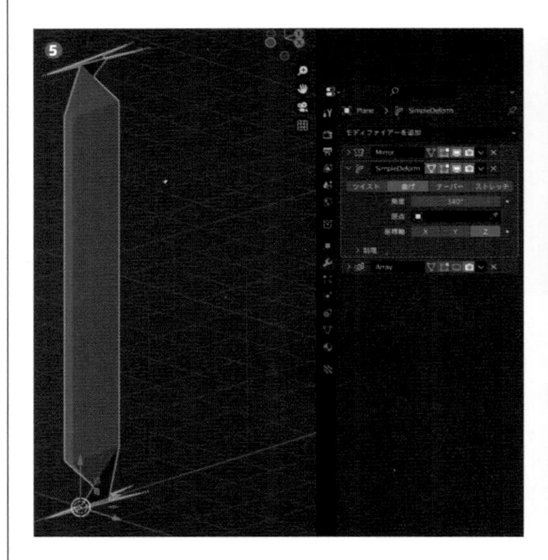

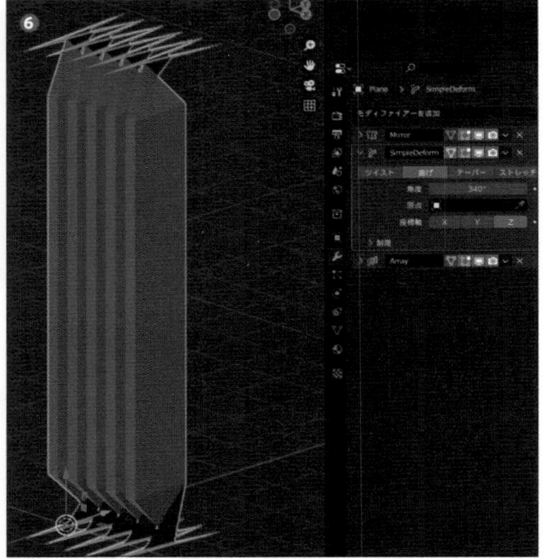

サブディビジョンサーフェスモディファイア

1 次に脚のメッシュの形状を滑らかにします。これには「サブディビジョンサーフェスモディファイア」を使用してみましょう。「サブディビジョンサーフェス」(❶)は「モディファイアーを追加」メニューの生成カテゴリに含まれていて、追加するとメッシュの形状が滑らかになるようスムーズがかかる(❷)のが確認できると思います。

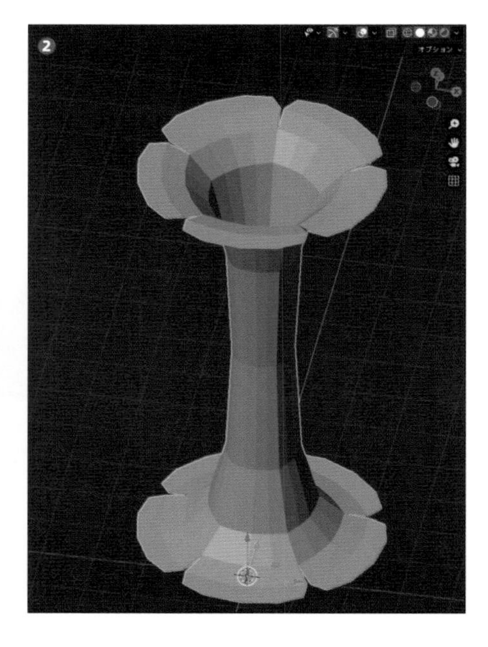

2 「サブディビジョンサーフェスモディファイア」は「メッシュ」内の「面」を等分するように分割しつつ、「面」同士の角度を平均化して滑らかにしてくれる機能です。単純に「分割を増やして滑らかにする機能」と覚えても問題ありません。

設定項目内の「ビューポートのレベル数」の値を増やすとその分だけメッシュの分割数が増えていきます。「最適化表示」の項目を無効にした状態で「オブジェクトモード」中に「ワイヤーフレーム表示（ショートカット：[Shift+Z] キー）」にしてみますと、どのようにメッシュが分割されていくかが分かりやすいので確認してみましょう（❶、❷）。

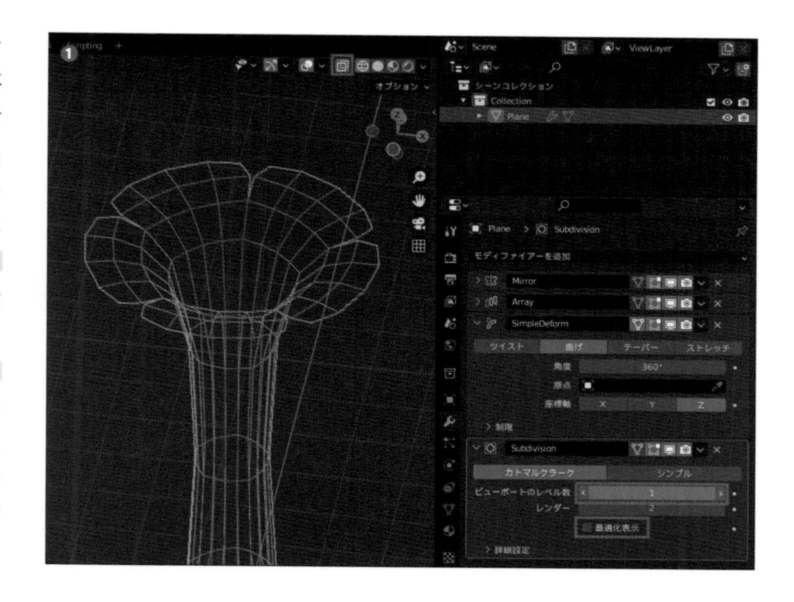

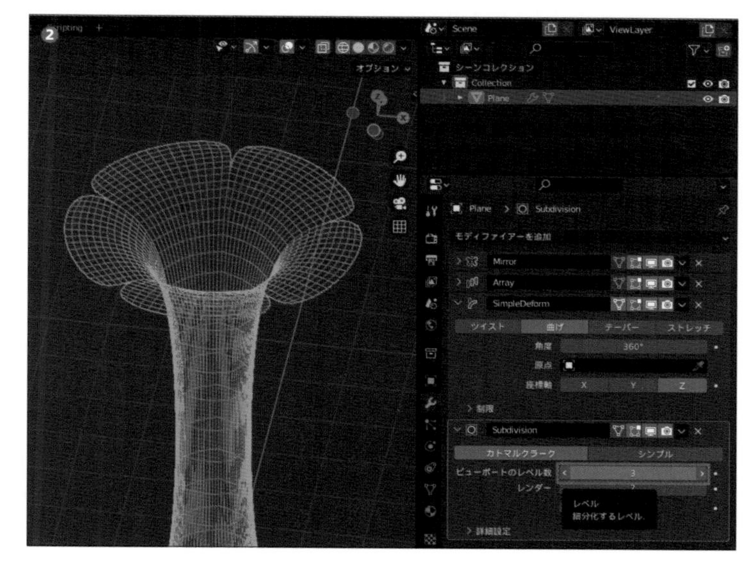

確認ができたら「最適化表示」を有効にして、「ビューポートのレベル数」は「2」に設定しておいてください（❸）。

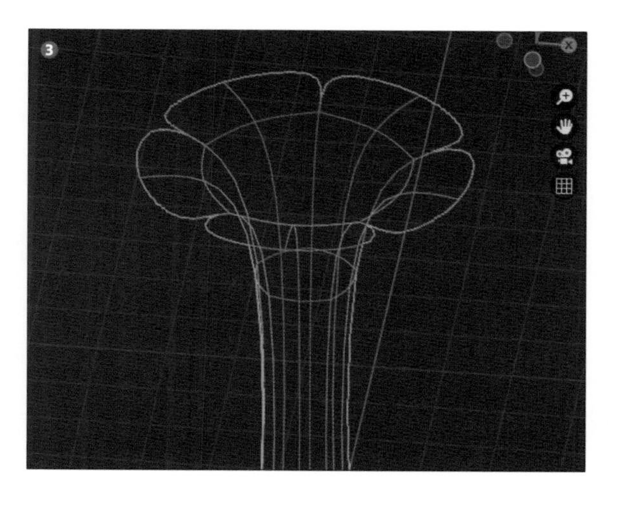

ヒント

「ビューポートのレベル数」の最大値は「6」ですが、値が大きくなるほど処理が重いので「0～3」までの間で確認してみてください。

補足説明

このように「サブディビジョンサーフェスモディファイア」を使うことで簡単に滑らかな形状のモデルを作成することができます。例えば1つめの作例で作成したマグカップに設定してみますと、全体的にカクつきがなくなり滑らかな形状になるので後から試してみてください（❶、❷）。
ただし使用しているPCのスペックによっては多用すると「Blender」自体が落ちてしまう場合もあるので注意しましょう。

モディファイア設定前

モディファイア設定後

スムーズのかかり具合を調整する

1 「サブディビジョンサーフェスモディファイア」を使用するとメッシュ全体にスムーズがかかるのですが、場合によっては「この部分は滑らかになってほしくない」という部分が出てきます。例えば今回の場合でしたら、脚が接地する部分を地面とある程度平行になるよう調整できると良さようです。
「サブディビジョンサーフェスモディファイア」では「辺」同士の間隔が狭い部分はスムーズもかかりにくくなるので、❶の右のように滑らかにしたくない箇所に分割を追加することである程度スムーズのかかり具合を制御することができます（❷）。しかし分割を増やしての制御は形が複雑になるほど「メッシュ」を編集する手間や難易度が増していきます。

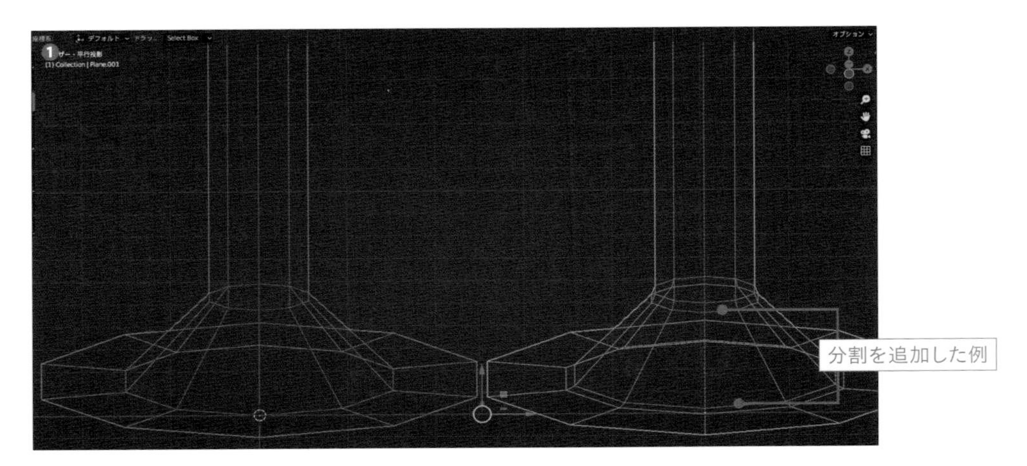

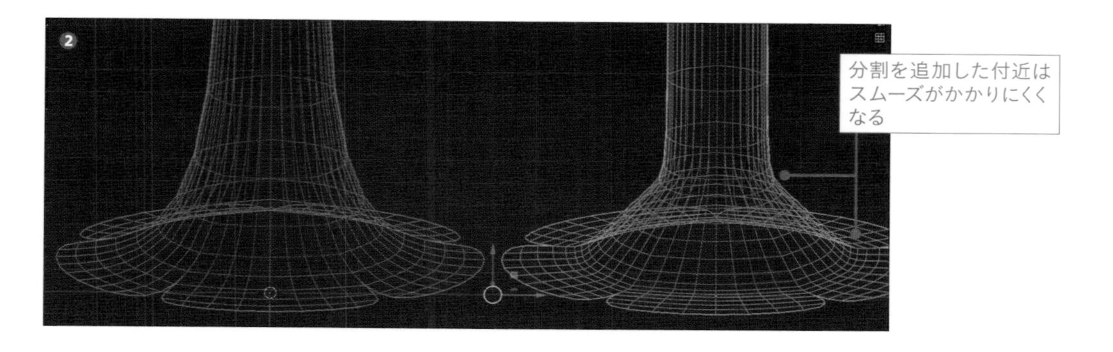

2 そこでスムーズのかかり具合を手軽に調整したい場合は「クリース」を使うと便利です。「クリース」は「編集モード」で「メッシュ」の「辺」に対して設定していくのですが、そのままだと元の「メッシュ」形状と「モディファイア」の処理結果の形状とで差がある（❶）ので編集しにくいです。

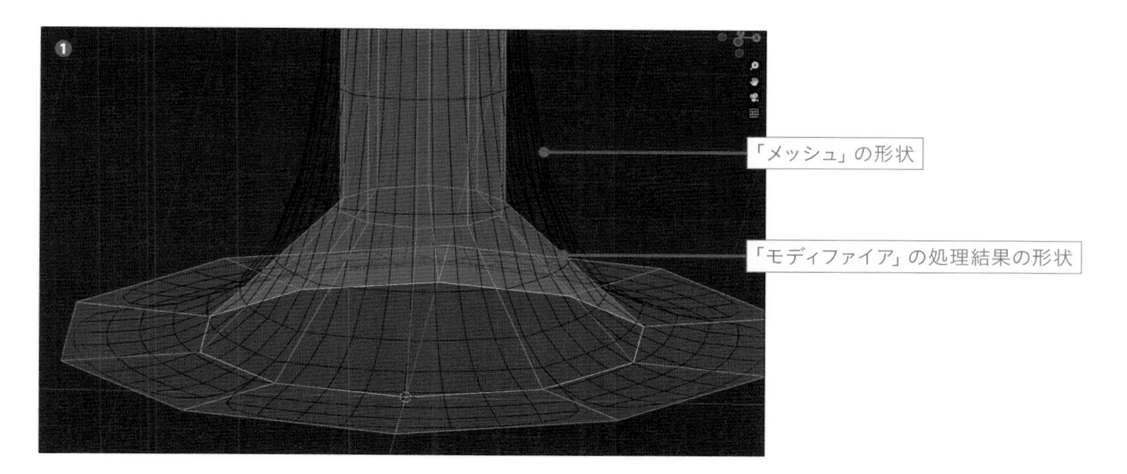

その場合は「サブディビジョンサーフェス」の設定項目内の「ケージで」 を有効にします（❷）。すると「編集モード」での「メッシュ」の見た目も「モディファイア」の処理結果に合わせた形状になります（❸）。さらに処理結果の「辺」や「面」も選択することができるので、この状態で編集していきましょう。

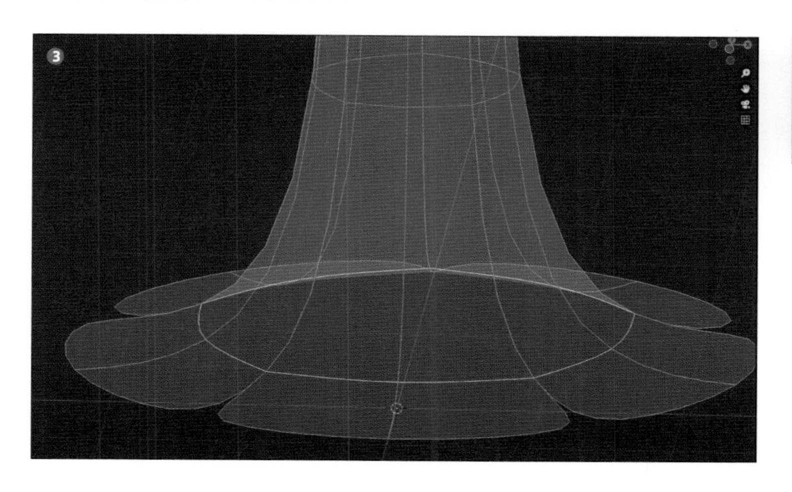

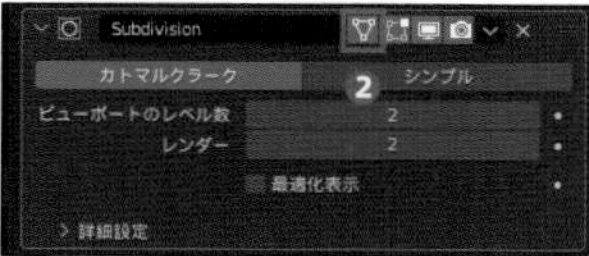

3

「ケージで」を有効にしたら、「編集モード」で、先ほど「ベベル」で分割した箇所の「辺」のうち一番下の「辺」を選択します（❶）。この状態で「トランスフォーム」内に表示されている「クリース」の値を操作してみましょう。

すると「クリース」の値を「1」に近づけるほど「辺」がピンク色になっていくことが確認できると思います。それに伴い「クリース」を設定した「辺」の箇所にスムーズがかかりにくくなり、元の形状の角度に近づいていきます。今回は「クリース」を「0.5」に設定（❷）して脚の接地具合を調整しました（❸）。

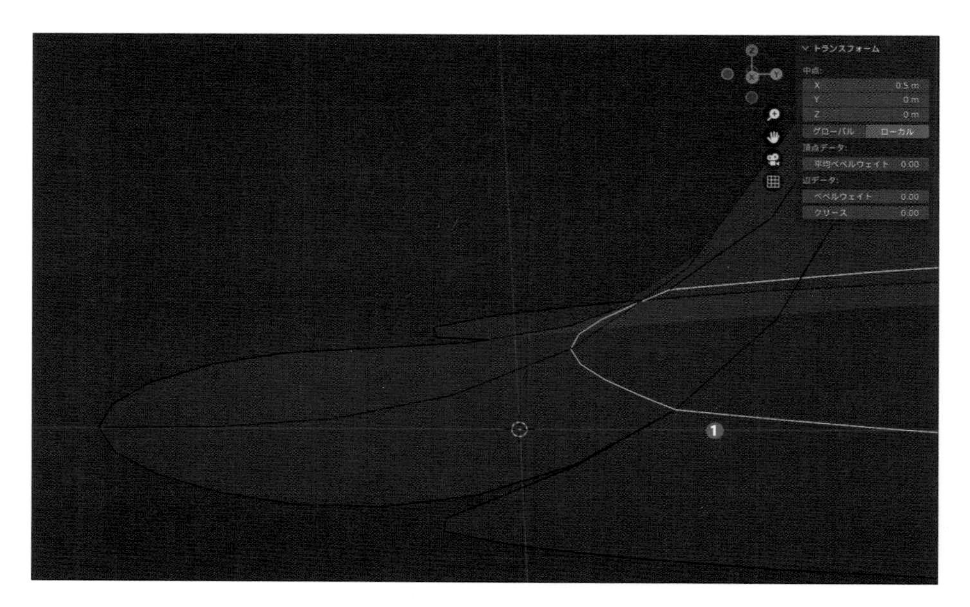

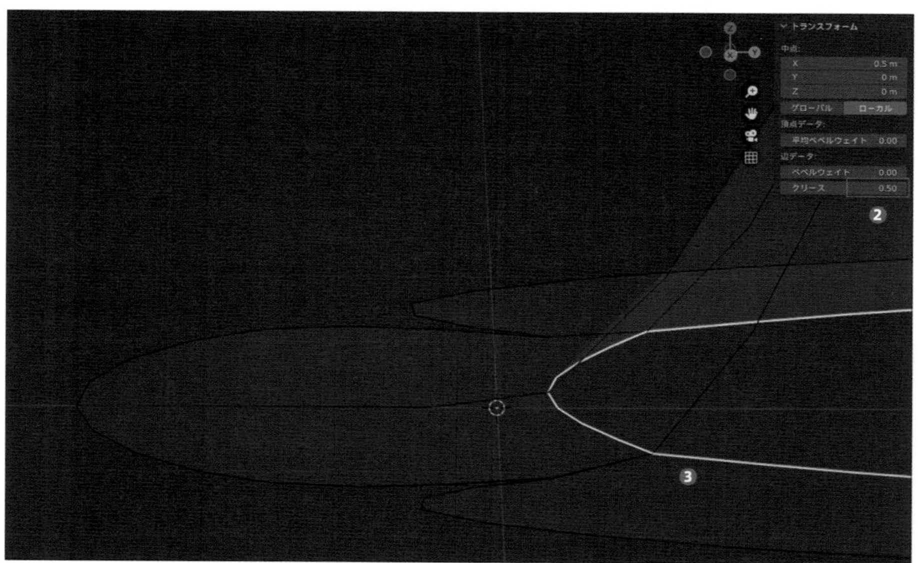

ヒント

「クリース」は手軽ですが、あくまでスムーズがかかりにくくなるよう調整するための機能です。分割を増やして調整した場合のように丸みを帯びた角にはなりませんので、場合によって使い分けてみましょう。

ソリッド化モディファイア

1 「メッシュ」が滑らかになった結果、角が丸まり5つの脚の境目が分かりやすくなりました。しかしまだ板状でテーブルの脚には見えませんので、厚みを付けて立体的にしていきましょう。これには「ソリッド化モディファイア」を使用してみましょう。

「ソリッド化モディファイア」(❶)は「モディファイアーを追加」メニューの「生成」カテゴリに含まれています。これを追加すると「メッシュ」全体にうっすらと厚みが付くことが確認できます(❷)。

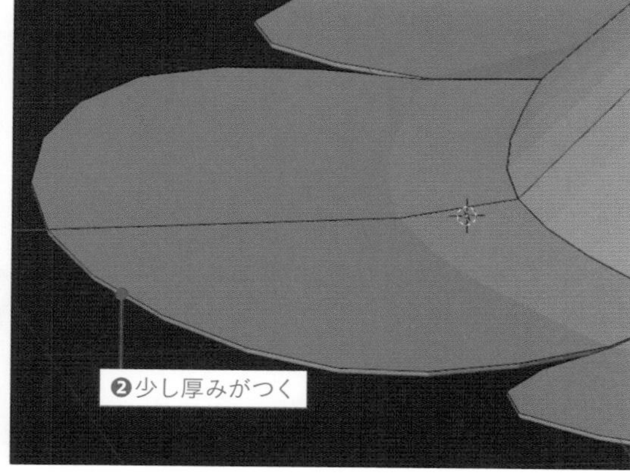

2 さらに追加された設定項目内から「幅」の値を操作してみると厚みを調整することができます。今回は「1.15 m」に設定して(❶)、脚に適度な厚みを付けてみましょう(❷)。

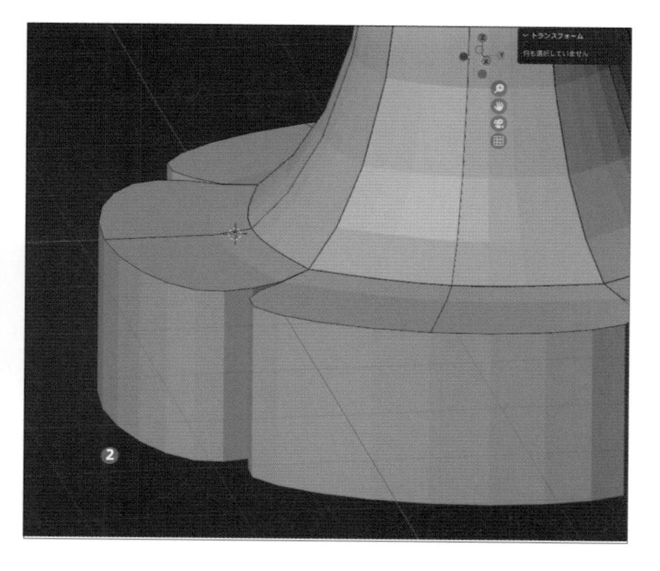

3 その他によく利用する設定項目を見ていきますと、まず「オフセット」の値はメッシュを押し出す際の基準を設定することができます。

今回はデフォルトの「-1」のままにしておきますが、値を「1」に設定（❶）することで反対側に押し出すことができたり（❷）、「0」に設定すると両側に均等に押し出すことができる（❸）ようになったりしますので、実際に操作して確認してみてください。

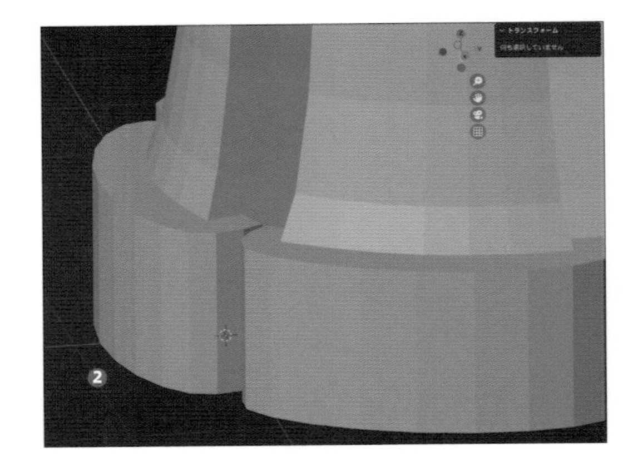

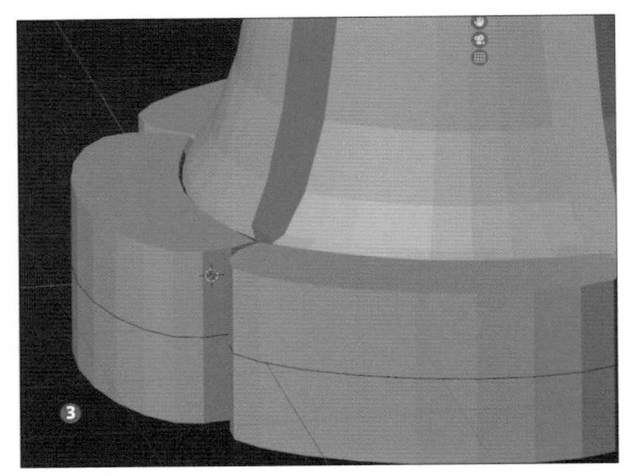

4 次に「ふち」の項目には「フィル」と「ふちのみ」の2つのトグルが用意されています。「フィル」にはデフォルトではチェックが入っていますが、これを外すと面が押し出された際のふちの面が生成されなくなります（❶、❷）。

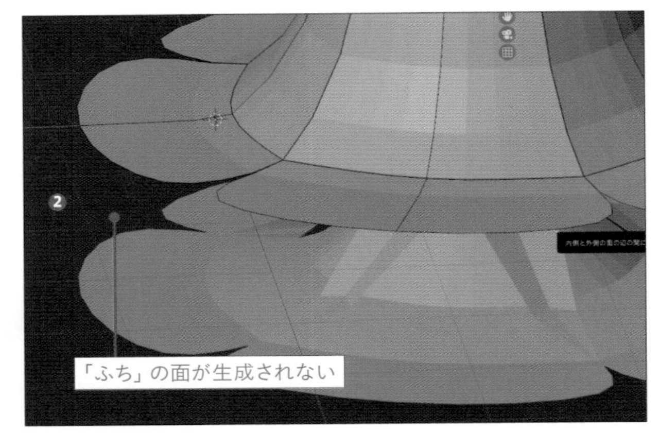

一方で「ふちのみ」にチェックを入れると、面を押し出した際の裏側の面が生成されず、ふちだけが生成されるようになります（❸、❹）。これらの設定も場合に応じて使い分けてみましょう。

補足説明：押し出した箇所への「マテリアル」の設定

「マテリアル」の項目では、押し出した部位ごとにどの「マテリアルスロット」を割り当てるかを指定することもできます。この指定のためには、先に「マテリアルプロパティ」で、「マテリアルスロット」に複数の「マテリアル」を設定しておきます（❶）。そして、「ソリッド化モディファイア」の「マテリアルインデックスオフセット」の値を変更すると裏側の面に、「ふち」（❷）の値を変更するとふちの面にそれぞれの値に対応した「マテリアルスロット」を割り当てくれます。余裕がありましたら試してみてください！

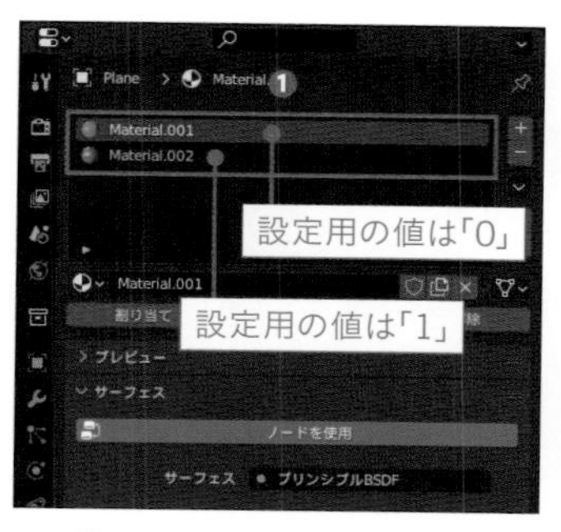

マテリアルスロットは上から順に「0」から数え始める

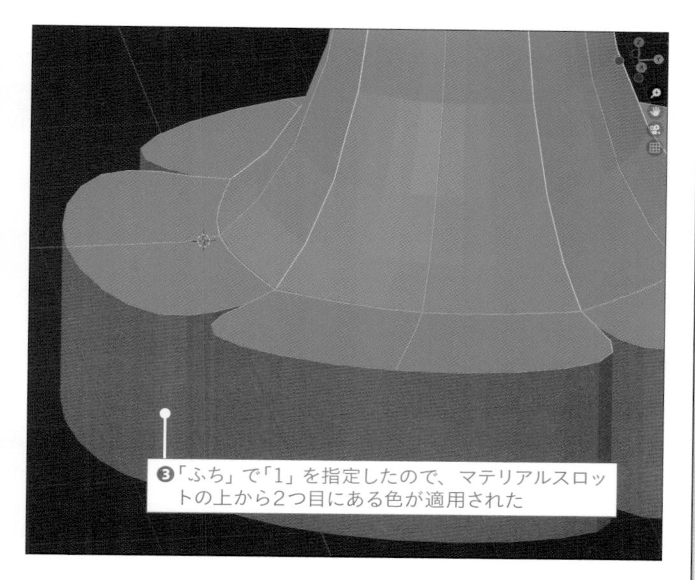

5 最後に「辺データ」の項目についてですが、こちらは押し出された面の周囲の辺に「クリース」を設定することができます。そのままですと変化が確認できないので、もう1つ「サブディビジョンサーフェスモディファイア」を追加して、「ビューポートのレベル数」を「1」に設定してください（❶）。

図では「ケージで」を有効にしている

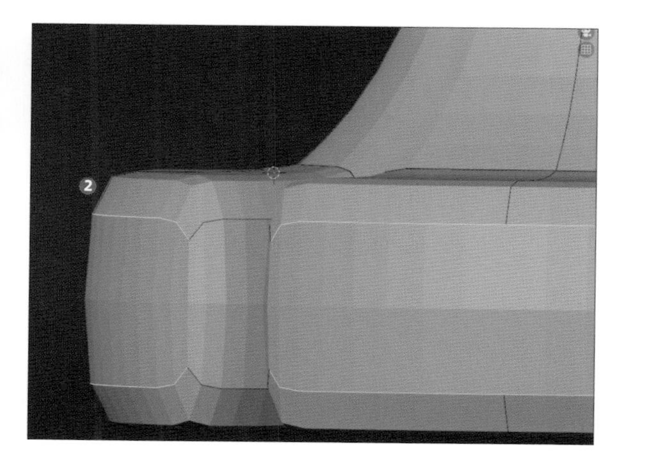

「サブディビジョンサーフェスモディファイア」の効果でスムーズがかかった（❷）のが確認できましたら、「ソリッド化モディファイア」の「辺データ」の項目内の「クリース内側」の値を「0.5」に調整します（❸）。すると「ソリッド化モディファイア」で押し出された側の辺に「クリース」が設定されてスムーズがかかりにくくなり、接地部分が平らになる様子が確認できると思います（❹）。
今回は「クリース内側」のみ値を実際に設定してください。その他の「クリース外側」と「クリースふち」についても、余裕があったら試しに値を操作して変化の仕方を確認してみてください。

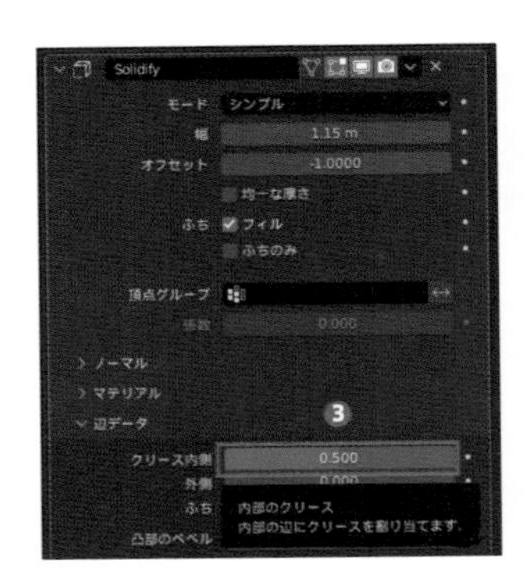

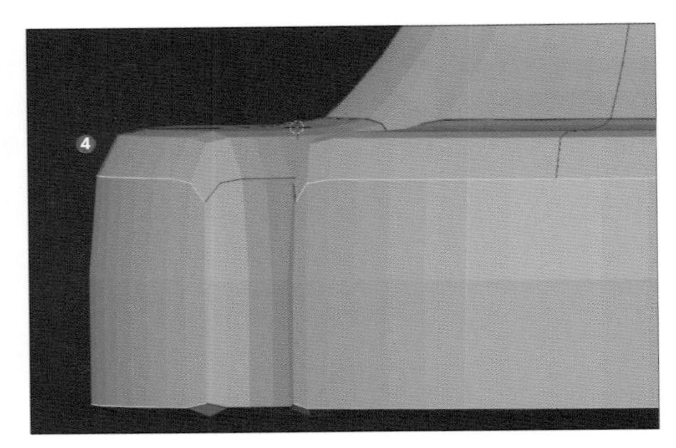

脚の形を整える

1 各「モディファイア」の設定をしましたら、「オブジェクトモード」で「スムーズシェード」を設定（❶、❷）してから「編集モード」で形を整えていきましょう。今回は操作内容を見やすくするために、各「モディファイア」の「ケージで」は無効にしておいてください。また操作をする際に動作が重たい場合は「サブディビジョンサーフェス」の「リアルタイム」も無効にしてみてください。

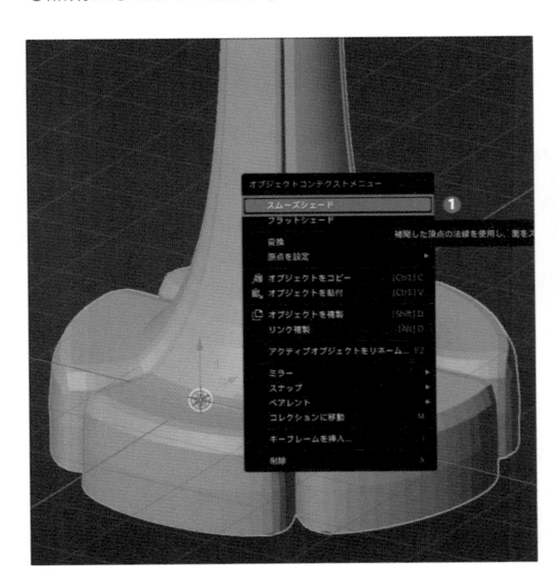

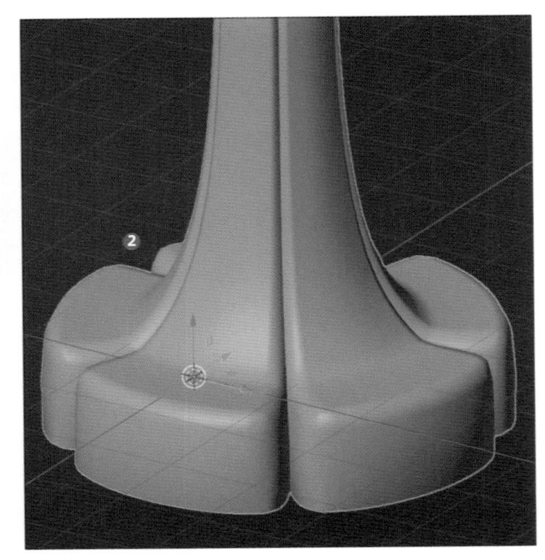

2 まずはコの字の「メッシュ」の両端の頂点について「移動ツール」で「Y軸」方向に移動します。今回は下側は「-2」（❶、❷）、上側は「-3」（❸）移動して下側よりも上側の方が広がるように形を調整しました。

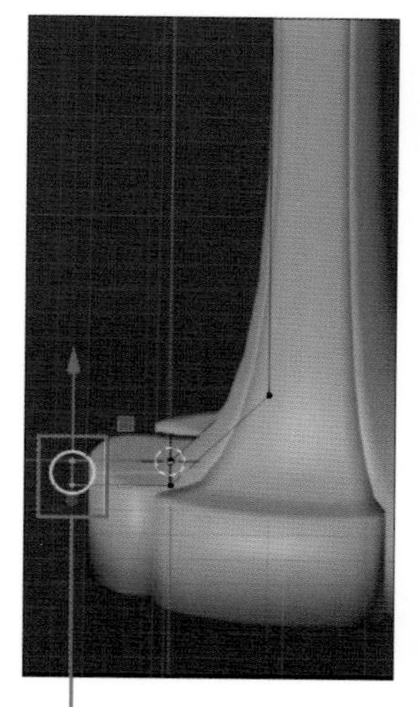

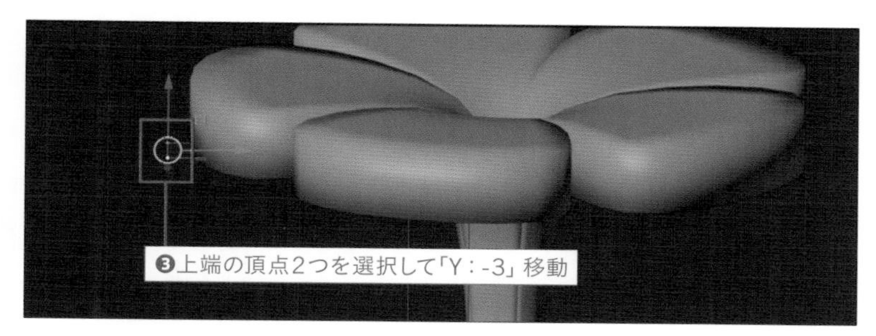

3 さらに上側の「ベベル」で分割した部分の頂点（❶）についても「Y軸方向」に「-2」移動して脚の曲がり具合を調整してみましょう（❷）。
図ではワイヤーフレーム表示（「Shift+Z」キー）にしています。

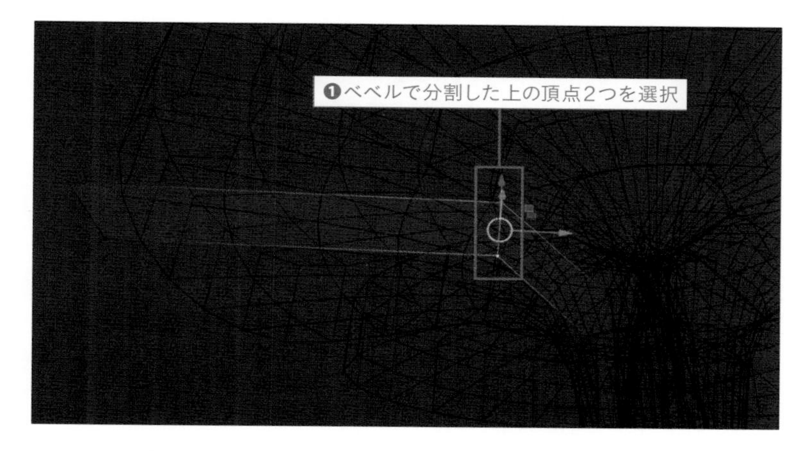

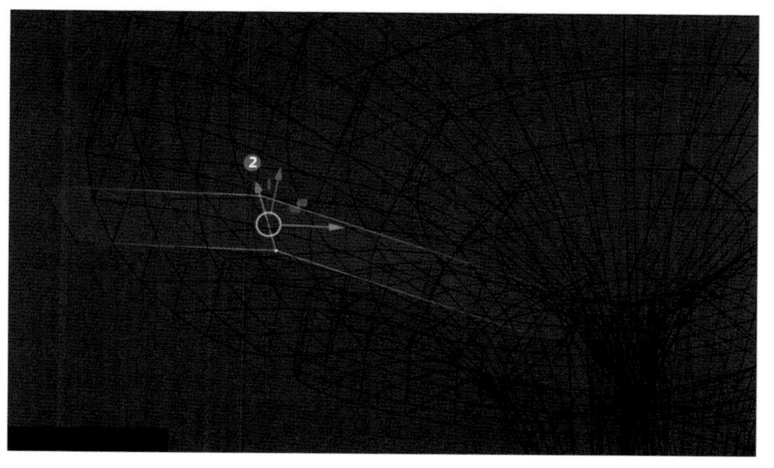

4 次に横幅も調整します。まずは上下の一番隅の頂点について（❶）、それぞれ「X軸方向」に「-0.6」移動します（❷）。
さらに下側の端から2番目の頂点（❸）についても「X軸方向」に「0.1」移動しておきます（❹）。

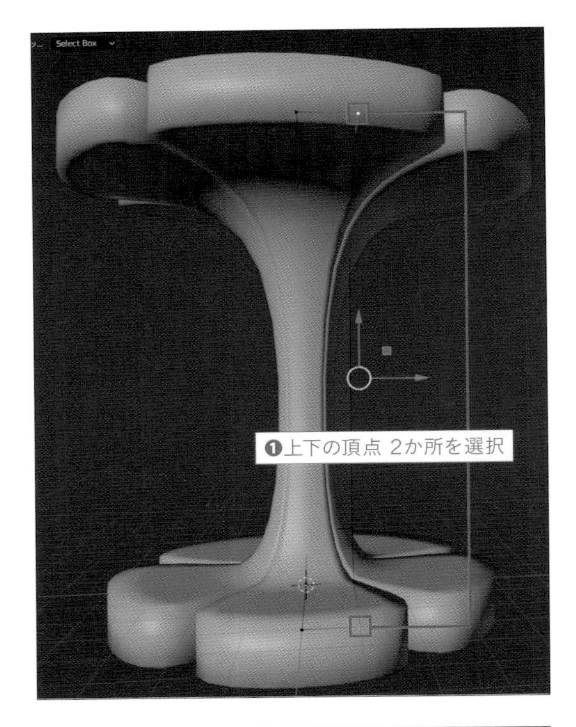

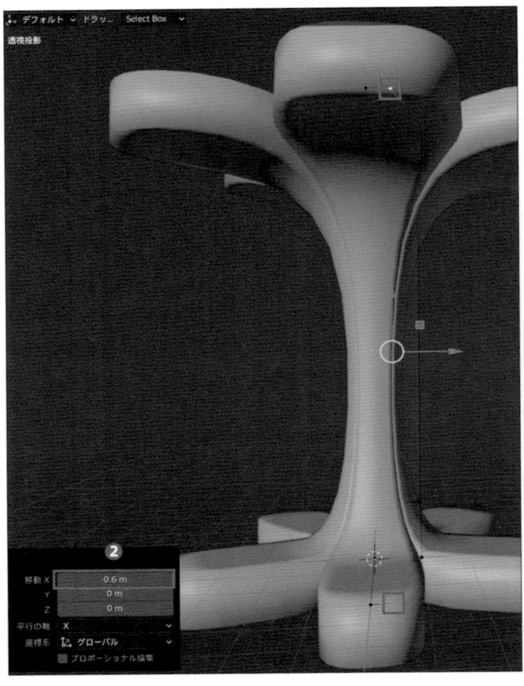

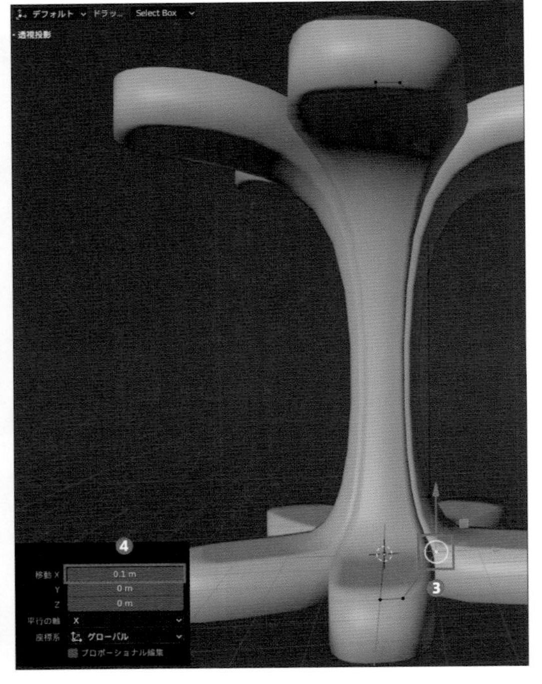

5 残りの縦方向に並んでいる頂点も「x軸方向」に「-0.3」移動します（❶、❷）。選択しにくい場合は「透過表示」（P.114）を使用してください。これでテーブルの脚部分の完成です。

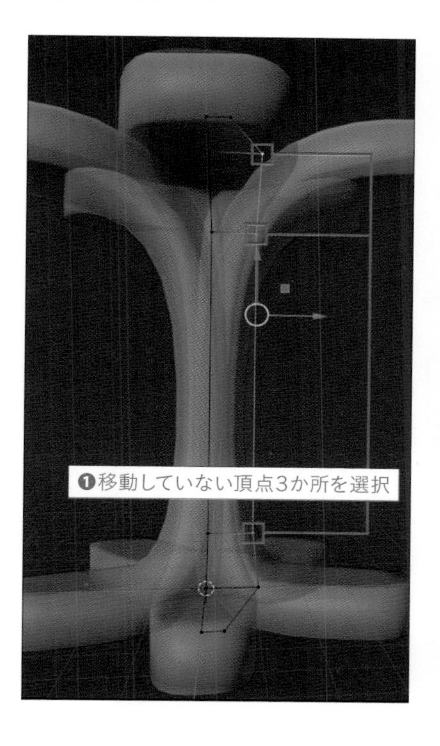

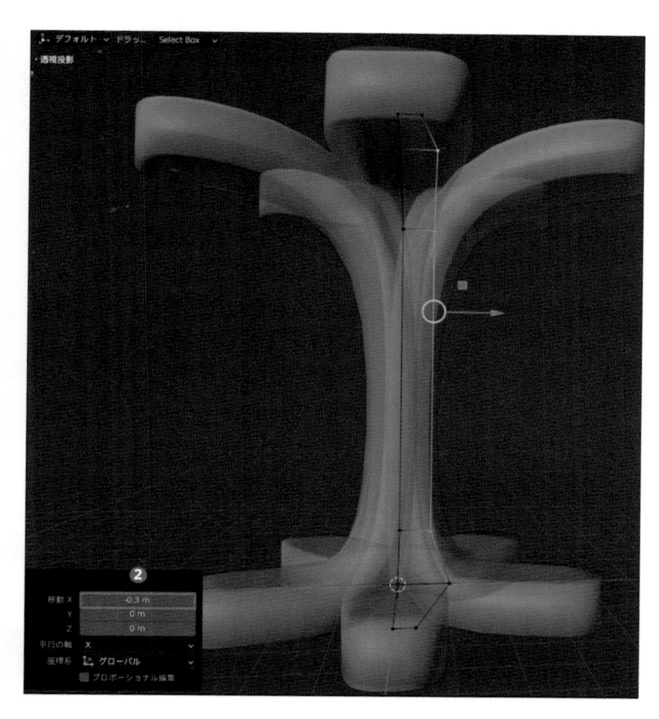

6 完成した脚は中心の位置が「グローバル座標系」の原点からずれてしまっています。なので「オブジェクトモード」でトランスフォームから、「Y軸方向」に「-1.75」、「Z軸方向」に「1.15」程度移動させて配置を調整しておいてください。

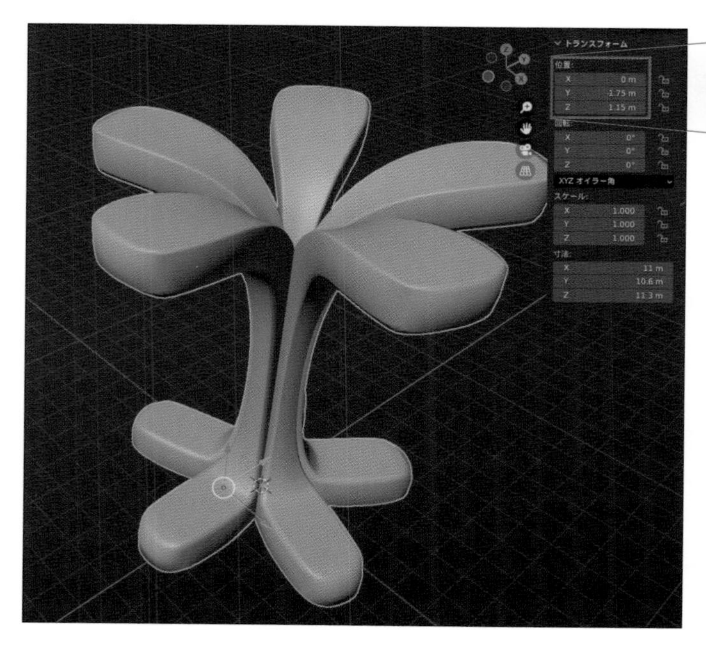

ヒント

今回の場合、「ソリッド化モディファイア」の「厚み」の値やメッシュ横幅によって中心位置が変化するので、異なる値にしていた場合はそれぞれ調整してみてください。

補足説明：面の裏表の確認と調整について

ここでひとつ余談なのですが、実は「面」には裏表が存在します。一見するとどちらが表でどちらが裏か分からないので、「透過表示」の左隣りに配置されている「ビューポートオーバーレイ」メニューの中から「面の向き」(❶) を有効にしてみましょう。すると「面」の表側は青色、裏側は赤色で表示されるようになります (❷)。

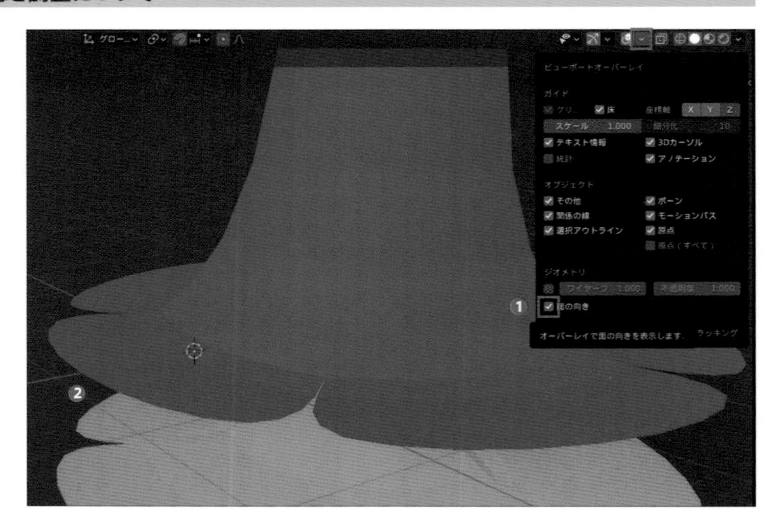

この「面」の裏表は様々な処理に関わってきます。例えば先ほどの「ソリッド化モディファイア」では「面」の裏表に応じて押し出される方向が変化します。
この面の裏表ですが、メッシュを編集しているうちに部分的にひっくり返ってしまう場合があったりします (❸)。すると「面」の裏表を参照している処理がきれいに実行されなくなってしまいます (❹)。

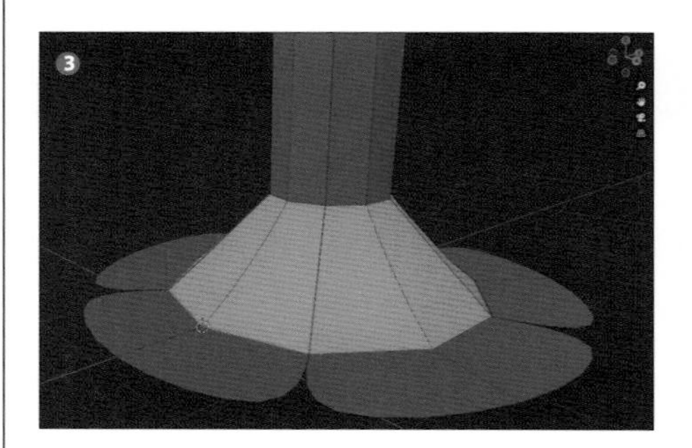

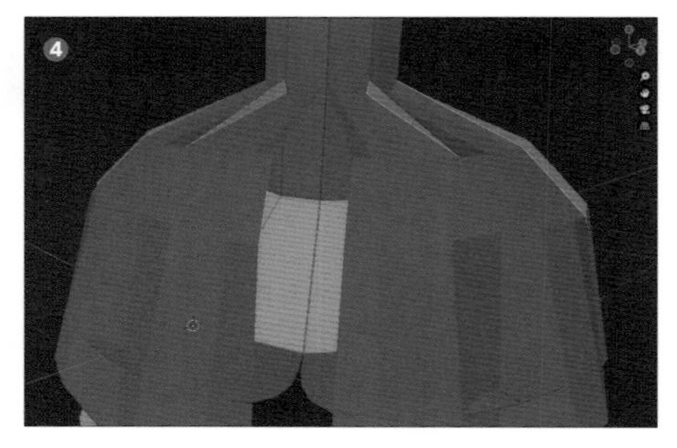

そこでいざというときのために「面」の裏表を修正する方法についても紹介しておきます。選択している「面」の裏表は「メッシュ → ノーマル → 反転」(❺) から切り替えることができます (❻)。
これを使用して1つずつ「面」を修正してもいいのですが、「メッシュ」全体を選択した状態で「反転」の代わりに「面の向きを外側に揃える」を選択すると「メッシュ」の形状をみて自動的に「面」の裏表を揃えてくれます。操作する箇所の程度に合わせて使い分けましょう。
もし何かしらの機能を使用した際に処理がうまく実行されない場合は、この「面」の裏表についても確認してみてください！

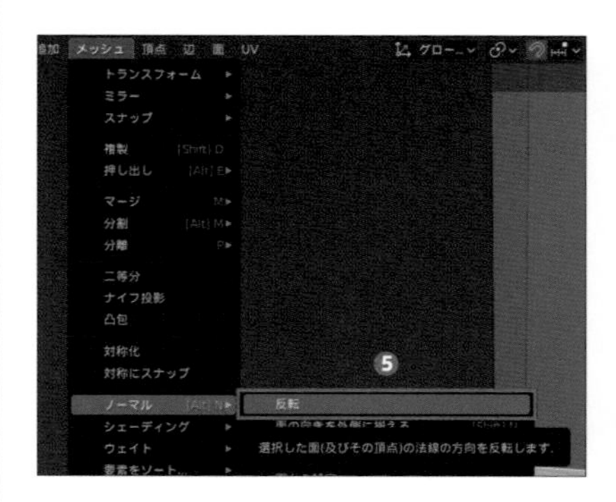

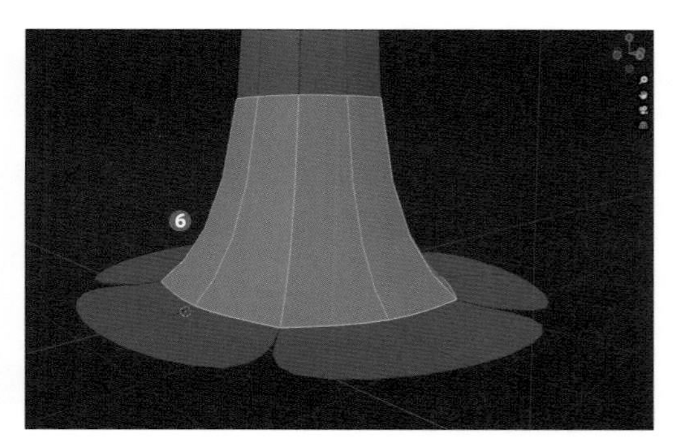

ベベルモディファイア

1 テーブルの脚が完成しましたら、次は天板部分を作成していきましょう。こちらはまず「オブジェクトモード」で「追加 → メッシュ → 円柱」（❶）から円柱の「プリミティブ」を追加して、「調整メニュー」から「半径：7」、「深度：1.4」、「位置Z：12」にそれぞれ設定して板状になるよう調整してください（❷）。

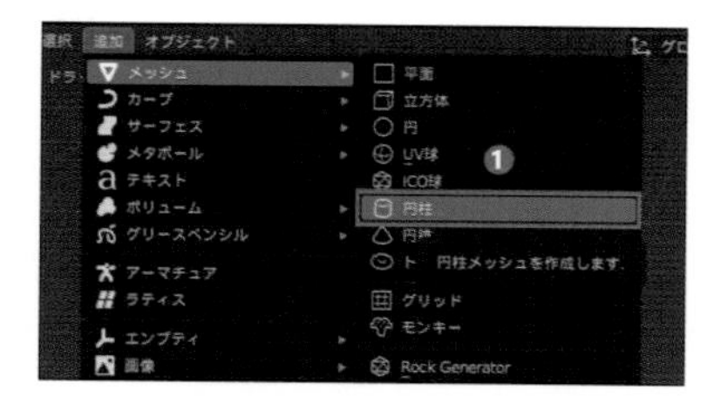

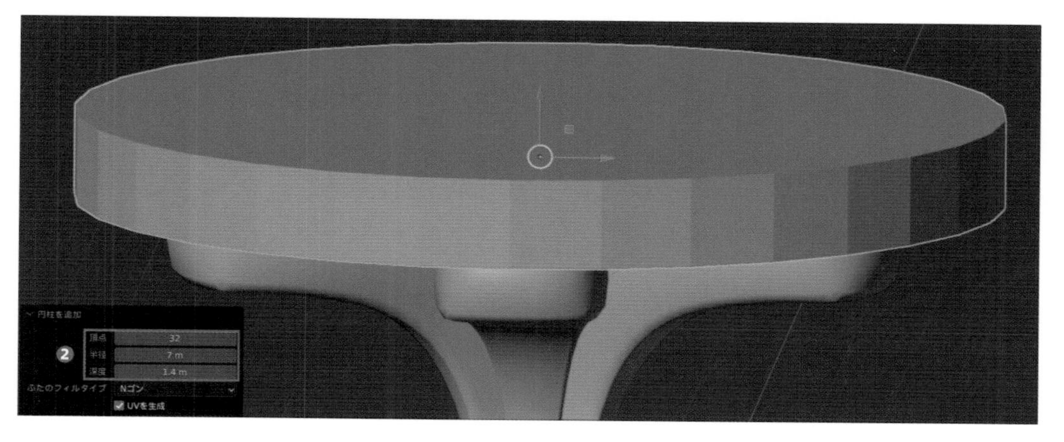

2 円柱を追加したら角を丸めていきましょう。角を丸めるというと「ベベルツール」が思いつくと思いますが、今回は「ベベルモディファイア」を使用してみます。

「ベベルモディファイア」（❶）は「モディファイアーを追加」メニュー内の「生成」カテゴリに含まれています。追加すると上面と底面それぞれの境目部分が面取りされます（❷）。

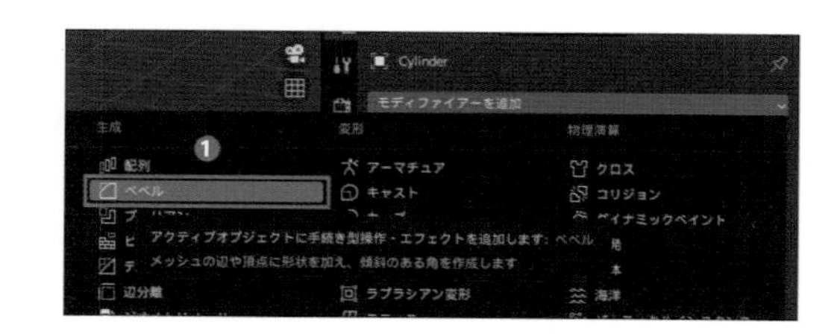

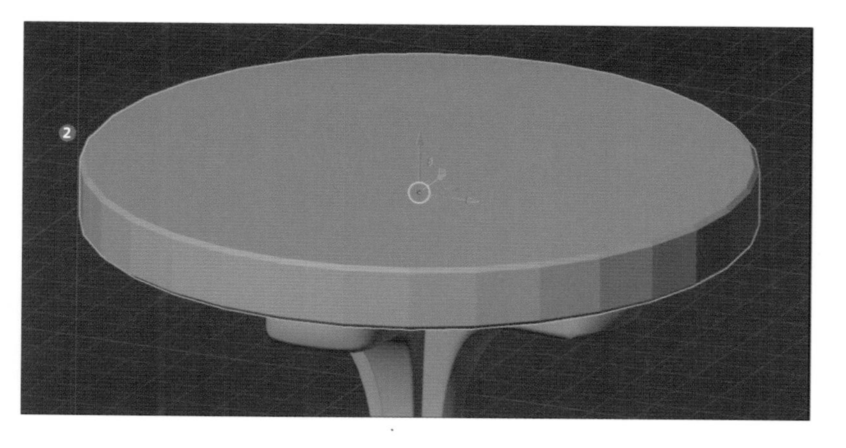

3 「ベベルモディファイア」の設定項目内の「量」「セグメント」「断面 → シェイプ」「ジオメトリ → 重複の回避」はそれぞれ、「編集モード」で「ベベルツール」を使用した際の「調整メニュー」に表示される各項目と同様に調整ができます。それぞれ操作して動作を確認しておきましょう。

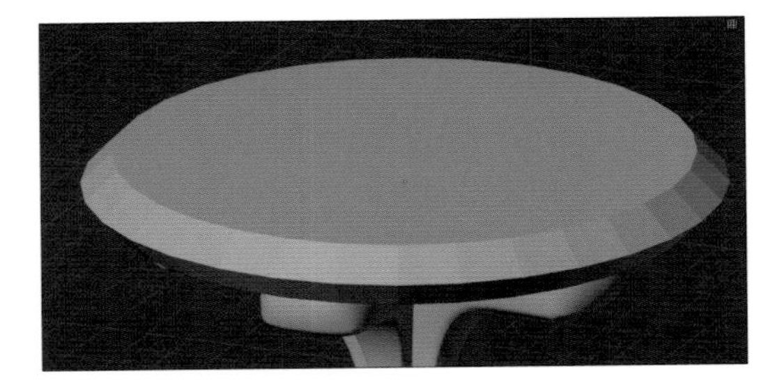
「量」を調整したところ

「セグメント」を調整したところ

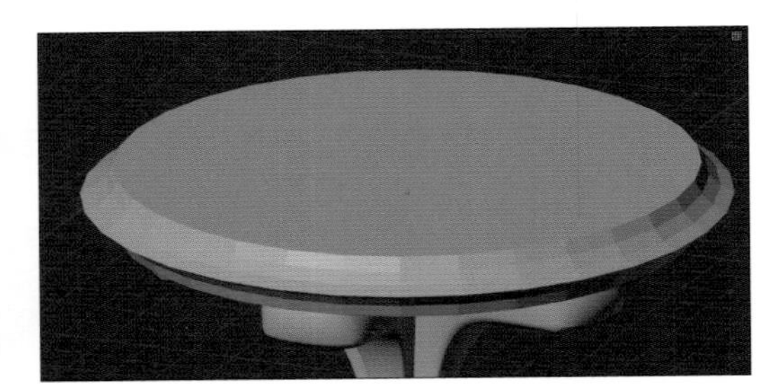
「シェイプ」を調整したところ

4 「ベベルモディファイア」では全体の辺が「ベベル」の対象になるのですが、「制限方法」の項目からある程度「ベベル」をかける部分を制御することができます。
デフォルトですと「角度」（❶）が選択されていますが、これは面同士の角度が「角度」の項目で指定した角度よりも大きい辺に対して「ベベル」をかけてくれます（❷）。

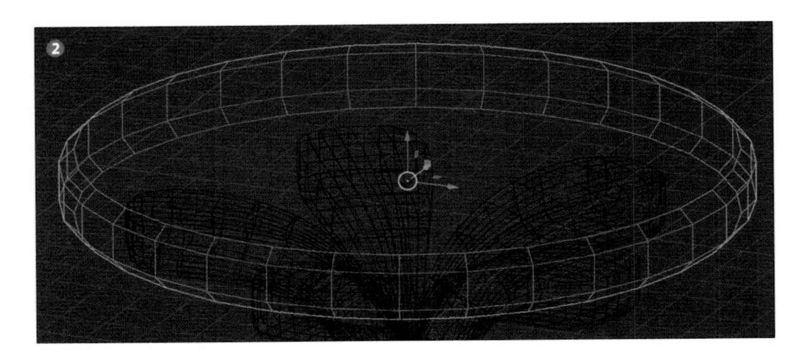

デフォルトでは「30°」が指定されているので、それよりも角度が大きい上面と底面の堺部分の辺に「ベベル」がかかっています。試しに「角度」の値を「0」にして（❸）、すべての辺に対して「ベベル」がかかるのを確認してください（❹）。

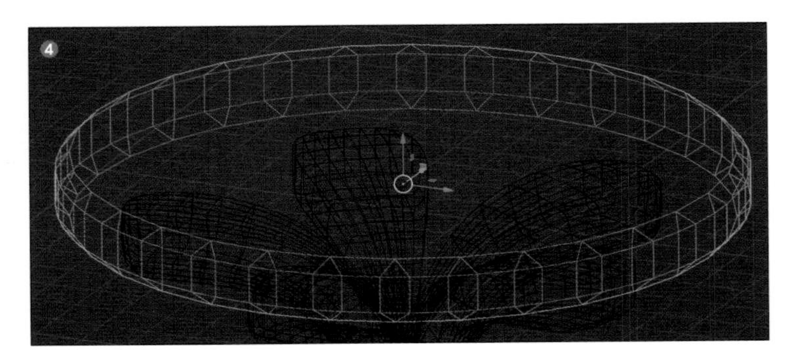

5 一方で「ウェイト」を選択した場合は、「ベベルウェイト」が設定されている「辺」に対してのみ「ベベル」が適用されるようになります。今回はこちらを使用します。「ウェイト」を選択した段階ではまだ表示は変わりません。

6 「ベベルウェイト」は「クリース」と同様に「編集モード」中の「トランスフォーム」内の「辺データ：平均ベベルウェイト」の項目から設定することができます（選択していた辺が1つだけの場合は「ベベルウェイト」に表記が変わります）。

「編集モード」で底面側の「辺」を「ループ選択」した状態（❶）で「平均ベベルウェイト」の値を大きくすると（❷）、値が「1」に近づくほど「辺」の色が青色になり、「ベベル」のかかり具合が変化します（❸）。「角度」と比べると、手動で「ベベルウェイト」を設定する手間はありますが、任意の場所に対して「ベベル」をかけることができますので、覚えておくと役に立つと思います。

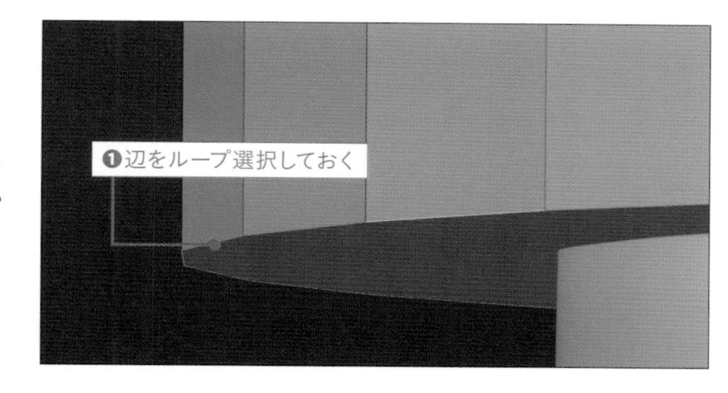

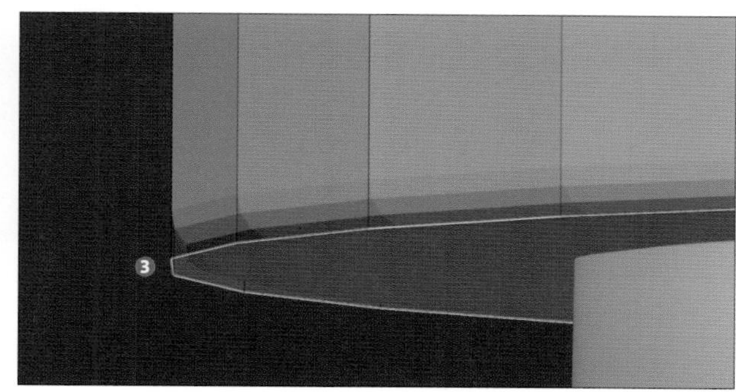

最終的に底面部分の「辺」の「ベベルウェイト」の値は「1」に設定して、「プロパティ」ウィンドウの「モディファイア」の設定は「量：0.2」、「セグメント：4」にそれぞれ設定しました（❹）。

7

さらにもうひとつ「ベベルモディファイア」を追加して上面側の縁の形状を設定してみましょう。追加した「ベベルモディファイア」は「量：0.5」、「セグメント：10」、「制限方法：角度」、「角度：60」に設定してください（❶、❷）。

8

2つめの「ベベルモディファイア」では「断面」の項目内の「ラメ曲線」を「カスタム」に変更します（❶）。そうするとグラフのようなものが表示され、「ベベル」が処理されている角の断面もグラフと同じ形状になるように変化します。
グラフ内には制御点が用意されているのですが、これをドラッグしてグラフを編集すると「メッシュ」側の断面も同様に変化することを確認してみてください（❷、❸）。

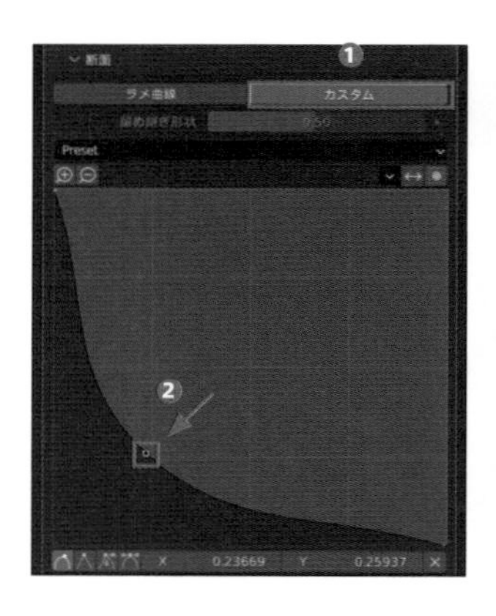

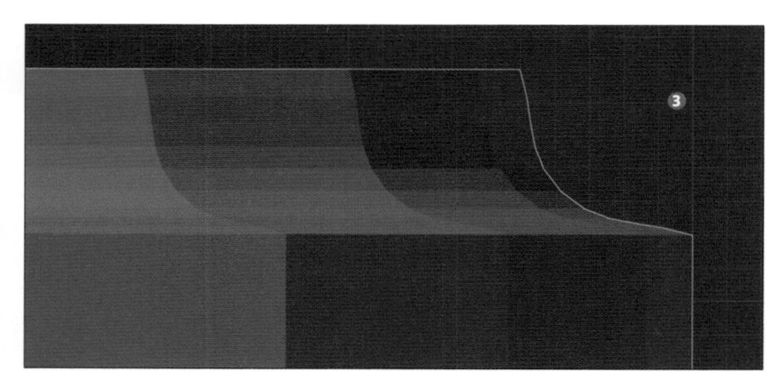

9

グラフの形にはいくつかプリセットも用意されています。今回は「コーニスモールディング」を選択してみましょう（❶）。するとおしゃれな断面形状で「ベベル」をかけてくれます（❷）。余裕があればその他のプリセットについても試してみてください！

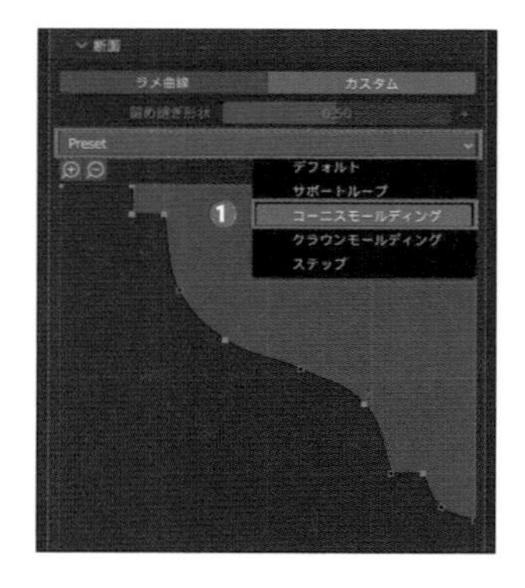

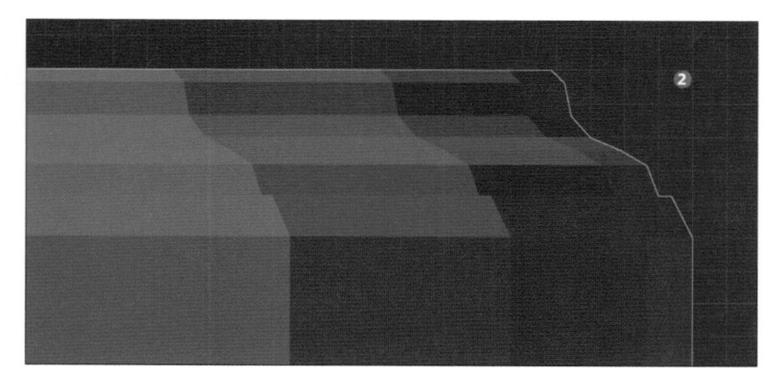

10 最後に「編集モード」で上面の面を「スケールツール」で「0.9」倍縮小（❶）して（❷）、「サブディビジョンサーフェスモディファイア」（❸）と「スムーズシェード」も設定しておきましょう（❹）。これでテーブルの天板の完成です。

「ベベルモディファイア」は「編集モード」内の「ベベルツール」と処理方法自体はほとんど変わりません。しかし「ベベルツール」では一度編集してしまうと元に戻すことが難しいのに対して、「ベベルモディファイア」では後からいくらでも調整することが可能です。一方で「ベベルツール」ほど細かく処理をかける場所を指定できないので、場面に合わせて使い分けてみましょう。

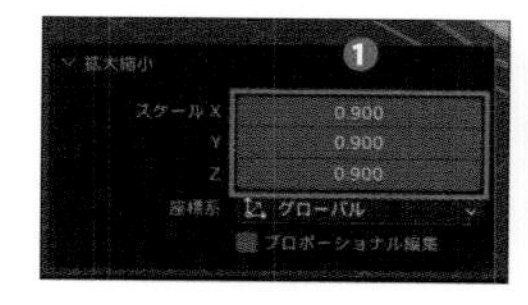

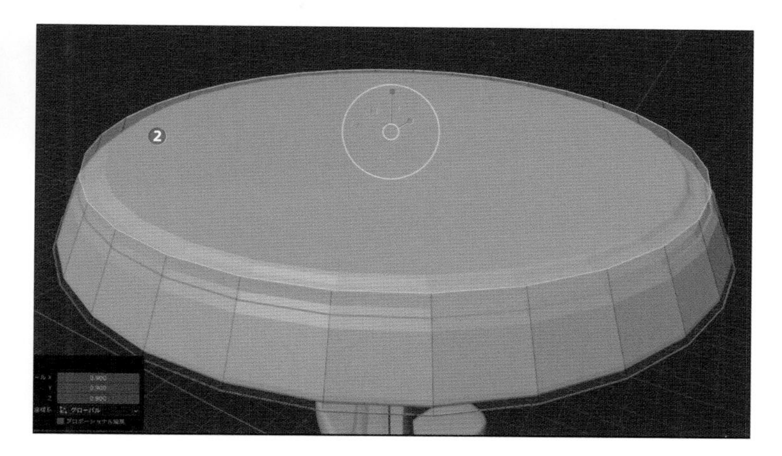

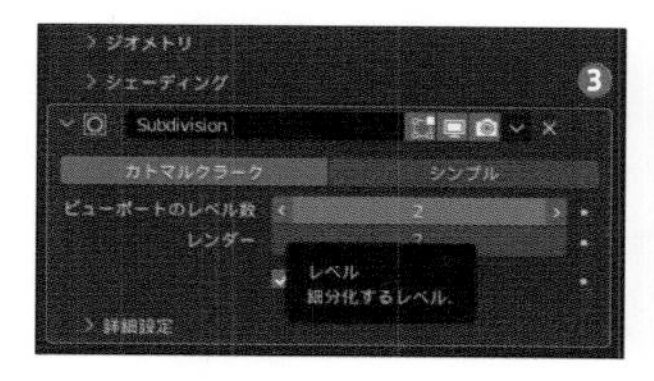

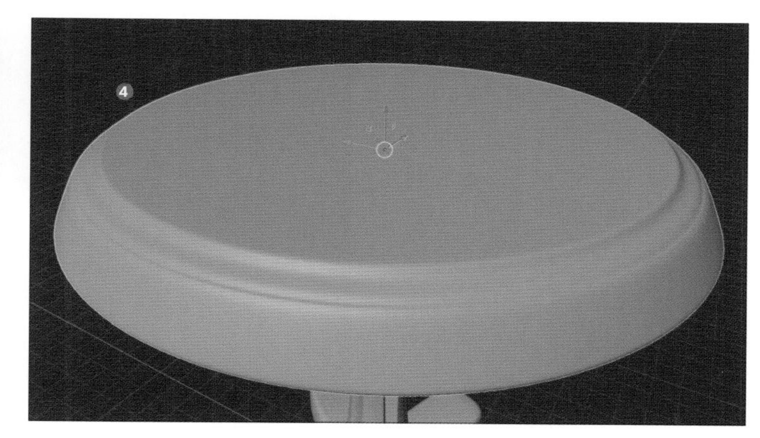

スクリューモディファイア

1 最後にテーブルの脚を束ねる装飾部分も作成してみましょう。こちらは「スクリューモディファイア」を使用して作成していきます。

「スクリューモディファイア」は回転体を作成することができる「モディファイア」なのですが、まずは回転体の断面になるメッシュを用意します。

「オブジェクトモード」から「追加 → メッシュ → 円」（❶）で円を新しく追加しましょう。
追加しましたら「調整メニュー」から「半径」を「0.15」に調整してください（❷、❸）。

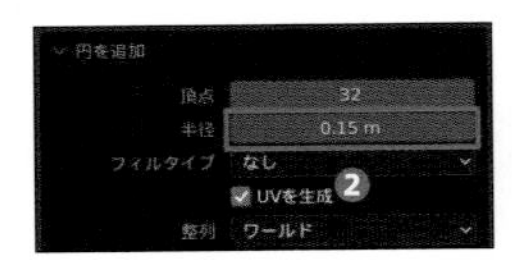

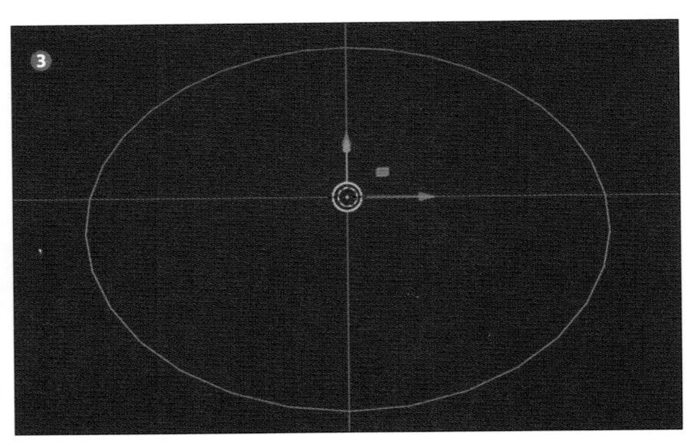

「/」でローカルビューにすると確認しやすい

2 次に「編集モード」で円全体を選択し、「回転ツール」で「X軸」周りに「90°」回転させます（❶、❷）。これを断面にした回転体を脚の周りをぐるっと巻きつけたいので、「移動ツール」で円がテーブルの脚に接する位置に移動させます。このとき円が「Y軸」方向に移動しないように、視点を正面からの平行投射（テンキーの［5］→［1］）に変更してから、「Z軸方向」に「4」、「X軸方向」に「1」移動してください（❸、❹）。

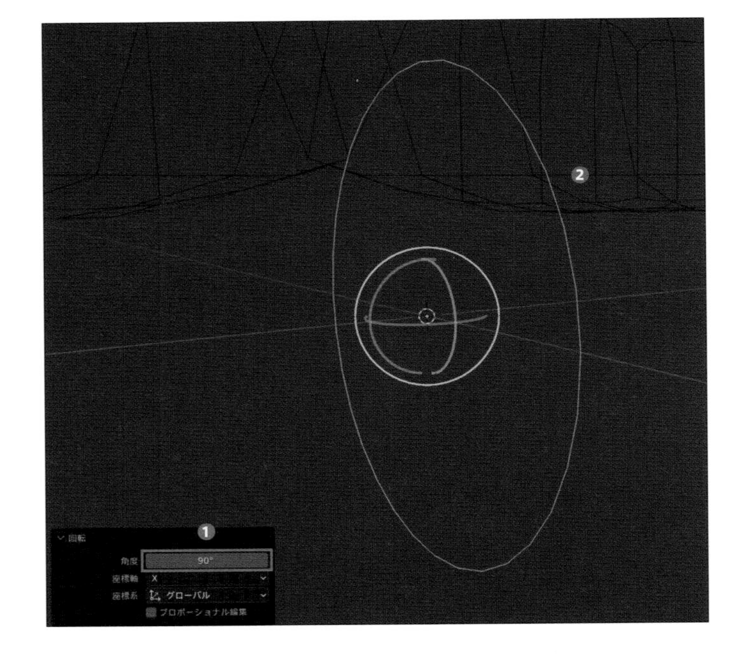

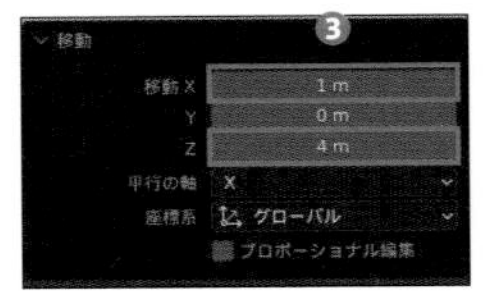

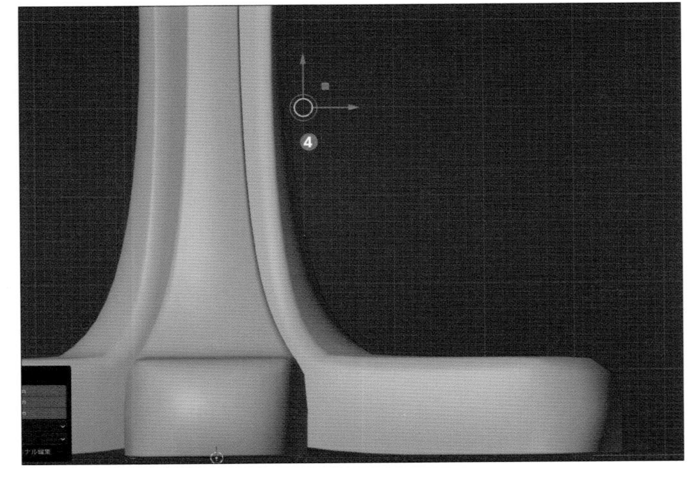

3 これで断面の準備ができましたので「モディファイアーを追加メニュー」内の「生成」カテゴリから「スクリューモディファイア」を追加してみましょう(❶)。すると「オブジェクトの原点」を中心に、設定項目内の「座標軸」で指定されている「Z軸」周りに回転体の「メッシュ」が生成されることが確認できると思います(❷)。

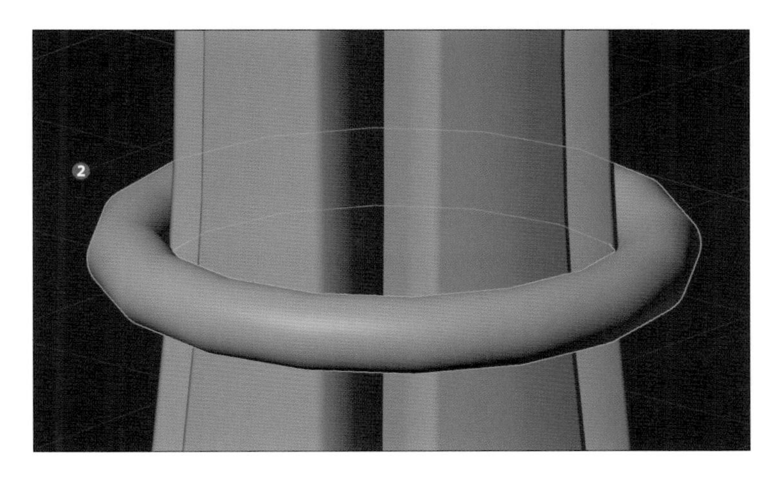

4 設定項目のうち「角度」では回転体を何度まで生成するかを調整することができ、「スクリュー」では角度に応じて断面を回転軸方向にどれだけずらすかを調整することができます。今回は「角度」の値はデフォルトの「360°」のまま、「スクリュー」の値は円の直径の「0.3」に設定しましょう(❶、❷)。

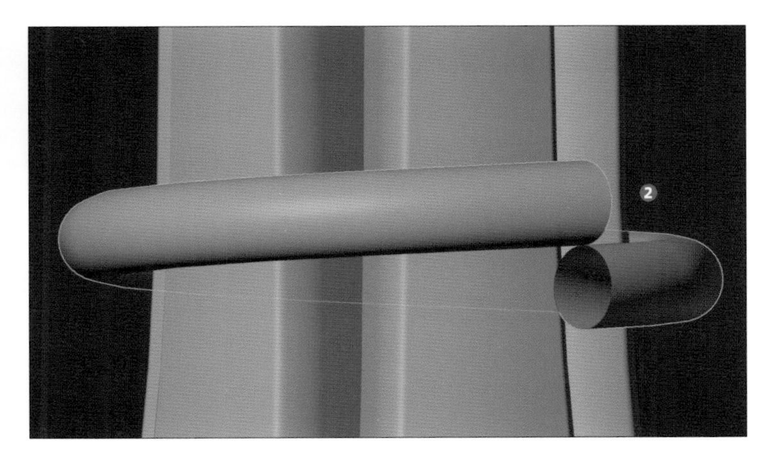

5 さらに「反復」の値を増やしていくと、その分だけ回転体の生成処理を繰り返してくれます。今回は「反復」の値を「7」に設定してテーブルの脚に7周分巻きつけてみましょう（❶、❷）。

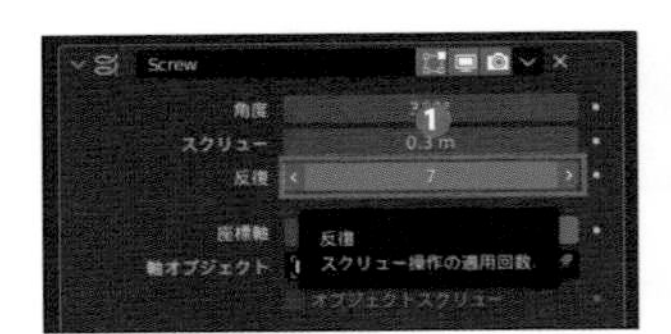

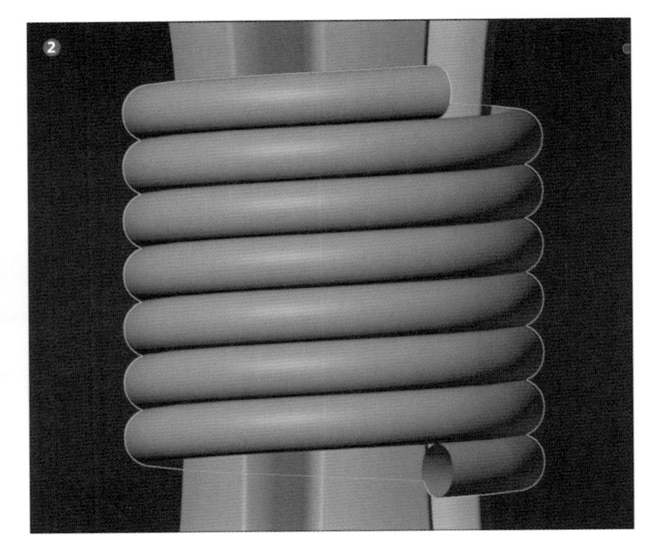

6 また「ビューのステップ数」を変更すると、回転体の分割数が変わり滑らかさを調整することができます。今回は「64」に設定してみましょう（❶）。
しかし、試しにこの部分がカメラに映るように設定して「レンダリング」してみますと滑らかさ具合が異なってしまいます（❷）。これは「レンダリング」した際には「ビューのステップ数」の値ではなく「レンダー」の値が参照されているからになります。
後から「レンダリング」するときのことを考えて、「レンダー」の値も「ビューのステップ数」と合わせておきましょう（❸）。

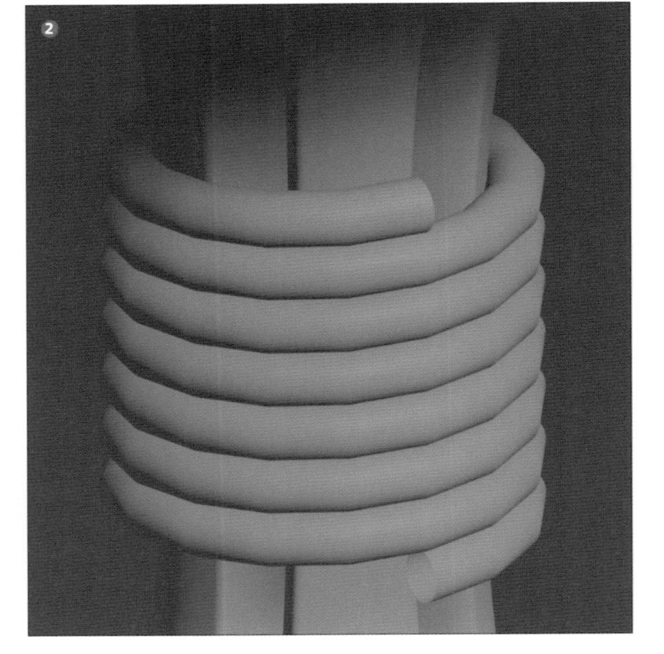

補足説明：なぜ「ビューポート」と「レンダー」の項目が用意されているの？

今回使用した「サブディビジョンサーフェスモディファイア」や「スクリューモディファイア」に限らず、多くの「メッシュ」の分割数を指定する項目には「ビューポート」用と「レンダー」用の2種類が用意されています。この2つの項目を使い分ける場面について考えてみましょう。

一般的に「メッシュ」の分割数が増えるとその分計算量が多くなり処理が重くなります。そのため編集中は操作がしやすいように分割数を抑えておきたいです。
一方で「レンダリング」をする際には分割数の多い滑らかな形状で出力したい場合が多いと思われます。しかし「レンダリング」をするたびに分割数を調整するのは手間がかかってしまいます。
そこで「ビューポート」側を低めの値に、「レンダー」側の値を高めにというように設定しておくことで、軽い環境で編集作業をしつつも「レンダリング」の結果は高精細にすることができ（❶）、この手間を省くことができます。

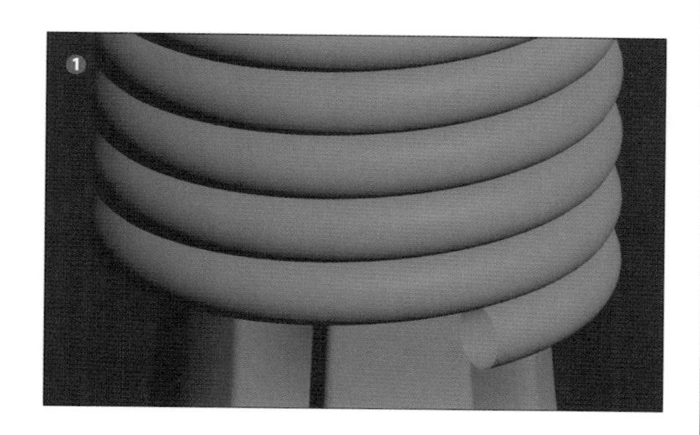

また「モディファイア」自体も「リアルタイム」と「レンダー」の項目の有効無効を切り替えることで、「レンダリング」されるときにだけ「モディファイア」の処理が実行されるというように設定することもできます。
「モディファイア」の処理によって「Blender」が重い場合は、試しにこの項目を使い分けてみてください。

さらに特に処理が重い「サブディビジョンサーフェスモディファイア」に限り「レンダープロパティ」内の「簡略化」の項目から最大分割数を指定することができます（❷）。こちらも「ビューポート」と「レンダー」それぞれで指定することができるので、「オブジェクト」数が増えて1つ1つ値を変更するのが手間な場合に試してみてください。

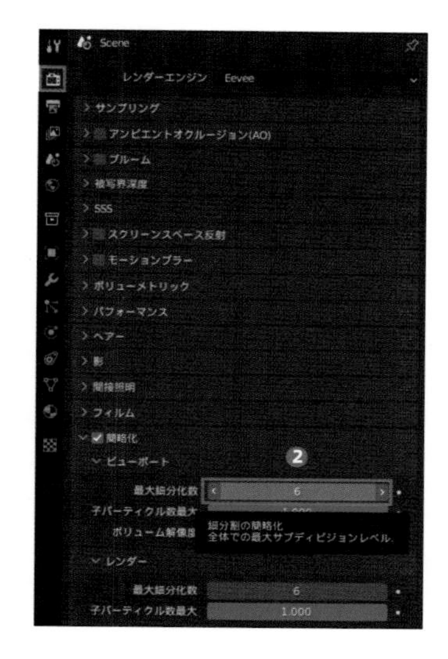

モディファイアの適用について

1 さて「スクリューモディファイア」でテーブルの脚に装飾を巻きつけたのですが、回転体の最初と最後の部分の切れ目が見えてしまっています。この部分を内側にしまい込んで見えないようにしたいのですが、そのままでは直接「メッシュ」を編集することができません。そこで現在の「モディファイア」の処理を「適用」で確定して「メッシュ」を操作できるようにしてみましょう。

ヒント

先述した通り「モディファイア」には処理順が存在します。複数の「モディファイア」が存在する場合は上から順に「適用」していかないと正しい処理結果にならない場合があるので注意してください。

「モディファイア」の処理を確定するためには、「オブジェクトモード」に切り替えてから設定項目内の右上付近にあるプルダウンメニュー内の「適用」（❶）を選択します。すると設定項目が削除され、「編集モード」に切り替えるとメッシュが操作できるようになっていることが確認できます（❷）。

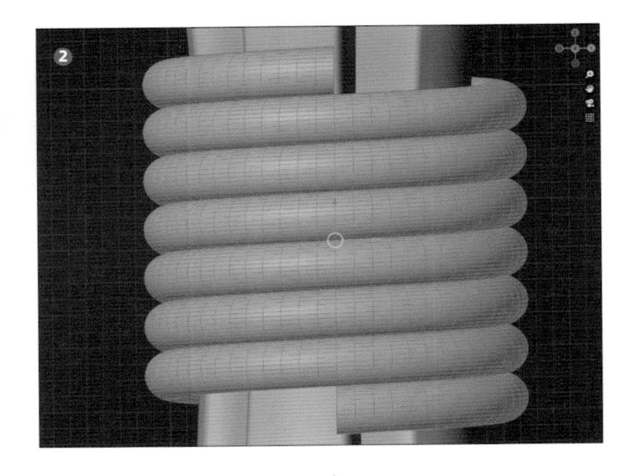

2

「スクリューモディファイア」を適用できましたら「編集モード」で切れ目部分の辺を「ループ選択（ショートカット：[Alt] キー＋左クリック）」します（❶）。選択したら「プロポーショナル編集（ショートカット：[O] キー）」を「接続のみ」のチェックを入れた状態で有効にして（❷）、切れ目部分が見えないように内側に織り込んでしまいましょう。

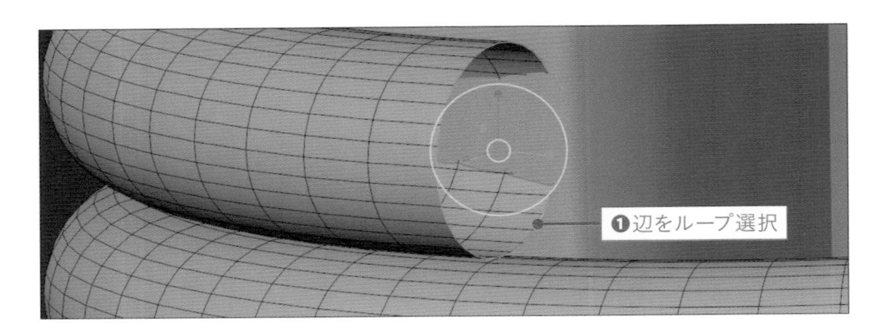

「接続のみ」にチェックを入れる

今回は、上の切れ目は「プロポーションのサイズ」を「2.5」に設定した状態で「スケールツール」で「0.8」倍縮小し（❸、❹）、「Z軸方向」に「-0.3」移動します（❺）。そして、下の切れ目も同じように「0.8」倍縮小したのち、「Z軸方向」に「0.3」に移動させました（❻）。

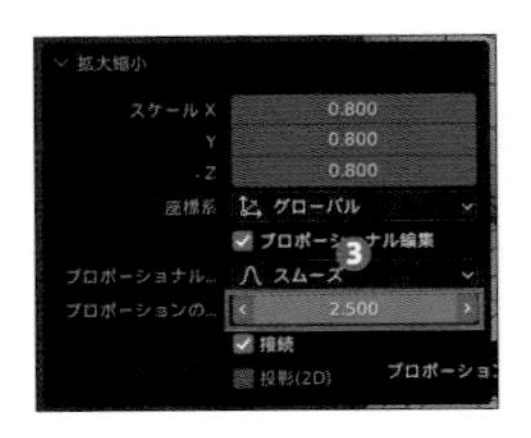

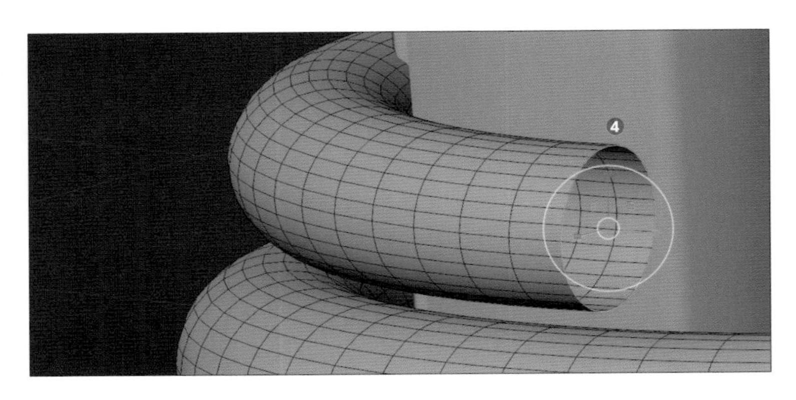

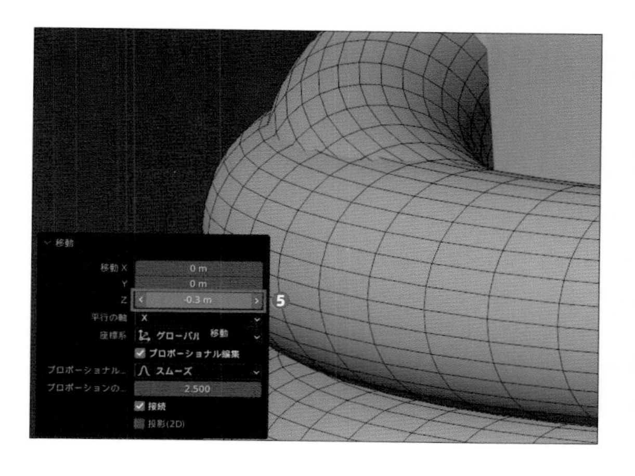

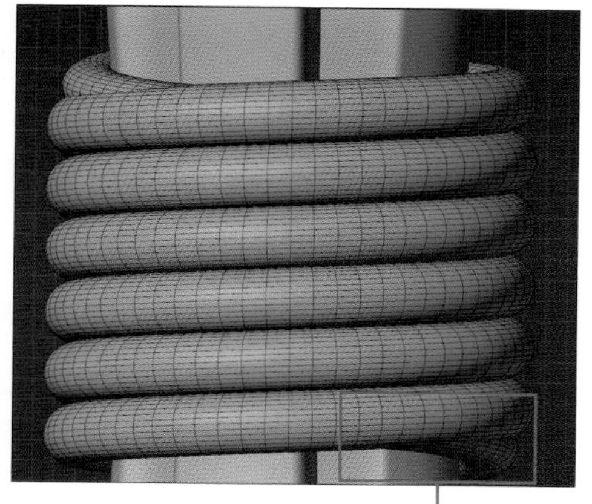

❻下も0.8倍に縮小し、「Z：0.3」移動

3 これで「丸テーブル」のモデルの完成です！　余裕がありましたら「マテリアル」で色も付けて「レンダリング」してみてください！

色をつけてレンダリングしたところ。色は「ベースカラー」で「H：0、S：1、V：0」に設定した

今回の作例で用意した元のメッシュは非常に単純な形状でしたが、これに「モディファイア」を設定するだけでも細かな形状を作成することができました。もちろん元のメッシュを編集すれば「モディファイア」は設定に応じた処理をしてくれますので、好みの見た目になるよう自由に調整してみてください。

「モディファイア」は非常に多くの種類があるのですが、本書籍ではそのうちの一部だけしか紹介することができていません。一通りの機能が紹介されているWebサイトなども存在していますので、是非一度目を通してどんなことができるのかをチェックしておくと後々役に立つと思います！

複雑なメッシュ編集をしてみよう

この節では、今まで学んできた機能を使いつつ、より自由度の高いメッシュ編集にチャレンジしてみましょう。一番の難関は、ブーリアンモディファイアを使って、オブジェクトをくり抜いたり合体させたりする操作かと思います。うまくいかなくても焦らず、1つずつ進めていきましょう。途中のファイルはこまめに保存しながら進めるとよいでしょう。

メッシュでモデルを作ろう

マグカップと丸テーブルのモデルの作成を通して、基本的な「メッシュ」の編集方法と「モディファイア」の使い方について紹介しました。ここからはこれまでに紹介した機能の復習も兼ねつつ、もう少し複雑な形状を作成できるように「ショートケーキのモデル」の作成を通してより自由度の高い「メッシュ」の編集方法について触れていきます！

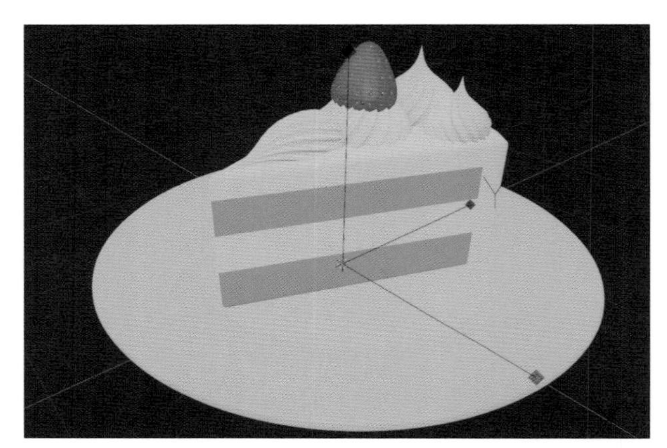

作成するショートケーキ

イチゴの作成

❶「細分化」機能で球を作成する

1 まずはショートケーキのイチゴのパーツを作成していきます。イチゴのパーツは立方体から作成していきますので、「オブジェクトモード」で「3Dビューポート」上部のメニューから「追加 → メッシュ → 立方体」を選び、デフォルトの立方体を追加しましょう。
追加しましたら「編集モード」で立方体を球状になるよう編集していきます。そのためにまずはメッシュを分割していきますが、これには「細分化」機能を使用します。
「細分化」は「3Dビューポート」上部のメニューから「辺 → 細分化」（❷）または「3Dビューポート内で右クリック → 細分化」から選択できまして、選択している「辺」や「面」（❶）を等分するように分割してくれる機能になります。分割の数は「調整メニュー」内の「分割数」から指定することができるので、値を「3」（❸）にしてすべての「面」を賽の目状に分割してください（❹）。

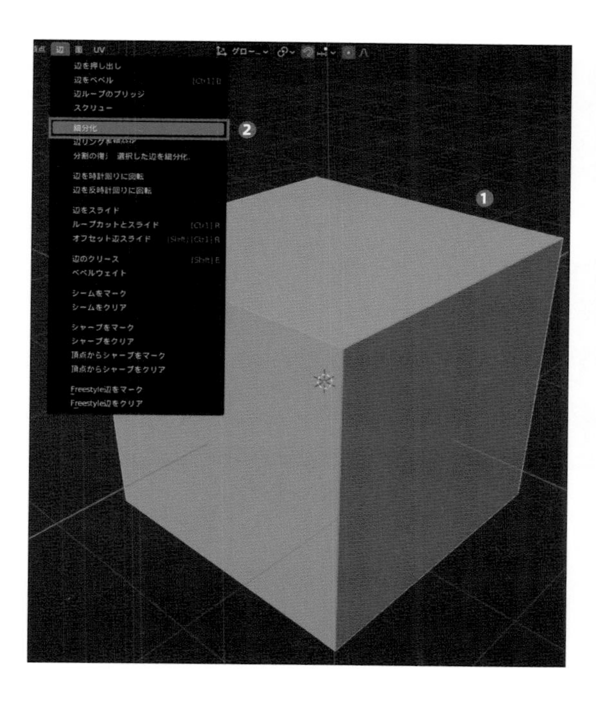

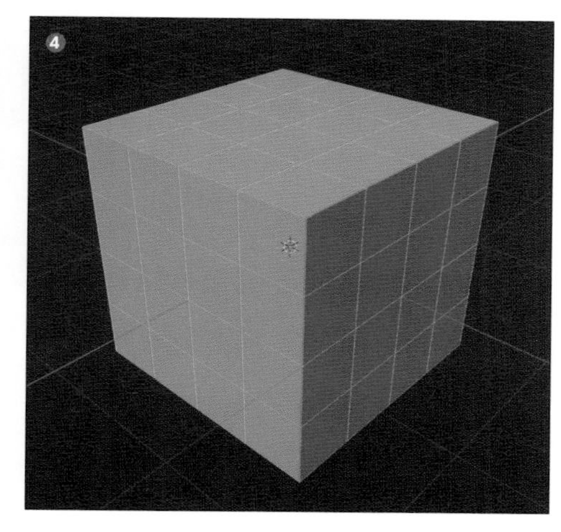

2

さらに「調整メニュー」内の「スムーズ」の値を操作すると形状が滑らかになっていき、「1」（❶）にすると球体状になります（❷）。
このように立方体から球を作成することで、「UV球」とは異なりすべての面がおおよそ同じ大きさの四角面になります。これを利用して面1つ1つの中心にイチゴの種の形を作成していきます。

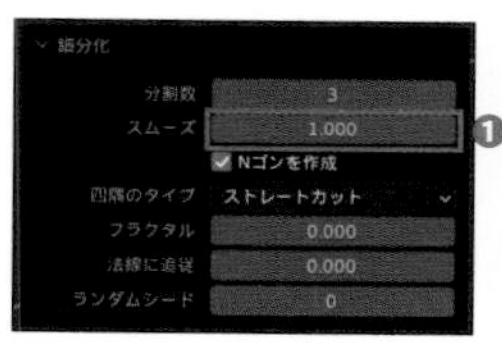

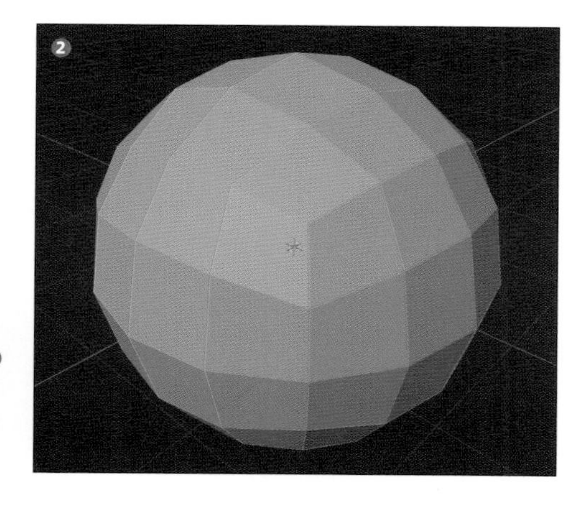

補足説明：「細分化」の「スムーズ」と「サブディビジョンサーフェス」の違い

「細分化」の「スムーズ」（❶）は「サブディビジョンサーフェス」（❷）と同様の処理に見えますが、細分化では膨らむ、サブディビジョンサーフェスでは縮むというようにスムーズの処理が異なります。余裕があれば確認してみましょう。

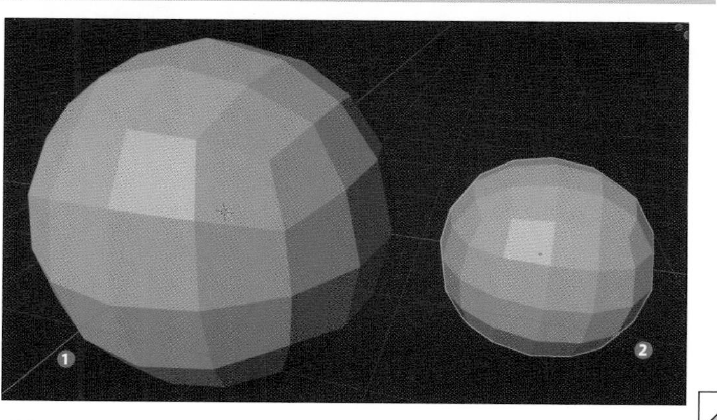

3 種の部分を作成する前に、「マテリアルプロパティ」から「マテリアルスロット」の一覧の右側にある「+」ボタン（❶）を選択して「マテリアルスロット」を2つ用意しておきましょう（❷）。さらに「新規」（❸）をクリックしてそれぞれ新しい「マテリアル」を作成して「ベースカラー」を設定しましょう。1つ目をイチゴ本体の赤色（「H：0、S：1、V：1」）、2つ目を種の色（H：0.025、S：0.95、V：1）にしました（❹）。

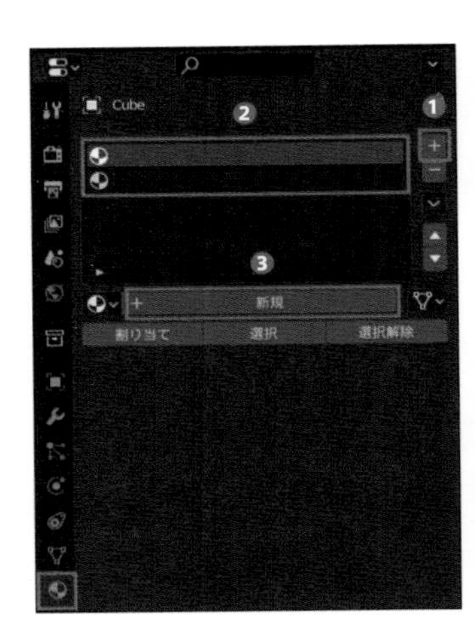

※図は種の色

❷ 種部分の形状を作成する

1 それでは種の部分を作成します。まずはすべての面を選択（ショートカット：[A] キー）した状態で「押し出し（個別）ツール」（❶）を使用して面ごとに「0.01」押し出します（❷）。もし操作中に誤って選択を解除してしまった場合は [Ctrl+Z] で戻ることができます。

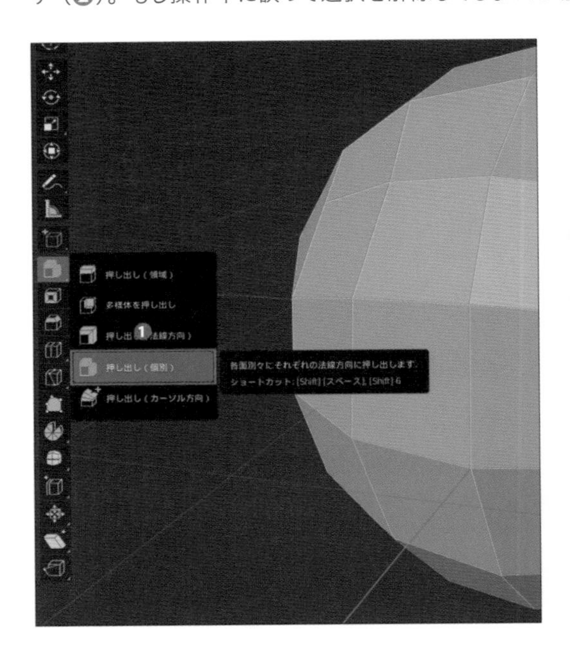

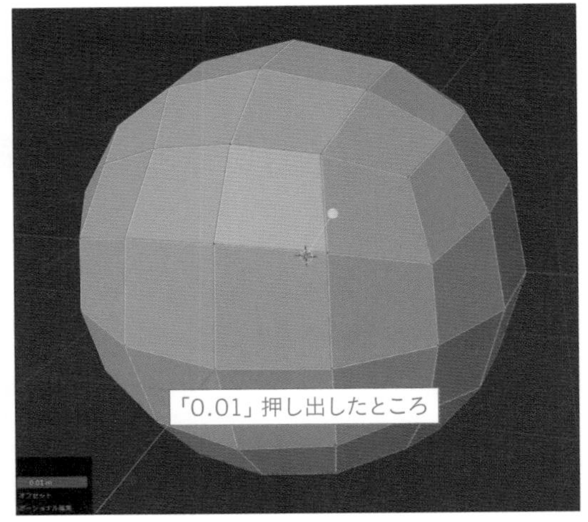

2 押し出した「面」は「スケールツール」で種の大きさぐらいまで縮小します。しかしそのままですと中心に向かって縮小されてしまいますので、「ピボットポイント」を「それぞれの原点」に変更します（❶、ショートカット：[>] →「それぞれの原点を選択」）。
すると面ごとの中心に向かって縮小することができるようになるので「0.2」倍（❷）まで縮小してください。
この面の位置にイチゴの種が作成されます（❸）。

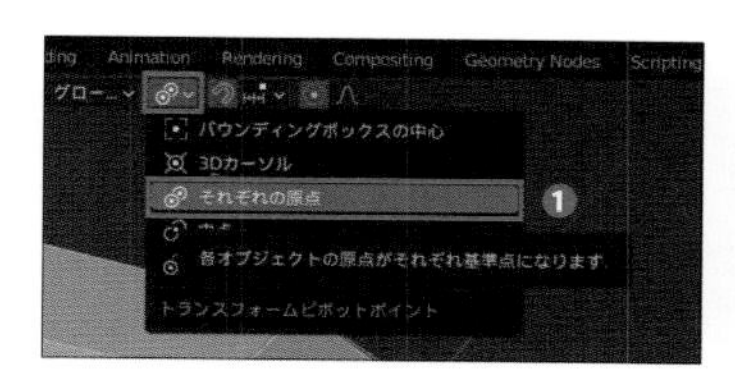

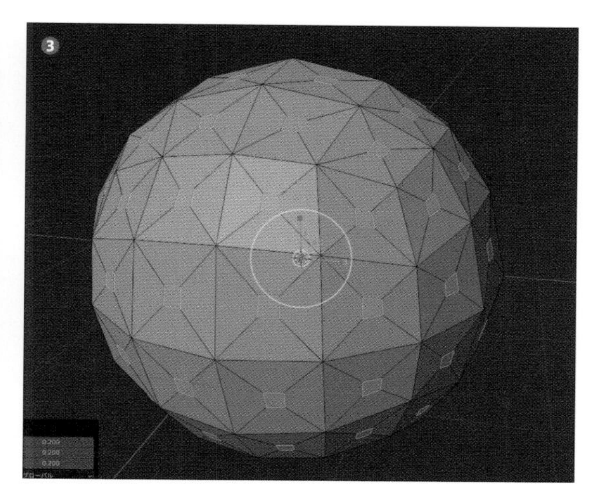

3 次に縮小した部分の面を「押し出し（個別）ツール」で一度「-0.1」押し出して奥に押し込みます（❶、❷）。そうしましたらさらにもう一度「押し出し（個別）ツール」を使用し、今度は表側に向かって「0.08」押し出します（❸、❹）。面同士が重なっているので確認しにくいですが、これで果肉と種の堺に溝の形状ができあがります。

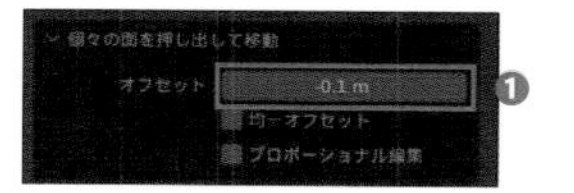

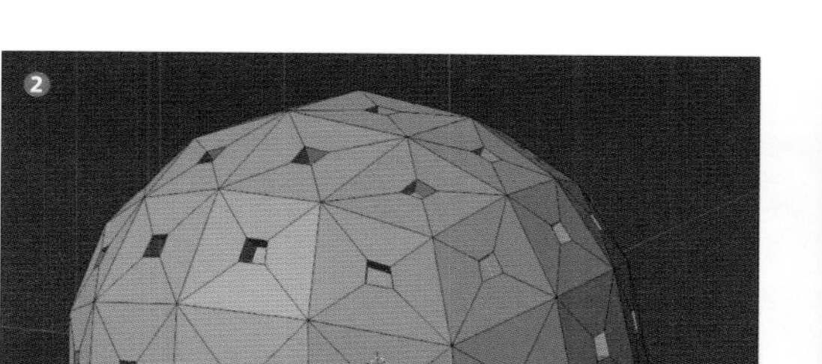

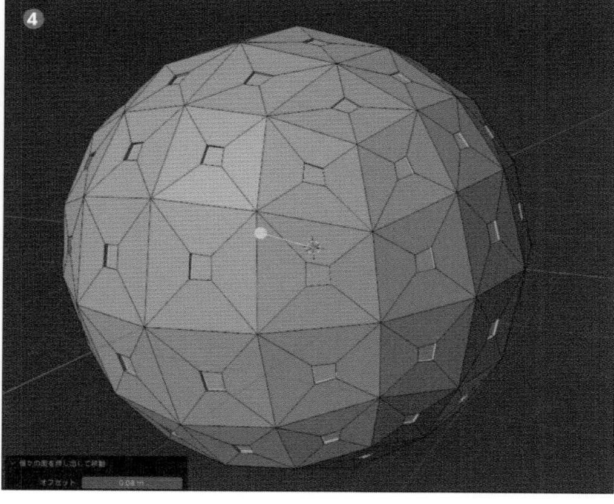

4 この状態で「モディファイアプロパティ」内の「モディファイアーを追加」から「サブディビジョンサーフェスモディファイア」（❶）を設定してみましょう。このとき面の選択を解除してしまわないよう注意してください。

すると溝部分の角が滑らかになり、種がイチゴの果肉部分に食い込んでいるような形状になることが確認できると思います（❷）。

> **ヒント**
>
> 図では「ケージで」（P.139参照）を有効にしています。

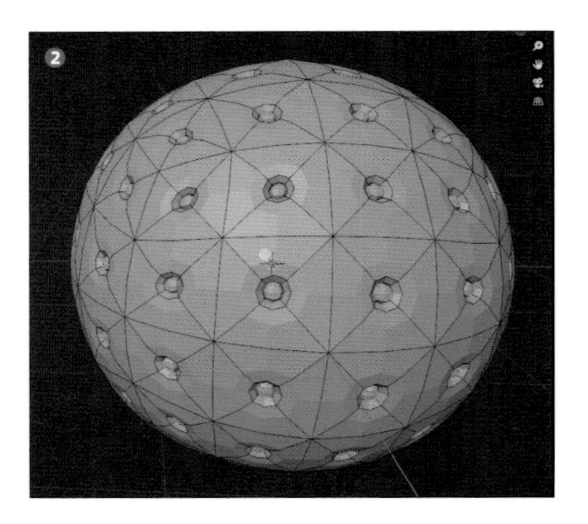

5 この種部分には2つ目の「マテリアルスロット」を割り当てたいのですが、現在は種の上部分の面しか選択できていません。このような場合には「3Dビューポート」上部のメニューの「選択 → 選択の拡大縮小 → 拡大」機能が便利です（ショートカット：[Ctrl]+テンキーの「+」）。
「選択の拡大縮小」（❶）は選択している箇所から「メッシュ」上で繋がっている箇所に対して選択範囲を広げたり縮めたりすることができる機能です。これを使用して一度だけ選択範囲を広げて種部分のメッシュを選択してみましょう（❷）。
逆に「選択 → 選択の拡大縮小 → 縮小」を使用すると先ほどの選択状態に戻すこともできます（ショートカット：Ctrl+テンキーの「-」）。実際に操作して、どのように選択範囲が変わるか確認してみてください。

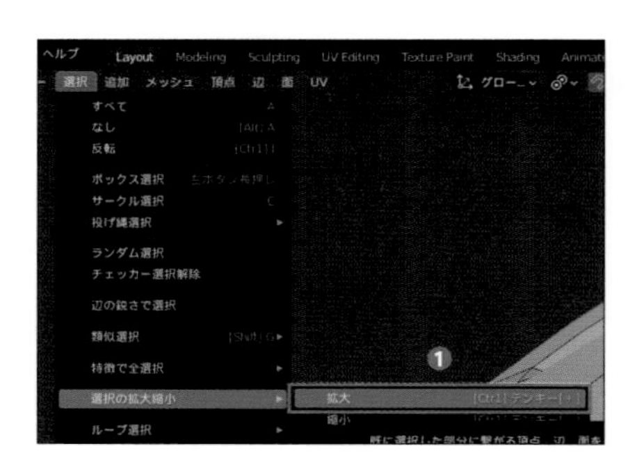

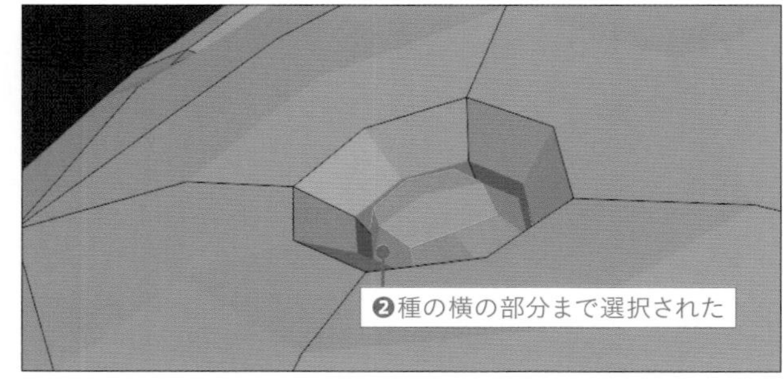

6 選択できましたら「マテリアルプレビュー」に切り替えて（❶）、種の部分に緑色の「マテリアルスロット」を割り当てます。

「マテリアルプロパティ」から緑色の「マテリアルスロット」を選択（❷）した状態で「割り当て」ボタンをクリックしましょう（❸）。これで果肉部分と種部分との色分けができました（❹）。

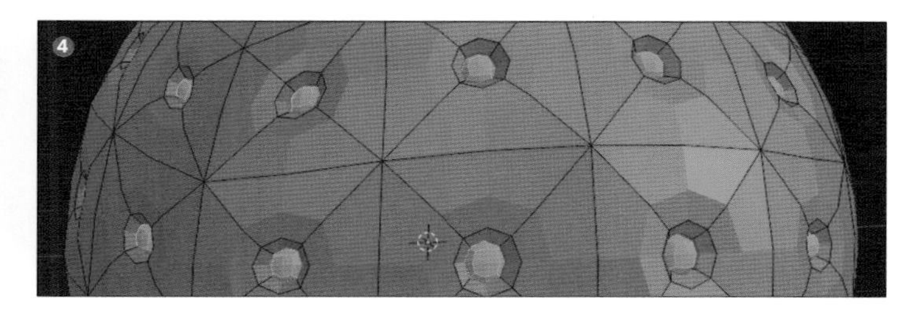

7 この種の部分の形状について、後から大きさや食い込み具合を調整したいという場合もあると思います。ただ一度選択を解除してしまうと、改めて種部分の面を選択するのは一苦労です。
しかし今回は部分ごとに異なる「マテリアルスロット」を割り当てています。そこで何も選択していない状態で「マテリアルプロパティ」内の「選択」（❶）を押してみましょう。そうするとその「マテリアルスロット」が割り当てられている「面」だけを選択することができます（❷）。これで種の部分だけを簡単に選択し直すことができます。

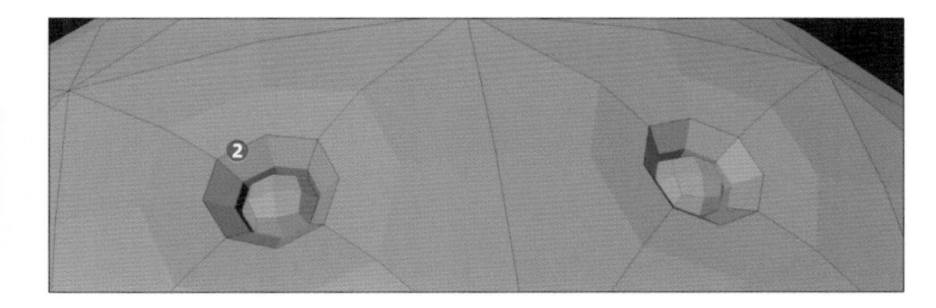

「選択解除」では逆にその「マテリアルスロット」が割り当てられている「面」の選択を解除することができるので、こちらも合わせて試してみてください。
このように「マテリアル」を分けておくことで後からの編集がしやすくなる場合がありますので、1つのテクニックとして覚えておくと役に立つかもしれません！

❸ イチゴの形になるよう全体を編集する

1 種部分ができあがったらイチゴの形になるよう全体を調整していきましょう。「移動ツール」を選択し、3Dビューポート上部にある「プロポーショナル編集（ショートカット：[O] キー）」をオンにします（❶）。
そうしましたらまずは正面から見て（テンキーの [1]）「メッシュ」のうち一番上にある「頂点」を選択して（❷）「移動ツール」で尖らせるように編集しましょう。

今回は「調整メニュー」から「プロポーションのサイズ：2.5」、「Z：1.5」に設定しました（❸、❹）。

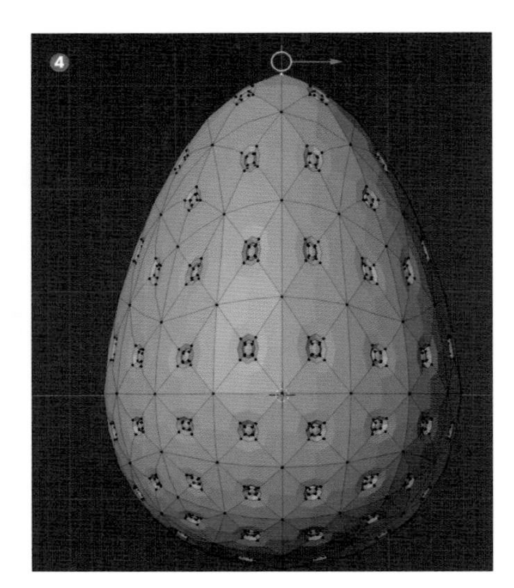

2

さらに一番下にある「頂点」を選択して（❶）移動させて凹ませます。こちらは「調整メニュー」から「プロポーションのサイズ：4.5」、「Z：1」を設定しました（❷、❸）。これで「イチゴのパーツ」できあがりです！　編集し終わったら**「プロポーショナル編集」はオフ**にしておきましょう（❹）。

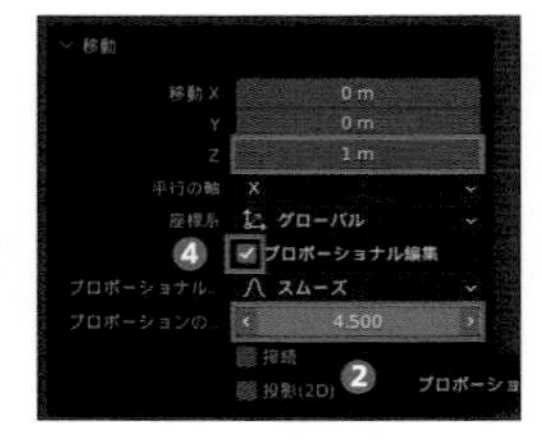

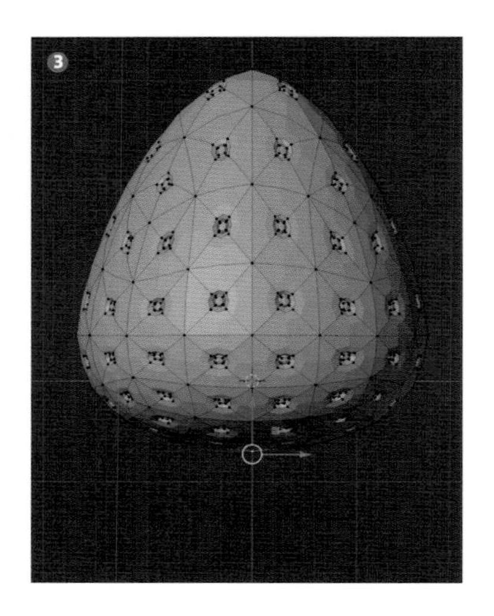

3

形状ができたら一度「オブジェクトモード」に戻り「**スムーズシェード**」を設定しておきましょう（❶）。
この「イチゴのパーツ」は後から使用しますので、いったん「オブジェクトモード」の状態で「アウトライナー」ウィンドウから目のアイコンをオフにして非表示にしておいてください（❷）。

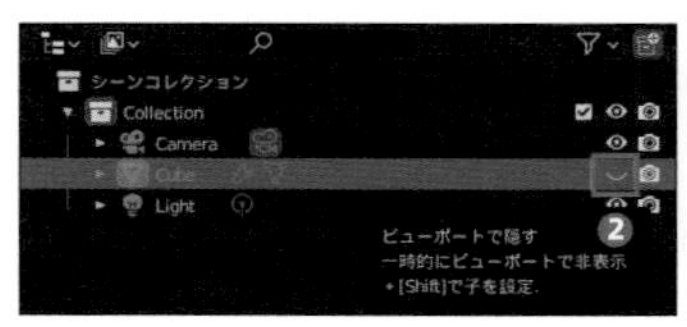

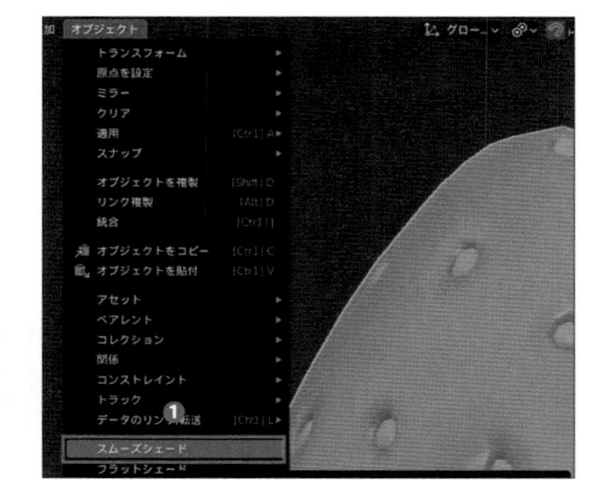

ケーキ部分の作成

❶ 「ナイフツール」を使ってみる

1 次はケーキ本体のパーツを作成していきましょう。こちらは「3Dビューポート」上部のメニューの「追加 → メッシュ → 円」(❶)から作成していきます。円を追加したら「編集モード」ですべての「頂点」を選択(❷)した後、「頂点 → 頂点から新規辺/面を作成」(❸)(ショートカット:[F] キー)を使用して「面」を張りましょう(❹)。

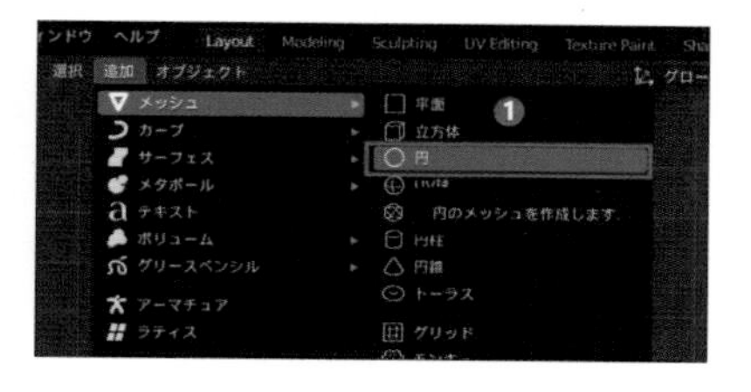

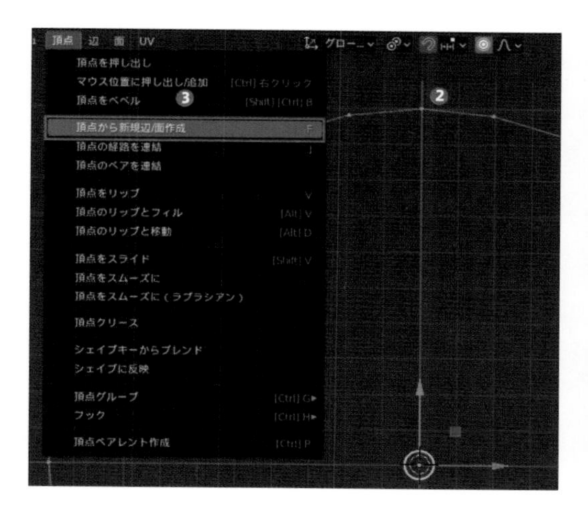

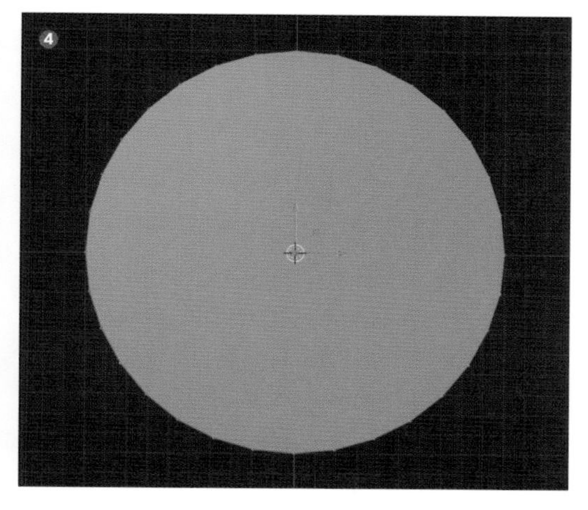

2 そうしましたらこの円の板をカットして扇状にしていきます。これにはまず「ナイフツール」を試してみましょう。
「ナイフツール」(❶)はツールメニュー内の「ループカットツール」のひとつ下にあるツールを選択することで使用できます(ショートカット:[K] キー)。「ナイフツール」を選択するとマウスカーソルがナイフの形に変わり、一度左クリックをしてからマウスカーソルを移動するとクリックをした箇所との間に線が表示されることが確認できると思います(❷)。

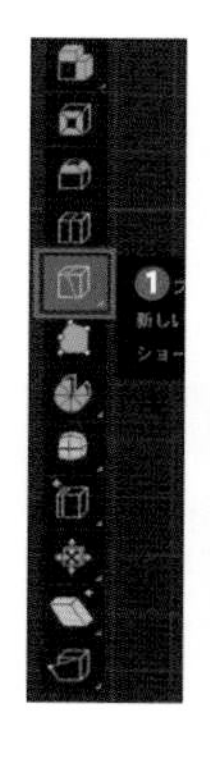

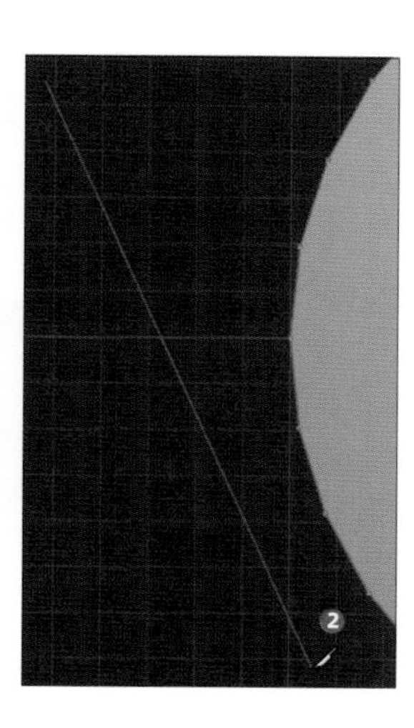

3 試しにこの線が「メッシュ」を上下に分断するように左ドラッグしてみましょう（❶）。すると「辺」と線の交点に「頂点」が追加されます（❷）。この状態でもう一度左クリックしてから「Enter」キーを押すと、処理が確定されて線の部分に「辺」が追加されて「面」が分割されます（❸）。

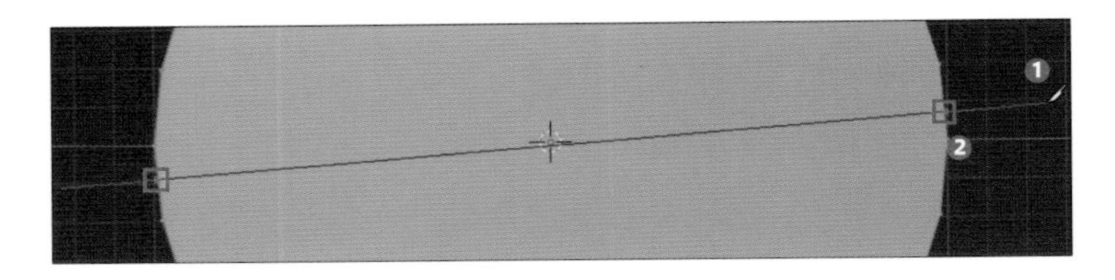

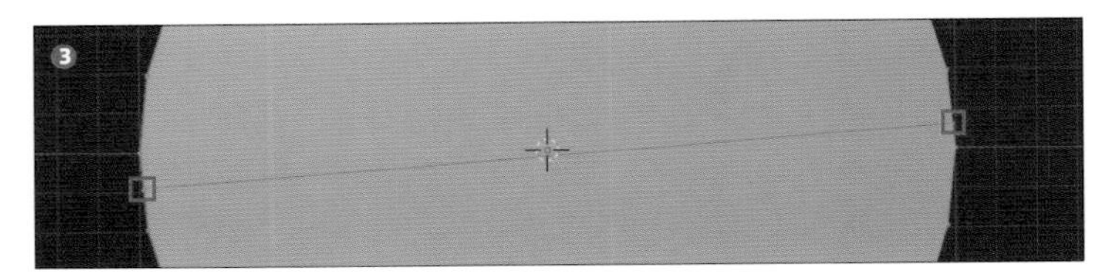

4 さらに「ナイフツール」を使用中に面の上で左クリックすることで、自由な位置に頂点を追加することもできます。このように「ナイフツール」は自由にメッシュを分割することができ、細かな形状を作りたい場合に重宝しますので、実際に操作して動作を確認しておきましょう（[ナイフツール] での操作内容は [Ctrl+Z] キーですべて元に戻しておいてください）。

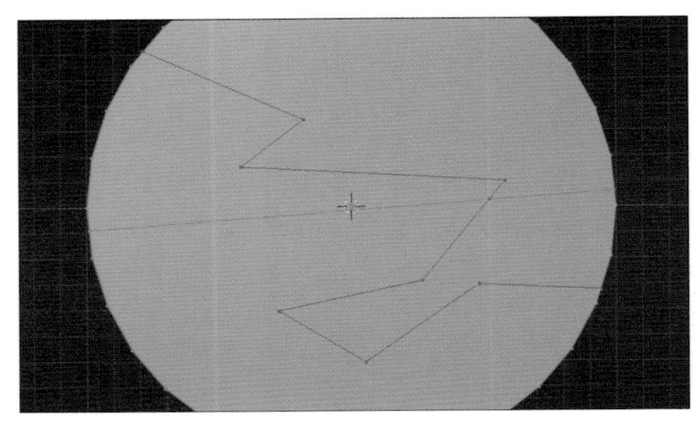

❷ 頂点の経路を連結する

1 今回は扇状の「メッシュ」にしたいので、「ナイフツール」で頂点を繋いでV字状に面を分割してみましょう（❶）。しかし「ナイフツール」は頂点にマウスカーソルを近づけると吸いつくように移動してくれるものの、意図しない箇所に頂点や分割を追加してしまいがちです（❷）。

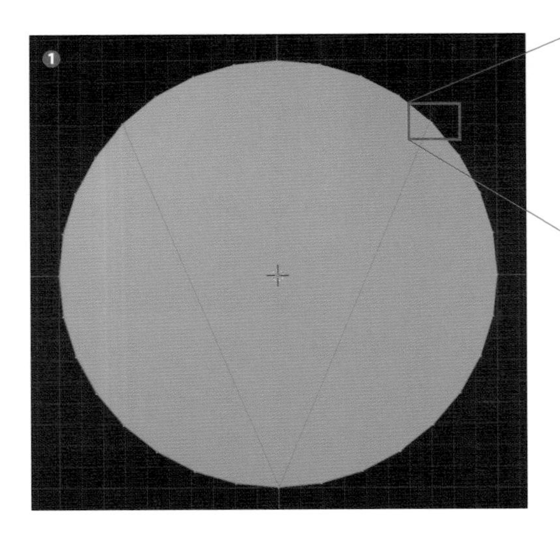

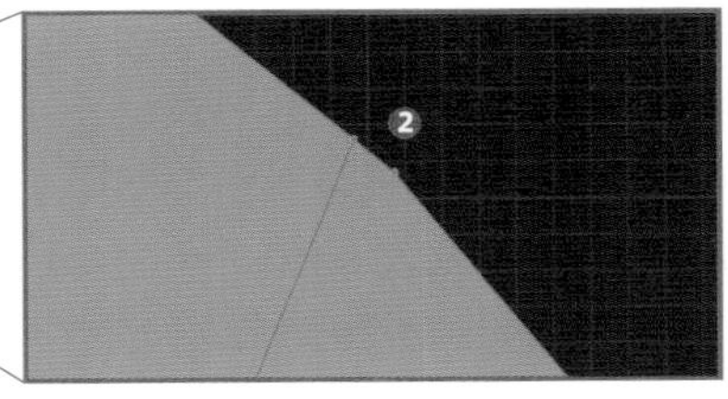

そこでこういった頂点同士を繋ぐような分割をしたい場合は「頂点の経路を連結」機能を使用すると確実です（「ナイフツール」で追加した分割は、いったん [Ctrl+Z] キーで取り消しておいてください）。

2

まずは「頂点」を3箇所選択します。頂点を選択する際は「Shift」キーを押しながら、左右で対称な扇状になるように、右側、真ん中、左側の順（❶→❷→❸）に選択してください（❶）。

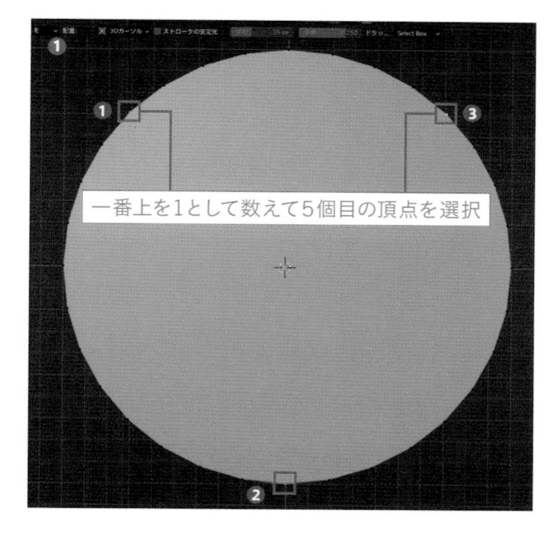

この状態で「3Dビューポート」上部のメニューから「頂点 → 頂点の経路を連結」（ショートカット：[J] キー）を選択（❷）すると、頂点を選択した順に最短距離で接続するように面を分割してくれます（❸）。

「頂点の経路を連結」機能は「ナイフツール」のような自由度は無いものの、頂点間を正確に繋ぐように分割したい場合に便利ですので覚えておきましょう。

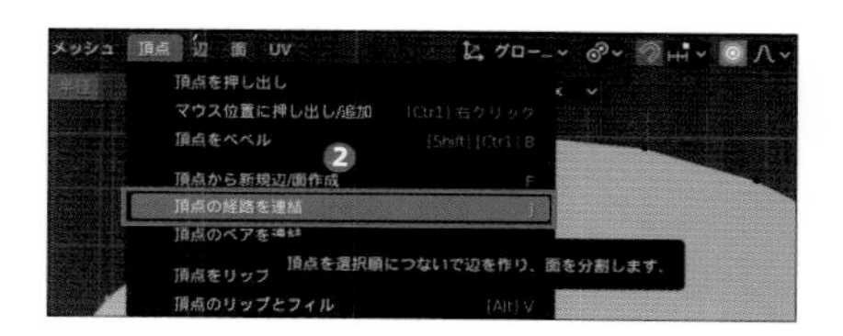

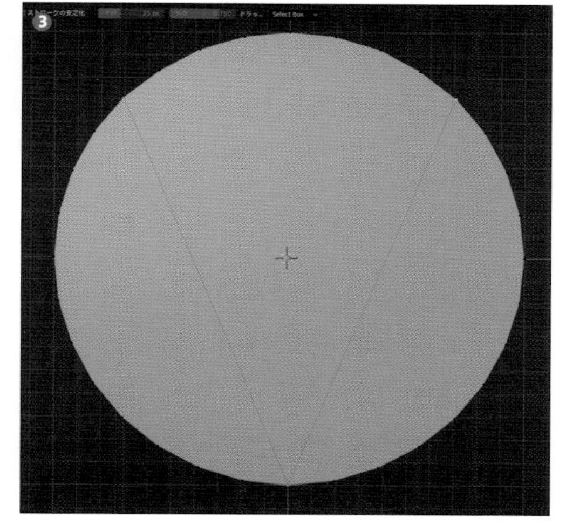

> **ヒント**
>
> 「頂点の経路を連結」は「頂点」を選んだ順に繋ぐよう分割を追加します。

3

さらに扇状の部分の面だけを残して両隣の面は削除します（❶、❷）。

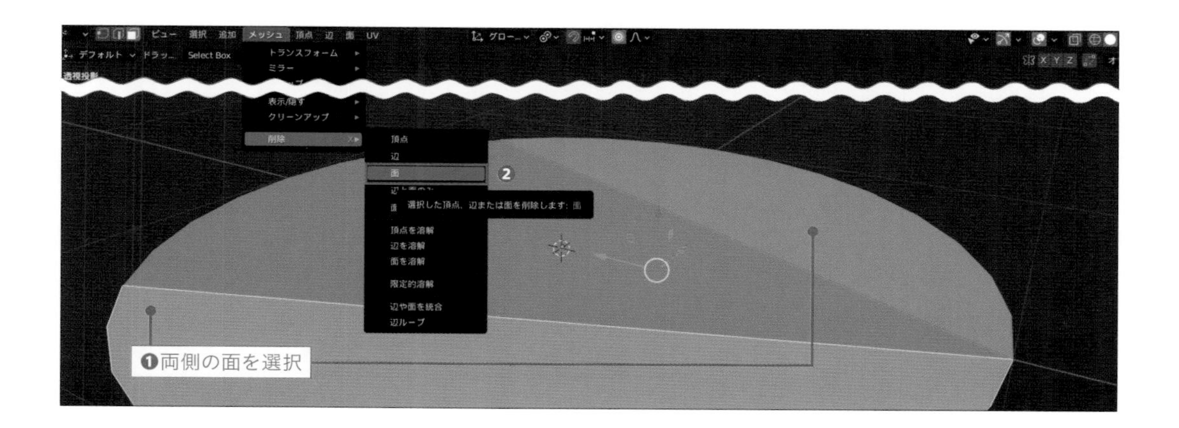

残った面を「押し出し（領域）ツール」（❸）で「Z軸方向」に「0.9」押し出します（❹、❺）。

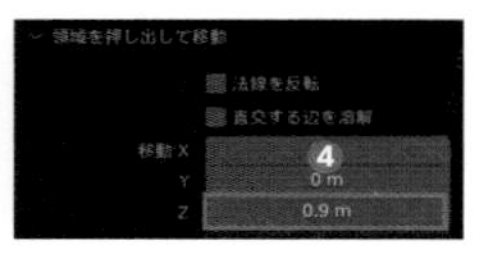
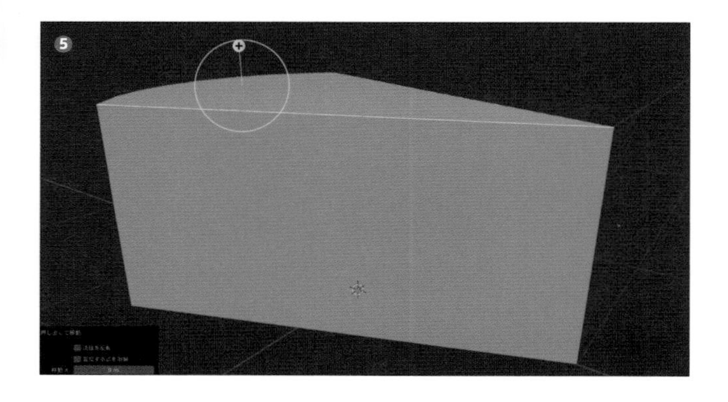

❸ ブーリアンモディファイアでケーキをくり抜く

1 これでケーキの大まかな形ができましたので、次はケーキの断面部分を作成していきます。先ほど紹介した「ナイフツール」などを使用して断面部分の「面」を分割してから「マテリアル」を割り当てて色分けをするという方法でもいいのですが、今回は「ブーリアンモディファイア」を使用して「メッシュ」を分割して表現してみましょう。

「ブーリアンモディファイア」（❶）は「モディファイアーを追加」メニュー内の「生成」カテゴリに含まれているので追加してみましょう。しかしそのままでは特に何も変化がありません。

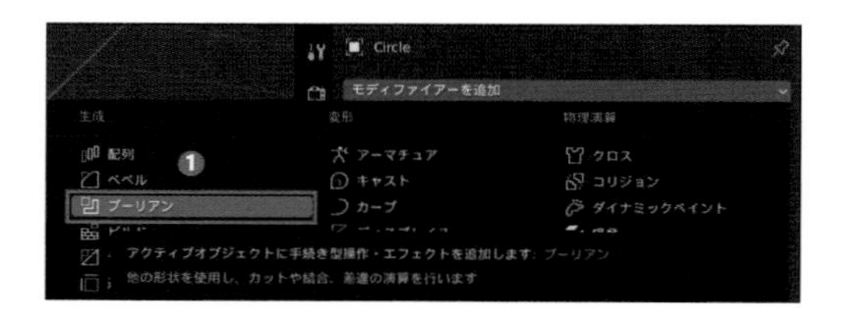

2 「ブーリアンモディファイア」を機能させるためには、もう1つ別の「オブジェクト」が必要になります。そこで「オブジェクトモード」で「3Dビューポート」上部のメニューから「追加 → メッシュ → 立方体」を追加し、「移動ツール」を使用して適当にケーキ本体の「オブジェクト」と交差するように配置してみてください。

3 配置しましたら**ケーキ本体のオブジェクト**に割り当てられている「ブーリアンモディファイア」の設定項目を見てみましょう。その中に「**オブジェクト**」という空欄の項目があるので、先ほど追加した立方体を割り当てます。

空欄部分を左クリックすると現在のシーンに用意されている「オブジェクト」が一覧で表示されるので、こちらから対象の立方体を選択して割り当ててみましょう（❶、❷）。

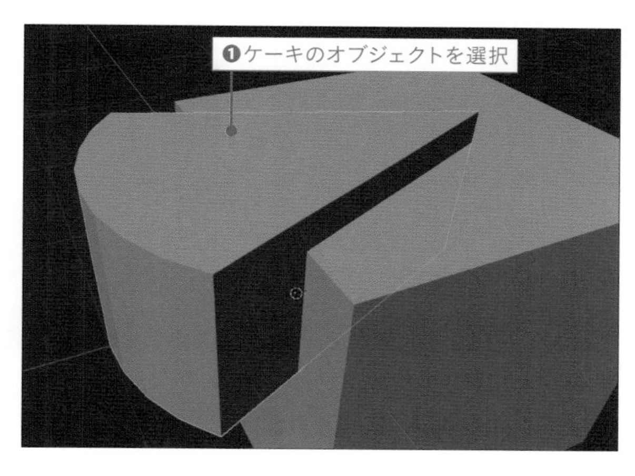

どれが対象の立方体かわかりづらい場合は、空欄の右端に表示されている**スポイトのアイコン**（❸）を選択することで「3Dビューポート」から直接マウスカーソルの左クリックで割り当てる対象を選択することができますので試してみてください（❹）。

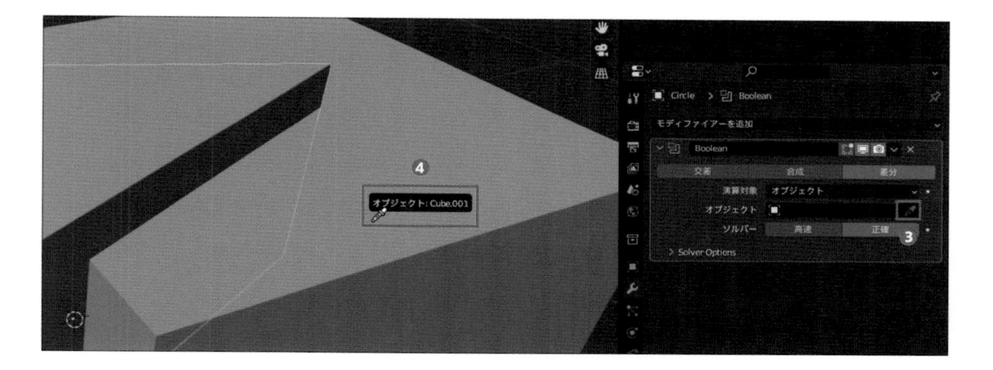

ヒント

このようにオブジェクトを割り当てる項目はいずれも同様に操作できますので覚えておきましょう。

4 ただそのままですと「ブーリアンモディファイア」により変化している箇所がわかりづらいので、立方体の「3Dビューポート」内での表示の仕方を変更してみます。これは「モディファイアプロパティ」の1つ上にある「**オブジェクトプロパティ**」内の「**ビューポート表示**」の項目から設定します。

立方体の「オブジェクト」を選択した状態で「ビューポート表示」の項目内を見てみますと「表示方法」というメニューがありますので、これを「テクスチャ」から「**ワイヤーフレーム**」に切り替えてみましょう（❶）。すると立方体は「メッシュ上の辺」だけ見えている状態になります（❷）。

そうすると、ケーキ本体の「メッシュ」が立方体と交差している部分が切り取られたような形状になっていることが確認できると思います。

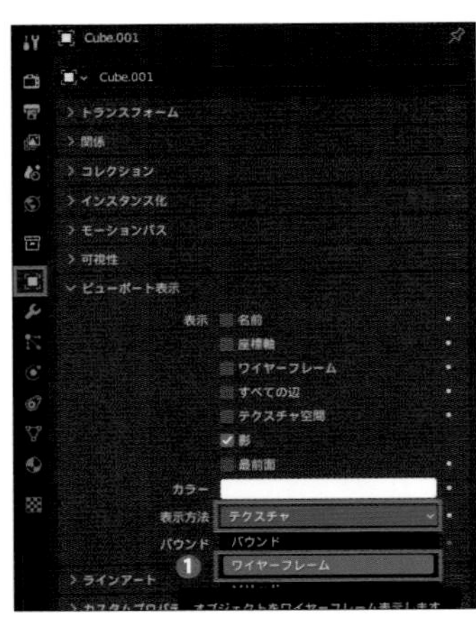

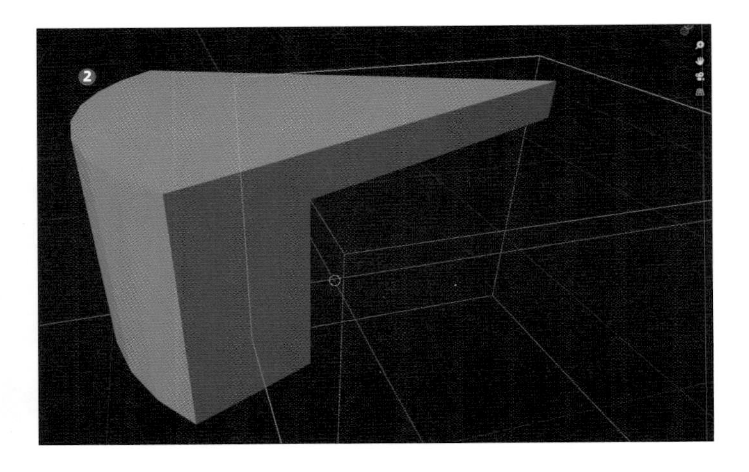

5 このように「ブーリアンモディファイア」は、割り当てた「オブジェクト」と交差している部分の「メッシュ」対して処理をする機能になります。

試しに「移動ツール」(❶)や「スケールツール」(❷)を使用して立方体を動かしたり、「編集モード」でメッシュを変形したりすると、その動きにあわせて切り取られる箇所も変化することが確認できます。

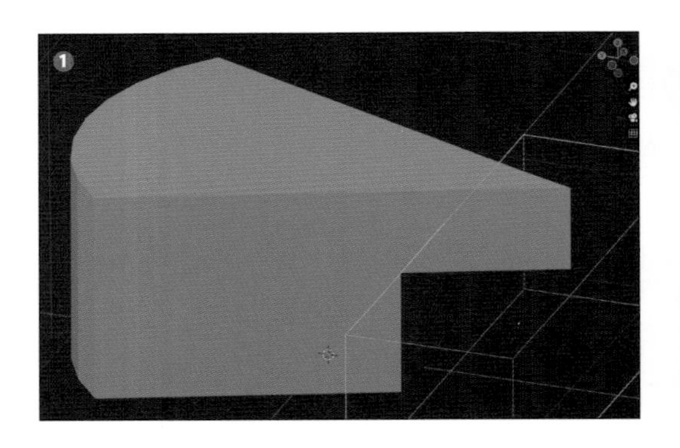

6 またデフォルトでは「ブーリアンモディファイア」の設定項目では「差分」が選択されていますが、そのほかにも「交差」と「合成」が用意されています。

「交差」では交差している部分だけが切り取られたような「メッシュ」に(❶)、「合成」では交差していない部分が繋がったような「メッシュ」になります(❷)。それぞれどのような処理か、実際に切り替えて確認してみましょう。

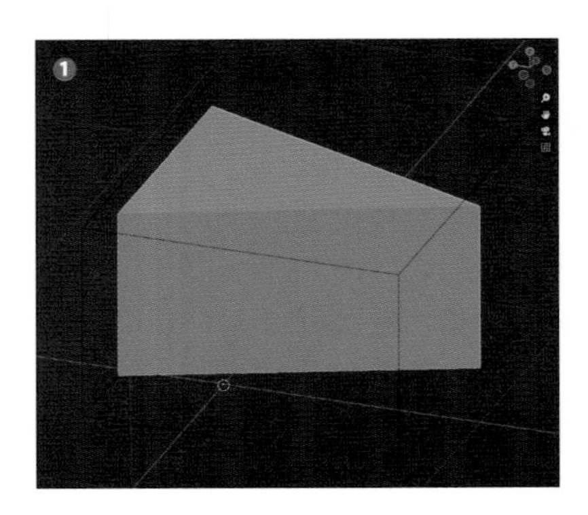

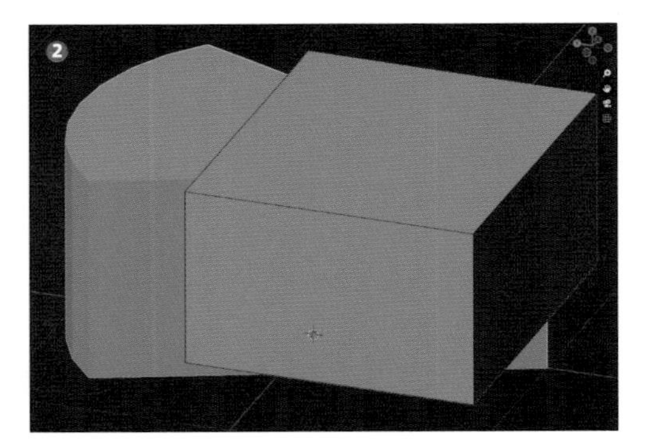

7 今回は「差分」を使用して内側をくりぬきます。「立方体のオブジェクト」はスケールや回転の値を「Ctrl+Z」キーですべて追加した直後の初期値に戻した状態で「トランスフォーム」の「位置」を「X：0、Y：-0.45、Z：-0.25」に設定しました。

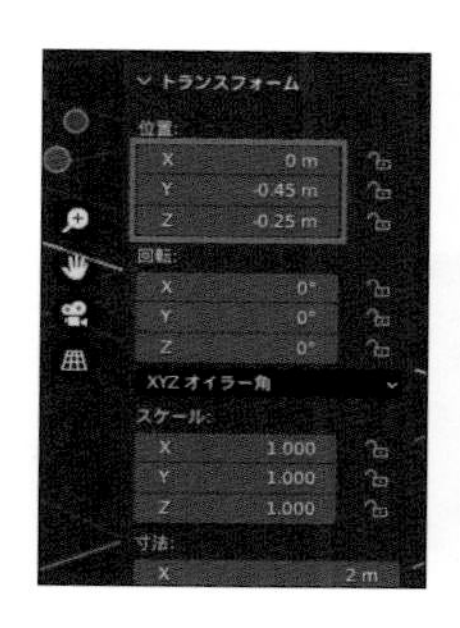

8 さらに、ケーキ本体のオブジェクトを選択し、ケーキの角を丸めるために「ベベルモディファイア」を追加して、「量：0.03m」、「セグメント：3」に設定しました（❶、❷）。

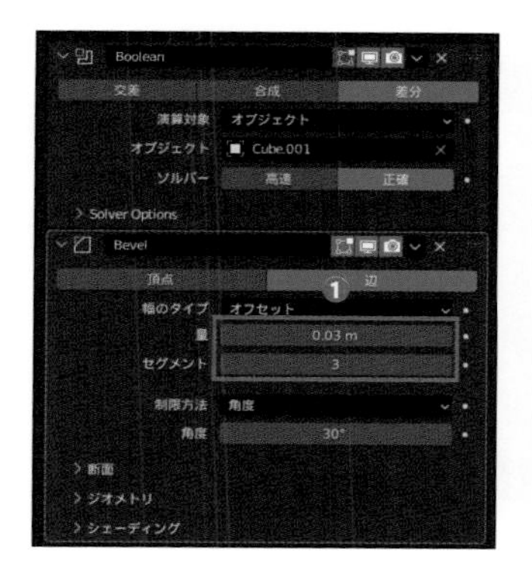

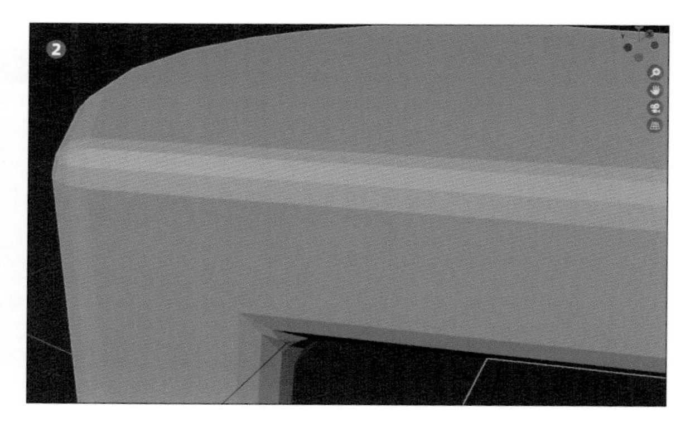

ここで「ブーリアンモディファイア」で切り抜かれた部分の辺は丸めたくないため、「ベベルモディファイア」と「ブーリアンモディファイア」と処理順を入れ替えています（❸、❹）。このようにしてできあがったL字型の形状の「オブジェクト」がケーキの外側のクリーム部分になります。「ブーリアンモディファイア」を使うことで、手作業でのメッシュの編集では難しい変形も簡単に処理できる場合があり、後からの調整も簡単ですので選択肢の1つとして覚えておきましょう。

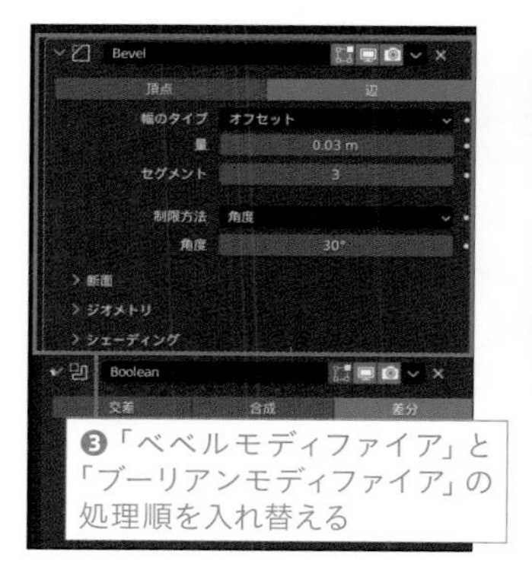

❹ リンク複製でスポンジの3層構造を作る

1 クリーム部分ができましたら、次にスポンジ部分を作っていきます。この部分はスポンジの間にクリームが挟まった3層構造にしてみようと思います。上からスポンジ→クリーム→スポンジの3層構造です（P.160の完成図参照）。まずはスポンジ部分を作っていきましょう。「オブジェクトモード」で先ほど作ったケーキの外側のL字型のクリーム部分を選択し（❶）、「オブジェクト → オブジェクトを複製（ショートカット：[Shift+D] キー）」（❷）を実行した後に右クリックをして同じ位置に複製します。複製したオブジェクトはあとで見つけやすいように、「アウトライナー」で名前を確認しておいてください。

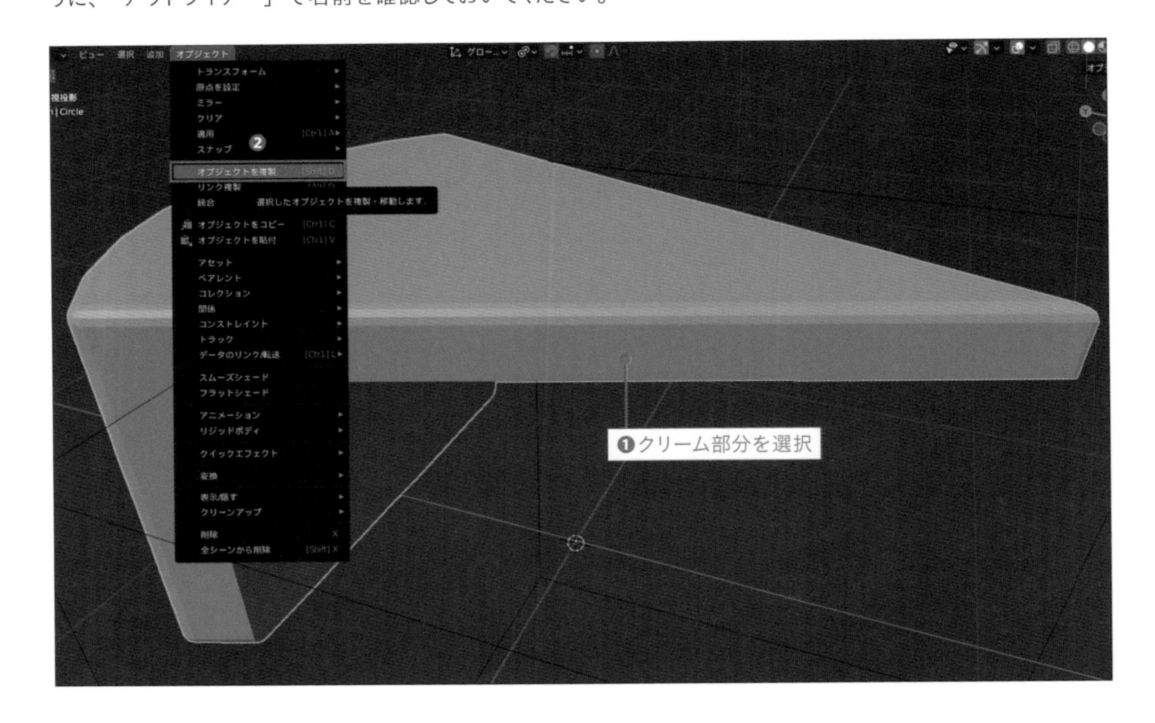

次に複製した方の「オブジェクト」に割り当てられている「ブーリアンモディファイア」の設定を「差分」から「交差」に変更しましょう（❸）。すると立方体と交差している部分が残るようになることが確認できます（❹）。これがケーキのスポンジ部分になります。

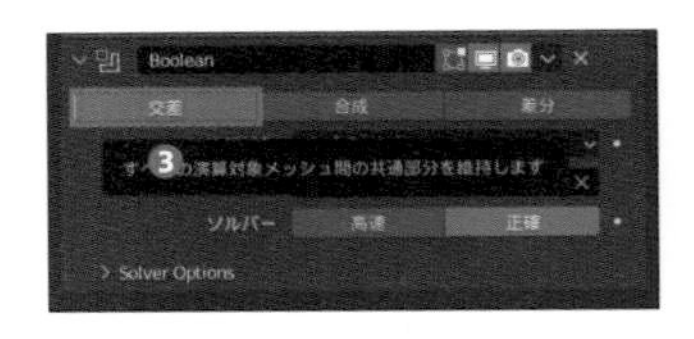

2 しかしこの状態で後から「編集モード」でケーキの高さを編集しようとすると、クリーム部分とスポンジ部分両方を同じように編集しないと間に隙間が空いてしまったりします（❶）。そのままでは手間がかかってしまうので、このように「同一の形状の「メッシュ」を持つ複数のオブジェクト」に同じ編集を加えたい場合は、「**リンク複製**」を使用すると便利です。今回の作例ではケーキの高さは変更しませんが、試しに使用してみましょう。

3 では、先ほど複製した「オブジェクト」は削除して、元々のL字型のクリーム部分を選択します。「リンク複製」は「3Dビューポート」上部のメニューから「**オブジェクト → リンク複製**」（❶）（ショートカット：[Alt+D] キー）で実行しましょう。

複製しただけでは「オブジェクトを複製」機能との違いが分かりづらいので、複製した「オブジェクト」は一度分かりやすい位置に配置してください（❷）。新しく複製したオブジェクトも、名前を確認しておきましょう。

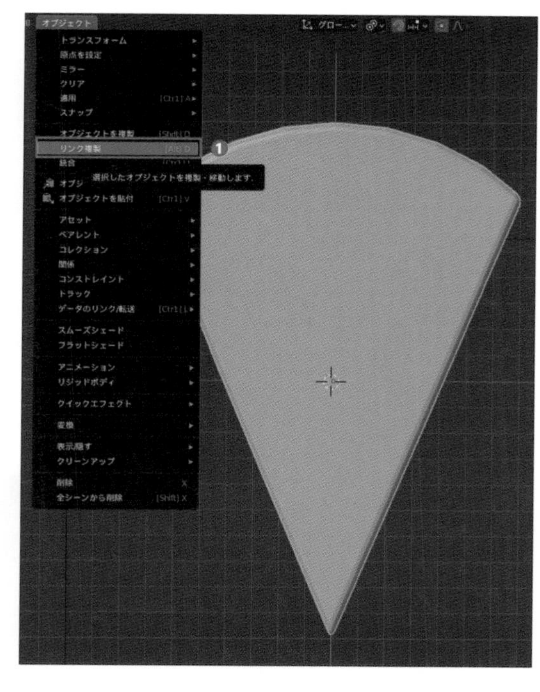

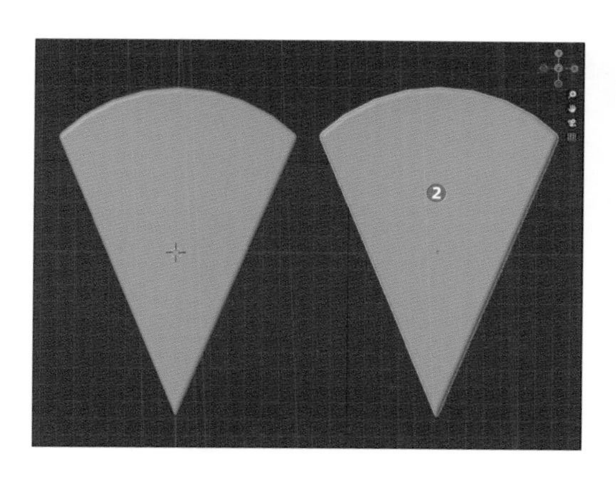

4 そうしたら複製元の「オブジェクト」を選択した状態で「編集モード」に切り替えて「頂点」や「辺」を移動してみましょう（❶）。すると「リンク複製」で複製した「オブジェクト」の「メッシュ」にも同じ編集が加えられることが確認できると思います（❷）。
これは複製元の「オブジェクト」と複製先の「オブジェクト」とで同じ「メッシュ」が「リンク」された状態になっているからになります。

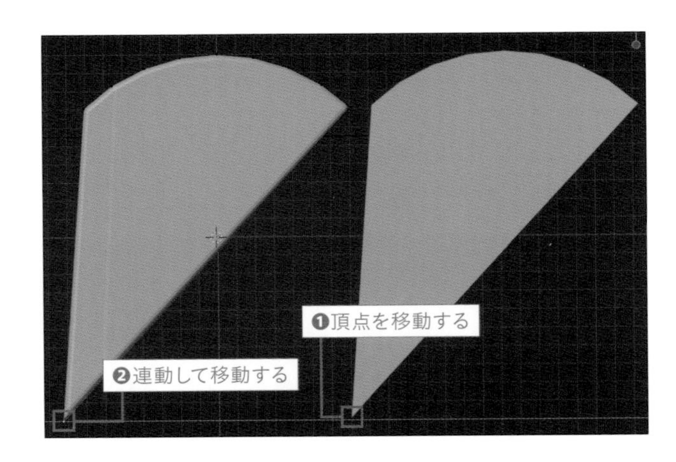

5 このように複数の「オブジェクト」に同じ「メッシュ」を「リンク」することで、同じ編集内容を複数対象に対して一度に加えることができるようになります。一方で「オブジェクト」への処理については個別に行ってくれるので、「オブジェクトモード」で個別に異なる場所に配置したり大きさを変更したりすることができます（❶）。

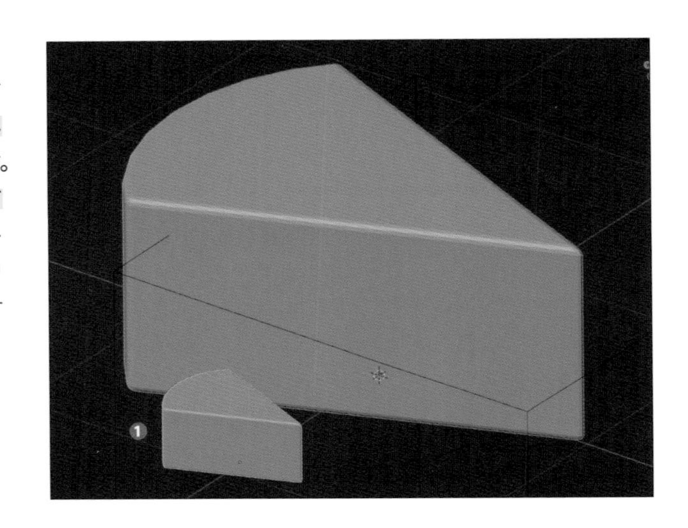

6 また「モディファイア」も同様に「オブジェクト」ごとに設定される項目です。そこで「オブジェクトモード」に切り替えて、「リンク複製したオブジェクト」の「トランスフォーム」の「位置」を「X:0、Y:0、Z:0」に戻して（❶）、「ブーリアンモディファイア」の設定は「交差」に設定してみましょう（❷、❸）。この状態で「編集モード」で「メッシュ」を編集すると、両方のパーツに同じ編集が加えられるのでパーツ同士がばらけなくなります。

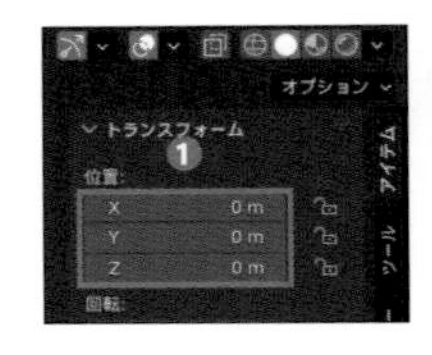

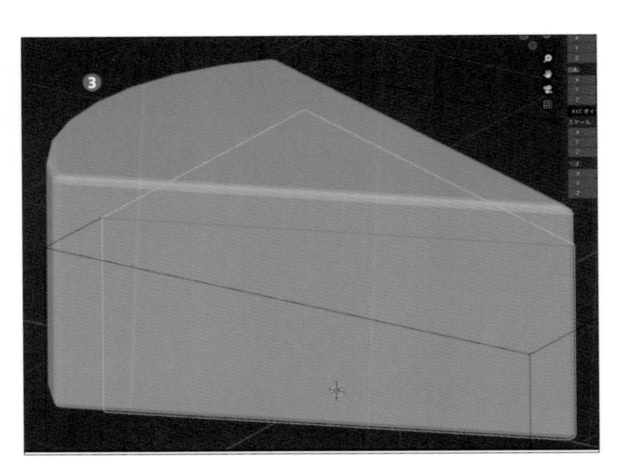

7 ここまでと同様の手順で「ブーリアンモディファイア」を使用してスポンジ部分の真ん中にクリームの層を挟みこんでみましょう。

まずは「オブジェクトモード」で、先ほど表示を「ワイヤーフレーム」に変更した立方体の「オブジェクト」を選択します（❶）。

これを「3Dビューポート」上部のメニューから［オブジェクト → オブジェクトを複製］で複製して右クリックで確定した後（❷）、［トランスフォーム］の［スケール］でZ軸方向に「0.125」倍に縮小して平たくしましょう（❸）。

さらに［トランスフォーム］の「位置」を「X:0、Y：-0.1、Z：0.4」（❹）に設定して「スポンジ部分のオブジェクト」と交差するように配置しました。

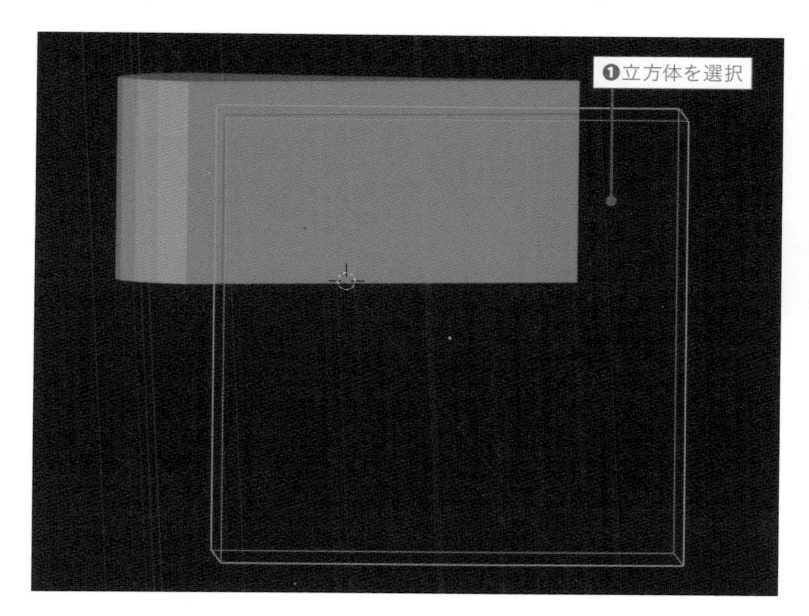

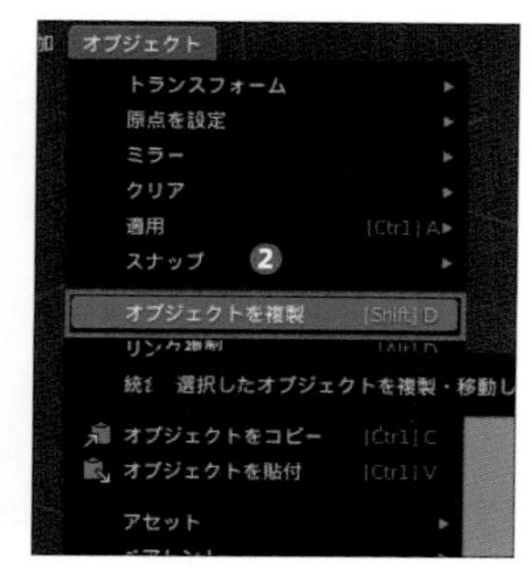

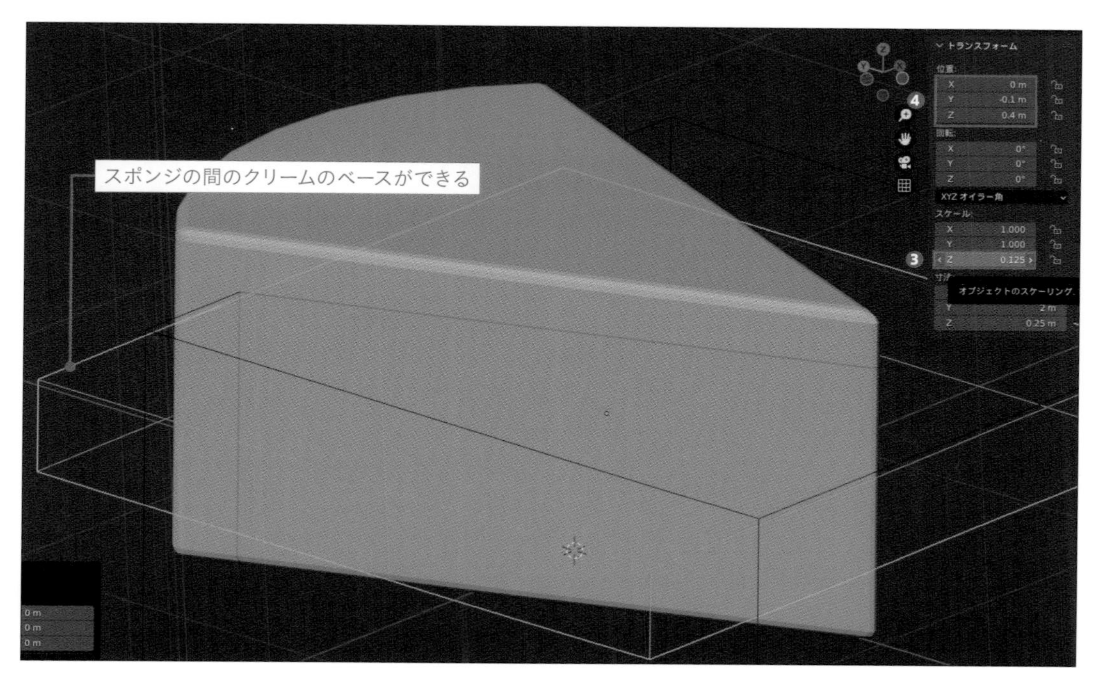

8 次にスポンジ部分の「オブジェクト」を選択し（❶）、もう1つ「ブーリアンモディファイア」を追加（❷）して、「差分」（❸）にします。

「オブジェクト」の項目に先ほど作成した平たい立方体の「オブジェクト」を設定してください（❹）。すると立方体の「オブジェクト」と交差している部分が切り取られて上下に分割されることが確認できると思います（❺）。この部分がクリームを挟みこむスポンジの層になります。

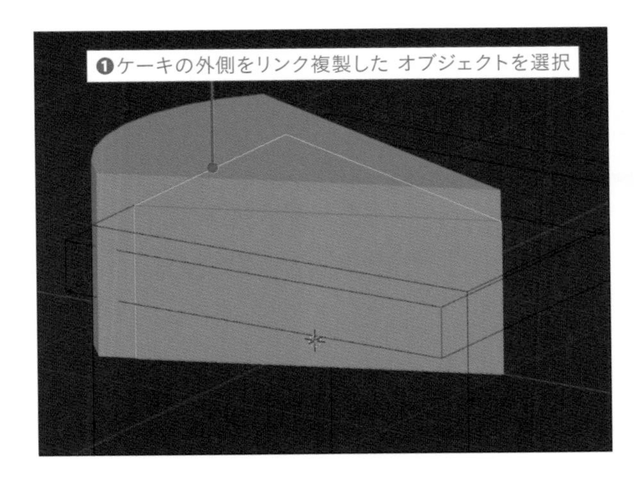

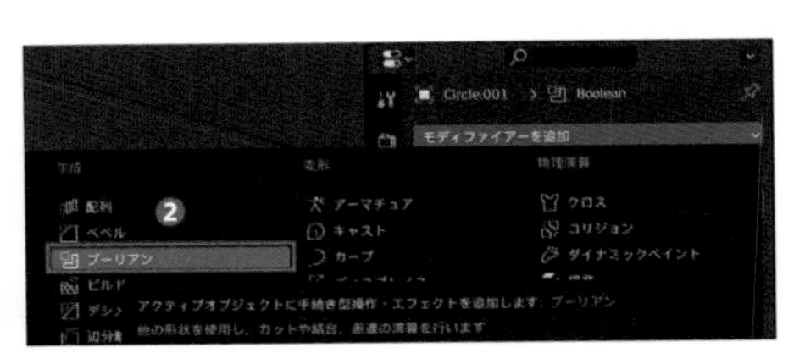

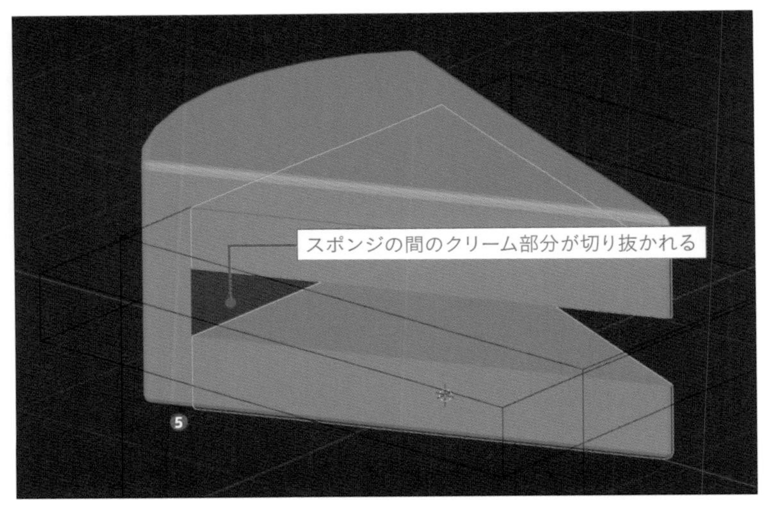

9 この状態で再度、スポンジ部分の「オブジェクト」を選択（❶）して「3Dビューポート」上部のメニューから「オブジェクト → リンク複製」を実行（❷）、右クリックで複製元と同じ場所に配置します。こちらも名前を確認しておきましょう。

さらに今回リンク複製したオブジェクトに設定されている「モディファイア」のうち、2つ目の「ブーリアンモディファイア」の設定は「交差」にしましょう（❸）。すると立方体の「オブジェクト」と交わっている部分だけが残ることが確認できます（❹）。これが真ん中のクリームの層になります。

これでスポンジにクリームが挟まった三層構造ができあがりました。

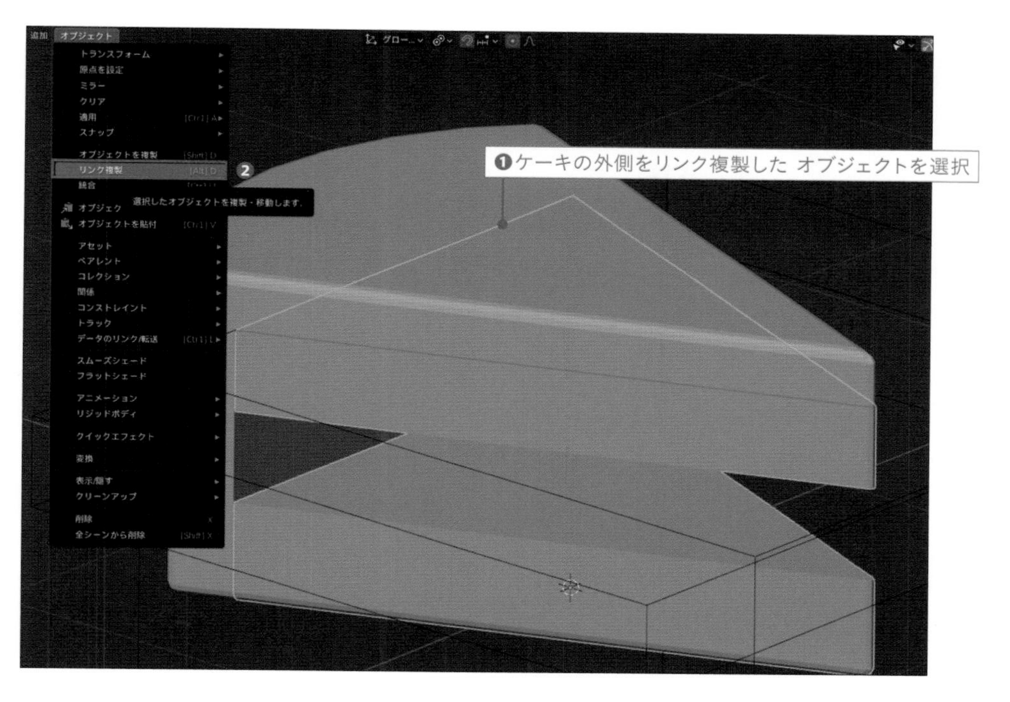

2つ目の「ブーリアンモディファイア」を「交差」にする

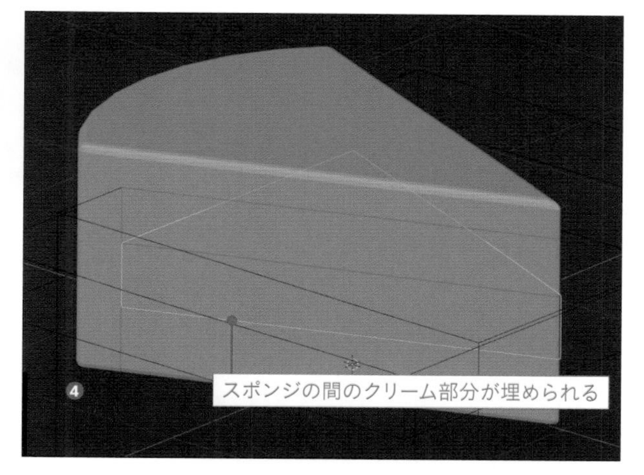

補足説明：メッシュのリンクについて

ここで一緒に「メッシュ」の「リンク」の設定についても触れておきます。「オブジェクトデータプロパティ」からどの「メッシュ」が「リンク」されているかを確認してみましょう。

Chapter 2の「マテリアルのリンク」で触れたときと同様に、複数の「オブジェクト」に同じ「メッシュ」が「リンク」されていた場合はその数を示す数値のボタン（❶）が表示されています。
このボタンを押すことで選択中の「メッシュ」が複製されて独立します。実際に別の「メッシュ」に「リンク」が設定されているのか「編集モード」で「頂点」などを操作して確認してみてください（❷）。
（複数の「オブジェクト」に対して一括で同じ操作をしたい場合は、「3D ビューポート」上部のメニューから「オブジェクト → 関係 → シングルユーザー化 → オブジェクトとデータ」が便利です）。

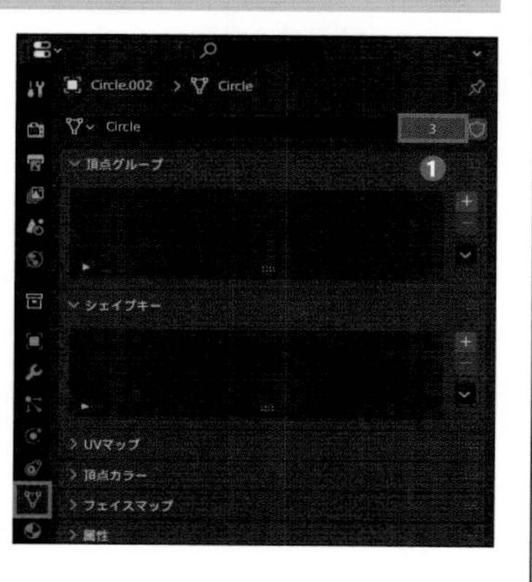

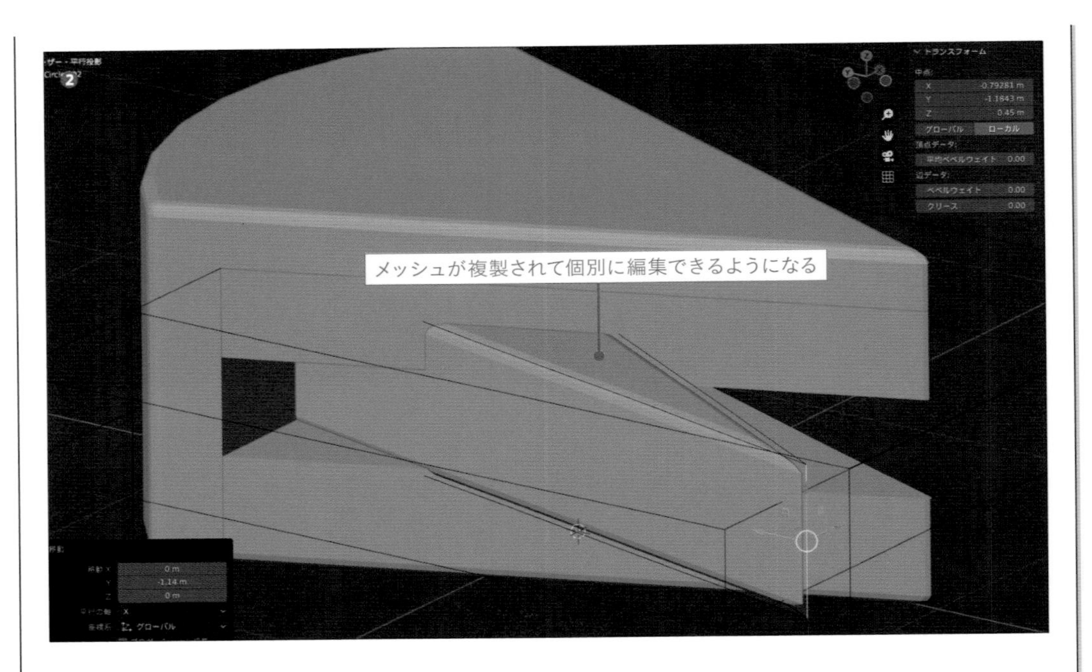

複数の「オブジェクト」に対して「リンク」されている「メッシュ」には「モディファイア」を「適用」することができません。また「マテリアル」は「メッシュ」に対して紐づいているデータなので「オブジェクト」単位で個別に「マテリアル」の設定することもできなかったりします。
このように同一の「メッシュ」に複数の「リンク」が設定されていると不便な場面も多くあるため、「メッシュ」を独立させる方法は覚えておきましょう。

※マテリアルスロットの設定と同様に「リンクするメッシュデータを閲覧」からどの「メッシュ」を「リンク」させるかを手動で設定することもできます。余裕がありましたら「イチゴのメッシュ」などに差し替えて確認してみてください。

⑤ 自動スムーズで滑らかな見た目にする

1 クリームを挟みこむことができましたら、ケーキの外側のクリーム部分のパーツに「スムーズシェード」を設定して滑らかにしましょう（❶、❷）。

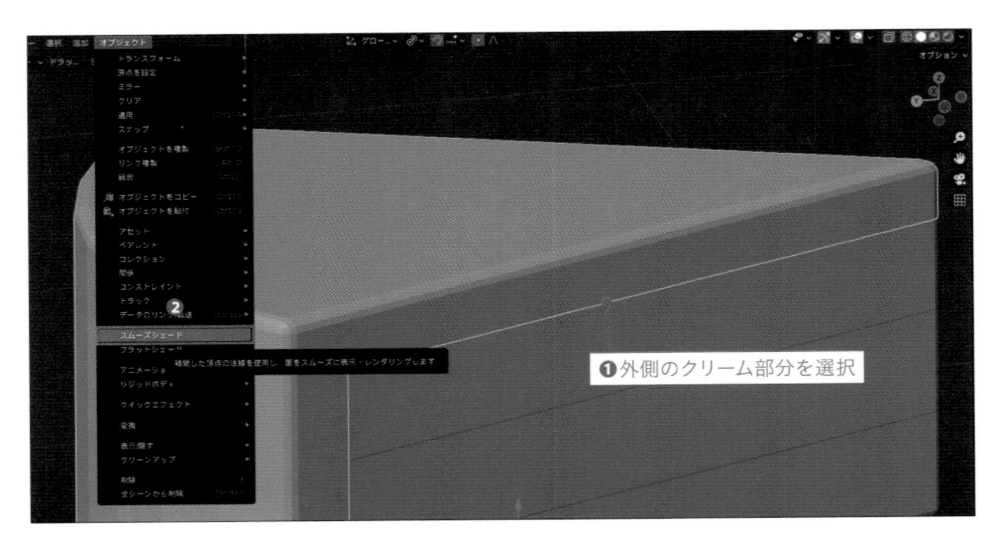

「スムーズシェード」や「フラットシェード」の設定についても「リンク」が設定されている「メッシュ」に伝播します（❸）。
しかしケーキの断面部分は無理に質感を滑らかにしようとして不自然な影が出てしまいます。ですので断面部分は滑らかにせず「フラットシェード」のように平らのままにしておく方がきれいな見た目になりそうです。

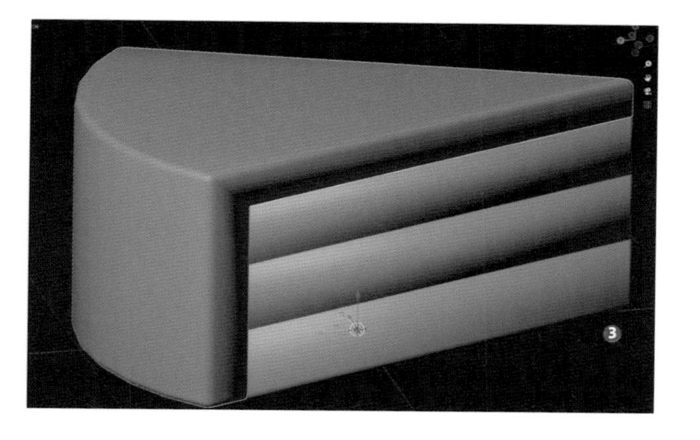

2 このような場合の解決法はいくつかあるのですが、今回は「自動スムーズ」を使うと簡単です。

「自動スムーズ」は「オブジェクトデータプロパティ」内の「ノーマル」の項目から設定することができます。項目内の「自動スムーズ」（❶）を有効にすると、隣の面同士の角度が「自動スムーズの角度」で設定された角度以下の場所は滑らかに、それよりも角度が大きい場合は角が立つように表示されるようになります。今回はデフォルトの「30°」のままで設定しました（❷）。
「自動スムーズの角度」のみの設定では細かな見た目を調整するのは難しいですが、全体の滑らかさの度合いを一括で調整したい場合に便利なので覚えておきましょう！

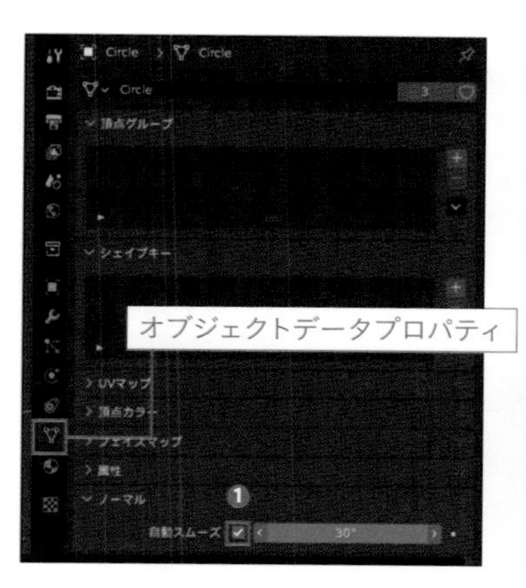

これで「ケーキ本体のパーツ」ができあがりましたので、こちらも「イチゴのパーツ」と同様に一度すべて非表示にしておきましょう。

ヒント

自動スムーズの設定も、「リンク」先に伝播します。

ホイップクリームを作る

1 ケーキの上に乗せるホイップクリームのパーツも作成していきます。こちらも円のメッシュから作成しますので「オブジェクトモード」で「3Dビューポート」上部のメニューから「追加 → メッシュ → 円」からデフォルトの円を追加します。

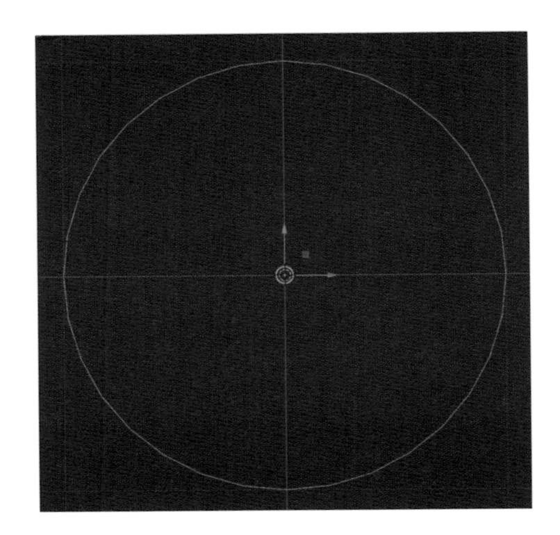

2 追加したら「**編集モード**」で「メッシュ」を編集していきます。まずは円の「頂点」を1つ飛ばしで選択していきます。
しかし「頂点」を正確に1つずつ互い違いに選択するのは手間がかかります。そこでこのような場合には「**チェッカー選択解除**」機能を使用すると簡単です。
この機能は「3Dビューポート」上部のメニューの「**選択 → チェッカー選択解除**」(❷)から使用できますので、すべての頂点を選択(❶)(ショートカット:[A] キー)してから実行してみましょう。すると「頂点」の選択が1つ飛ばしで解除されたのが確認できると思います(❸)。
このように「チェッカー選択解除」は選択している箇所をチェック状になるよう選択解除してくれる機能になります。

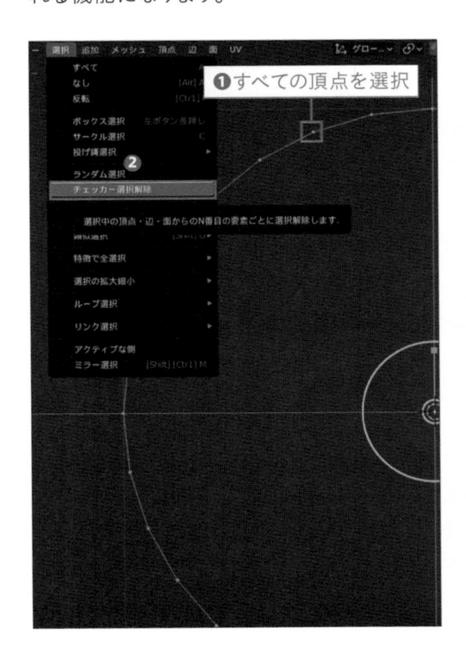

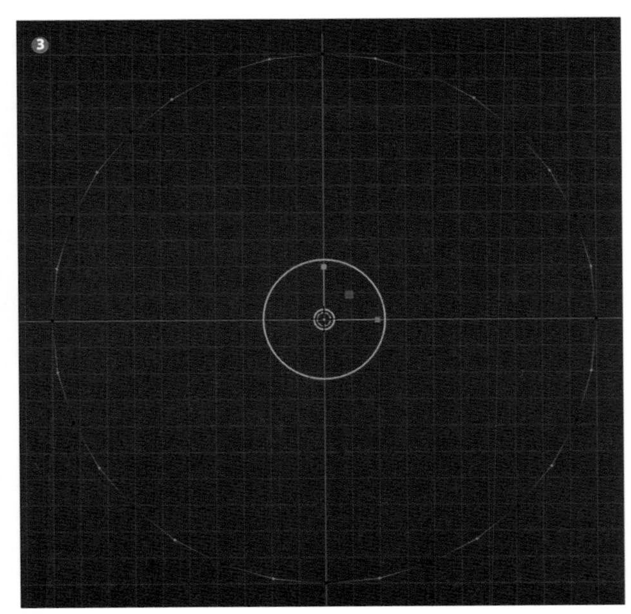

3 1つ飛ばしに「頂点」を選択状態にしましたら、「スケールツール」を使用して中心に向かって「0.6」倍縮小（❶）して溝を付けます（❷）。このときもし「ピボットポイント」（P.053参照）が「それぞれの原点」のままだった場合は「中点」に戻してから操作してください。

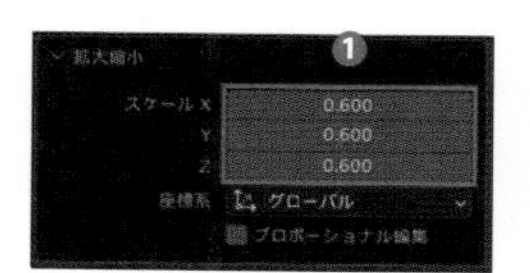

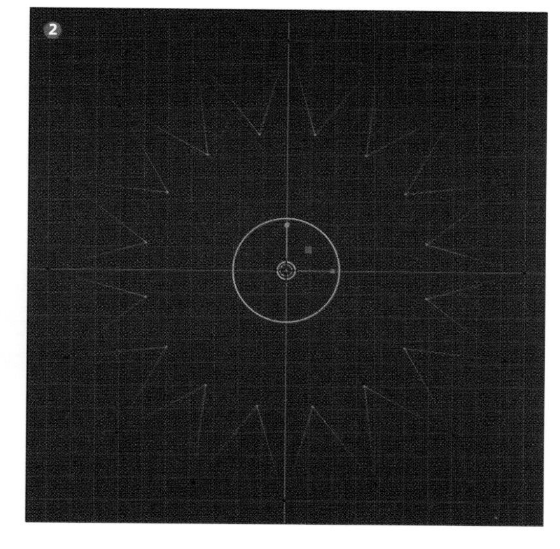

4 縮小したらすべての「辺」を選択してから「3Dビューポート」上部のメニューで「頂点→頂点から新規辺/面作成」を選択して「面」を張ります（❶）。

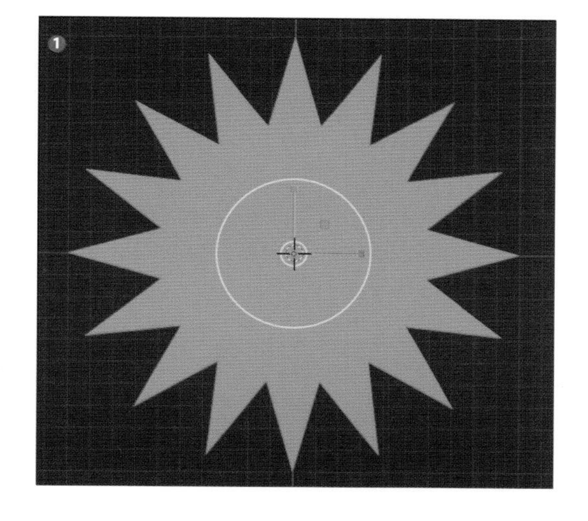

さらにテンキーの「1」で正面からの視点に変えてから「押し出し（領域）ツール」で上方向に「Z:0.5」押し出します（❷、❸）。押し出した面を再度選択し、同じように「Z:0.3」、「Z:0.2」、「Z:0.25」押し出します。そうしたら今度は底の面を選択し（❹）、下方向に1回「Z:0.5」押し出します（❺）。

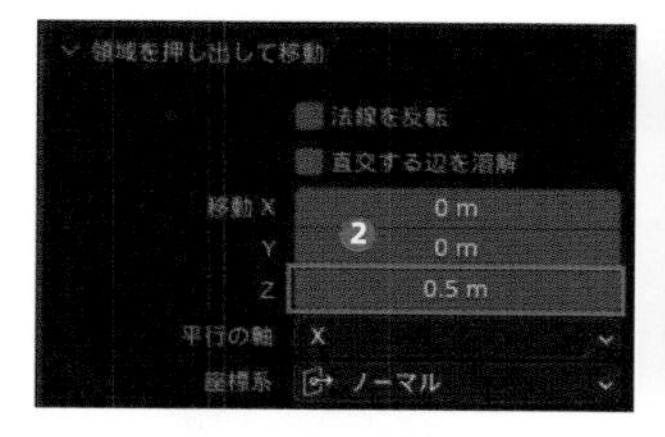

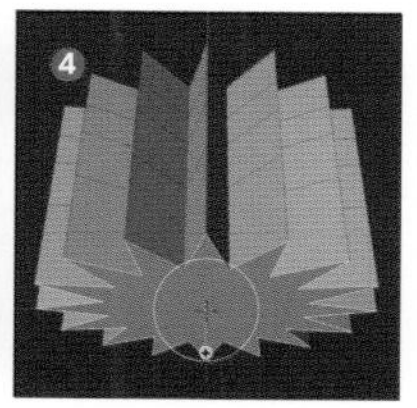

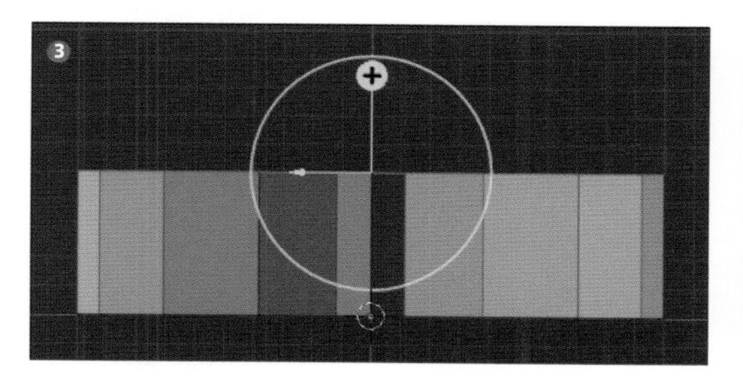

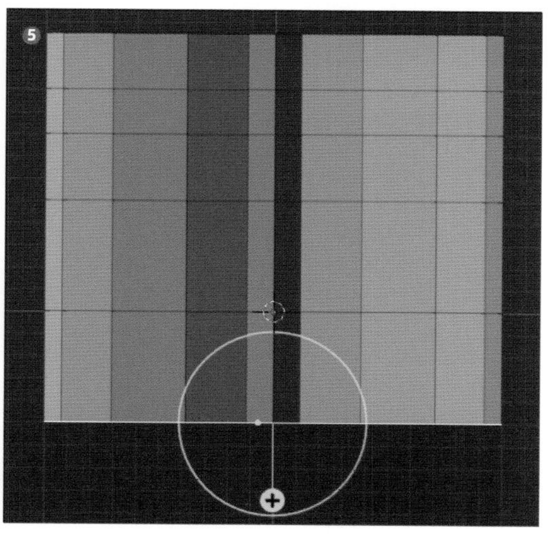

5 押し出し終わりましたら、上端の辺と下端の辺はそれぞれ「選択 → ループ選択 → 辺ループ」でループ選択で選択したあと、「メッシュ → マージ（ショートカット：[M]キー）→ 中心に」を使用して1つの頂点にまとめて袋状にしておきましょう（❶、❷）。

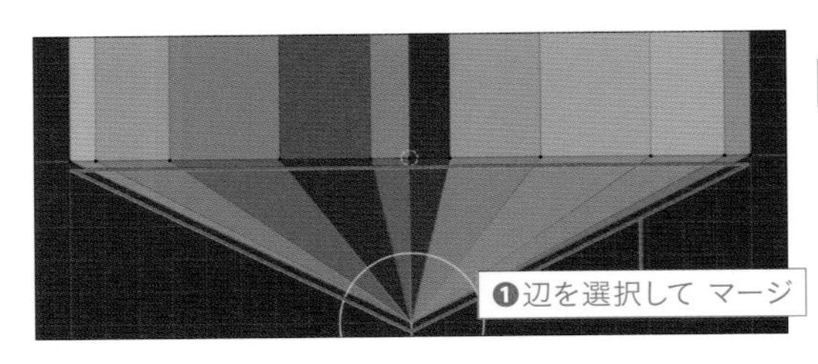

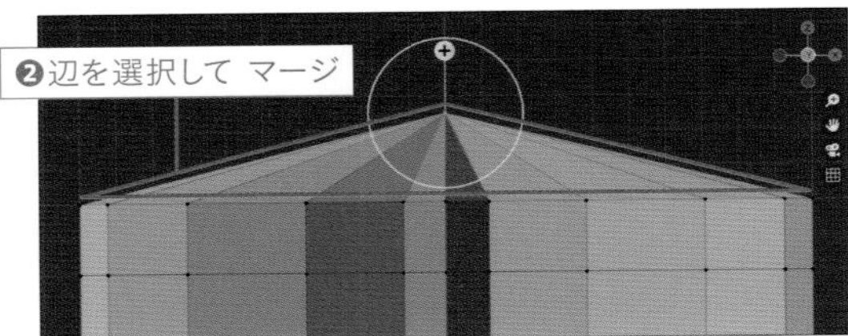

6 次に上部を徐々に先細りするように変形していきます。各「辺」を「選択 → ループ選択 → 辺ループ」で選び、「スケールツール」で上から順に「0.05」、「0.2」、「0.8」、「0.7」と縮小して先細りになるように調整しましょう。

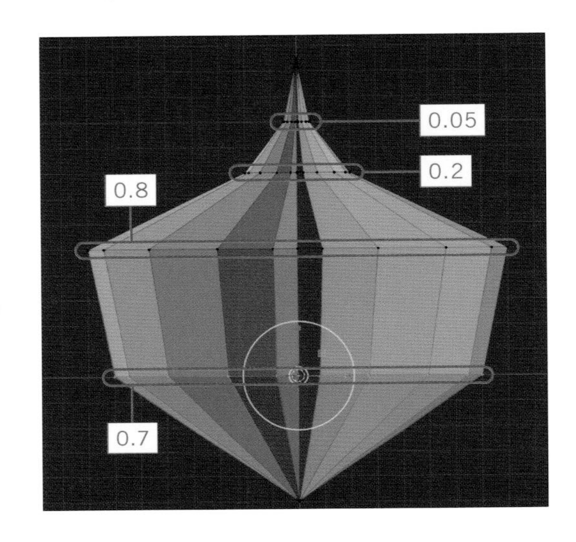

7 この状態で一度「サブディビジョンサーフェスモディファイア」を追加して「ビューポートのレベル数」を「2」（❶）に設定し、形状を滑らかにしました（❷）。下に飛び出た頂点は「移動ツール」で上方向に「Z：0.5」移動して底面の高さを揃えます（❸、❹）。

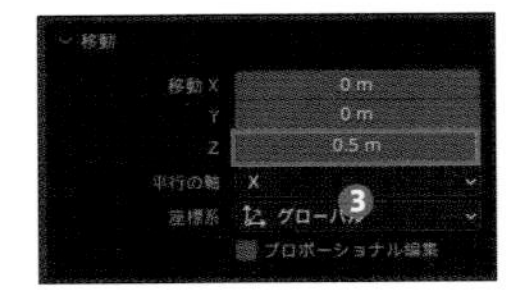

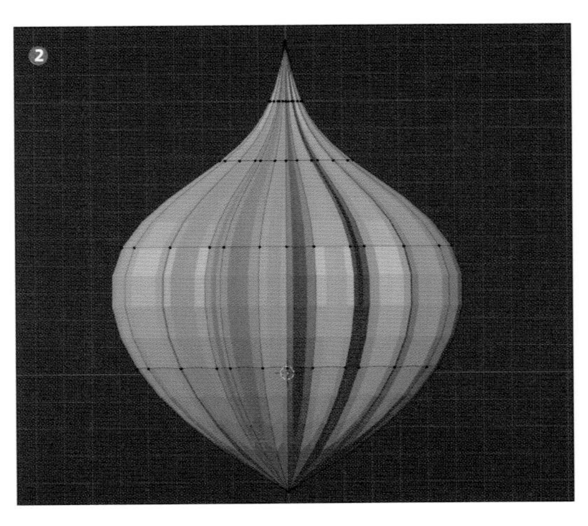

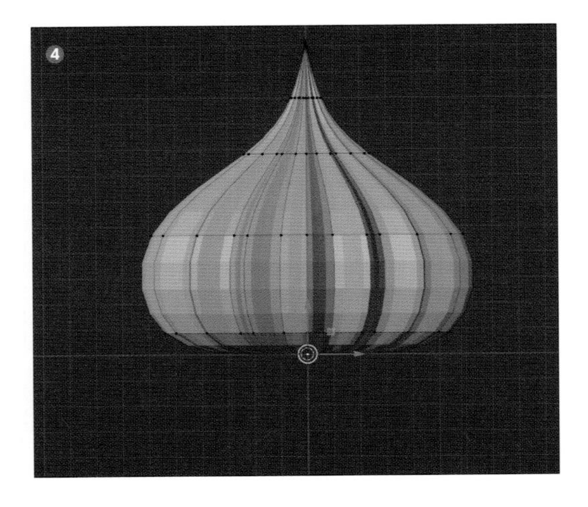

8 最後に「シンプル変形モディファイア」を追加し、「ツイスト」で「座標軸：Z」、「角度：90°」（❶）を設定して全体にひねりを加えてみましょう（❷）。これで「ホイップクリームのパーツ」ができあがりです。こちらも一度アウトライナーで非表示にしましょう。

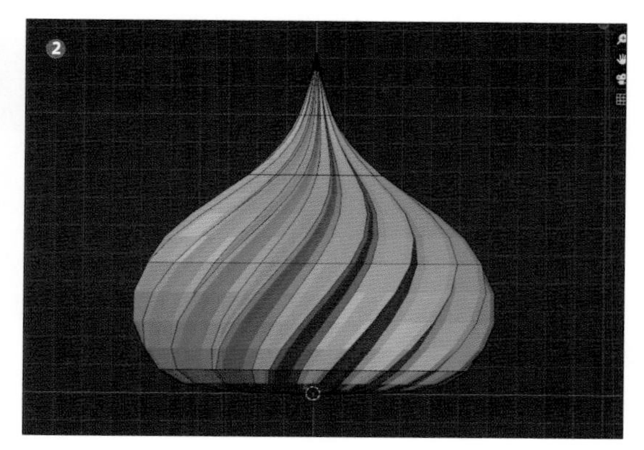

皿を作る

❶ 皿の形のメッシュを作成する

1 最後にケーキを乗せる皿のパーツも作りましょう。「オブジェクトモード」で「追加 → メッシュ → 円柱」を追加し、「調整メニュー」から「半径」を「1.65」にします（❶）。

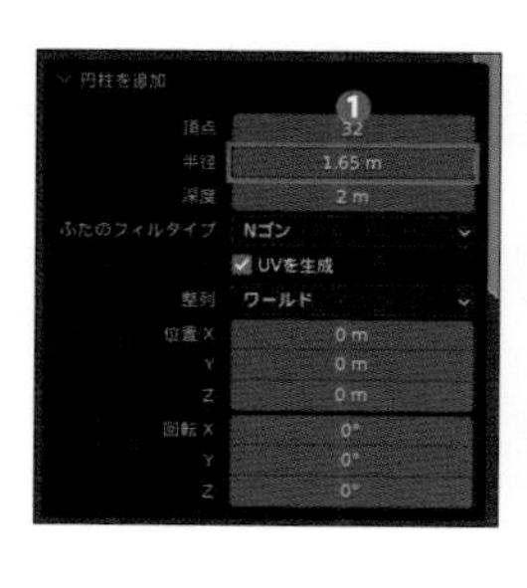

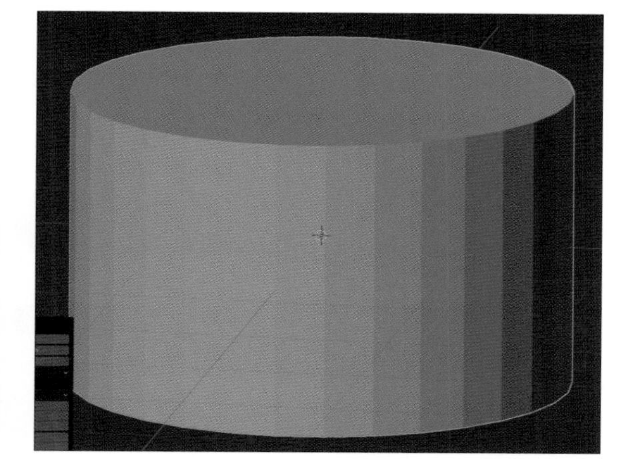

円柱を追加したら「編集モード」にて「移動ツール」を使用して、上面を「Z軸方向」に「Z：-0.85」（❷、❸）に縮小します。

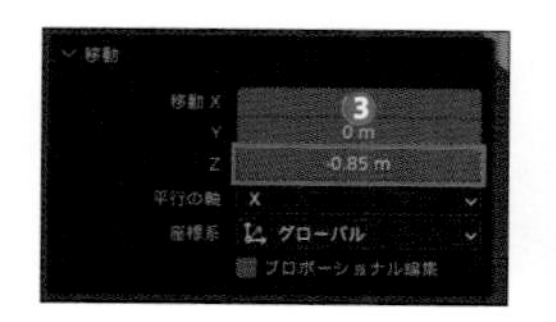

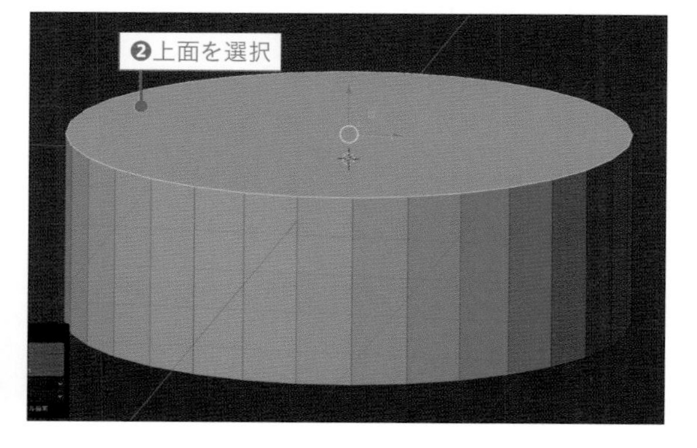

続いて底面を「Z：1」移動させます（❹、❺）。さらに底面は「スケールツール」で「0.6」倍縮小しておきます（❻）。

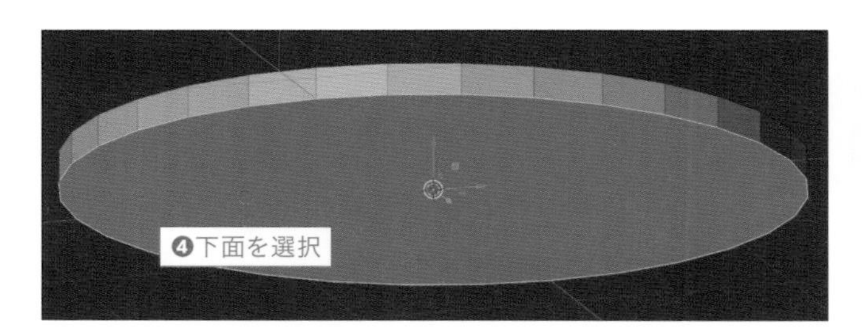

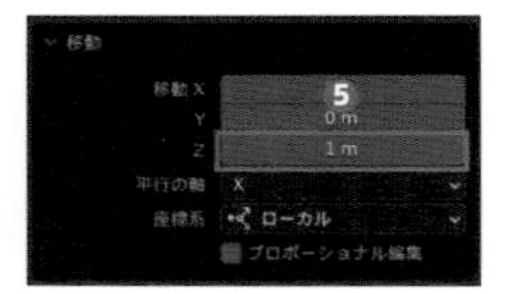

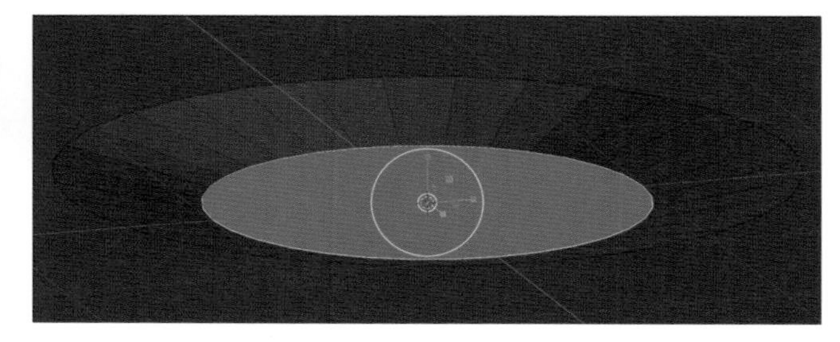

2 次に上面を「押し出し（領域）ツール」で「Z：0.07」押し出し厚みを付けましょう（❶、❷）。さらに「差し込みツール」を使用して上面に「0.65」の「幅」で面を差し込みます（❸）。

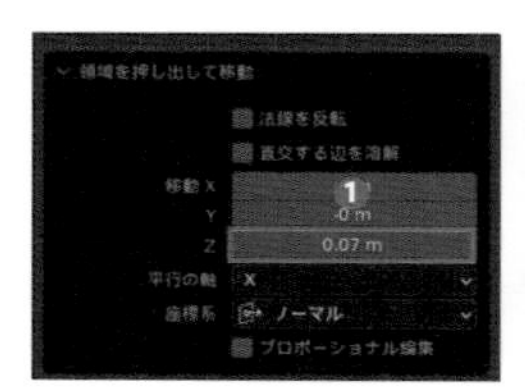

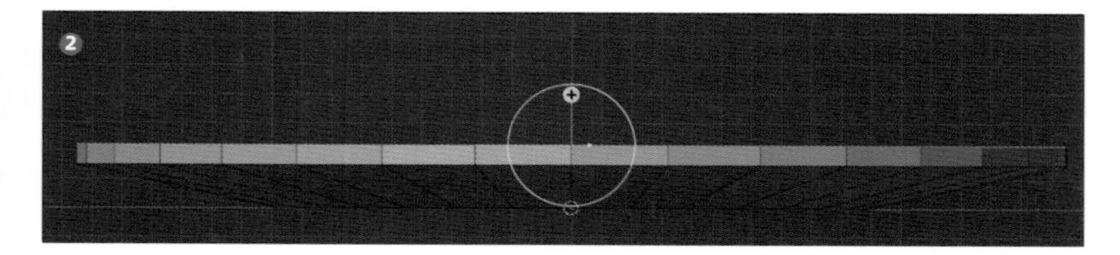

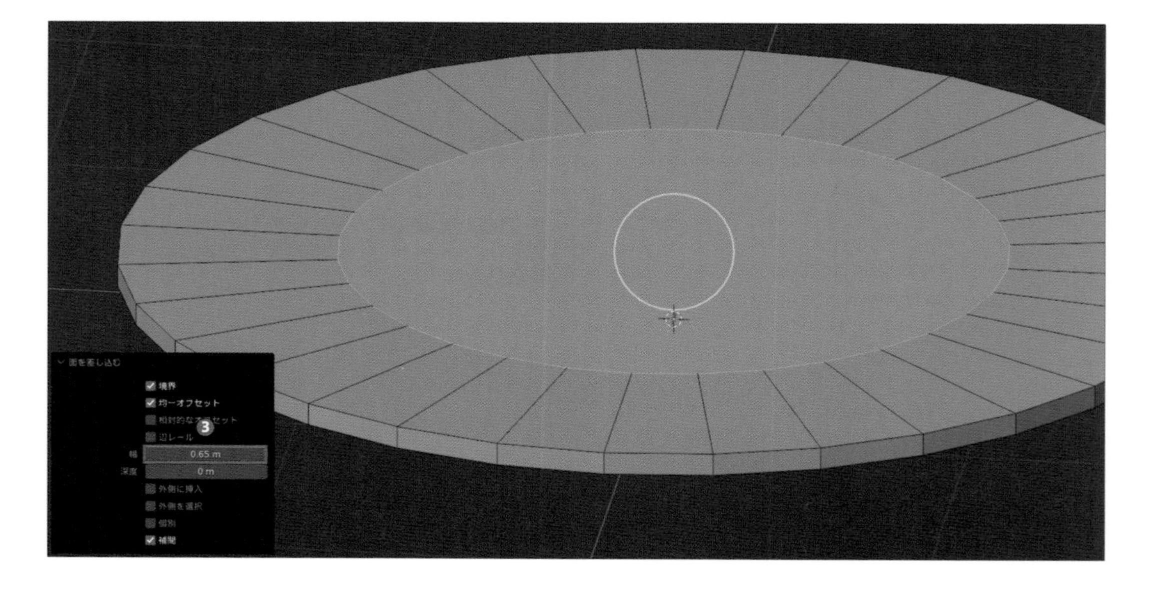

差し込んだ「面」を「移動ツール」で「Z軸方向」に「-0.15」移動して凹みを付けます（❹）。この状態で「オブジェクトモード」で「スムーズシェード」に切り替えて滑らかな見た目にしましょう。

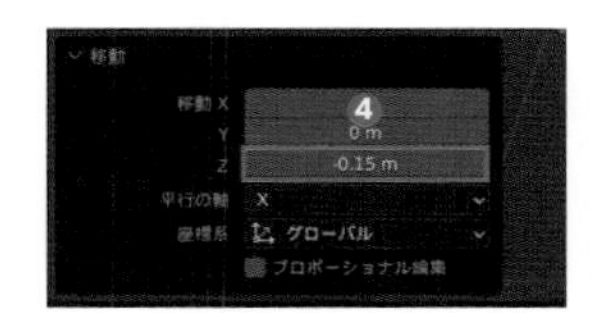
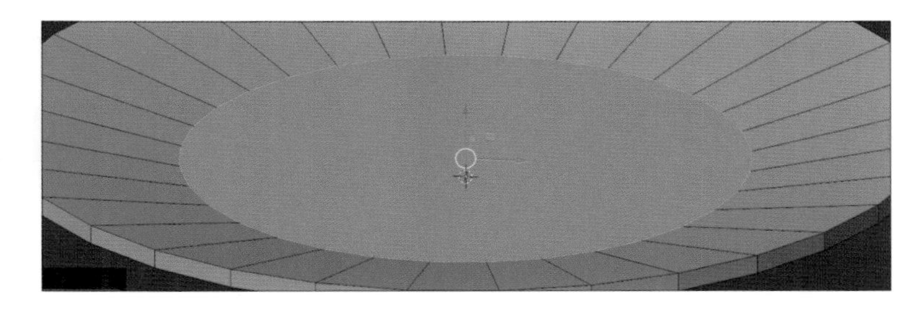

3 さらに「オブジェクトデータプロパティ」から「ノーマル」の項目内の「自動スムーズ」を有効にして、「角度」を「30°」に設定して縁に角を立てます（❶、❷）。これで皿の形状の原型ができました。

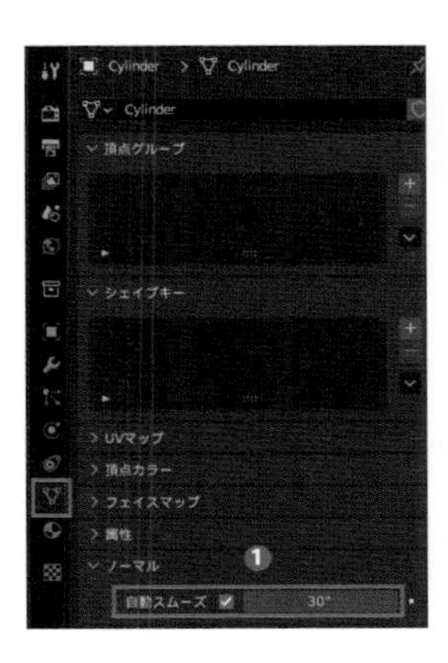
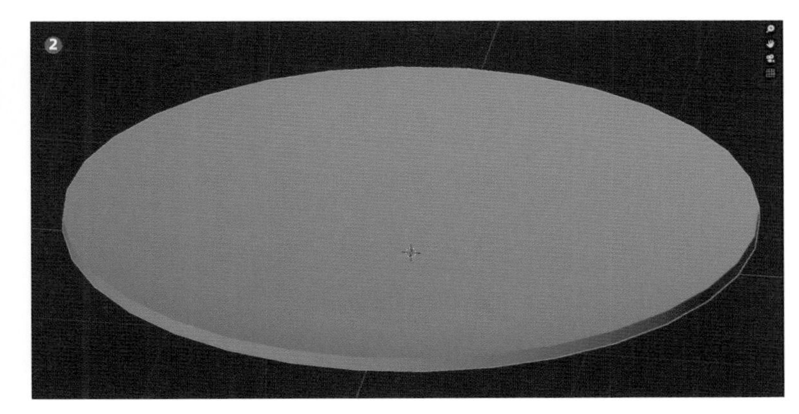

❷ シャープを付ける

1 中心の凹み部分の形状も分かりにくくなってしまいました。そこで皿の中心部分にはスムーズがかからないように設定してみましょう。これには「シャープ」を使用してみましょう。「シャープ」は「辺」に対しての設定で、「編集モード」で「3Dビューポート」上部のメニューから「辺 → シャープをマーク」を選ぶことで設定することができます。
皿のくぼみ部分の「辺」を選択（❶）してからこれを実行すると（❷）、辺の色が青くなります。

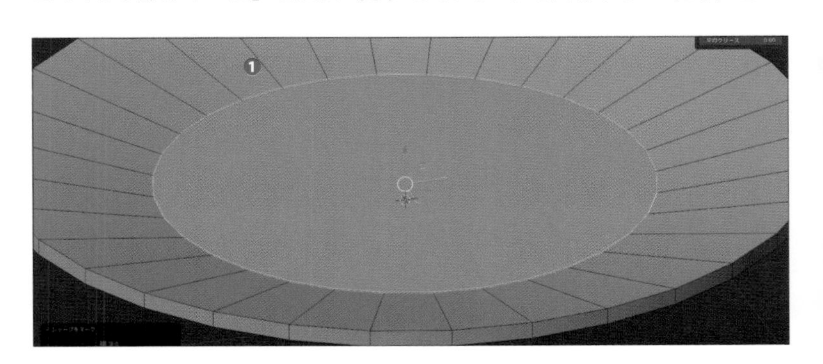
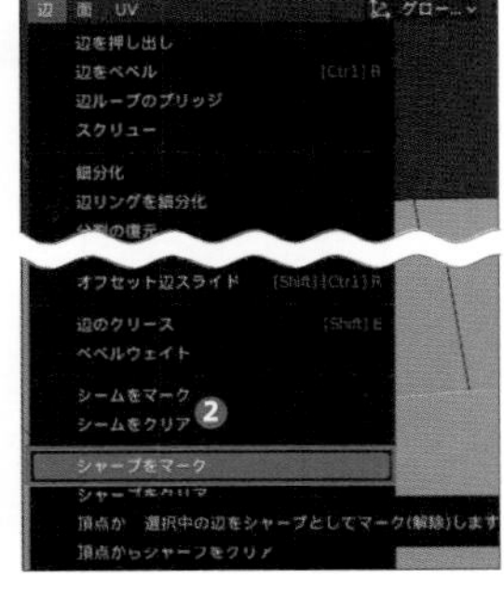

この状態で一度「オブジェクトモード」に切り替えると、「シャープ」を設定した箇所の辺に角が立つようになっていることが確認できると思います（❸)。同様の設定を皿の底面にもしておきましょう（❹)。
このように「シャープ」を使うことで、意図した箇所に「スムーズシェード」によるスムーズがかからないような指定をすることができて便利なので覚えておきましょう。

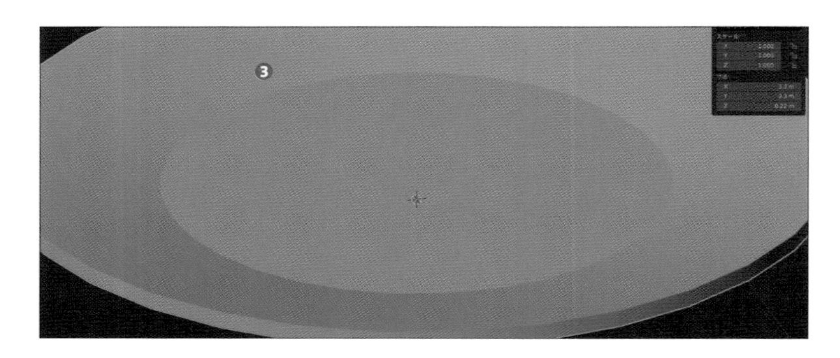

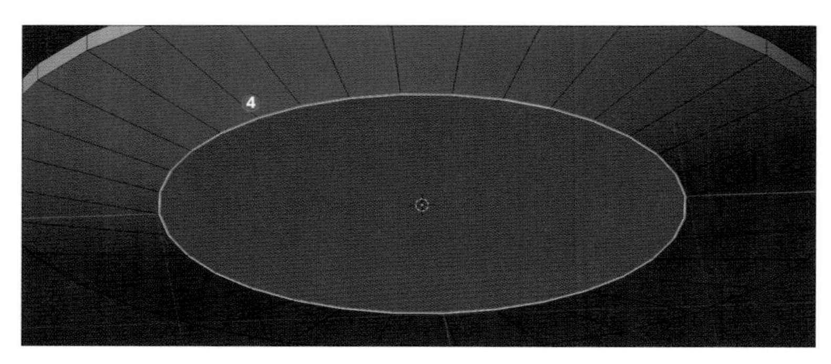

ヒント

「シャープ」は「自動スムーズ」が有効になっていないとはたらかないので注意してください。

❸ 辺分離モディファイアでくぼみをはっきりさせる

1 「シャープ」が設定できたら「ベベルモディファイア」を追加して「量：0.03」、「セグメント：4」、「角度：30°」に設定（❶）して皿の縁の角を取りましょう（❷)。

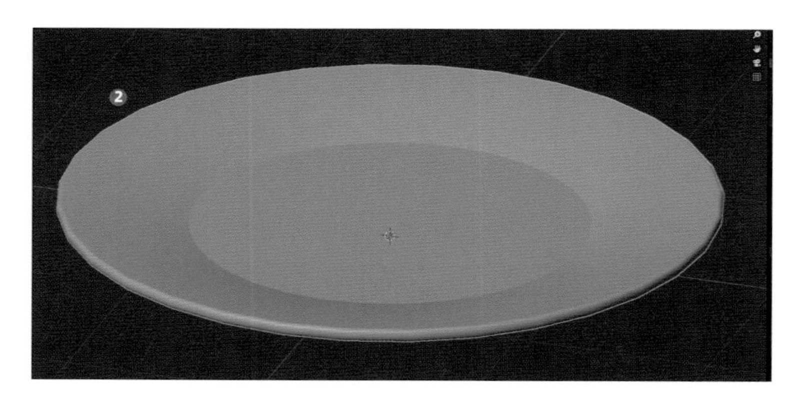

さらに「サブディビジョンサーフェスモディファイア」を追加して（❸）形状を滑らかにします。
すると、再び皿のくぼみの形状が分かりにくくなってしまいました（❹）。

2

これは「サブディビジョンサーフェスモディファイア」の影響なので「クリース」（P.140参照）を設定してもいいのですが、せっかくなので別の方法として「辺分離モディファイア」を使用してみましょう。
「モディファイアープロパティ」内の「モディファイアーを追加」メニューから「生成」カテゴリ内にある「辺分離モディファイア」を追加し、処理順が「「サブディビジョンサーフェスモディファイア」の前になるように入れ替えます（❶）。
すると皿の凹み部分が再びくっきりと分かるようになったことが確認できます（❷）。これで「皿のパーツ」の完成です。

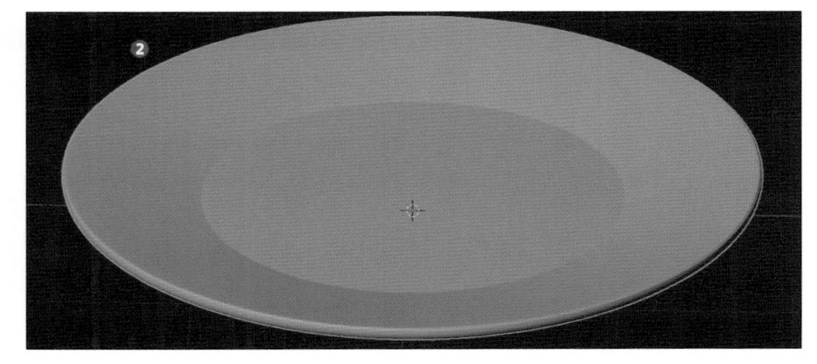

補足説明：「辺分離モディファイア」とは

「辺分離モディファイア」はその名の通り、隣の面同士の角度が「辺の角度」で設定された角度以下の箇所の辺や、「シャープ」が設定されている辺を切り離してくれる「モディファイア」です。
今回の場合はこれにより面が切り離された結果「サブディビジョンサーフェスモディファイア」が影響せず、ハッキリとした縁を付けることができています。
この方法は手軽なものの角が立っている形状では不向きなので、適宜「クリース」と使い分けてみましょう。

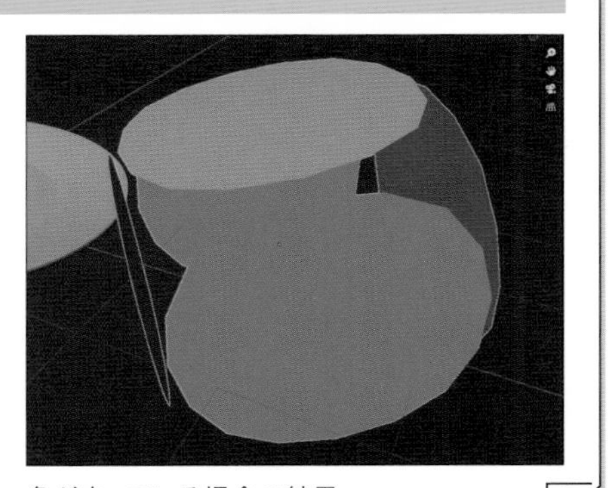

角が立っている場合の結果

ケーキを仕上げる

❶ パーツを組み合わせる

1　これでショートケーキの各パーツが揃いましたので、「プリミティブモデリング」と同様に各パーツを移動や回転、拡縮しながら組み合わせていきましょう（ケーキ本体を動かす場合は「ブーリアンモディファイア」に設定した2つの立方体のオブジェクトも一緒に動かすよう注意してください）。

作例では「リンク複製」で複製した「ホイップクリームのパーツ」を大きさや向きを変えつつ「ケーキ本体のパーツ」上に並べて、そのうちのひとつに「イチゴのパーツ」が乗っているような配置にしてみました。

パーツを組み合わせた様子

配置の仕方は自由ですが、作例と同様の組み合わせにする場合は以下の表を参考に各パーツを配置してみてください。

パーツ	位置	回転	スケール
皿のパーツ	そのまま	そのまま	そのまま
ケーキのパーツ	すべてのパーツを Z軸方向に0.07移動	そのまま	そのまま
イチゴのパーツ	X：0 Y：0.13 Z：1.17	X：-7 Y：0 Z：0	すべて0.12
ホイップクリーム1	X：0 Y：0.13 Z：0.84	すべて0	X：0.55 Y：0.55 Z：0.5
ホイップクリーム2	X：0 Y：0.65 Z：0.92	すべて0	すべて0.45
ホイップクリーム3 （左/右）	X：0.4／-0.4 Y：0.57 Z：0.92	すべて0	すべて0.35
ホイップクリーム4	X：0 Y：-0.12 Z：1	X：95 Y：0 Z：0	X：0.3 Y：0.3 Z：0.7

❷ エンプティオブジェクトでケーキを1つにまとめる

1 パーツを組み合わせたら、後から動かしやすいように親子関係も設定しておきましょう。今回は「親にするオブジェクト」に「エンプティオブジェクト」を使用します。
「オブジェクトモード」で「3Dビューポート」上部のメニューから「追加 → エンプティ」内のいずれかを選択することで追加することができます。今回は「座標軸」を追加してみてください。

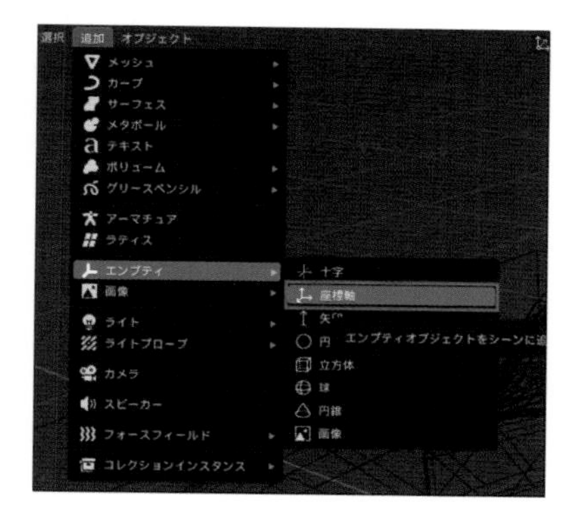

2 「エンプティ」をそのまま日本語に訳しますと「空の」や「中身がない」という意味になります。この「エンプティオブジェクト」はその名の通り「メッシュを持たない空のオブジェクト」のため、見た目が「レンダリング」の結果に反映されません。
「エンプティオブジェクト」の見た目は「オブジェクトデータプロパティ」内の「表示方法」から調整できるので、分かりやすいように「サイズ」から表示の大きさを「1.5」に設定してケーキのモデルよりも一回り大きくしておきましょう（❶、❷）。

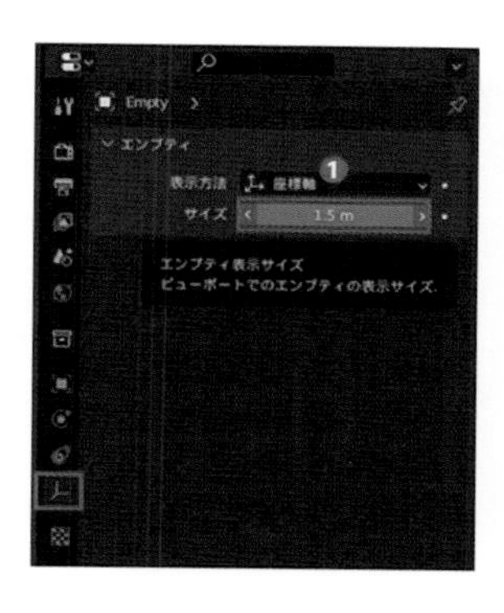

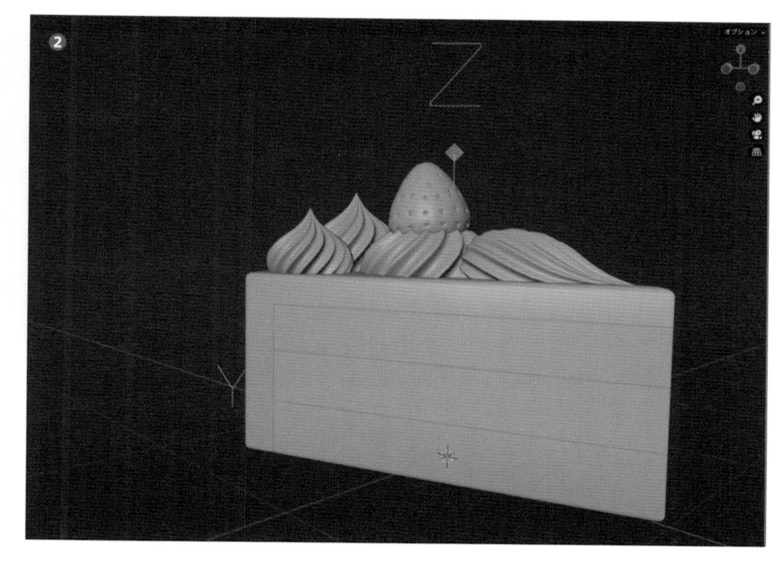

3 またそのままでは「エンプティオブジェクト」のほとんどがケーキのモデルに埋もれて見えないので、常に最前面に表示されるように設定します。
「オブジェクト」を最前面に表示したい場合は「オブジェクトプロパティ」内の「ビューポート表示」の項目から「最前面」を有効にします（❶）。

これで常に「エンプティオブジェクト」がケーキのモデルの前面に表示されるようになったことを確認してください（❷）。

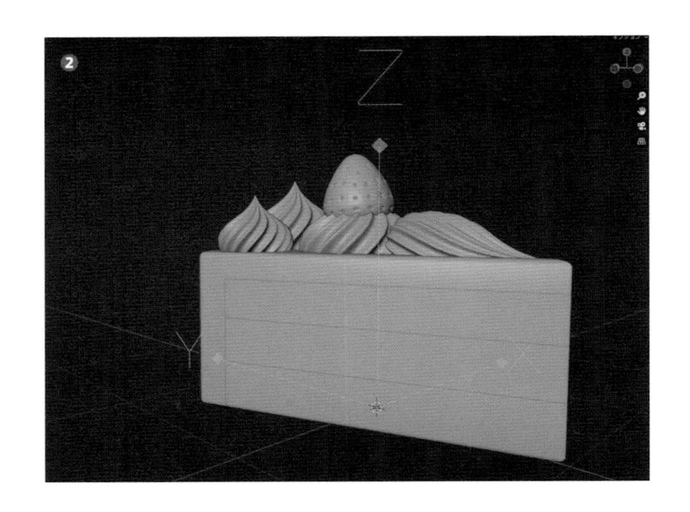

4 この「エンプティオブジェクト」を親として、その他のケーキのパーツすべてを子にしましょう（❶、❷、❸）。「ブーリアン」の対象になっているオブジェクトも忘れずに設定してください。

こうすることで「エンプティオブジェクト」をケーキ全体の原点の代わりとして扱うことができます。このように「エンプティオブジェクト」は「レンダリング」に反映されないことから目的に応じて様々な役割を持たせることが可能で便利な「オブジェクト」です。「親子関係」を設定することにより「アウトライナー」内の表示もまとまりますので、どの「オブジェクト」が何のパーツなのか管理しやすくもなるので活用してみましょう。

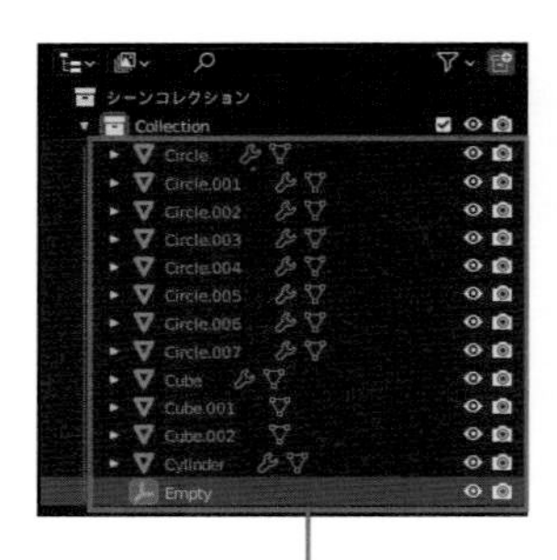

❶すべてのオブジェクトを 選択し、最後に[Ctrl] キーを押しながらエンプティオブジェクトを選択

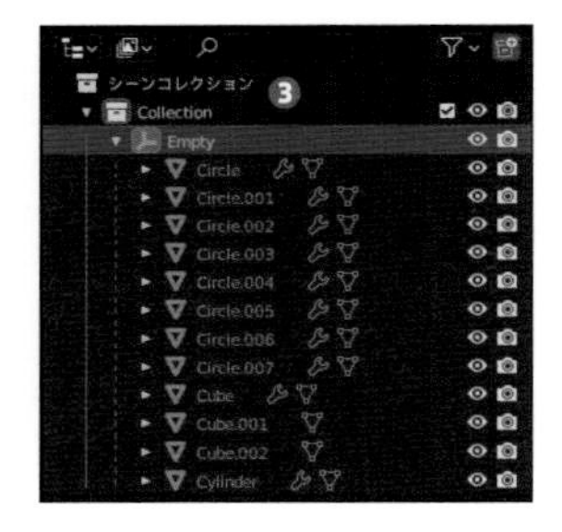

❸ ケーキに色をつける

1 最後に「マテリアル」で色分けをしていきましょう。このとき「リンク複製」で複製したスポンジとクリームの層の部分は「メッシュ」を独立（❶）させないと個別に「マテリアル」を設定することができないので注意してください（P.179）。

❶「オブジェクトデータプロパティ」のメッシュの横の数字のボタンを押して独立させる

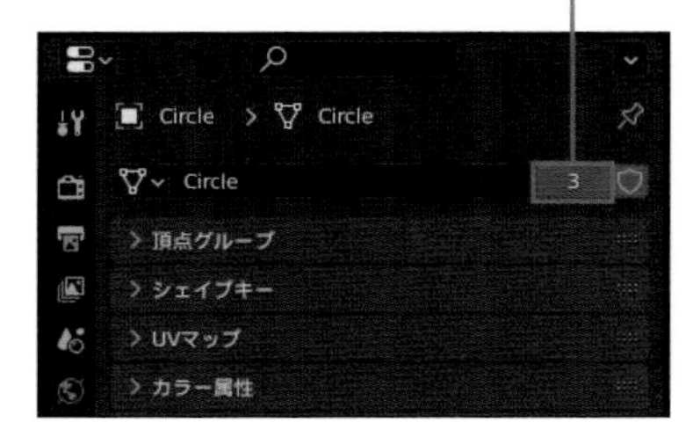

今回は以下の表のようにイチゴは赤色、クリーム部分は白色、スポンジ部分は橙色になるように色分けしてオーソドックスなショートケーキの見た目になるように設定しました（❷）。

マテリアル	対象	色 (HSV)
Cake_Cream	ケーキのクリーム部分	H：0、S：0、V：1
Cake_Base	ケーキのスポンジ部分	H：0.04、S：0.8、V：0.8
StrawberryColor	イチゴの果実部分	H：0、S：1、V：1
StrawberrySeedscolor	イチゴの種部分	H：0.25、S：0.95、V：0.8
Dish	お皿	H：0、S：0、V：0.8

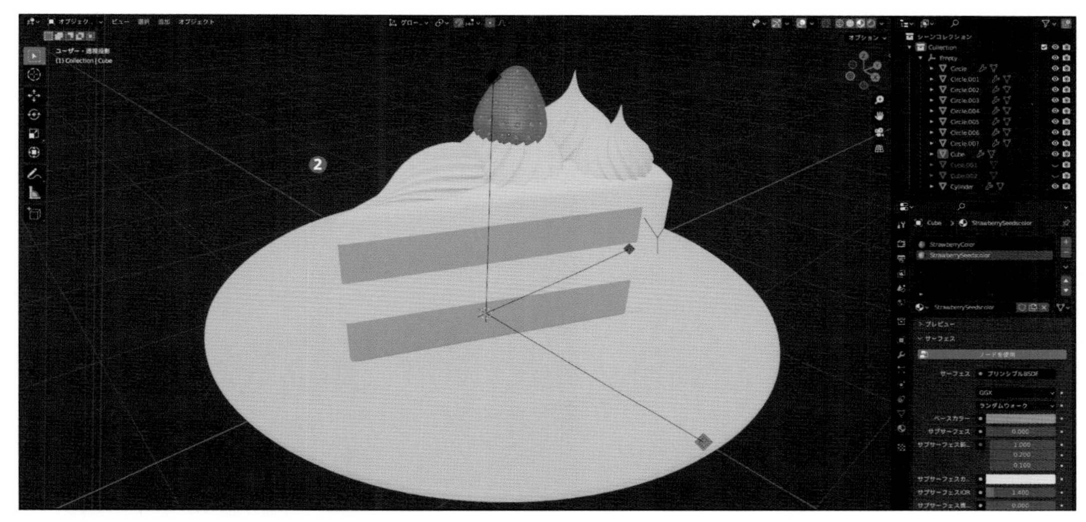

お皿に乗ったケーキに色をつけた様子

これでショートケーキのモデルの完成です！ 今回の作例を通して「メッシュ」をある程度自由に編集できるようになる機能について触れました。ここまでの内容ができましたら「モデリング」の自由度がかなり上がりますので、身の回りにあるものを「どうすればこの形が作れるかな？」と考えてみたり、作例を参考にしながら自分なりのモデル制作に挑戦してみるのも楽しいかもしれません。

また、今回はこれまでの復習を兼ねている部分も多くありました。分からない箇所や単語がありましたら、動画内容とも見比べつつもう一度これまでの作例も見返してみてください。

「カーブオブジェクト」を使ってモデリングしてみよう

Chapter 3の最後では、「カーブオブジェクト」を使ってのモデリングに挑戦します。自分で作ったカーブをモデリングに使えれば、様々な形を思い通りに作れるようになります。ここまで学習してきたモデリング手法よりも少し難しいですが、少しずつ進めてみてください。難しい場合は、サンプルファイルを使って、試してみたいところから挑戦してみてもよいでしょう。

「カーブオブジェクト」でモデルを作ろう

「ポリゴンモデリング」では「メッシュ」の頂点や辺、面を直接操作してモデルを作成していましたが、モデルを作成する手法は多数存在します。そこで今回はそのうちの「カーブオブジェクト」を使用したモデリングの手法について触れつつ、花瓶のモデルを作成してみましょう！

さらにここまでの総復習も兼ねて、花瓶に生けるためのバラのモデルも作成してみようと思います。同じ形状を作れるよう具体的な数値は記載していますがおおよそでも構いません。

ほかの作例と比べすこし難しいと感じるかもしれませんが、ぜひ挑戦してみてください。

花瓶に生けられたバラのモデル

「カーブオブジェクト」について

❶ カーブの追加

1 それでは「ファイル → 新規 → 全般」から新しいファイルを作成したら既存オブジェクトを削除して「カーブオブジェクト」を追加してみましょう。「3Dビューポート」上部のメニューの「追加 → カーブ」から追加できるのですが、今回はその中から「パス」（❶）を選択してみてください。

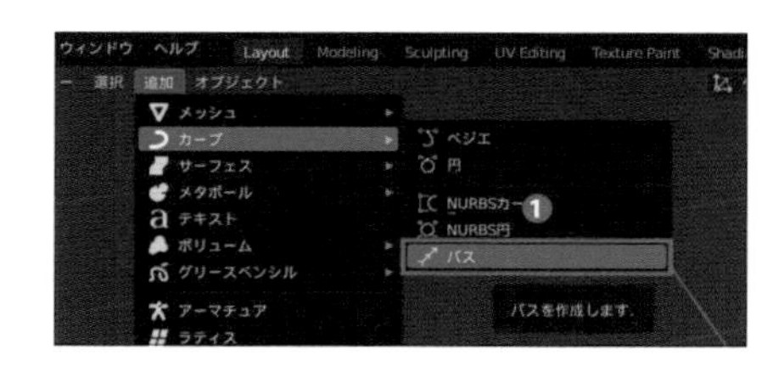

すると1本の線のような「カーブオブジェクト」が追加されました（❷）。
この「カーブオブジェクト」は「メッシュ」のデータの代わりに「カーブ」のデータを持っていて、「アウトライナー」内（❸）や「プロパティ」内の「オブジェクトデータプロパティ」のアイコン（❹）も「カーブ」のもの になっているので確認してください。

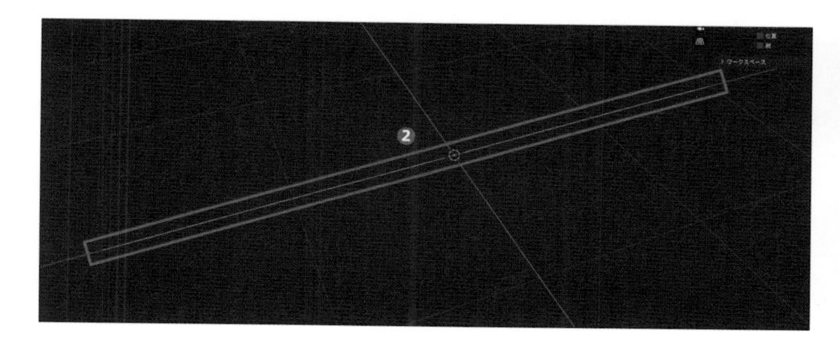
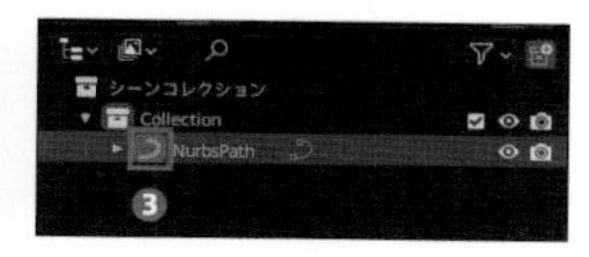

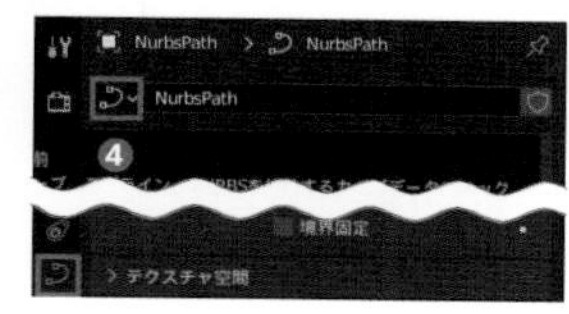

❷ カーブの編集

1 次に練習として、基本的な「カーブ」の編集方法について触れていきましょう。まずは追加した「カーブ」を編集するために「編集モード」に切り替えます。すると5つの点が線で繋がれたような表示になります。このうちの点のことを「制御点（頂点）」と呼び、「頂点」同士の間に張られている線のことを「セグメント」と呼びます。

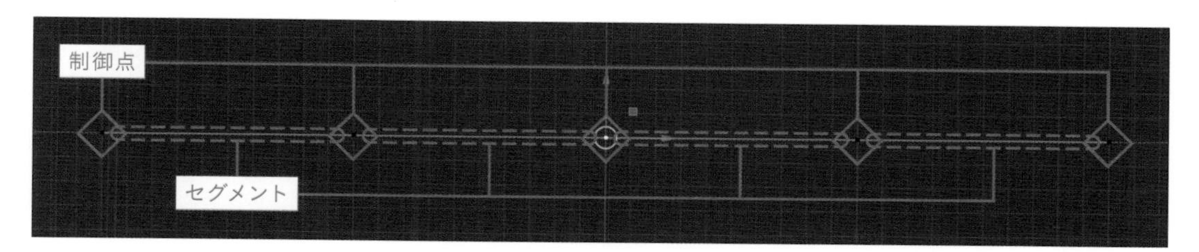

2 「カーブ」の編集ではこのうちの「制御点」しか選択することができません。試しに「制御点」を1つ選択して「移動ツール」で移動させてみましょう（❶）。すると「セグメント」とは別に黒い滑らかな線が表示されているのが確認できると思いますが、この黒い線が最終的に生成される「カーブ」になります。以降では、線を見やすくするために画面を明るく加工しているところがあります。実際の画面と異なりますのでご注意ください。

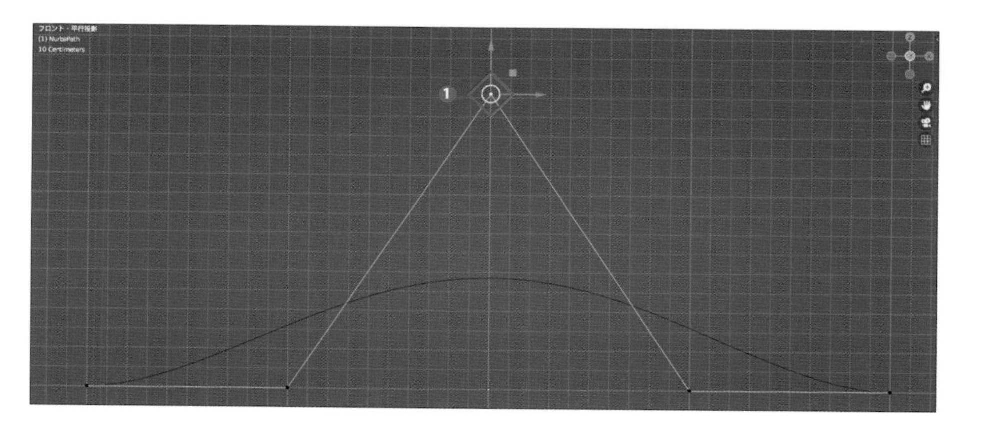

一度「オブジェクトモード」に戻り、生成された「カーブ」を確認してみてください（❷）。
このように「カーブオブジェクト」は、「制御点」を操作することで「セグメント」が張られている部分に滑らかな曲線を追加できる「オブジェクト」になります。

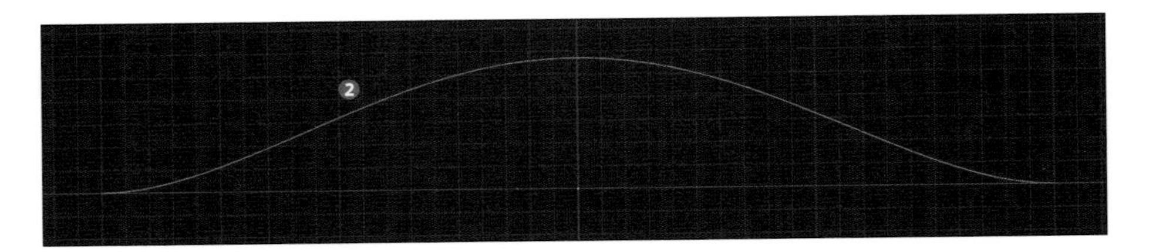

3 「制御点」については「メッシュ」と同様に、「編集モード」で「押し出しツール」（ショートカット：[E] キー）を使って増減させることができます。

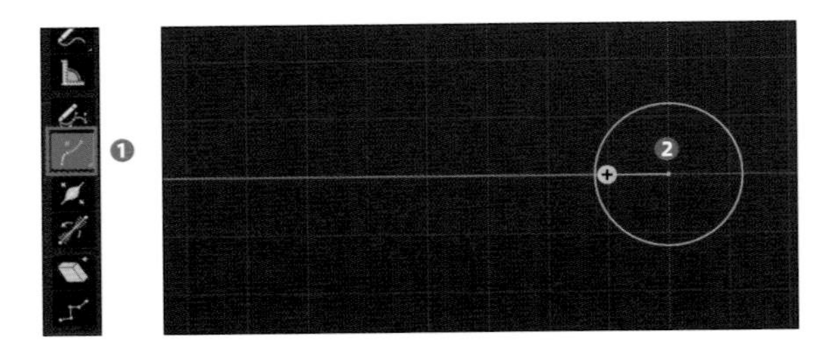

「押し出しツール」はツールメニュー内の下から5つ目のツール（❶）で、「カーブ」の一番端の「制御点」を選択している状態でマニピュレータを操作することで新しく「制御点」を追加することができます（❷、❸）。「制御点」を追加するとその分「カーブ」も伸びていくので確認してみましょう。

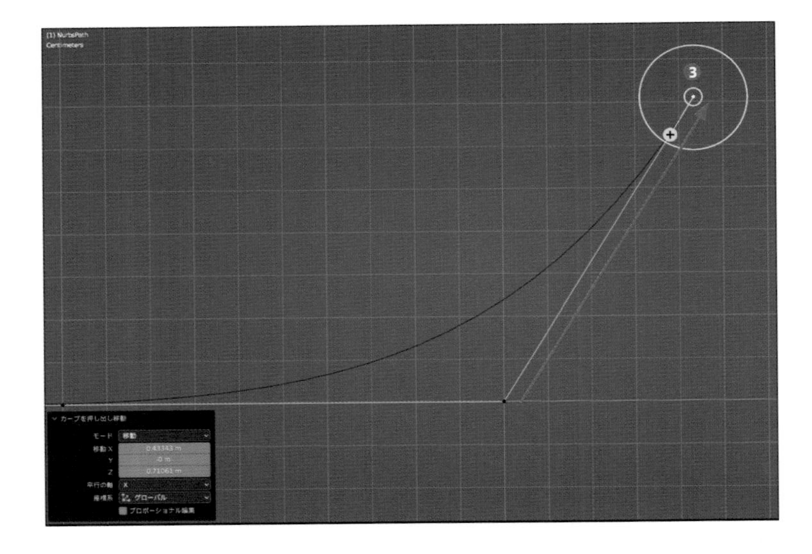

ヒント

「セグメント」で繋がった「制御点」は最終的に一筆書きのようなカーブになります。中間にある「制御点」から押し出すこともできますが、枝分かれした「カーブ」を作ることはできません。

4 また「セグメント」の中間に「制御点」を追加したい場合は「細分化」機能を使用します。こちらは分割したい「セグメント」が繋がっている「制御点」をそれぞれ選択してから（❶）「3Dビューポート」上部のメニューの「セグメント → 細分化」（または右クリック → 細分化）（❷）を実行します。
実行すると「セグメント」が調整メニューの「分割数」で指定した値で等分されます（❸）。このように「制御点」を増やすことで、その分細かな形状の「カーブ」を作成することができるようになります。分割した制御点は、既存の制御点と同じように動かすことができます（❹）。

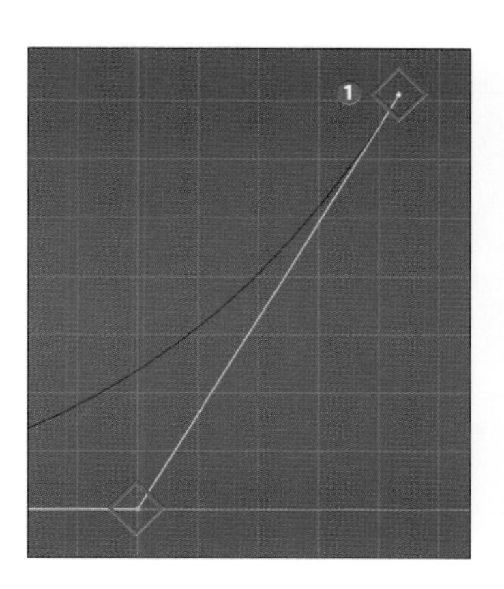

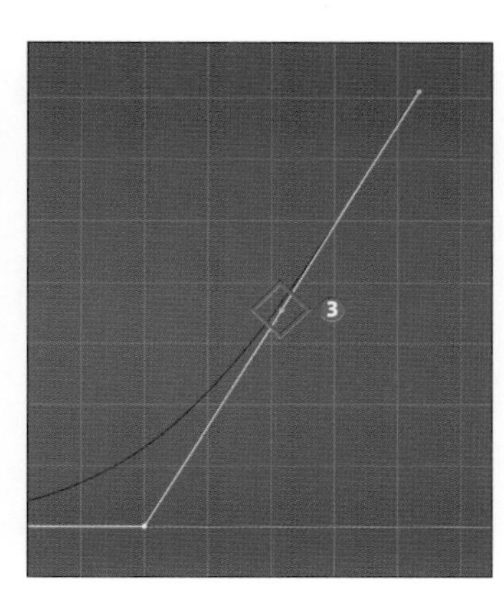

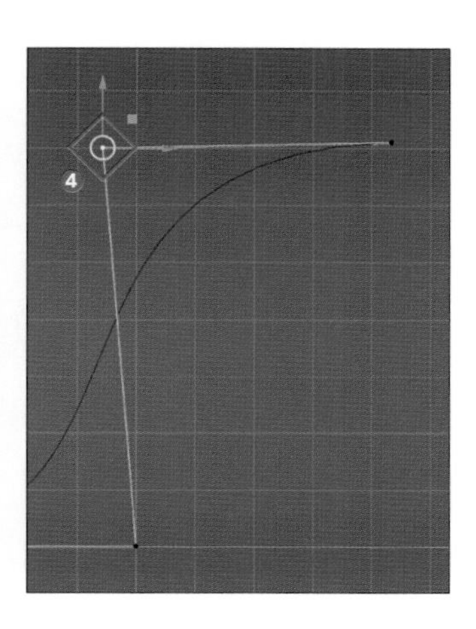

5 不要な「制御点」については「3Dビューポート」上部のメニューの「カーブ → 削除 → 頂点」（❶、❷）から削除することができます。「制御点」を削除しても「カーブ」は途切れず自動的に「セグメント」を補完してくれます（❸）。

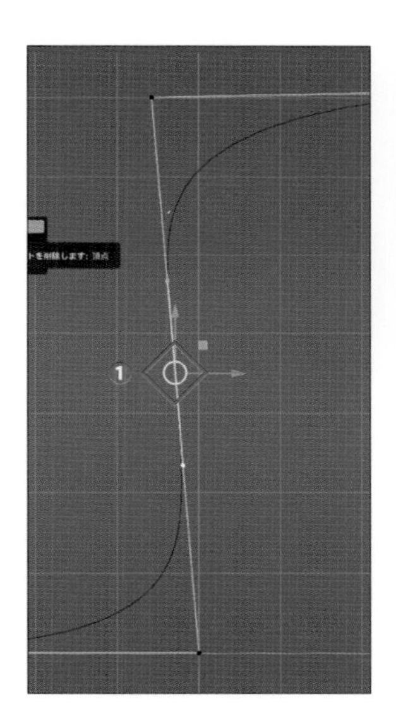

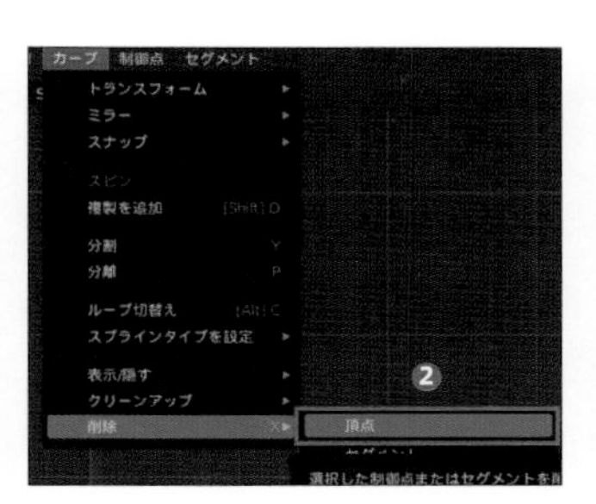

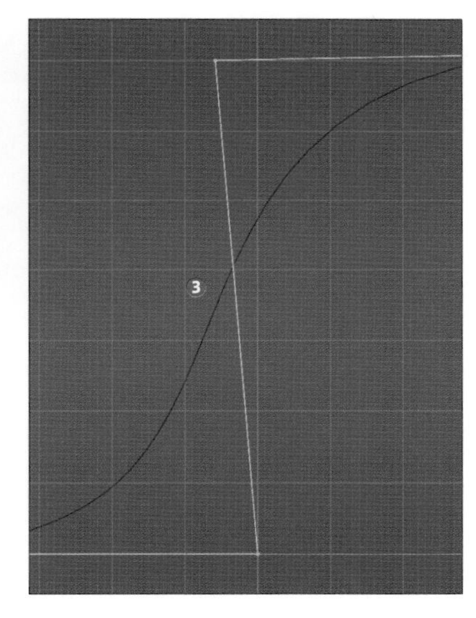

6 一方で「カーブ」を分断したい場合には、「セグメント」の両端の「制御点」を選択し（❶）、「3Dビューポート」上部のメニューの「カーブ → 削除 → セグメント」（❷）を実行します。

「セグメント」が削除されて「カーブ」を分断することができるので確認してください（❸）。

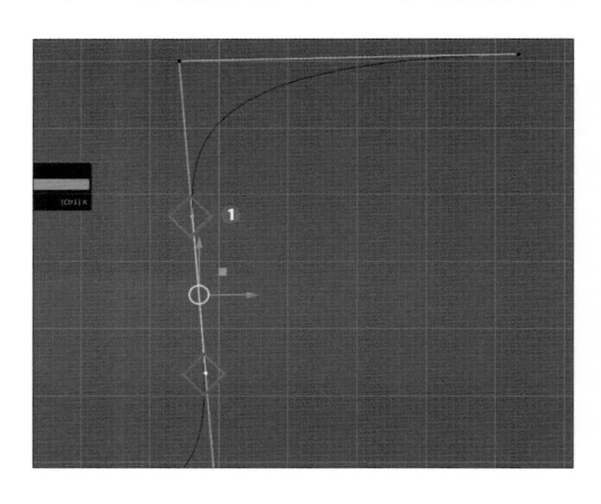

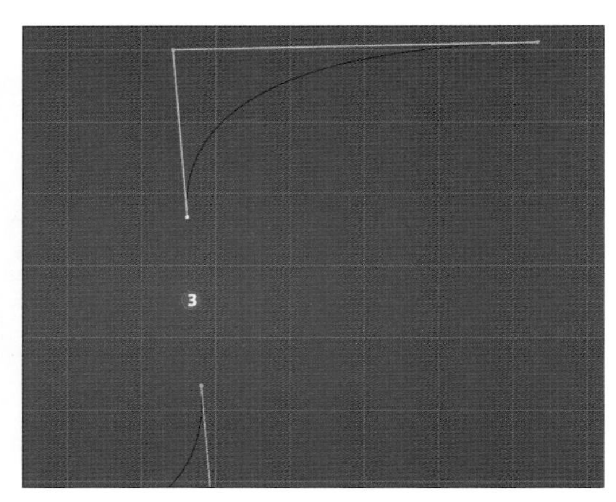

7 「制御点」同士の間に手動で「セグメント」を張ることもできます。その場合は2箇所の「制御点」を選択したら（❶）「3Dビューポート」上部のメニューの「制御点 → セグメントを作成」（ショートカット：[F] キー）を実行します（❷、❸）。

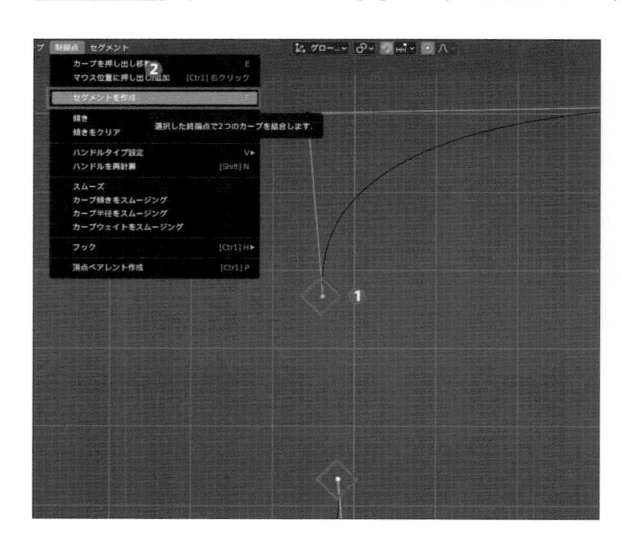

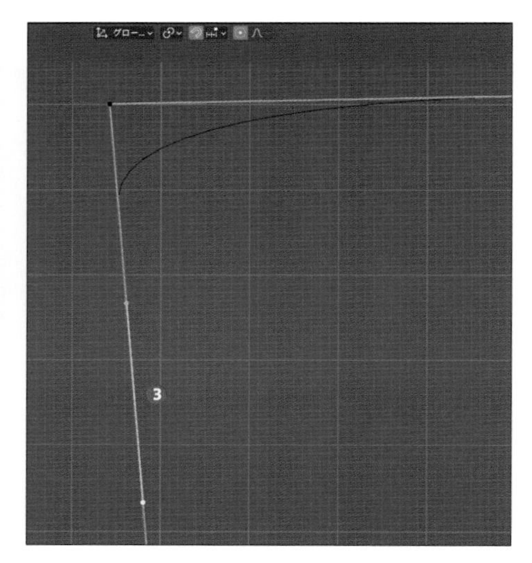

このとき「カーブ」の両端の「制御点」を接続する（❹、❺）ことで輪っか状の「カーブ」にすることもできるので試してみましょう（❻）。
以上が「カーブ」の基本的な編集方法です。実際に一通り試してどのように「カーブ」が変化するかを確認しておいてください。

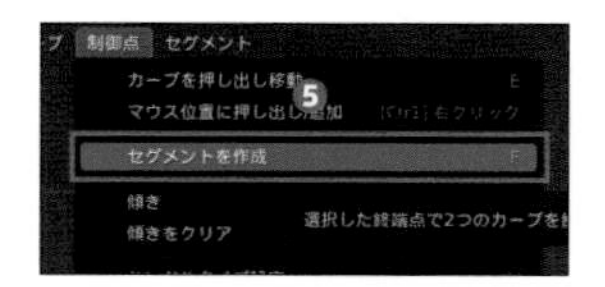

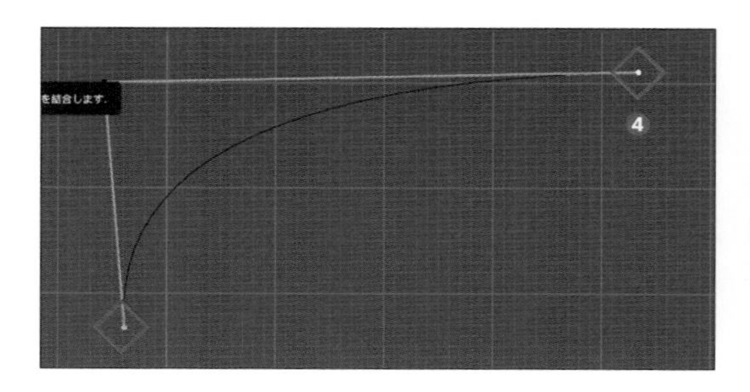

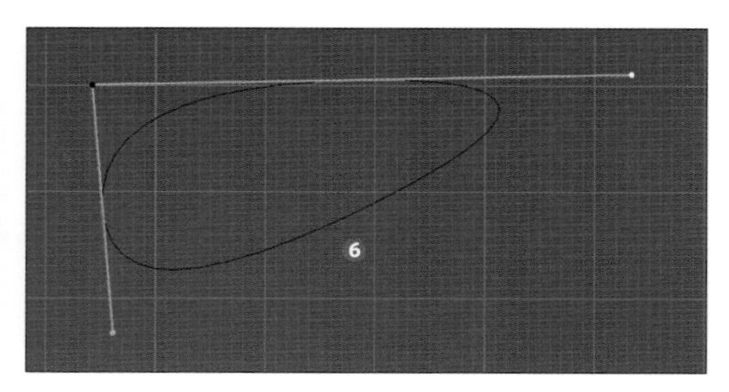

③ カーブの種類

1　「カーブ」の基本的な編集方法に触れたところで、「カーブ」の種類についても触れます。
「Blender」には先ほど追加した「パス」以外にも「NURBS」と「ベジエ」という種類の「カーブ」も用意されていますのでこちらも合わせて確認してみましょう。
「オブジェクトモード」で「3Dビューポート」上部のメニューから「追加 → カーブ → NURBSカーブ」(❶、❷)、「追加 → ベジエ」(❸、❹) をそれぞれ追加して比較します。

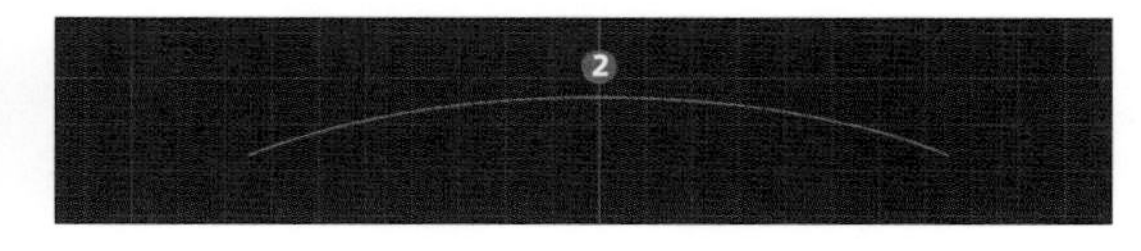

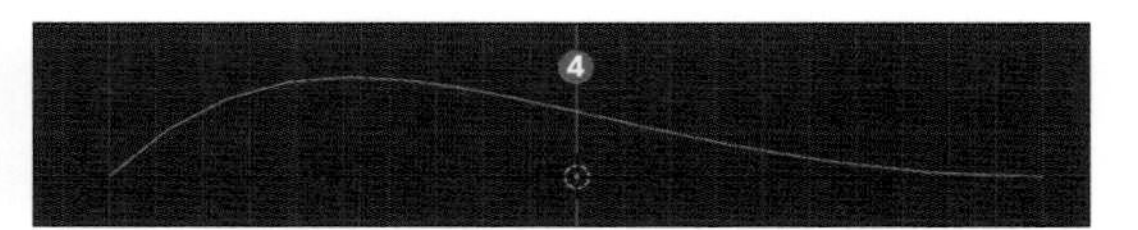

2　まずは「パス」と「NURBS」を比較してみます。生成直後の「NURBS」は「オブジェクトモード」でみると短い弧のような見た目をした「カーブ」ですが、「編集モード」で見ると「制御点」が4つ用意されていることが確認できます (❶)。

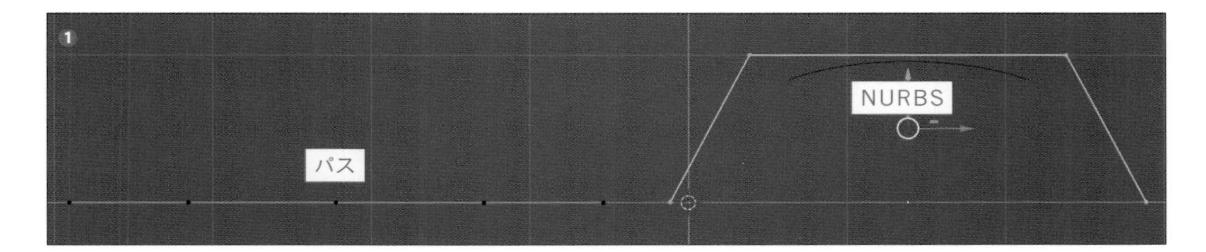

この「NURBS」と同じような位置に「パス」の「制御点」を配置して比較した場合、「パス」が末端の「制御点」まで「カーブ」が伸びるのに対して、「NURBS」では末端よりひとつ前の「制御点」までしか「カーブ」が伸びません (❷)。

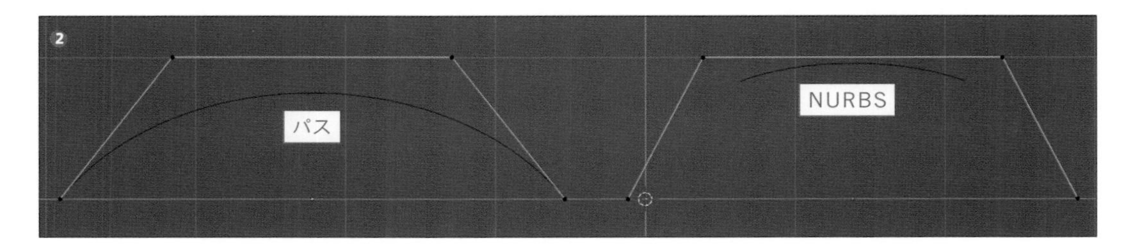

「カーブ」を生成する際の曲がり具合もそれぞれ微妙に異なりますが、いずれも「制御点」に向かうように「カーブ」が伸びていきます。
このように「パス」と「NURBS」はそこまで大きな違いがありませんので、使いやすい方を使うぐらいの感覚でいいと思います。

3 一方で「ベジエ」は他の2つとは若干操作方法が異なります。「編集モード」で「ベジエ」の「制御点」を選択すると、「制御点」を中心に対称的に伸びる直線が表示されるのが確認できると思います。これを「ハンドル」と呼び、「ベジエ」ではこの「ハンドル」の直線が接線となるような「カーブ」が生成されます。

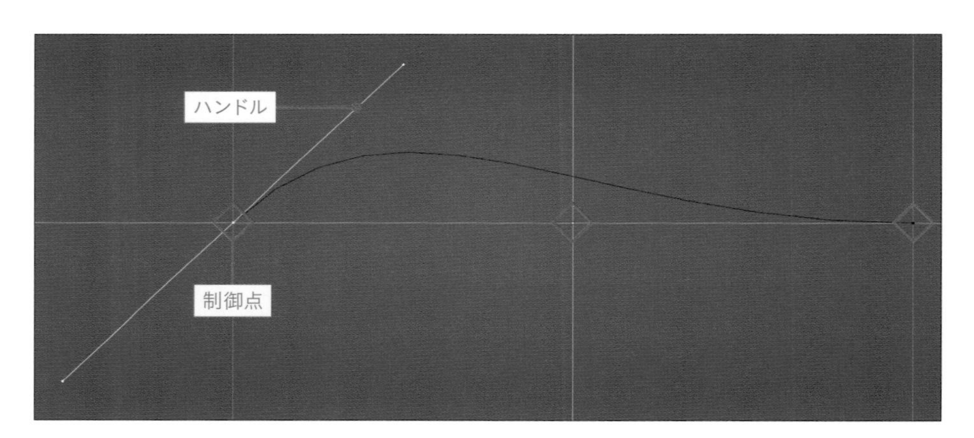

4 「ハンドル」は「回転ツール」や「スケールツール」で向きや長さを変えることができます。試しに左端の「制御点」を選択して「ハンドル」を「回転ツール」で回転したり（❶）、「スケールツール」で縮小したりしてみましょう（❷）。すると編集内容に応じて「カーブ」の曲がり方も変わります。
このように「ベジエ」で生成される「カーブ」は、「ハンドル」の直線が向いている方向に向かって膨らむように伸び、「ハンドル」の長さに応じて膨らみ具合も変化します。

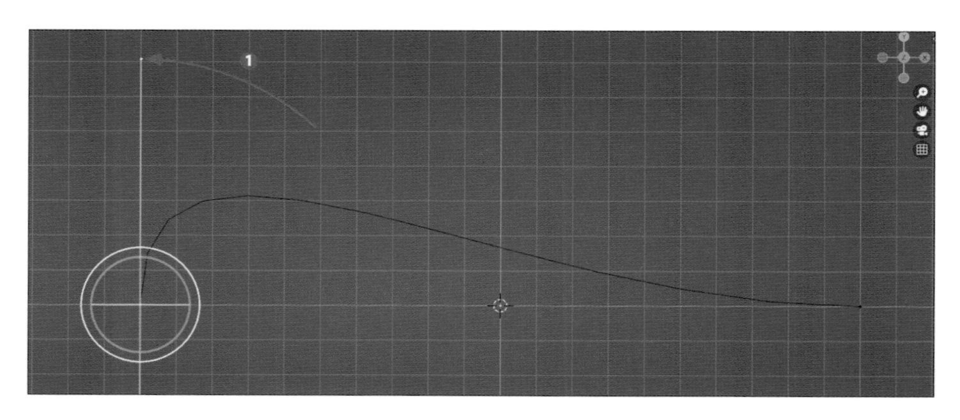

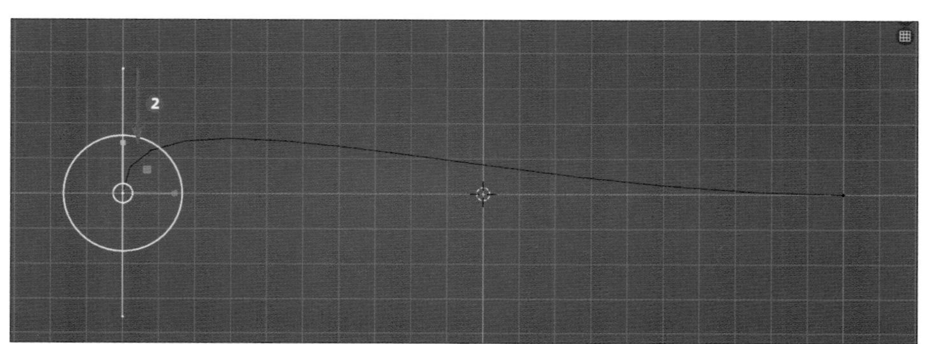

5 また「ハンドル」の先端部分も選択することができるのですが、これを「移動ツール」で操作することで「ハンドル」の片側だけの長さを調整することができます。試しに左端の「制御点」のうち上先端の「ハンドル」を選択して（❶）「X軸方向」に「1」移動させることでどのように変化するかを確認してみてください（❷）。

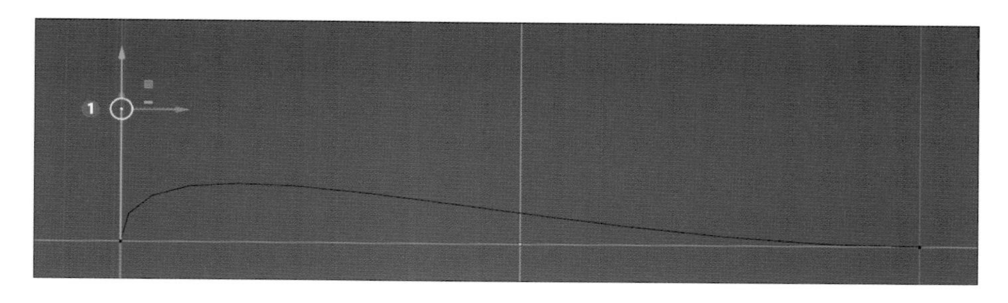

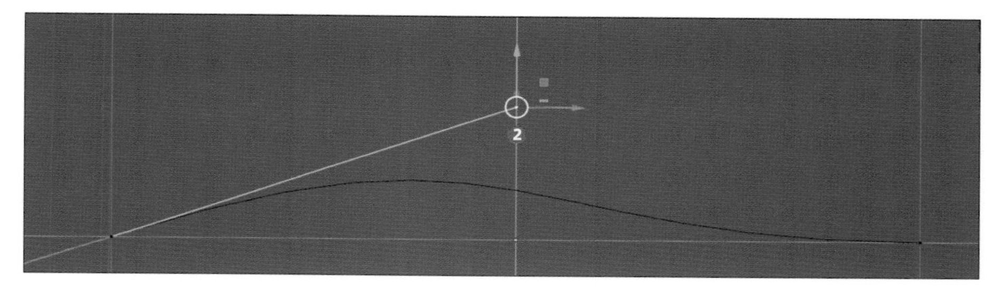

6 この「ハンドル」についてはいくつか種類があり、「制御点」を選択している状態で「3Dビューポート」上部のメニューから「制御点 → ハンドルタイプ設定」（ショートカット：[V] キー）からそれぞれ切り替えることができます。試す前に両端の「制御点」を選択してから「セグメント → 細分化」で中間に1つ「制御点」を追加した状態にしておきます（❶、❷、❸）。

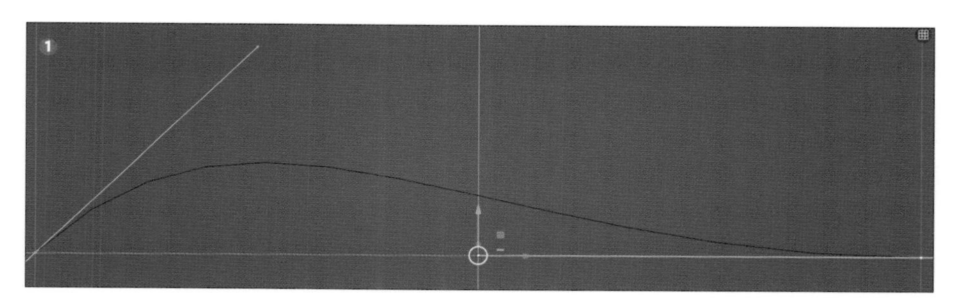

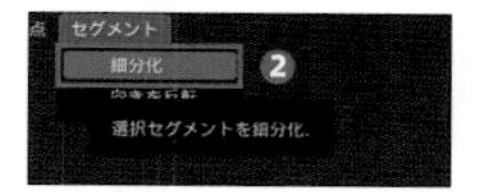

ヒント

ベジエで「細分化」を使用した場合は「セグメント」の中央ではなく「ハンドル」の長さや向きを考慮した位置に「制御点」が追加されます。

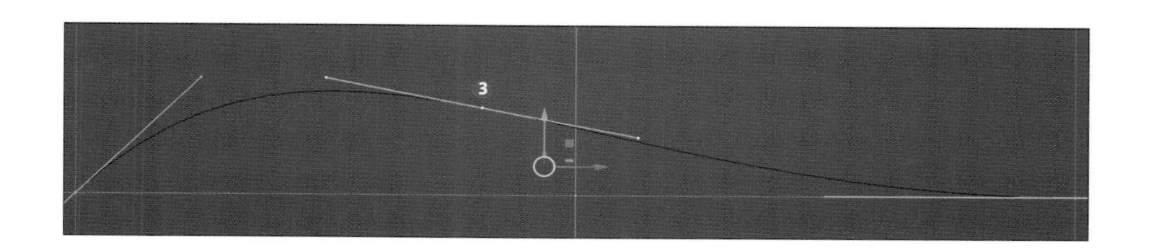

7 では、それぞれ「ハンドル」の操作がどのように変化するか確認してみましょう。

ハンドルタイプ	操作内容	向いている用途
自動	「カーブ」が滑らかになるように「ハンドル」の向きや長さを自動的に調整します。	「ハンドル」での操作で滑らかな「カーブ」を作るのが難しい場合に使用するとよいでしょう。
ベクトル	左右の「ハンドル」がそれぞれの隣接した「制御点」に向かってまっすぐ伸びるよう自動的に調整します。	四角や三角といった角の立った「カーブ」を作りたい場合に便利です。
整列	「ハンドル」の両端の向きが対称方向に伸びるよう自動的に調整されます。	デフォルトのハンドルタイプです。
フリー	左右の「ハンドル」を別々の向きになるよう調整することができるようになります。	「ハンドル」を左右にで別方向に操作することで、「制御点」の位置に角を立てるような「カーブ」を作成することができます。

「自動」(整列)

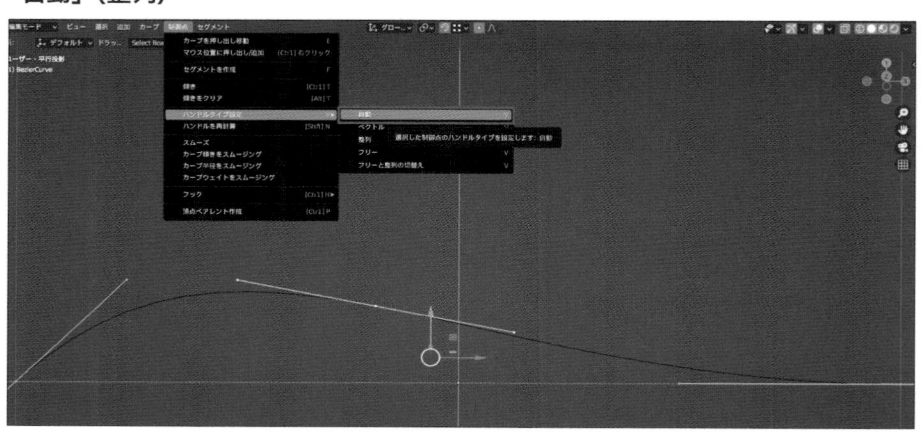

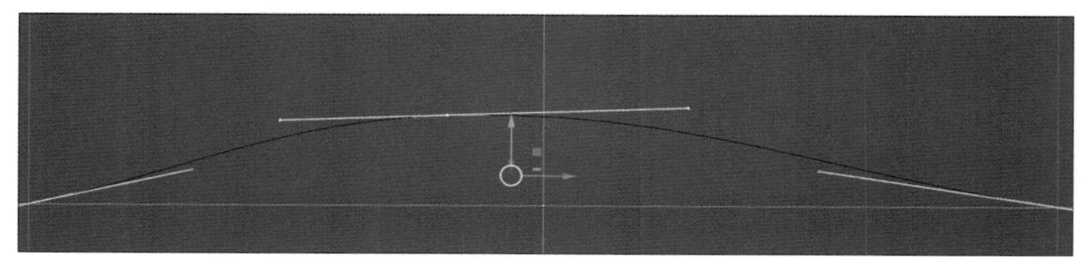

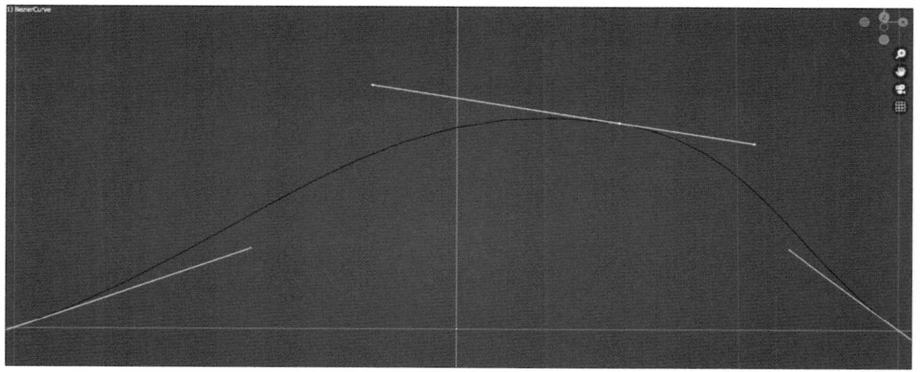

「ベクトル」

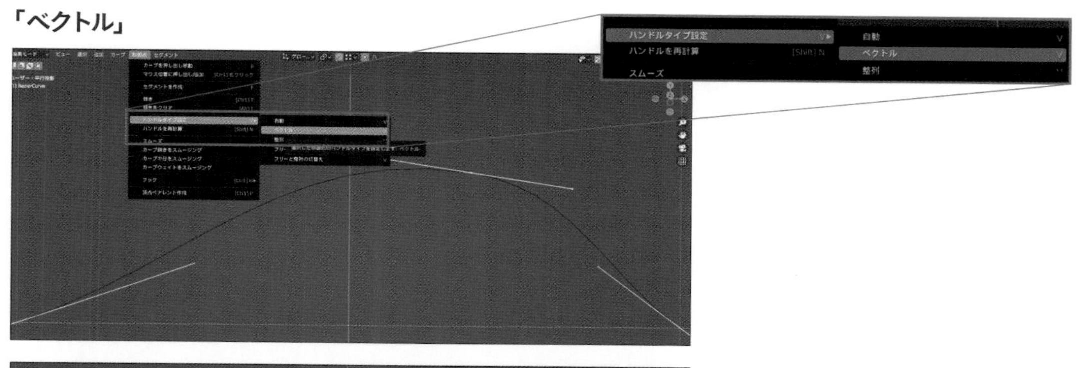

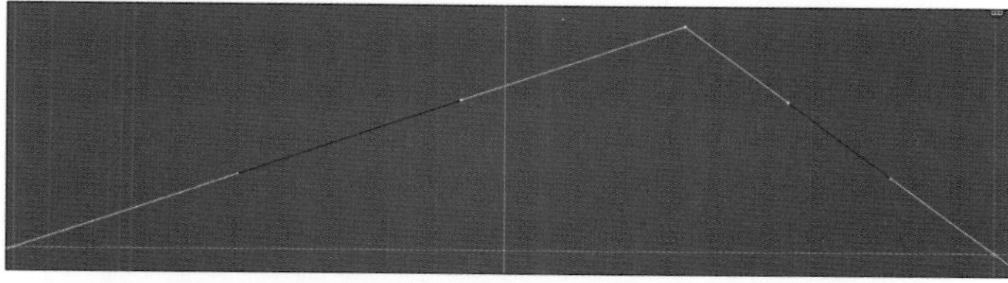

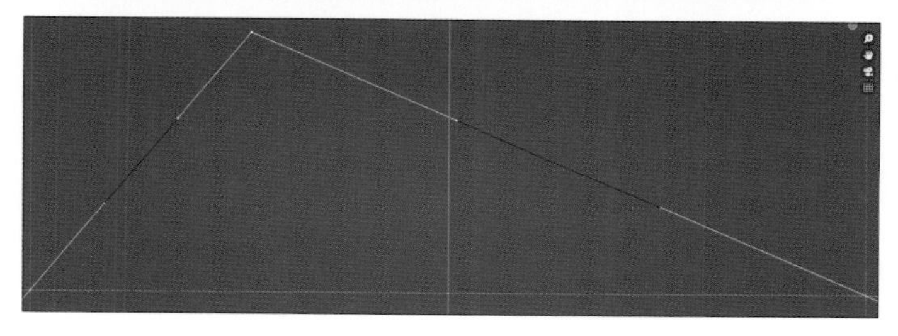

「フリー」

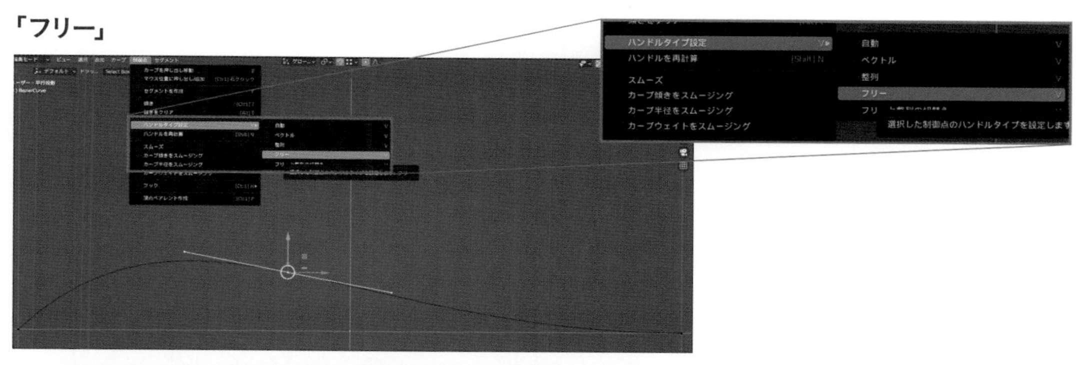

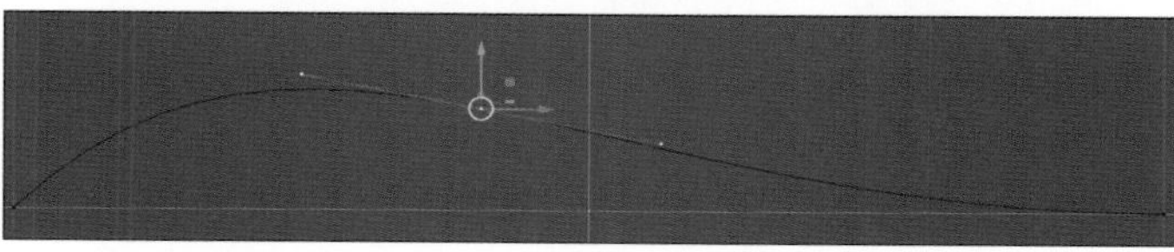

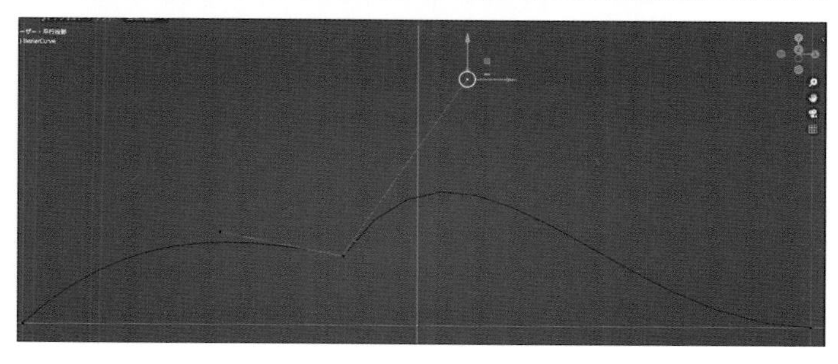

※「カーブ」について一通り確認ができましたら、これまでに追加した「カーブ」はすべて削除しておいてください。

補足説明：ハンドルを再計算

「ハンドル」を操作しすぎて「カーブ」が乱れてしまった場合は、「制御点」を選択した状態で「3Dビューポート」上部のメニューから「制御点 → ハンドルを再計算」(❶) 機能を使用すると手軽に修正することができます (❷)。余裕がありましたら「細分化」で「制御点」を増やして「ハンドル」を適当に操作した後に実行してみてください。
すると「ハンドルタイプ」はそのままに「ハンドル」の向きを「カーブ」がある程度滑らかになるように自動的に調整してくれます。こちらも便利ですので覚えておきましょう。

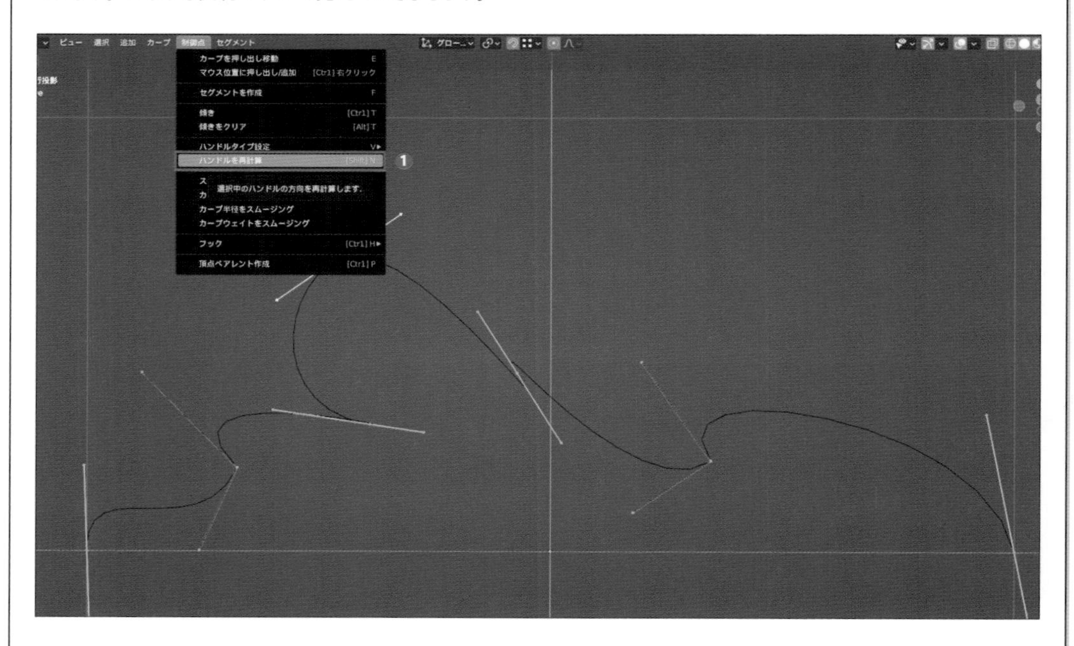

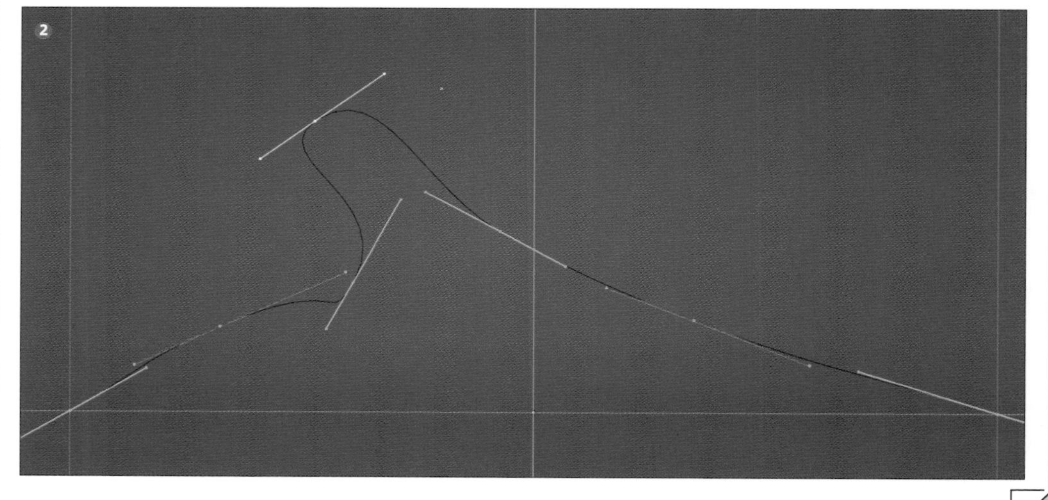

花瓶を作成する

❶ 回転体の断面を作る —— 花瓶の胴体

1 「カーブオブジェクト」の種類と基本的な編集方法についてある程度把握しましたら、実際に「カーブオブジェクト」を使用して「モデリング」をしてみましょう。まずは花瓶のモデルを回転体で作成していくのですが、今回はこの回転体の断面を作るために「ベジエカーブ」を使います。

「オブジェクトモード」で「3Dビューポート」上部のメニューから「追加 → カーブ → ベジエ」を追加したら、「編集モード」ですべての「制御点」を選択（❶）してから「制御点 → ハンドルを再計算」（❷）を使用して「カーブ」をまっすぐ伸ばします（❸）。

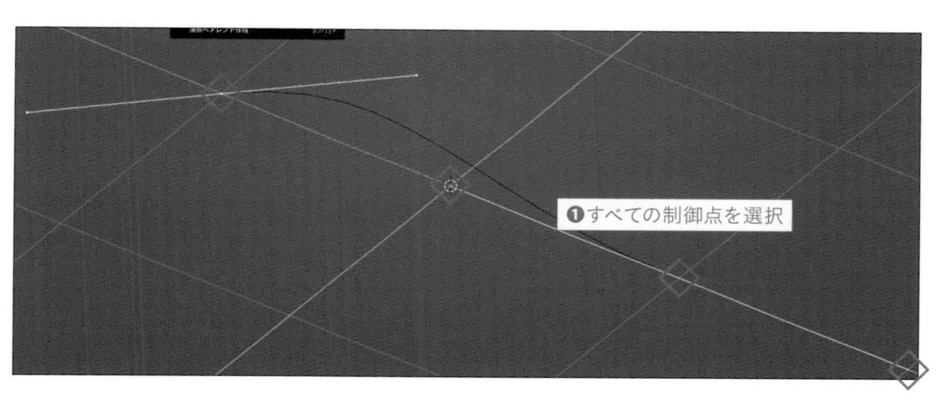

2 「カーブ」をまっすぐに伸ばしたら、花瓶の胴体部分を形作るための編集をしていきます。視点を正面からの平行投射（テンキーの［5］→［1］）に切り替えて（❶）、それぞれの「制御点」の「トランスフォーム」の「位置」を設定します。

今回は右側の「制御点」は「X：0.15、Y：0、Z：4」（❷）、左側の「制御点」は「X：0、Y：0、Z：0.2」（❸）に設定しました。

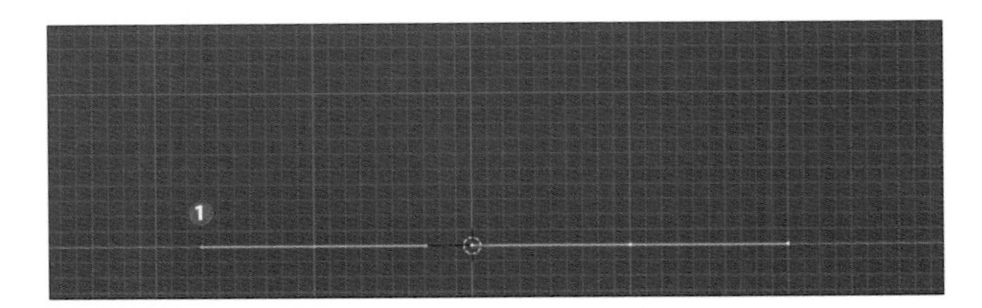

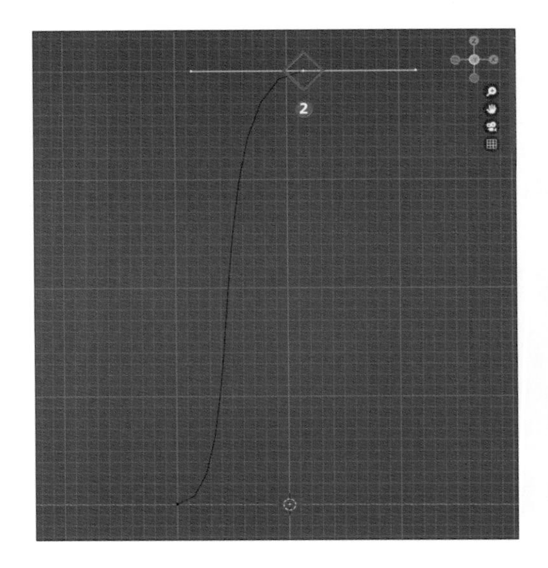

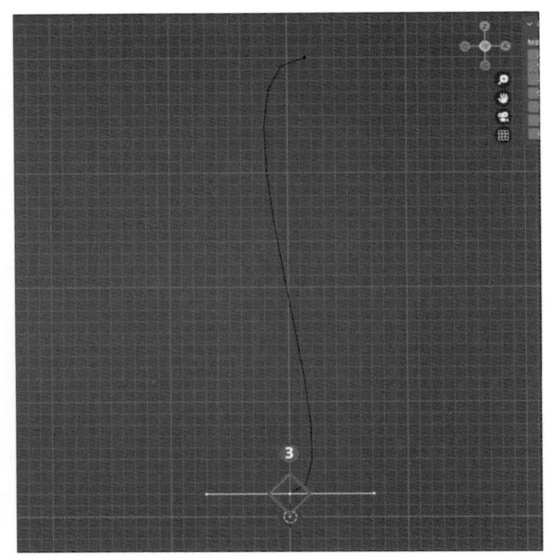

3 さらに上側に配置された「制御点」の「ハンドル」は「回転ツール」を使用して「Z方向」に「180°」回転させて「カーブ」が外側に向かって曲がるように調整しましょう。

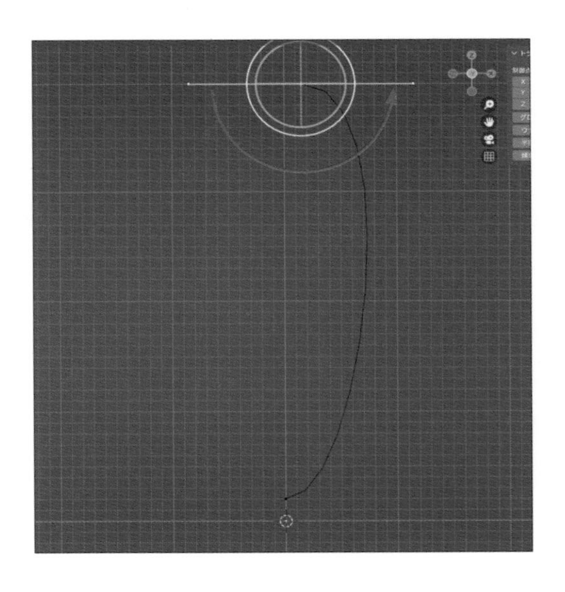

4 次にカーブ全体を選択して「3Dビューポート」上部のメニューから「セグメント → 細分化」を使用して「セグメント」を分割します。今回は「調整メニュー」から「制御点」を3つ追加されるように「分割数」を「3」に設定しました（❶、❷）。

追加した「制御点」は上からそれぞれ「トランスフォーム」の「位置」を「X：0.2、Y：0、Z：3.5」、「X：0.38、Y：0、Z：2.3」、「X：1.1、Y：0、Z：1.2」に設定しました（❸）。

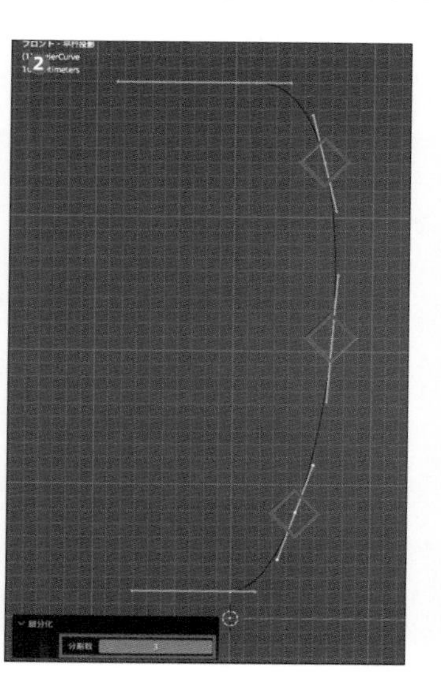

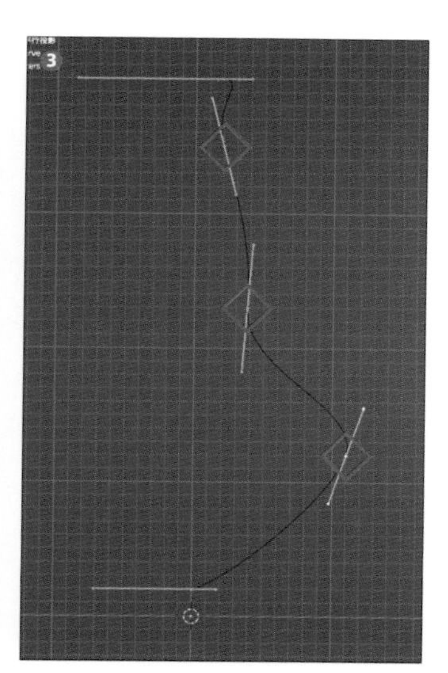

❷ 回転体の断面を作る —— 花瓶の口

1 続いて、花瓶の口になる部分の断面を作成します。まずは上2つの「制御点」の「ハンドル」を選択（❶）して、「制御点 → ハンドルタイプ設定」から「フリー」に変更（❷）して「ハンドル」を操作します。

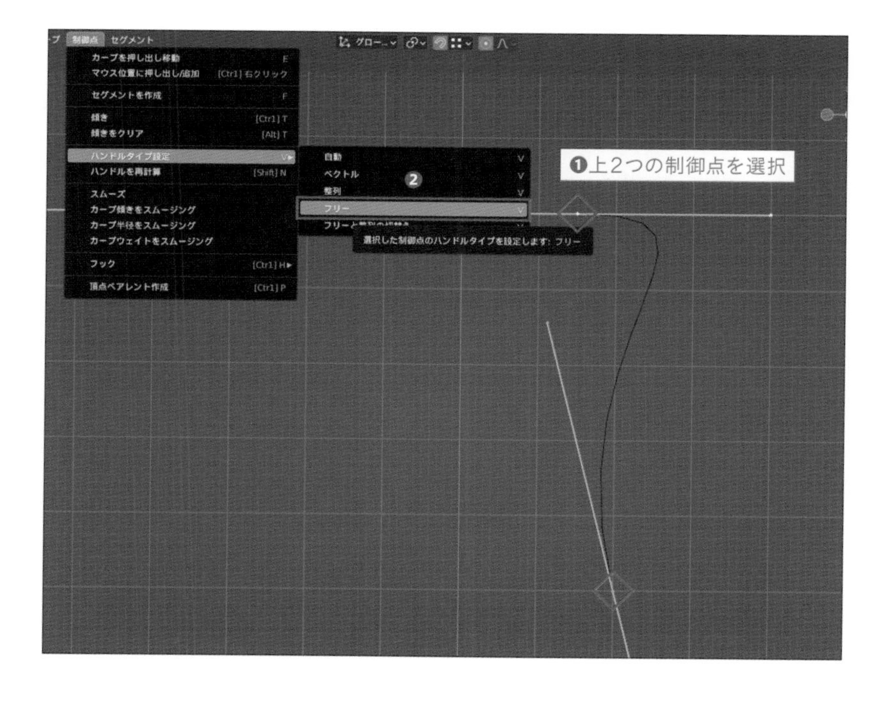

今回は一番上の「制御点」の「ハンドル」は右端の「トランスフォーム」の「位置」を「X：0.49、Y：0、Z：4.14」(❸)、左側を「X：0.15、Y：0、Z：3.5」(❹)になるよう調整します。二番目の「制御点」の「ハンドル」も、上側を「X：0.5、Y：0、Z：3.5」(❺)、下側を「X：0.2、Y：0、Z：3」に調整しました。

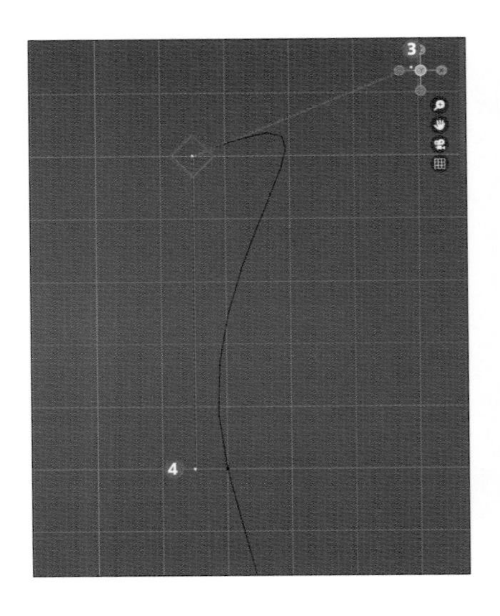

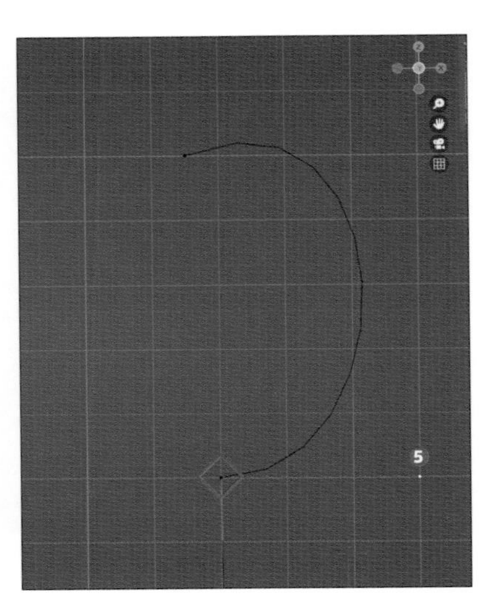

2 さらに上側の「制御点」を選択した状態で「押し出しツール」を使用して「制御点」を2つ押し出して追加し（❶、❷、❸)、それぞれ順に「トランスフォーム」の「位置」を「X：0.15、Y：0、Z：2」、「X：0、Y：0、Z：2」に設定しました。

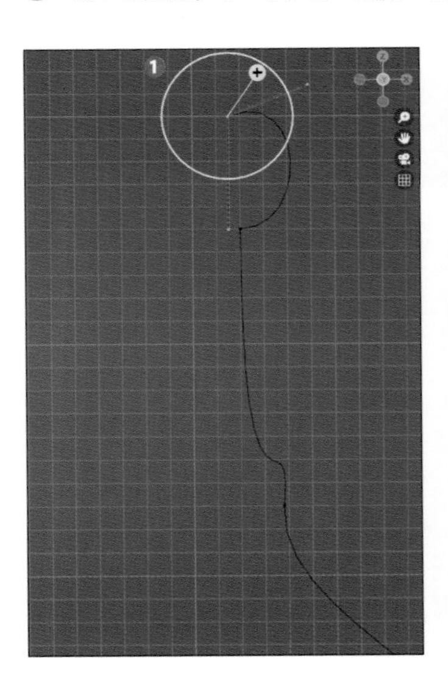

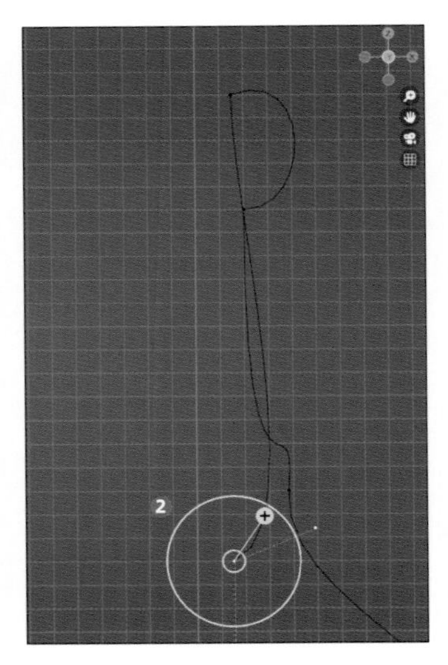

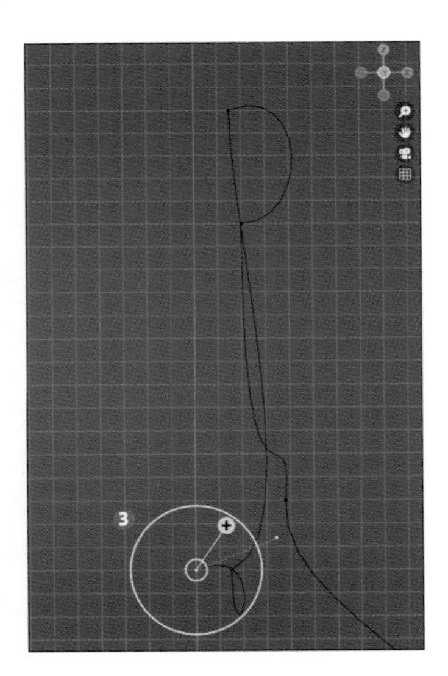

3 追加した「制御点」の「ハンドルタイプ」は「制御点 → ハンドルタイプ設定 → ベクトル」（ショートカット：[V] キー）から「ベクトル」に変更して（❶）角を立てておきましょう（❷）。これで花瓶の口部分のカーブができあがりました。

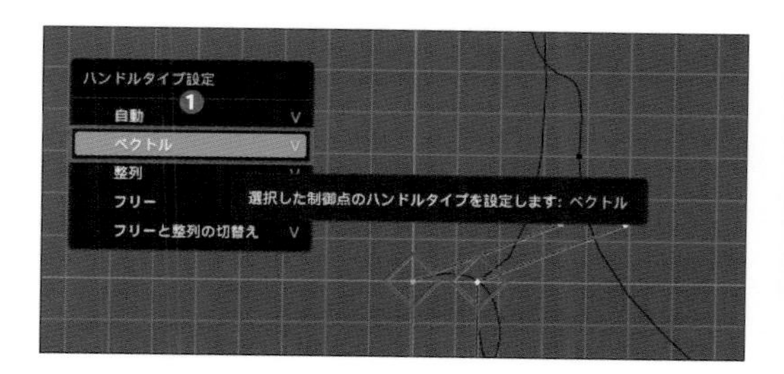

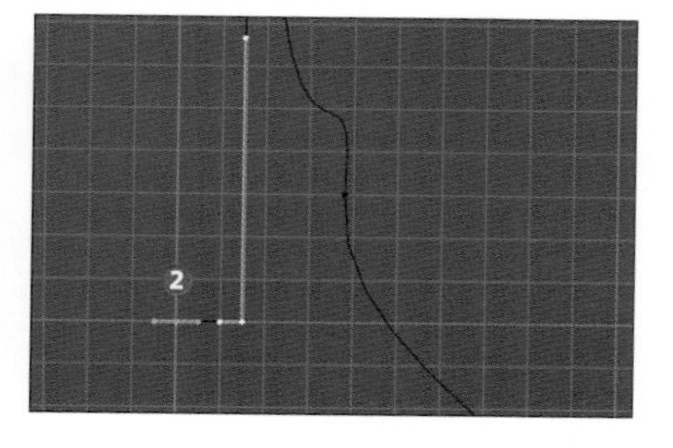

❸ 回転体の断面を作る —— 花瓶の高台

1 次に花瓶の高台部分も作成してみましょう。こちらは下端の頂点2つを選んだ状態（❶）で「3Dビューポート」上部のメニューから「セグメント → 細分化」を実行し、「調整メニュー」から「分割数」を「3」に設定して3つの制御点を追加します（❷、❸）。そして、追加した制御点に対して、左からそれぞれ「トランスフォーム」の「位置」を「X：0.4、Y：0、Z：0.13」、「X：0.55、Y：0、Z：0」、「X：0.7、Y：0、Z：0.13」に設定しました（❹）。

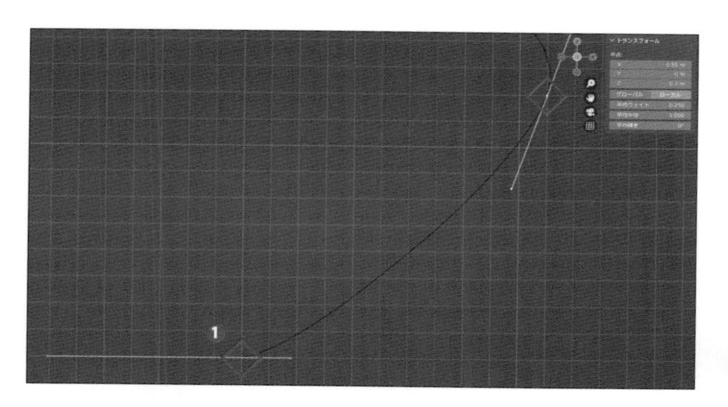

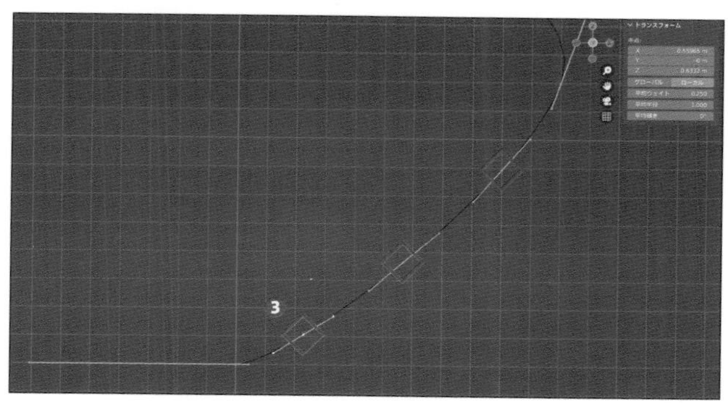

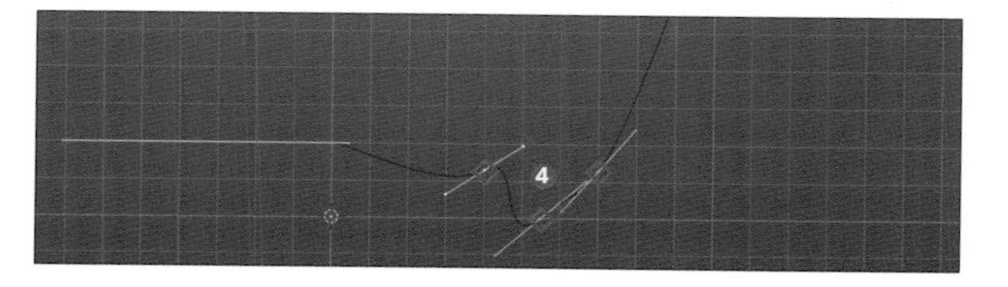

2 「ハンドルタイプ」は両脇のものは「フリー」(❶)、一番底にあるものは「自動」(❷)に設定しておきましょう(ショートカット:[V] キー)。

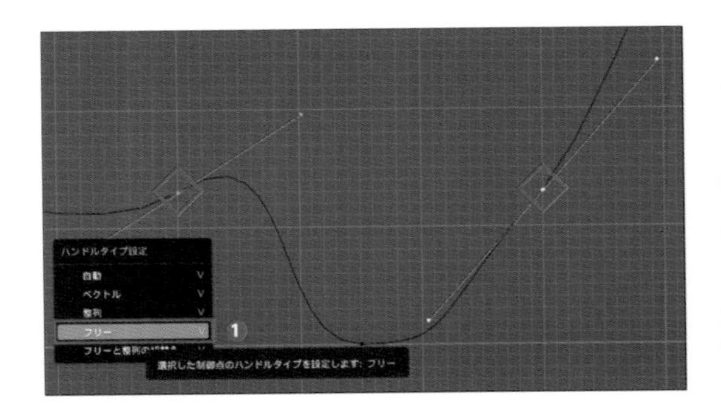

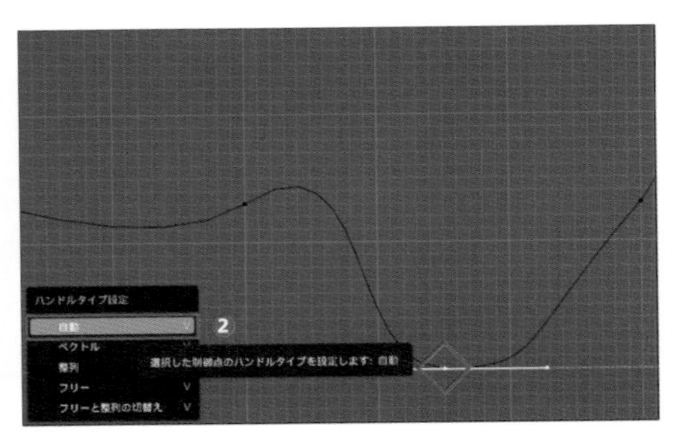

3 さらに追加したうち一番左の「制御点」の「ハンドル」は、左端を「X:0.3、Y:0、Z:0.2」(❶)、右端を「X:0.4、Y:0、Z:0」(❷)に設定します。一番右の「制御点」の「ハンドル」についても、左端を「X:0.7、Y:0、Z:0」(❸)、右端を「X:1.15、Y:0、Z:0.13」となるよう に調整しました。
一番底の「制御点」の「ハンドル」も「スケールツール」で「X、Y、Z」とも「2倍」拡大して少し角が立つようにしてみましょう(❹)。これで高台の部分の「カーブ」もできあがりです。

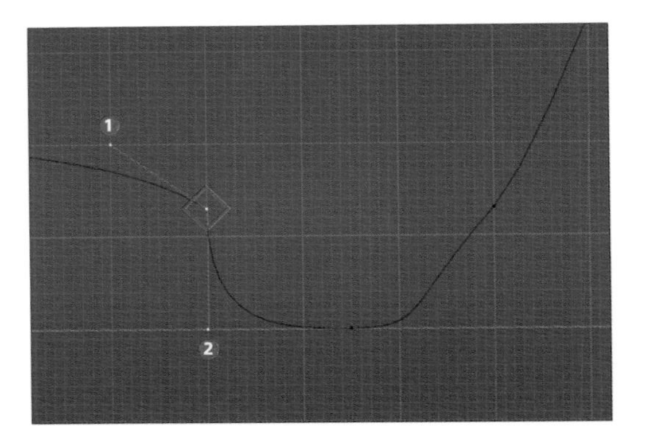

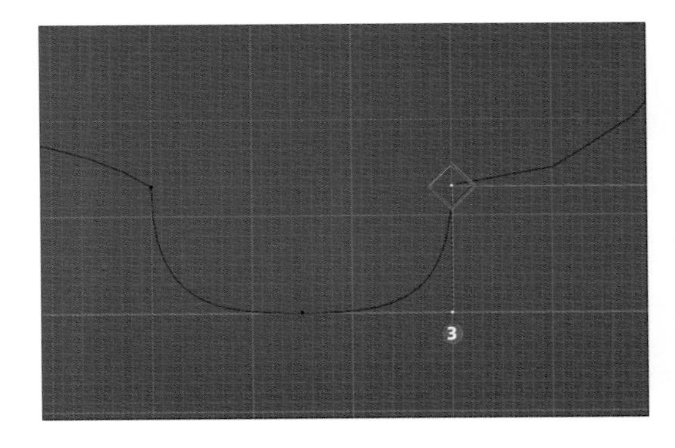

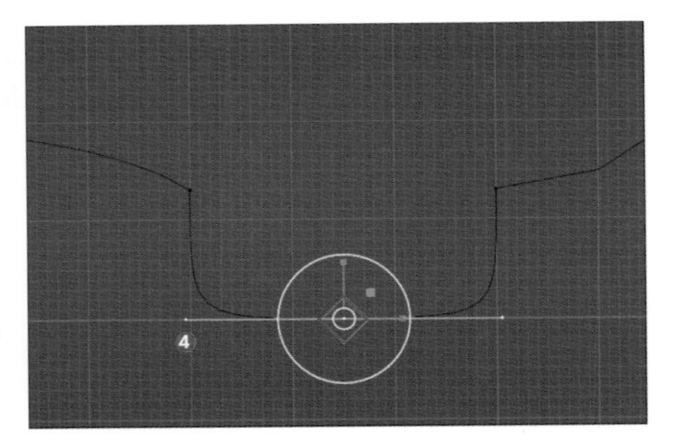

❹ 回転体の断面を作る —— 花瓶の側面の仕上げ

1 最後に側面部分のカーブの形も整えましょう。まずは残りの中腹に位置する2つの「制御点」(❶)の「ハンドルタイプ」を「自動」(❷)に設定して「カーブ」の形状が自動的に滑らかになるよう設定します(❸)。その後一番外側の「制御点」の「ハンドル」を「回転ツール」で「座標軸:Y」で「-20°」ほど回転させて(❹)下側に丸みを帯びたカーブになるように調整しました。
これで花瓶の断面の「カーブ」の完成です。

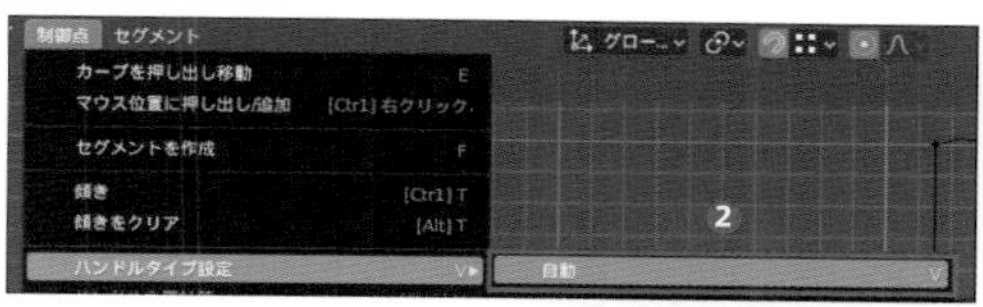

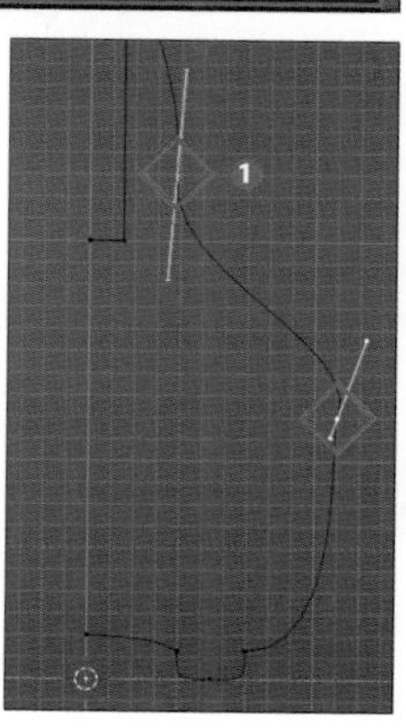

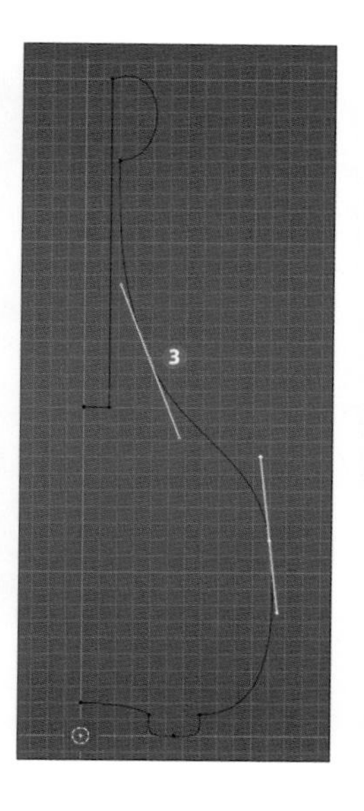

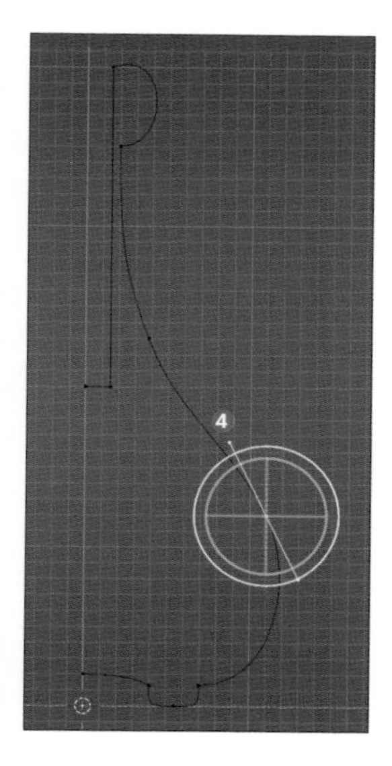

❺ 回転体を生成する

1 断面の「カーブ」が調整できたら「カーブオブジェクト」に「スクリューモディファイア」（❶）を追加して回転体を生成してみましょう（❷）。無事花瓶の形状が生成されたら成功です！

もし同様の形状が生成されない場合は、「オブジェクトの原点」が「中心」にあるか、「制御点」や「ハンドル」が「Y軸方向」に移動していないか、中心よりも左側に「カーブ」が伸びてしまっていないか、「オブジェクトモード」で「カーブオブジェクト」を回転させていないかなどを確認してみてください。

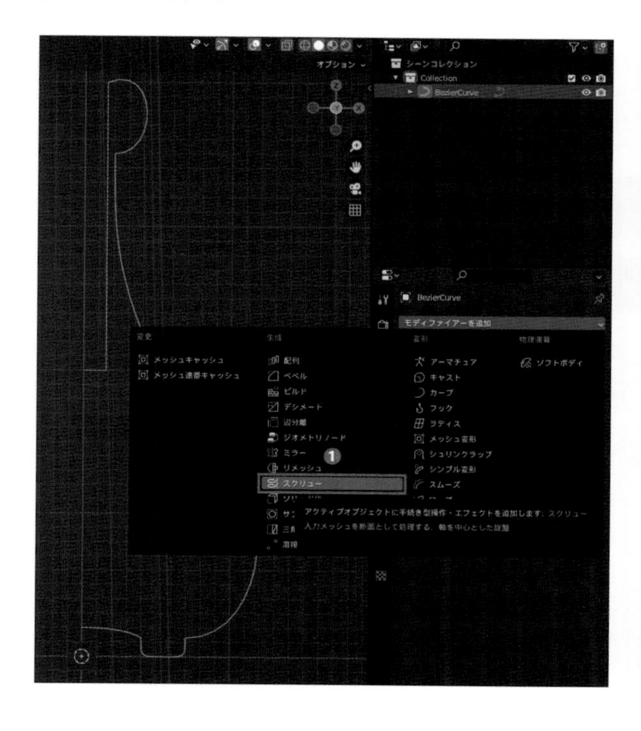

2 同様の形状は「メッシュ」を直接編集することでも作成することはできますが、「カーブ」から作成することで後からでも比較的手軽に形状を調整することができます。
余裕がありましたらこの状態で「カーブ」を編集して回転体の形状が変化することを確認してみてください（自分の好きな形状に編集してしまっても構いません！）。

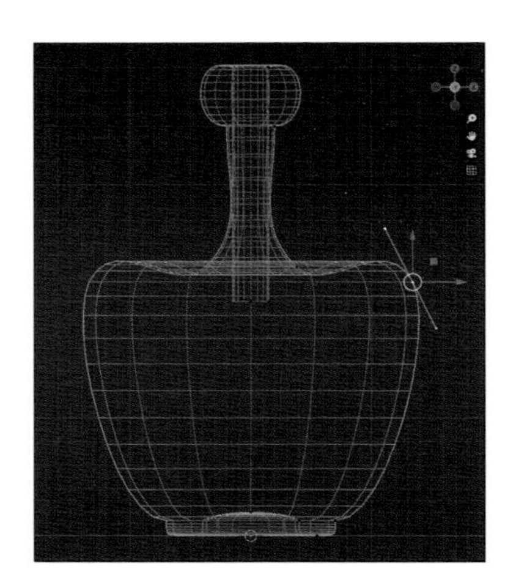

補足説明：カーブからメッシュへの変換について

「スクリューモディファイア」が設定できましたら、試しに一度「オブジェクトモード」で「モディファイアー」の「適用」を実行してみてください（❶）。すると「生成モディファイアーを適用できるよう、カーブからメッシュに変換してください」とエラーが表示されて「モディファイア」を「適用」できないことが確認できると思います（❷）。

これは「生成カテゴリのモディファイア」によって生成される「辺」や「面」といったデータは「カーブ」では保持できないからになります。
なので「生成カテゴリのモディファイア」を「適用」したい場合は一度「カーブ」を「メッシュ」に変換してあげる必要があります。
今回の作例では必要ありませんが、この「カーブ」から「メッシュ」への変換方法についても紹介しておきます。余裕がありましたら試してみましょう。
なお、一度「メッシュ」に変換してしまうと後から元の「カーブ」に戻すことはできないので、試す場合は変換前に「カーブオブジェクト」を複製するなどしておきましょう。

「カーブ」を「メッシュ」に変換するとき、「モディファイア」が設定されていると自動で「適用」されてしまいますので、今回は一度「スクリューモディファイア」を「×」ボタンで削除してから実行してみてください（❸）。そして、「オブジェクトモード」中に「オブジェクト → 変換 → メッシュ」を使用します（❹）。実行後に「編集モード」で確認してみると「カーブ」が「頂点」と「辺」で表現された「メッシュ」に置き換わっていることが確認できると思います。

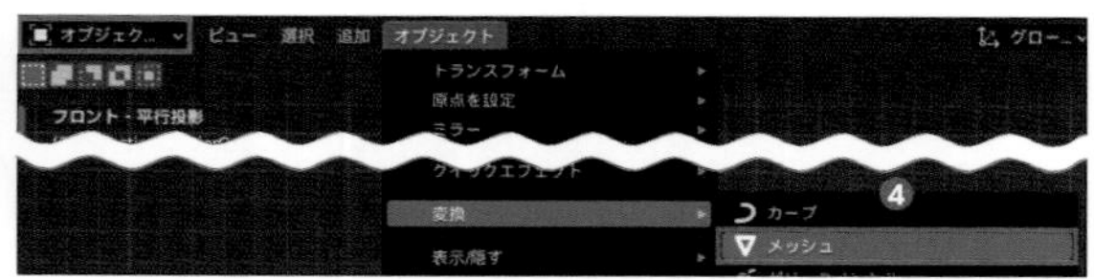

「メッシュ」に変換できたらこれまでと同様に「モディファイア」を「適用」することができます（❺、❻）。再度「スクリューモディファイア」を設定して「適用」できるかを確認してみてください。

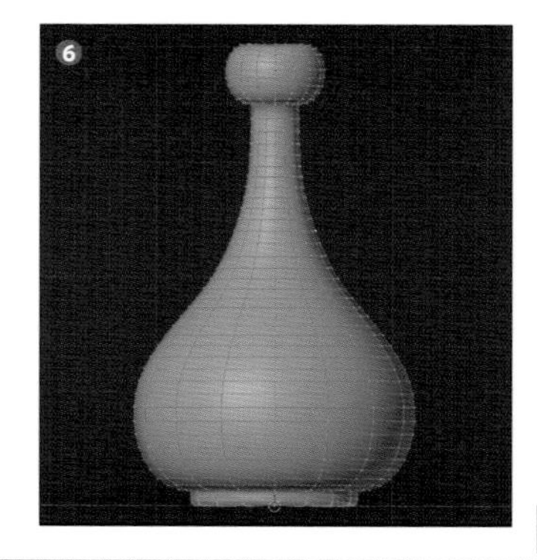

なお、「オブジェクト → 変換 → カーブ」で「メッシュ」から「カーブ」に変換することもできますが、頂点と辺がそれぞれ「制御点」と「セグメント」に置き換わってしまい元の「カーブ」に戻せないので注意してください。

バラの茎部分を作成する

❶ カーブに沿ったメッシュを生成し、茎を作る

1 花瓶のモデルができましたら、次は花瓶に生けるバラのモデルを作成していきましょう。まずは茎の部分を「カーブオブジェクト」で作成します。今回は「オブジェクトモード」で、「3Dビューポート」上部のメニューから「追加 → カーブ → パス」を追加しました（❶）。このとき必ず「グローバルの原点」に生成するように注意してください。

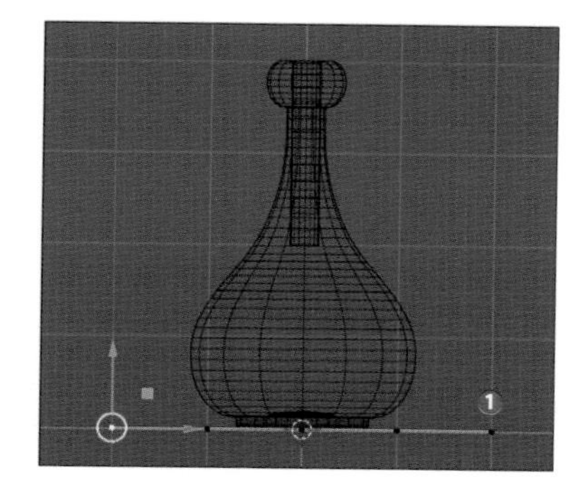

追加しましたら「編集モード」で花瓶に挿されたバラの茎のように「カーブ」を調整します。今回はデフォルトで用意されている5つの「制御点」の「位置」を「トランスフォーム」で以下のように設定してS字状にくねらせた「カーブ」にしました（❷）。

元の位置	移動後の位置	トランスフォーム
一番左	一番下	X：0、Y：0、Z：3
左から2番目	下から2番目（右）	X：0.2、Y：0.2、Z：5
左から3番目	下から2番目（左）	X：-0.8、Y：-0.8、Z：5
左から4番目	下から3番目	X：0.7、Y：0.7、Z：7
一番右	一番上	X：0、Y：0、Z：8

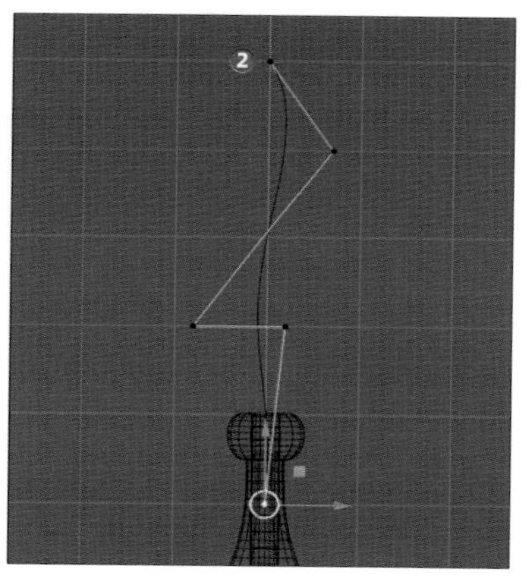

2 「カーブ」を調整したら、この「カーブ」に沿って「メッシュ」を生成します。「カーブ」に沿ったメッシュを生成する方法はいくつかあるのですが、今回は「オブジェクトデータプロパティ」内の「ジオメトリ」の項目内の設定を使用します。
「ジオメトリ」の項目を開きますと「ベベル」という項目があるので（❶）、その項目内の「深度」の値を「0.1」に設定してみてください（❷）。すると「カーブ」に沿って筒状のメッシュが生成されるのが確認できます。このように「ジオメトリ」の項目からは「カーブ」からどの程度離れた場所に「面」を生成するかの設定をすることができます。

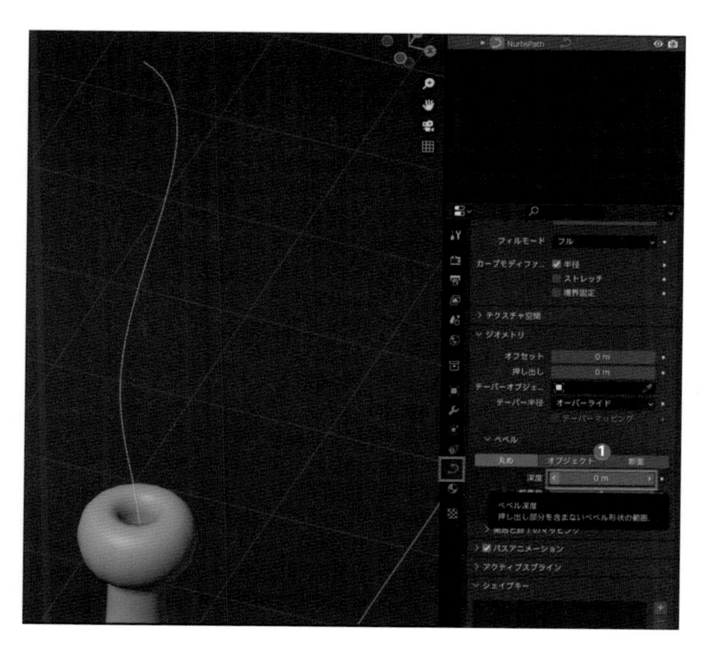

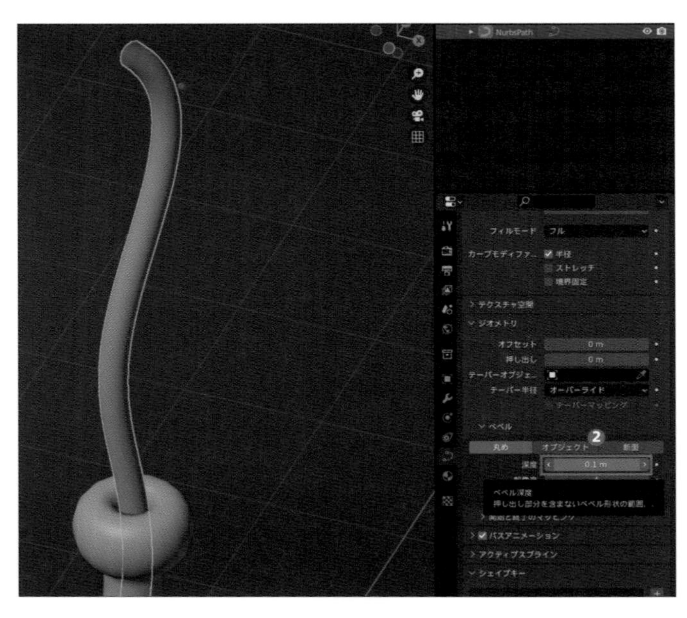

また「解像度」の値を調整すると断面の円の頂点数が変わりますが（❸、❹）、どのように変化するかを確認したらデフォルトの「4」のままにしておいてください。

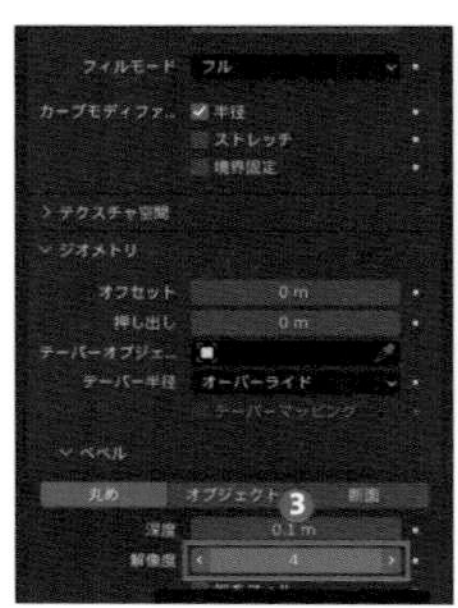

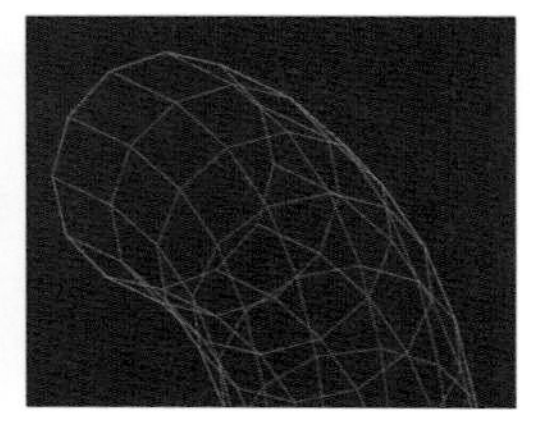

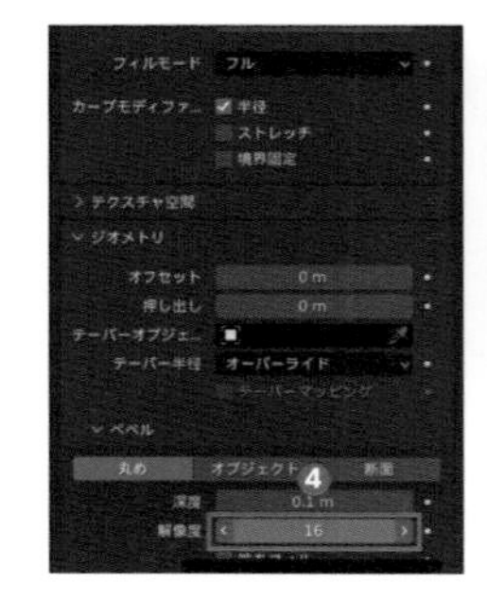

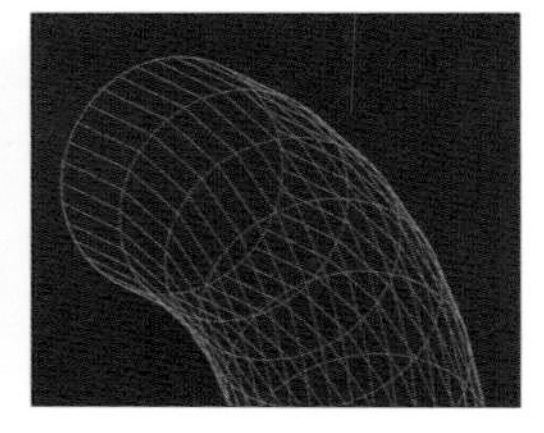

❷ カーブの半径と傾き

1 これで茎部分のモデルはできあがりなのですが、そのままでは茎の太さが一定なので若干強弱をつけてみましょう。これには「半径ツール」を使用します。
「半径ツール」（❶）は「編集モード」でのツールメニューのうち下から4つめのツールで、「制御点」を選択して（❷）表示された円をドラッグすることでその部分のメッシュの「半径」を調整することができます。今回は上から2つ目と3つ目の「制御点」の「半径」を「X：0.2」（❸）にしてみると中腹付近がくびれたような形状になります（❹）。
この「半径」の値は「トランスフォーム」内の項目からも調整することができるので確認しておきましょう（❺）。

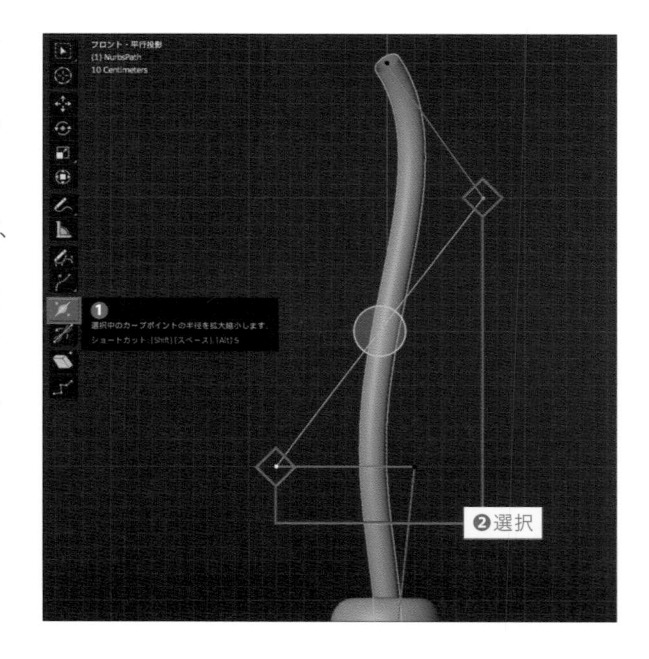

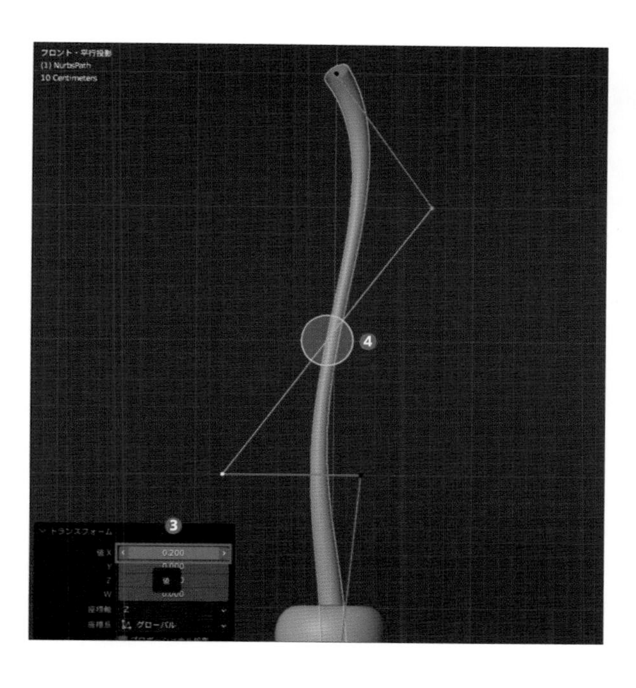

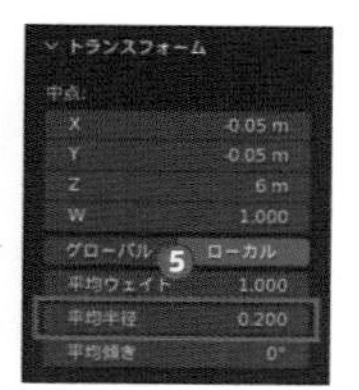

2 また今回は使用しませんが、「半径ツール」の1つ下には「傾きツール」(❶)というものも用意されています。
こちらを「半径ツール」と同様に使用すると、「制御点」付近のメッシュをねじることができます(❷)。こちらも「トランスフォーム」内の「傾き」(❸)から値を調整することができるので合わせて確認してみてください。

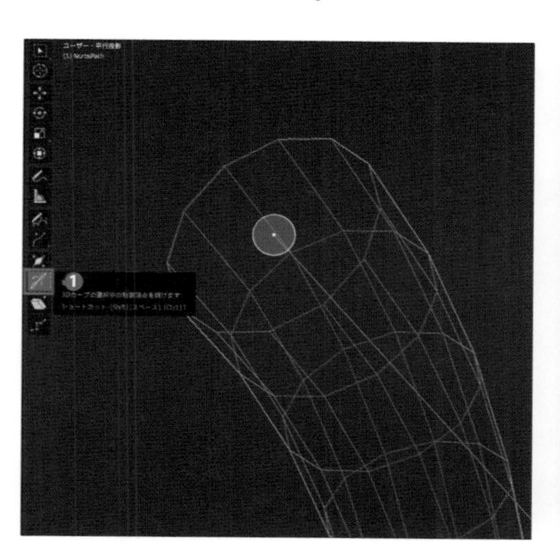

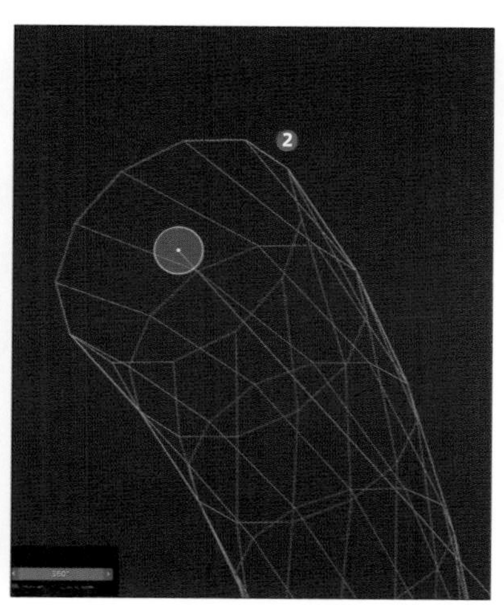

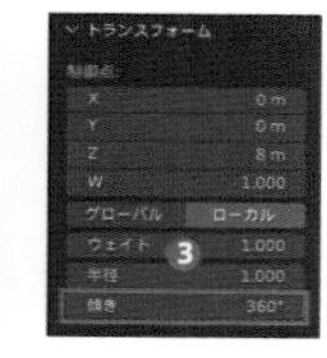

❸ テーパーオブジェクトで茎のくびれを作る

1 このように「制御点」の「半径」の値を調整することで部分的に「メッシュ」の太さを変更することができたのですが、この方法では「制御点」が存在している部分しか太さを調整することができません。そこで別の「カーブ」を使って、より自由にメッシュの太さを制御できるように設定してみましょう(半径の値は一度すべて「1」に戻しておいてください)。

まずは「オブジェクトモード」で新しく「ベジエカーブ」を追加します。追加した「ベジエカーブ」は「移動ツール」を使用して見やすい位置に配置しておきましょう（❶）。
次に「茎のカーブ」を選択して「オブジェクトデータプロパティ」の「ジオメトリ」の項目を確認してみてください。その中に「テーパーオブジェクト」という項目があるので先ほど追加した「ベジエカーブ」を割り当ててみましょう（❷）。
すると「茎のカーブ」全体の太さが変化し、先細りした滑らかな形状になることが確認できると思います（❸）。

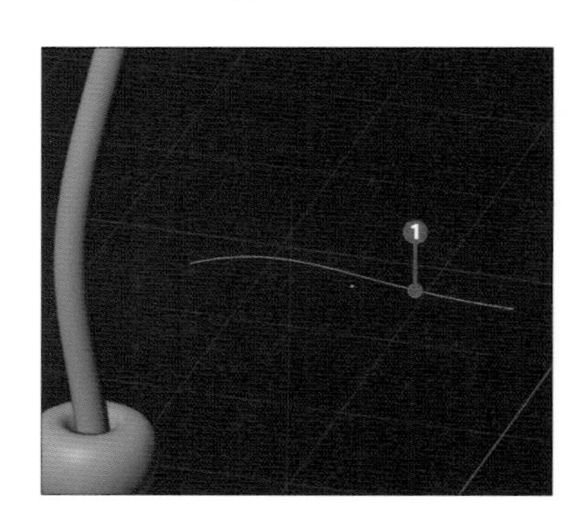

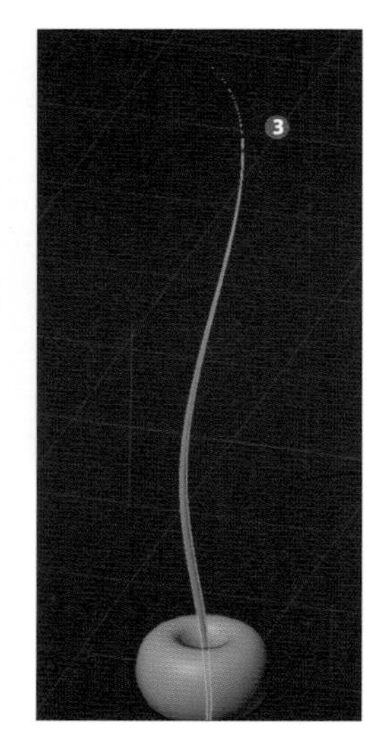

2

この状態で「テーパーオブジェクト」に割り当てた「カーブ」を「編集モード」で操作してみると、編集した内容に合わせて「茎のカーブ」の形状も変化します。
このように「テーパーオブジェクト」を設定することで、「カーブ」の始点から終点までの「半径」を別の「カーブ」で指定できるようになります。「テーパーオブジェクトのカーブ」では「Y軸」方向の「カーブ」の位置のみ「半径」に反映されるので、実際に操作してどのように変化するか確認しましょう。

今回は「編集モード」で「3Dビューポート」上部のメニューから「制御点 → ハンドルを再計算」（❶）を使用して一度まっすぐな「カーブ」にした後、「制御点」のうち左側は「X：-1、Y：1、Z：0」（❷）に配置し、右側は「X：1、Y：0.8、Z：0」（❸）に配置した後「回転ツール」で「Z軸周り」に「45°」回転（❹）させました（❺）。これで「茎」のパーツのできあがりです。

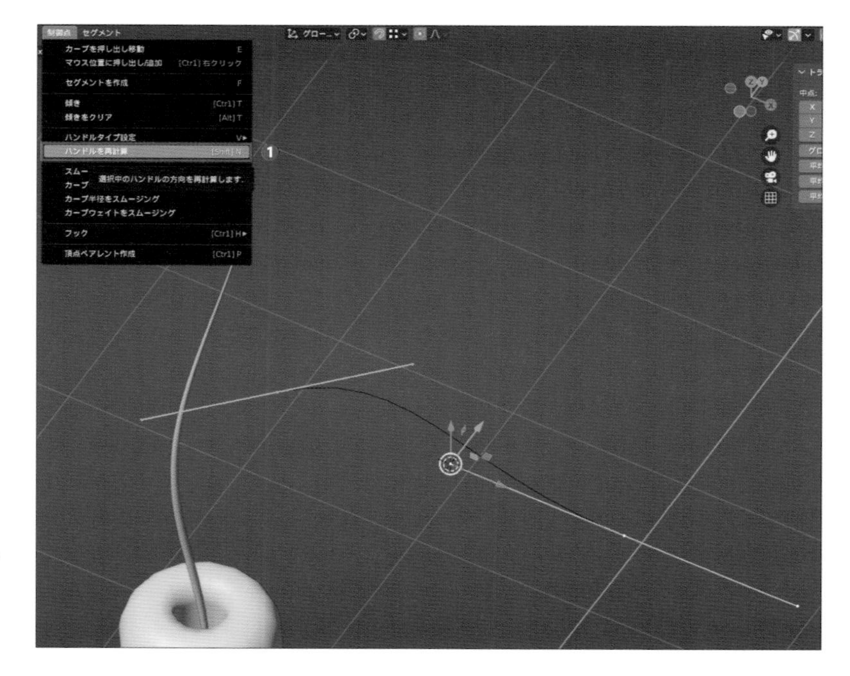

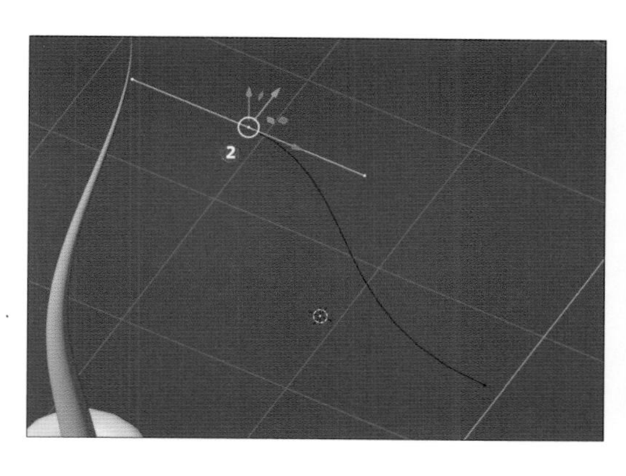

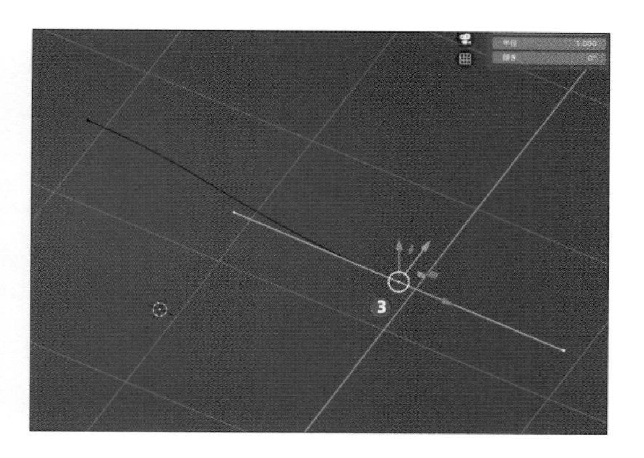

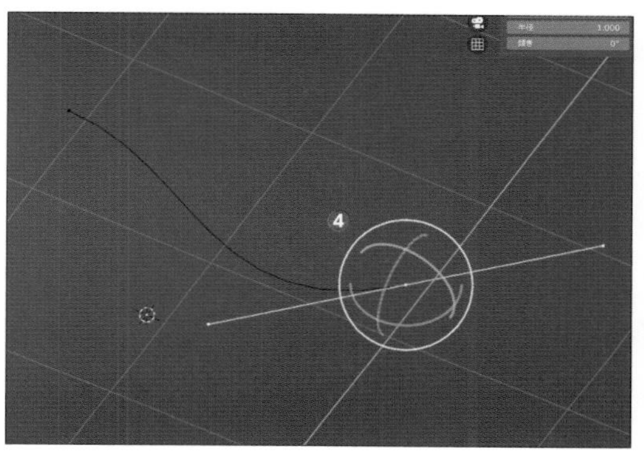

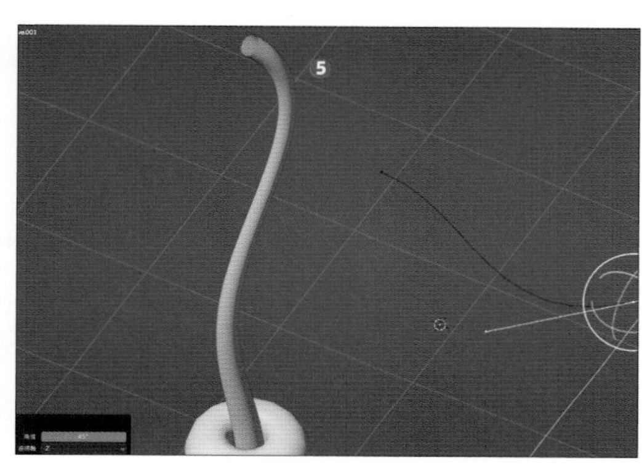

補足説明：カーブの向きについて

「カーブ」には向きが存在します。「テーパーオブジェクト」では「X軸のマイナス側からプラス側へ向かうカーブ」でないと反映されません。「カーブ」の向きは「制御点」を選択している状態で「3Dビューポート」上部のメニューから「セグメント → 向きを反転」から変更できますので確認してみましょう。
「テーパーオブジェクト」に設定しているカーブの向きを反転すると「プラス側からマイナス側へ向かうカーブ」になるので、「茎のカーブ」の「半径」に形状がうまく反映されず一定の太さになってしまいます（❶、❷）。一方で「茎のカーブ」を反転させた場合は「メッシュ」の太さの形状が反転することが確認できると思います（❸、❹）。

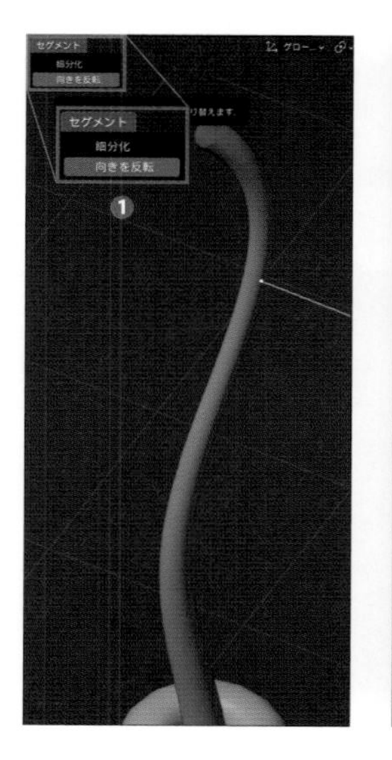

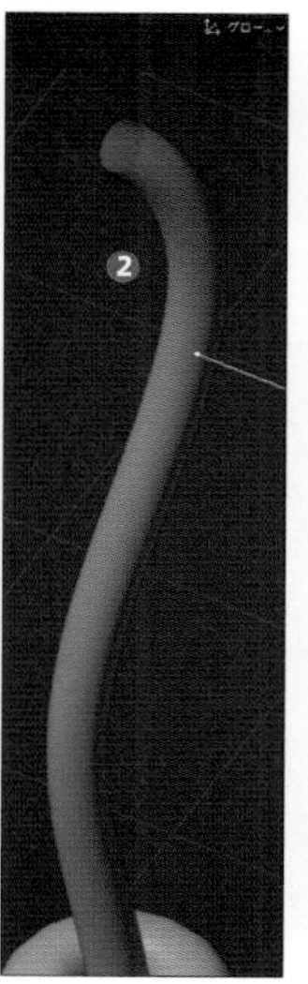

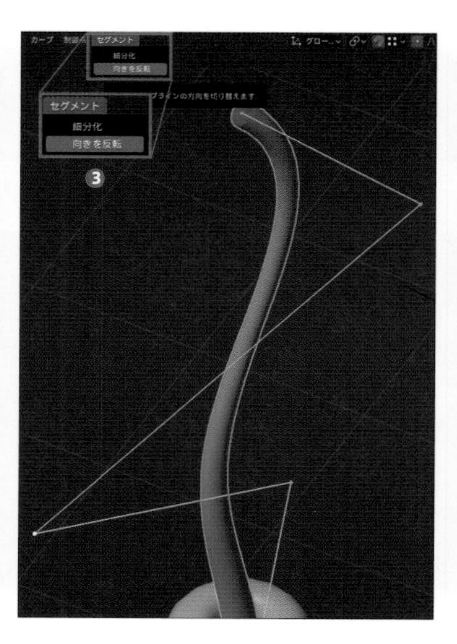

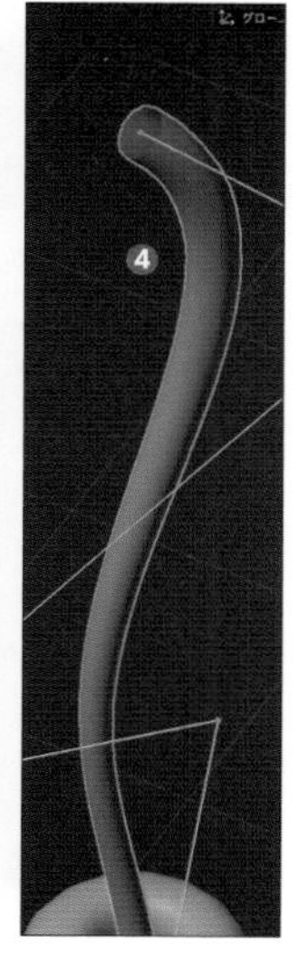

「カーブ」の向きについては「編集モード」で「ビューポートオーバーレイ」のメニュー内にある「カーブ編集モード」の欄の「ノーマル」の項目（❺）を有効にすることで確認することができます。有効にすると「カーブ」の向きに向かって「>」という矢印が表示されるようになります（❻、「透過表示」で表示）。
「テーパーオブジェクト」以外にも「カーブの向き」によって結果が変化するものは多くあるので、「カーブ」を使用する際は意識しておきましょう。

なお、「ビューポートオーバーレイ」内の「カーブ編集モード」の欄は「カーブ」を「編集モード」で編集中のときにしか表示されないので注意してください。

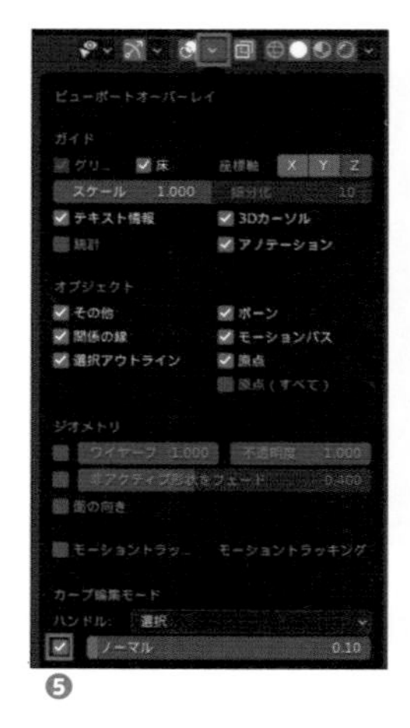

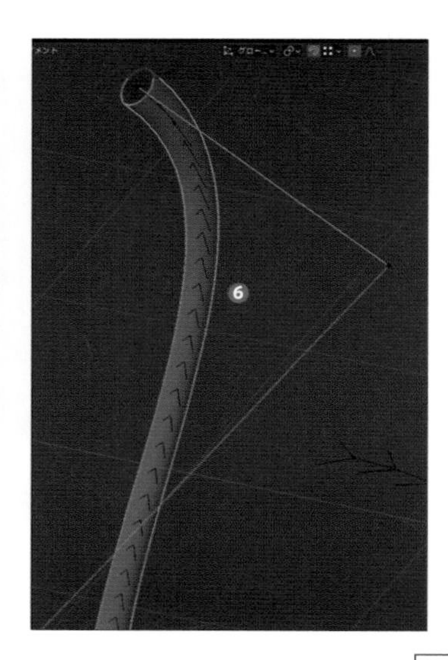

補足説明：断面の形状の編集について

「カーブ」に沿って生成される「メッシュの断面」についても「オブジェクトデータプロパティ」の各項目の設定から円以外の形状にすることができます。茎部分では使用しませんが、後から作成する花部分の作成で使用するので余裕がありましたら先に試してみてください！
まずは「シェイプ」の項目内にある「フィルモード」（❶）の設定を確認してみましょう。こちらの項目を「フル」から「ハーフ」（❷）に変更すると半円の断面になります。さらに「前」（❸）や「後」（❹）に変更すると半円をさらに半分にした形状になりますので確認してみましょう。

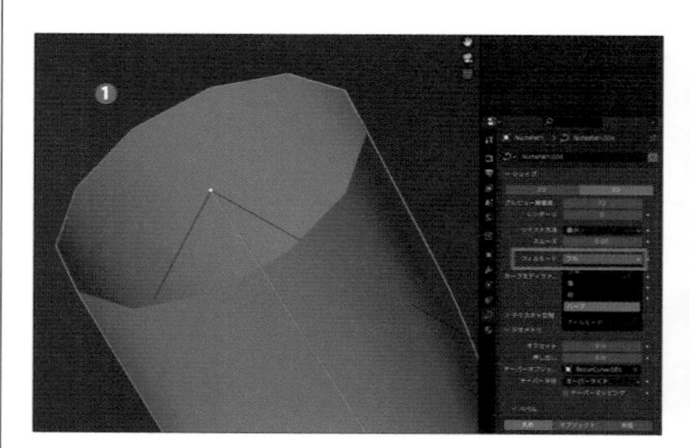

フィルモード：フル

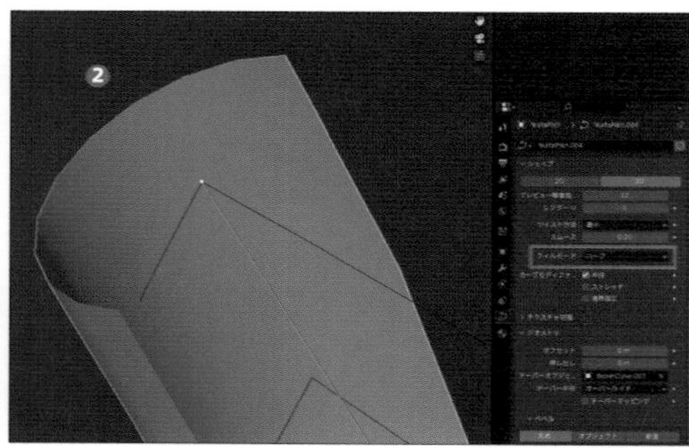

フィルモード：ハーフ

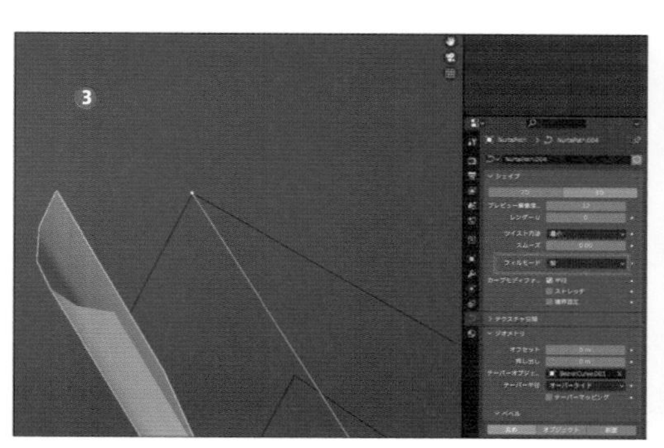

フィルモード：前

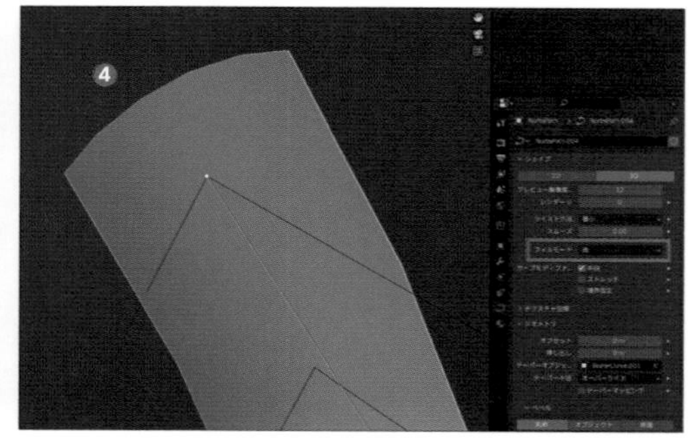

フィルモード：後

次に「ジオメトリ」の項目内の「オフセット」と「押し出し」の値を操作してみましょう。
「オフセット」(❺)の値を操作すると「カーブ」の左右にずれるようメッシュが移動します。さらに「押し出し」(❻)の値を操作すると「カーブ」の上下方向にメッシュが押し出されて幅広の断面になります。
なお、「カーブ」の上下左右方向は「傾き」の値によって変化します。

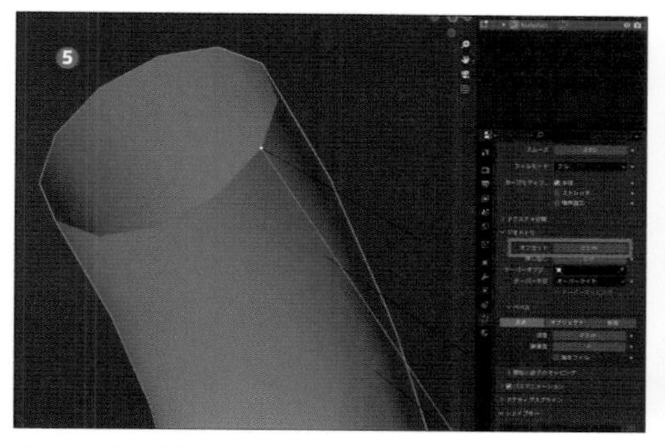

オフセット：0.1

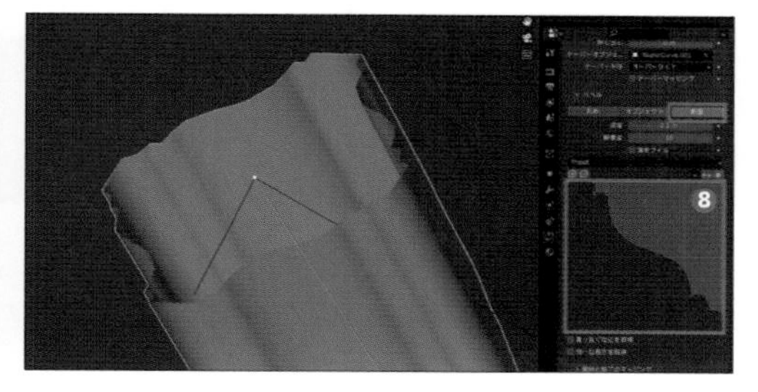

押し出し：0.09

さらに「ベベル」の項目を「丸め」から「断面」(❼)に変更することで「ベベルモディファイア」の「カスタム」と同様に曲線で断面の形状をより細かく指定することができます(❽)。こちらにも曲線のプリセットが用意されているので、実際に操作して確認してみてください。

ベベル：断面

より自由に断面を編集したい場合は「ベベル」の項目を「オブジェクト」に切り替えることで「テーパーオブジェクト」と同様に別の「カーブ」で断面の形状を指定することができるようになります。試しに「追加 → カーブ → 円」で円を生成して(❾)「ベベル → オブジェクト(以下「ベベルオブジェクト」)」の項目に割り当ててみましょう(❿)。
この状態で「円のカーブ」を「編集モード」で操作すると断面の形状も変化します(⓫)。「オブジェクト原点」が断面の中心になり、「Z軸」方向への移動は反映されません。

ベベル：オブジェクト

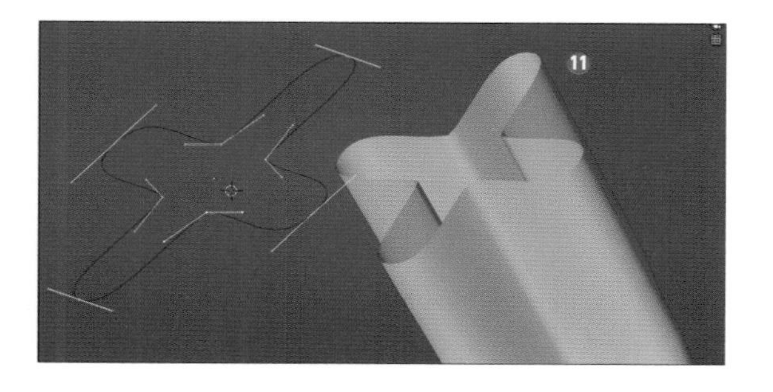

「テーパーオブジェクト」と「ベベルオブジェクト」を使用することで形状を手軽に調整できるようになりますので、「カーブ」を使用する際には是非活用してみてください！

茎から葉っぱを生やす

❶ 葉っぱのパーツを作る

1 次に茎から生えている葉っぱを作ってみましょう。バラの葉っぱの棘や枝分かれを作るのは難しいので、今回は簡略化したものを作成します。「花瓶」や「茎のパーツ」は作業しやすいように「アウトライナー」からいったん非表示にしておいてください。
まずは「オブジェクトモード」でグローバルの原点の位置に、「3Dビューポート」上部のメニューから「追加 → メッシュ → 平面」を追加し（❶）、「編集モード」で「ループカットツール」を使用して「面」を左右に分割します（❷）。

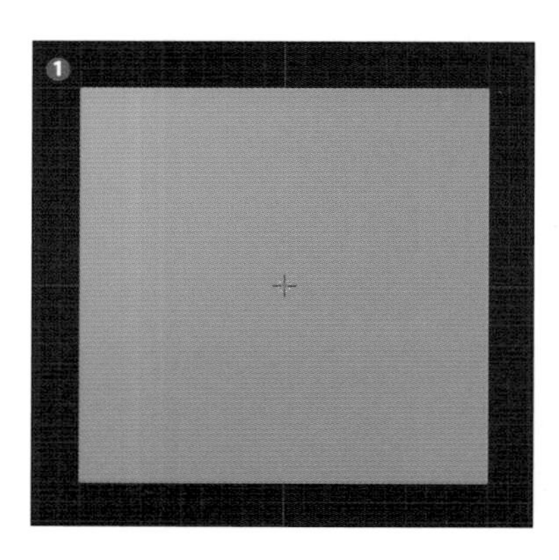

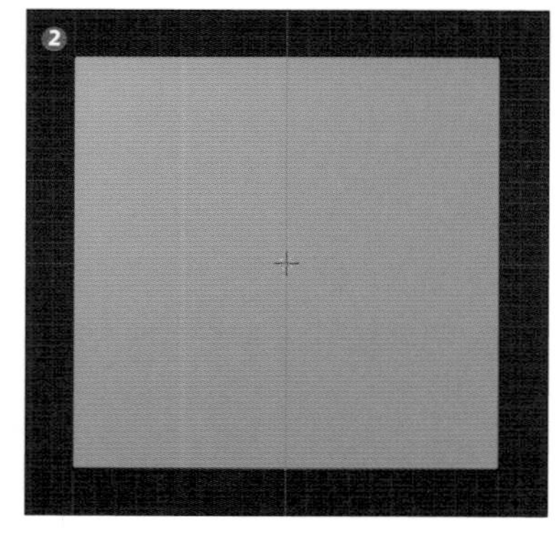

テンキーの「7」で正面から見た状態で左右に分割する

2 分割したら四隅の「頂点」を選択し（❶）、「スケールツール」で「X、Y」を「0.5」倍縮小して（❷）6角形のような形状に変形させます（❸）。さらに左右の角が繋がるように「3Dビューポート」上部のメニューから「頂点 → 頂点の経路を連結」（ショートカット：[J] キー）機能を使用して分割を追加しておきます（❹）。

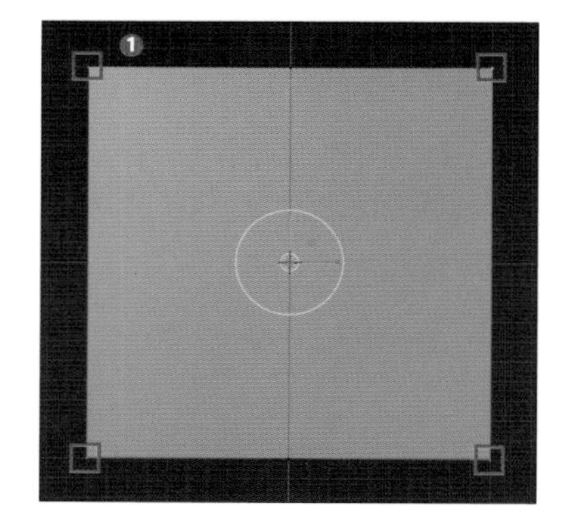

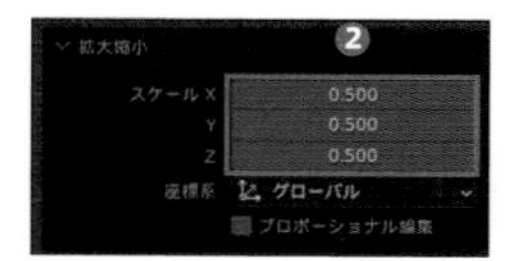

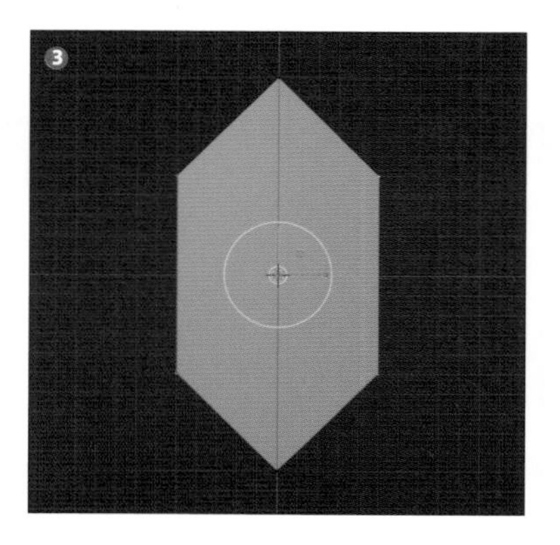

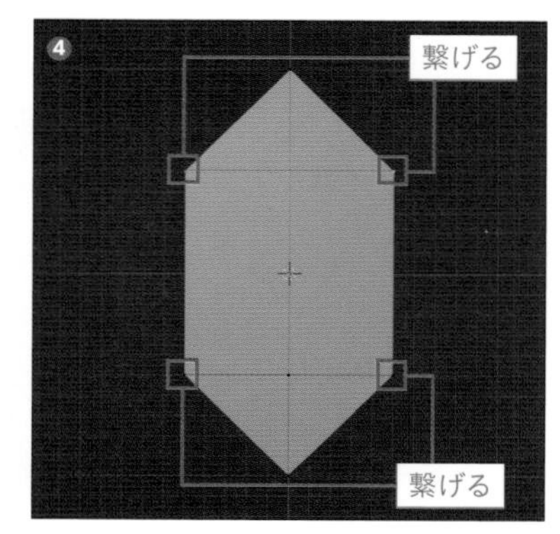

3 次に「サブディビジョンサーフェスモディファイアー」を追加して「ビューポートのレベル数」を「2」に設定して形状を滑らかにします（❶）。このとき先端も丸くなってしまうので、中心の「辺」の2か所を選択して「トランスフォーム」から「平均クリース」を「1」に設定して先端の角を維持します（❷）。これで大まかな葉っぱの形ができあがりました。

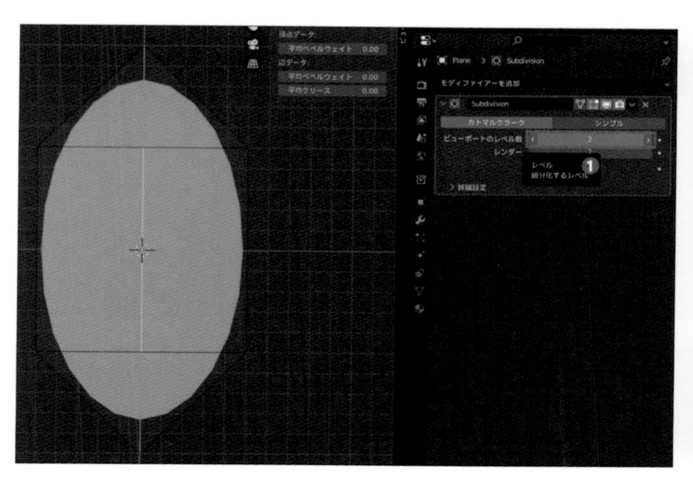

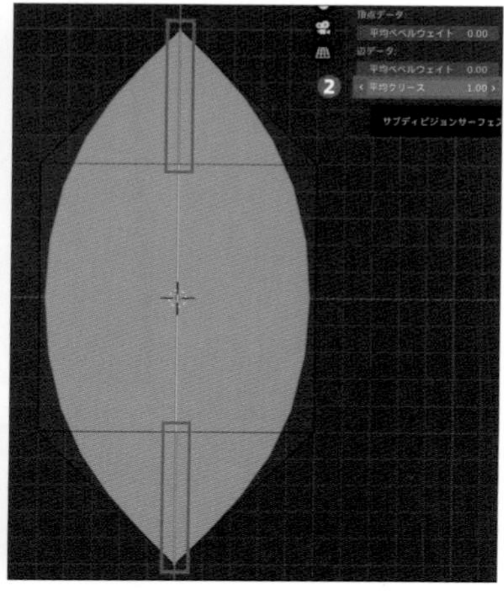

4 次にメッシュ全体を選択して（❶）「Y軸方向」に「-1」移動して葉っぱの端点が「オブジェクト原点」と一致するように配置します（❷、❸）。この「オブジェクト原点」の位置と一致している「頂点」が茎とくっつく根本部分になるので、この位置から動かさないように注意してください。

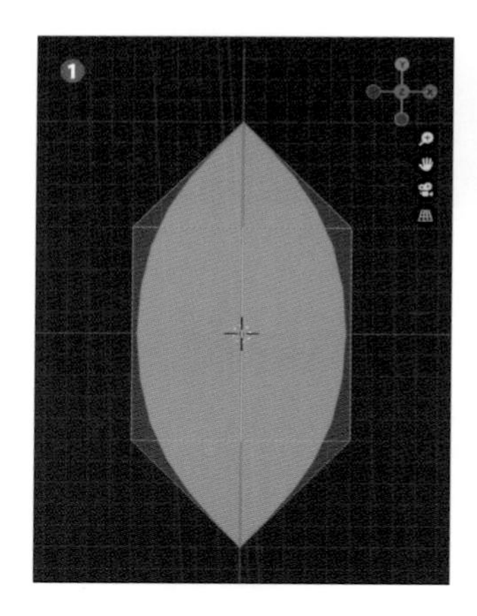

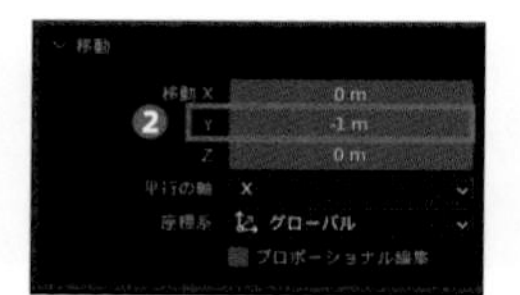

「移動ツール」で移動

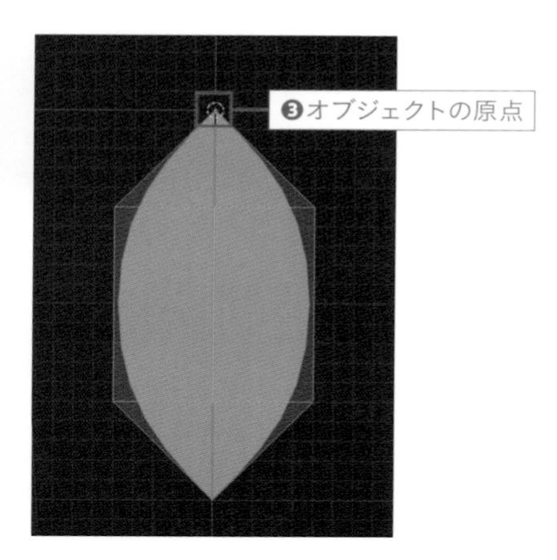

5 最後に葉っぱの形を立体的に整えていきましょう。今回はまず葉の外側の根本側の頂点を選択します（❶）。

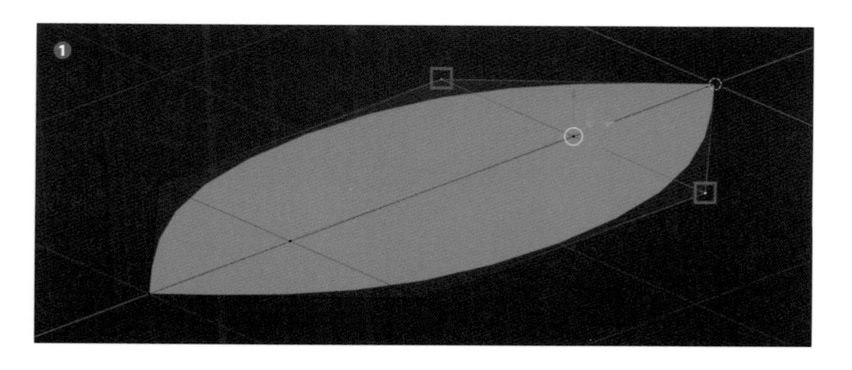

そして、「Z軸方向」に「0.6」移動します（❷）。次に葉先の頂点を選んで「Z軸方向」に「0.5」移動して（❸）、中心を境に折り目が付いた形状にします。

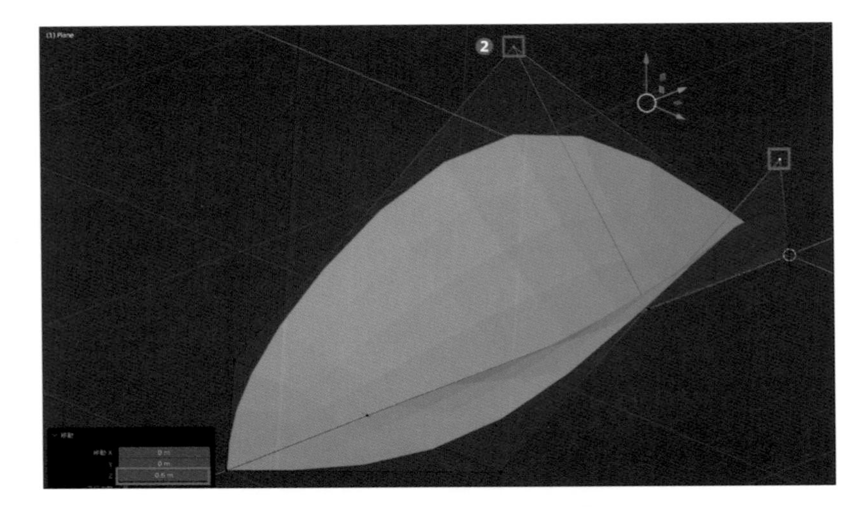

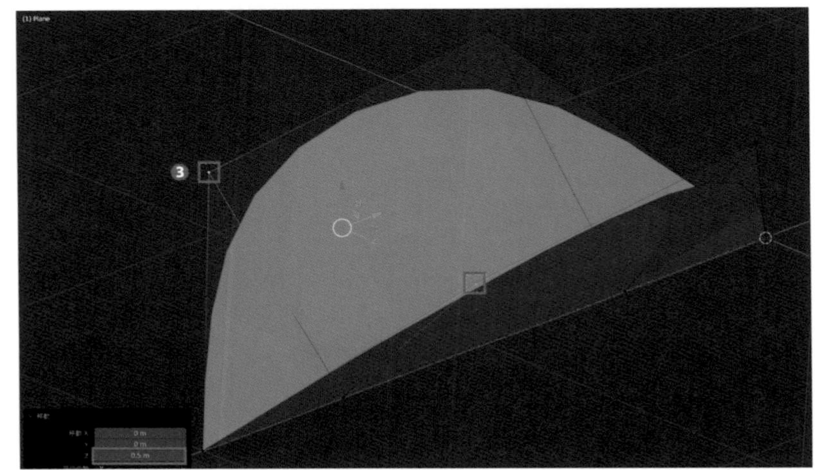

6 その後折り目部分の頂点は、根本に近い2点は「Z軸方向」に「0.3」移動し（❶）、先端部分だけ「0.2」移動させることで（❷）、外側に向かうにつれて垂れ下がるような形状にしました。

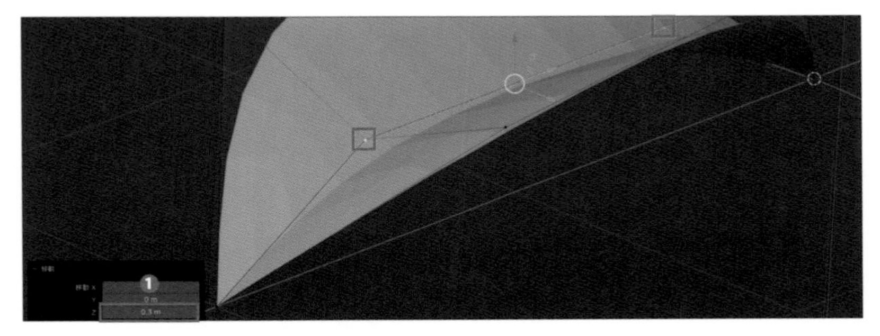

7 さらに「ソリッド化モディファイア」も追加して厚みを付けましょう。今回は「幅：0.05」、「オフセット：0」に設定しました（❶、❷）。仕上げに「オブジェクトモード」にして「フラットシェード」から「スムーズシェード」に切り替えたら（❸）「葉っぱのパーツ」のできあがりです。

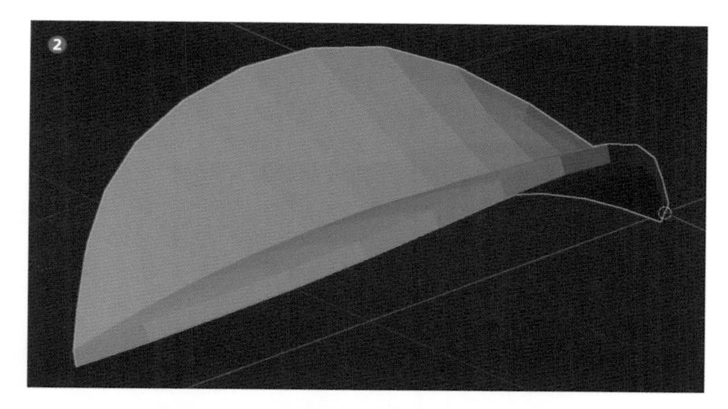

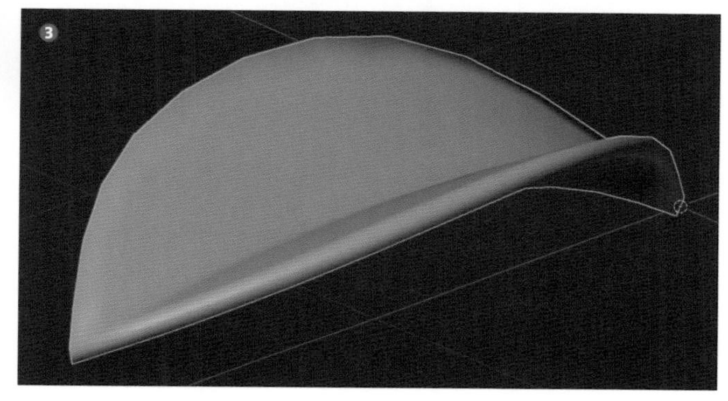

❷ 茎に沿って葉っぱを並べる

1 「葉っぱのパーツ」ができあがったら茎にくっつけていきます。非表示にしていた「茎のパーツ」も「アウトライナー」から表示しておいてください。

葉っぱは「オブジェクトモード」で移動と回転、複製で1枚1枚くっつけてもいいのですが、今回は「カーブモディファイア」を使用して自動的に茎にくっつくようにしてみましょう。

「カーブモディファイア」は「モディファイアーを追加」メニューの「変形」カテゴリ内に含まれているので、「葉っぱのパーツ」に追加してください（❶、❷）。

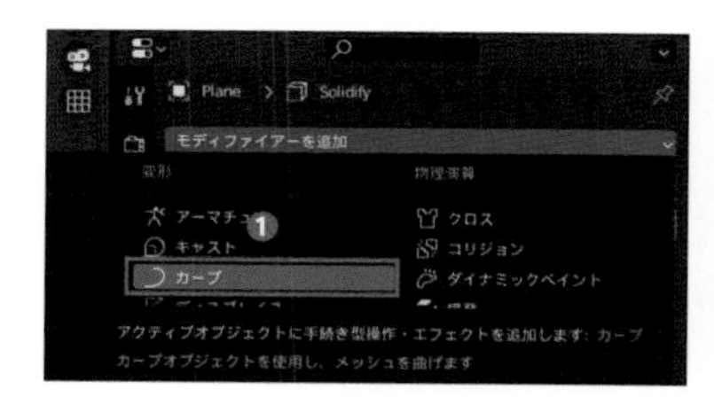

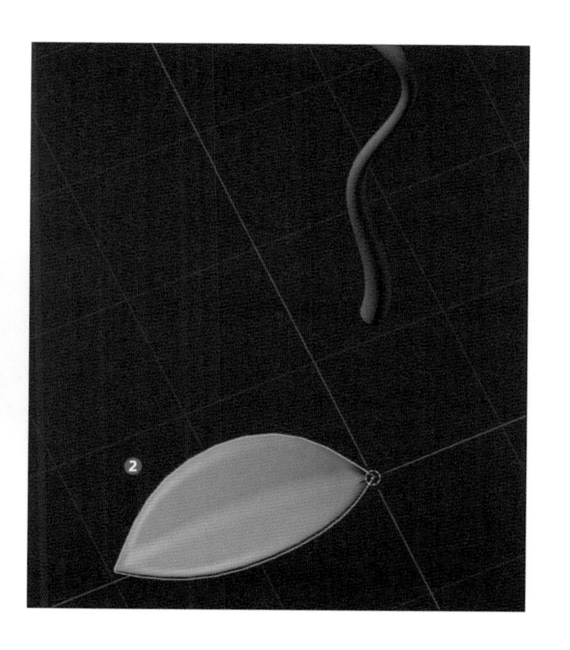

2 追加したら「カーブモディファイア」の設定項目内の「カーブオブジェクト」の項目に「茎のカーブ」を割り当てます（❶）。すると「葉っぱのパーツ」が「茎のパーツ」の「カーブ」の始点にくっつくことが確認できます（❷）。

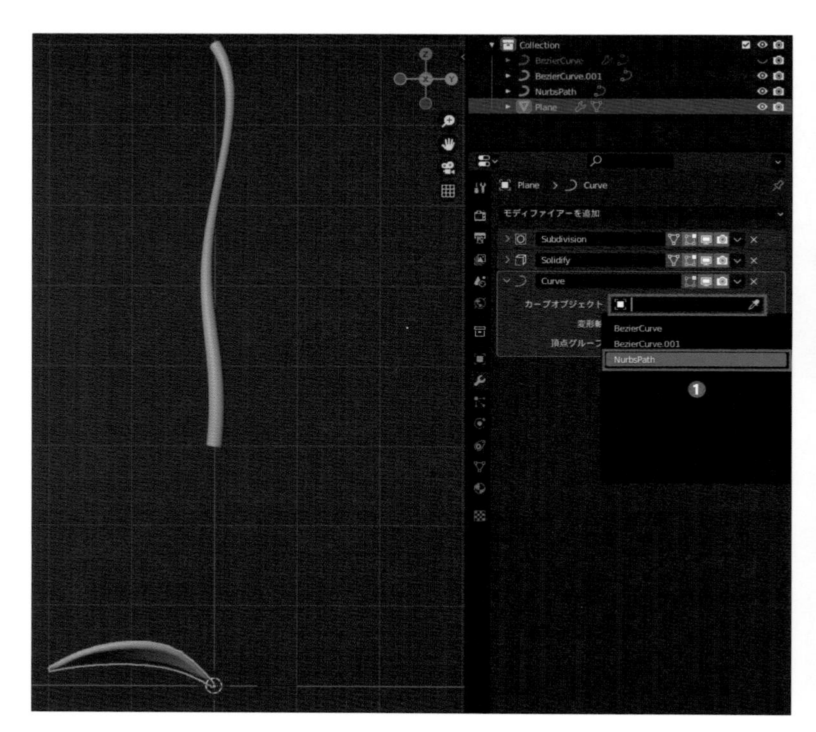

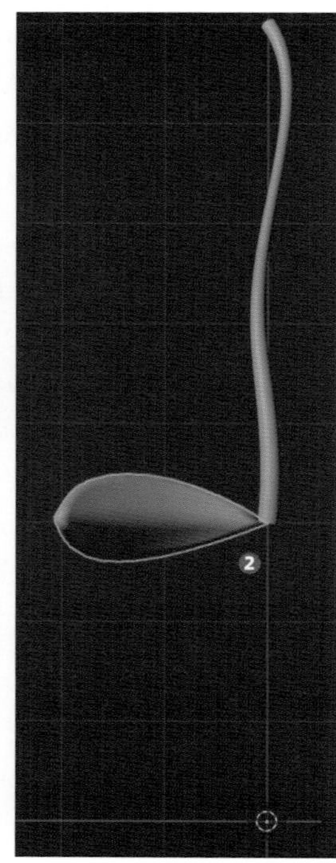

ヒント

「葉っぱのパーツ」が「茎のカーブ」の始点にくっつかない場合は、それぞれの「オブジェクト」が「グローバルの原点」の位置に配置されているかを確認してください。

3 しかしそのままでは「葉っぱのオブジェクト」が「茎のカーブ」に対して水平にくっついてしまっています（❶）。これは「変形軸」の項目に「X」が指定されているため「葉っぱのパーツ」の「X軸方向」が「カーブの向き」に沿うように設定されているからになります。そこで「カーブモディファイア」の設定項目内の「変形軸」を「X」から「Z」に変更してみましょう（❷）。

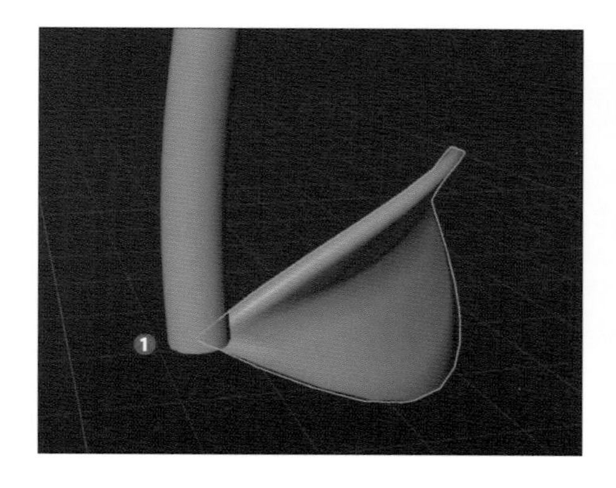

すると「葉っぱのオブジェクト」の「Z軸方向」が「カーブの向き」に向くようになり、茎に対して葉っぱが垂直にくっつくようになります（❸）。

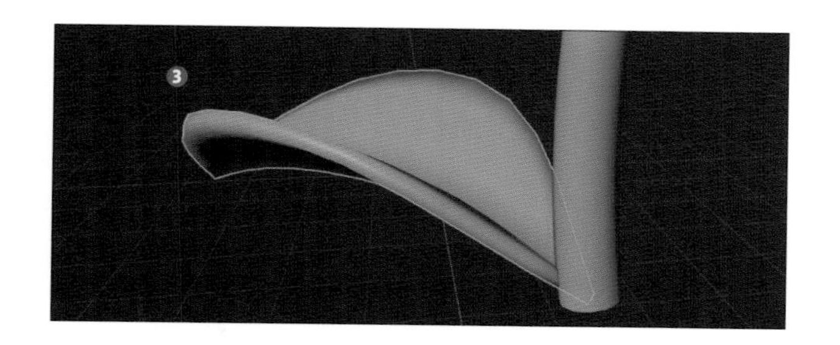

4

さらにこの状態で「葉っぱのオブジェクト」を「Z軸」を基準に移動や回転をさせると茎にくっつく位置や向きを変更できるので試してみてください（❶、❷、❸）。確認したら［Ctrl+Z］キーで位置と回転を戻しておいてください。

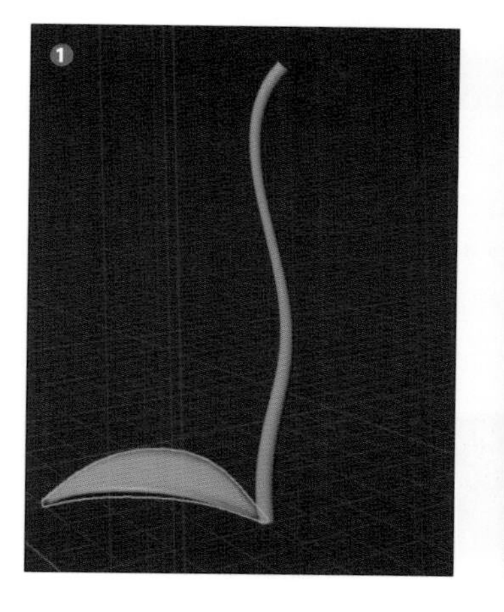

5

次に葉っぱの枚数を増やしましょう。これには「配列モディファイア」を使います。「葉っぱのオブジェクト」に追加し、「カーブモディファイア」よりも前に処理がされるように処理順を変更してください。

6

追加したら「数」の値を「5」に増やし、「オフセット倍率」内の「X」と「Y」の値を「0」、「Z」の値を「1.5」程度に設定してみましょう（❶）。

すると「配列モディファイア」で生成された「メッシュ」も「カーブ」に沿ってくっつくことが確認できると思います（❷）。

ヒント

中腹当たりの葉っぱの大きさが極端に小さくなってしまう場合は茎のパーツの「制御点」の「半径」が「1」に戻されているかを確認してください（P.215参照）。

7 しかしそのままでは茎に対して葉っぱが一直線に並んでしまい不自然です。そこで葉っぱが互い違いにずれて並ぶように調整してみましょう。変化を分かりやすくするために、いったん「カーブモディファイア」は「リアルタイム」の項目をオフにし（❶）、「配列モディファイア」の設定項目内の「オフセット（倍率）」も無効にしてください（❷）。

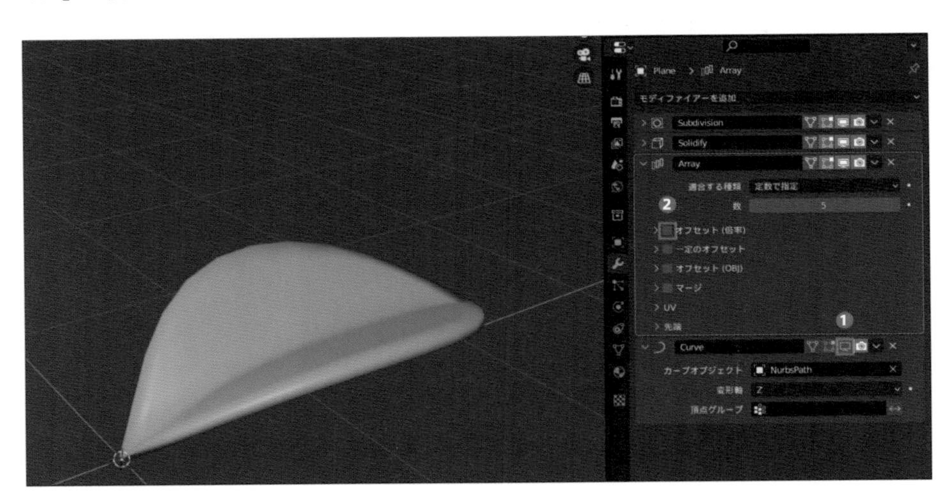

8 まずは「オブジェクトモード」で「3Dビューポート」上部のメニューから「追加 → エンプティ → 十字」を「グローバルの原点」の位置に追加します（❶）。

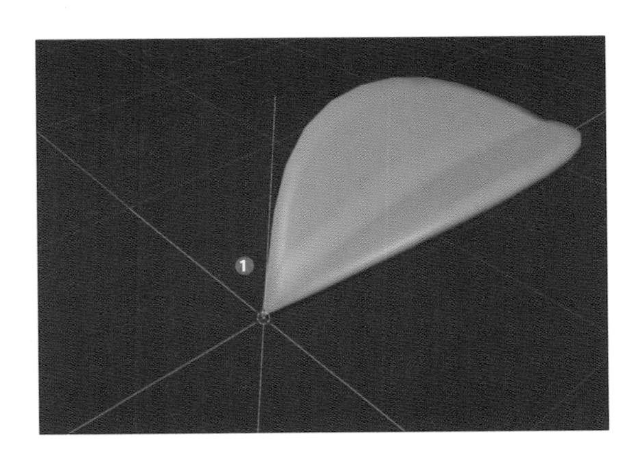

次に「葉っぱのオブジェクト」を選択して「配列モディファイア」の設定項目内の「オフセット（OBJ）」の項目を有効にします。さらに「オブジェクト」の項目に先ほど追加した「エンプティオブジェクト」を割り当ててください（❷）。

9

この状態で「エンプティオブジェクト」（❶）を「回転ツール」で「Z軸周り」に「-144°」回転してみましょう。すると「葉っぱのパーツ」も「144°」ずつずれた位置に複製されることが確認できます（❷）。このように「オフセット（OBJ）」を設定すると、「割り当てたオブジェクト」と「配列モディファイアが設定されているオブジェクト」との「トランスフォーム」の差分だけ位置や向き、スケールがずれた状態で「メッシュ」が複製されるようになります。

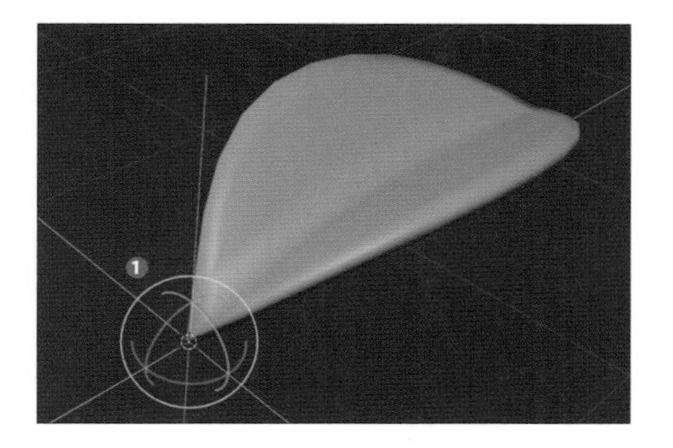

10

この状態で再び「葉っぱのオブジェクト」を選び、「配列複製モディファイア」の「オフセット（倍率）」（❶）と「カーブモディファイア」の「リアルタイム」の項目（❷）を有効にすることで、茎に対して互い違いに伸びる葉っぱをくっつけることができます。

11　最後に花瓶も表示して位置を調整しましょう。今回の場合そのままでは1枚目の「葉っぱのパーツ」の付け根部分が花瓶に埋まってしまっているので（❶）、「オブジェクトモード」で「エンプティオブジェクト」と一緒に「葉っぱのオブジェクト」を「Z軸方向」に「1」移動します（❷）。
さらに葉っぱの大きさが下から上にいくにつれて少しずつ小さくなるように、「エンプティオブジェクト」を「スケールツール」で「0.925」倍縮小しました（❸）。これで茎につく葉っぱの位置と大きさを調整できました。

バラの花部分を作成する

❶ 花弁のモデルを作る

1　最後にバラの花部分を作成していきます。こちらも「カーブオブジェクト」と「配列モディファイア」を組み合わせて使用します。茎と葉っぱの作成手順が似通っている箇所については説明は省いていますので、分からない箇所や単語が出てきたら一度これまでの内容を見返してみてください。
いったん他の「オブジェクト」を非表示にしたら、まずは「花弁のカーブ」を作成しましょう。「オブジェクトモード」で「グローバルの原点」の位置に、「3Dビューポート」上部のメニューから「追加 → カーブ → ベジエ」で「ベジエカーブ」を追加します。そして「編集モード」で「制御点 → ハンドルを再計算」を使用して真っすぐの「カーブ」に調整します（❶）。

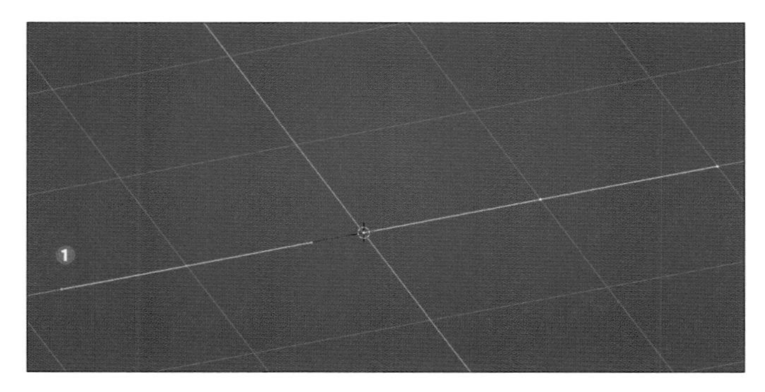

2 次に2つの「制御点」を調整します。正面から見て左側を「トランスフォーム」で「X：0、Y：0、Z：0」(❶)、右側を「X：1.4、Y：0.25、Z：0.8」に配置し(❷)、右側の「制御点」の「ハンドル」については「スケールツール」で「0.8」倍縮小します(❸)。

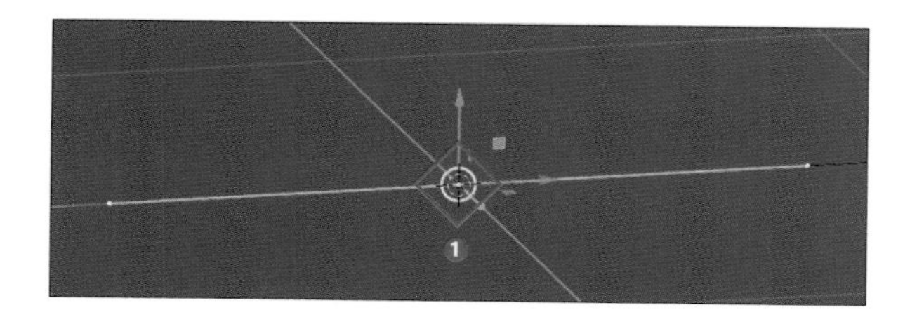

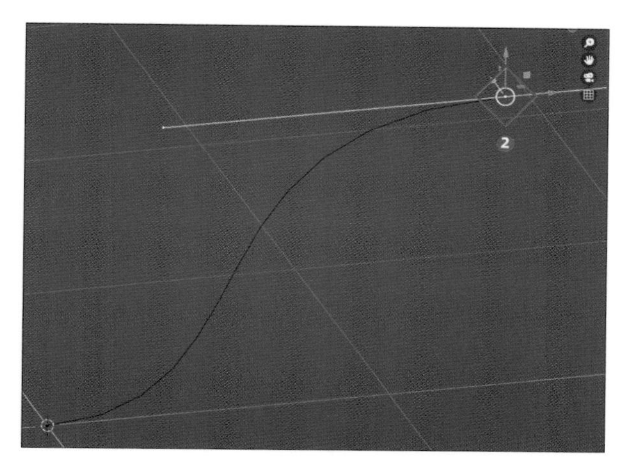

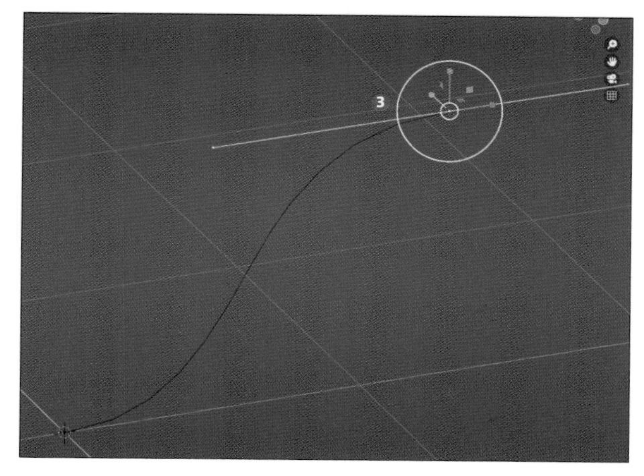

さらに右側の「制御点」を「回転ツール」で「Z軸周り」に「-20°」、「Y軸周り」に「-15°」回転させました(❹)。これが「花弁のカーブ」になります。

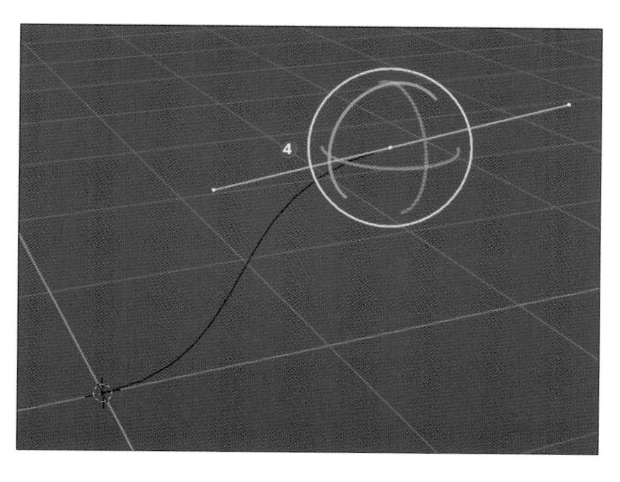

3 次に「オブジェクトモード」で「追加 → カーブ → ベジエ」を実行してもう1つ「**ベジエカーブ**」を追加し（❶）、さらに「追加 → カーブ → 円」で「円」も追加します（❷）。
追加したそれぞれの「カーブ」は「移動ツール」で分かりやすい位置に配置しておきましょう。
追加した「円のカーブ」は「**花弁のカーブ**」の「**オブジェクトデータプロパティ**」内の「ベベル」で「オブジェクト」を選び、「**ベベルオブジェクト**」に設定してください（❸）。
同様に「ベジエカーブ」は「花弁のカーブ」の「オブジェクトデータプロパティ」から「ジオメトリ」内の「**テーパーオブジェクト**」に設定します（❹、❺）。

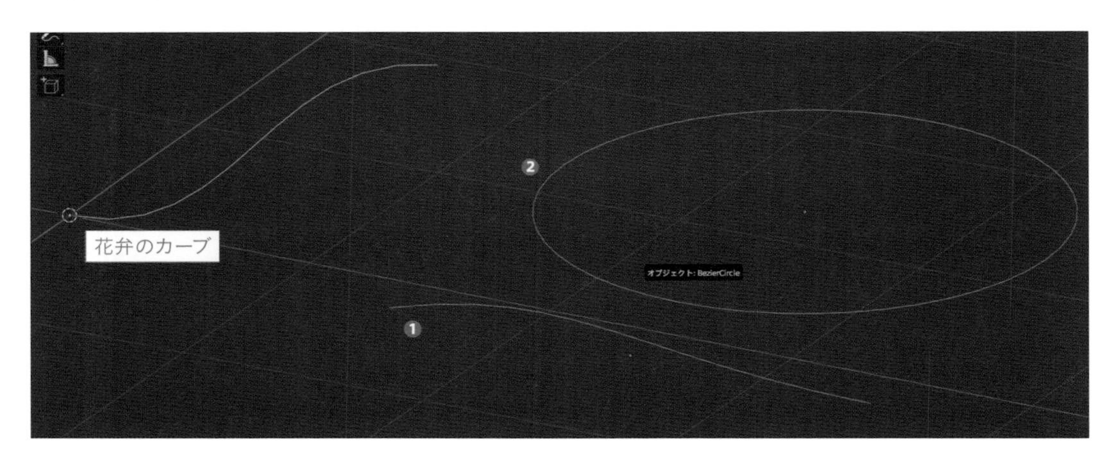

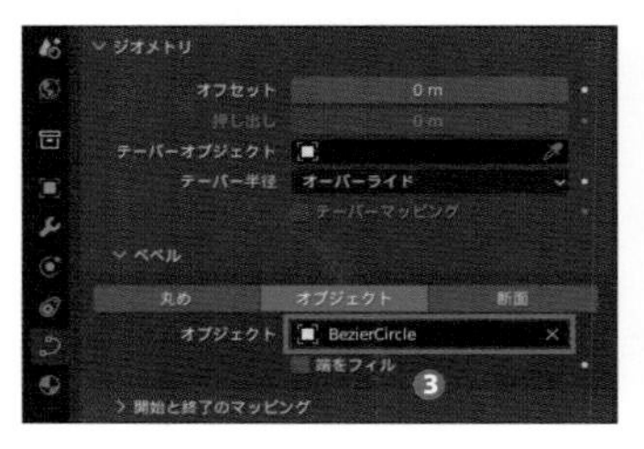

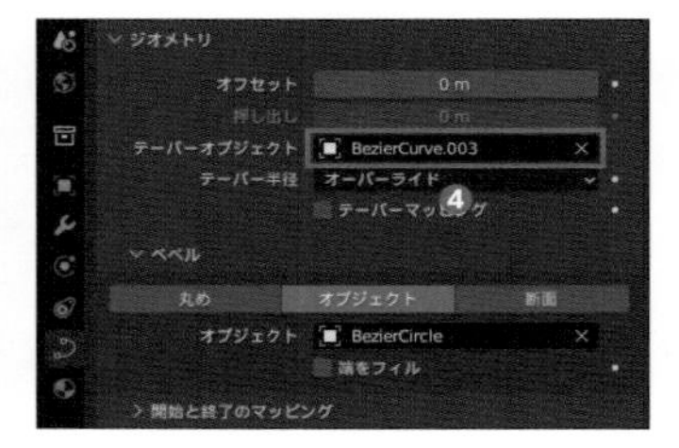

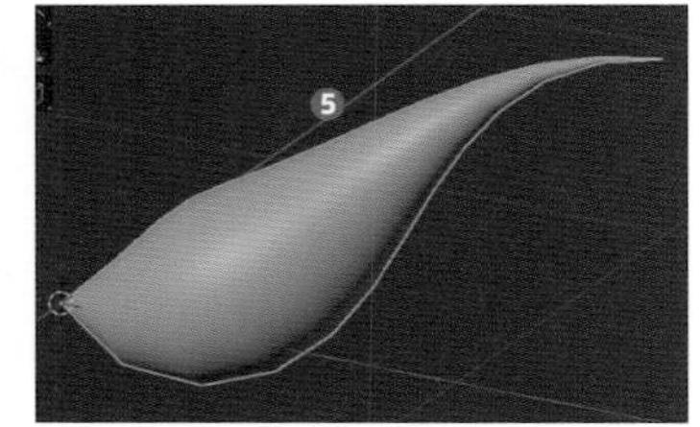

4 それぞれの項目に「カーブ」を割り当てたら、生成されるメッシュの形状を確認しながら「編集モード」で形を整えていきます。
「テーパーオブジェクト」に設定したベジエカーブは、上の視点（テンキーの［7］）から見たとき左側になる「制御点」の「ハンドル」を「回転ツール」で「Z軸周り」に「45°」回転させ（❶）、右側を「-55°」回転させて（❷）卵状の「カーブ」にしました。

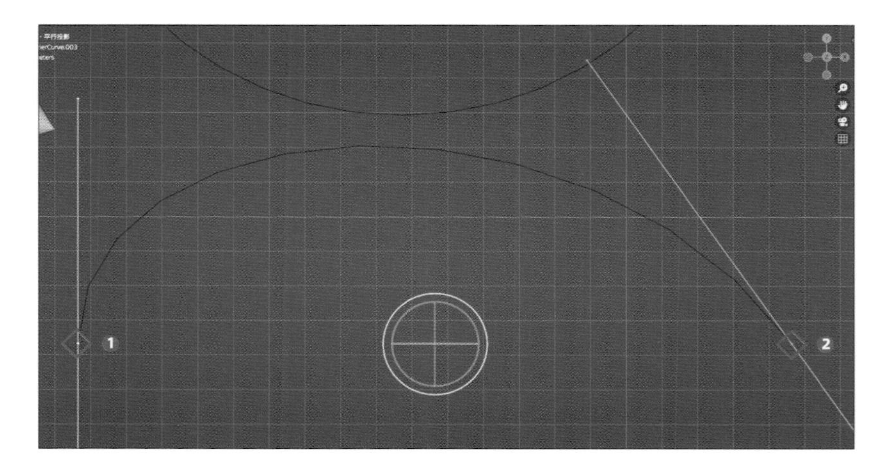

5 「ベベルオブジェクト」に設定した「円のカーブ」は「移動ツール」で、「制御点」のうち円の上側にあるものを「-1.1」(❶)、下側にあるものを「0.65」(❷)だけ「Y軸方向」に移動して、真ん中に凹みがついた楕円形に調整しました(❸)。

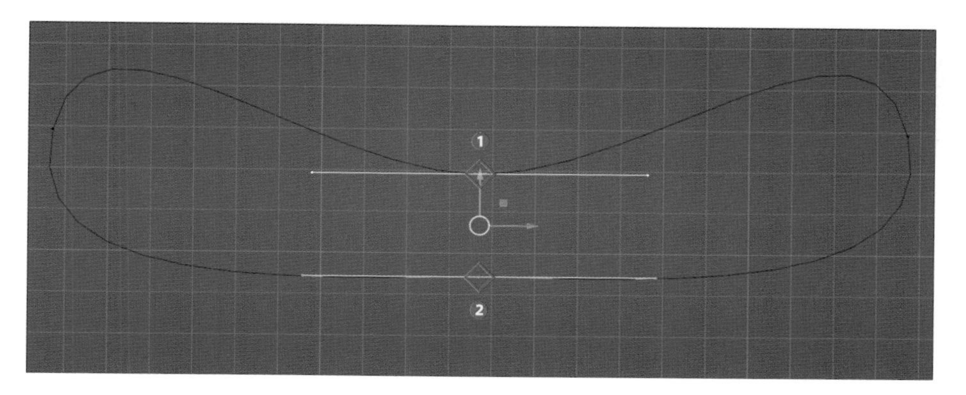

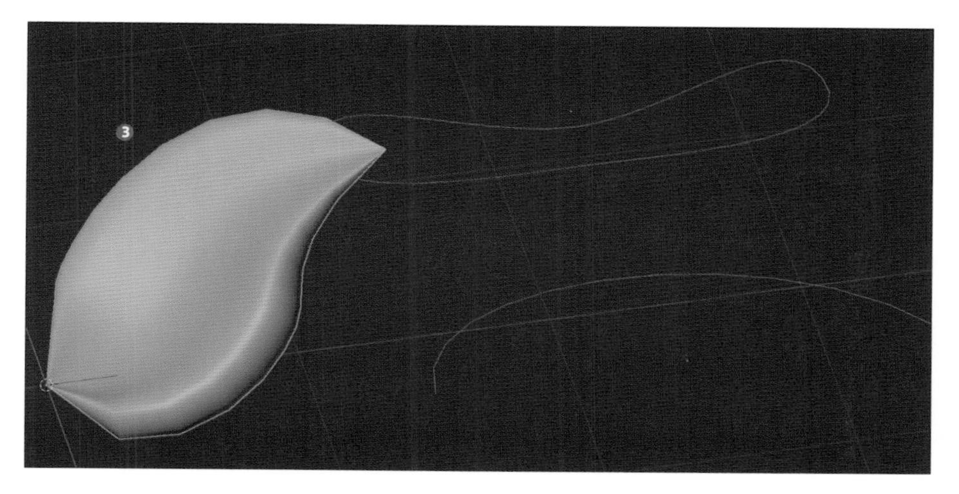

6 最後に「花弁のカーブ」を選択して「編集モード」に切り替え、「花弁のカーブ」の「制御点」の「傾き」を調整してメッシュの向きに少し角度を付けておきます。今回は原点側の「制御点」はトランスフォームの「傾き」で「13°」(❶、❷)にします。

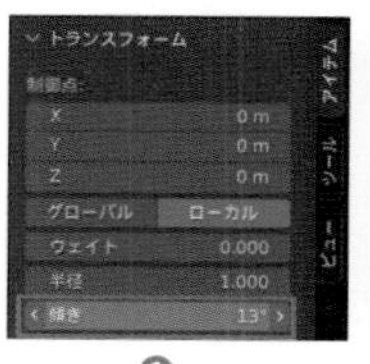

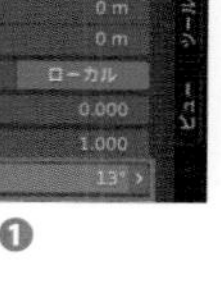

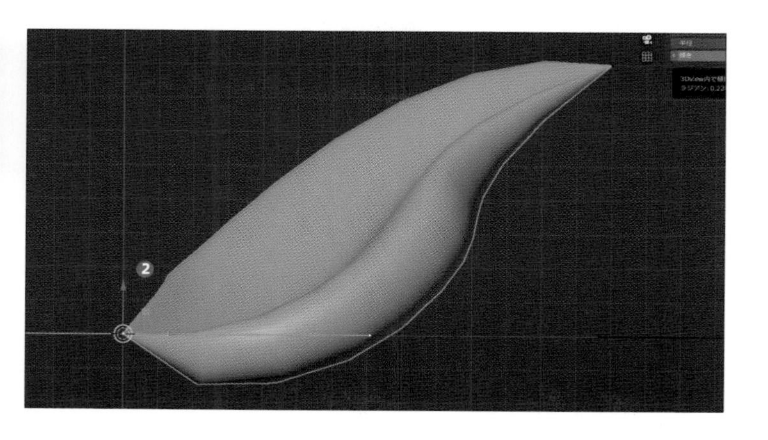

もう片方の「制御点」は「20°」（❸、❹）に調整しました。これで花弁1枚分ができあがりです。

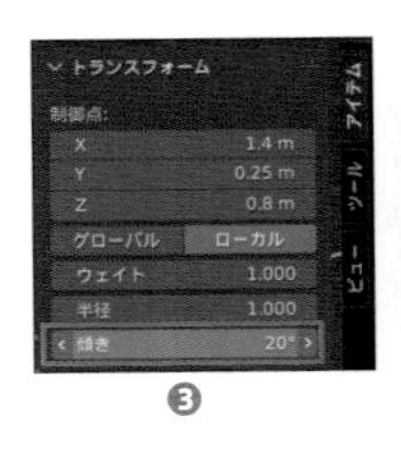

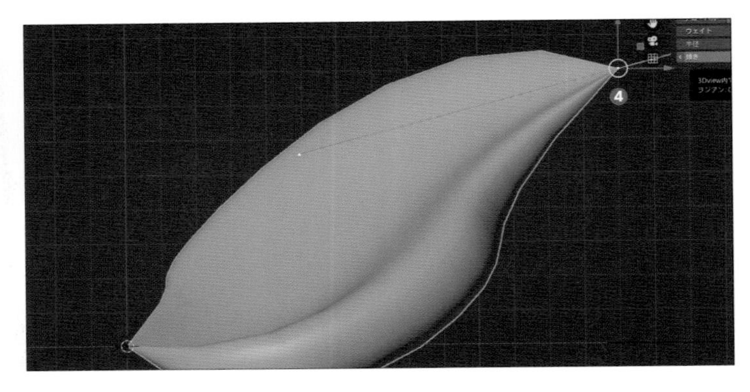

❷ 花弁を円形に並べる

1 花弁ができたら、「グローバルの原点」の位置に、「3Dビューポート」上部のメニューから新しく「追加 → エンプティ → 十字」を追加します。（❶）。そして、「花弁のカーブ」に「配列モディファイア」を追加し、「オフセット（倍率）」の項目はオフにして（❷）、「オフセット（OBJ）」にエンプティオブジェクトを割り当てます（❸）。

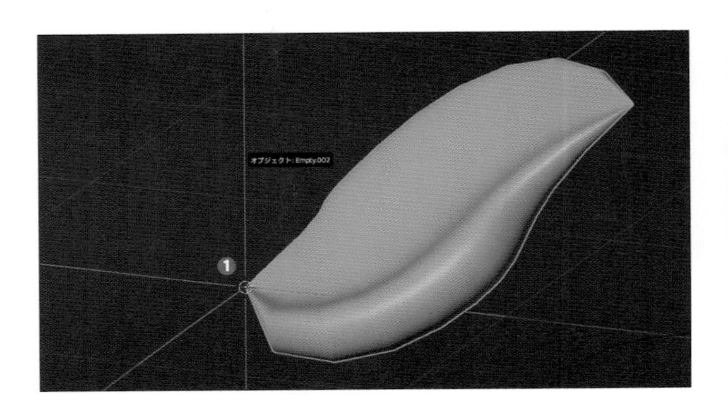

2 この状態で「エンプティオブジェクト」を「Z軸」周りに「45°」回転させてから（❶、❷）、「花弁のオブジェクト」に割り当てられている「配列モディファイア」の「数」の値を「8」にします（❸）。これにより花弁を円状にきれいに並べることができます（❹）。

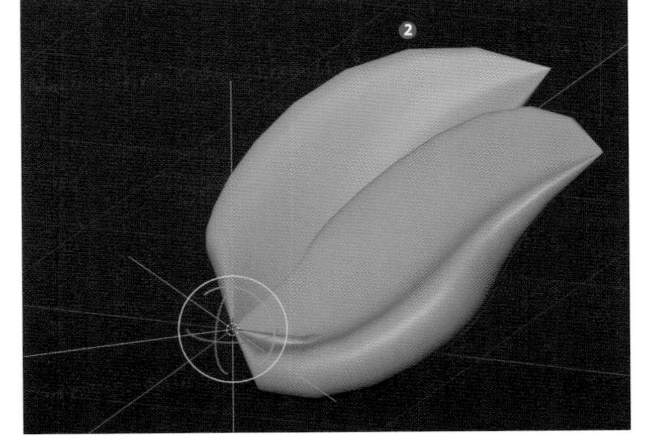

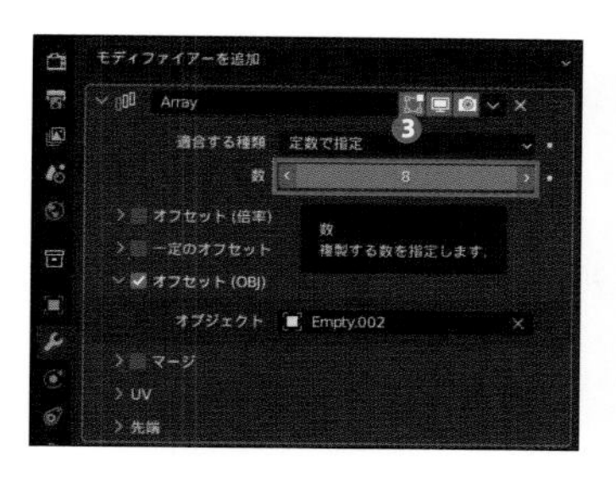

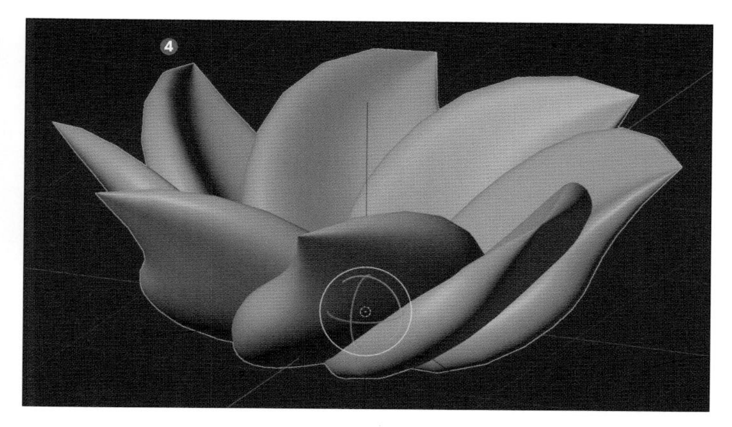

3

これで1段目の花弁ができたので、花弁を同様に2段目と3段目も作っていきましょう。「オブジェクトモード」で花弁の「オブジェクト」を選択して、「3Dビューポート」上部のメニューから「オブジェクト → オブジェクトを複製」で複製します。調整は「編集モード」で行います。調整しづらい場合は「配列モディファイア」の「リアルタイム」はオフにしてください。
2段目の「カーブ」の「制御点」のトランスフォームの値はそれぞれ以下の通りです。

	トランスフォームの値	内向きのハンドルのトランスフォームの位置
内側の制御点	X：0、Y：0、Z：0.2、傾き：20 (❶)	X：0.7、Y：0、Z：0.2 (❷)
外側の制御点	X：1、Y：-0.1、Z：1.2、傾き：16 (❸)	X：0.37、Y：0.17、Z：0.8 (❹)

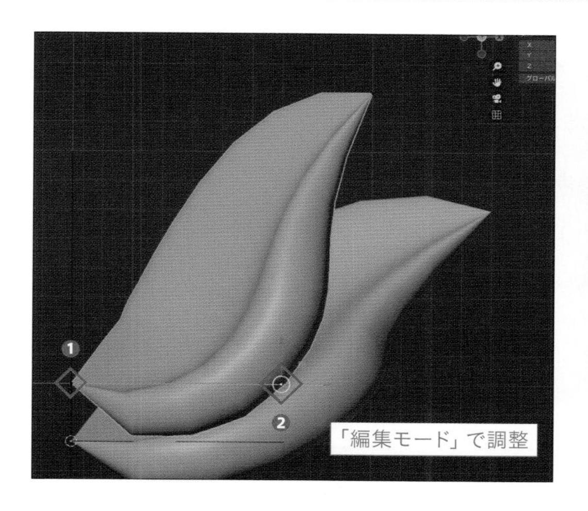

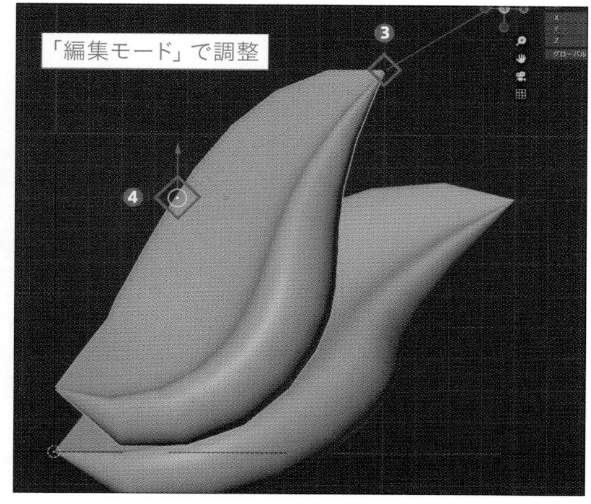

4

同様に3段目の花弁も、オブジェクトを複製して作ります。3段目の「カーブ」の「制御点」のトランスフォームの値はそれぞれ以下の通りです。

	トランスフォームの値	内向きのハンドルのトランスフォームの位置
内側の制御点	X：0、Y：0、Z：0.55、傾き：0 (❶)	X：1.1、Y：0、Z：0.55 (❷)
外側の制御点	X：0.38、Y：0.11、Z：1.55、傾き：40 (❸)	X：-0.2、Y：-0.06、Z：1.2 (❹)

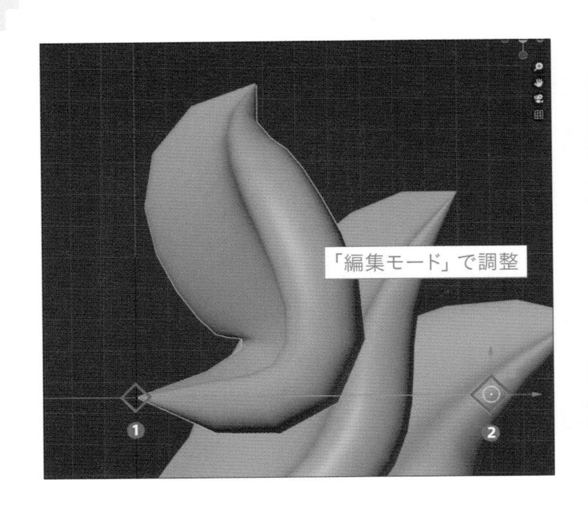

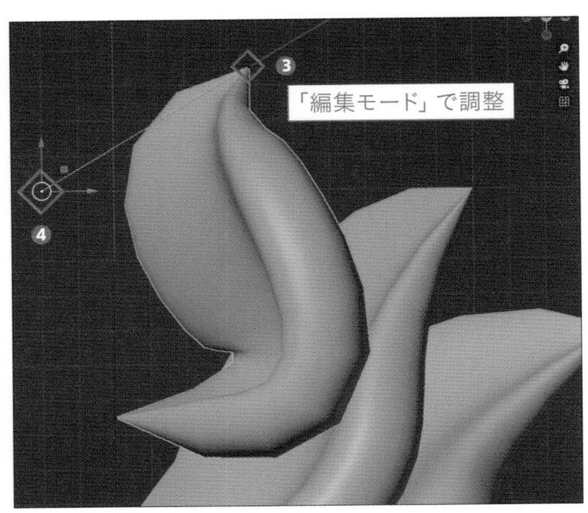

5 また3段目はそのままでは横幅が太いので調整します。「オブジェクトモード」に切り替え、花弁の「ベベルオブジェクト」に設定していた円の「カーブ」を複製して新しい断面用の「カーブ」を用意しましょう（❶）。
複製した「カーブ」は「スケールツール」を使用して「0.65」倍縮小した後（❷、❸）、3段目の花弁の「ベベルオブジェクト」に割り当て直しました（❹、❺）。

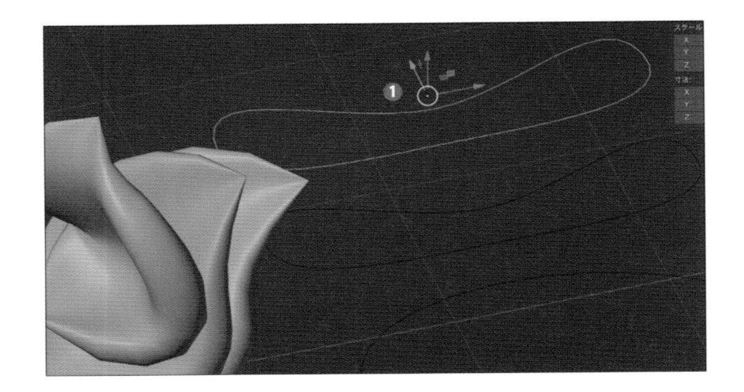

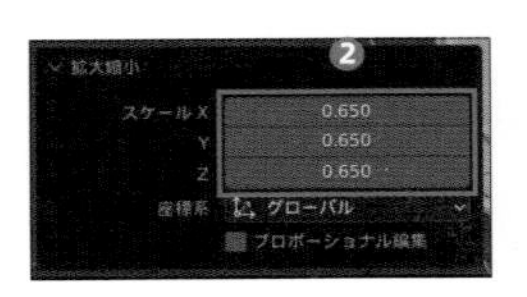

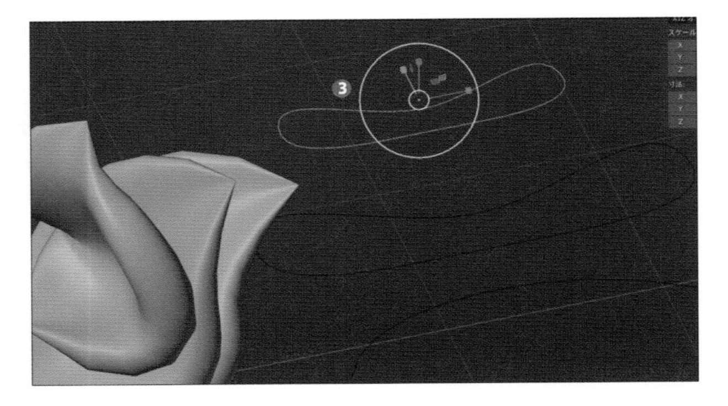

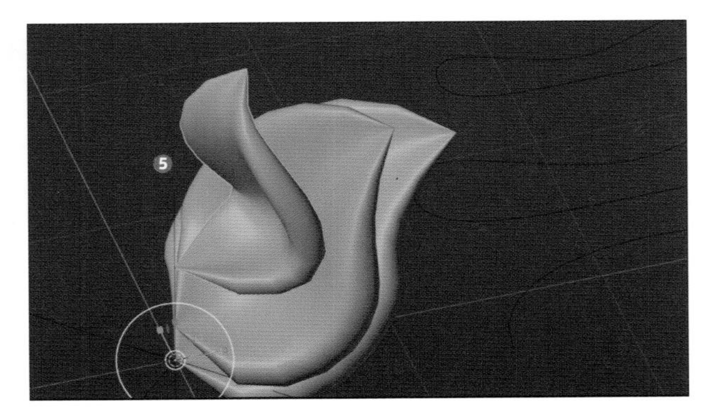

6 この状態で各オブジェクトの「配列モディファイア」の「リアルタイム」を有効にして、綺麗に花弁同士が折り重なった花のような形状になればできあがりです！

❸ 親子関係を設定して花弁をまとめる

1 これで「花部分のパーツ」ができあがりました。それぞれの花弁の「オブジェクト」は先ほど「配列モディファイア」に割り当てた「エンプティオブジェクト」を親にして「ペアレント」設定をしておきましょう（❶、❷、❸）。

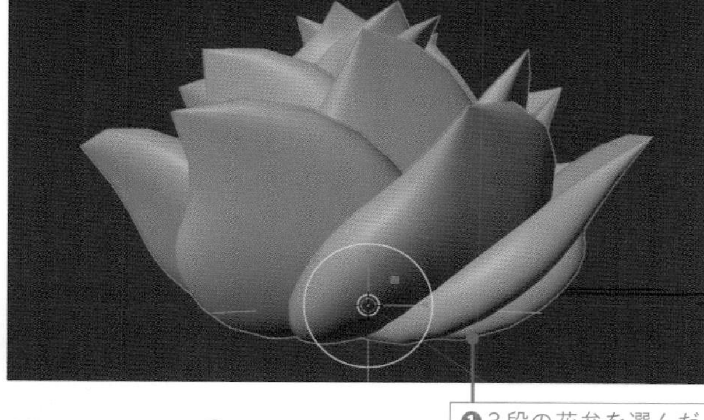

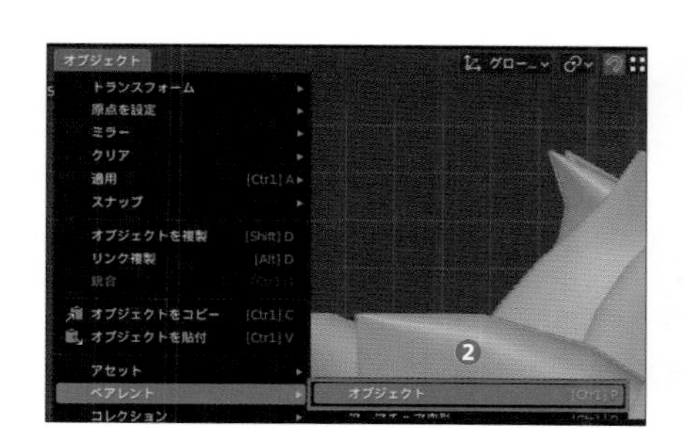

❶3段の花弁を選んだあとに、エンプティオブジェクトを選択

2 「ペアレント」の設定をしたら「エンプティオブジェクト」の「トランスフォーム」から「位置」を「X：0、Y：0、Z：8」、「回転」を「X：0、Y：-45、Z：50」に設定して茎のパーツの先に花のパーツが付くように配置しました。

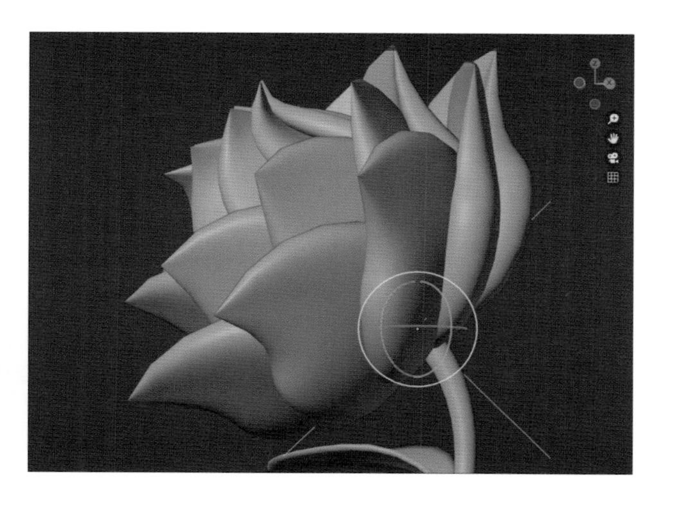

モデルを仕上げる

1 花瓶、茎、花弁のパーツが揃いました。後から操作しやすいように、「3Dビューポート」上部のメニューから「追加 → エンプティ → 座標軸」を追加し（❶）、「オブジェクトプロパティ」内の「ビューポート表示」の項目から「最前面」を有効（❷）にしてから各パーツの親に設定しておきましょう（❸、❹、❺）。このとき「花弁のパーツ」については花弁の「エンプティオブジェクト」のみを子にするように注意してください。また「テーパーオブジェクト」や「ベベルオブジェクト」に設定していた「カーブオブジェクト」も、座標軸の「エンプティオブジェクト」の子になるように設定しておきましょう。

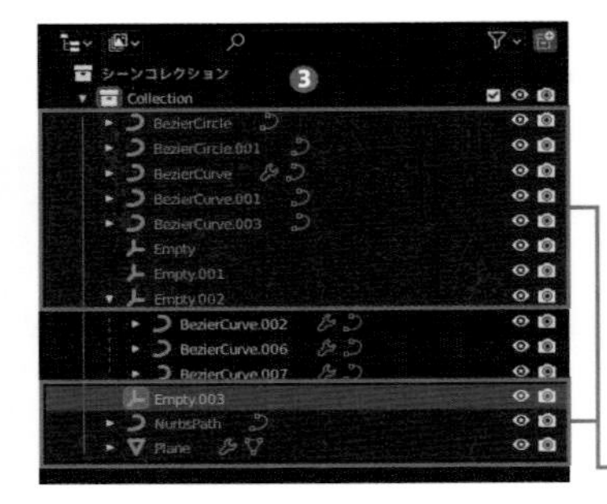

各パーツを選択し、最後にエンプティオブジェクトを選ぶ

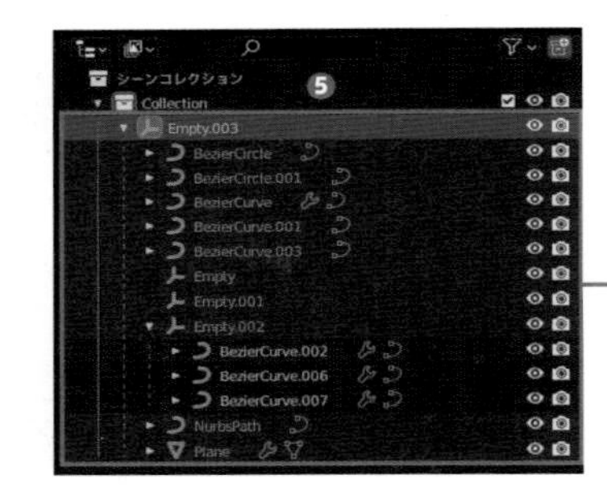

各パーツが最後に追加した「座標軸」のエンプティオブジェクトの子になる

2 一通り設定ができましたら、余裕がありましたらそれぞれのパーツに「マテリアル」で色も付けてみましょう。作例では花部分は赤（H:0、S:1、V:1）、葉っぱと茎部分は緑（H:0.333、S:1、V:0.8）、花瓶部分は白色（H:0、S:0、V:0.8）にしました。
これで「花瓶にささったバラのモデル」の完成です。余裕がありましたら「レンダリング」もしてみましょう！
このように「カーブオブジェクト」を使用することで少ない手間で滑らかで複雑な形状のモデルを作成することができ、後からの調整も手軽です。余裕がありましたら花瓶や茎、花びらの形状や葉っぱの枚数などを自分好みに調整してみましょう！

「カーブオブジェクト」は「モデリング」以外にも「アニメーション」や「エフェクト作り」などにも使用できて便利な機能です。触りたてのときは調整が難しく感じるかもしれませんが、ぜひ活用してみてください！

今回本誌で「モデリング」をする作例は以上になります。本章で作成したモデルは他の章でも使用するので忘れずに保存しておきましょう。Chapter 2とあわせて様々なモデリングの手法と機能を紹介してきましたが、ここまでの内容を使いこなすことができたらあらゆる形状を作れるといっても過言ではありません。ある程度操作や機能を把握したら、ぜひ他の形状の「モデリング」にも挑戦して理解を深めてみましょう。

また本章で紹介した機能や手法は全体のほんの一部で、必ずこれを使用して「モデリング」をしなければいけないというものではありません。「ここうまくいかないな」、「ここもっと簡単にできないかな？」という部分については、色々な編集方法を試したり他の機能について検索してみたりして、自身が楽しく「モデリング」できる方法を模索してみてください！

コラム　そのほかのモデリング手法について

Chapter 2から3にかけていくつかの「モデリング」の手法を紹介してきましたが、これらもあくまで一部で、3DCGモデルを作成する手法は他にも無数に存在しています。そのうち「Blender」が標準で使用できるものについても少しだけ紹介します。

物理シミュレーション

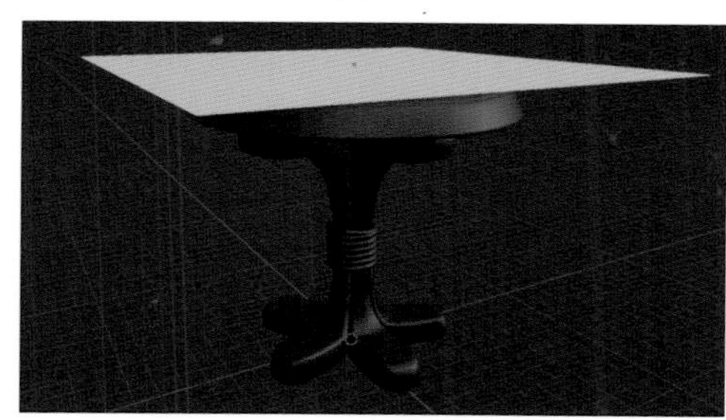

その名の通り重力や衝突判定といった物理的なシミュレーションを行いアニメーションを作成する機能です。これを利用して、理想の形になったところで「メッシュ」の形状を固定することで複雑な立体形状でも比較的簡単に作成することができます。

物理演算を使用してテーブルクロスを掛けた様子

スカルプト

「メッシュ」を、粘土をこねるようにして変形していくことができる機能で、「面」や「頂点」などを直接操作する「ポリゴンモデリング」よりも直感的な操作で造形していくことができます。パソコンのスペックに余裕があればこちらから挑戦してみるのもいいかもしれません！

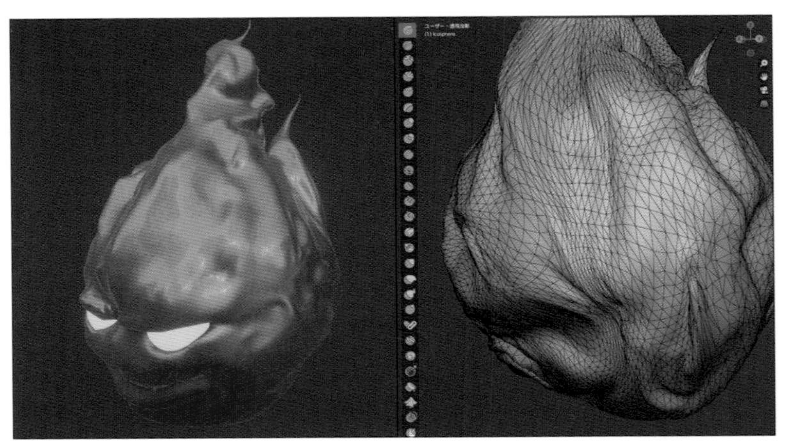

スカルプトモデリングの例

ジオメトリーノード

「Blender」のバージョン「3.0」から追加された機能で、一言でいうなら「オリジナルのモディファイアーを作成できる機能」です。うまく利用すれば緻密なモデルでも簡単に作成、調整できるようになります。

執筆時点でも頻繁に更新があり、動画などで解説されている方も増えてきています。興味を持ちましたら簡単なものから挑戦してみると楽しいかもしれません！

ジオメトリーノードの例

このように「モデリング」の手法ひとつとっても日々新たな技術が生まれています。ひとつの手法を試して肌に合わないなと感じた場合でも、ぜひいろいろな手法を試して自分に合う手法をみつけてみてください！

Chapter

4

マテリアルを設定してみよう！

これまでのモデルに色を付けるために「マテリアル」を使用していました。本章ではこの「マテリアル」が具体的にどういったものなのかについて掘り下げていきます。さらに「マテリアル」の細かな設定についても触れつつ、「UV」や「テクスチャ」の扱いについても触れていきます。

動画はコチラ

※パスワードはP.002をご覧ください

マテリアルとは

「マテリアル」は色を付ける以外にも様々な役割があります。まずはそれらを確認するための下準備をしましょう。

Chapter 2およびChapter 3内ではモデルに色を付けるために「マテリアル」を使用していました。しかし「マテリアル」の役割は色を変更するだけではなく、各種設定を調整することでモデルに様々な「質感」をつけることができます。

本章ではこれまでに作成したモデルの「マテリアル」を調整して、より魅力的なモデルになるように設定していきます。もしまだモデルがない場合は作例をダウンロードして使用しても大丈夫です。

また「3Dビューポート」の表示モードは「マテリアル」の変化が分かるように「マテリアルプレビュー」に変更しておいてください。

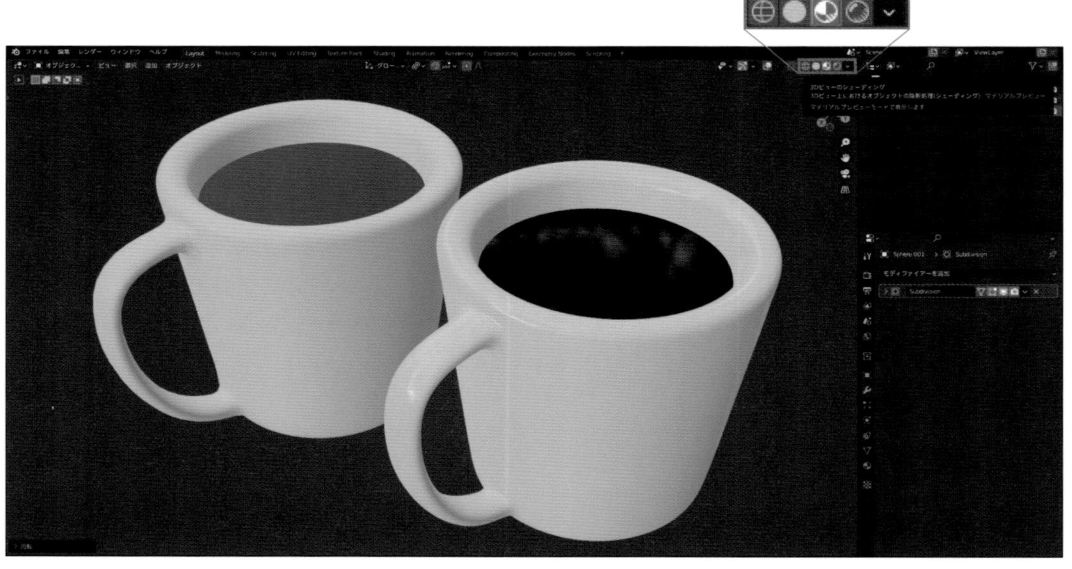

マテリアルを設定する前（左）と設定後（右）

02

シェーダーについて

「マテリアル」と切り離せないものとして「シェーダー」があります。ここでは、「シェーダー」について理解を深めてみましょう。

「マテリアル」には「シェーダー」というものが設定されています。「シェーダー」は「レンダリング」をする際にモデルの光の当たり具合や影の付き方などの計算処理を行うものです。

設定された「シェーダー」に応じて「マテリアル」の設定項目が変化し、その設定内容に応じてモデルの色や質感などが変化します。このように「シェーダー」の調整や「マテリアル」の設定などを通してモデルの見た目を調整していく工程を「シェーディング」と呼びます。

1 今回は上部メニューの「ファイル → 開く」から「マグカップ」のモデルが含まれるファイルを開いて「シェーダー」の設定を確認してみましょう。ファイルを開いたら「マグカップ」のモデルを選択し、「マテリアルプロパティ」を開いて「マテリアル」の設定を確認してください。

このうちの「サーフェス」という項目に割り当てられている物が「シェーダー」で、デフォルトでは「プリンシプルBSDF」が割り当てられています。

2 「Blender」では22種類の「シェーダー」が用意されていて「サーフェス」の項目を選択すると一覧が表示されます（❶）。この中から例えば「放射シェーダー」を選択すると設定項目が変化し、モデルは陰影がなくなった見た目に変化することが確認できます（❷）。しかし「Blender」のデフォルトの設定では機能しない「シェーダー」も多く、単体では動作しないものも一部存在します。また現状では「プリンシプルBSDFシェーダー」が他のほとんどの「シェーダー」の機能を兼ね備えたものになっているので、基本的にはこれを使用した方が便利です。
本章でも「プリンシプルBSDFシェーダー」を使用していきますので「サーフェス」の項目は元の状態に戻しておきましょう。

フェイクユーザーの設定

どこにもリンクされていない「マテリアル」は、Blenderを再起動した際に削除されてしまいます。これを防ぐために「フェイクユーザー」の設定を知っておきましょう。

1 ここで一度「×」ボタン（❶）を押して「マグカップ」のモデルに割り当てられている「マテリアル」の「リンク」を解除してみましょう。この状態で「リンクするマテリアルを閲覧」ボタン（❷）を押して表示されたリストを確認すると、先ほどまで割り当てられていた「マテリアル」の名前の横に「0」が表示されていることが確認できます（❸）。
この「0」は「マテリアル」がどの「メッシュ」にも「リンク」されていないことを示す表記になります。
「マテリアル」などのデータの割当先のことを「ユーザー」と呼ぶのですが、このようにどの「ユーザー」にもリンクされていないデータはそのままでは再度「Blender」を起動したときに削除されてしまいます。不要なデータの場合は問題ありませんが、これを避けたい場合には「フェイクユーザー」を設定します。

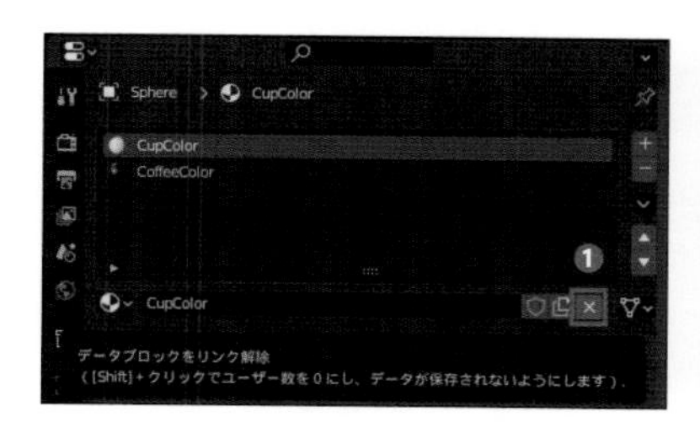

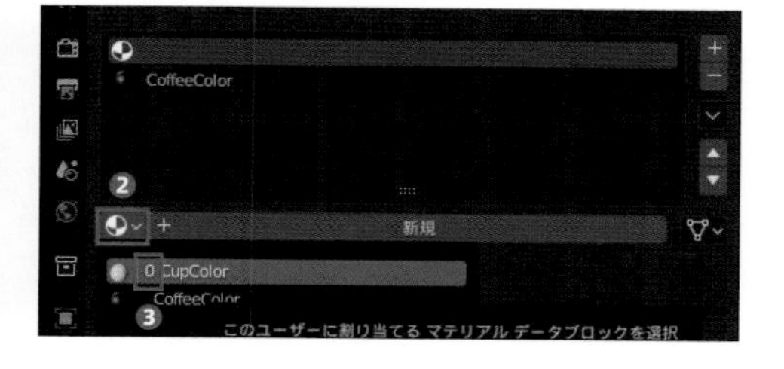

2 もう一度「マテリアルスロット」に「マテリアル」を割り当ててから（❶）「フェイクユーザー」のボタンを有効にしてみましょう（❷）。この状態で「リンクするマテリアルを閲覧」ボタンからリストを確認すると、「フェイクユーザー」が設定されている「マテリアル」の横に「F」が表記されるようになるので確認してください（❸）。この状態のデータはどの「ユーザー」に「リンク」されていなくても削除されることがなくなります。
このように新しく追加した「マテリアル」などのデータには基本的に「フェイクユーザー」を設定して保護しておくと安心なので覚えておきましょう！

❶「リンクするマテリアルを閲覧」で選択して割り当てる

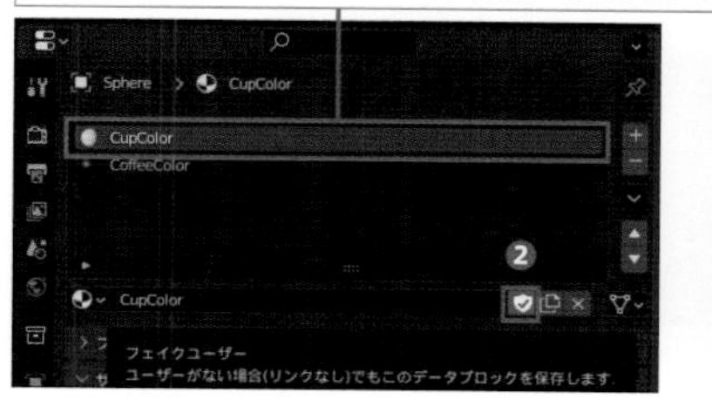

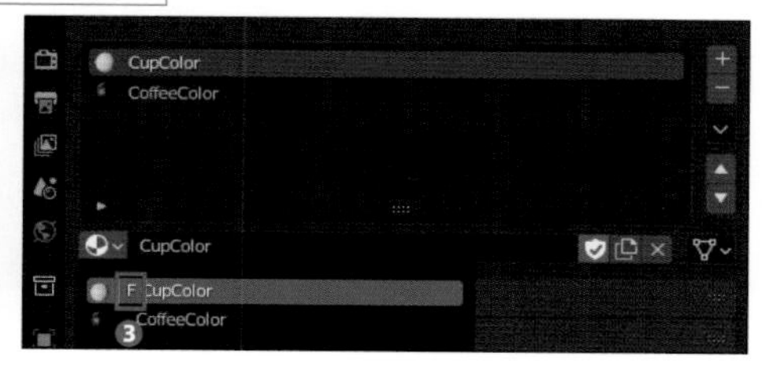

マテリアルの質感を調整してみよう

「プリンシプルBSDFシェーダー」の設定を調整して、ここまで作ったモデルに質感をつけていきます。モデルによって異なる質感を設定しますが、そのほかにも様々な設定項目がありますので、試してみてください。

マグカップにツヤを付ける

1 それではここからは「プリンシプルBSDFシェーダー」の設定を操作してみましょう。まずは「マグカップ」の本体部分にツヤが出るように設定します。これには主に「メタリック」、「粗さ」、「スペキュラー」の値を操作すると質感を出しやすいです。
まずは「メタリック」の値を操作してみましょう。すると値が「1」に近づくほど金属のような質感に変化していくのが確認できると思います。

「メタリック：0」

「メタリック：0.5」

「メタリック：1」

2 次に一度「メタリック」の値を「0.5」にしてから「粗さ」の値を操作してみましょう。こちらは表面の粗さを調整することができる項目で、「1」に近づくほどマットな質感になり、「0」に近づくほどツヤのある滑らかな質感になります。

「粗さ：0」

「粗さ：0.5」

「粗さ：1」

3 最後に「スペキュラー」ですが、こちらは光の反射具合を調整することができる項目になります。「ベースカラー」が白色だと変化が分かりにくいので、試しに青色に変更してから「メタリック」と「粗さ」を「0」にした状態で「スペキュラー」の値を操作してみましょう。すると値を「0」から「1」に近づけるほど光が反射するようになることを確認してみてください。

「スペキュラー：0」

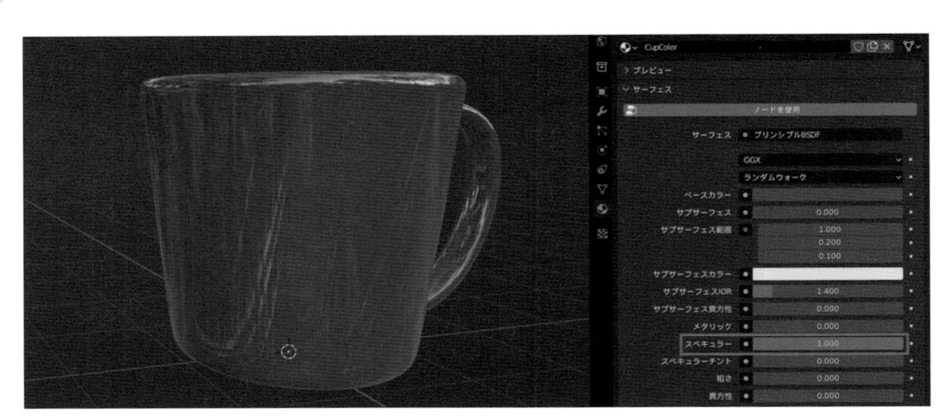

「スペキュラー：1」

3 今回はマグカップ本体の「マテリアル」は、「ベースカラー」のHSVの値をそれぞれ「H：0、S：0、V：0.8」にして少しだけ灰色がかった色合いにしてから、「メタリック」を「0」、「スペキュラー」を「0.5」、「粗さ」を「0.1」に設定しました（❶）。
またコーヒー部分の「マテリアル」についても、「ベースカラー」を「H：0、S、1、V：0.01」にして少し赤みがかった黒色にしてから「メタリック」を「0」、「スペキュラー」を「0.2」、「粗さ」を「0」に設定しています（❷）。

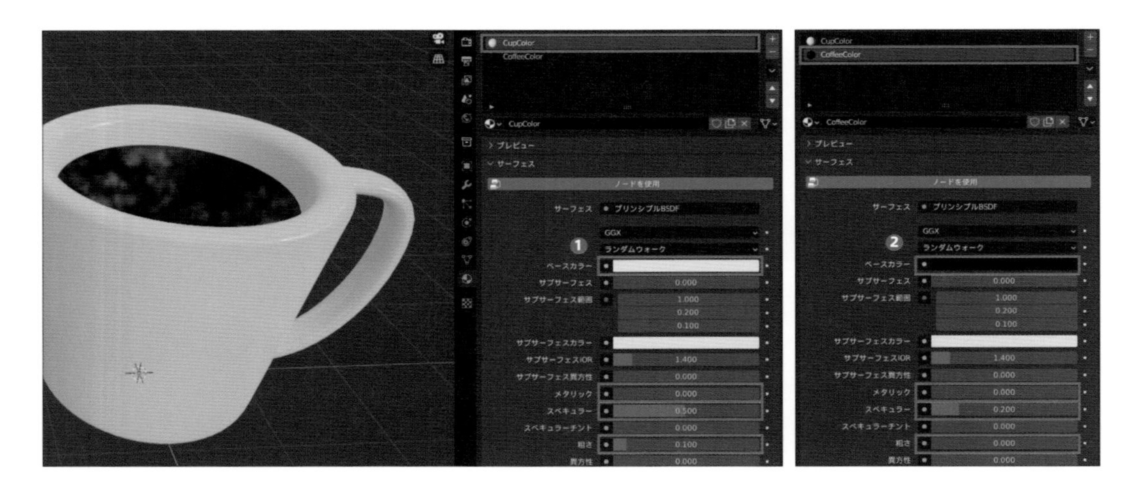

これでツヤのついた質感のできあがりです！　質感を調整し終わりましたら一度ファイルを保存しておきましょう。

ケーキをおいしそうな見た目にする

1 続けて「ファイル → 開く」からケーキのモデルを含むファイルを開いて見た目を調整してみましょう。今回のケーキのモデルはそのままですと硬そうな印象なので、特にクリーム部分を柔らかそうな質感にしてみます。

こちらには「サブサーフェススキャッタリング（以下SSS）」を使用します。
「SSS」は「表面下散乱」を再現することができる項目で、皮膚や磁器、大理石といった「透明ではないけど光を通すような材質」を表現する際に有用です。

2 「SSS」は「プリンシプルBSDFシェーダー」の「サブサーフェス」の項目の値を「0」よりも大きくすることで有効になります。クリーム部分の「マテリアル」の「メタリック」の値を「0」にしてから「サブサーフェス」の値を操作してみてください。
すると周囲の光がクリームの中を通過して影になっている部分にも届くようになり、全体的に柔らかな印象になることが確認できると思います。

「サブサーフェス：0」

「サブサーフェス：1」

ヒント

「サブサーフェス」の影響は「メタリック」の値が「1」に近づくにつれて弱くなります。

3 さらに「サブサーフェス範囲」の値を調整することで、上から順に「R（赤）」、「G（緑）」、「B（青）」の光がどの程度内側に侵入できるかを設定することができます。

デフォルトでは「R」の値が一番高いので全体的に赤みがかった色合いをしていますが、それぞれの値を変更することで緑や青の光が抜けてきやすくなるような表現にすることもできます。実際に操作して確認してみましょう。

「サブサーフェスの範囲（赤）：1」

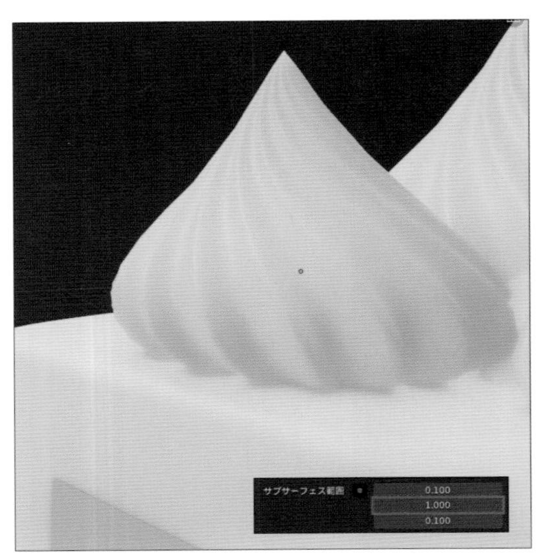

「サブサーフェスの範囲（緑）：1」

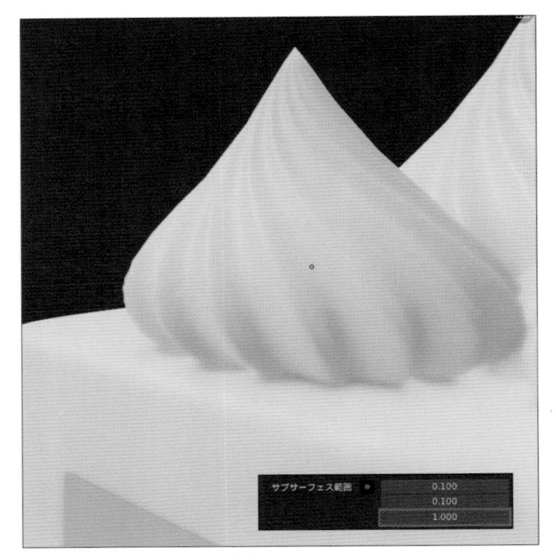

「サブサーフェスの範囲（青）：1」

4 最後に「サブサーフェスカラー」についてですが、こちらは「サーフェス」の値に応じて「ベースカラー」の色を「サブサーフェスカラー」の色で置き換えることができる項目です。「サブサーフェス」の値を「1」にすると完全に色が置き換わってしまいますが、「0.5」などの値にした際に「全体的にもう少し色を付けたい」といった場合に使用すると効果的です。

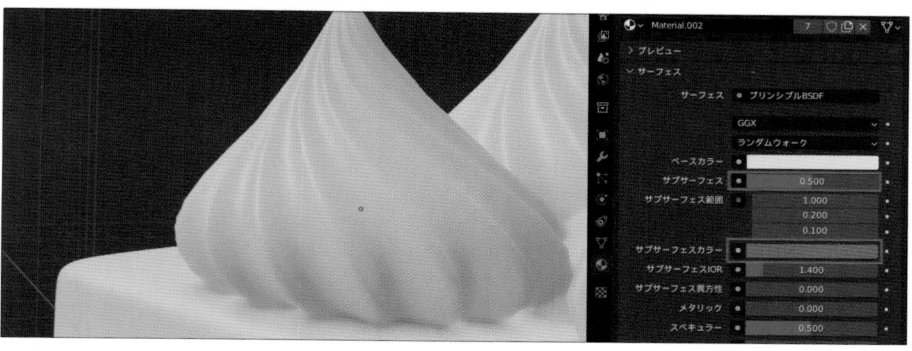

サブサーフェスカラーを赤にして、「サブサーフェス：0.5」

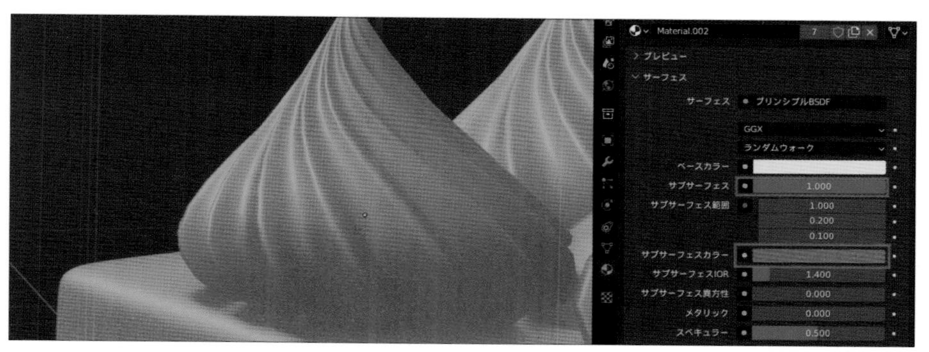

サブサーフェスカラーを赤にして、「サブサーフェス：1」

5 今回はクリーム部分とスポンジ部分の「マテリアル」を以下の表のように設定しました。

クリーム部分（❶）	「メタリック：0」 「スペキュラー：0.5」 「粗さ：0.7」 「ベースカラー：H：0、S：0、V：0.8」 「サブサーフェス：0.8」 「サブサーフェス範囲：1.0、0.4、0.2」 「サブサーフェスカラー：H：0、S：0.2、V：1」
スポンジ部分（❷）	「メタリック：0」 「スペキュラー：0.5」 「粗さ：0.7」 「ベースカラー：H：0、S：0、V：1」 「サブサーフェス：0.8」 「サブサーフェス範囲：1.0、0.2、0.1」 「サブサーフェスカラー：H：0.03、S：1、V：1」

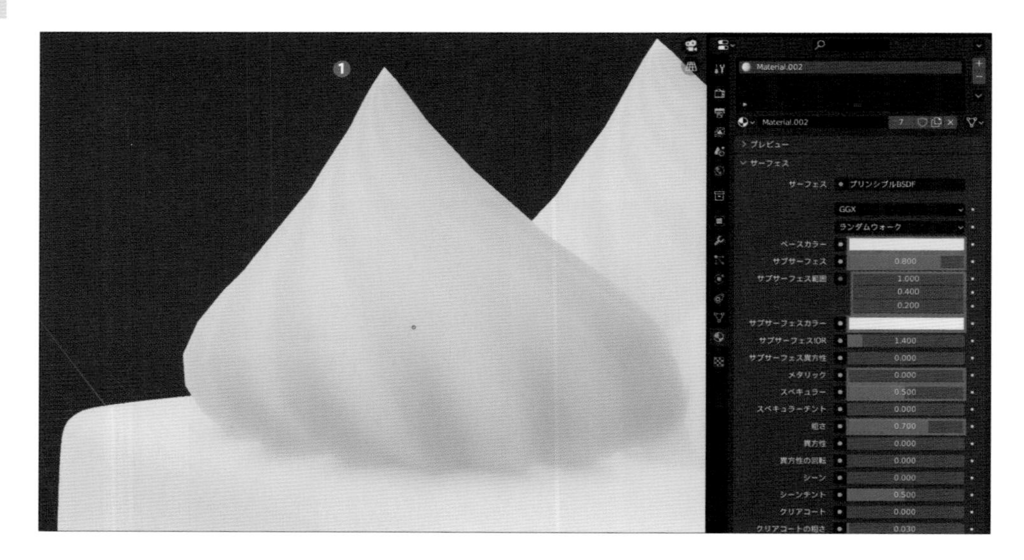

6 「イチゴの本体部分のマテリアル」については、「サブサーフェス」を「1」、「サブサーフェスカラー」を赤色（H：0、S：1、V：1）にした状態で「粗さ」を「0.3」にしてツヤを出してみました（❶）。

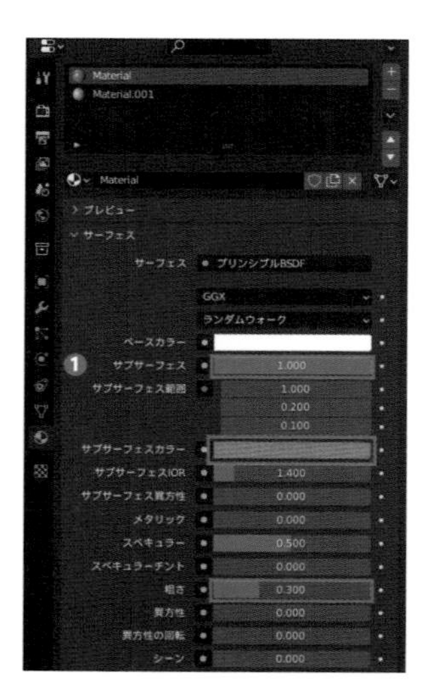

「種部分のマテリアル」では、逆に「サブサーフェス」は「0」、「メタリック」を「0.5」にして硬そうな粒感を表現してみましょう。「ベースカラー」の色は少し薄めの黄色（H：0.025、S：0.95、V：1）ぐらいにするとちょうどよさそうです（❷）。

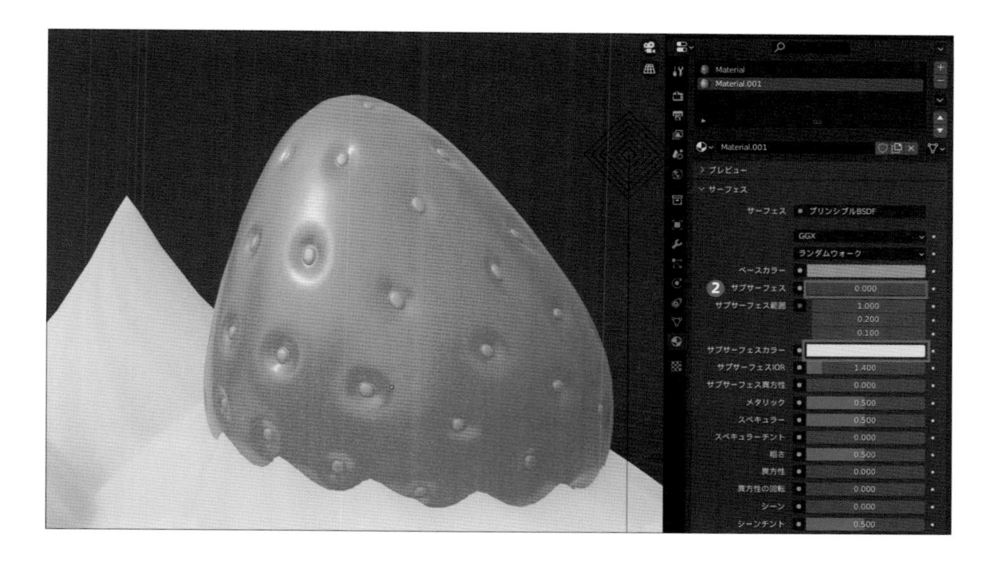

7

イチゴの質感はこのままでもよさそうですが、「スペキュラーチント」を調整して光の反射部分にもうひと手間加えてみましょう。

「スペキュラー」は基本的に光の色をそのまま反射しますが、「スペキュラーチント」を設定することで反射した光に対して「ベースカラー」の色をかけ合わせてくれるようになります。

ここでは「イチゴ本体部分のマテリアル」の「ベースカラー」をオレンジ色（H：0.02、S：1、V：1）（❶）にしてから「スペキュラーチント」の値を「1」にしてみましょう（❷）。すると光の反射部分にオレンジ色がかけあわされて、全体的に赤みを帯びた柔らかな印象になることが確認できると思います（❸）。

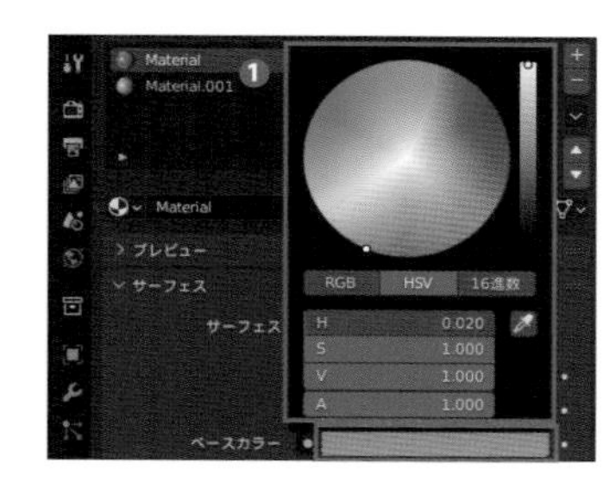

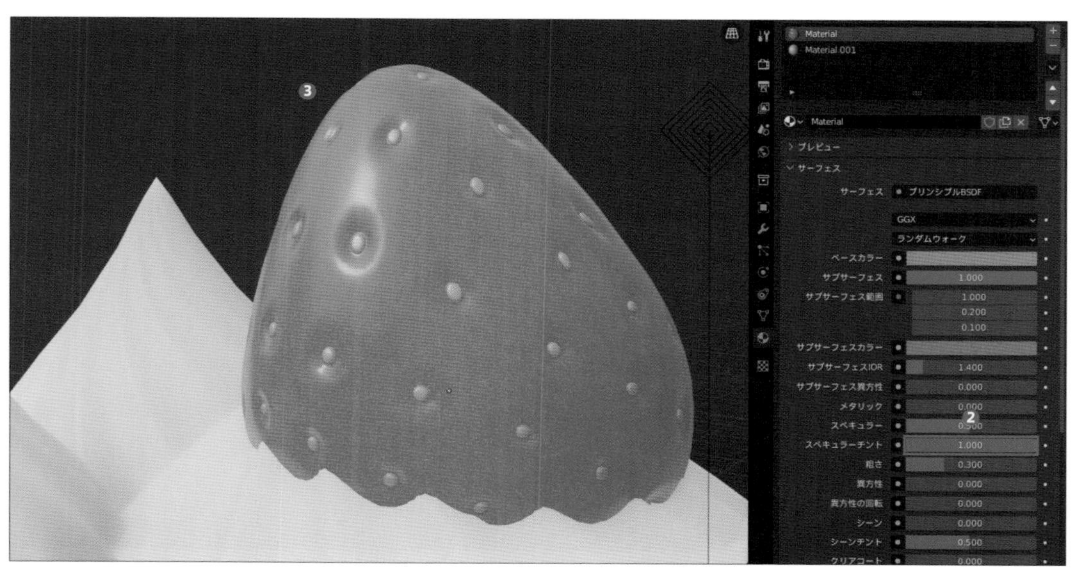

8 これで「ケーキのモデル」の質感の調整もできあがりです。残りのお皿部分については「ベースカラー」のHSVの値を「H：0、S：0、V：0.8」、「メタリック」を「0.5」、「粗さ」を「0」に設定しました。こちらも設定し終えたら、保存しておきましょう。

花瓶とバラにガラスの質感を設定する

1 今度は「ファイル → 開く」から花瓶とバラのモデルが含まれたファイルを開いて見た目を調整していきます。こちらにもケーキのモデルと同様に「SSS」を設定して柔らかな質感にしてもいいですが、今回は全体的にガラス製の造花にしてみましょう。

ガラスの質感を「プリンシプルBSDFシェーダー」で表現するためには主に「伝播」、「IOR」、「クリアコート」、「アルファ」を設定します。
まずは花瓶の「マテリアル」から設定していきます。「メタリック」と「粗さ」を「0」にした状態（❶）で「伝播」を「1」に設定してみましょう。すると全体的に透き通ったような見た目になり（❷）、モデルに映りこむ周囲の景色も屈折したように表現されるのが確認できると思います。

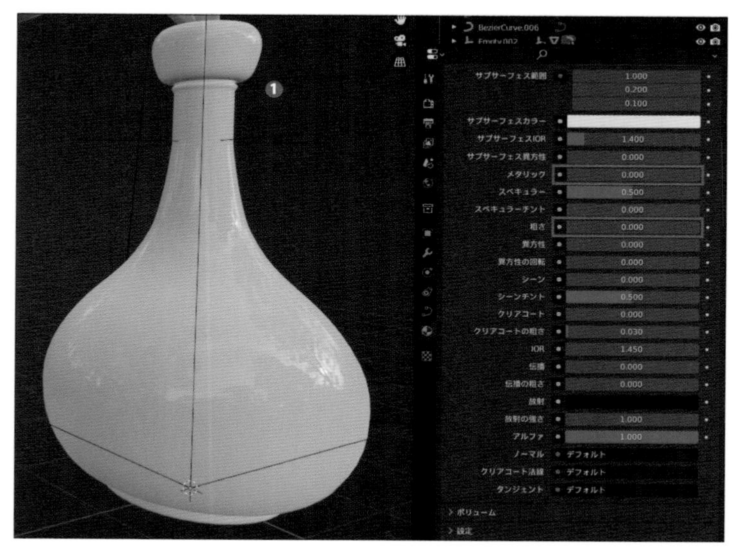

「メタリック：0」、「粗さ：0」

さらに「伝播：1」

2 このように「伝播」は水やガラスのように透明な材質を表現する際の透明度を表現することができる項目になります。

またこのときの材質の屈折具合は「IOR」から設定することができます。ネットで調べると材質ごとの屈折率をまとめているサイト※1などがありますので、そちらを参照して目的の材質に合わせた値を設定すると説得力が増します。

例えば「IOR」が「1」の場合は空気（屈折無し）（❶）、「1.333」の場合は水（❷）、「1.51」の場合はガラスの屈折率（❸）になりますのでそれぞれ確認してみましょう。

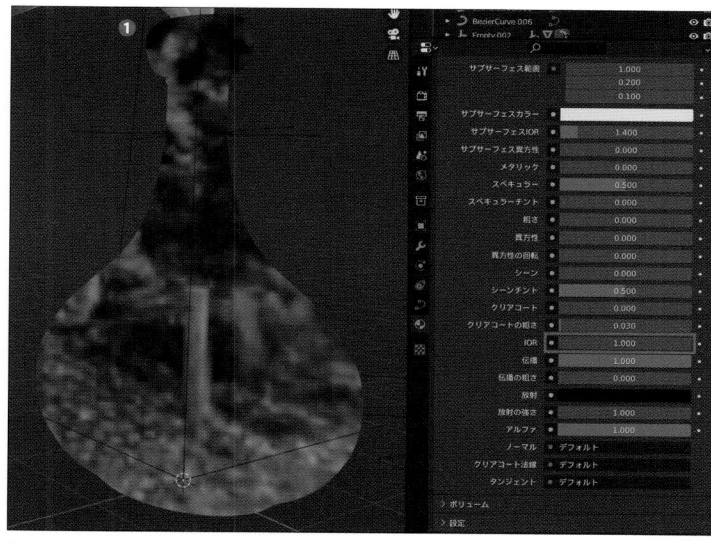

「IOR：1」

※1 https://ja.wikipedia.org/wiki/%E5%B1%88%E6%8A%98%E7%8E%87
https://a4jp.com/material-ior-list/

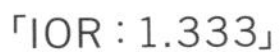
「IOR：1.333」

「IOR：1.51」

3 「IOR」の値をガラスのものに設定したら「**クリアコート**」の値を操作してみましょう。「クリアコート」を設定すると**表面に薄い反射膜が存在するような表現**にすることができます。例えばコーティング処理が施された車のボディやニスが塗られた木材などの表現をしたい場合に使用します。
今回の場合でしたら「粗さ」の値を「0.3」(❶)にして表面を少しざらつかせた後に「クリアコート」の値を「1」にして(❷)表面の滑らかさを補完することで曇りガラスのような表現にすることもできます。

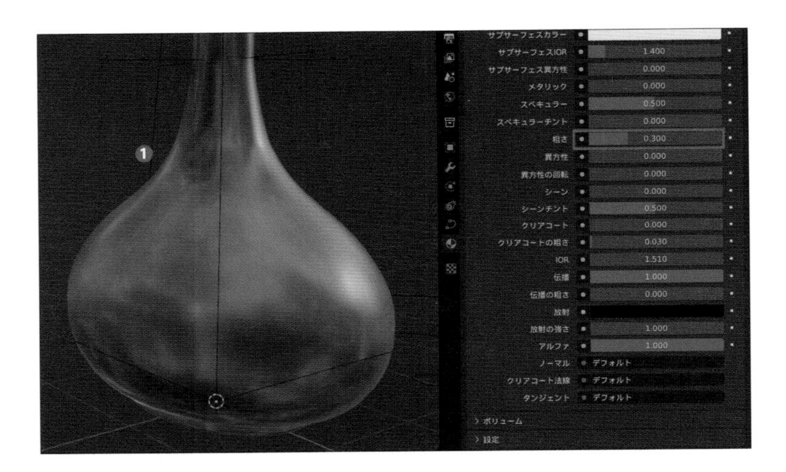

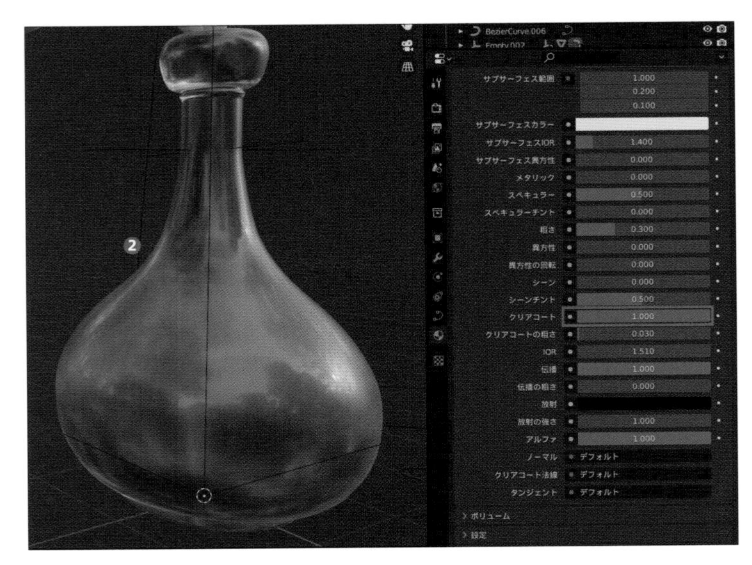

4 同様の質感は「伝播の粗さ」でも表現することができます。「粗さ」と「クリアコート」を「0」にした状態で「伝播の粗さ」の値を「0.3」にすると屈折部分がぼかされて、こちらも曇りガラスのような質感になります。
どちらの設定を採用するかは好みですが、今回は後者の「伝播の粗さ」で設定した表現を採用しました。

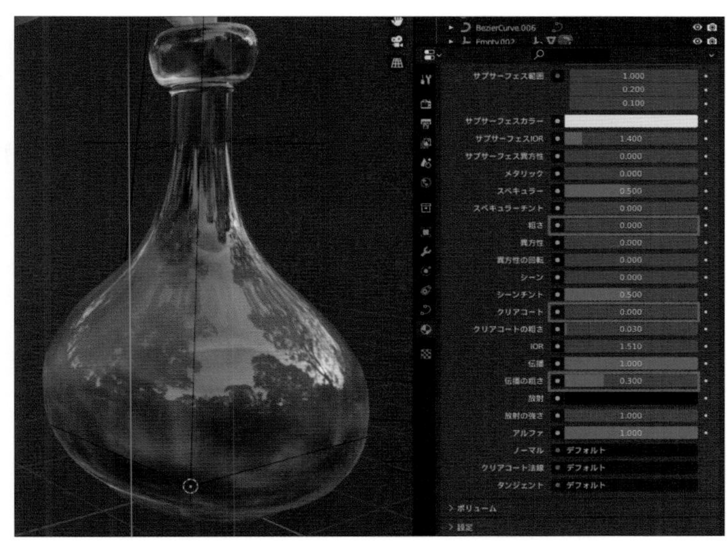

「粗さ：0」、「クリアコート：0」「伝播の粗さ：0.3」（採用）

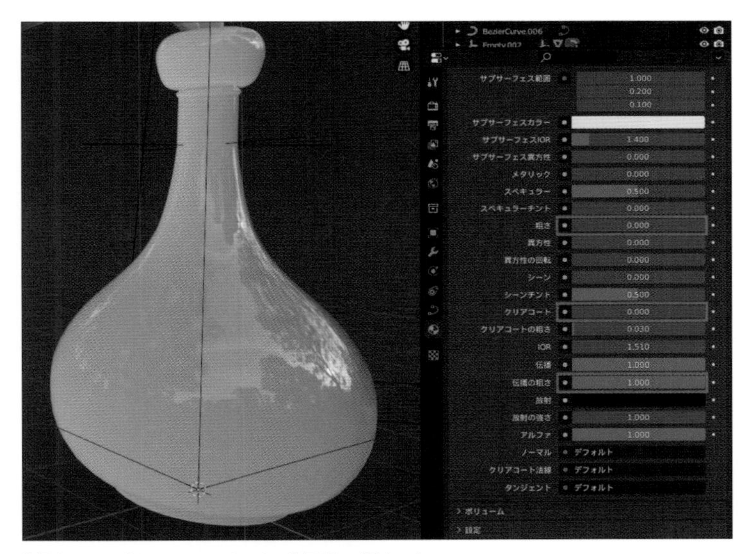

「粗さ：0」、「クリアコート：0」「伝播の粗さ：1」

5 ここでよく観察してみましょう。ガラス製の花瓶なら底や、差されているバラの茎など、反対側や内側にある部分は透けて見えるはずですが、実際には花瓶表面の質感しか見て取ることができません。これはデフォルトの「レンダリング」の設定では屈折による透過の再現がしっかりと表現できないためです。
そこで「プリンシプルBSDFシェーダー」の「アルファ」の値を操作して「メッシュ」の表示自体を半透明にして反対側や内側の部分も透けて見えるように設定してみましょう。

それでは早速「アルファ」の値を操作してみてください。値が「1」の場合は不透明で、「0」に近づくほど透明になっていくのですが、そのままではどんなに値を操作しても透明度に変化がありません（0にすると真っ黒になります）。

「アルファ：1」

「アルファ：0.5」

6 「マテリアル」が「アルファ」を扱うことができるようにするためには、「設定」の項目内の「ブレンドモード」を変更する必要があります。デフォルトでは「不透明」が選択されていますので、これを「アルファブレンド」（❶）に変更してから「アルファ」の値を「0.8」に設定してみてください（❷）。
すると「アルファ」の値に応じて全体が少し透けて反対側や内側の部分も見えるようになります。

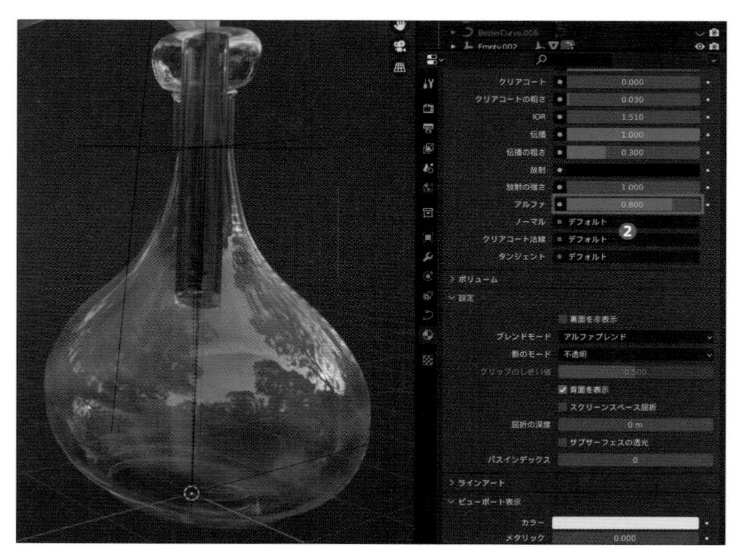

7 ここで透明になった箇所を視点を変えながらよく見てみると、なにやら**内側に面が張られている**ようなおかしな表現になってしまっているのですが（❶）、これは「アルファブレンド」の性質によるものです。

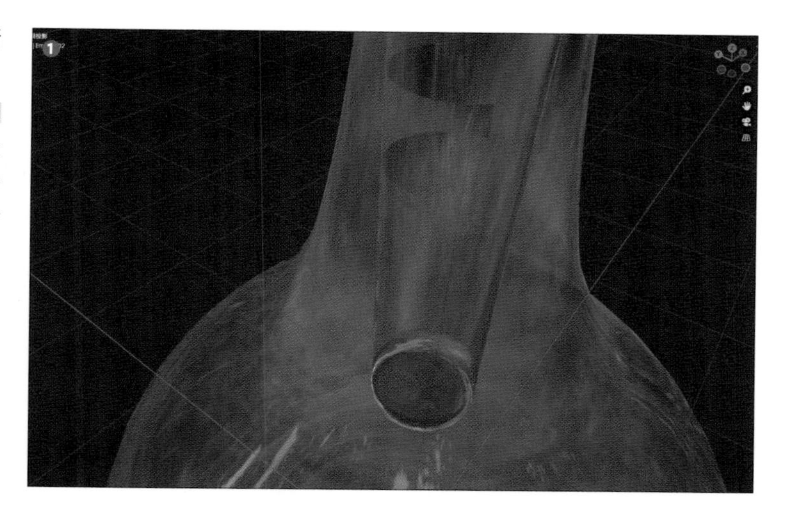

「アルファブレンド」は**裏側にあるオブジェクトの色も一緒に計算**することで半透明を表現する設定で、グラデーションのように徐々に透過していく表現もキレイに表示できる設定です。
こちらは計算の都合上**セロハンのような薄い半透明なものを通して反対側をみるような表現**をしたい場合には適切なのですが、今回のように形状が入り組んだ半透明のオブジェクトを表現したい場合はうまく処理ができずキレイな表現をすることが難しくなってしまいます。

8 ですので今回の場合は「ブレンドモード」を「**アルファハッシュ**」に変更しましょう（❶、❷）。「アルファハッシュ」は**透明な部分と不透明な部分をノイズ状に混ぜる**ことで半透明を表現する設定になります。「アルファブレンド」と比べるとノイズのようなムラが発生しやすいですが、入り組んだ形状でも正しい表示順で表現することができます。
このように「ブレンドモード」にはそれぞれ向き不向きがありますので、状況により使い分けるということを覚えておきましょう。

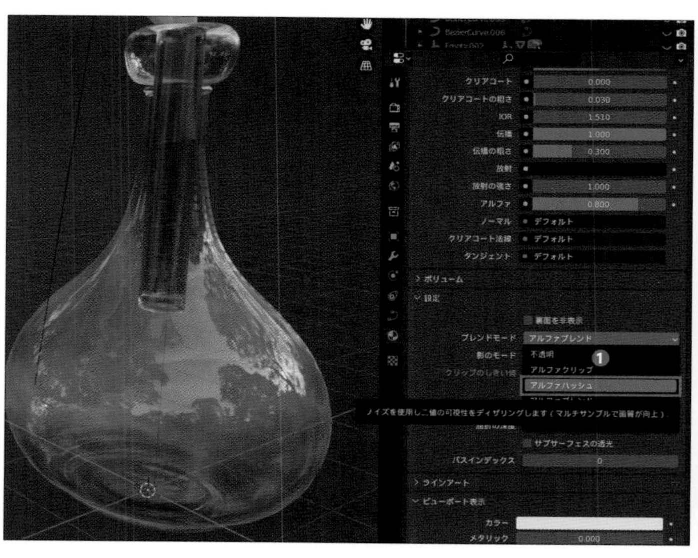

9 花瓶の「マテリアル」設定ができましたので、バラの茎と花の部分の「マテリアル」も設定しましょう。

どちらもガラス製にするために「メタリック」と「粗さ」は「0」、「クリアコート」と「伝播」は「1」、「IOR」は「1.51」、「伝播の粗さ」は「0.4」に設定しました。さらに「ブレンドモード」は「アルファハッシュ」に設定して「アルファ」は「0.9」に設定しています。
これでガラス製の生け花の質感の設定ができあがりました。忘れずに保存しておきましょう。

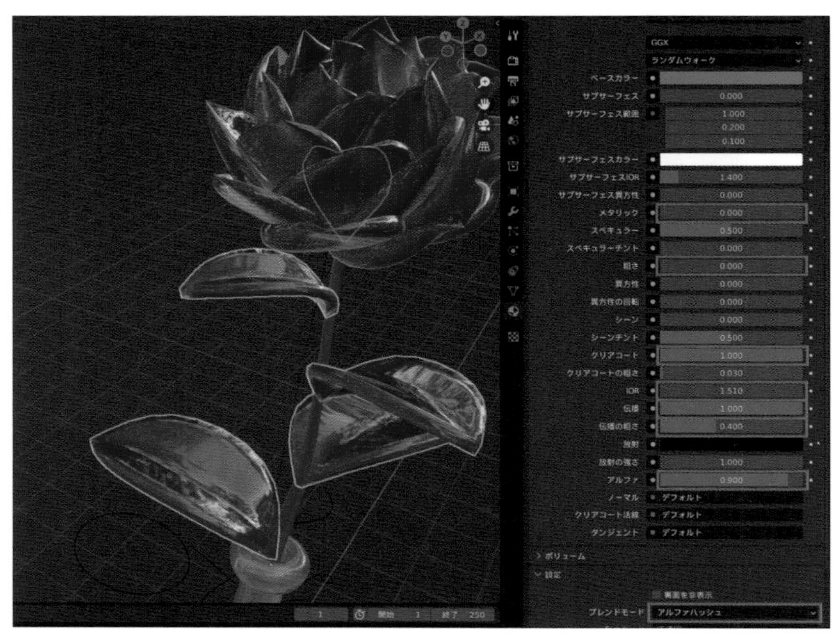

茎の設定

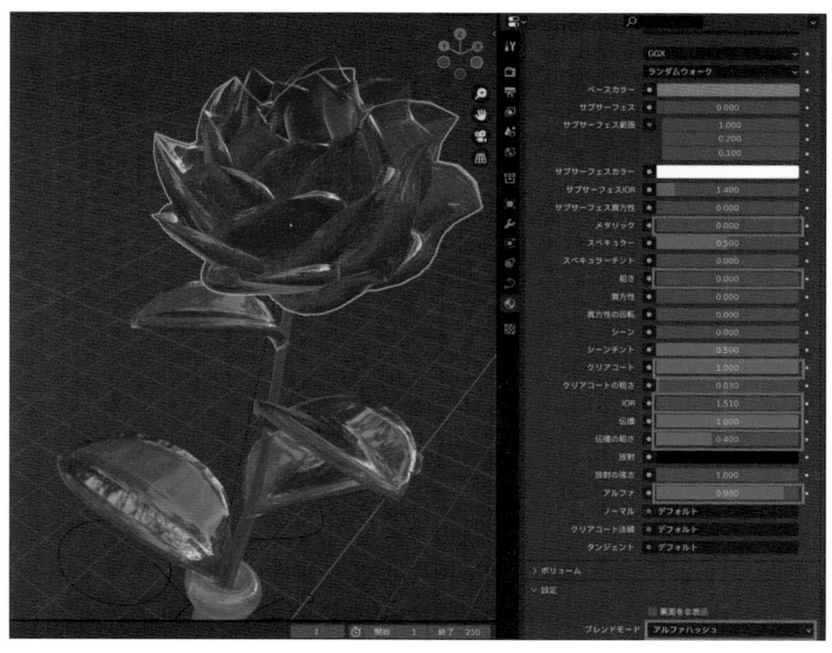

花の設定

テクスチャを設定してみよう

05

3Dモデルの表面に細かな質感をつけたいときは、ここでは「テクスチャ」を使用してテーブル上部にテーブルクロスを敷いてみましょう。

テクスチャとは

1 次に「ファイル → 開く」から「テーブルのモデル」を含むファイルを開いてください。ファイルを開きましたらテーブル本体の「マテリアル」も調整しておきましょう。
今回は「ベースカラー」は暗めの茶色（H：0.02、S：0.3、V：0.01）、「メタリック：0.5」、「スペキュラー：0.5」、「粗さ：0」にしてツヤのあるテーブルにしました。

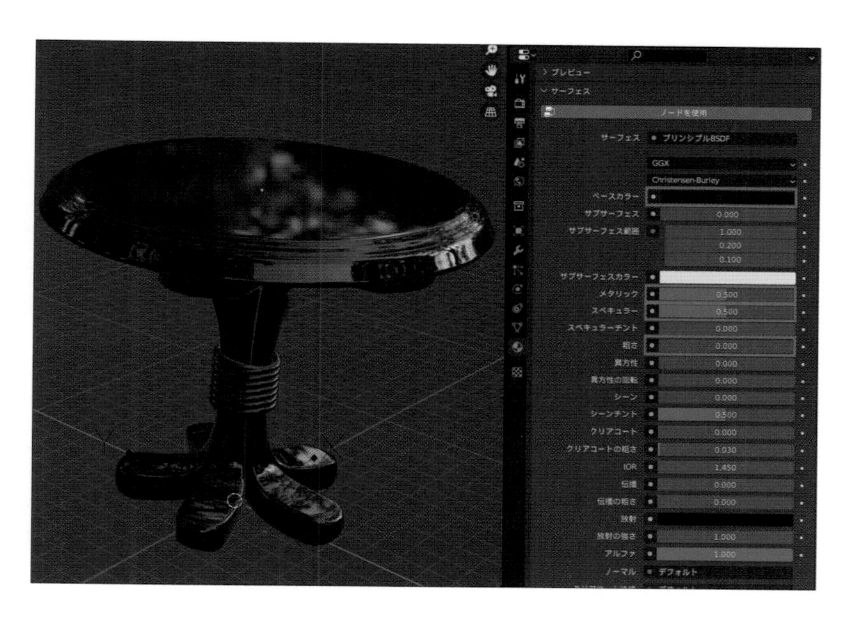

2 テーブルの本体についてはこのままでもいいのですが、折角なので模様の入ったテーブルクロスを敷いてオシャレな見た目にしてみましょう。しかし布や細かな模様の形状を「メッシュ」の編集や「プリンシプルBSDFシェーダー」の設定で表現をしようとすると非常に手間がかかります。
そこでこのような細やかな質感をつけたい場合には「テクスチャ」を使うと手軽に表現することができます。「テクスチャ」は「JPG」や「PNG」などの画像ファイルで、この画像を3Dモデルの表面に貼り付けることで色や模様などをつけることができます。
今回は「サンプルファイルの「Chapter4_5 → Texture」の「TableCloth.png」を「テクスチャ」として使用するので先にダウンロードしておいてください。

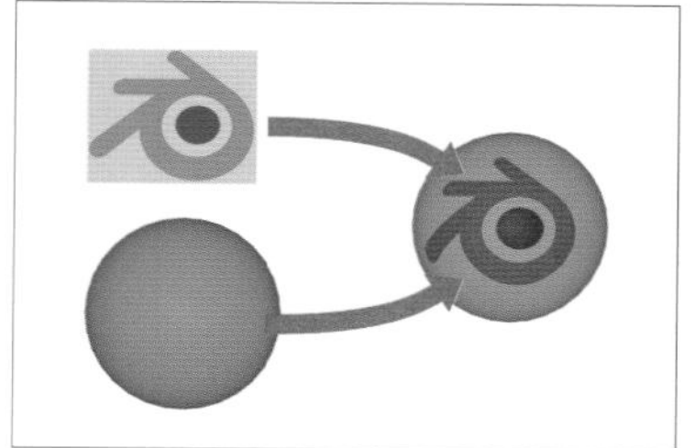
「テクスチャ」を使うと3Dモデルの表面に色や模様をつけられる

テクスチャをモデルに設定する

1 まずはテーブルクロス用の「オブジェクト」を作成しましょう。「オブジェクトモード」で「追加 → メッシュ → 平面」を追加し、調整メニューから「サイズ」を「11.5」にして大きさを調整します。
さらに「位置」の「X」と「Y」を「0」、「Z」を「12.8」程度に調整して丸テーブルの天板上に配置されるように調整してください（❶）。

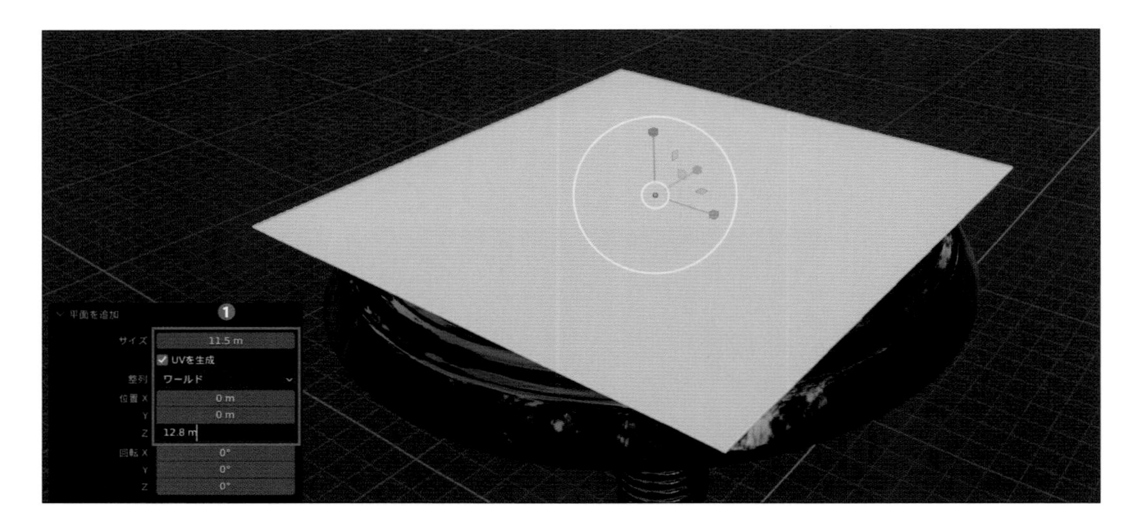

平面を追加したら「グローバルの原点」の位置に「エンプティオブジェクト → 座標軸」を追加して、テーブルの各パーツの「親」になるように「ペアレント」を設定しておきましょう。（❷）。

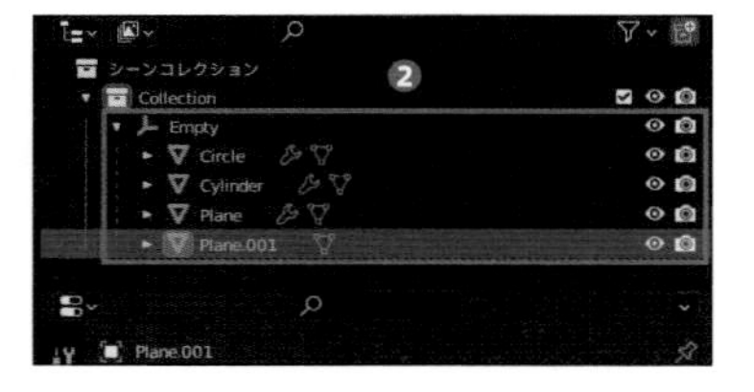

ヒント

天板と平面をくっつけすぎると、両方とも同じ場所に表示しようとしてチラつきが発生します（「Zファイティング」と呼びます）。チラつきが発生する場合は平面をもう少し天板から離して配置してみてください。

2 平面を選択したら「マテリアルプロパティ」から「新規」を選択して新しい「マテリアル」を設定してください。「テクスチャ」はこの「マテリアル」に対して設定します。

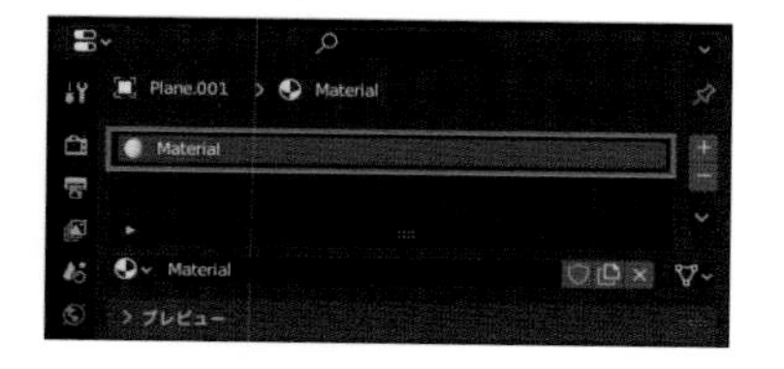

3 「マテリアル」を作成したら「プリンシプルBSDFシェーダー」の「ベースカラー」に「テクスチャ」を割り当てていきます。

「Blender」の「シェーダー」の各値はそのまま操作する以外にも、「ノード」というものを設定することで様々な表現をすることができます。試しに「ベースカラー」の左横にある丸いアイコン（❶）をクリックしてみましょう。すると「ベースカラー」の項目に設定できる「ノード」の一覧が表示されます。今回はこの中から「テクスチャ」カテゴリ内にある「画像テクスチャ」を選択してみましょう（❷）。

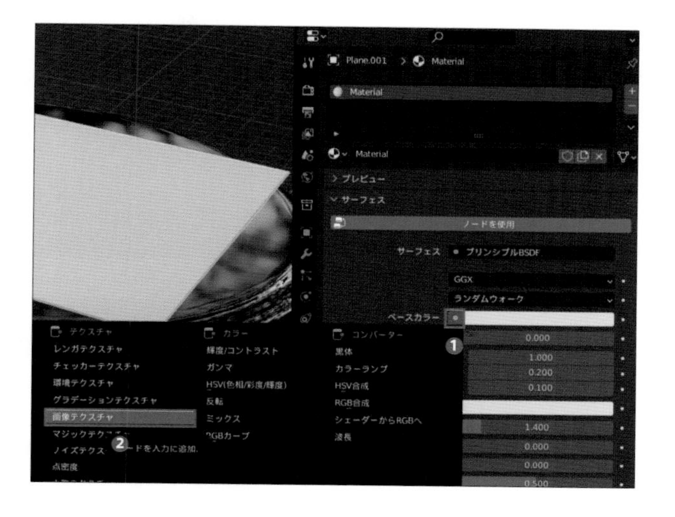

すると「ベースカラー」の項目に「画像テクスチャノード」が割り当てられて、設定項目が追加されることが確認できます（❸）。

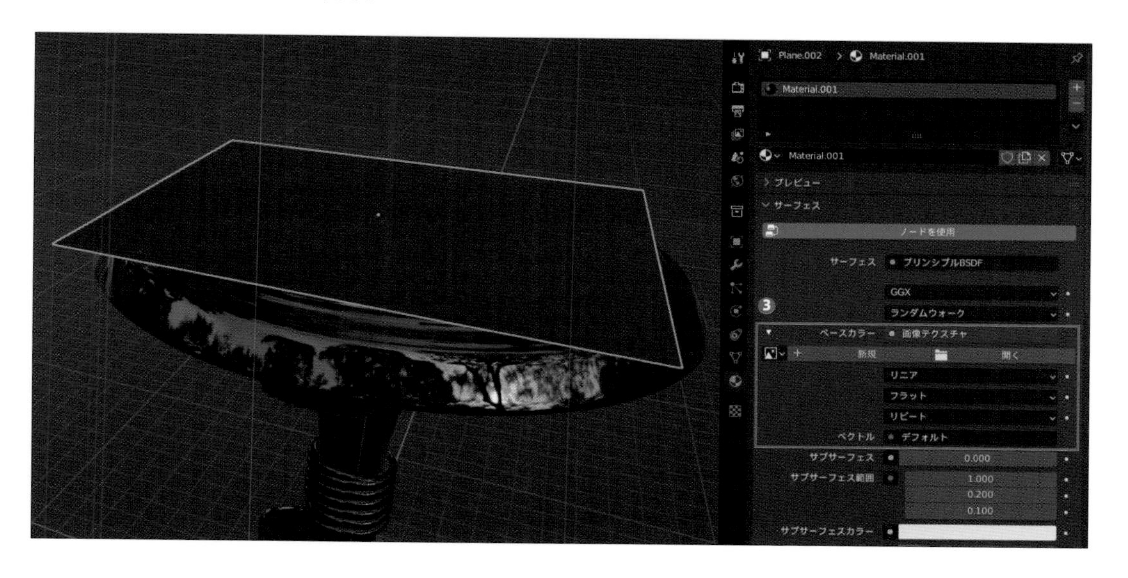

4 追加された項目のうち「開く」ボタン（❶）を押すとファイルを選択する「Blenderファイルビュー」が表示されるので、先ほどダウンロードした「TableCloth.png」を選択します（❷、❸）。すると平面に画像が「テクスチャ」として貼り付けられてテーブルクロスの模様が表示されることを確認しましょう（❹）。

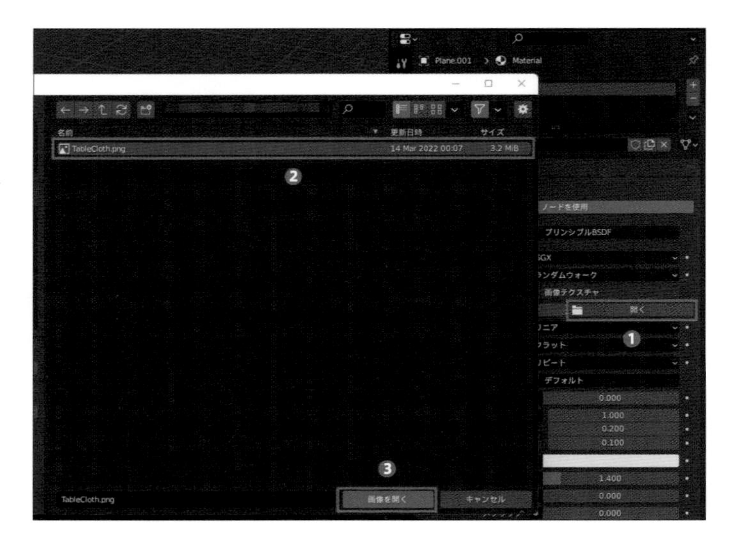

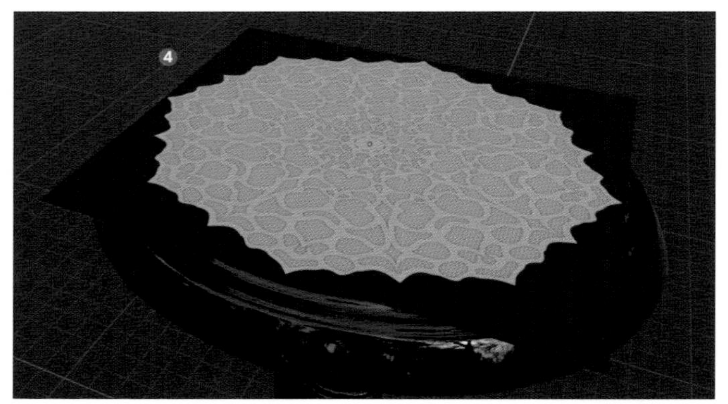

テクスチャの透過部分を反映させる

1 これで「テクスチャ」の色をモデルに反映させることができましたが、周囲に余分な黒い部分が表示されています。「TableCloth.png」にはこの黒い箇所に透明度が設定されているのですが、これが反映されていないために黒く表示されてしまっています。「ベースカラー」の項目では「テクスチャ」の色情報しか取り扱うことができないので、透明度は「アルファ」の項目から設定します。まずは「ブレンドモード」を変更しましょう。

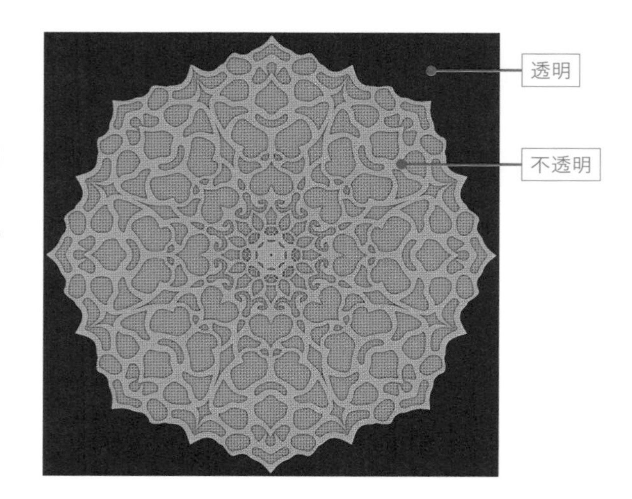

2 今回は、テーブルクロス部分は不透明、それ以外は完全に透明といったように二値的に分けたいので、「ブレンドモード」には「アルファクリップ」を設定します（❶）。

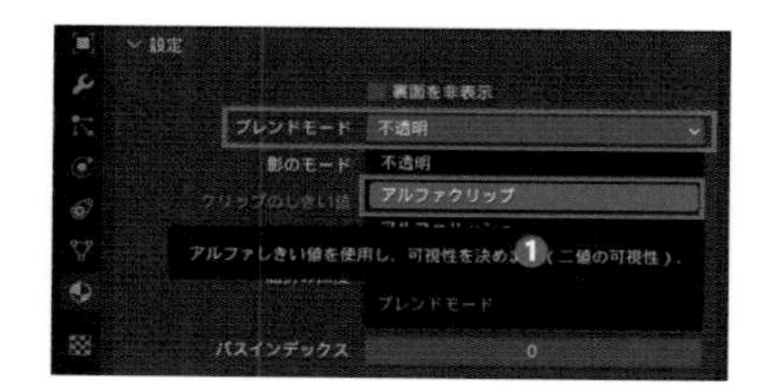

「アルファクリップ」は「アルファブレンド」と異なり、「アルファ」が「クリップのしきい値」で設定されている値よりも小さい場合は透明、大きい場合は不透明というようにはっきり分ける処理になります。「アルファ」の値を操作して確認してみてください（❷、❸）。

「クリップのしきい値：0.5」、「アルファ：0.447」

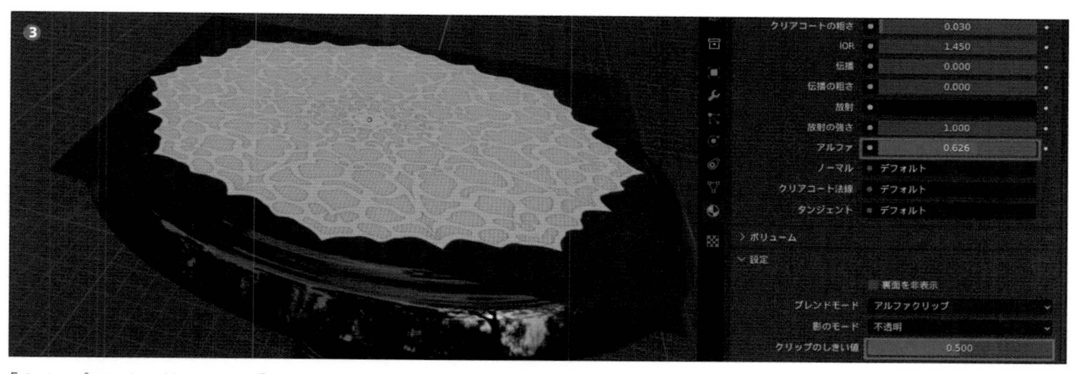

「クリップのしきい値：0.5」、「アルファ：0.626」

3 しかし「アルファ」の値だけでは全体を透明にするか不透明にするかしか設定できないので、これを「テクスチャ」を用いて透過部分を指定するように設定します。まずは「アルファ」にも先ほどと同様に左横の丸いアイコン（❶）から「画像テクスチャノード」を設定しましょう（❷、❸）。

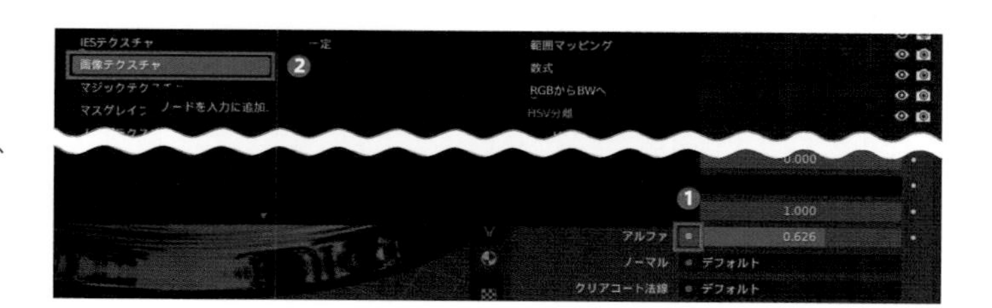

いったん全体が透明になりますが（❹）気にせず進めてください。

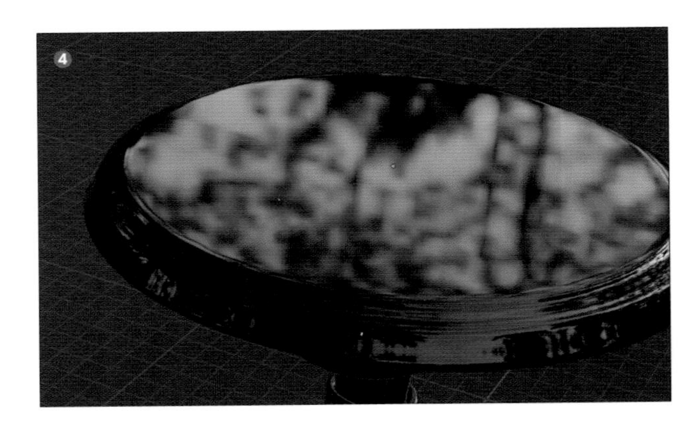

ヒント

「画像テクスチャノード」が見当たらない場合は、ノード一覧のメニュー内をマウスホイールで上にスクロールしてみてください。

4 「アルファ」に画像設定用の項目が追加されたら「リンクする画像を閲覧」（❶）から「TableCloth.png」を選択します（❷）。すると画像の透過が設定されている箇所だけが透過されるようになることが確認できます（❸）。
これは画像のうち、完全に透明になっている部分が「0」、そうでない部分が「1」として「アルファ」の値が設定されるためです。これでテーブルクロスの部分だけがキレイに表示されるようになりました。
このように「テクスチャ」は3Dモデルに色を付けるだけではなく、部分的に処理を施すための「マスク」のように扱うこともできるので覚えておきましょう。

これでテーブルクロスができあがりました。こちらも忘れずに保存しておきましょう。

UVマップを編集してみよう

06

「テクスチャ」をどのようにモデルにマッピングするかを設定するのが「UVマップ」です。この節では、「UVマップ」を編集して、3Dモデルにテクスチャをうまく貼り付けられるようにしてみましょう。

UVマップとは

1 この「テーブルクロスのテクスチャ」についてですが、「UVマップ」というものを基準にして「平面のオブジェクト」に貼り付けられています。
「テーブルクロスのオブジェクト」を選択した状態で「オブジェクトデータプロパティ」内の「UVマップ」の項目を確認しますと、デフォルトで「UVMap」という名前の「UVマップ」が1つ用意されていることが確認できると思います。

2 この「UVマップ」ですが、「Blender」のデフォルトの画面レイアウトでは内容を確認することができません。「Blender」には「UVマップ」を確認するための画面レイアウトのプリセットが用意されているので、今回はこちらを利用します。
画面レイアウトのプリセットは画面上部に配置されています。デフォルトでは「Layout」が選択されていますが、これを「UV Editing」（❶）に変更してみましょう。

するとウィンドウが縦に分割され、右側は「3Dビューポート」、左側は「UVエディター」という組み合わせになるようレイアウトが変更されます（❷）。また画面レイアウトを変更した際に、最後に選択していた「オブジェクト」が自動的に「編集モード」に切り替わります。今回は「テーブルクロスのオブジェクト」が「編集モード」の対象になっていることを確認してください（❸）。

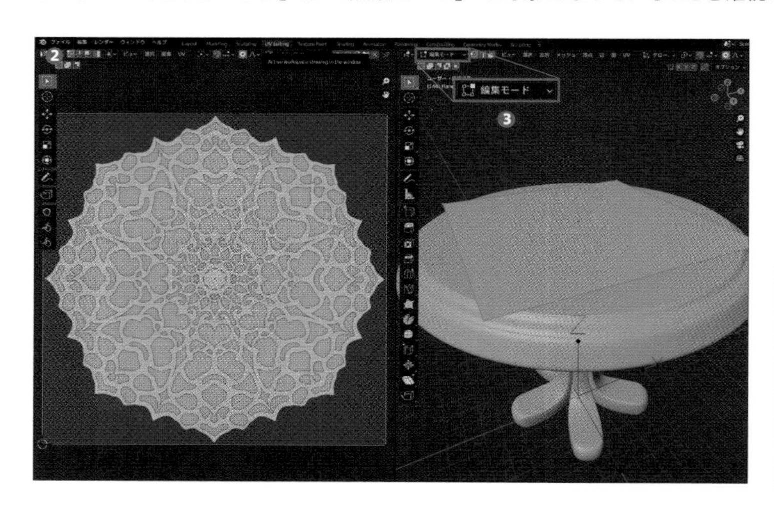

ヒント

「UVエディター」ではマウスホイールのドラッグで視点を移動、ホイールでズームイン/アウトができますので合わせて確認しておきましょう。

3 「UVエディター」内をみますと、先ほど割り当てた「テーブルクロスのテクスチャ」が表示されていると思います。ここで「3Dビューポート」でメッシュの選択非選択を切り替えると、選択中のときには「UVエディター」側にも「頂点」や「辺」が表示され、「面」も薄く表示されることが確認できます（❶、❷）。これがこのメッシュの「UVマップ」になります。「UVマップ」の「頂点」などの各要素は「メッシュ」にそれぞれ対応していて、「UVマップの面」と重なっている箇所の「テクスチャ」が対応する「メッシュの面」にも表示されるようになります。「表示モード」を「マテリアルプレビュー」に変更して確認してください。

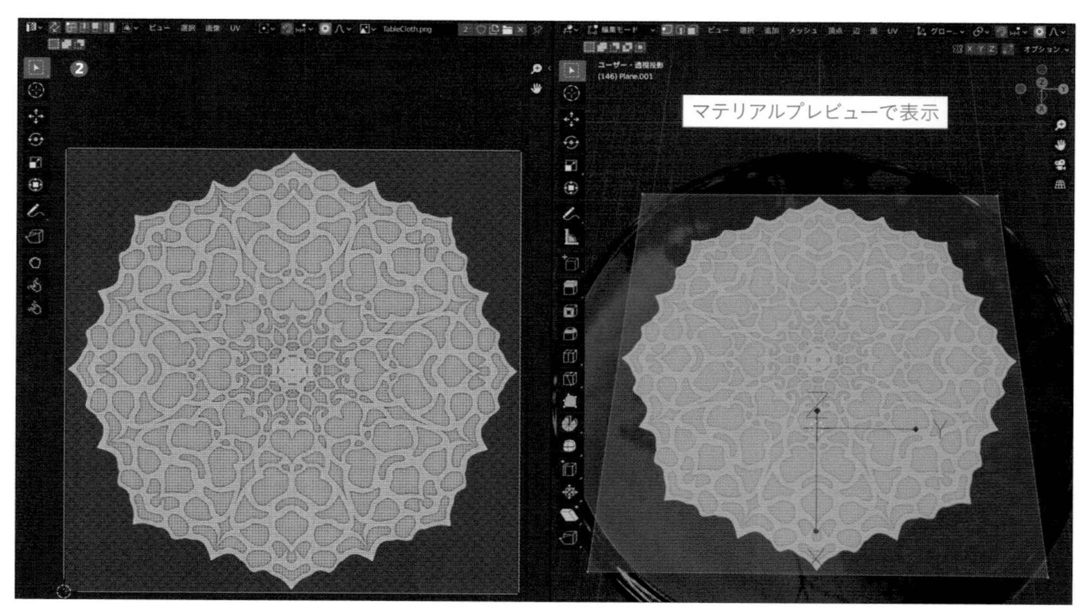

選択時

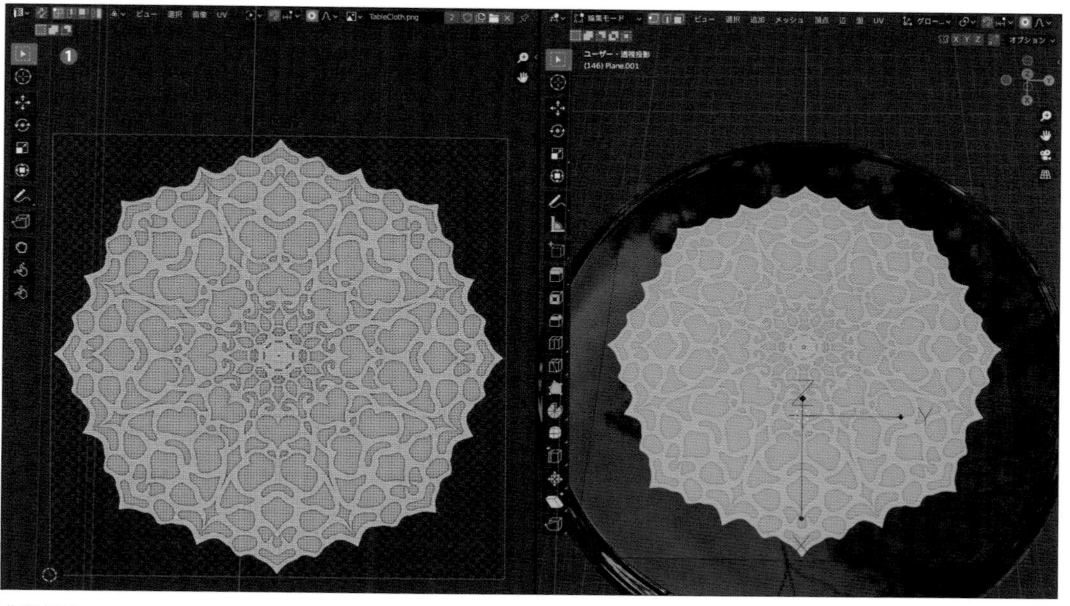

非選択時

4 今回のように平面のメッシュの場合は特に問題ありませんが、立体的なメッシュの場合はどうでしょうか？ 試しに「編集モード」で「3Dビューポート」上部のメニューから「追加 → 立方体」を生成して、すべての面を選択してみましょう（❶、ショートカット：[A] キー）。すると立方体の「UVマップ」は展開図のように十字状に切り開かれていて、対応する位置の「テクスチャ」がモデルにも表示されていることが確認できます（❷）。
このように「UVマップ」は、立体的な形状を展開図のように平面空間上に切り開くことで、「面」に「テクスチャ」のどの部分を表示するかを指定するためのものになります。

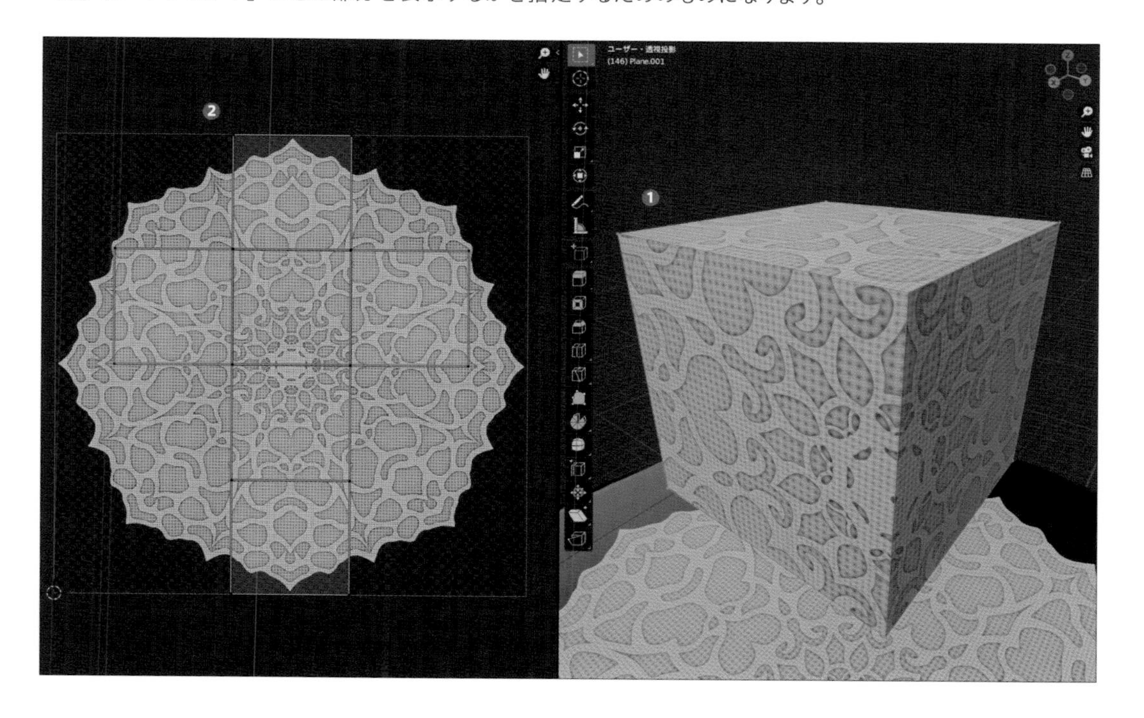

5 この「UVマップ」が配置される平面空間は「UV座標系」と呼ばれ、「Blender」では左下を原点として横軸が「X軸」、縦軸が「Y軸」とされています。「テクスチャ」が表示されている範囲の一辺の座標範囲は常に「0 ～ 1」となっていますので覚えておきましょう。
確認ができましたら立方体は不要ですので、「3Dビューポート」上部のメニューから「メッシュ → 削除 → 面」で削除しておいてください。

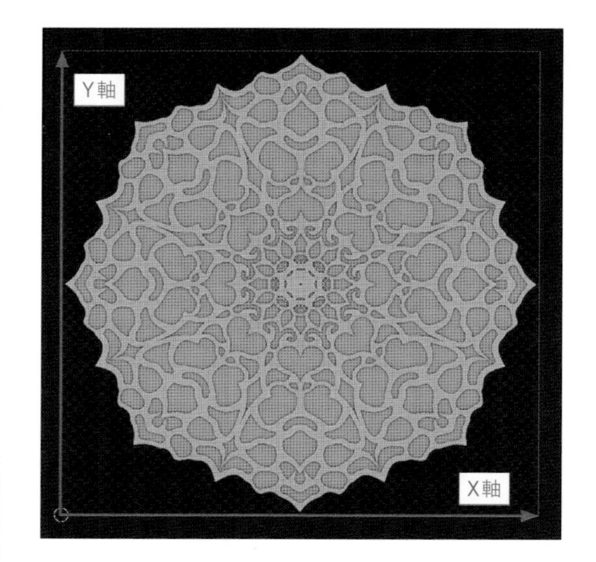

ヒント

プリミティブのオブジェクトにはデフォルトでそれぞれ適当なUVマップが用意されています。

UVマップの操作方法

1 次に実際に「テーブルクロスのオブジェクトのUVマップ」で「UVマップ」の操作を確認してみましょう。「UVマップ」も「頂点、辺、面」ごとに「移動ツール」などを使用して操作することができます。
まずは先ほどと同様に「3Dビューポート」側で「編集モード」で平面の「メッシュ」を選択して「UVマップ」を表示させた状態（❶）で、「UVエディター」の左上にある「UV選択モード」が「頂点選択モード」に設定されている（❷）ことを確認してください。もし「UVエディター」側の「プロポーショナル編集」（❸）がオンになっていた場合はオフにしておいてください。

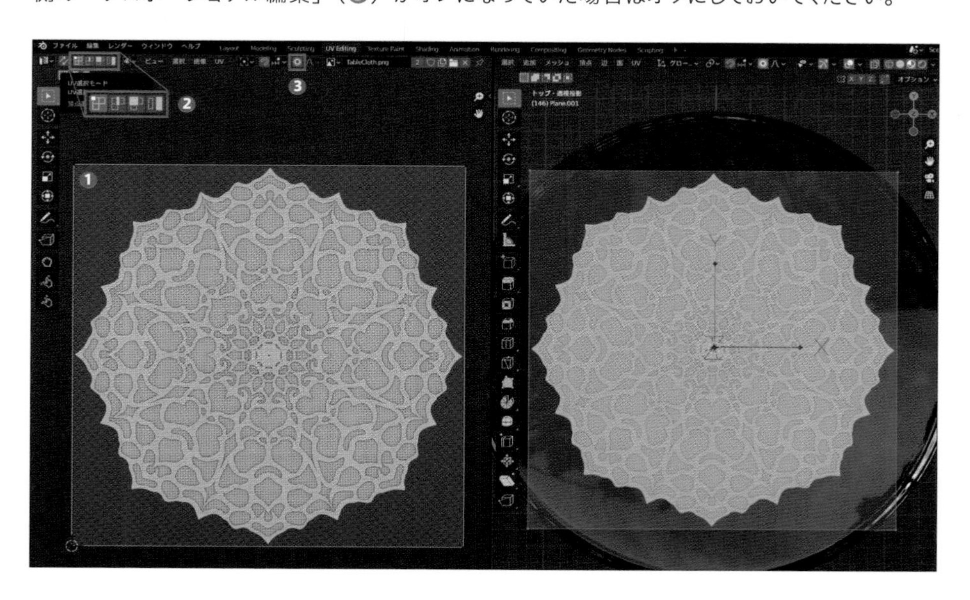

2 この状態で「UVエディター」側の「移動ツール」を選択してから、「UVマップ」の左上の隅に表示されている頂点を選択し、表示されたマニピュレータを操作して右方向に頂点を移動させてみましょう（❶）。すると移動に合わせて「3Dビューポート」側に表示されている「テクスチャ」が外側に広がるように歪んでいくのが確認できると思います（❷）。

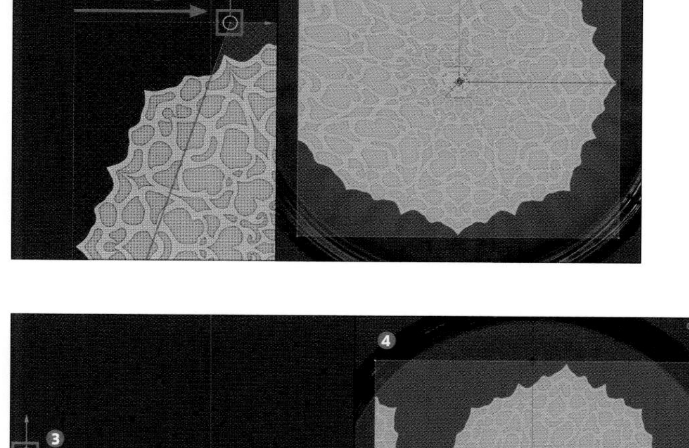

逆に左側に移動すると（❸）「テクスチャ」は内側に縮むように歪んでいきますが、市松模様（透過部分）が描かれている範囲の外側まで移動させるとはみ出した部分にも「テクスチャ」が表示されるようになります（❹）。
このように「UVエディター」では「テクスチャ」が1枚分しか表示されていませんが、実際には繰り返し「テクスチャ」が表示されていることが分かります。

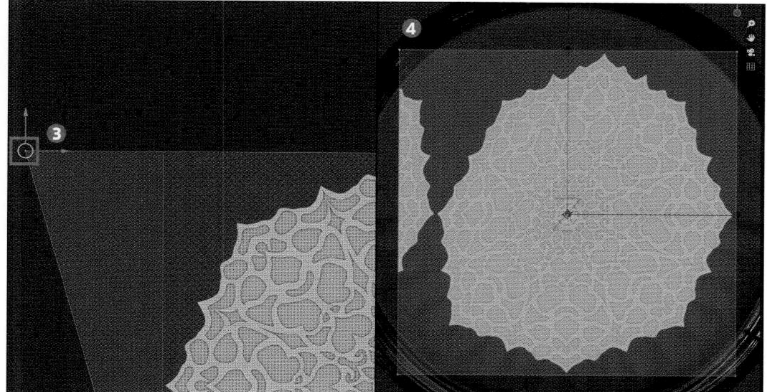

3 ここでもう少し「テクスチャ」が繰り返し表示されていることを分かりやすく確認してみましょう。
先ほど移動した頂点は［Ctrl+Z］キーで元の位置に戻してから「UVエディター」内で「面選択モード」（❶）で「面」を選択し（❷）、さらに「スケールツール」も選択します（❸）。

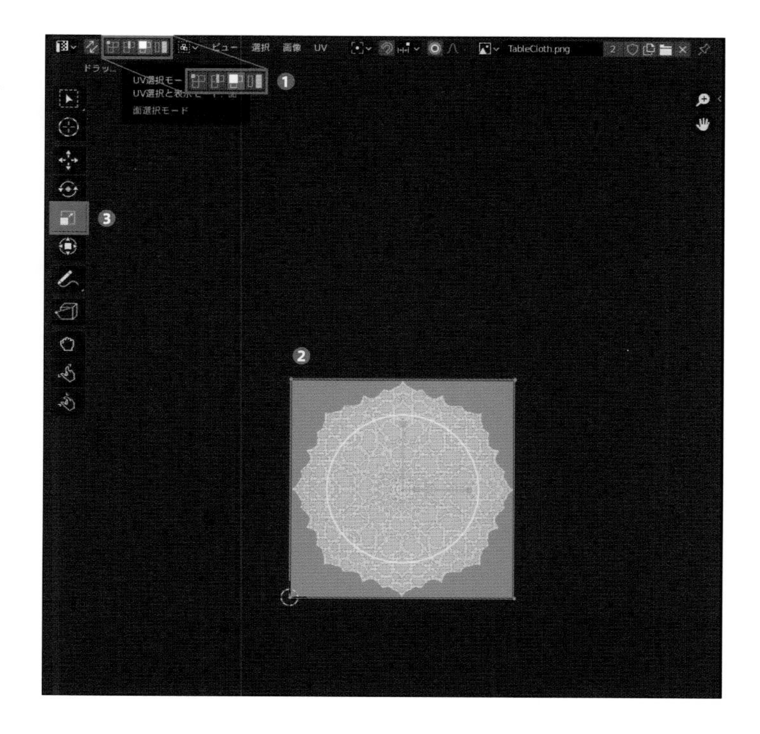

この状態で中心に表示された白い円をドラッグして「面」を拡大します（❹）。すると「3Dビューポート」側の「テクスチャ」の表示は逆に縮小されていくのですが、ここで上下左右に「テクスチャ」が繰り返し配置されていることが確認できます（❺）。

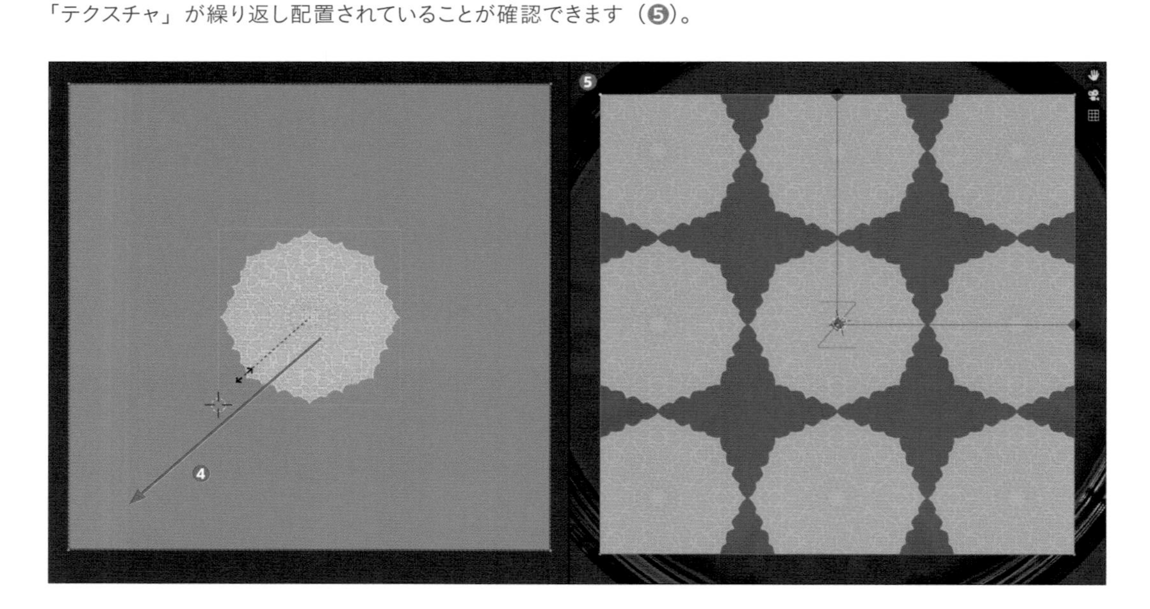

「UVマップ」は「テクスチャ」の範囲内に納めるのが基本ですが、範囲からはみ出していても機能します。特にレンガ模様や市松模様といった「繰り返しのパターンが存在するテクスチャ」を使用する場合に便利だったりしますので覚えておきましょう。

4 また「UVマップ」を「X軸」方向にだけ縮小する（❶）と「3Dビューポート」に表示される「テクスチャ」は横に引き延ばされて表示されるようになります（❷）。このように「テクスチャ」を表示する際の比率も「UVマップ」から指定することもできます。

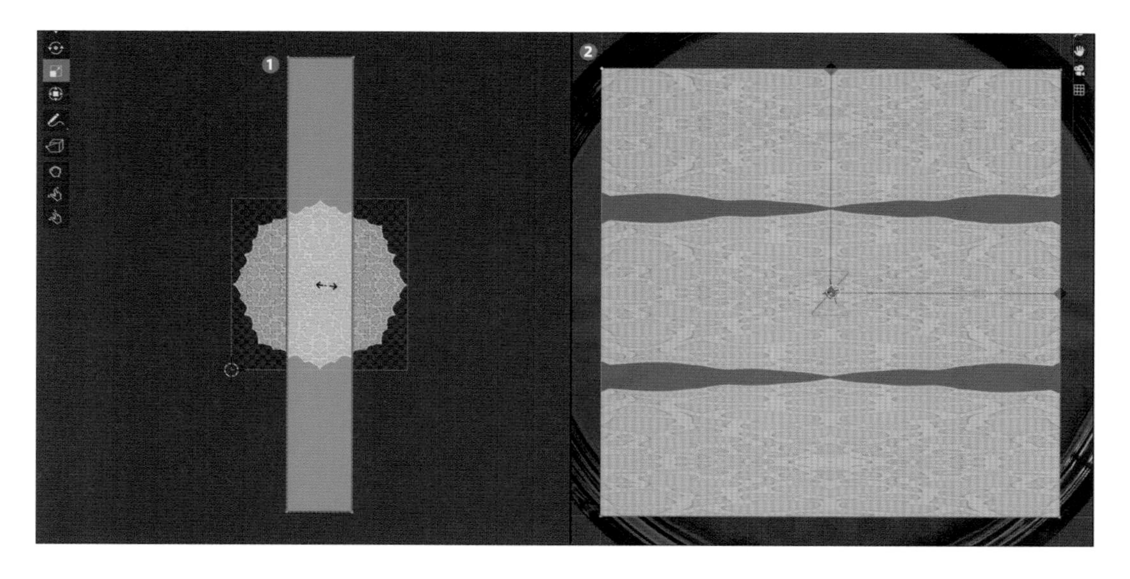

5 ［Ctrl+Z］キーでスケールの変更を戻したら、さらに「回転ツール」も使用してみましょう。「UVエディター」の「回転ツール」では1軸でしか回転できないので白い円のみが表示されてます（❶）。この円をドラッグして面が回転できることを確認してみてください（❷）。

また「回転ツール」のショートカットの［R］キーを2回押した場合は立体的に回転させることも可能です（❸）。こちらも実際に操作して確認しておきましょう。

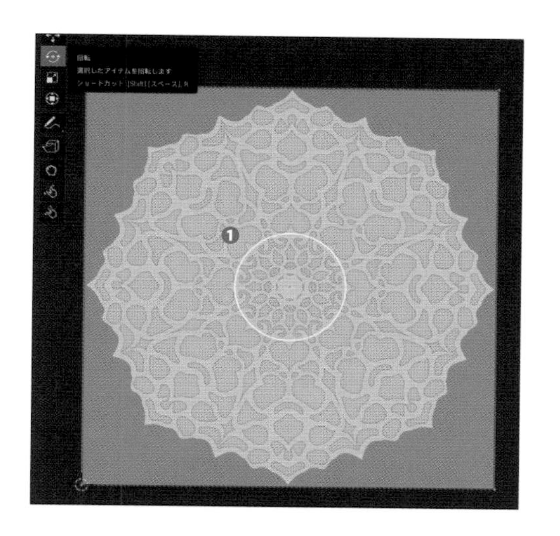

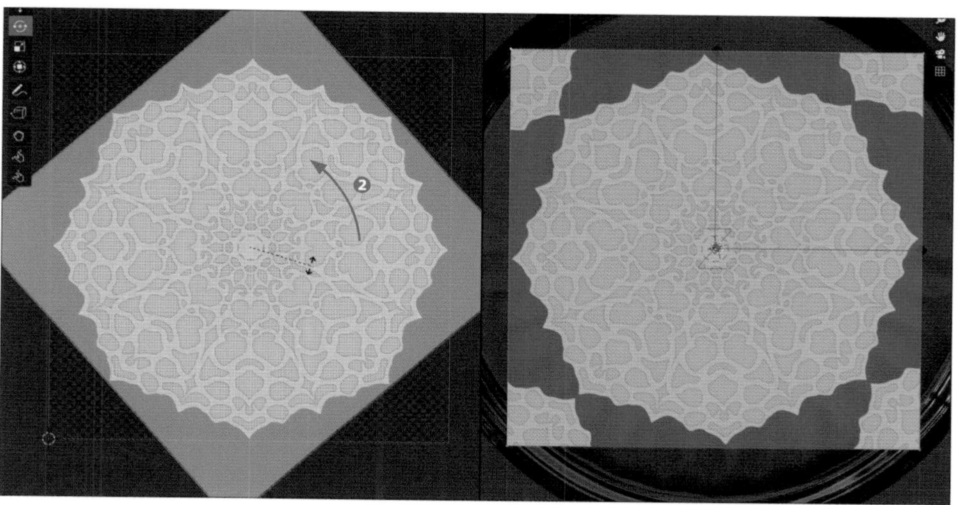

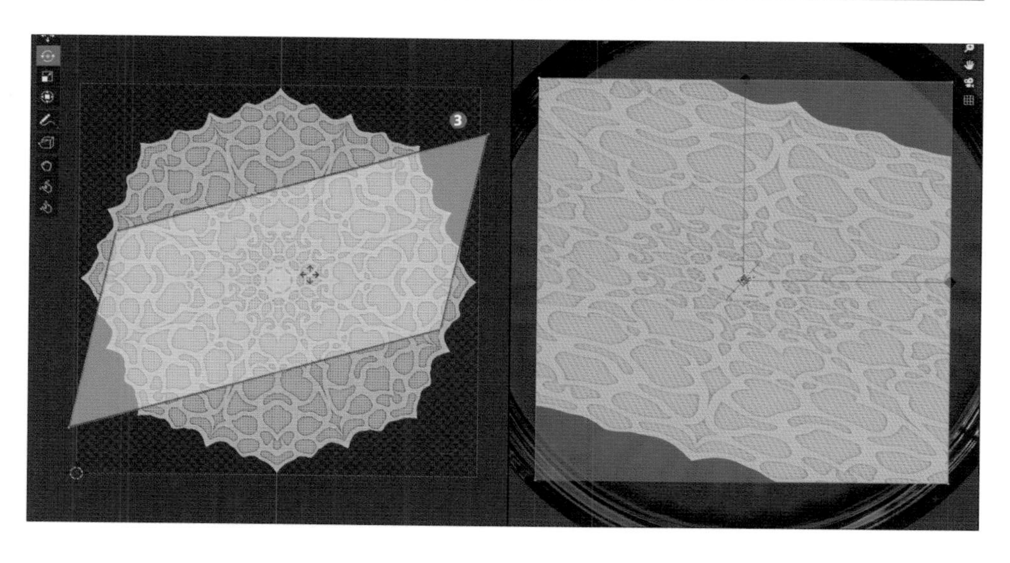

CHAPTER 1
CHAPTER 2
CHAPTER 3
CHAPTER 4
CHAPTER 5
CHAPTER 6
CHAPTER 7

6 これが「UVマップ」の基本的な操作方法です。平面上だけでしか各要素を移動できませんが、操作方法は「3Dビューポート」の各トランスフォーム系のツールとほとんど変わりません。
「UVマップ」と「3Dビューポートでのテクスチャ表示」との対応関係が把握できましたら「UVマップ」が初期の状態になるまで［Ctrl+Z］キーで戻すか、編集内容を保存せずに次に進んでください。

補足説明：テクスチャの繰り返し表示の切替について

デフォルトでは「テクスチャ」は繰り返し表示されていますが、「部分的にシールやキズ跡のような『テクスチャ』を貼りたい」といったときには繰り返し表示されていると都合が悪いです。その場合は「画像テクスチャノード」の設定から「テクスチャ」の表示方法を変更することができます。

まずは「マテリアルプロパティ」から対象の「テクスチャ」が設定されている「マテリアル」の設定を表示し、「画像テクスチャノード」が設定された項目を確認しましょう。するとその中に「リピート」（❶）が設定された項目があることが確認できます。

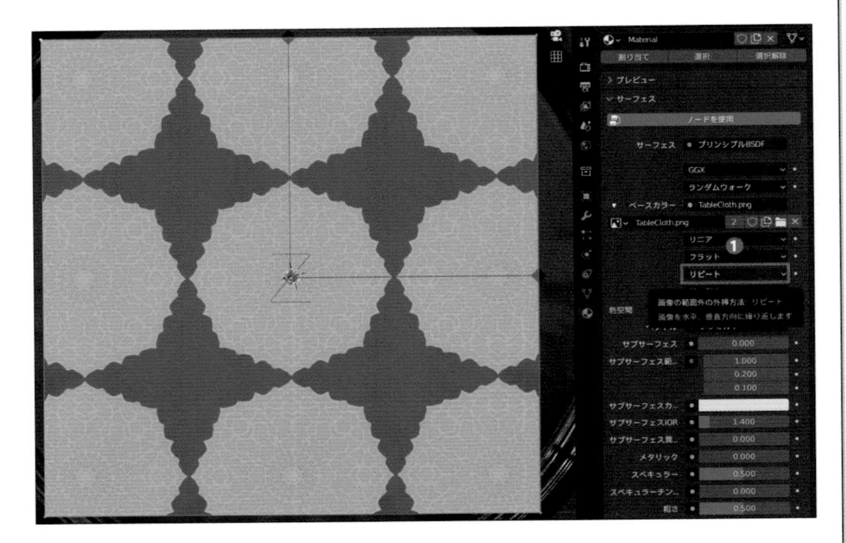

この項目を「リピート」から「クリップ」に変更してみましょう（❷）。すると繰り返し表示されていた「テクスチャ」が中心の1枚だけが表示されるように変更することができます（❸）。こちらも合わせて覚えておきましょう。

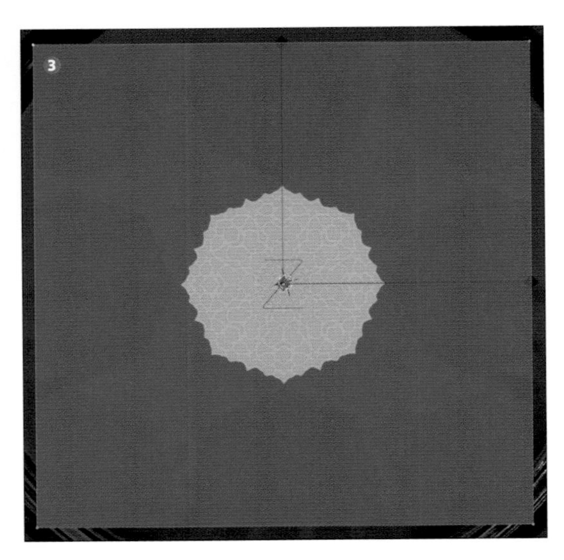

実際に「UVマップ」の配置を変更する

❶ 頭と胴体の設定

1 「UVマップ」の基本操作が分かったところで、具体的に「UVマップ」を編集してモデルに「テクスチャ」を設定してみましょう。今回はChapter 2で作成した「ウサギのモデル」に「テクスチャ」を設定していきますので、保存しておいたシーンを開いて、画面レイアウトを「UV Editing」に変更してください（❶）。

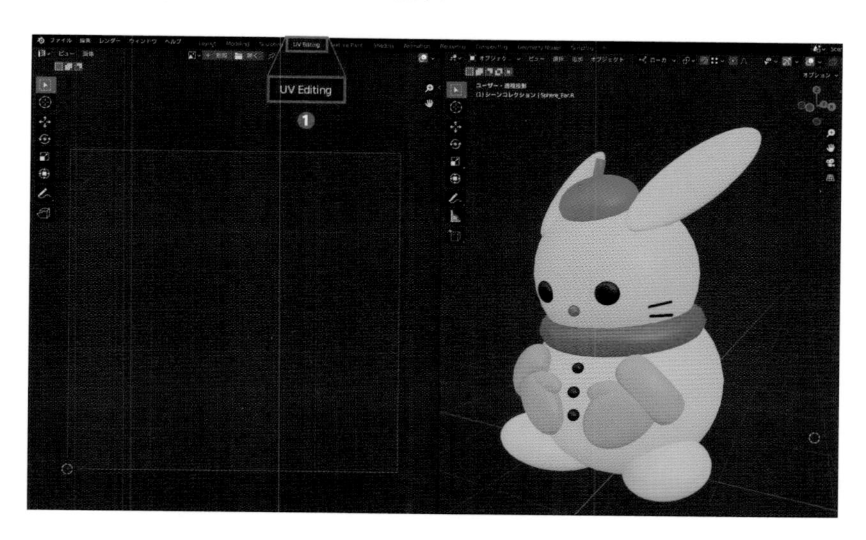

ヒント

編集前の状態を残しておきたい場合は上部のメニューから「ファイル → 名前をつけて保存」から別のファイルに保存しておきましょう。

2 通常、3DCGモデルの「UVマップ」を作成する場合は「『UVマップ』を調整してからこれに合わせて『テクスチャ』を作成する」または「既存の『テクスチャ』に合わせて『UVマップ』を調整する」の2通りの手順が基本ですが、今回は後者の「既存のテクスチャ」に合わせて「UVマップ」を調整する手順で進めます。

今回使用する「テクスチャ」は本書のサポートサイトに用意されていますので先にダウンロードしておいてください。

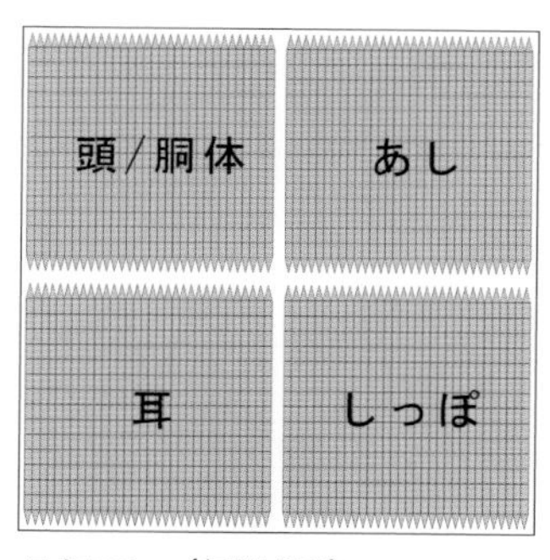

テクスチャ（仮置き用）

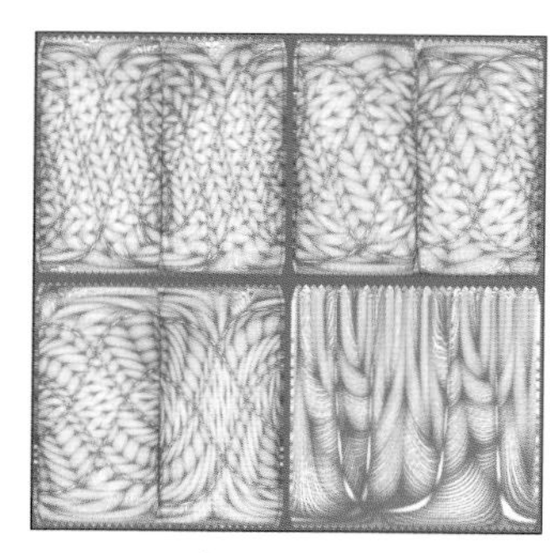

テクスチャ（本番用）

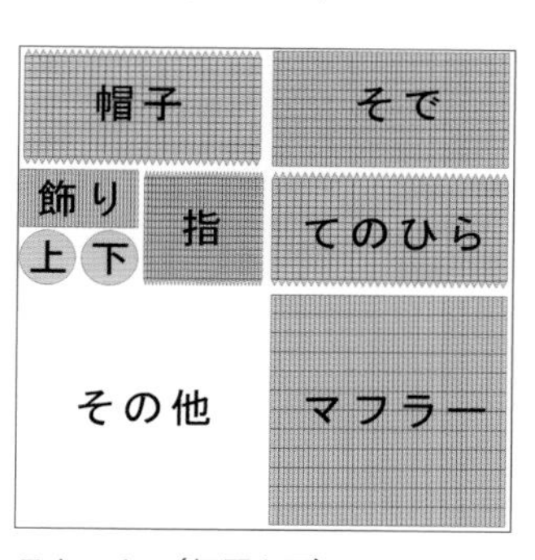

テクスチャ（仮置き用）

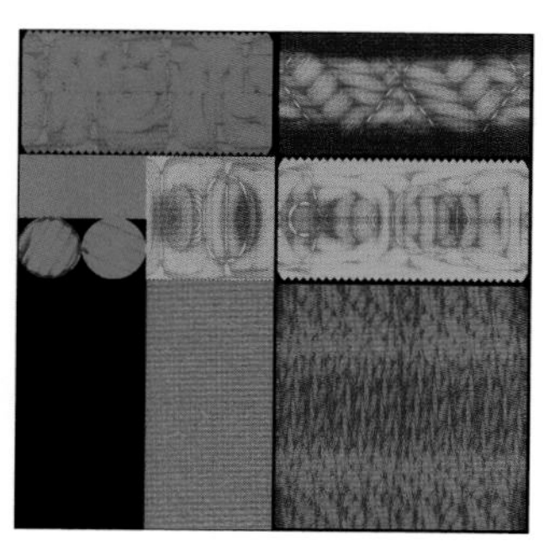

テクスチャ（本番用）

3 はじめに頭、足、耳、しっぽから「UVマップ」を設定していきましょう。まずは「オブジェクトモード」で頭のUV球を選択して（❶）「マテリアルプロパティ」を開きます。
開いたら割り当てられている「マテリアル」に「テクスチャ」を設定しますが、今回は「ベースカラー」ではなく「サブサーフェスカラー」に「画像テクスチャノード」を設定します（❷）。

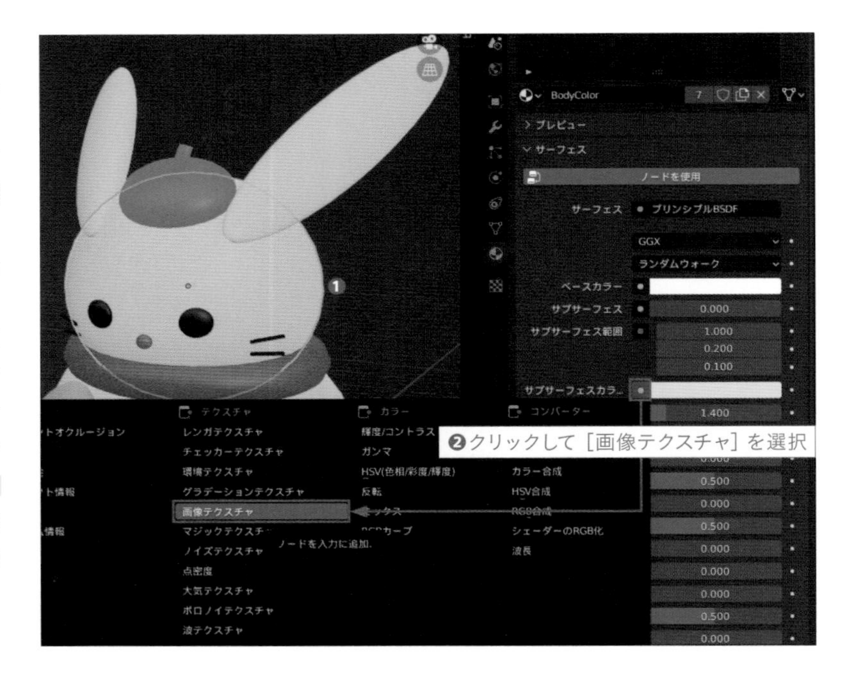

4 「開く」ボタンを押し、「テクスチャ」として「Rabbit_Body_UV」を設定します（❶）。そして、「サブサーフェス」の値も「1」に設定しましょう（❷）。

ヒント

頭に割り当てていた「マテリアル」は、Chapter 2内で足、耳、しっぽのオブジェクトにもリンク設定をしていたので、頭以外の各部位にもテクスチャが反映されます。

5

「編集モード」に切り替えると「UVエディター」には「Rabbit_Body_UV」が表示される（❶）ことが確認できると思います。この「テクスチャ」には「頭／胴体」、「あし」、「耳」、「しっぽ」の4つの部位の「UVマップ」の位置が表記されていますので、これに合わせて各部位の「UVマップ」をそれぞれ移動させていきます。

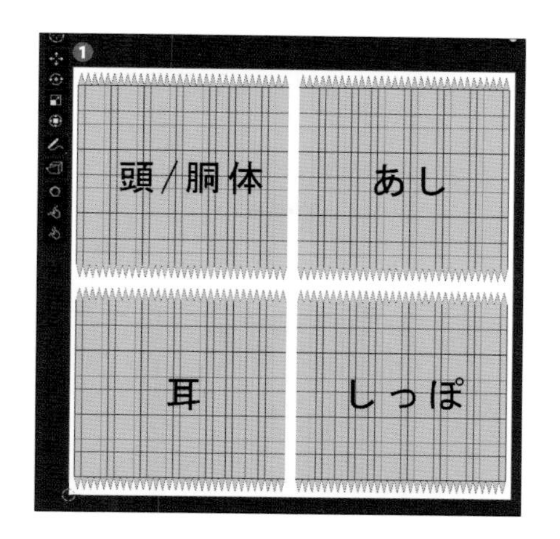

6

まずは「頭部のパーツ」の「UVマップ」から調整していきましょう。「3Dビューポート」側で、すべての面を選択（ショートカット：[A] キー）します（❶）。

次に、「UVエディター」側で、「UVマップ」を調整するためにすべての面を選択します。「選択 → すべて」を使用してもいいですが、今回は「アイランド選択モード」を使用してみましょう。
「アイランド選択モード」は「UVエディター」の各選択モードの一番右側に配置されています（❷）。これを有効にした状態で「UVマップ」のいずれかの箇所を左クリックすると、クリックした箇所と繋がっている「UVマップ」がすべて選択されます（❸）。
このように「UVマップ」のうち、ひと繋ぎになっている部分のことを「アイランド」と呼びますので覚えておきましょう。

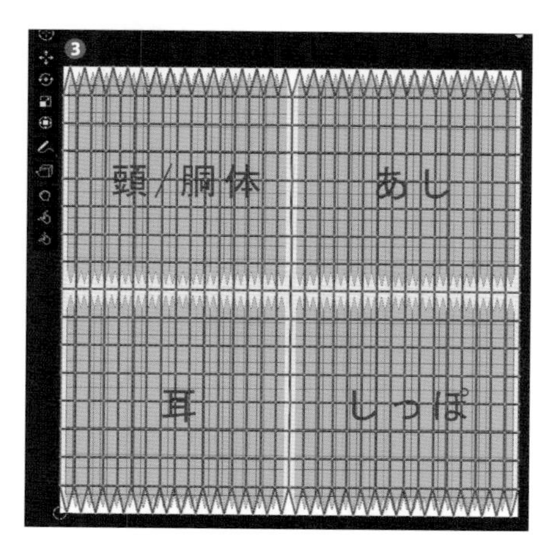

7 「アイランド」を選択したら「スケールツール」で大きさを「0.5」倍にしてから（❶）、さらに［移動ツール］で「X軸」方向に「-0.25」、「Y軸方向」に「0.25」移動します（❷）。さらに最後に大きさを「0.95」倍することで「テクスチャ」に描かれている「UVマップ」と同じ位置に配置されます（❸）。
「胴体のUV球のUVマップ」も同等の手順で「UVマップ」を編集してください。

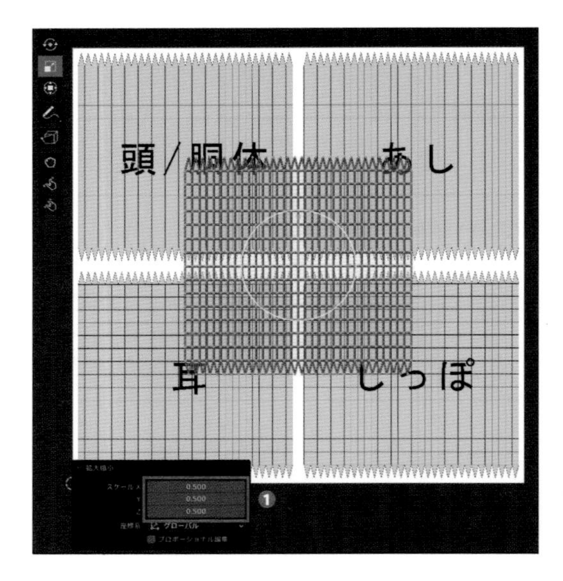

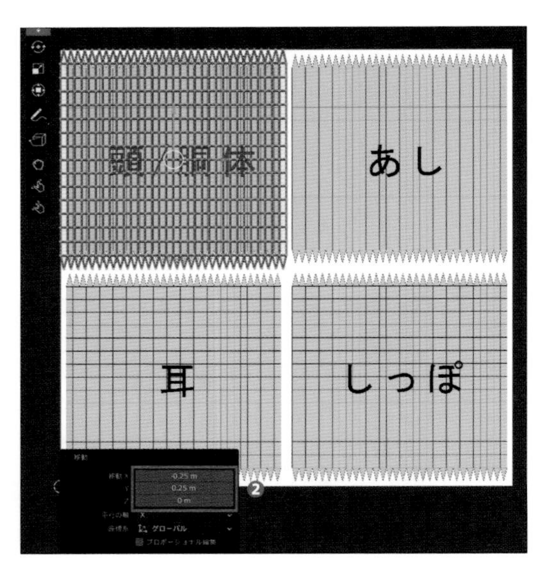

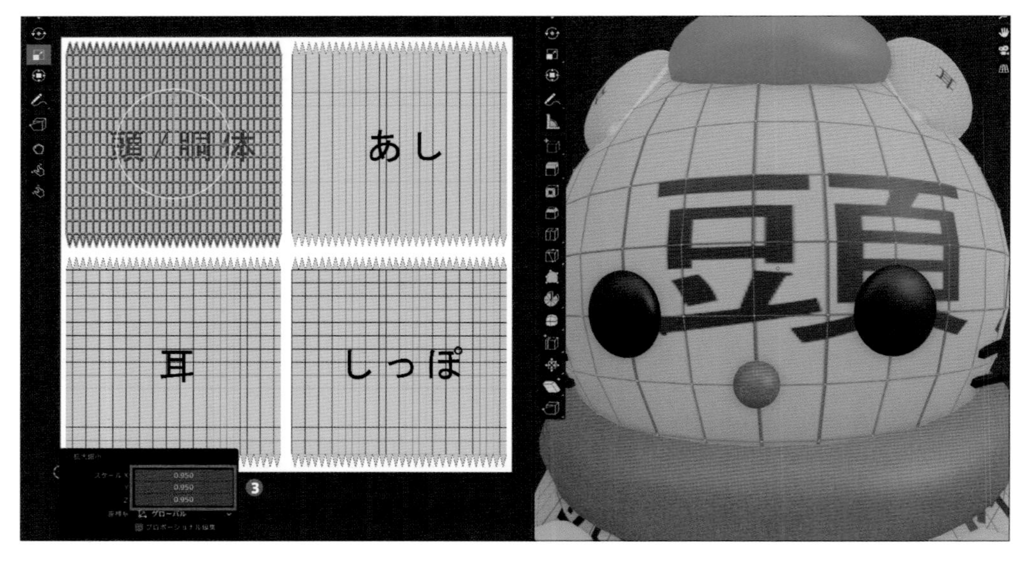

ヒント

UV球のプリミティブ生成時に「セグメント」や「リング」の数をデフォルトから変更していた場合は「UVマップ」を「テクスチャ」に合わせてピッタリ配置することはできません。その場合は大まかに位置が合うように調整してみてください。

❷ あしと耳、しっぽの設定

1 あしと耳、しっぽについても同様に配置をしていきましょう。それぞれ以下のように設定して、「テクスチャ」に描かれた位置に合わせて配置してください。

あし	「UVマップ」を「0.5」倍 →「X：0.25、Y：0.25」移動 →「0.95」倍
耳	「UVマップ」を「0.5」倍 →「X：-0.25、Y：-0.25」移動 →「0.95」倍
しっぽ	「UVマップ」を「0.5」倍 →「X：0.25、Y：-0.25」移動 →「0.95」倍

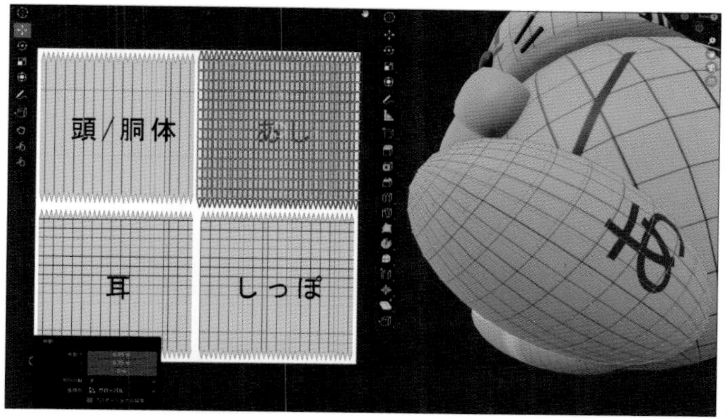

あし

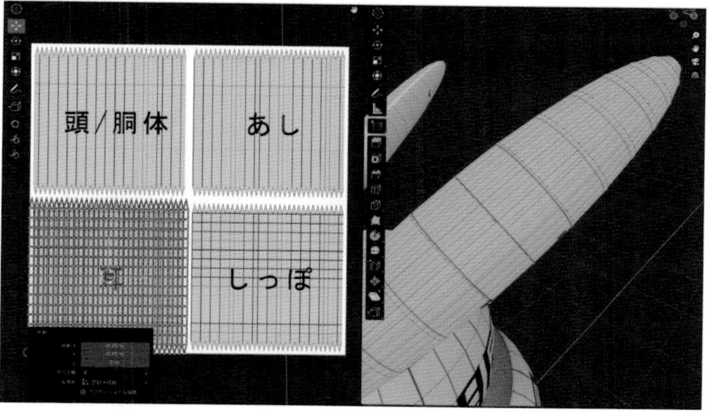

耳

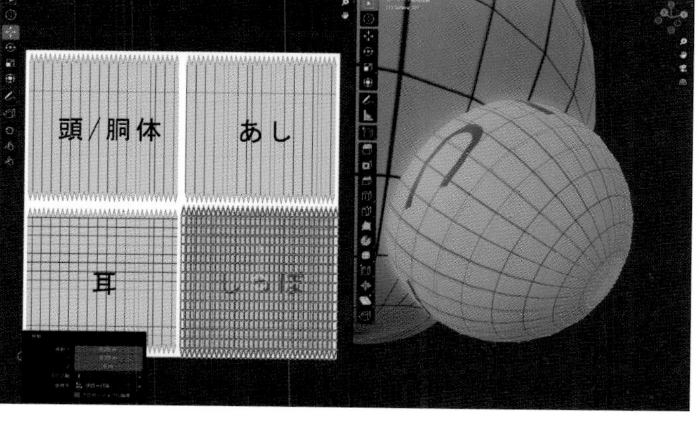

しっぽ

2 配置し終わりましたらそれぞれの「UVマップ」を確認してみましょう。「オブジェクトモード」で頭部、胴体、あし、耳、しっぽの「オブジェクト」をすべて選択してから「編集モード」に切り替えると、一度にすべての「オブジェクト」を編集することができます。この状態ですべての「面」を選択してすべての「UVマップ」を表示しましょう。
それぞれの部位の「UVマップ」が「テクスチャ」の対応する位置に配置されていており、モデル側にも「テクスチャ」の対応する箇所が表示されていれば問題ありません。

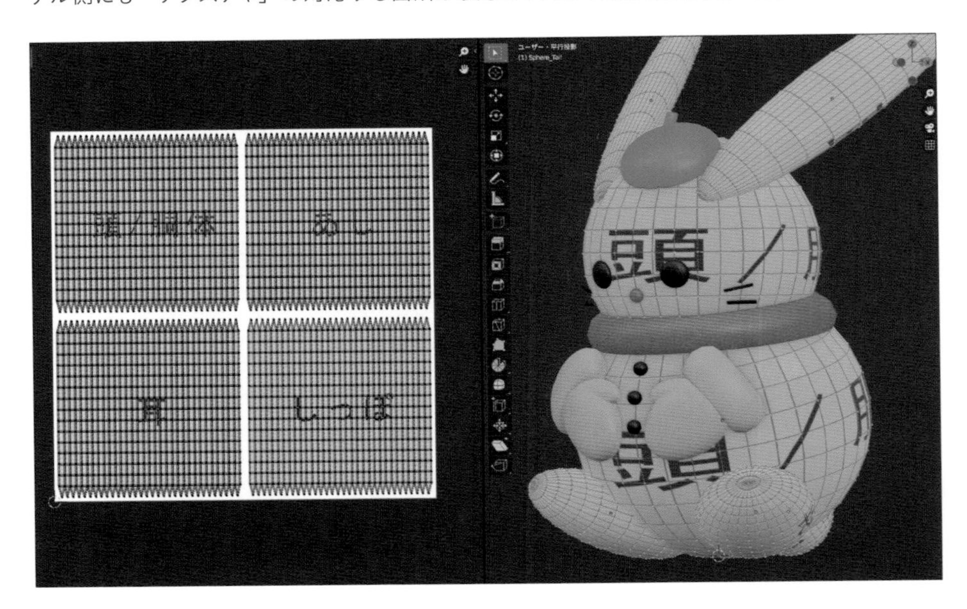

❸ 手、帽子、マフラーの設定

1 身体の「UVマップ」が設定できたら残りの手、帽子、マフラーの「UVマップ」も設定していきましょう。Chapter 2では色ごとに「マテリアル」を分けていましたが、今回は1つの「マテリアル」だけを使用します。
手、マフラー、帽子の順にオブジェクトを選択した状態で、「3Dビューポート」上部のメニューから「オブジェクト → データのリンク/転送 → マテリアルをリンク」(❶)で「マテリアル」を「リンク」してすべてのオブジェクトが緑色になることを確認してください(❷)。

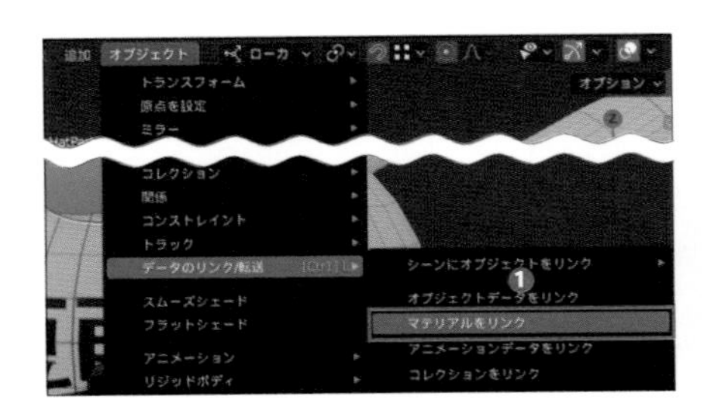

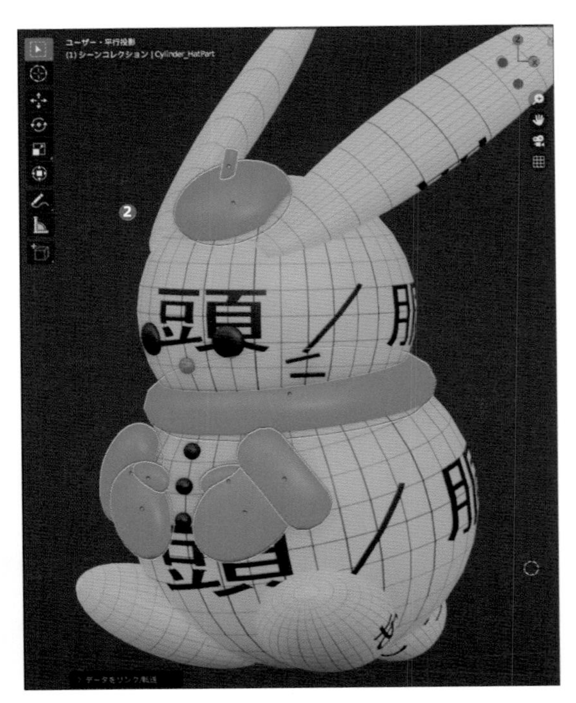

2 「マテリアル」の「リンク」を設定したら「身体のマテリアル」と同様に、「マテリアルプロパティ」から「サブサーフェス」の値を「1」(❶)に、「サブサーフェスカラー」に「画像テクスチャノード」(❷)を設定します。「テクスチャ」には「Rabbit_Part_UV」(❸)を設定してモデルに反映されたことを確認しましょう(❹)。

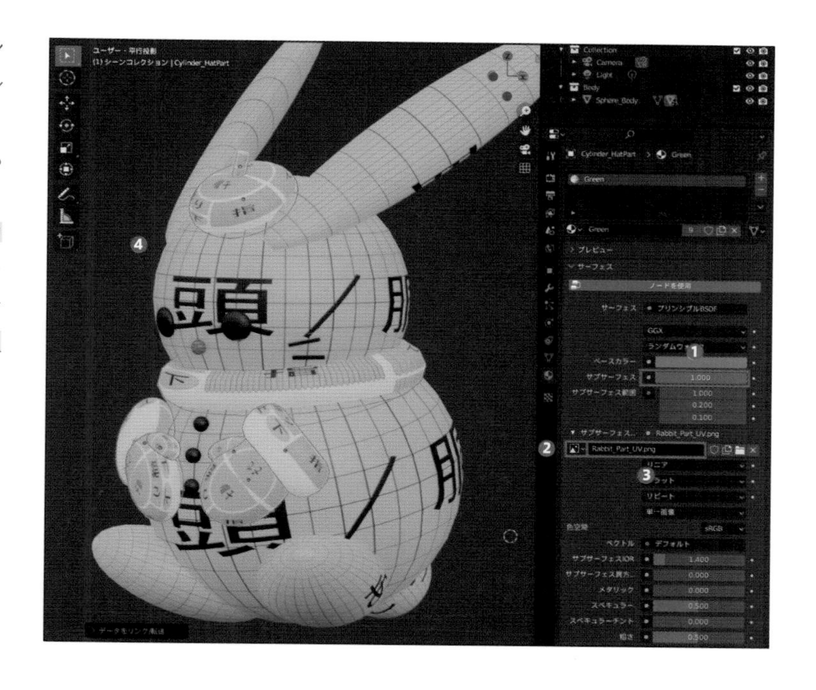

3 「UVエディター」にも対応する「テクスチャ」を表示しましょう。「UVエディター」の上部に今表示されている「テクスチャ」の名前が表示されていますので、その左隣りの「リンクする画像を閲覧」(❶)から表示したい「テクスチャ」を「Rabbit_Part_UV」に切り替えてください(❷、❸)。

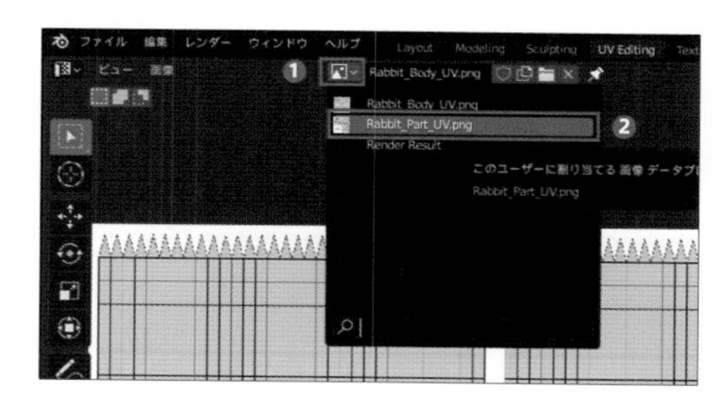

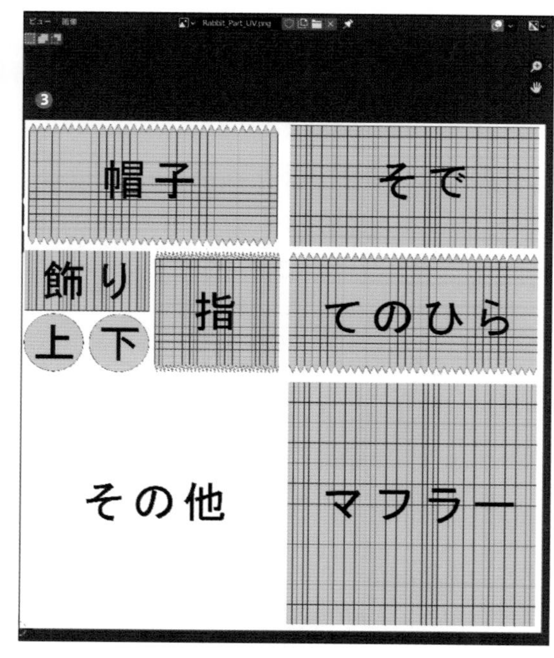

ヒント

あくまで「UVエディター」に表示する「テクスチャ」を変更するだけなのでモデル側には反映されません。

4 それぞれの「UVマップ」についても身体部分と同様に配置していきます。以下のように設定してください。

袖口	「0.5」倍 →「Y軸」方向に「0.5」倍 →「X：0.25、Y：0.375」移動 →「0.95」倍
手のひら	「0.5」倍 →「Y軸」方向に「0.5」倍 →「X：0.25、Y：0.125」移動 →「0.95」倍
帽子の本体部分	「0.5」倍 →「Y軸」方向に「0.5」倍 →「X：-0.25、Y：0.375」移動→「0.95」倍

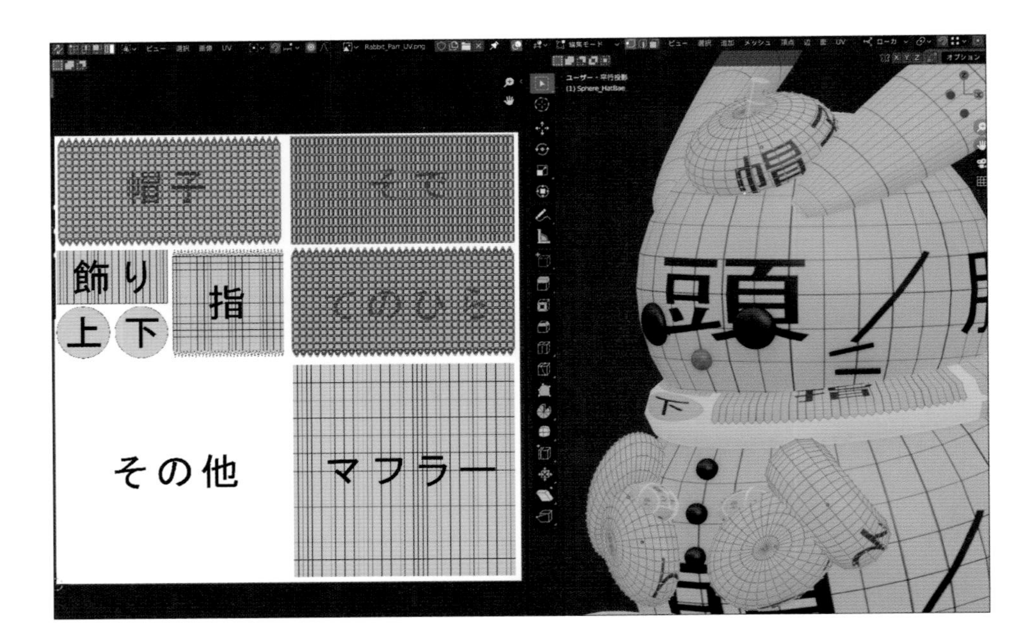

5 指の「UVマップ」については最初に「0.25」倍縮小して、「X：-0.125、Y：0.125」移動してから「0.95」倍縮小して位置を合わせてください。

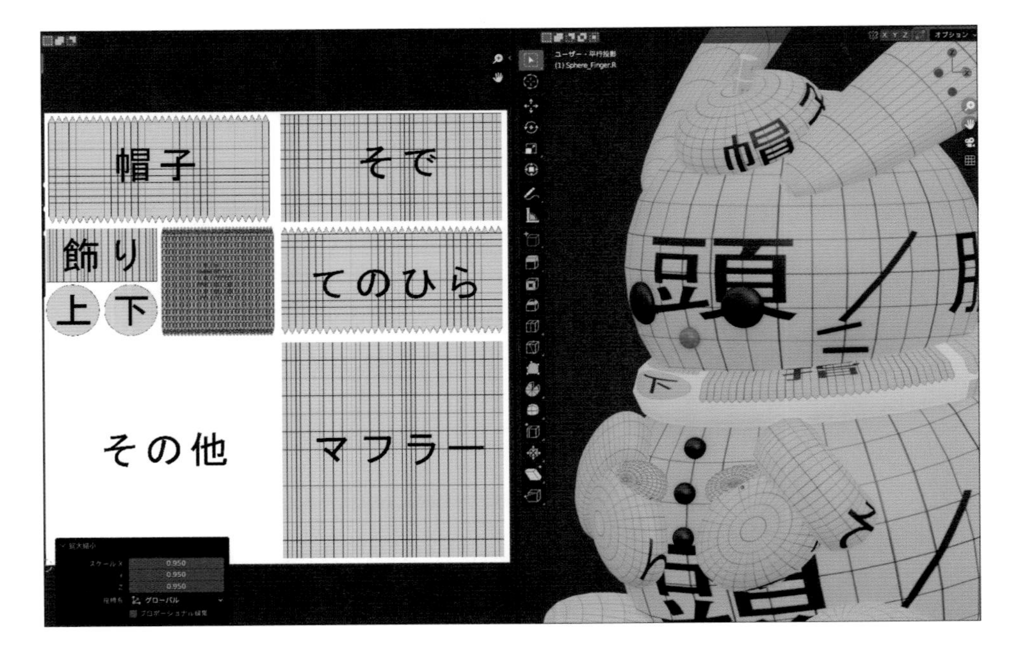

6

円柱で作成した**帽子の飾り部分**については側面と上底面とで「アイランド」が分かれているので、それぞれの「アイランド」ごとに直接**座標を指定**してみましょう。「UVマップ」の座標は「UVエディター」上部のメニューから「ビュー → サイドバー（ショートカット：[N] キー）」を有効にした際に表示されるメニューのうち、「画像」の項目内の「UV頂点」（❶）から確認することができます。

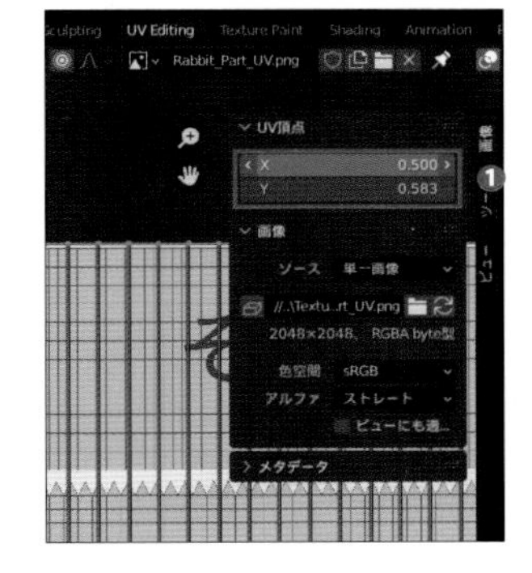

ヒント

「UV頂点」の座標には選択箇所の重心位置が中心として表示されます。

7

「オブジェクトモード」で帽子の飾り部分全体を選び、「編集モード」に切り替えます。

すべての「アイランド」を選択して「0.25」倍（❶、❷）したら、側面部分は長方形のアイランドを「UV頂点」で「X：0.125、Y：0.685」に配置して（❸）、上面は左の円のアイランドを「X：0.0625、Y：0.5625」（❹）、底面は右の円のアイランドを「X：0.1875、Y：0.5625」（❺）に配置します（❻）。

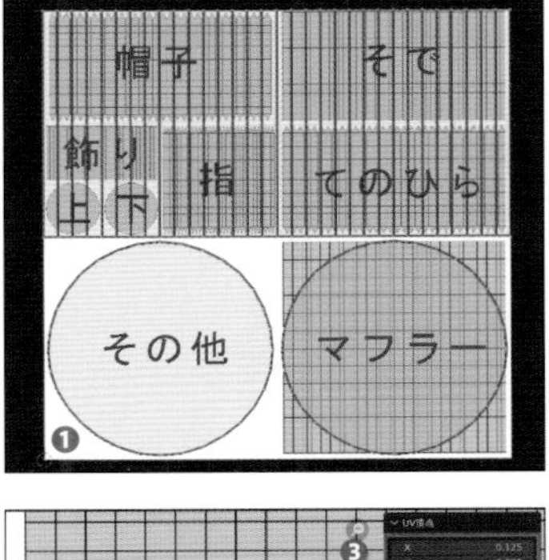

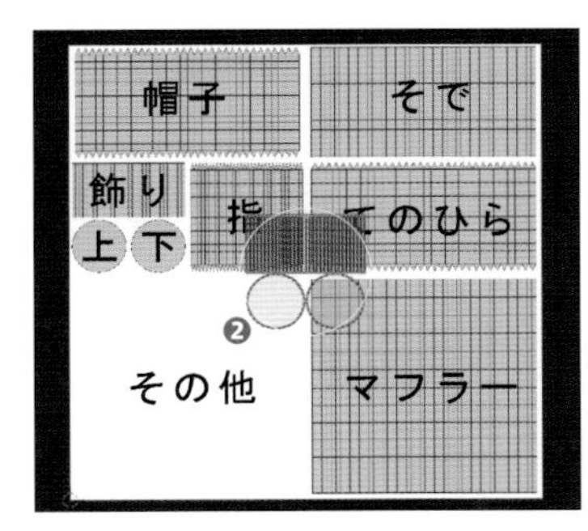

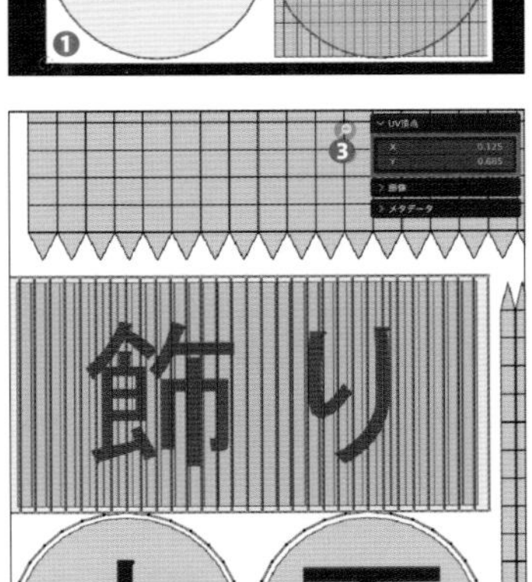

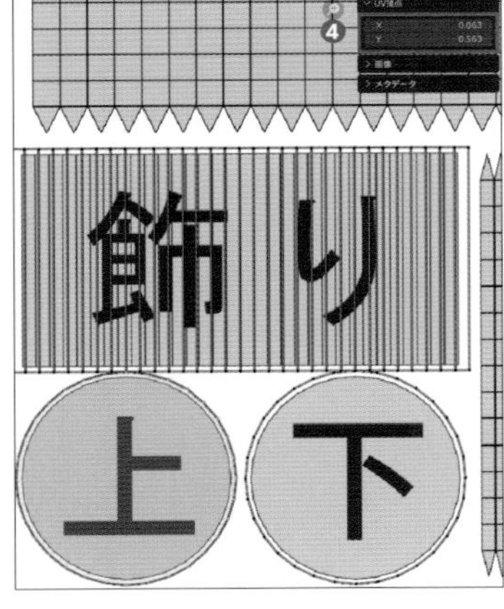

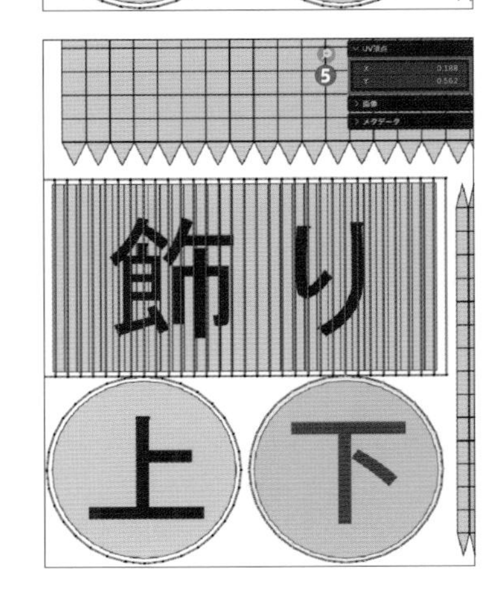

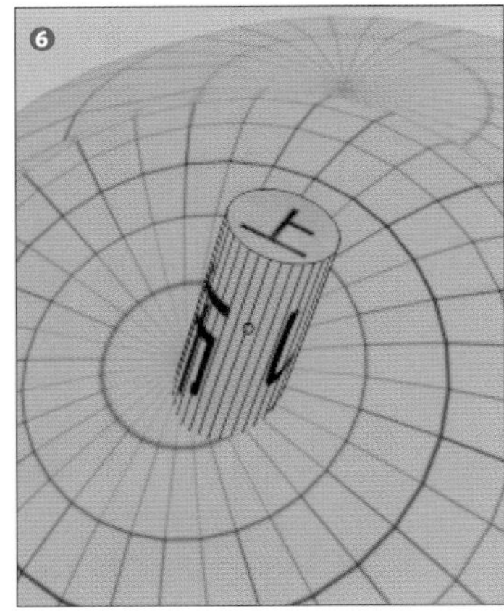

8 最後にそれぞれ「0.95」倍縮小して配置完了です。このとき、すべての「アイランド」を一度に縮小しようとするとそのままでは中心に向かって縮小されて位置がずれてしまうので、今回は「アイランド」ごとにひとつずつ縮小するようにしましょう。

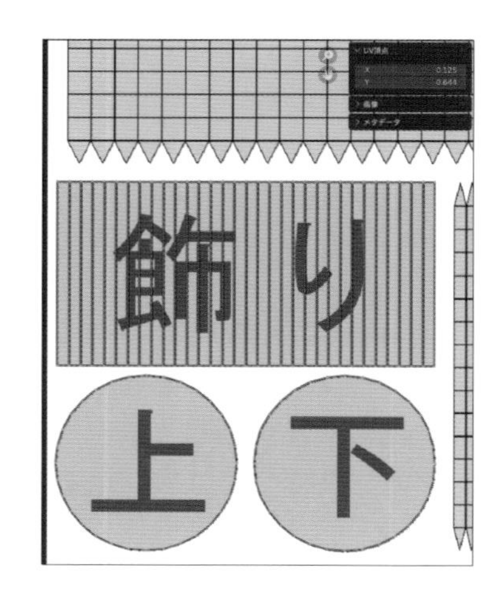

UV展開に挑戦してみよう ―― UVマップを作成・展開する

❶ UVマップを作成・展開する

1 最後に、マフラーの「UVマップ」についてですが、こちらもこれまでと同様に「アイランド」の配置を変更するだけで問題ありません。ですが今回はこの部分を例に「UVマップ」を作成する手順についても紹介してみようと思います。

ここまでの「UV球」や「立方体」などの「プリミティブ」についてはデフォルトで適当な「UVマップ」が用意されていましたが、「メッシュ」を分割や変形して形状を編集すればそれに合わせた「UVマップ」が必要になります。その際には展開図を作成する要領で、作成したモデルに切れ目を入れて「UVマップ」を作成していくのが一般的です。このような「UVマップ」を作成する工程を「UV展開」と呼びます。
今回はこの「UV展開」について、一度「UVマップ」を崩した後に再び元の真四角の「UVマップ」に戻すという練習をしてみようと思います。すこし難しいですが、自作のモデルに「テクスチャ」を貼る際に必要となる工程なので余裕がありましたら挑戦してみましょう！

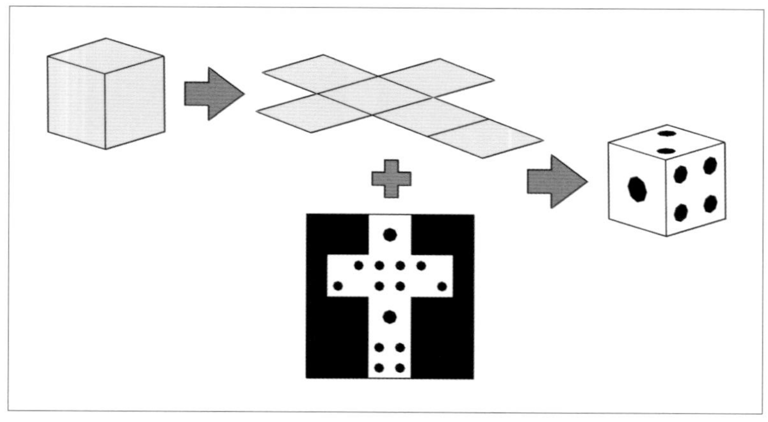

UV展開

2

まずは編集する「UVマップ」を新たに作成します。「マフラーのオブジェクト」を選択した状態で「オブジェクトデータプロパティ」を開き、その中の「UVマップ」の項目を表示します。

表示しましたら項目内の「+」ボタン（❶）を押すことで新しく「UVマップ」を追加することができます。追加した「UVマップ」を選択した状態（❷）で「編集モード」に切り替えて確認すると、元の「UVマップ」が複製されていることが確認できます（❸）。

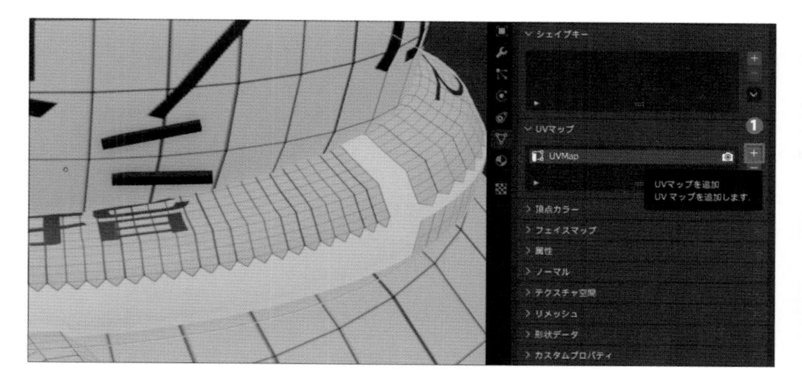

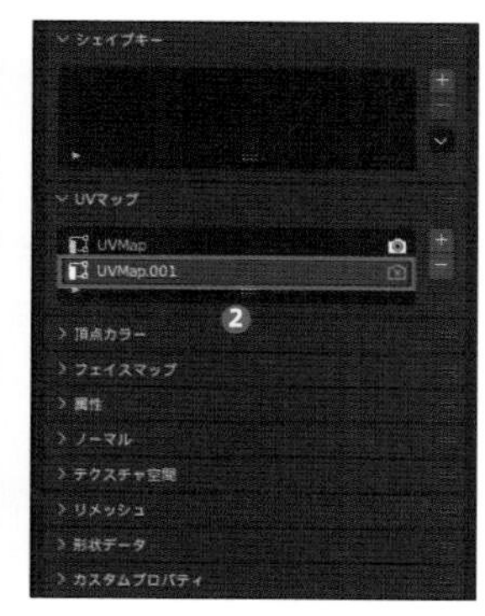

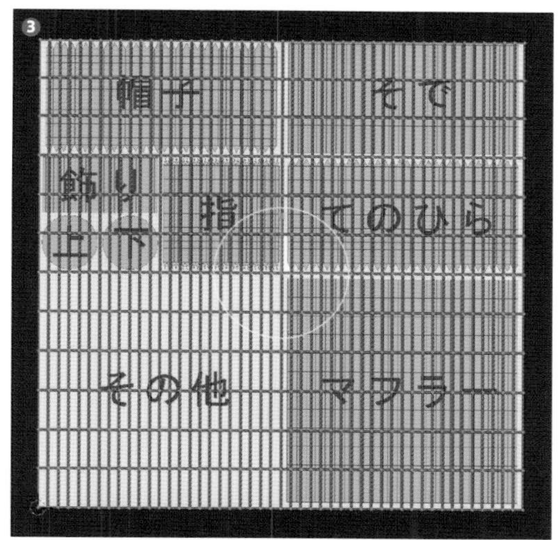

ヒント

自分でUVマップを作成しない場合は、元のUVマップを使って、マフラーのオブジェクトを選択して「編集モード」に切り替え、「0.5」倍 →「X：0.25、Y：-0.25」→「0.95」倍で設定します。

3

しかしこの「UVマップ」を編集しても、そのままでは見た目には反映されません。これは「レンダリング」の対象になっているのが追加した「UVマップ」ではなく、デフォルトで用意されていた「UVマップ」のままになっているからです。「レンダリング」対象の「UVマップ」は名前の横に表示されているカメラのアイコンから切り替えることができるので、今回は追加した「UVマップ」側のカメラのアイコンをオンにしておいてください（❶）。

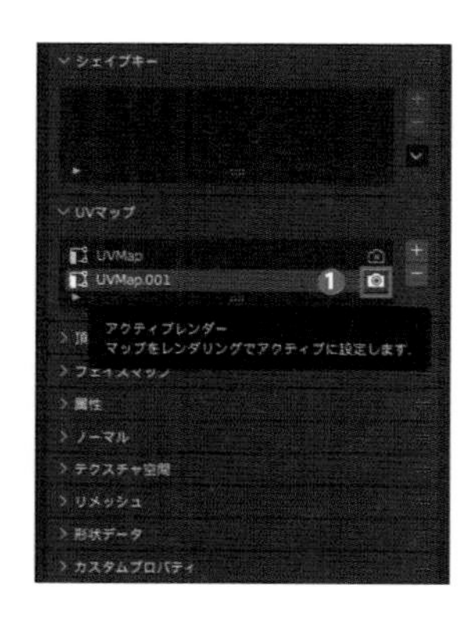

4 それではここから追加した「UVマップ」を編集していきます。他の「オブジェクト」については視界の妨げになるので、「オブジェクトモード」で「3Dビューポート」上部のメニューから「オブジェクト → 表示/隠す → 非選択物を隠す」(ショートカット：[Shift+H] キー) から「マフラーのオブジェクト」だけが表示されるようにしておきましょう。
「編集モード」に切り替えたら「メッシュ」を「UV座標」内に展開するための切れ目を設定します。この切れ目は「シーム」というものを使用して「辺」に対して設定していきます。
今回はまず首の真後ろに位置する「辺」を「ループ選択」(ショートカット：[Alt] キー＋左クリック) で選択しました (❶)。

テンキーの[7] で見て上部中央の辺を選択

5 辺を選択したらここに「シーム」を設定します。「3Dビューポート」内のメニューの中から「UV → シームをマーク」(❶) を実行して「シーム」を設定します。「シーム」が設定された「辺」は赤色に変化するので確認してください (❷)。

6 「シーム」を設定したら「メッシュ」を「UV座標」に展開してみましょう。すべての「面」を選択した状態で「3Dビューポート」上部のメニューから「UV → 展開」(ショートカット：[U] キー →「展開」) を選択します (❶)。すると「UVエディター」側の「UVマップ」が変化することが確認できると思います (❷)。

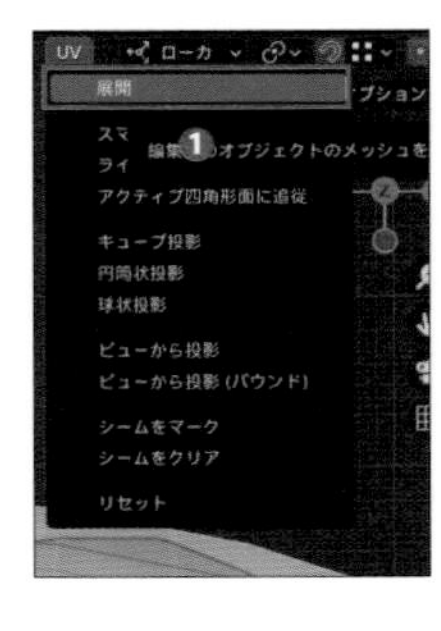

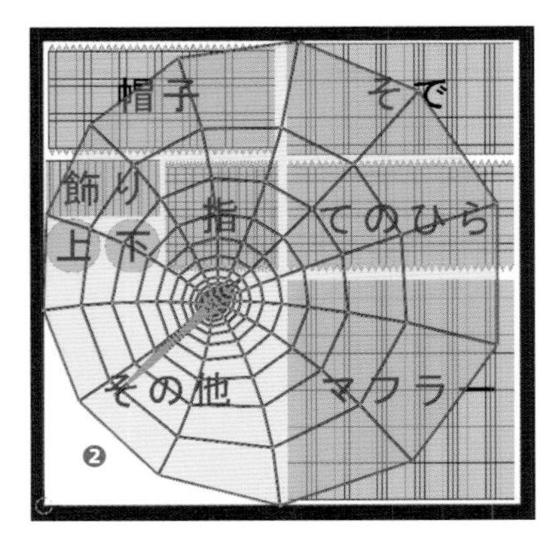

7 しかしそのままでは実行前と比べ大きく形が崩れた状態の「UVマップ」になってしまいます。これはまだ「メッシュ」が円柱状に繋がっているためうまく展開できないことが原因です。

そこでさらに一番内側の「辺」を「ループ選択」して「「UV → シームをマーク」を選んで新しく切れ目を追加します（❶）。この状態で再度すべての「面」を選択して「UV → 展開」を選択（❷）すると比較的キレイに「UVマップ」が展開されます（❸）。

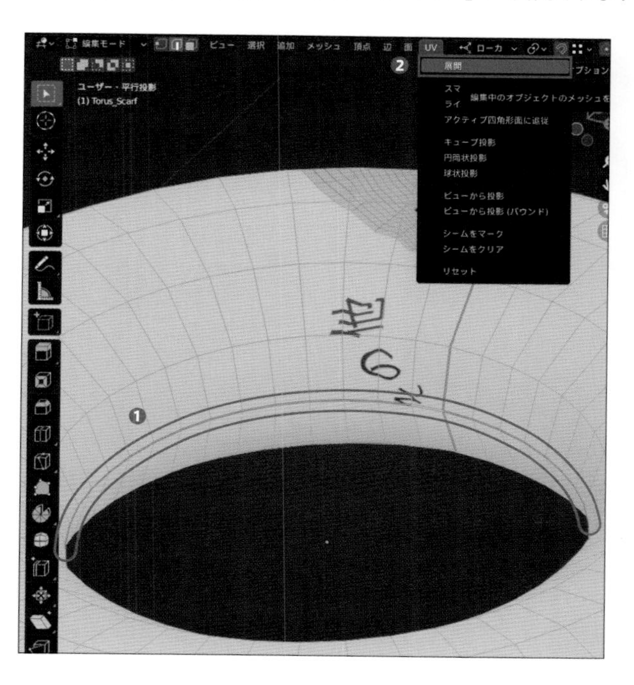

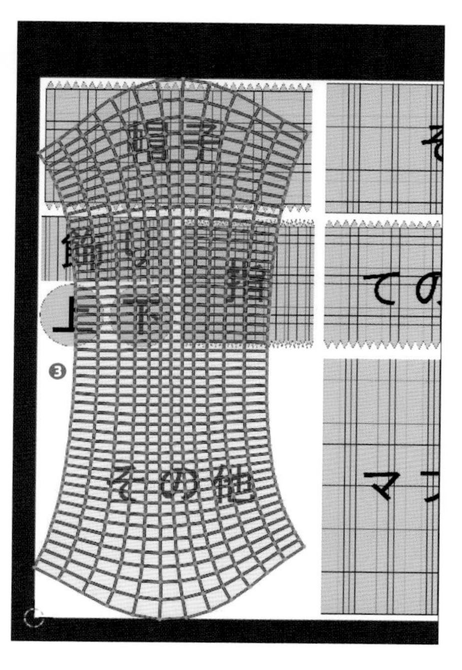

❷ UVマップの形を整える

1 平面状に「UVマップ」を展開できましたが、そのままでは真四角ではなく歪んだ形状になっています。今回のトーラスのように形状が大きく曲がっている形状の「メッシュ」をそのまま展開すると、多くの場合歪んだ形状で「UVマップ」が展開されます。場合によってはそのまま使うこともありますが、今回はキレイに調整していきます。

まずは辺を整列する方法を試してみましょう。「UVマップ」の頂点や辺、面はメッシュと同様に「ループ選択」（ショートカット：[Alt] キー＋左クリック）を使用することができます。今回は「辺選択モード」（❶）で一番左端の「辺」を「ループ選択」で選択してください（❷）。

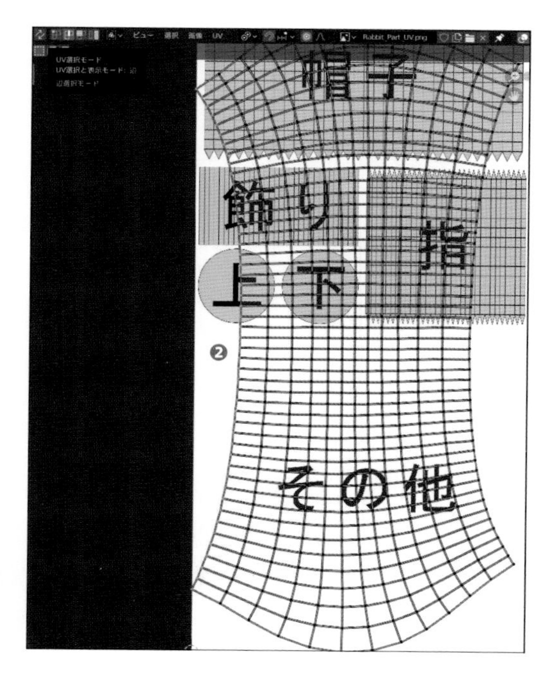

2 この状態で選択している「頂点」の「X軸」方向の位置を揃えてみましょう。これには2通りの手法があるのですが、1つは「スケールツール」(❶)を使用して「X軸」方向に「0」倍縮小(❷、❸)して位置を揃える方法です。

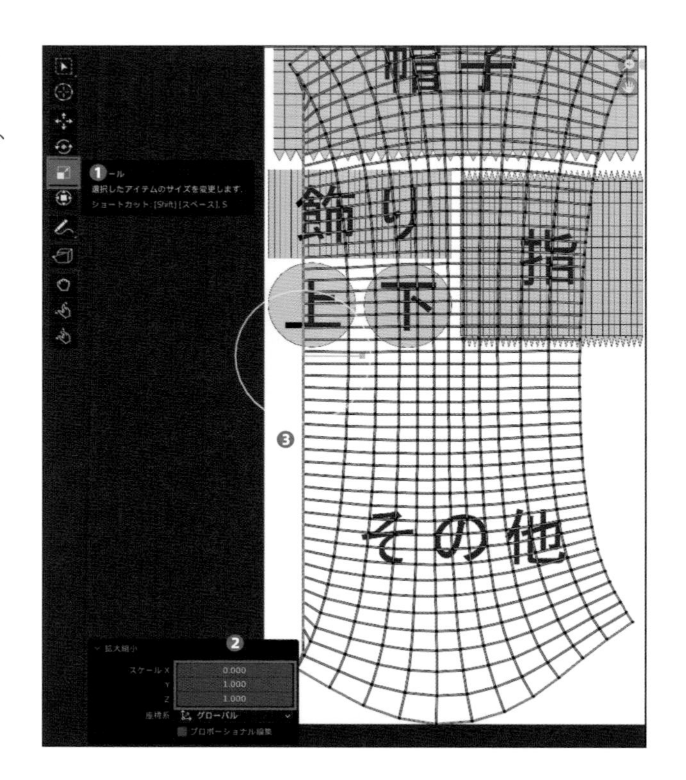

3 もう1つは「UVエディター」上部のメニューから「UV → 整列(ショートカット:右クリックまたは[Shift+W]) → X軸揃え」を使用する方法(❶、❷)なのですが、それぞれ実行した結果はほぼ同じになります。ですので実際に両方試して、扱いやすいものを使用してください。

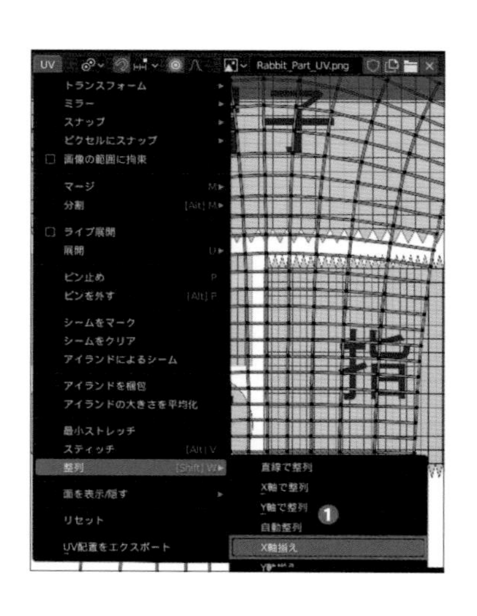

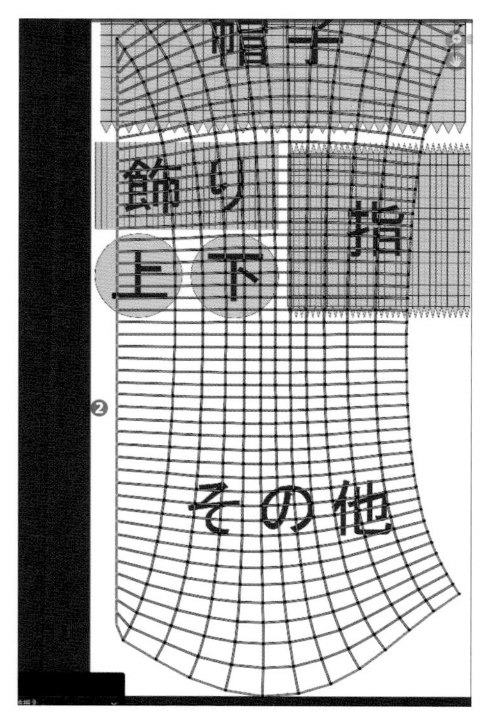

ヒント

横一列に揃えたい場合はY軸方向への縮小またはY軸揃えを使用します。

4 これをすべての「辺」に対して行うことで長方形の「UVマップ」にすることができるのですが、1つ1つ手作業で位置を揃えていくのは非常に手間がかかりますし、「辺」同士の間隔もまちまちになってしまいます。
そこでより効率的な方法として、「アクティブ四角面に追従」機能を使用してキレイに四角面が並んだ「UVマップ」になるよう展開してみましょう。

「アクティブ四角面に追従」機能は「アクティブ」になっている「四角面」の各辺の伸びる方向に対して他の辺が真っすぐ伸びるように並び替えてくれる機能になります。
試しに中心付近の「面」を選択して「アクティブ状態」にしてから（❶）「UVエディター」上部のメニューから「UV → 展開 → アクティブ四角面に追従」を実行してみます（❷）。途中で「辺の長さモード」を選択するウィンドウが表示されますが（❸）、デフォルトの「長さの平均」のまま「OK」を選択してください。
実行するとすべての「辺」が「アクティブの面」の各辺の向きに合わせて整列することが確認できると思います（❹）。

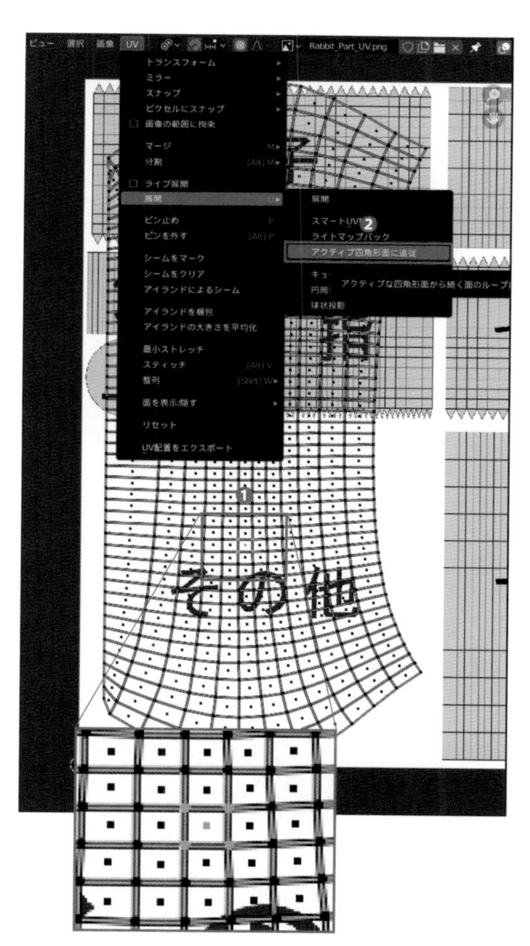

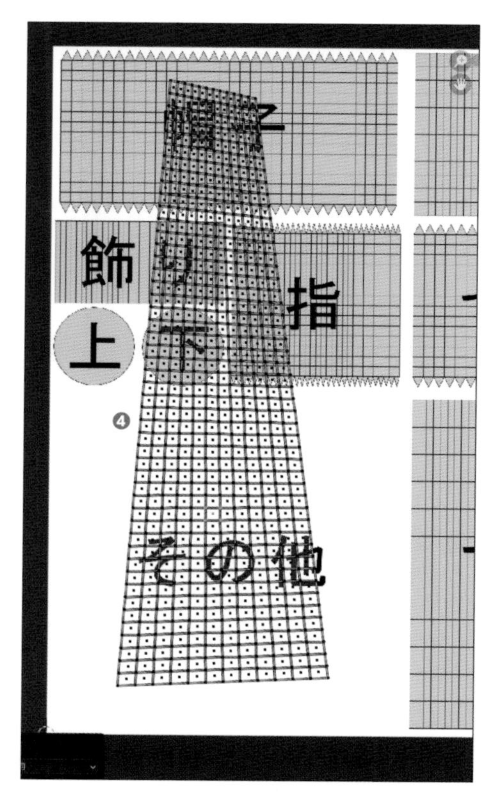

5 ただし展開された「UVマップ」を見てみると、まだ少し形が歪んだ長方形になっています。これは「アクティブ」にしていた「四角面」の形が微妙に歪んでいたからになります。ですので先ほど「アクティブ」にした「四角面」の各辺を「辺選択モード」で先ほど（手順2または3）と同様にXおよびY軸方向に揃えて（❶、❷）から「アクティブ四角面に追従」機能を実行してみましょう（❸）。これでキレイに長方形に「UVマップ」を展開することができます。
「アクティブ四角面に追従」機能はすべての場合でキレイに展開できる訳ではありませんが、今回のように「四角面」が連なったチューブ状の「メッシュ」を展開する場合には特に有用なので覚えておきましょう。

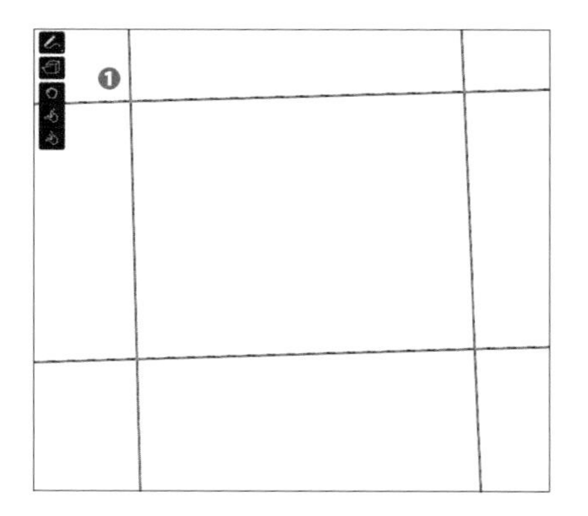

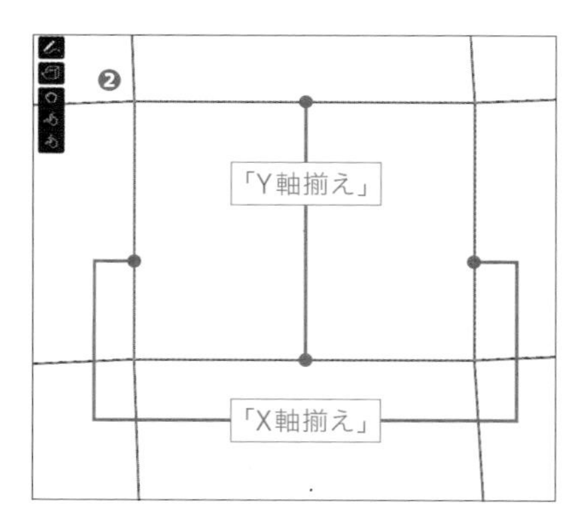

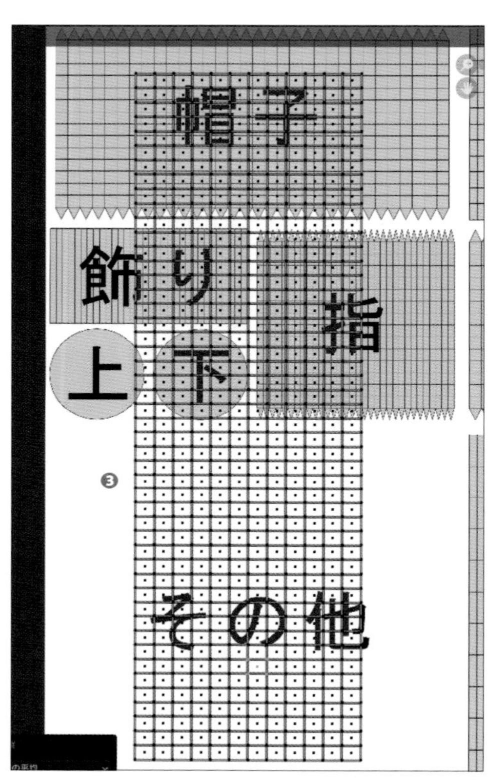

❸ UVマップを正方形にする

1 長方形に「UVマップ」を開けたら「テクスチャ」の形と合うように正方形に変形していきましょう。まずは現在の「UVマップ」を枠内にピッタリと収まるように位置を調整します。これには「アイランドを包括」機能を使用してみましょう。
まずは「アイランド選択モード」で「アイランド」を選択してください。この状態で「UVエディター」上部のメニューから「UV → アイランドを包括」を実行します（❶）。

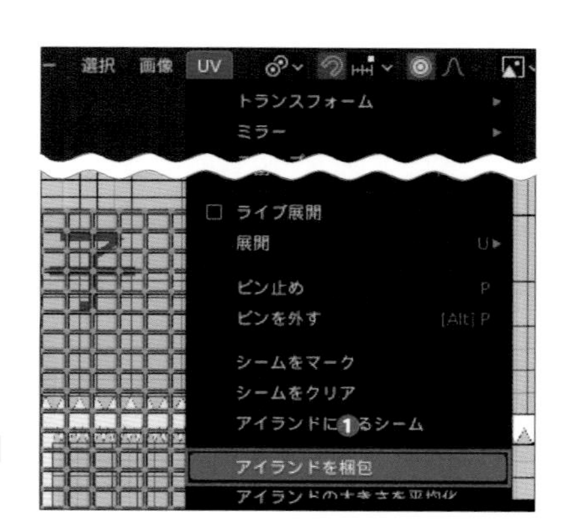

すると「アイランド」の大きさが形状はそのままで枠内にピッタリと収まるように調整されます（❷）。
このとき「調整メニュー」内の「余白」の値（❸）を調整することで隙間をどれだけ空けるか指定することもできますが、今回は「0」に設定しておいてください。
このように「アイランドを包括」は選択している「アイランド」を枠内に収まるように大きさを調整してくれる機能になります。複数「アイランド」を選択していたい場合は、なるべく隙間が空かないように並び替えて配置もしてくれます。こちらもよく使用する機能なので覚えておきましょう。

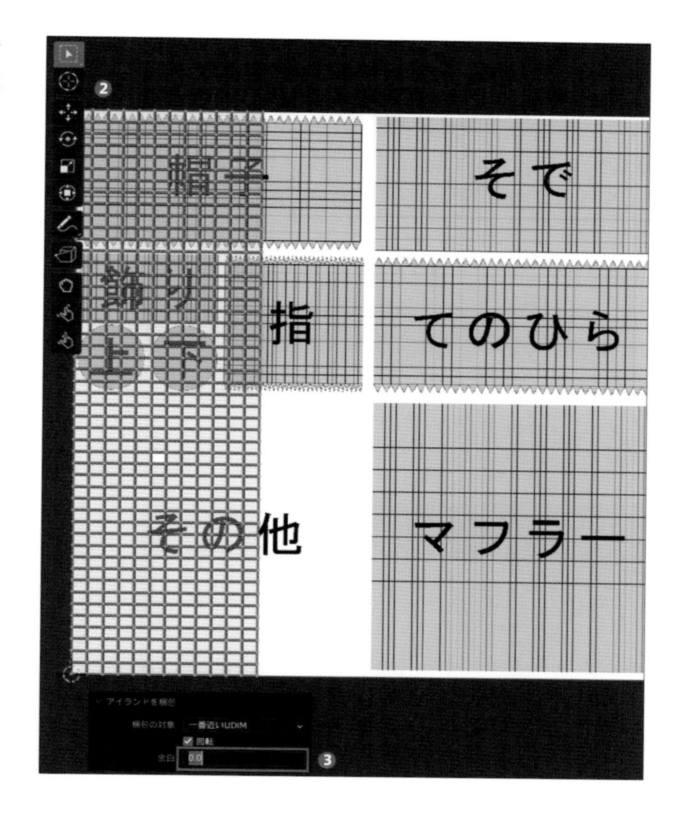

2

配置を調整した「UVマップ」はまだ縦長の形状になっているので、「X軸」方向に引き延ばして元の正方形の「UVマップ」になるよう調整していきます。これには「スケールツール」を使用しますが、そのままでは左右に引き延ばされてしまい調整が難しいので「ピボットポイント」を変更しましょう。
「ピボットポイント」は「3Dビューポート」と同様に「UVエディター」でもウィンドウ上部のメニューから変更できます。今回はこれを「2Dカーソル」に変更してください（❶、ショートカット：[>] キー）。

3

「2Dカーソル」は「3Dビューポート」内の「3Dカーソル」の代わりになるもので、デフォルトでは左下に配置されています（❶）。こちらも「カーソルツール」または「[Shift] キー＋右クリック」で移動させることができるので確認してみてください。
今回はこの「2Dカーソル」の位置が「ピボットポイント」になるよう設定したいので左下に配置しておきます。サイドバー内の「ビュー」の項目から「2Dカーソル」の位置を調整できるので、「X」「Y」ともに「0」に指定しておきましょう（❷）。

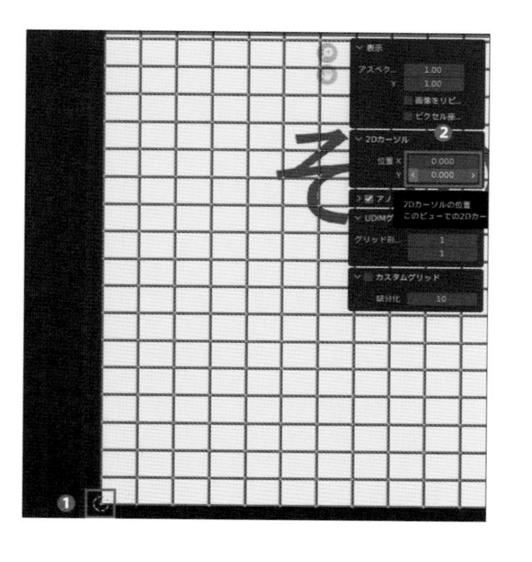

4 この状態で「スケールツール」を使って「X軸方向」のマニピュレータを右方向にドラッグします（❶）。すると左下に配置された「2Dカーソル」の位置が基準点になっているので右側だけに拡大されることが確認できると思います（❷）。
そのまま正方形になるように変形しましょう。具体的な数値では案内できないので、右側の「辺」と枠との隙間がなるべく空かないように確認しながら調整してください。

これでおおよそ元の「UVマップ」の状態まで戻すことができました。このように「UV展開」はキレイに整えようと思うと手間がかかるのですが、今後作成するであろうモデルに「テクスチャ」を歪みなく反映させるためには避けて通るのは難しい工程になります。
今回紹介した機能の他にも便利な機能があったり、外部から導入する拡張機能なども用意している有志の方もいらっしゃったりしますので、より手間が少なくなるよう様々な方法も模索してみてください。

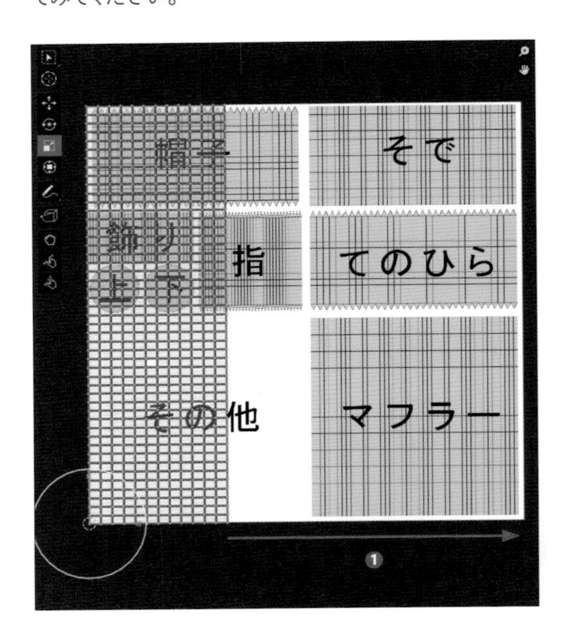

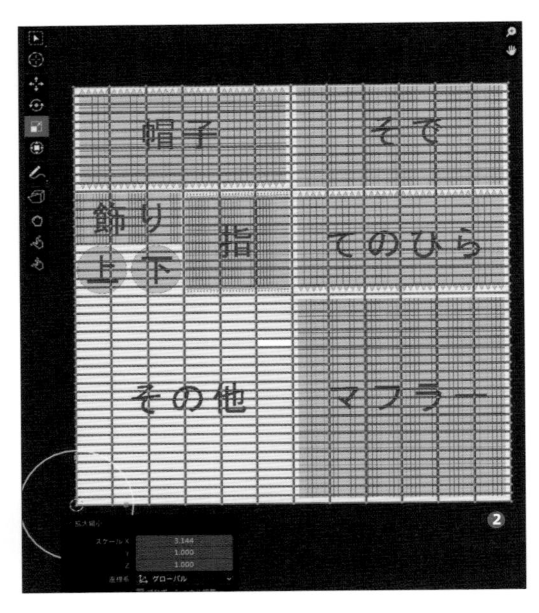

5 「UVマップ」を元の状態に戻せたら、改めて「テクスチャ」の位置に合わせて「UVマップ」を配置しましょう。「ピボット」を「バウンディングボックスの中心」に戻した後に「スケールツール」で全体を「0.5」倍縮小します（❶）。

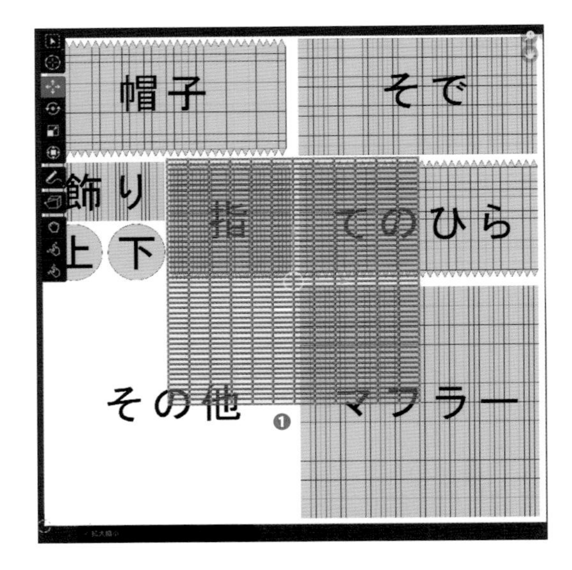

「移動ツール」で「X：0.25、Y：-0.25」移動し（❷）、最後にさらに「0.95」倍縮小して（❸）「テクスチャ」の位置に合わせます。
このときもし「UVマップ」のマス目の幅が「テクスチャ」と一致しない場合は、全体を「90°」回転させて向きを揃えてみてください。

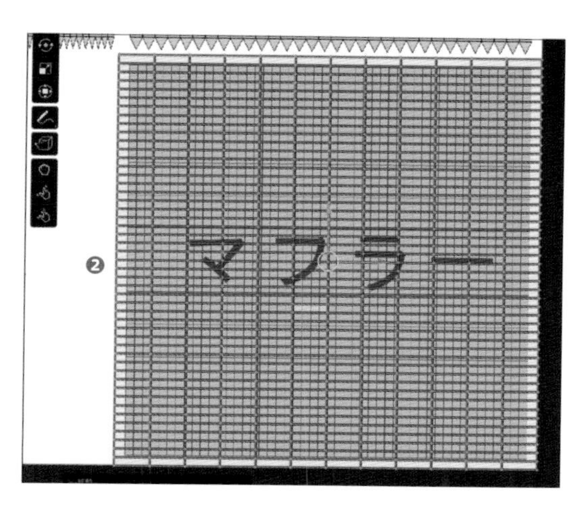

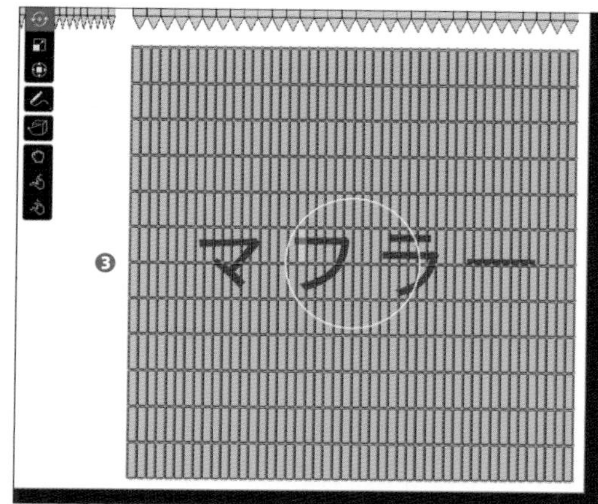

ヒント

今回の「UV展開」はあくまで練習になります。「難しい」「うまくいかない」と感じた場合はいったん保留にして、取っておいた元の「UVMap」(P.283）を使用して先に進んでみましょう！

6

これで全体の「UVマップ」の調整が完了です。一度全体のパーツを選択して「UVマップ」の設定し忘れが無いか確認しておきましょう。

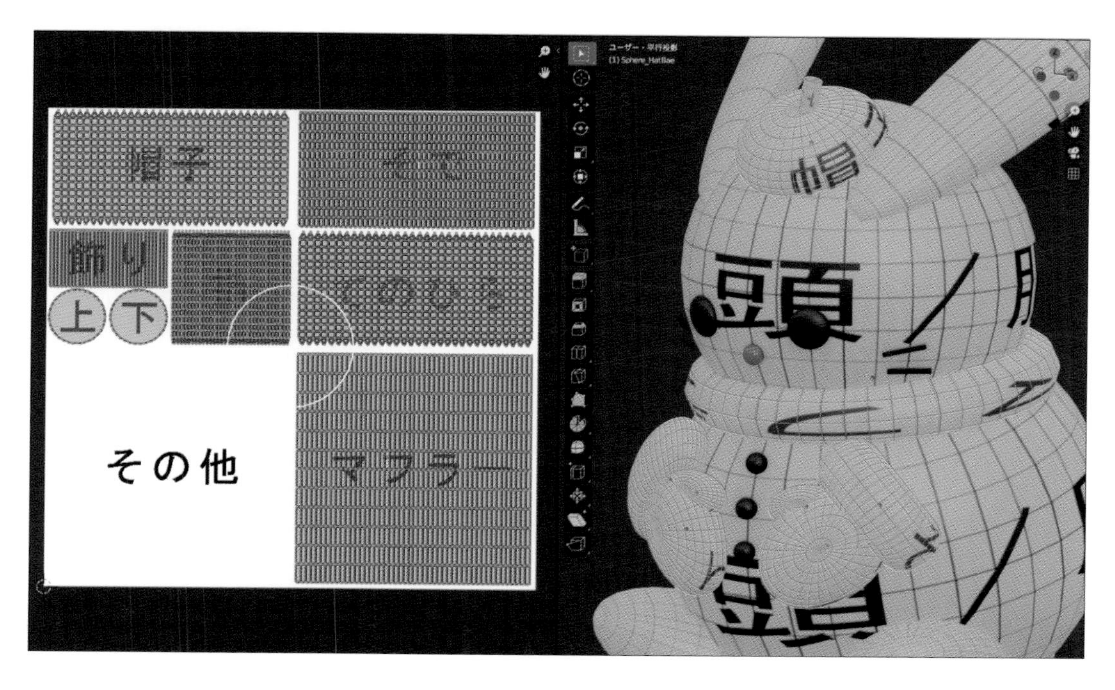

テクスチャの差し替え

ここまで調整したきた「UVマップ」を、最後に「テクスチャ」に差し替えます。テクスチャとして用意した画像が、「UVマップ」をもとに配置されます。ここでは毛糸のような模様のテクスチャをつけましょう。

1

「UVマップ」を一通り調整し終えたら「テクスチャ」を調整用のものから「レンダリング」用のものにそれぞれ差し替えます。

「テクスチャ」の差し替えについてはいくつか方法がありますが、一番簡単な方法は「画像テクスチャノード」から直接差し替える方法です。

今回は「オブジェクトモード」で「頭のパーツ」を選択し、「マテリアル」の「サブサーフェスカラー」に設定されている「画像テクスチャノード」から操作してみましょう。

このうち「画像を開く」ボタンを押して開いた「Blenderファイルビュー」から別の「テクスチャ」を選択することで差し変えることができます。今回は「Rabbit_Body」に差し替えてみましょう（❶、❷）。身体部分に毛糸のような模様が表示されていれば「UVマップ」の位置も問題ありません（❸）。

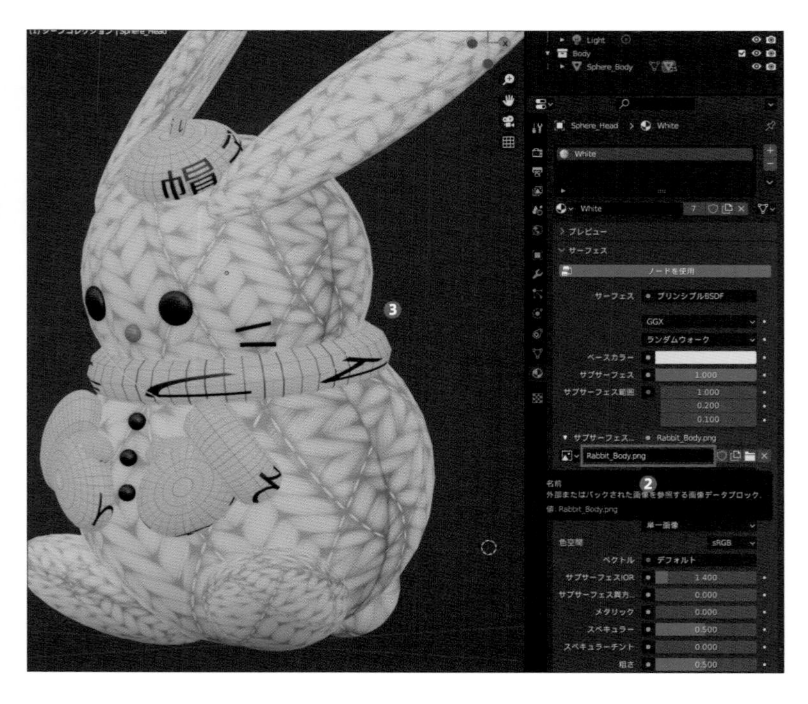

2

また「テクスチャ」が読み込み済みなら「リンクする画像を閲覧」から選択して差し替えることもできます。例えばここから「Rabbit_Body_UV」を選択すれば、再び確認用見た目に変更することができます。

このとき、どの「ユーザー」にも「リンク」されていない「テクスチャ」は「フェイクユーザー」を設定していないと「Blender」再起動時に削除されるので注意してください。

ヒント

削除されるのはあくまでBlenderファイルにロードされている「テクスチャ」の情報です。画像データ自体は削除されないので安心してください。

3 もう1つの方法は「テクスチャ」そのものを別の画像に置き換える方法です。こちらは「UVエディター」から操作します。今回は「Rabbit_Part_UV」を置き換えるので、「UVエディター」内で「リンクする画像を閲覧」から表示する「テクスチャ」を「Rabbit_Part_UV」に変更しておきます（❶）。
この状態で「UVエディター」上部のメニューから「画像 → 置き換え...」を選択します（❷）。すると「Blenderファイルビュー」が表示されるので、今回は「Rabbit_Part」を選択してみましょう（❸）。すると「テクスチャ」が色と模様が付いたものに置き換えられて（❹）、モデルにも反映されることが確認できると思います（❺）。

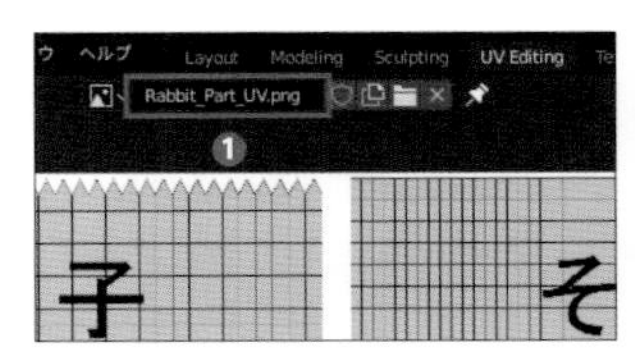

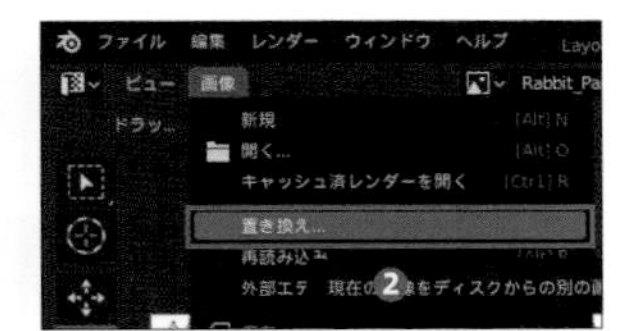

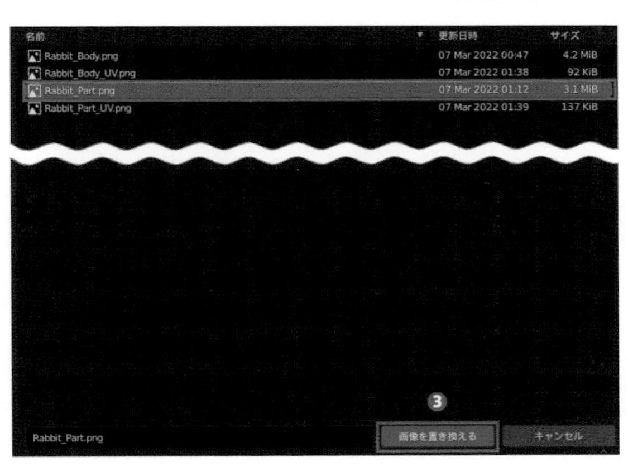

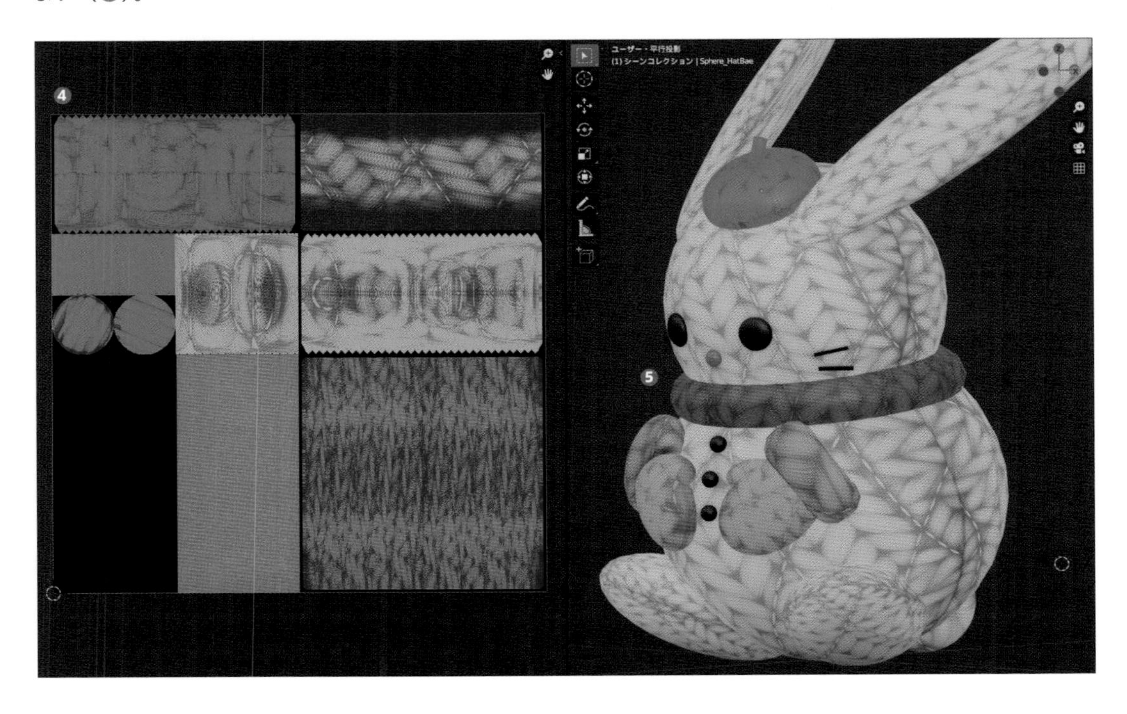

こちらの場合は「Rabbit_Part_UV」そのものが置き換えられているので差し替え前の「テクスチャ」は削除されてしまうのですが、複数の「画像テクスチャノード」に渡って「テクスチャ」が「リンク」されていても一括で変更することができるので便利です。
これで「テクスチャ」の差し替えが完了しました。「ウサギのモデル」全体に毛糸のような模様が付いていることが確認できたら成功です。もしうまく表示されていない箇所があれば「UVマップ」の配置などを再度確認してみましょう。

4 最後に「マテリアル」の設定も調整しておきましょう。まずテクスチャを設定したマテリアルについては、「メタリック：0」、「スペキュラー：0.5」、「スペキュラーチント：1」、「粗さ：1」に設定します。

5 また「シーンチント」の値も「1」に設定しています（❶）。そして「シーン」も「1」にします。「シーン」を設定するとモデルのフチ周りに柔らかくライトが当たるような表現にすることができます（❷）。
さらに今回は「画像テクスチャノード」を「サブサーフェスカラー」に設定していましたが、これは各「チント」の値を使用してライトの当たる箇所に「ベースカラー」の色を乗せるためです。

今回はベースカラーを橙色（H：0、S：0.7、V：1）に設定し（❸）、「シーンチント」と組み合わせることで、フチ周りに柔らかく色を乗せて毛糸のような質感を表現しています。

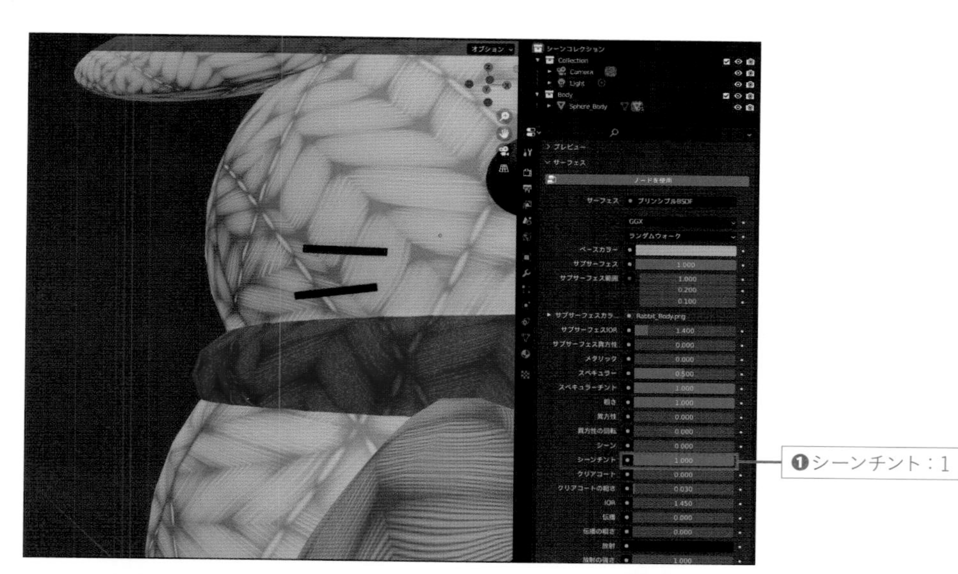
❶シーンチント：1

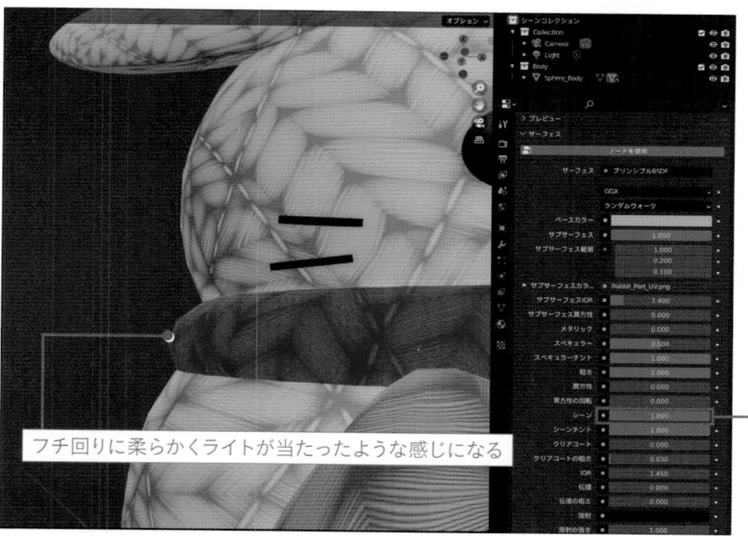
フチ回りに柔らかくライトが当たったような感じになる

❷シーン：1

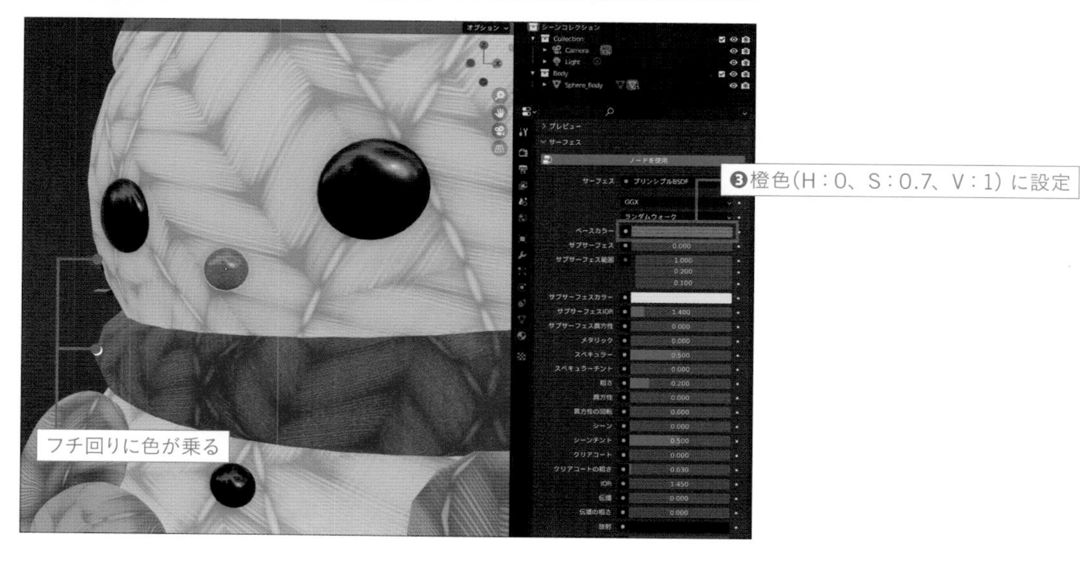
❸橙色(H：0、S：0.7、V：1) に設定
フチ回りに色が乗る

6 最後に目や鼻、ボタンについてはデフォルトの設定から「メタリック：0」、「粗さ：0.1」に設定してツヤのあるプラスチックのような表現にしました。

以上で「ウサギのモデル」の「UVマップ」、「テクスチャ」、「マテリアル」の設定ができあがりました。できあがったモデルは忘れずに保存しておきましょう！

本章では「プリンシプルBSDF」を例に各種「マテリアル」の設定について触れ、さらに「テクスチャ」の設定の仕方や「UVマップ」の編集方法についても紹介しました。
これらの設定をすることで、同じ形状のモデルでも全く異なる見た目や質感のモデルに仕上げることができます。すべての項目について覚えている必要はありませんが、実際に一通り操作してどのように見た目が変化するかだけでも確認しておくと、後々自身の3DCGモデルを作成する際に役に立つと思いますので色々と試してみてください！

テクスチャを設定する前（左）と後（右）

補足説明：テクスチャがピンク色になってしまった

「Blender」ファイルを開きなおしたときに「テクスチャ」を割り当てていたはずのモデルがピンク色になってしまう（❶）ことがあります。これは「テクスチャ」用の画像をうまく参照できなくなりエラーを起こしている状態で、画像の名前を変えたり保存先を移動したりなどが原因で発生します。

画像の名前を変えていた場合は先述した画像の置き換えで対処する必要がありますが、保存先を移動しただけの場合は上部のメニューから「ファイル → 外部データ → 欠けているファイルを探す」（❷）から一括で修正できる可能性があります。

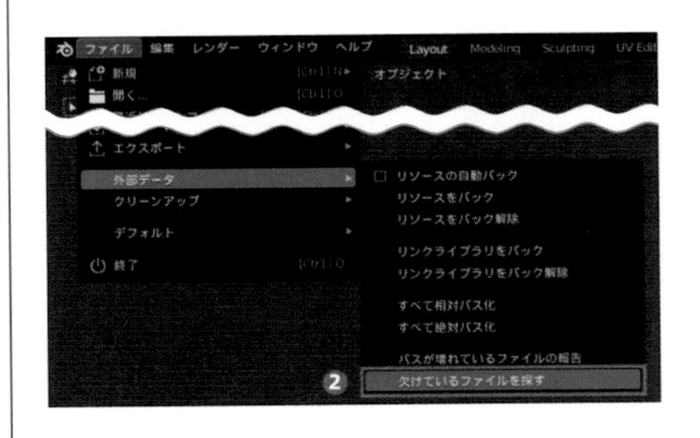

実行すると「Blenderファイルビュー」が表示されるので、「テクスチャ」用の画像が含まれているフォルダを開いた状態で「欠けているファイルを探す」（❸）を押します。すると参照が切れていた画像と同じ名前の画像を検索して自動的に再設定してくれます（❹）。
1つ1つ画像を参照し直すのは手間がかかる場合も多いので、念の為覚えておきましょう！

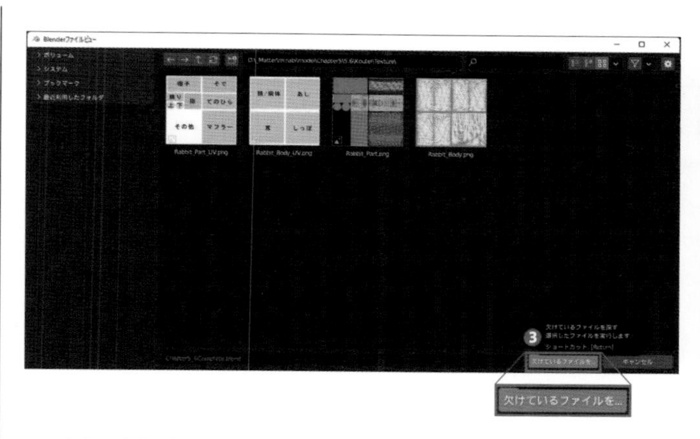

このように参照が切れてしまっても修正することはできますが、もし「Blender」ファイルをクラウドにアップロードしたり、他の方と共有したりする場合には、参照が維持されるよう注意しながらやり取りをしなければいけません。
これが手間な場合には「Blender」ファイル内に画像ファイルを同梱（パック）して参照が途切れないようにすると便利です。

これには上部のメニューから「ファイル → 外部データ → リソースをパック」（❺）を使用します。実行するといくつのファイルがパックされたかが表示され（❻）、「Blender」ファイル内に画像データが同梱されるようになります。
その分「Blender」ファイルの容量が増えるので注意が必要ですが、「Blender」ファイルだけをやり取りするだけで済むので共有が簡単になります。

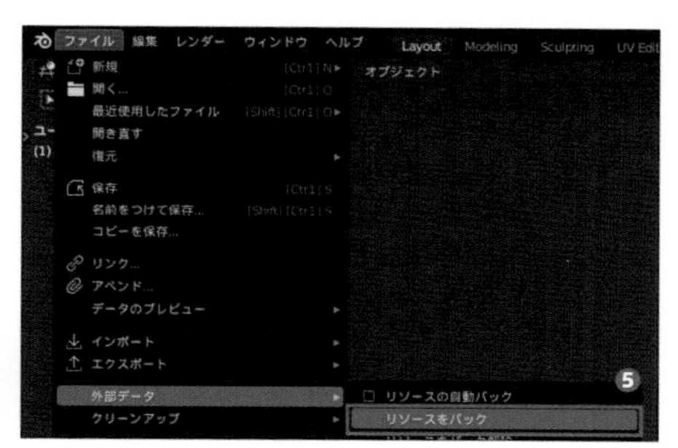

またパックしたファイルはそのままでは他のソフトで編集できないですが、上部のメニューから「ファイル → 外部データ → リソースをパック解除」（❼）から外部に取り出すこともできます。表示される保存先のメニュー（❽）から保存先も選択することができるので、余裕がありましたらそれぞれ確認してみてください！

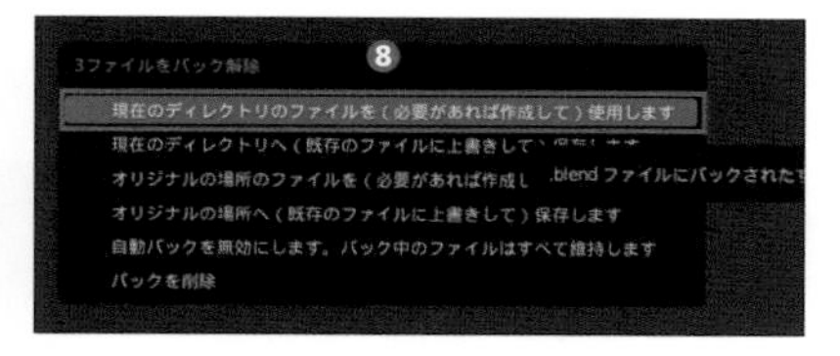

コラム　シェーダーエディターについて

Chapter 4では「プリンシプルBSDFシェーダー」を使用していましたが、先述した通り「Blender」には他にもいくつかの「シェーダー」が標準で用意されています。しかし標準の「シェーダー」だけでは表現できる幅が限られてきてしまいます。

そこで「Blender」では「シェーダーエディター」という機能が用意されています。こちらについても少しだけ紹介します。

「シェーダーエディター」はその名の通り、「シェーダー」の処理の内容を自由に組み立てていくことができる機能になります。

処理を組み立てるということで難しそうに聞こえるかもしれませんが、「ノード」というあらかじめ用意された箱のようなものを線でつないで直感的に組み立てていくことができます。そのためプログラミングなどの専門的な知識はほとんど必要なく、手軽に利用できることも特徴です。

「シェーダーエディター」を使用することで、例えば炎が揺らめくような表現をしたり、水面のような質感を付けることも可能になります。

また「シェーダーエディター」による処理結果を「テクスチャ」として出力することも可能で、このような工程を「ベイク」とも呼びます。今回「ウサギのモデル」に使用した「テクスチャ」もこの「シェーダーエディター」を使用して作成したものになります。

このように「シェーダーエディター」は「Blender」で表現をするにあたって非常に応用が利く機能となっています。

有志の方で「ノード」の組み方を解説している方も多くいらっしゃいますので、ある程度「Blender」や「モデリング」、「マテリアル」などへの理解が進みましたらぜひ挑戦してみてください。

「ノード」については私のYouTubeチャンネルでも動画を公開していますので、こちらも参考にしていただけたらと思います！

・著者のYouTubeチャンネル
https://youtu.be/X3zGDcSHjjU

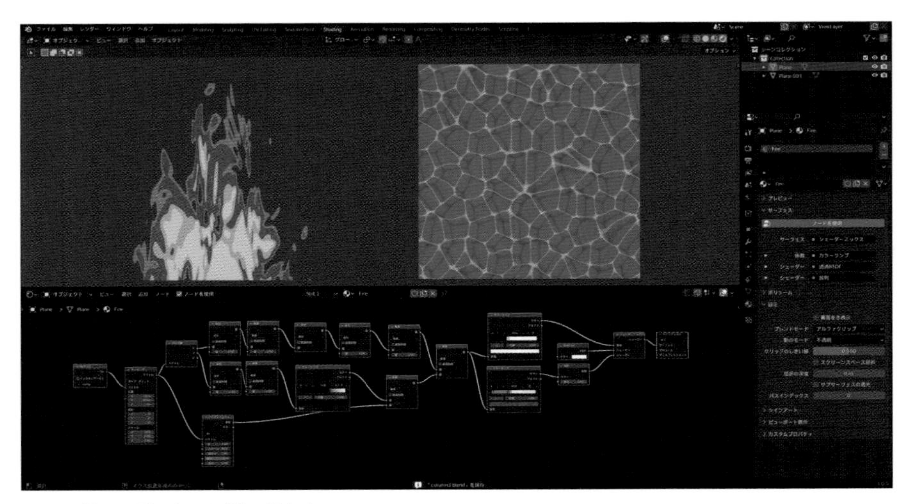

シェーダーエディターの例、炎と水

5

ライティングを工夫しよう！

Chapter 4ではモデルそのものの質感を設定しましたので、本章では「ライティング」を設定してモデルを配置する環境を整えていきます。さらに「AO」や「ブルーム」といった見た目に関わる「レンダリング」用の設定についても触れていきます。

動画はコチラ

※パスワードはP.002をご覧ください

ライティングとは

まずは「ライティング」がどのようなものなのか、概要を理解しておきましょう。今回は「ウサギのモデル」に対して「ライティング」を設定していくので、その下準備をします。

現実にある物体は自然光や環境光、照明器具などの光源からの光が当たり反射することで色を目で捉えることができます。また日中や夜、夕暮れといったように光源の環境が変化することで同じ質感の物体でも異なる見た目になることがあります。逆に一切光で照らされていない場合は物体自身が発光していない限り目で捉えることはできません。

3DCGモデルでも同様で、光源の環境はモデルの見た目を決める重要な要素の1つになります。Chapter 2でも軽く触れたとおり「マテリアルプレビュー」モードでは簡単な環境設定がされているためモデルが明るく照らされているものの、「レンダリング」時に使用される「レンダー」モードではデフォルトでは特に環境設定がされていないため薄暗い表示になってしまいます。

そこで「ライト」の配置や背景の設定により環境を整えて「レンダリング」した際のモデルの最終的な見た目を決めていきます。この工程を「ライティング」と呼びます。

本章ではChapter 4で「マテリアル」の質感設定をした「ウサギのモデル」が含まれるシーンを対象に「ライティング」の設定をしてみましょう（モデルがない場合は作例をダウンロードして使用しても大丈夫です）。

「表示モード」は「レンダー」モードに切り替えておきましょう。

「マテリアルプレビュー」時（左）と「レンダー」時（右）のウサギモデルの見え方の違い

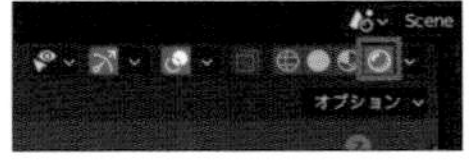

「レンダー」モードへの切り替え

02 ライトの設定を確認する

では実際にライトを追加して、設定していきましょう。まずは、どのような設定項目があり、モデルにどのような影響を与えるのかを見ていきます。

ライトの設定項目

1 実際に「ライティング」をする前に「ライト」の設定項目について確認していきましょう。まずは「オブジェクトモード」で「3Dビューポート」上部のメニューから「追加 → ライト → サン」(❶)を追加して分かりやすい位置に移動してください(❷)。

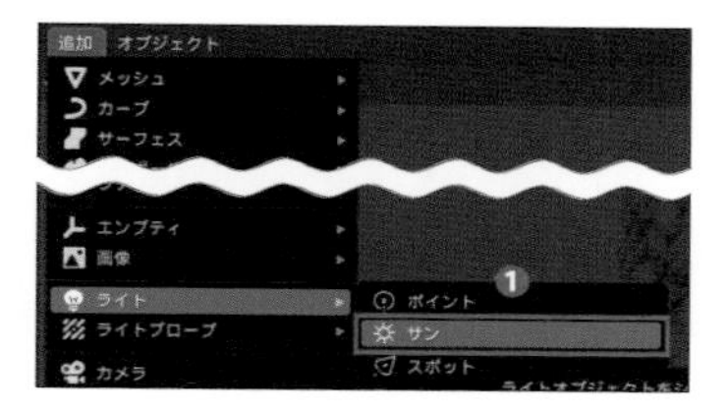

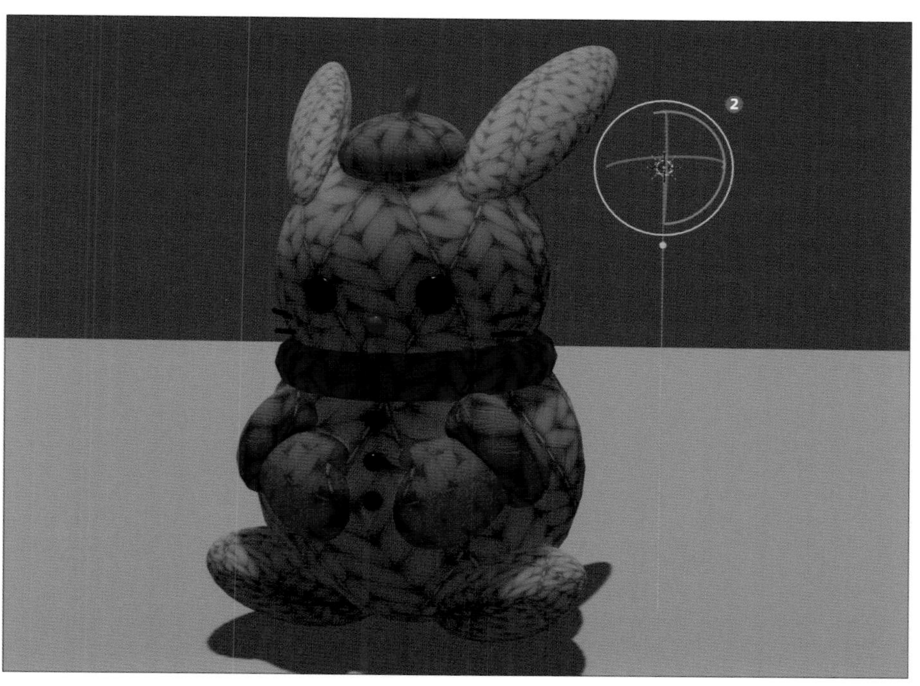

Chapter 2で触れたように「サンライト」は空間全体を、「ライト」の「オブジェクトの原点」から伸びている線の方向に照らす「ライト」なので、追加直後では「ウサギのモデル」が真上から照らされている状態になることが確認できると思います。また「ウサギのモデル」からの影がモデル自身や地面用のオブジェクトに落ちていることも確認できます。

2 追加した「サンライト」の向きはChapter 2内で触れていたように「回転ツール」で調整することができますが、他にも「ライト」を選択している状態で開いた「オブジェクトデータプロパティ」から細かな調整をすることができます。
すべての「ライト」には共通して「カラー」と「強さ」の項目が用意されています。「カラー」(❶)では「ライト」の色を、「強さ」(❷)では「ライト」の光の強さを指定できるので、値を操作してどのように変化するか確認してみてください。

「カラー」の調整

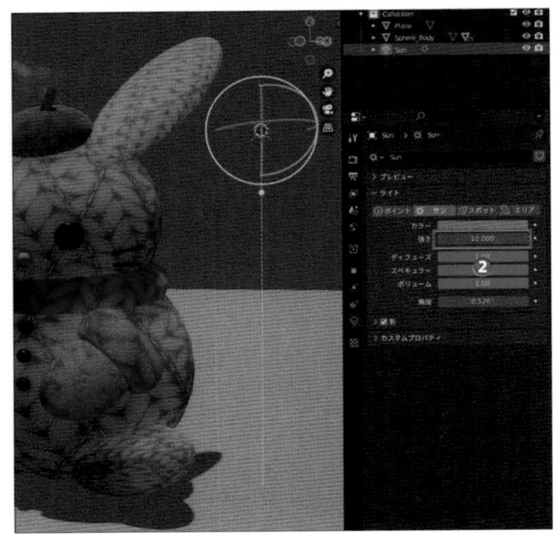

「強さ」の調整

3 また「ディフューズ」、「スペキュラー」、「ボリューム」の項目から「ライト」の影響を調整することができます。
「ライト」の光が当たっている箇所のうち、「ディフューズ」(❶)では表面で拡散する反射(拡散反射)の割合を、「スペキュラー」(❷)では鏡面上での反射(鏡面反射)の割合を調整することが可能です(「ボリューム」については本書籍では触れていませんが、煙などへの影響力を調整できます)。それぞれ変化を確認しておきましょう。

「ディフューズ:1」

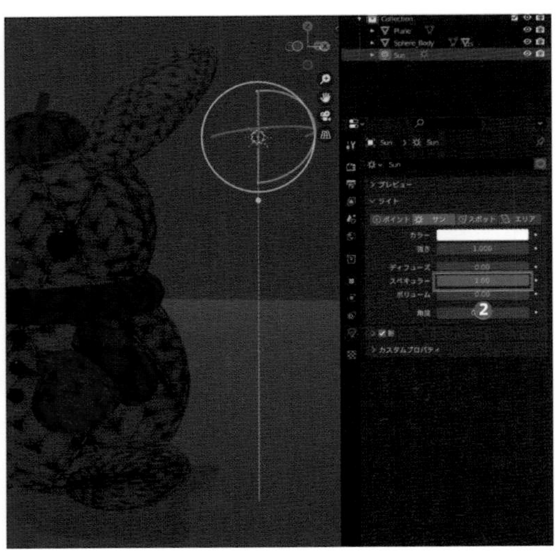

「スペキュラー:1」

影の設定

1 デフォルトでは「ライト」で照らされた「オブジェクト」からは影が落ちるようになっていますが、場合によっては影の有無を切り替えたい場面があります。
その場合は「影」の項目の有効無効を切り替えることで「ライト」ごとに影の有無を切り替えることができますので覚えておきましょう。

Sun > Sun
Sun
プレビュー
ライト
ポイント サン スポット エリア
カラー
強さ 1.000
ディフューズ 1.00
スペキュラー 0.00
ボリューム 0.00
角度 0.526°
影
use_shadow

2 くわえて「影」の項目内の「コンタクトシャドウ」を有効にすることで「オブジェクト」によって遮蔽されている箇所にも細かな影が表示されるようになります。今回の場合でしたら帽子や耳の付け根付近の影に変化を見て取ることができると思います。
多少処理が重くなりますが、影の質感を比較的キレイに仕上げることができるようになるので試してみてください。

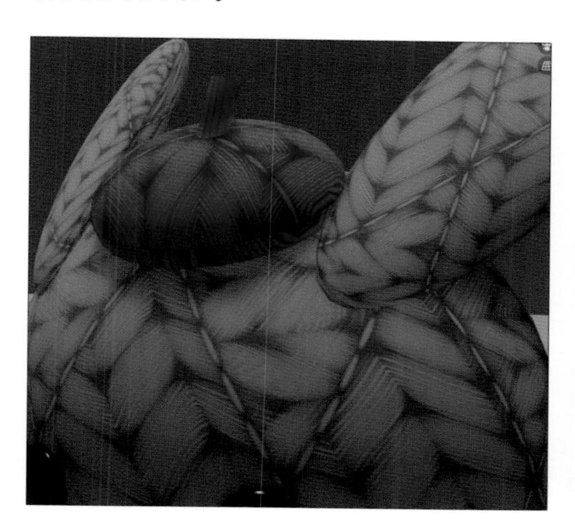

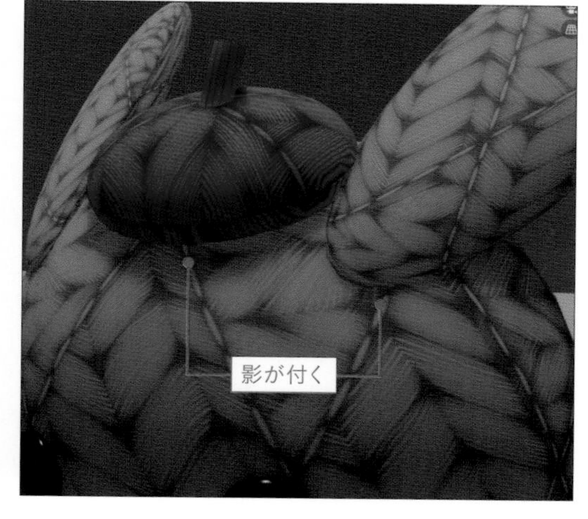

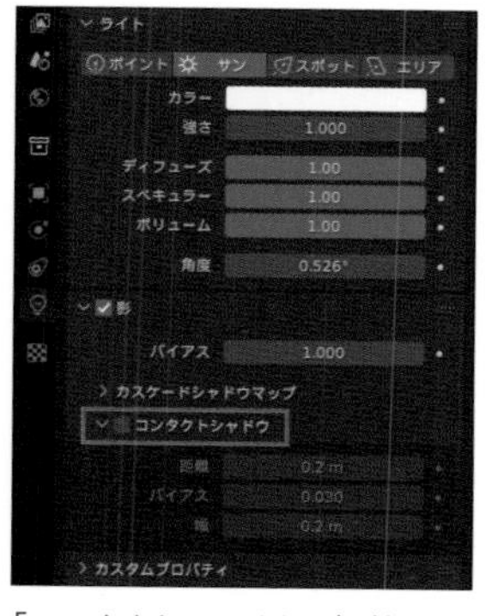

「コンタクトシャドウ：無効」

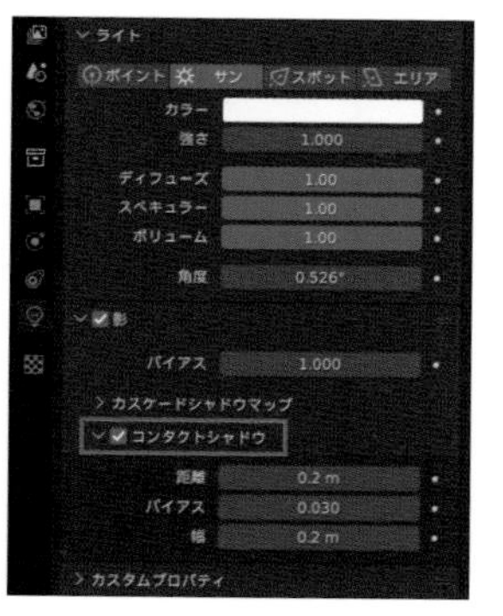

「コンタクトシャドウ：有効」

補足説明：マテリアルごとに影の有無を切り替える

影の有無は「ライト」単位で有無を切り替えることができますが、「マテリアル」単位でも影の有無を切り替えることができます。
「マテリアルプロパティ」から影の有無を切り替えたい「マテリアル」を選択し、「設定」の項目を開きます。その中に「影のモード」という項目があることを確認してください。
この項目はデフォルトでは「不透明」が選択されていますが、これを「なし」に変更することで（❶）「マテリアル」が割り当てられている箇所からの影が表示されないようになります（❷）。
特定の「オブジェクト」からの影を落としたくない場合などに利用することができますので覚えておくと便利です！
なお、「コンタクトシャドウ」による影は無効にならないので注意してください。

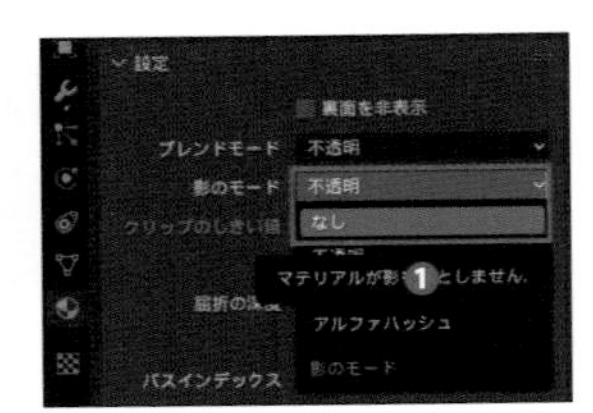

ライトの種類について

次に「ライト」の種類について確認していきましょう。
「Blender」にはデフォルトで「ポイント」、「サン」、「スポット」、「エリア」の4種類の「ライト」が用意されています。それぞれの特徴について表にまとめましたので、実際に配置して確認してみましょう（確認ができましたら追加した「ライト」はすべて削除してください）。

ライトの種類	特徴
ポイント	中心から全方位に向かって照らします。電球や蝋燭のような点からの光源を表現したい場合に利用できます。 また「半径」の値を大きくするほど影のぼかし具合が強くなっていきます。
サン	太陽のようにシーン全体を一方向から一律の明るさで照らします。他のライトと異なり配置位置は光の強さに影響しません。 また「影」の設定項目内に「カスケードシャドウマップ」の項目が追加され、影のぼかし具合や影が表示されるカメラからの最大距離を指定できます。

スポット	中心から指定した方向に対して円錐状の範囲を照らします。名前の通りスポットライトのような表現をしたい場面に利用できます。 「カスタム距離」を使用することで光が届く距離を、「スポット形状」の各値を操作することで円錐の範囲をそれぞれ調整することができます。
エリア	中心から指定した方向の範囲を面状の光源で照らします。「スポット」のように照らす範囲を制限できませんが、「シェイプ」の項目を変更することで光源の面の形状を変更することができます。 パソコンのモニターやシーリングライトのような光源を表現でき、比較的自然な質感になりやすいです。

「ポイント」ライトを当てた様子

「サン」ライトで全体を一律に照らした様子

「スポット」ライトで照らした様子

「エリア」ライトで照らした様子

三点照明に挑戦してみよう

ここからは実際に、「ウサギのモデル」にライティングを設定していきます。今回は、モデルを三方向から照らす「三点照明」でライティングをしてみます。ライティングの設定でどのようにモデルの見た目が変化するか、確認しながら進めていきましょう。

三点照明とは

「ライト」についておおよそ確認ができましたら実際に「ライティング」をしてみましょう。今回はよく用いられる「三点照明」という技法に基づき「ライト」を配置していきます。

「三点照明」はその名の通り、「キーライト」、「フィルライト」、「リムライト」の3つの「ライト」で対象を照らす技法で、全体的に自然かつ立体感がある見栄えになりやすくなります。3つの技法について、詳しくは後述します。それぞれ順を追って配置していきましょう。

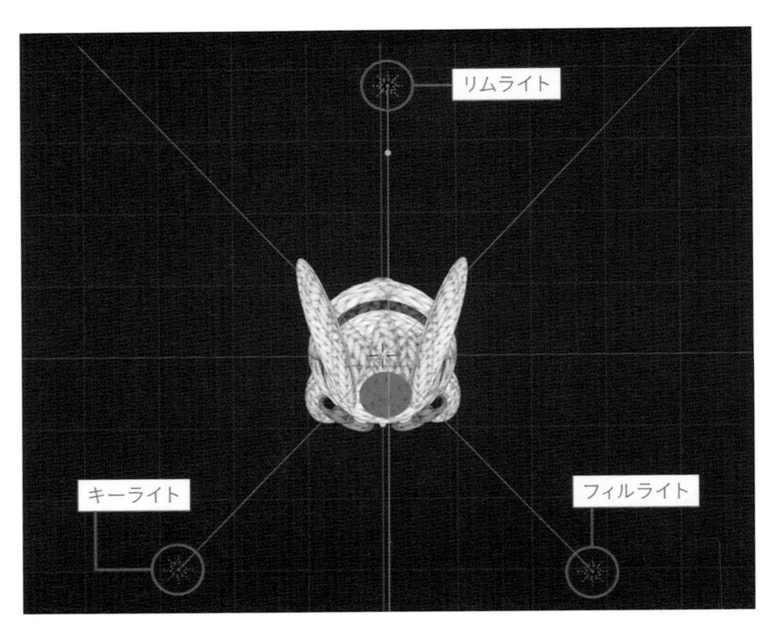

ライトが3つ配置されている様子

カメラを配置する

1 「ライト」を配置する前に「カメラ」を配置して視点を決めましょう。まだシーン内に「カメラ」がない場合は「オブジェクトモード」で「3Dビューポート」上部のメニューの「追加 → カメラ」から生成してください。

今回「カメラ」の「トランスフォーム」は「位置」を「X：3.5、Y：-9.5、Z：1.5」、「回転」を「X：92、Y：0、Z：20」に設定して「ウサギのモデル」の全体を斜め前から写すような視点に調整しました（❶）。「カメラ」を配置したら、テンキーの「0」で「カメラ」からの視点に変更して確認してください（❷）。

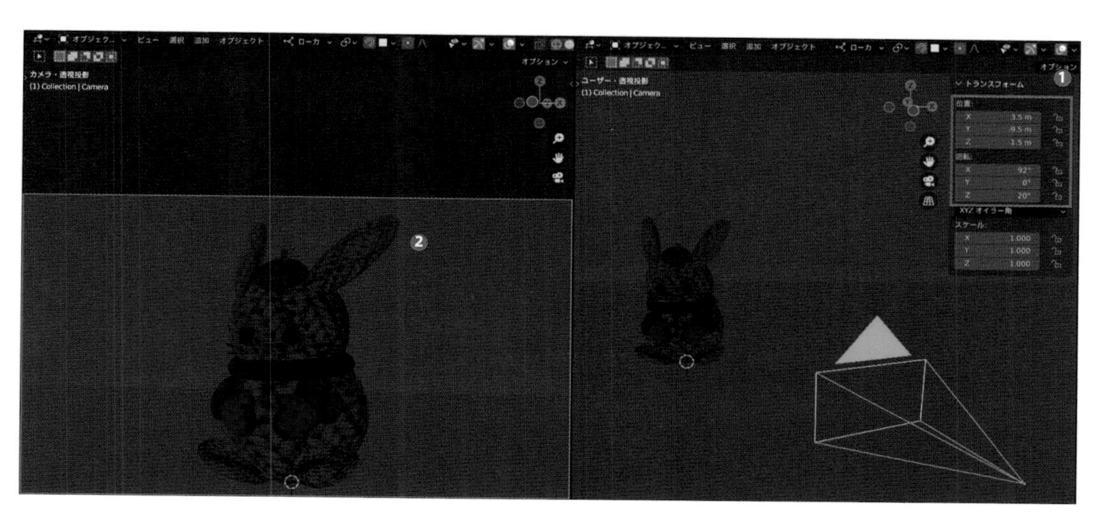

キーライトを配置する

1　視点を決めたら、まずは「キーライト」を配置しましょう。「キーライト」は対象を照らすうえでメインとなる光源になります。今回は「エリアライト」を使用するので、「3Dビューポート」上部のメニューから「追加 → ライト → エリア」から生成してください。
「キーライト」は視点の斜め上方向から光を当てるのが基本です。「カメラ」の視点から向かって左斜め付近に配置して「ウサギのモデル」の顔が照らされるようにしてみましょう（❶）。
「トランスフォーム」の値は「位置」が「X：-0.16、Y：-4.9、Z：3.05」、「回転」が「X：78、Y：0、Z：-3」となるように配置しました（❷）。

またそのままでは「キーライト」の光が弱いので、「オブジェクトデータプロパティ」から「パワー」を「500」に設定しています。さらに「カラー」の項目を「H：0.1、S：0.25、V1.0」に設定して（❸）少し暖色気味の光になるように調整してみましょう。

2 「キーライト」に使用している「エリアライト」では光源の面の形状を「シェイプ」の項目から変更することもできます。照らす範囲が変化するほか、この「ライト」からの光を反射する部分の形状も「シェイプ」と同じ形状になります。
今回の場合でしたら目の部分で確認することができます。デフォルトでは「シェイプ」には「正方形」が割り当てられている（❶）ので、よく見ると目の部分のハイライトの形状も四角に寄った形になっていることが確認できると思います（❷）。
今回はこれを「ディスク」に変更して（❸）、目のハイライトの形が丸くなる（❹）ことを確認してみてください。

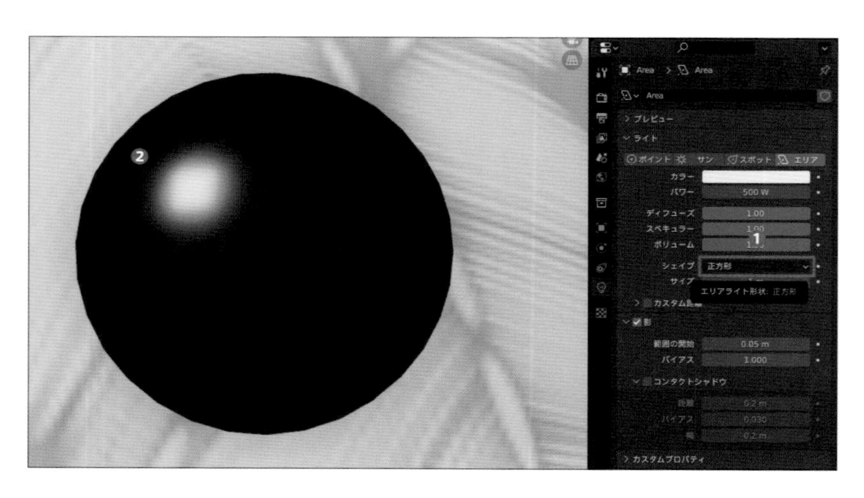

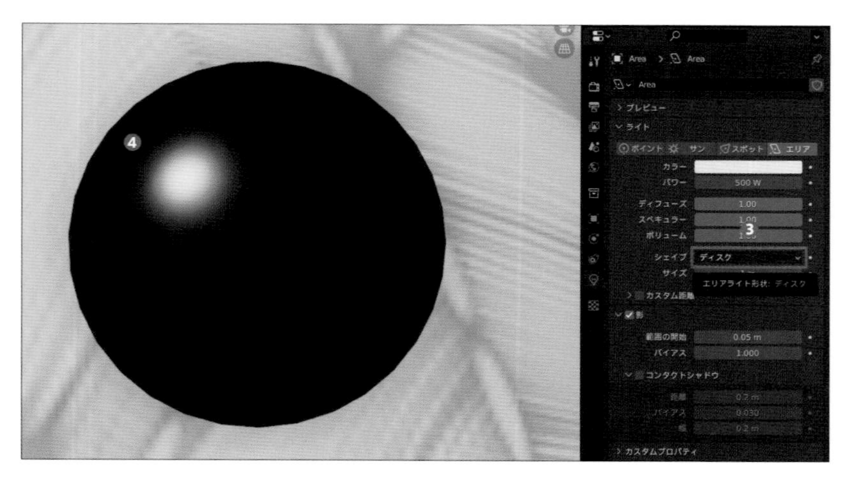

3 影についてはそのままではぼかし具合が強いですが、「**サイズ**」の値を小さくすることで光が**より狭い範囲から照射される**ようになることで比較的**くっきりと形が出る**ようになります。今回「サイズ」には「0.1」を設定しました。

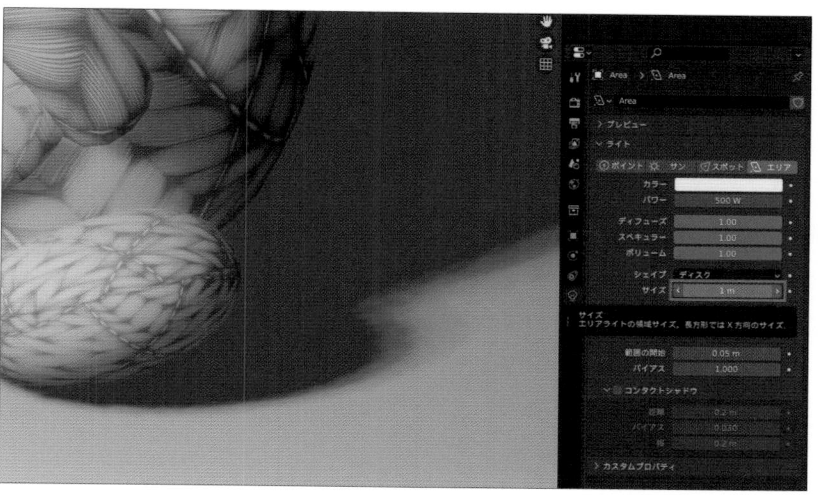

「サイズ：1」

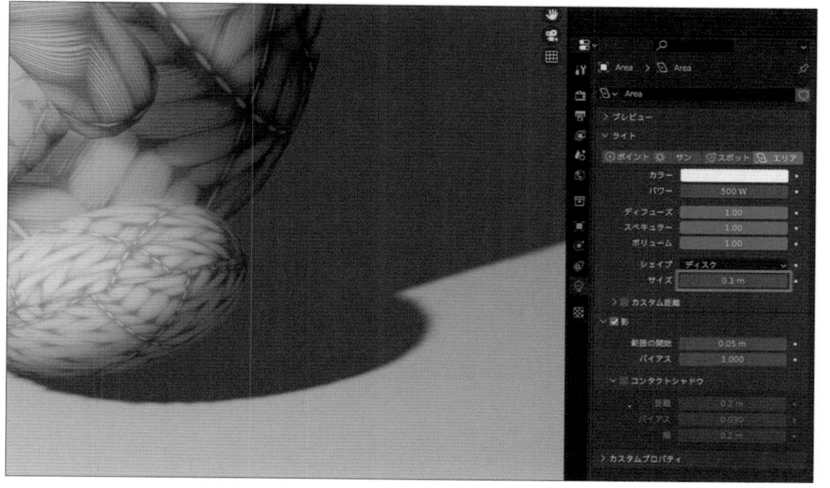

「サイズ：0.1」

フィルライトを配置する

1 次に「**フィルライト**」ですが、こちらは「キーライト」によってできた**陰影部分の調整**と、**「キーライト」の光が当たっていない部分**を照らすための光源になります。こちらにも「エリアライト」を使用するので、先ほど作成した「キーライト」を「3Dビューポート」上部のメニューから「オブジェクト → オブジェクトを複製（ショートカット：[Shift+D] キー）」で複製してください。

「フィルライト」は「キーライト」とは左右で対称になるような方向から当てるようにします。今回「キーライト」は「カメラ」の視点から向かって左上付近に配置したので、「フィルライト」は向かって右上付近に配置しましょう（❶）。
「トランスフォーム」の値は「位置」が「X：4.2、Y：-3.95、Z：3」、「回転」が「X：84、Y：0、Z：46」としました（❷）。

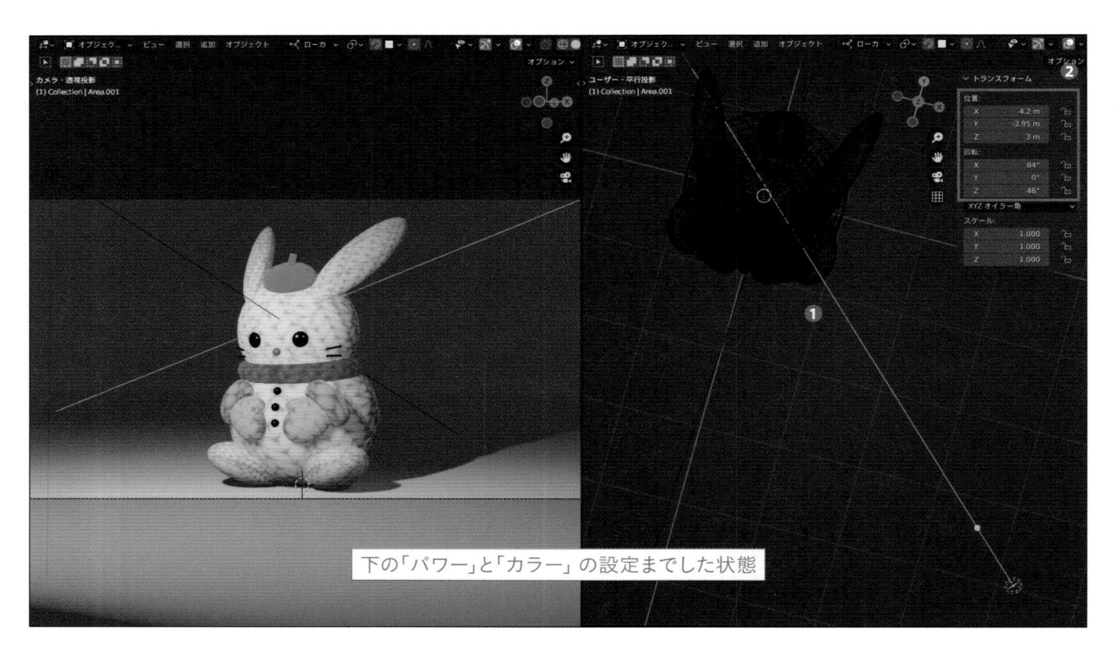

下の「パワー」と「カラー」の設定までした状態

さらに「ライト」の「カラー」は白色（RGBすべて1）、「パワー」は「70」に調整してみましょう（❸）。すると「フィルライト」がないときと比べて陰影部分の濃さが軽減されていることが確認できると思います。

2 またそのままでは目の部分に「キーライト」と「フィルライト」の両方が反射されてハイライトが2つできてしまっています（❶）。そこで「フィルライト」の「オブジェクトデータプロパティ」から「スペキュラー」の値を「0」にして光が反射しないように設定しておきましょう（❷、❸）。

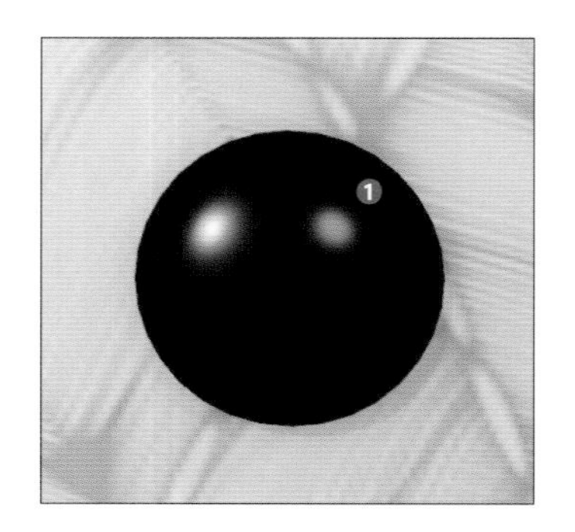

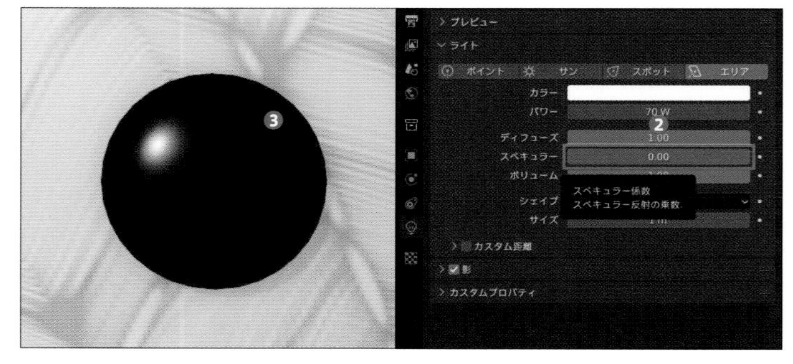

リムライトを配置する

1 最後に「リムライト」を配置します。こちらは対象を背後から照らして縁部分に光が当たるようにすることで、対象の輪郭を強調するための光源になります。先ほどと同様に「キーライト」を複製して配置していきましょう。
「リムライト」は「キーライト」に対しておおよそ反対の位置に配置します（❶）。今回は「トランスフォーム」の値は「位置」が「X：1.65、Y：5、Z：3」、「回転」が「X：78、Y：0、Z：165」としました（❷）。
「リムライト」がない場合と比較すると、輪郭が強調されることでより立体感が出たように見えると思います。

2 これで「三点照明」での「ライティング」ができあがりました。それぞれの「ライト」を「アウトライナー」ウィンドウから表示非表示を切り替えて、どの「ライト」がどのようにモデルを照らしているかも確認しておきましょう。このように「ライト」の当て方を工夫するだけでも、モデルの質感が大きく向上することが分かると思います。

キーライト

フィルライト

リムライト

背景を設定する

続いて、背景を設定しましょう。背景を設定することで、全体のオブジェクトに影響する「環境光」を表現することができます。ここではBlenderに用意されているHDR画像を利用して、環境テクスチャを設定してみます。

背景色と強さを変更する

1 「ライティング」をするうえで、「ライト」の他には「背景」も重要な要素の1つになります。「背景」の設定については「ワールドプロパティ」内の「サーフェス」の項目から調整することができるので確認してみましょう。

ワールドプロパティ

2 「背景」はデフォルトでは「カラー」が灰色、「強さ」が「1」に設定されていますが、試しに「カラー」を赤色にすると陰影部分も赤くなることが確認できると思います（❶、❷）。

さらに「強さ」を「5」程度にまで変更すると環境光が強くなり（❸）、「ライト」の光が当たっている箇所にもうっすらと赤色が影響を及ぼすようになります（❹）。

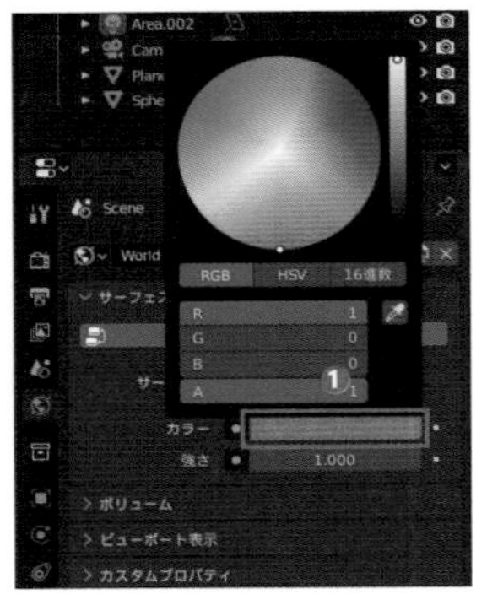

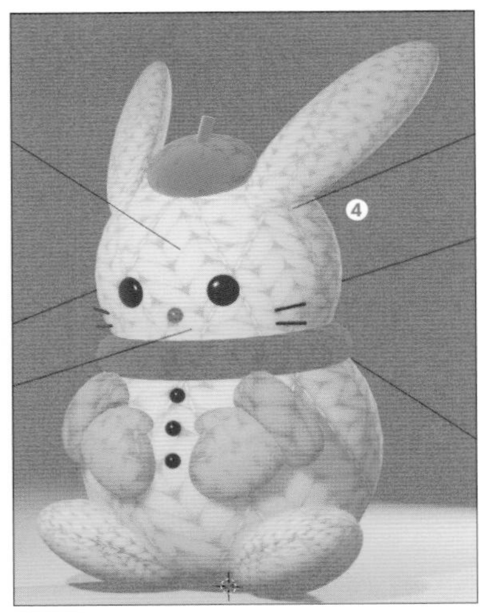

3 このように「背景」の設定を調整することで、シーン全体の「オブジェクト」に影響する「環境光」を表現することができます。デフォルトの設定では「環境光」には「ライト」の様に光の向きがなく、全体を一律に照らすため陰影も発生しません。
一度「インスペクター」からすべての「ライト」を非表示にして(❶)、「環境光」がどのように「オブジェクト」に影響しているかも確認しておきましょう(❷)。

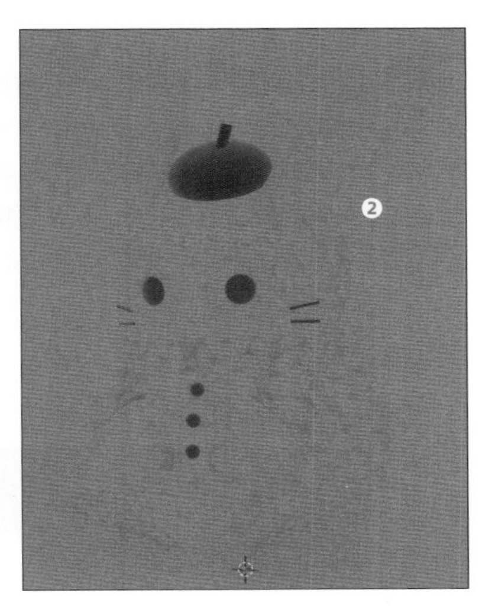

環境テクスチャを設定する

1 「背景」には「テクスチャ」を設定することもできます。この「背景用のテクスチャ」には「HDR画像(High Dynamic Range Image)」を使用することが多いです。
「HDR画像」は輝度幅が広く実際の環境の明るさをそのまま表現できる画像で、そのまま照明代わりに使用することが可能です。特に背景に設定する場合は、周囲360°を1枚に収めたものが使用されます。

Blenderに用意されているHDR画像の例

2 「マテリアルプレビュー」モードではこの「HDR画像」が「環境テクスチャ」として設定されているのでモデルが明るく照らされています。一度「レンダー」から「マテリアルプレビュー」に変更して確認してみましょう。

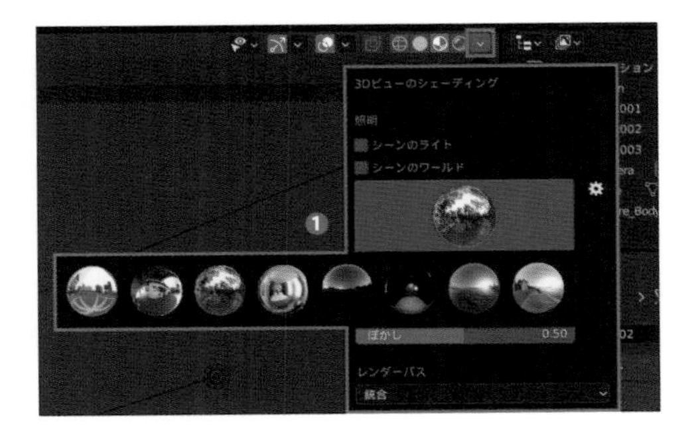

切り替えたら「3Dビューポート」の一番右上にある「3Dビューのシェーディング」メニューから現在の「マテリアルプレビュー」モードの設定を確認することができるので表示してください(❶)。

3 メニューのうち、真ん中の球体が表示されている箇所が**現在設定されている「環境テクスチャ」**を示しています。この部分を左クリックするといくつか候補が表示され、それぞれ選択すると「環境テクスチャ」の設定を変更することができます。
設定を変更すると（❶）モデルの照らされ方が変化する（❷、❸）ことを確認してください。

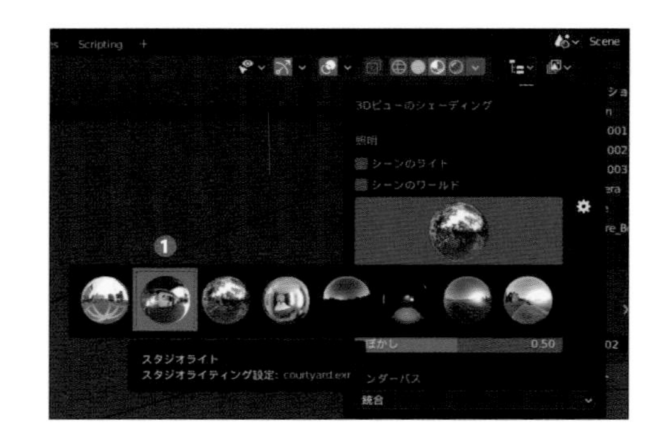

4 この「環境テクスチャ」の設定ですが、あくまで「マテリアルプレビュー」モードでの設定なので**「レンダー」モード側には反映されません。**
しかし、実はここで使用されている「HDR画像」は「Blender」をインストールした先のフォルダ内に含まれています。なので、これを利用することで「レンダー」モードでも**「マテリアルプレビュー」とほぼ同じ環境を設定する**ことが可能です。
エクスプローラーなどから「Blender」をインストールしたフォルダを開き、「(バージョン番号)\datafiles\studiolights\world」内を見るとEXR形式の各画像が含まれているので確認してください（❶）。もし見当たらない場合は作例内のHDR画像を使用しても問題ありません。

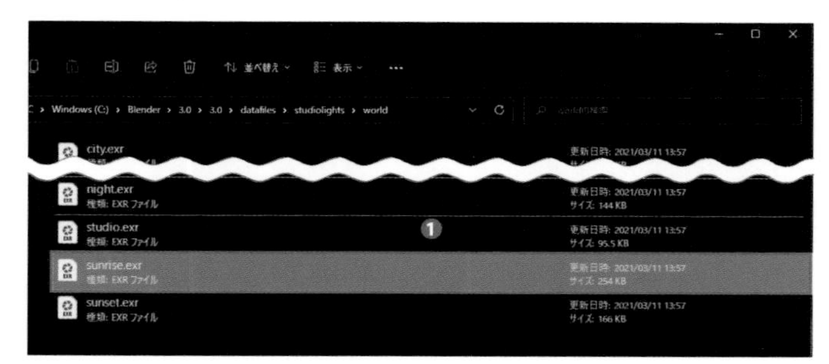

ヒント

macOSでは「blender.app」を右クリックして「パッケージの内容を表示」を選択し、「Contents → Resources → バージョン番号 → datafiles → studiolights → world」から開きます。

5 画像が確認できましたら「レンダーモード」に切り替えて背景に設定していきましょう。まずは「ワールドプロパティ」を開き、「カラー」の項目の横にあるアイコンを選択して（❶）開かれたメニューから「環境テクスチャ」ノードを選択して項目を追加します（❷）。
すると「テクスチャ」を設定するための項目が追加されるので確認してください（❸）。

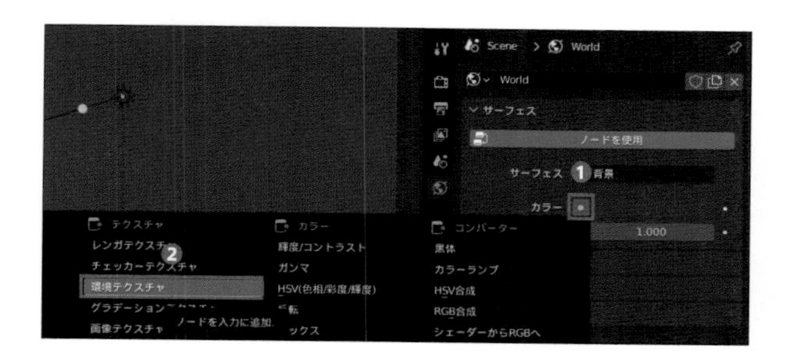

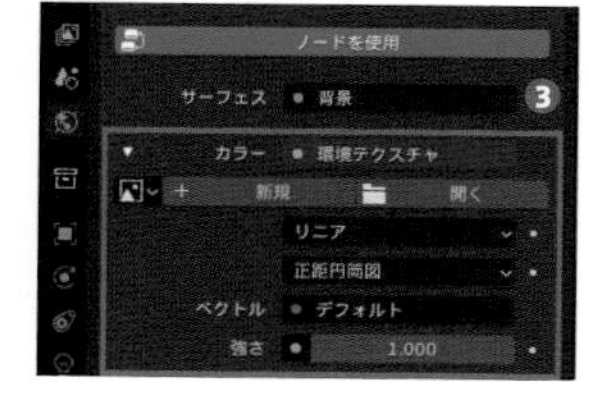

6 追加された項目の中から「開く」ボタンを押して、先ほど確認したHDR画像を割り当ててみましょう。今回は「courtyard.exr」を選択しました（❶）。
すると全体が日中のような環境の背景になり、「ウサギのモデル」にも自然な光が当てられるようになったことが確認できると思います（❷）。
今回の場合そのままでは「環境光」の影響が強すぎるので、「強さ」の値を「0.25」に調整しました（❸）。これで簡単な「環境テクスチャ」の設定のできあがりです！

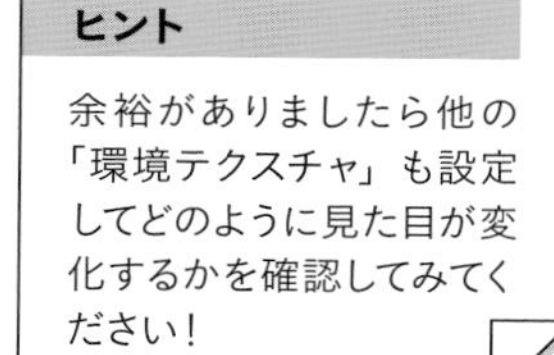

ヒント

余裕がありましたら他の「環境テクスチャ」も設定してどのように見た目が変化するかを確認してみてください！

7 このように「環境テクスチャ」を使用することで手軽に自然な「ライティング」の環境を設定することができるようになります。
また目やボタンのパーツのように光を反射するような材質にしていた場合、よくみると「環境テクスチャ」の色が反射に反映されていることも確認できると思います。
これだけでも全体的なクオリティがグッとあがるので、ぜひ色々な「環境マップ」を試してみてください！

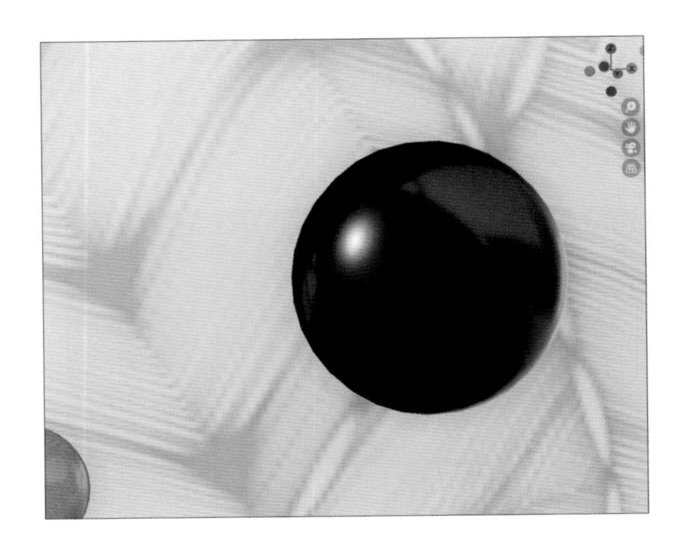

補足説明：環境テクスチャを入手する

今回使用した同梱済みのもの以外の「環境テクスチャ」を使用したい場合には、これらを配布しているWebサイトからダウンロードして使用してもいいでしょう。
参考までにいくつかのサイトを紹介しますので、規約をよく読んだうえで利用してみてください（執筆時点でのURLになりますのでご了承ください）。

- **BlenderKit**
  https://www.blenderkit.com/
- **PolyHaen**
  https://polyhaven.com/

05

簡単なエフェクトを設定する

「レンダープロパティ」にはいくつか手軽に設定できるエフェクトが用意されています。それぞれどのような変化があるか確認してみましょう。

AOを有効にする

1 「環境テクスチャ」の設定ができましたら、最後に手軽に設定できるエフェクトの項目を使用してルックを詰めていきましょう。各種設定は「レンダープロパティ」から有効にしていきます。

まずは「アンビエントオクルージョン(AO)」についてです。「AO」は「環境光」がどの程度遮られているかを計算して陰影を表現する設定で、有効にすると形状が入り組んだ部分ほど暗くなり自然な見た目になります。
「AO」の影響範囲は「距離」で調整することができるので、今回は「1m」に調整しました(❶)。「AO」の有無を比較すると、今回の場合は特に足元の部分に影響が出ていることが確認できると思います。

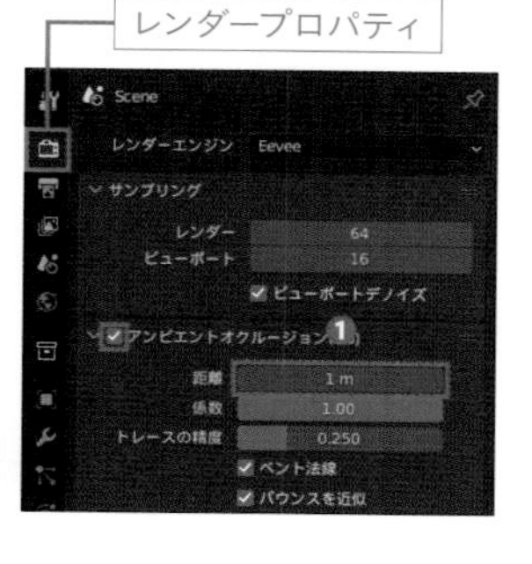

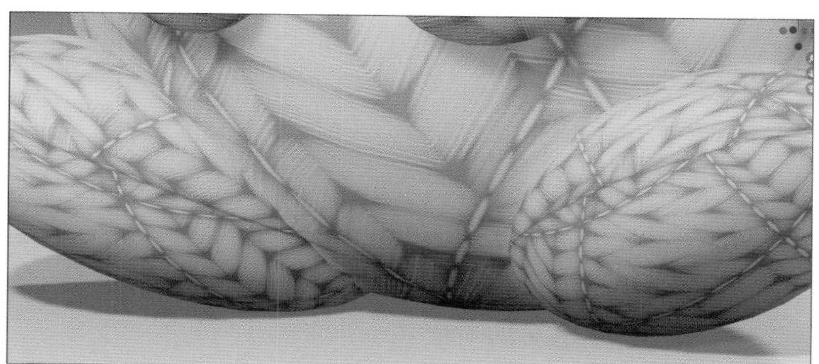
「AO：無効」

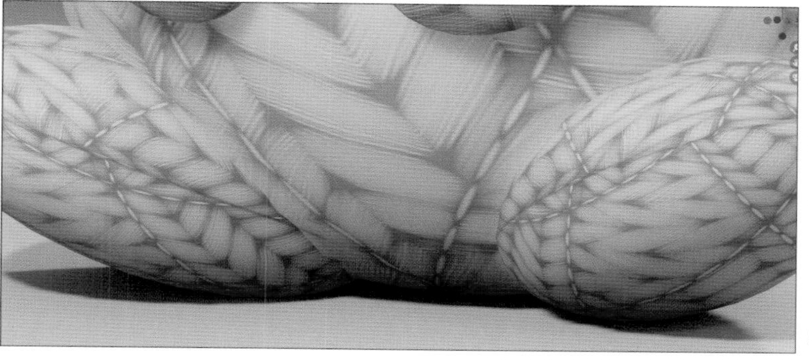
「AO：有効、距離：1m」

ブルームを有効にする

1 次に「ブルーム」についてです。「ブルーム」は光源からの光や反射光が大気中で乱反射する様子（グロー）を計算して表現してくれます。
実際に「ブルーム」を有効にすると、全体的に「グロー」がかかり空気感を感じるような見た目になることが確認できると思います。
「グロー」の範囲は設定から変更できるので、今回は「強度」の値を「0.03」に設定して全体の光の反射具合を抑えました（❶）。

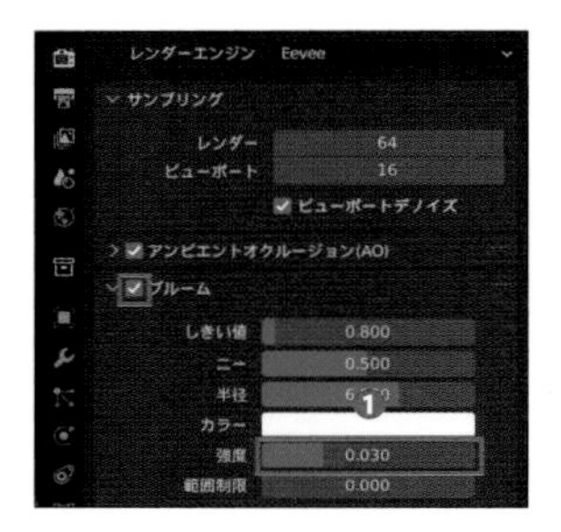

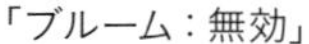
「ブルーム：無効」

「ブルーム：有効、強度：0.03」

スクリーンスペース反射を有効にする

1 最後に「スクリーンスペース反射」についてです。デフォルトの設定では「マテリアル」を鏡状になるように設定しても周囲のモデルは映りこみません。そこでこのような反射を伴う表現をしたい場合は「スクリーンスペース反射」を有効にしてみましょう（❶）。
すると目や鼻などの光沢のあるパーツが顔や胴体などのパーツの色を反射するようになり、さらに立体感が増すことが確認できると思います。

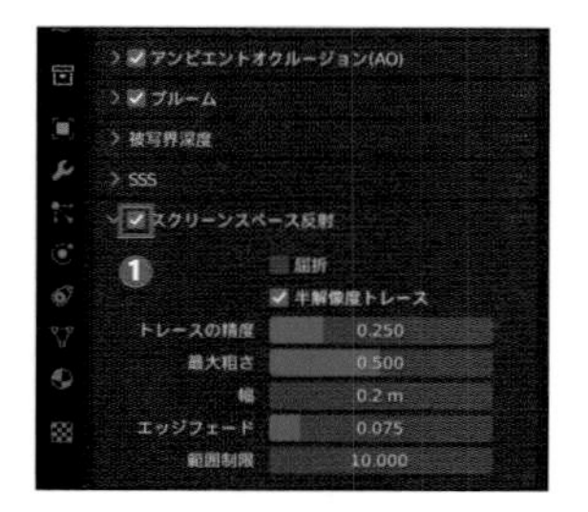

「スクリーンスペース反射：無効」

「スクリーンスペース反射：有効」

2 「スクリーンスペース反射」は手軽に使えますが、その名の通り視点（スクリーン）に映っているものしか反射に反映させることができません。例えば「ウサギのモデル」の背後が見えるような位置に、鏡となるように板の「オブジェクト」を配置しても、鏡には視点に映っている部分しか反射されません（❶）。

このように「スクリーンスペース反射」だけでは鏡を使った演出には不向きな場合があるので、あくまで小さな「オブジェクト」などの質感を調整するための設定と考えておく方がいいかもしれません。

補足説明：スクリーンスペース屈折について

「スクリーンスペース反射」の項目内には「屈折」（❶）という項目も存在しています。これは「スクリーンスペース反射」と同様に、視点に映っているものを、ガラスなどの透明な物体越しに見たとき屈折して見えるように、ある程度歪ませて見せてくれる機能になります。

こちらはこの「屈折」を有効にするだけでは変化がなく、「マテリアル」の「設定」の項目内の「スクリーンスペース屈折」を有効にして初めて適用されます。
例えばChapter 3内の「花瓶にささったバラのモデル」の透過表現には「ブレンドモード」の「アルファハッシュ」を使用していましたが、これを「不透明」にしてから「スクリーンスペース屈折」を有効にする（❷）ことでさらにリアルな見た目になります（❸、❹）。余裕がありましたら試してみてください。

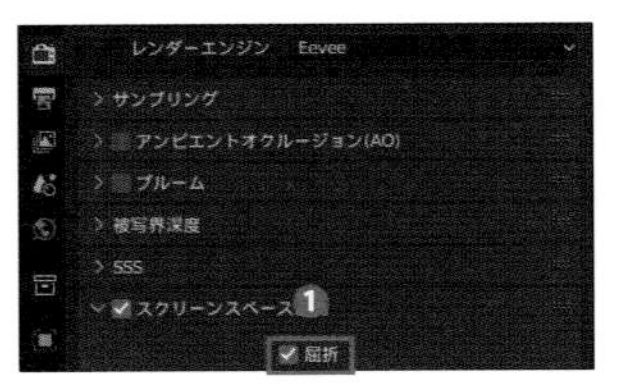

レンダープロパティ

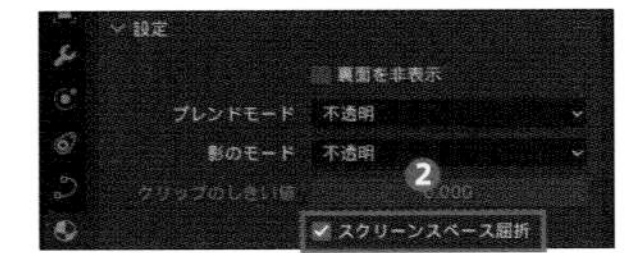

マテリアルプロパティ

補足説明：ライトプローブについて

「スクリーンスペース反射」などの結果をみても分かるように、デフォルトの設定では光の反射などが関係する表現を正確に表現することは難しいです。しかし、これらの弱点は「ライトプローブ」系の「オブジェクト」を配置することである程度補完することもできます。
今回の作例では使用しませんが、同じ「ライティング」用の設定ということで余裕がありましたら「ライトプローブ」についても試してみましょう！

まずは反射の補完についてです。これには「反射平面」を使用してみましょう。「3Dビューポート」上部のメニューから「追加 → ライトプローブ → 反射平面」（❶）を生成すると、板状のものに矢印が付いた「オブジェクト」が生成されます（❷）。

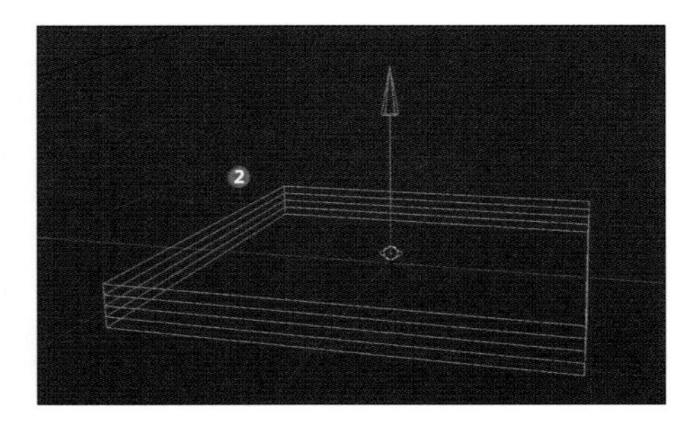

この「反射平面」を鏡状になっている平面の表面付近に同じ傾きになるように配置します（❸）。例えば床の「オブジェクト」に鏡状にした「マテリアル」（メタリック：1、粗さ：0）を設定した状態にして、「反射平面」を矢印が上向きになるようにして「ウサギのモデル」の足元に少し拡大して配置します（位置「X：0、Y：0、Z：0.01」、回転はすべて「0」、スケールはすべて「3」）。
すると「反射平面」が配置されている箇所は、スクリーンスペース反射のみの場合と比べ（❹）、キレイに反射が反映されることが確認できると思います。

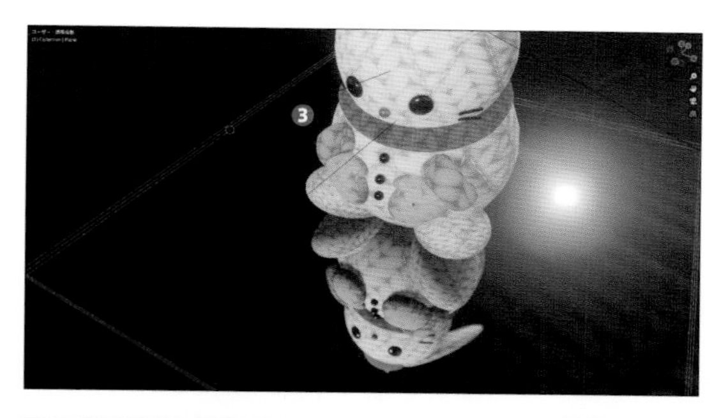

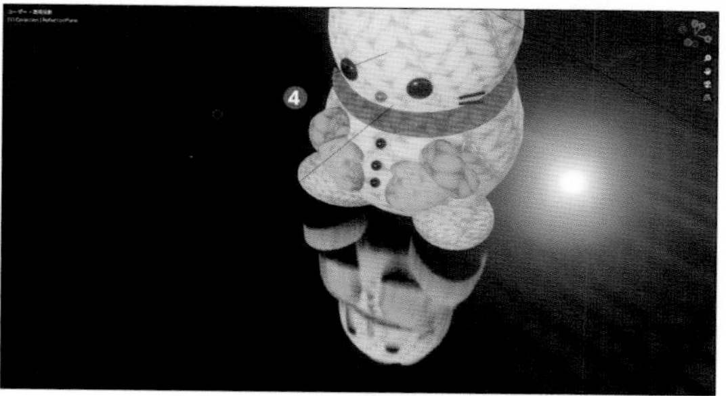

次に他の「オブジェクト」からの照り返しの光（間接光）も表現してみましょう。こちらも「ライトプローブ」を配置することで補完することができます。
例えば「ウサギのモデル」の左右に「マテリアル」で色を付けた立方体などを壁となるように配置してみましょう。現実の空間ならこの壁からの照り返しの光が影響するはずですが、そのままでは「ウサギのモデル」側に変化は見られません（❺）。

この状態で「追加 → ライトプローブ → イラディアンスボリューム」（❻）を追加してみましょう。すると複数の点が含まれた立方体状の「オブジェクト」が追加されることが確認できると思いますので、この立方体の内側に「ウサギのモデル」が収まるように配置を調整していきます。
今回は「イラディアンスボリューム」の「トランスフォーム」の位置の「Z」の値を「2」、スケールを「2」に調整しました（❼）。

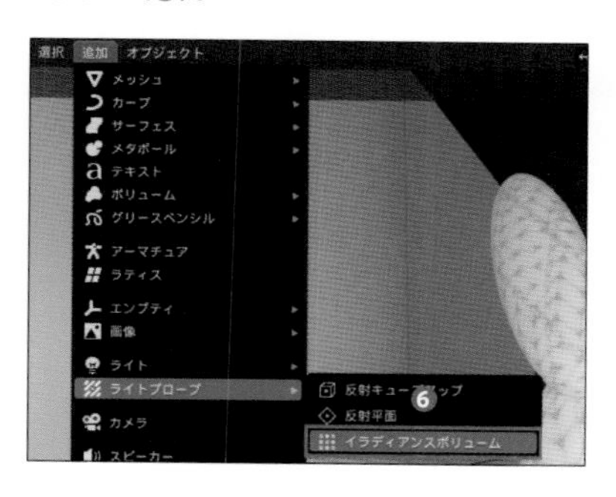

CHAPTER 1
CHAPTER 2
CHAPTER 3
CHAPTER 4
CHAPTER 5
CHAPTER 6
CHAPTER 7

「イラディアンスボリューム」を配置したら「レンダープロパティ」内の「間接照明」の項目を確認してください。すると項目内に「間接照明をベイク」というボタン（❽）が存在するので実行してみましょう。
するとしばらくして処理が終わったあとに結果が表示されます。この状態で「ウサギのモデル」や床面を確認すると、壁からの照り返しの色が反映されていることが確認できると思います（❾、❿）。
なお、ベイク結果を解除する場合は「間接照明」の項目内の「照明のキャッシュを削除」を実行します。

ベイク前

ベイク後

このように各種「ライトプローブ」を設定することで光周りの表現をある程度補完できるようになります。
一方で「反射平面」は平面のものに対してでないとうまくはたらかなかったり、「イラディアンスボリューム」も「ベイク」を実行した後に「オブジェクト」の配置を変更しても結果に反映されなかったりなど、使いにくい部分も多くあります。
使いこなすにはある程度慣れが必要になるかと思いますので、それぞれの動作を確認しつつ実験してみてください。

これで「ウサギのモデル」に対して「ライティング」の設定ができました。上部メニューから「レンダー → 画像をレンダリング（「F12」キー）」を実行して結果を確認してみましょう！ ファイル自体も忘れずに保存しておいてください。

レンダリングした画像

このように同じモデルでも「ライティング」によって全く異なる見た目になりますので、「Blender」内で「レンダリング」まで行う場合は特に気を使うようにしてみましょう。

また今回紹介した「三点照明」はあくまで基本なので、どんな場面にも使えるという技法ではありません。ですので実際に「ライティング」をする場合はどんな見た目や雰囲気にしたいかに合わせて自由に「ライティング」してみてください。

6

すべてのモデルを まとめてレンダリングしてみよう！

これまでのChapter内で作成したモデルを1つのシーンにまとめて「レンダリング」をしていきましょう。「レンダリング」の各種設定について以外にも「コレクション」機能や「カメラ」の設定についても触れていきます。

動画はコチラ

※パスワードはP.002をご覧ください

01 レンダリングとは

ここまでのChapterを通して様々なモデルを作成してきました。しかしそのままでは「Blender」ソフト内でしかモデルを表示することができません。そこで「レンダリング」を通して「Blender」以外でも扱える画像形式のファイルを出力してみましょう。

「レンダリング」についてはChapter 2でも触れていましたが、「3Dビューポート」内に「カメラのオブジェクト（以下カメラ）」を配置して、その「カメラ」に映る情報を画像や動画として出力する工程になります。

今回はこれまでに作成してきたモデルを1つの「シーン」内にまとめて「レンダリング」をしてみましょう！

レンダリングをした結果

02

ほかのシーン内のモデルを1つのシーンにまとめる

この節では、ここまでの章で作ったモデルを1つのファイルにまとめます。ほかのファイルやシーンのモデルをまとめるにはいくつかの方法がありますので、それぞれ試して身につけていきましょう。

モデルを直接コピー＆ペーストする

1　まずはこれまで作成したモデルを1つの「シーン」にまとめていきましょう。今回はChapter 5で作成した、「ウサギのモデル」に「ライティング」を設定した「シーン」に対して他の各モデルを配置していきます。

「ウサギのモデル」の「シーン」を開いたら上部メニューから「ファイル → 名前をつけて保存」から別ファイルで保存しておきましょう（設定済みのファイルやモデルがない場合はサンプルをダウンロードして使用しても大丈夫です）。

「シーン」内に別の「シーン」からモデルを複製するにはいくつか方法があるのですが、一番手軽なものは別のウィンドウでもう1つ「Blender」を立ち上げてコピー＆ペーストする方法です。macOSでは、標準では複数のBlenderを起動することはできません。次ページの「アペンド機能を使用する」の方法をご利用ください。

「ライティング」済みの「シーン」を開いている物とは別にもう1つ「Blender」を立ち上げて、今回は「マグカップのモデル」を含むファイルを開いてみましょう。

「ウサギのモデル」のファイル（シーン）と「マグカップのモデル」のファイル（シーン）

2 2つの「Blender」を開いたら「マグカップのモデル」を選択して「3Dビューポート」上部のメニューから「**オブジェクト → オブジェクトをコピー**」（ショートカット：[Ctrl+C] キー）を実行します（❶）。この状態でコピー先の「シーン」を開いているウィンドウ側で「**オブジェクト → オブジェクトを貼付**」（❷、[Ctrl+V] キー）を実行してみましょう。すると「マグカップのモデル」を、シーンを跨いで複製できる（❸）ことが確認できると思います。このように「Blender」では別々のウィンドウ間でモデルをやり取りすることが可能なので、覚えておくと便利です。

「マグカップ」側でコピー

「ウサギのモデル」側でペースト

ヒント

モデルのサイズについては後から調整します。

アペンド機能を使用する

1 次に、「ウサギのモデル」のシーンに「テーブルのモデル」もシーンに追加していきます。こちらには「**アペンド**」機能を使用してみましょう。「アペンド」も別のファイル内のモデルなどをコピーできる機能で、上部メニューの「**ファイル → アペンド**」（❶）から使用することができます。
「アペンド」を選択すると「Blenderファイルビュー」が開きますので、その中で「テーブルのモデル」が含まれる「Blender」ファイルをダブルクリック（❷）で選択してみましょう。

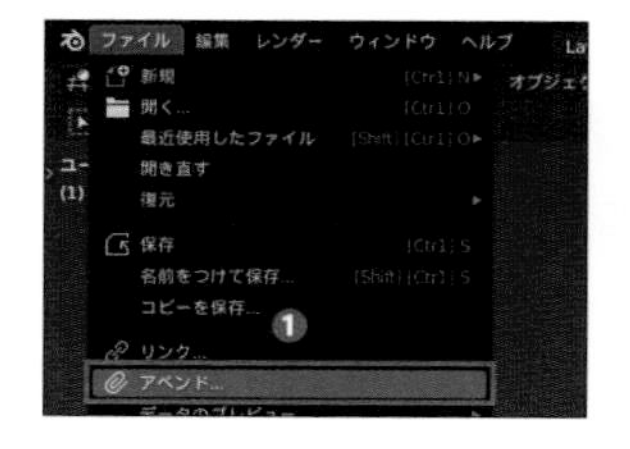

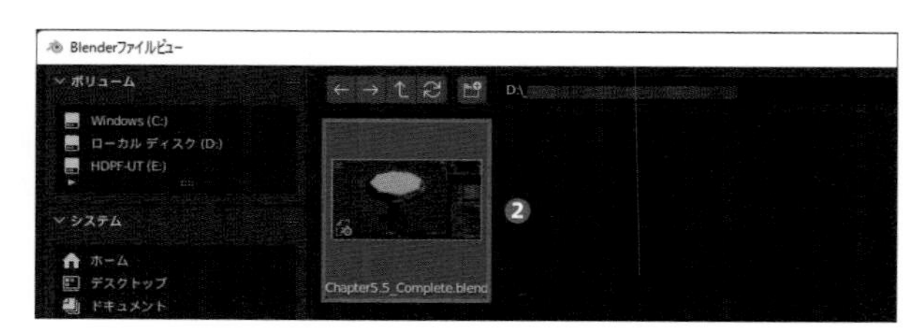

2 すると「Material」や「Mesh」のように、「Blender」ファイルに含まれているデータの種類ごとにフォルダが用意されていることが確認できます。

今回はこの中から「Object」のフォルダ（❶）をダブルクリックして開きましょう。すると「テーブルのモデル」を作成する際に使用していた「オブジェクト」が表示されていることが確認できると思います。これらを「Shift」キーを押しながらすべて選択してから（❷）「アペンド」ボタン（❸）を押すことで「シーン」に追加することができます（❹）。

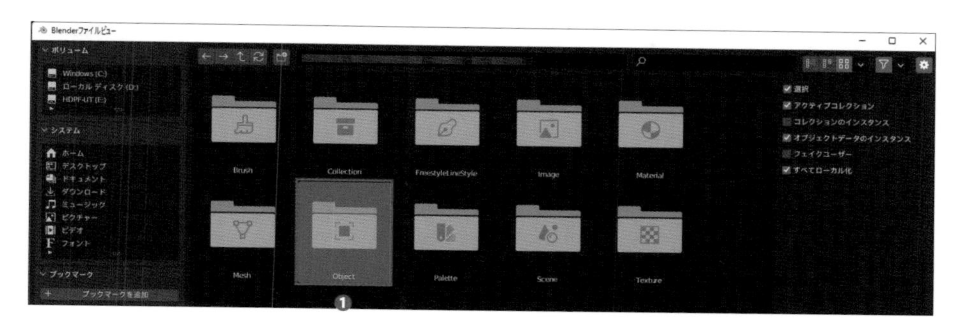

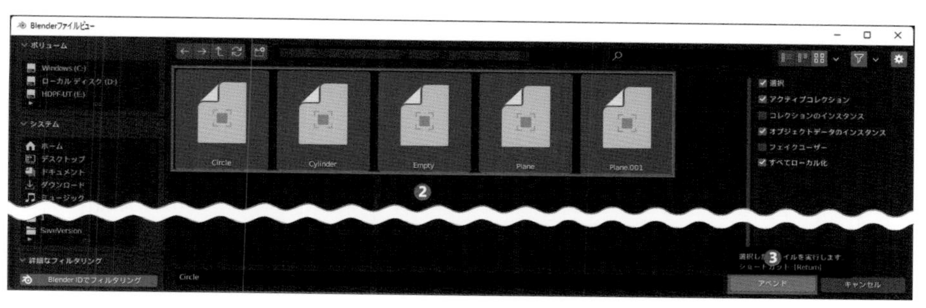

ヒント

「オブジェクト」を「アペンド」すると、それに付随する「マテリアル」や「テクスチャ」も一緒に追加されます。

「アペンド」は先ほどの手順と比較して別の「Blender」を立ち上げる手間はありませんが、「オブジェクト」の名前などを整理していないと、どれがモデルを構成している「オブジェクト」なのか分かりにくい場合もあります。どちらの手順で複製しても結果に変わりありませんので、適宜使い分けてみてください。

コレクションを使用してオブジェクトを整理する

オブジェクトを管理する機能として「コレクション」があります。シーンに複数のモデルがあると、どれがどのモデルのオブジェクトかわかりにくくなりますので、「コレクション」を利用して管理してみましょう。

コレクションとは

1 さて「オブジェクト」が増えてくると、どれがどのモデルを構成する「オブジェクト」なのかが分かりにくくなってきます。そこで「コレクション」を使ってモデルごとに「オブジェクト」をまとめて分かりやすくしてみましょう。
「コレクション」は「アウトライナー」ウィンドウ内で使用できるフォルダのような機能で、デフォルトでは1つ用意されています。

まずは「コレクション」の操作について確認してみましょう。「コレクション」の名前の横には「ビューレイヤーから除外」のチェックボックスや「ビューポートで隠す」アイコンが配置されていますが（❶）、これらを操作することで「コレクション」内に含まれる「オブジェクト」の表示非表示（❷、❸）を一括で切り替えることができます。

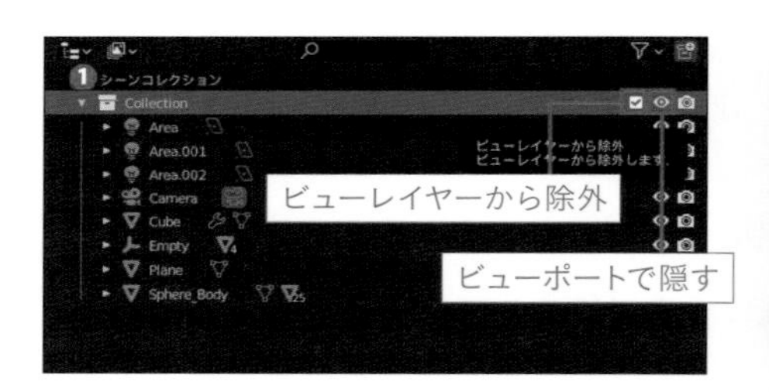

「ビューレイヤーから除外」を押したところ

2 さらに「コレクション」を右クリック（❶）して表示されるメニュー（❷）から「コレクション内のオブジェクト」を一括で選択、削除、複製などもすることができるので余裕がありましたら試してみてください。

3 新しく「コレクション」を作成する場合は右上の「新規コレクション」（❶）をクリックします。今回は先ほどシーンに追加した「マグカップのモデル」と「テーブルのモデル」用に2つ「コレクション」を作成しましょう（❷）。

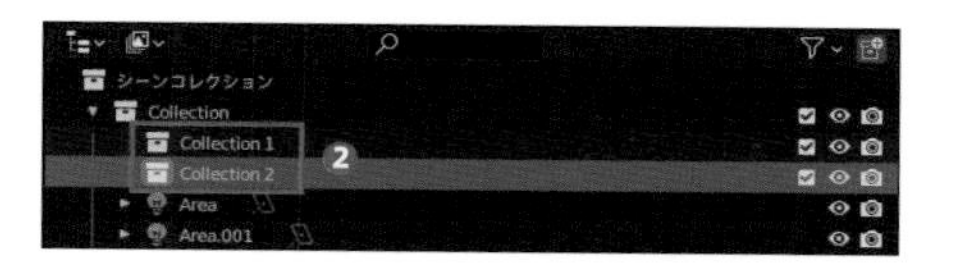

4 このとき特定の「コレクション」を選択した状態だと、その「コレクション」の階層下に新しい「コレクション」が作成されてしまいます。その場合は左ドラッグで「コレクション」の階層を移動することができるので、今回はすべての「コレクション」が同じ階層に位置するように配置してください（❶）。
また「コレクション」の名前もダブルクリックすることで変更できるので、それぞれ名前を「Mugcup」、「Table」と変更しておきましょう（❷）。

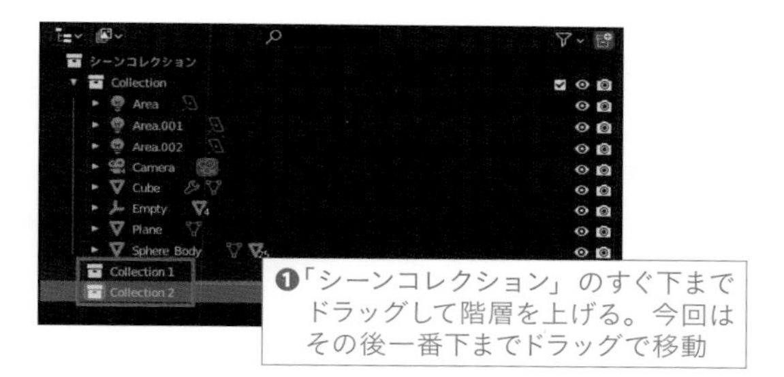

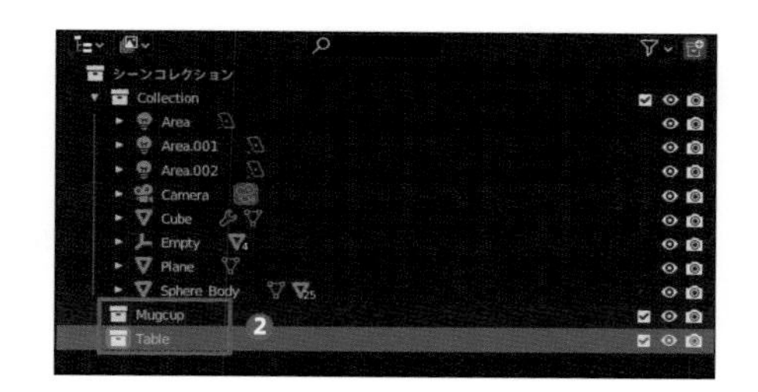

モデルをコレクションに移動する

1 「コレクション」を作成したら「オブジェクト」をそれぞれ対応する「コレクション」内に移動しましょう。

まずは「アウトライナー」内で「マグカップのモデル」を左ドラッグして、「Mugcupコレクション」上で離してみてください（❶）。すると「マグカップのモデル」が「Mugcupコレクション」の中に移動することが確認できます（❷）。

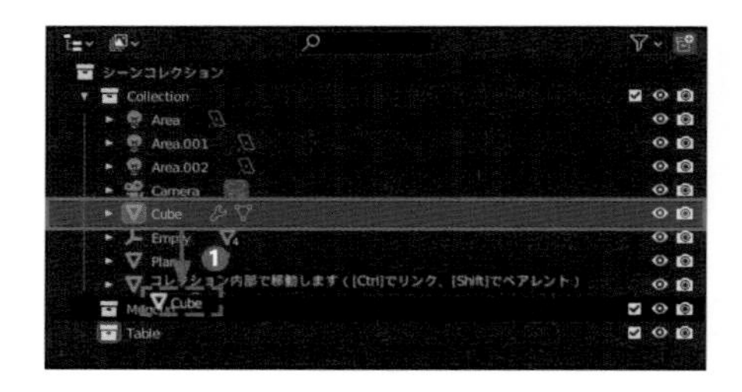

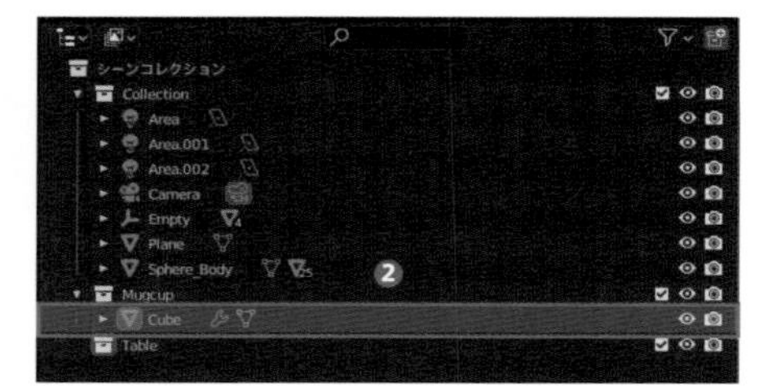

2

「アウトライナー」からでは「オブジェクト」がどのモデルのものか分からない場合は「3Dビューポート」側からでも「コレクション」を移動することができます。

例えば「3Dビューポート」内で「テーブルのモデル」を構成している「オブジェクト」をすべて選択した状態（❶）で「3Dビューポート」上部のメニューから「オブジェクト → コレクション → コレクションに移動」（❷、ショートカット：[M] キー）を実行します。すると移動先の「コレクション」を指定することができるので（❸）、「Tableコレクション」を選択して移動させてみましょう（❹）。

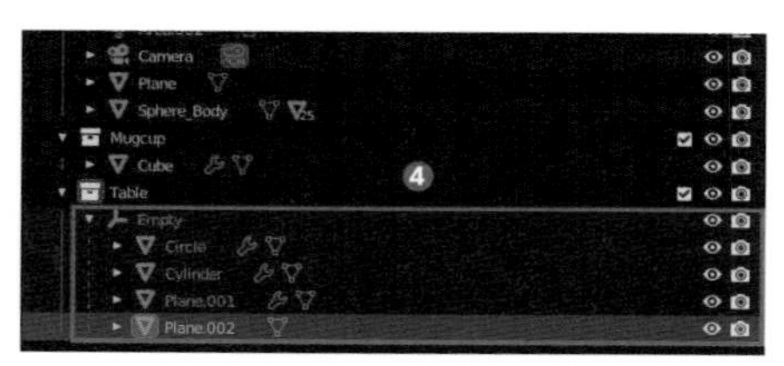

ヒント

「親のオブジェクト」だけを別の「コレクション」に移動すると「アウトライナー」の表記は「ペアレント」が解除されたような見た目になりますが実際には維持されたままです。

コレクションをアペンドする

1 これで「マグカップのモデル」と「テーブルのモデル」とで「オブジェクト」を区別しやすくなりましたが、「アペンド」するたびに「コレクション」を整理するのは少し手間がかかります。その場合はモデルを「アペンド」する際に「コレクション」ごと「アペンド」すると手軽です。

今度は上部メニューの「ファイル → アペンド」から「バラの花瓶のモデル」が含まれる「Blender」ファイルを選択し（❶）、その中の「Collection」フォルダ内のデータを確認してみましょう（❷）。

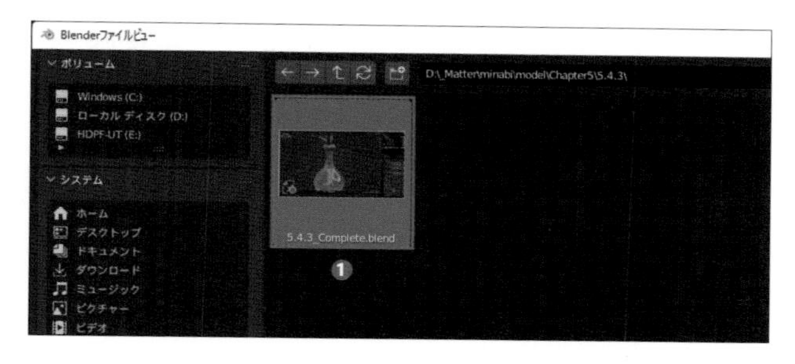

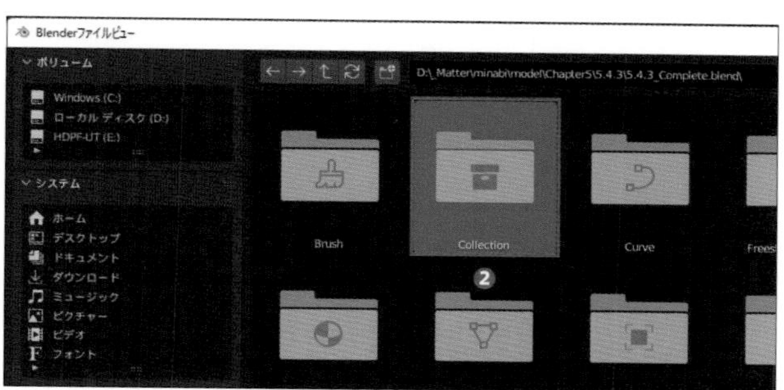

2 フォルダの中には作成した「コレクション」のデータが含まれているので（❶）、これを「アペンド」してみましょう。すると中に含まれていた「オブジェクト」ごと「コレクション」を追加してくれます（❷、❸）。

このように「コレクション」を使用してモデル単位や、カメラ、ライトなども分けて整理しておくと、後からのモデルの取り回しがしやすくなるので覚えておきましょう。

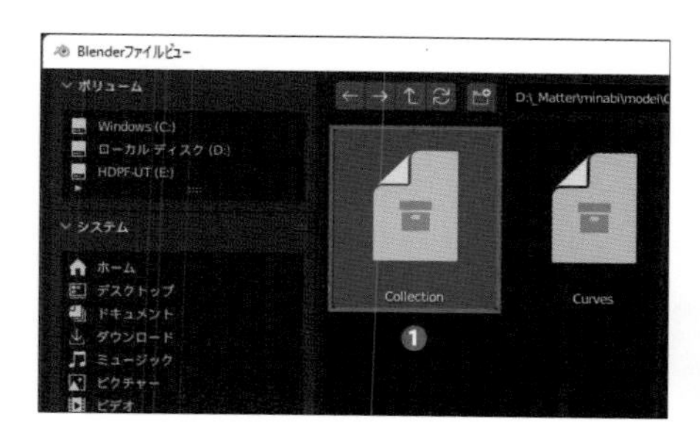

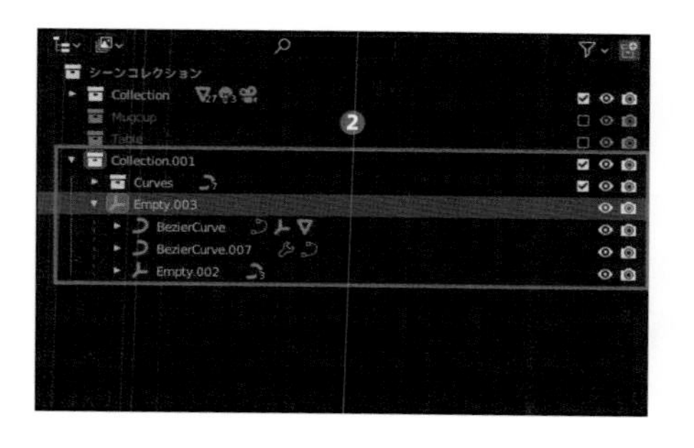

3 残りの「ケーキのモデル」についても同じく「コレクション」を「アペンド」して「シーン」に追加してください。また「ウサギのモデル」にも「コレクション」を用意して整理しておきましょう（❶、❷）。

補足説明：リンクとオーバーライドについて

今回は使用しませんが、他にも上部メニューの「ファイル → リンク」（❶）を使って「シーン」にモデルを追加する（❷）方法もあります。
「リンク」も「アペンド」と操作方法は同じですが、こちらの場合は元々のファイルに含まれているモデルを更新すると「リンク」で追加したモデルにも更新が連動するようになります。ファイル間で「リンク複製」をした状態だと考えると分かりやすいかもしれません。

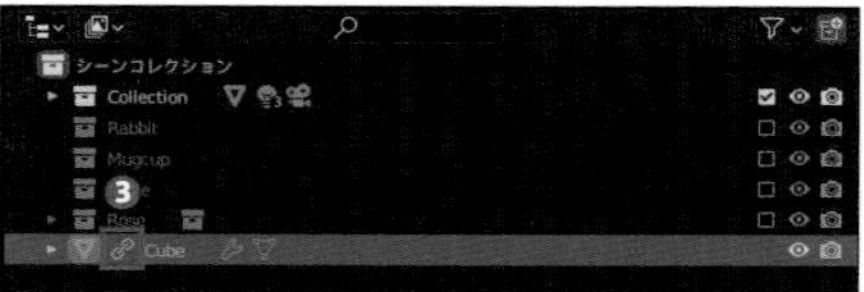

これにより「リンク」からモデルを追加することで、複数のシーンで使いまわしているモデルに対して一括で同じ修正を加えることが可能になります。
ただし「リンク」で追加したモデルは移動や回転などの「オブジェクト」に対する操作はできるものの、「メッシュ」の変形や「マテリアル」の調整などができないという制約があります。
なお、リンクで追加された「オブジェクト」名の横にはチェーンマークのアイコンが表示されます（❸）。

リンク元のファイルで行った変更をリンク先のファイルで更新するには、「アウトライナー」上部の「表示モード」を「Blenderファイル」に変更し（❹）、リンク元のファイルを右クリックして「再読み込み」（❺）を選択します。終わったら「表示モード」は「シーン」に戻しておきましょう。

また「コレクション」を「リンク」で追加した場合は「コレクション」が1つの「オブジェクト」のような状態になり、「コレクション」内の「オブジェクト」を個別に操作することができません。
そのままでは扱いづらいですが、「オーバーライド」という設定をすることで「リンク」で追加した「コレクション」内の「オブジェクト」を個別に操作できるようになります。

「オーバーライド」は「リンク」で追加した「オブジェクト」を選択した状態で「オブジェクト → 関係 → ライブラリオーバーライドを作成」（❻）から設定することができます。これにより「コレクション」内の「オブジェクト」を個別に動かすことができるようになり（❼、❽）、操作をしていない「オブジェクト」に対してはそれまで通り元ファイル内の更新が反映されます。

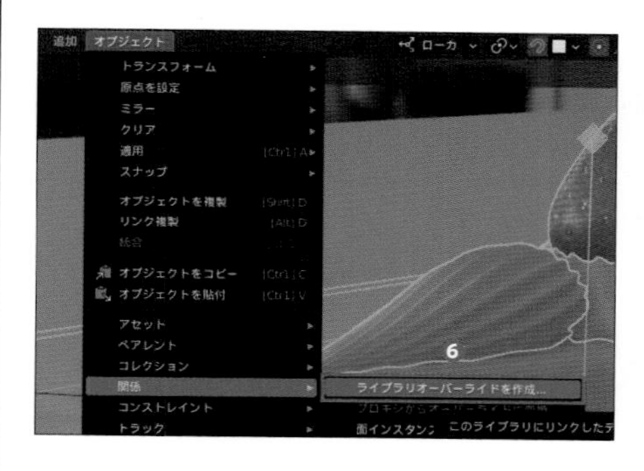

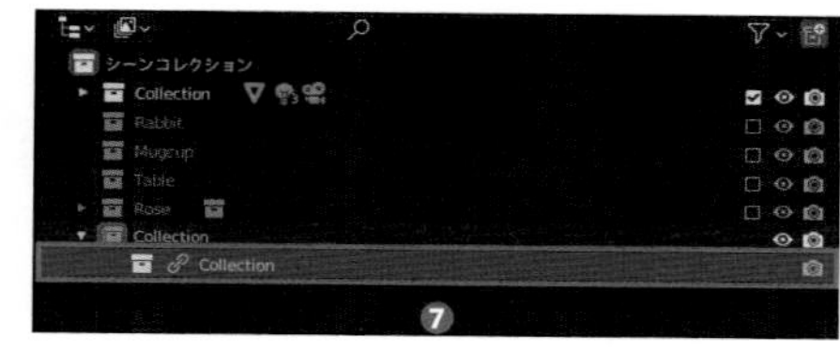

このように「リンク」を使うことで、「アペンド」のようにシーン単位での細かな調整はできないものの、作成済みのモデル（アセット）を使いまわしや更新がしやすくなるので覚えておくと便利だと思います。

また「Blender」のバージョン「3.0」からは「アペンド」や「リンク」に使用するアセットを手軽に管理、追加できる「アセットブラウザ」（❾）という機能も追加されています。本書籍では触れていないのですが、用意したサンプルのデータを動画内で操作する様子を確認できます。
もし気になりましたら公式ホームページなどから使い方を調べて確認してみてください！

オブジェクトの配置を調整する

それでは、追加したモデルの配置の調整を行いましょう。各モデルの「親」のオブジェクトを操作して、位置や角度を調整します。

一通りモデルを追加し終わりましたら配置の組み合わせを考えていきましょう。どのように配置するかは自由ですが、今回の作例では「テーブルのモデル」の上に他のモデルが乗っているような配置にしました。床用の平面は削除しても問題ありません。

それぞれのトランスフォームの値は以下のように設定しましたので、これを参考に各モデルの一番上の「親」の「オブジェクト」を操作して配置してみてください。

モデル	位置	回転	スケール
テーブル	すべて0	すべて0	すべて0.155
ウサギ	X：-0.115、Y：-0.355、Z：2.2	X：15、Y：0、Z：-165	X：0.3、Y：0.3、Z：0.29
マグカップ	X：-0.56、Y：0.27、Z：1.92	X：0、Y：0、Z：160	すべて0.13
ケーキ	X：0.05、Y：0.4、Z：1.92	X：0、Y：0、Z：120	すべて0.3
バラ	X：-0.65、Y：-0.16、Z：1.92	X：0、Y：0、Z：-140	すべて0.11

05

カメラを調整する

続いて、「カメラオブジェクト」の位置や角度を調整していきましょう。カメラの設定はChapter 2でも行いましたが、ここではさらに、レンズを調整して焦点を合わせたり、被写体深度を調整して背景をぼかす調整も行います。

カメラ位置を決める

モデルの配置を決めたら、続いて「カメラオブジェクト」の位置を決めて「レンダリング」で出力する視点を決めましょう。

今回は「カメラオブジェクト」の「トランスフォーム」の「位置」を「X：-1.57、Y：1.8、Z：2.63」、「回転」を「X：84、Y：0、Z：-135」に設定してテーブルの上に載っているすべてのモデルがある程度視点に収まるように配置しました。

レンズの設定

1 「カメラ」の位置と回転を指定して視点を決めましたが、さらにカメラの設定を調整してモデルの見え方を詰めていきましょう。

「Blender」のカメラでは実際のカメラと同様にレンズの調整をすることができます。「カメラオブジェクト」を選択した状態で「オブジェクトデータプロパティ」を開き、「レンズ」の項目を確認してください。

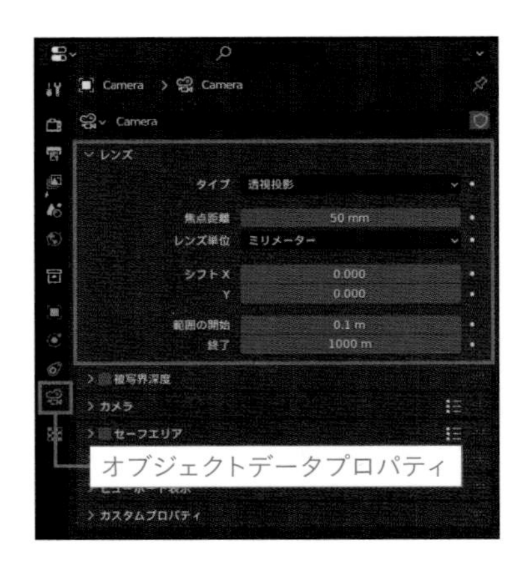

2 ここでよく使用するパラメーターは「焦点距離」になります。この値を調整することでカメラの視点から見た時の画角を調整することができます。
「焦点距離」の値を短くするほど広角レンズのように広い範囲を全体的に、長くするほど望遠レンズのように狭い範囲を切り取るような形で撮影することができます。今回は「焦点距離」を「30mm」に設定しました。

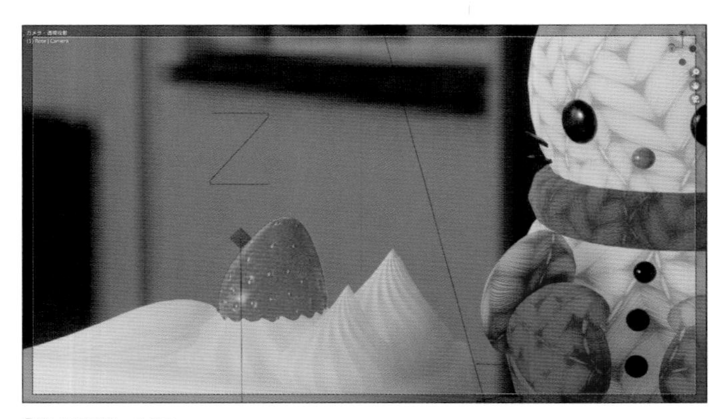

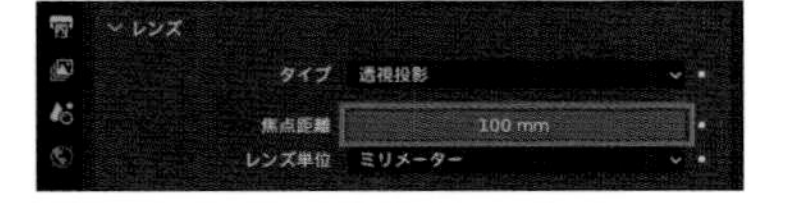

「焦点距離：100mm」

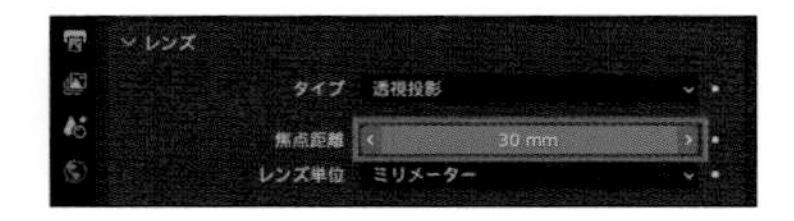

「焦点距離：30mm」

ヒント

レンズ単位を「ミリメーター」から「視野角」に変更することで、「角度」で値を指定できるようになります。

3 また一番上の「タイプ」を「透視投影」から「平行投影」にすることで遠近感を無くした状態で「レンダリング」をすることもできます。今回は「透視投影」を使用しますが、「平行投影」はモデルの寸法を歪みなく納めたい場合などに便利なので、こちらも合わせて試してみてください。

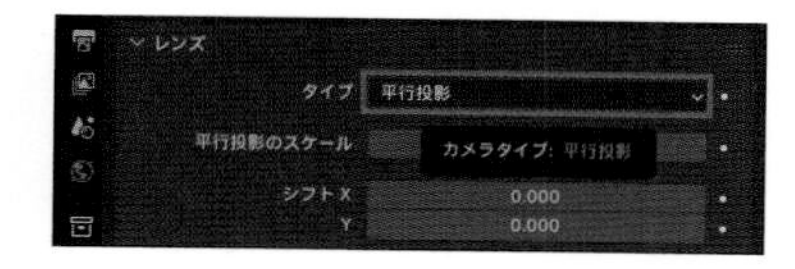

「タイプ：平行投影」

補足説明：「シフト」と「範囲」について

「レンズ」項目の残りの「シフト」と「範囲」については今回調整しませんが、それぞれ軽く触れておきます。
「シフト」では実物の「シフトレンズ」のように「カメラ」の位置はそのままで、レンズ位置を上下左右に移動させてパースの消失点の位置を調整することができます。建物を撮影する際の歪みの補正や、アニメ風のパース表現をする際にも使用することができます。
例えば以下のように同じポーズのモデルを同じ位置から撮影したものでも、「シフト」の値を調整して画面左側にパースの消失点を配置することで迫力感を演出するといったことが可能です。余裕がありましたらどのように変化するか実際に試してみましょう。

「シフト」設定なし

「シフト」設定あり

「範囲」ではカメラの位置からどれぐらいまでの範囲内の「メッシュ」を映すか指定する項目です。モデルに対してカメラの位置が近すぎたり遠すぎたりして「メッシュ」が表示されない場合はこの値を調整してみてください。

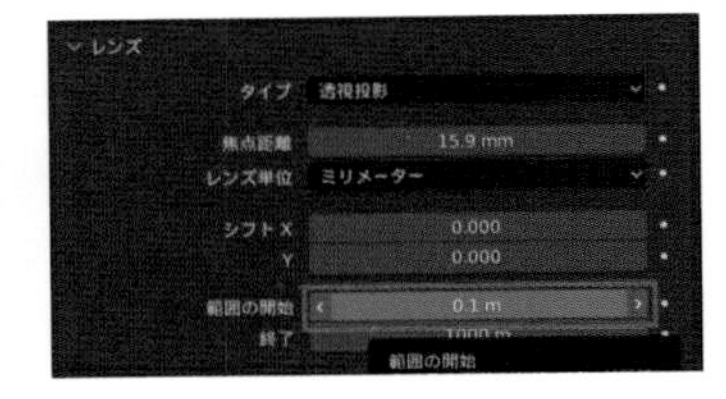

「範囲」調整前

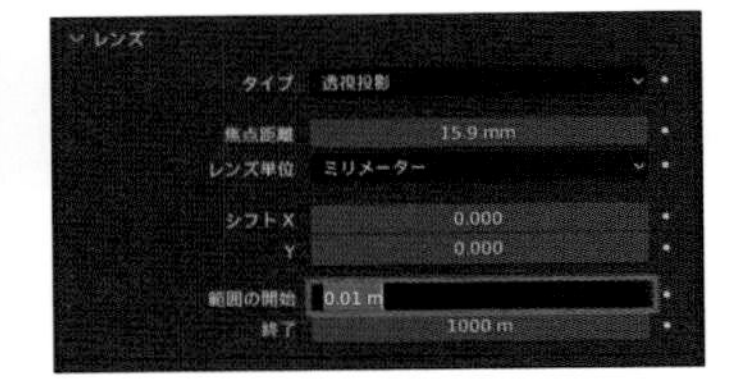

「範囲」調整後

被写界深度の設定

1 さらにカメラのピントも調節してぼかした部分とくっきり写る部分とを調整してみましょう。これにはカメラの「オブジェクトデータプロパティ」内の「被写界深度」を有効にします。この状態で「撮影距離」の値を「0 ～ 10m」の間で操作してみましょう。するとピントの位置が変わることが確認できると思います。

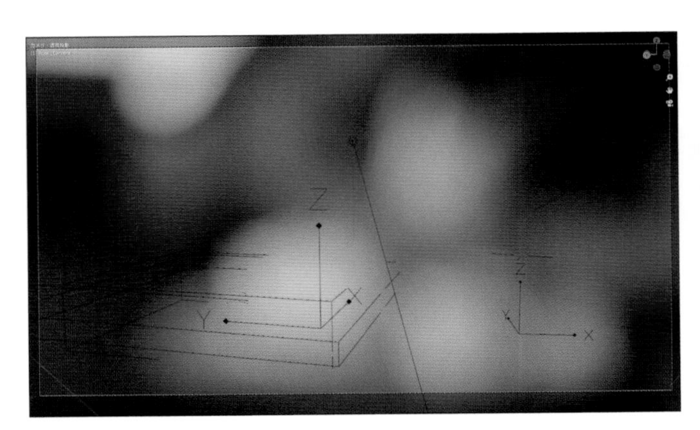

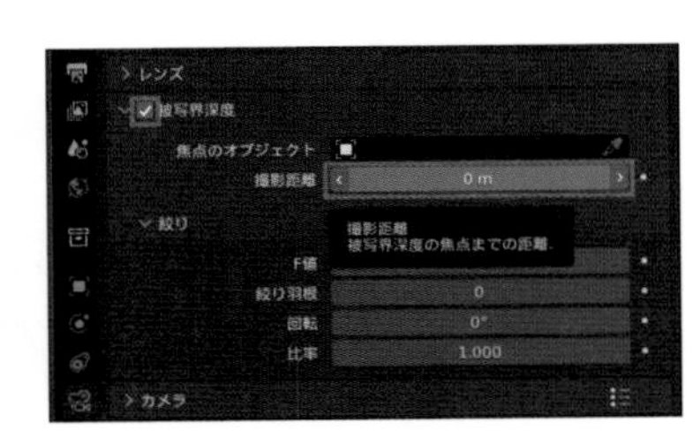

「撮影距離：0m」

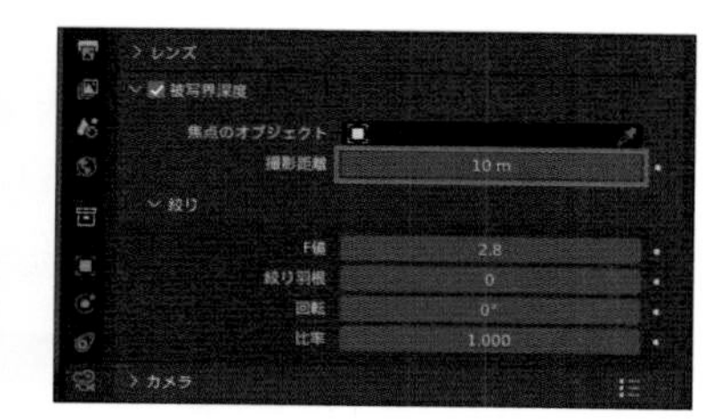

「撮影距離：10m」

2 しかし数値を操作するだけでは思った位置にピントを合わせるのは難しい場合があります。そのときは「焦点のオブジェクト」に「オブジェクト」を割り当てることで、常にその「オブジェクト」の位置にピントを合わせることができるようになります。
今回は「焦点のオブジェクト」に「ウサギのモデル」の左目に使用しているUV球を割り当てて（❶）常に「ウサギのモデル」の顔に焦点が合うようにしました（❷）。

3 最後に「絞り」内の「F値」を操作してぼかす範囲も調整してみましょう。値を小さくするほど焦点の位置からぼかす範囲が広くなり、大きくするほど狭くなります。今回は値を「1.1」に設定して（❶）背景をぼかしつつ「ウサギのモデル」以外にもふんわりとぼかしが入るよう調整しました（❷）。

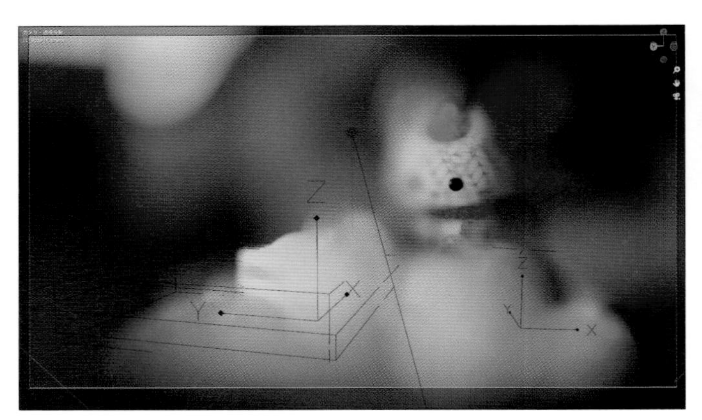

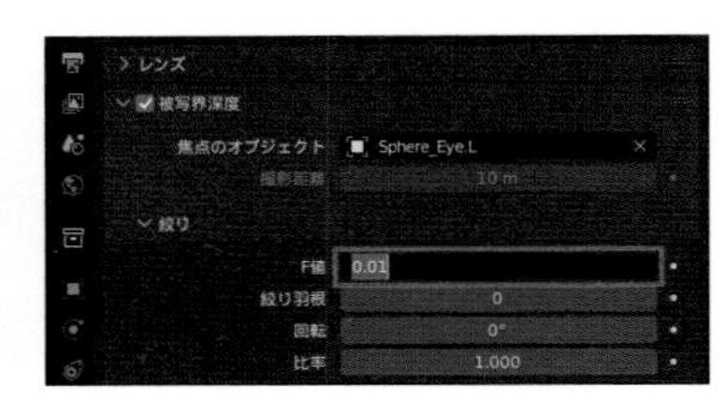

「F値：0.01」

「F値：1.1」

以上で「レンダリング」に使用するルックのできあがりです。実際に「レンダリング」して結果を確認してみましょう！

06 レンダリングの対象を選択する

続いて、レンダリングの対象の設定をしましょう。どのオブジェクトをレンダリング結果に表示させるかは個々に設定することができます。また、レンダリングする際の視点や、使用するカメラも選ぶことができます。

1 「レンダリング」した結果を確認すると、「ケーキのモデル」に設定していた「ブーリアンモディファイア」に割り当てられている「オブジェクト」が映ってしまっていることが確認できると思います。
そこでこの「オブジェクト」が「レンダリング」に反映されないように設定していきますが、単純に「オブジェクト」を非表示にしただけでは「レンダリング」に反映されてしまいます。

「ブーリアンモディファイア」で使ったオブジェクトが表示される

2 「オブジェクト」が「レンダリング」に反映されるかは「アウトライナー」または「オブジェクトプロパティ」から設定することができます。
「アウトライナー」から設定する場合はカメラのアイコンの「レンダーで無効」の項目を切り替え（❶）、「オブジェクトプロパティ」から設定する場合は「可視性」の項目内の「レンダー」（❷）の項目を切り替えます（2つの項目は連動しています）。
「ブーリアンモディファイア」に割り当てられている「オブジェクト」をそれぞれ「レンダリング」に映らないように設定したら、実際に「レンダリング」をして確かめてみてください（❸）。

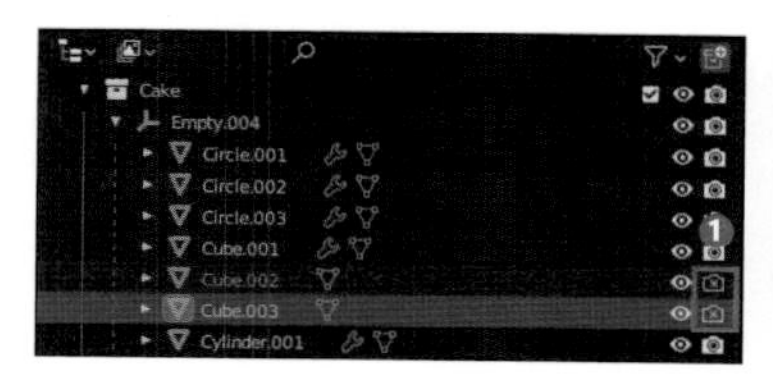

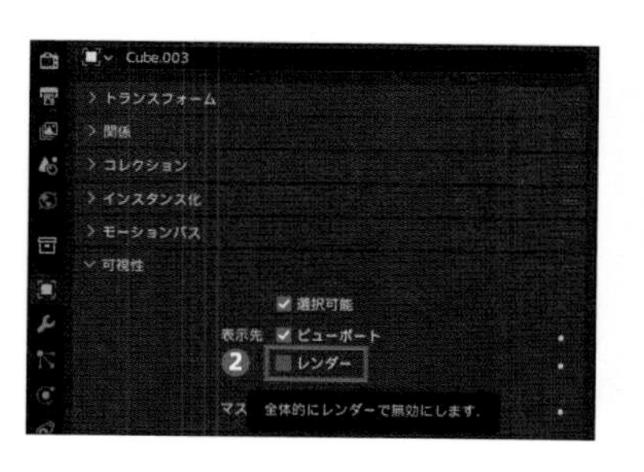

3 またこのほかにも「アウトライナー」内の「コレクション」の横に配置されている「ビューレイヤーから除外」のチェックを外すと、その「コレクション」内の「オブジェクト」はすべて「レンダリング」に反映されなくなります。こちらも便利なので合わせて覚えておきましょう！

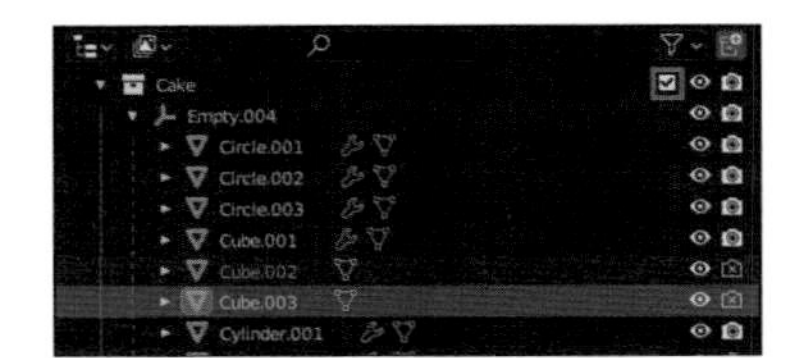

ヒント

「ビューレイヤー」は、表示する「オブジェクト」をレイヤー分けすることができる機能です。本書籍内では触れませんが「レンダリング」に反映する「オブジェクト」の管理などに便利なので余裕がありましたら調べてみましょう。

補足説明：ビューポートの視点でレンダリングする

「カメラ」を配置・調整することで常に狙った視点から「レンダリング」結果を得ることができますが、場合によっては現在編集している視点から「レンダリング」した結果が欲しい場合もあると思います。しかしその都度カメラを用意するのは手間がかかります。
その場合は「3Dビューポート」上部のメニューから「ビュー → ビューで画像をレンダリング」(❶) を実行すると、現在の視点からの「3Dビューポート」内の様子を簡易的に「レンダリング」することができる (❷) ので試してみてください。

しかしそのままではライトの方向を示す線や「エンプティオブジェクト」といった、本来は「レンダリング」に映りこまない「オブジェクト」まで結果に反映されてしまいます。その場合は「オーバーレイを表示」(❸) の項目をオフにすることで「レンダリング」に反映される対象のみが見える状態にすることができます。

こちらは「ビューで画像をレンダリング」をするとき以外にも、モデルの見た目を確認する際に視界の妨げになるエンプティ系の「オブジェクト」を一括で非表示にしたい場合などに便利なので覚えておきましょう。

補足説明：レンダリングする範囲を指定する

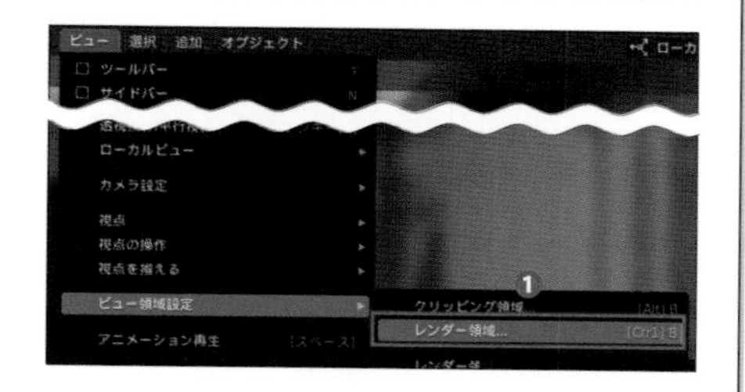

「レンダリング」をする際には範囲を指定することも可能です。「オブジェクトモード」で「カメラ」からの視点に切り替えてから、「3Dビューポート」上部のメニューで「ビュー → ビュー領域設定 → レンダー領域」(❶、ショートカット：[Ctrl+B] キー) を選択し、左ドラッグで範囲を決定します (❷、❸)。
範囲を解除する場合は「ビュー → ビュー領域設定 → レンダー領域」から実行できますので合わせて覚えておきましょう（ショートカット：[Ctrl+Alt+B] キー）。

ドラッグして領域を指定

レンダリング結果

このように部分的に「レンダリング」をすることで後から編集で部分的に画像を差し替えることができるほか、「レンダリング」にかかる時間の短縮も見込めます。必要に応じて試してみましょう。

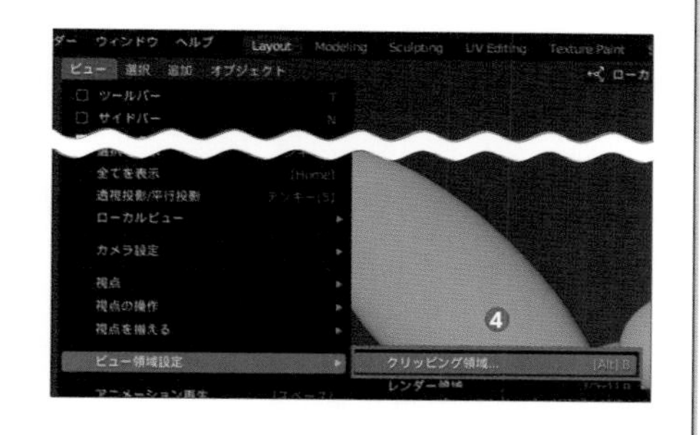

また同じメニューの項目内に「クリッピング領域」(❹) というものもありますが、こちらは「表示モード」が「ソリッド」モードになっているときに指定した (❺) 範囲内の「メッシュ」だけを表示する (❻) ことができるようになる機能です（ショートカット：[Alt+B] キー）。解除する場合はもう一度「クリッピング領域」を選択します。
こちらは「レンダリング」には反映されませんが、「オブジェクト」が多すぎて視界の妨げになり編集しにくい場合などに必要な範囲だけを表示することができて便利なので、合わせて確認してみてください。

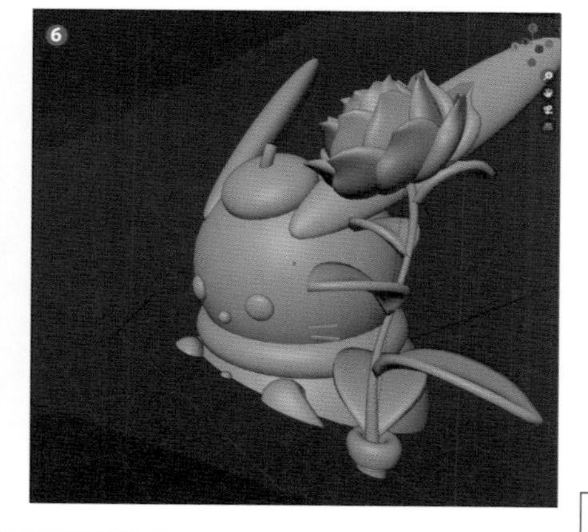

補足説明：アクティブなカメラを変更する

場合によっては同じモデルを複数の視点から「レンダリング」したい場合もあります。しかし1つの「カメラ」を視点ごとに都度調整していくと、後からもう一度同じ視点から同じ設定で「レンダリング」をしたい場合に不便です。
なのでその場合は視点ごとに「カメラ」を用意しておいて、「レンダリング」をする際に使用する「カメラ」を切り替えると便利です。
「カメラ」は切り替え先の「カメラ」を選択している状態で「ビュー → カメラ設定 → アクティブオブジェクトをカメラに設定」（❶、ショートカット：[Ctrl] キー＋テンキー [0]）を選択するか、「アウトライナー」から緑色のカメラのアイコン（❷）をクリックすると切り替えることができるので覚えておきましょう。

切り替えたカメラでの表示

07

レンダリングの設定を確認する

最後にレンダリングの設定をしましょう。レンダリングの設定では、書き出すファイルの形式や解像度を変更することができます。

フォーマットを確認する

1 「レンダリング」するためのルックができあがりましたら「レンダリング」時に出力される画像のフォーマットも確認しましょう。

こちらは「出力プロパティ」内の「フォーマット」から確認することができます。ここから出力する画像の「解像度」などを指定することができ、デフォルトでは「X：1920px、Y：1080px」が設定されていると思われます。試しに「解像度」の数値を変更してみると、カメラの映る範囲の比率も一緒に変化することを確認してください。

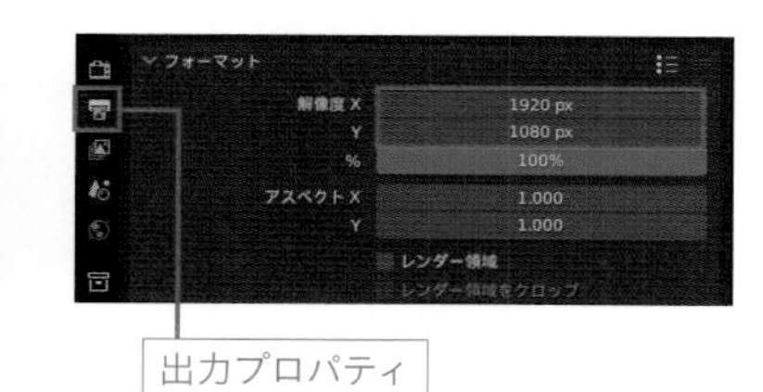

「X：1920px、Y：1080px」

「X：1920px、Y：540px」

出力の設定

1 「出力」の項目内の設定も確認しましょう。こちらは「レンダリング」結果の保存先やファイル形式を指定することができます。画像については出力する際に保存先やファイル形式を選択できるのであまり重要な項目ではありませんが、事前に設定しておくことで少しだけ手間を省くことができます。実際に「レンダリング」して「画像 → 名前をつけて保存」を選択すると、右端のメニュー（❶）が「出力」で設定した内容（❷）のものに変化します。
設定内容を一通り確認ができましたら実際に適宜値を変更し、変更内容に応じて「レンダリング」結果が変化することを確認してみてください。

ヒント

ファイルフォーマットを「FFmpeg動画」などにした状態で「レンダー → アニメーションをレンダリング」を実行すると「フレーム範囲」の項目内で指定した長さの動画を書き出すこともできます。本書籍内ではアニメーションについては取り扱っていませんが今後のために覚えておきましょう！

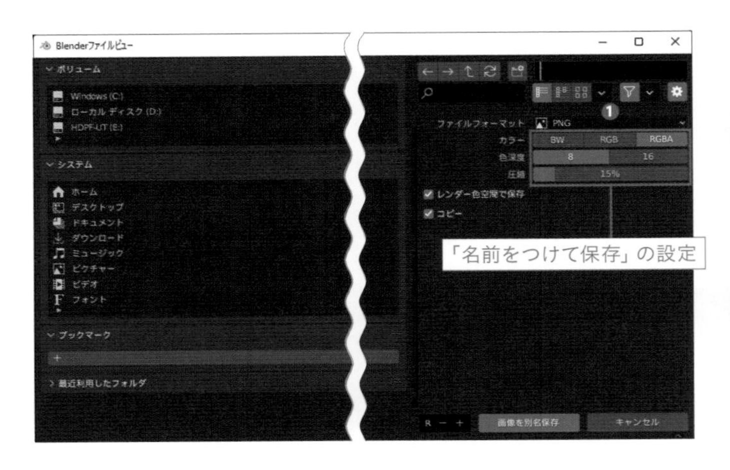

「名前をつけて保存」の設定

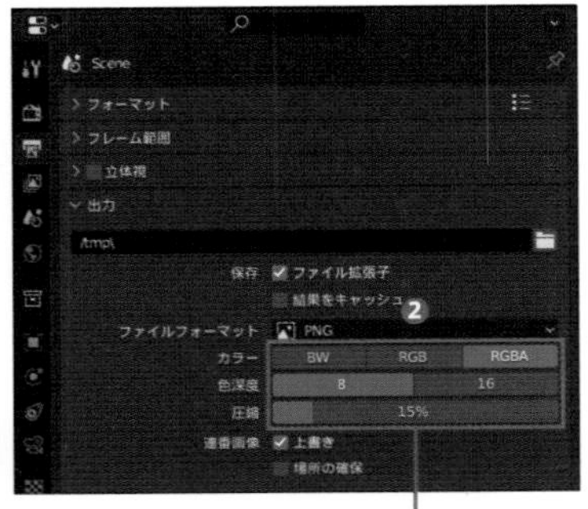

「出力プロパティ」の「出力」の設定

補足説明：透過画像を出力してみよう

「レンダリング」で出力された画像は基本的にすべての範囲が塗りつぶされた状態になります。しかし場合によっては背景を透過してモデルだけが表示されている画像が欲しいことがあります。
そのときは「ファイルフォーマット」は「PNG」、「カラー」は「RGBA」を選択した状態で「レンダープロパティ」内の「フィルム」の項目から「透過」（❶）を有効にします。するとモデルが配置されていない箇所が市松模様になり（❷）、この状態で「レンダリング」すると市松模様の部分が透過されます。
ほかの画像と組み合わせて使う透過素材を用意したい場合などに便利なので試してみてください。

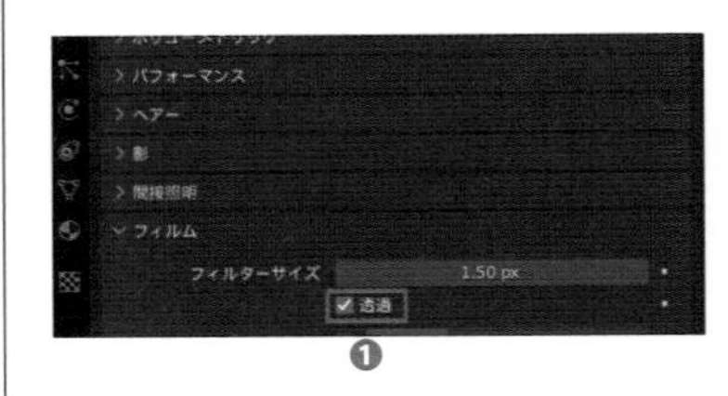

これで、本書籍で作成する作例が完成しました！ お疲れ様です。今回の作例もまたあくまで一例なので、余裕がありましたら「ウサギのモデル」や「バラのモデル」のポーズを変えたり、モデルやカメラ、ライトの配置を調整したりして**オリジナルの構図**を作成してみましょう！

また、本章内で示したように、一度作成したモデルは**他のシーンで使いまわす**こともできます。本書籍内で作成したモデルや今後練習で作成するモデルも、それぞれ保存して管理しておくといずれ役に立つことがあるかもしれません。

「カメラ」についても今回触れた操作内容だけでも効果的な画作りをしやすくなるので、一通り実際に触れてどのように変化するか確認しておきましょう！

コラム　EEVEEとCyclesについて

ここまで触れてきた「レンダリング」ですが、この「レンダリング」を実行処理するための機能を「レンダーエンジン」と呼びます。実は「Blender」には2種類の「**レンダーエンジン**」が用意されていて、それぞれ処理の結果が異なります。

「レンダーエンジン」は「**レンダープロパティ**」内の項目から変更することができるのですが、それぞれの特徴について少しだけ紹介します。

1つは「**EEVEE**」という「レンダーエンジン」で、デフォルトの状態ではこちらが「レンダリング」に使用されています。「EEVEE」は「Blender ver2.8」から実装された「レンダーエンジン」で、これまで触れてきて分かるように非常に高速で「レンダリング」をすることができます。

その分機能が制限されているため必要に応じて各種設定が必要なほか、Chapter 6内で触れたように**透過、反射、屈折、間接光**といった光が関係する表現については**正確に処理することが難しい**です。

もう1つの「**Cycles**」という「レンダーエンジン」では、「**レンダリング**」の処理が重く要求されるPCスペックが高いのと、結果が表示されるまで時間がかかるという弱点がありますが、特に細かな設定しなくても透過、反射、屈折、間接光といった光の表現を**比較的忠実に再現**してくれます。

実際に同じ環境で「EEVEE」を使って「レンダリング」した「花瓶のモデル」と比較してみると、「Cycles」の方がより自然な仕上がりになっていることが分かると思います。

このように現実に則した処理を用いた「レンダリング」手法を「物理ベースレンダリング（Physical Based Renderring、PBR)」とも呼びます。

「EEVEE」でも設定次第でPBR風の「レンダリング」結果を得ることはできますが、さらに写実的な表現を目指したい場合は「Cycles」での「レンダリング」にも挑戦してみてください！

Eeveeでのレンダリング

Cyclesでのレンダリング

それぞれの詳しい特徴については私のYouTubeチャンネル内の動画でも紹介していますので、もし興味がありましたら参考にしていただけたら嬉しいです！

・**著者のYouTubeチャンネルでの紹介動画**

https://youtu.be/6TklcpdzXq4

7

モデルを出力してみよう！

これまでに作成したモデルを「FBX」ファイル形式などで出力する手順について紹介していきます。またモデルを出力する際の設定や注意点についても簡単に触れていきます。

動画はコチラ

※パスワードはP.002をご覧ください

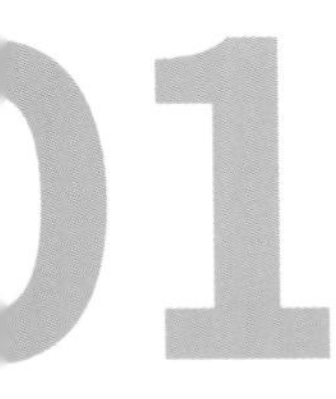

外部への出力形式とFBXでのエクスポート

Blenderで作成したモデルを他のソフトで使用するには、規定の形式で出力する必要があります。ここでは、Blenderから外部に出力するためのファイル形式を確認し、よく使われる形式である「FBX」での出力を試してみます。

Chapter 6ではこれまで作成してきたモデルを「レンダリング」して画像として出力することで、「Blender」内の画面を他の様々な媒体でも使用できるようになりました。しかしモデルそのものはそのままでは「Blender」内でしか使用することができません。

モデルを他の3DCGソフト内でも扱えるようにするためには、他ソフトで扱える形式でモデルを出力する必要があります。そこで「Blender」内のモデルを外部に出力する方法についても紹介していきますので試してみましょう！

今回はまずChapter 4内で質感を付けた「マグカップのモデル」を出力してみようと思いますので、対象のモデルが含まれるシーンを開いてください（モデルがない場合は作例をダウンロードして使用しても大丈夫です）。

モデルを出力するためには上部メニューから「ファイル → エクスポート」を使用します。これを選択すると出力できるモデルの形式が一覧で表示されるので確認してください。

出力可能の形式一覧を表示した状態

「Blender 3.2」時点ではデフォルトで以下のファイル形式でモデルを出力することができます（アニメーション用などモデル出力がメインではないものについては省略しています）。今回はこれらのうち、よく使用される「FBX」形式での出力を試してみましょう。

ファイル形式	用途
Collada (.dae)	3Dモデルや画像をソフト間でやり取りするための形式で、ほとんどのソフトで開くことができます。
Stanford (.ply)	3Dスキャンして得られたデータを格納するための形式です。
Stl (.stl)	CADのような設計ソフトや3Dプリンター用のソフトなどで使用されます。
FBX (.fbx)	Autodeskが公開している形式です。 モデルの様々な情報を格納することができ、他ソフトとの互換性もあります。カメラやライトも出力することができます。

glTF (.glb/.gltf)	主にWebブラウザ上で使用されるモデル形式です。
Wavefront (.obj)	非常にシンプルなファイル形式で、モデルのメッシュ形状の情報を扱うことができます。
X3D Extensible 3D (.x3d)	XMLを使用してモデルを表現する形式です。
Universal Scene Description (.usd/.usdc/.usda)	比較的新しい形式で、シーン内のデータ構造を保存でき、DCCツールをまたいでの使用や各工程ごとにデータを編集、合成することができます。汎用性の高さから、将来的にはこの形式がメインとなる可能性もあります。
Alembic (.abc)	主に物理シミュレーションなどによるキャッシュデータを格納するために用いられる形式です。

FBXを出力する

1 それでは「ファイル → エクスポート → FBX (.fbx)」（❶）を実行してみましょう。すると「Blenderファイルビュー」ウィンドウが開くので、分かりやすい保存先と名前を指定（❷）して「FBXをエクスポート」ボタン（❸）を選択してみましょう。

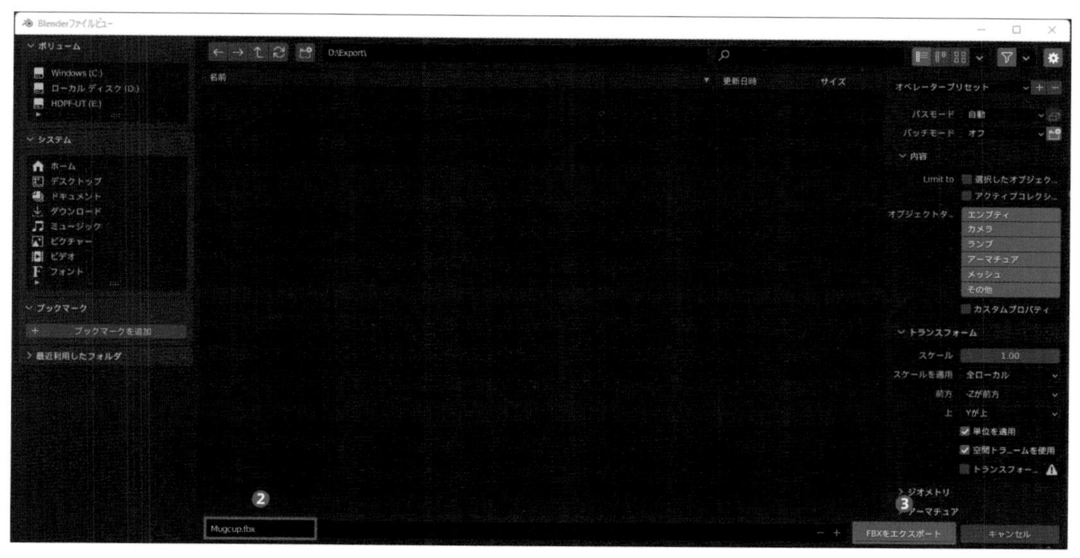

2 これで「FBX」形式のファイルが出力されました。ファイルエクスプローラーなどで保存先を開いてください。そうしましたら出力された「FBX」ファイル（❶）をダブルクリックして中身を確認してみましょう（❷）。
「Windows 10」以降の場合なら「3Dビューワー」が起動しモデルを表示することができます。
これで「Blender」から外部のソフトで読み込める形式でモデルを出力することができました。

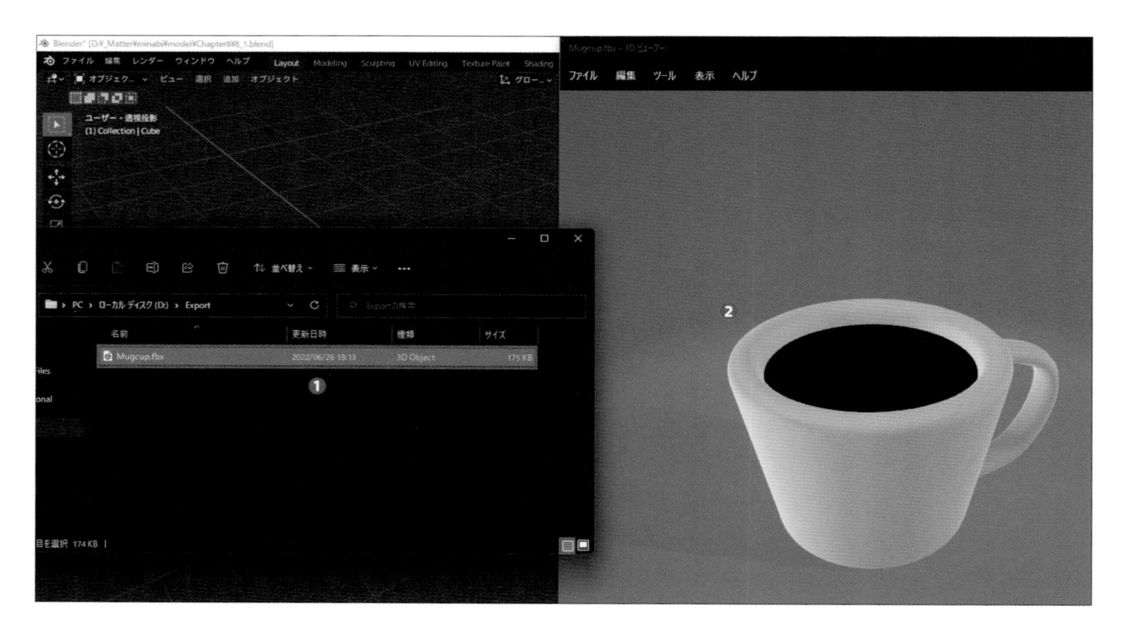

ヒント

3Dビューワーが起動しない場合はWindowsの検索窓から「3Dビューワー」アプリを検索して起動し「ファイル → 開く」からFBXファイルを読み込んでみてください。

補足説明：ビューワー用アプリの入手について

PCの環境によっては「3Dビューワー」がインストールされていない場合もあります。その場合は「Microsoft Store」から無料でインストールすることができるので、こちらから入手してください。
また「Autodesk」からも「FBX Review」という「FBX」専用でファイルの中身を確認できるアプリが無償で提供されています。こちらはWindows、Macどちらでも動作するので、ビューワー用のアプリがインストールされていない場合はこちらも活用してみてください。

- **3D Viewer**
  https://apps.microsoft.com/store/detail/3d-viewer/9NBLGGH42THS?hl=ja-jp&gl=JP
- **FBX Review**
  https://www.autodesk.com/products/fbx/fbx-review

FBXをインポートする

02

続いて、「FBX」形式のファイルをもらって、それをBlenderにインポートして開く場合の方法について紹介します。Blenderの設定は、「FBX」ファイルの入出力では保持されないものもありますので注意してください。

「FBX」ファイルを「Blender」の「シーン」にインポートすることも可能です。上部メニューから「ファイル → 新規 → 全般」を選び新しい「シーン」を開いて試してみましょう。

「シーン」を開いたらデフォルトで配置してある「オブジェクト」はすべて削除し、「ファイル → インポート → FBX (.fbx)」(❶) を選択して表示されたファイルビューから先ほど出力した「マグカップのモデル」の「FBX」ファイル (❷) を選択してみましょう。

この状態で「FBXをインポート」(❸) を選択するとモデルが読み込まれ、「マグカップのモデル」が「3Dビューポート」内に表示される (❹) ことが確認できます。

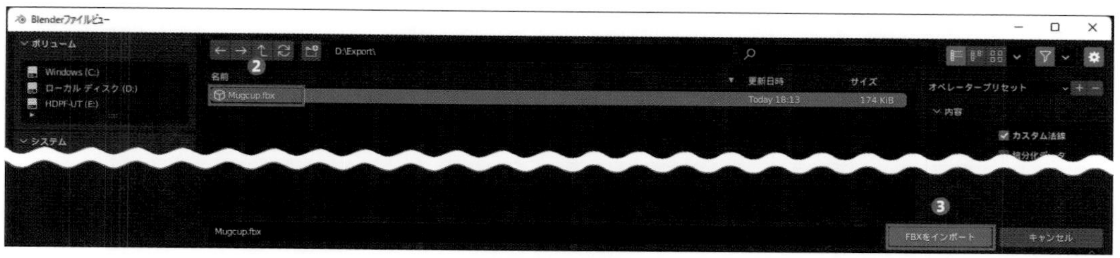

補足説明：FBXファイルの入出力時の注意点について

インポートした「マグカップのモデル」は一見すると出力前と同じに見えますが、よく見ると「サブディビジョンサーフェスモディファイアー」が適用された状態になっています（❶）。
これは「FBX」出力時の「Blenderファイルビュー」の右側の設定で「ジオメトリ」の項目内の「モディファイアーを適用」が有効になっているからです。しかしこの項目を無効にして（❷）出力した場合は、インポートしたモデルについていた「モディファイアー」は削除された状態になります（❸）。

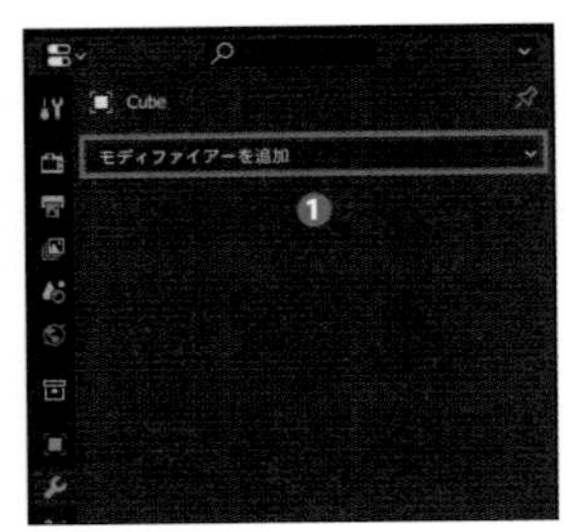

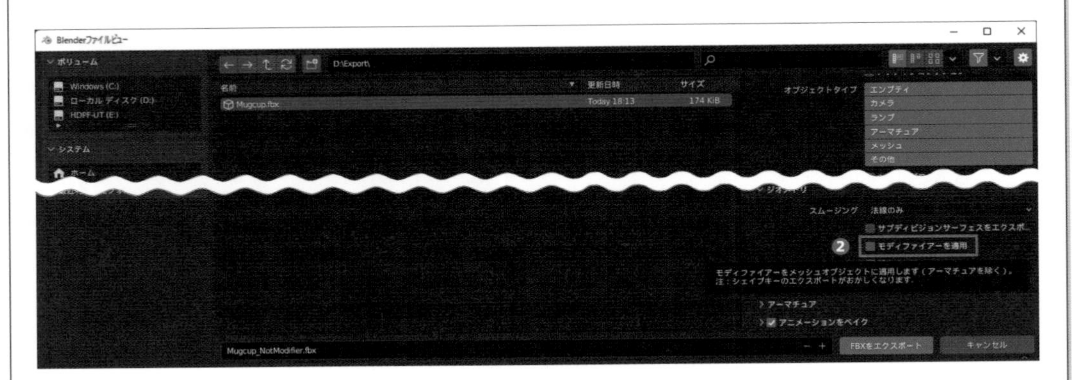

このようにモデルを「FBX」で出力すると、基本的に「Blender」特有の設定は無効になってしまいます。
「モディファイアー」以外では、例えば「マテリアル」の設定では「ベースカラー」や「メタリック」といった基本的な設定項目の値は保持されるものの、特殊なシェーダーを使用したり設定をしていた場合はそのままの見た目では出力することはできません。

今回の場合でしたら「ウサギのモデル」の「マテリアル」に設定していた「サブサーフェスカラー」の「画像テクスチャノード」が該当します(❹)。「テーブルのモデル」のテーブルクロスのように「ベースカラー」や「アルファ」に「画像テクスチャノード」を接続していた場合は問題ありません。

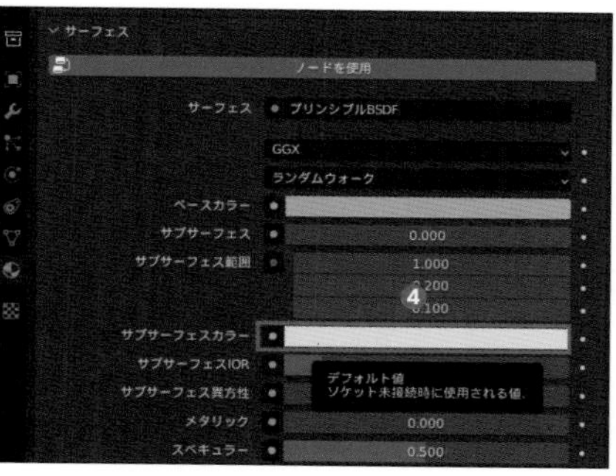

「画像テクスチャノード」が削除されている

なお、「テクスチャ」は出力設定内の「パスモード」を「コピー」に設定し、その右隣の「テクスチャを埋め込む」を有効にすることで「FBX」内に含めることができるようになります。
また「Blender」と他のソフトとでは、座標系や寸法が異なることが多くあります。そのため出力したモデルを使用するソフトに合わせて座標系を変換する必要が出てくる場合もあります。こちらは出力設定内の「トランスフォーム」の項目(❺)から指定することができるので覚えておきましょう。

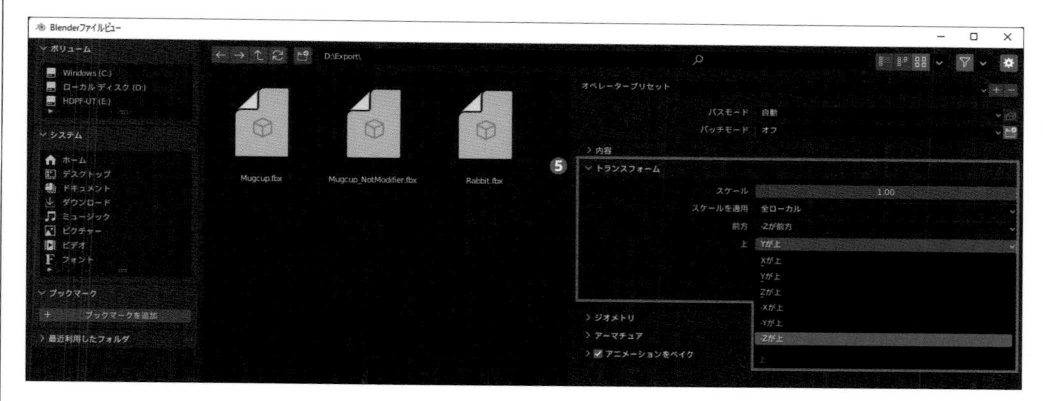

Blenderのバージョンが古いですが、これらの出力の注意点については以下の動画内でも触れていますので参照してみてください。

・https://youtu.be/LxeMgT4Ox7U?t=475

さらにインポートする際の注意点もあります。実は「FBX」ファイルには「ASCII」と「Binary」という2通りの形式が存在しています。「Blender」はこのうち「ASCII」形式の「FBX」ファイルを読み込むことができません(❻)。

もし「ASCII」形式の「FBX」を読み込みたい場合は「Autodesk」が配布している「FBX Converter」などを使用して「Binary」形式に変換することもできます。覚えておくと今後役に立つかもしれません。

・FBX Converter
https://www.autodesk.com/developer-network/platform-technologies/fbx-converter-archives

このように「Blender」内のモデルを「FBX」ファイルとして出力することで、他のソフトへの受け渡しが可能になります。例えば「Maya」や「3dsMax」、「Substance Painter」といった別のソフトでモデルに編集を加えたり、「Unity」や「Unreal Engine」といったゲームエンジンソフトでゲームを作成する際の素材として使用したりすることができるようになるので覚えておきましょう。
初めのうちは「Blender」だけで手一杯かもしれませんが、「他のソフトを使って編集をしてみたい」、「自分が作成したモデルを使ってゲームを作成してみたい!」となったときにはこれらのソフトについても活用してみてください!

おわりに

ここまで「Blender」に触れてきていかがだったでしょうか？
3DCGを扱うソフトは操作に独特なものも多く、慣れるまで時間がかかるかもしれませんが、慌てなくても大丈夫ですのでご自身のペースで進めてください。

書籍内で触れた内容が「Blender」のすべてではなく、機能も一部しか紹介できていません。「モデリング」という工程ひとつをとっても、人によって無数の手法が存在します。もちろん知識が増える分応用がききやすいですが、「Blender」の機能すべてを余さず覚える必要はないと思います。
やりたいことに対して必要な箇所だけ扱えるようになれば特に困らないですし、もし複数人で制作をする場合は、工程ごとに分担して進めるというのも手です。実際に会社などでは工程ごとに分担している場合も多いです。

ほかにも、本書籍ではショートカットも併記していますが、作業効率をアップさせるためのものなので無理に覚えなくても問題ありません。今後、つど必要な操作をショートカットに切りかえていくようにすると効率的でしょう。使用していると次第に慣れてきますので心配ありません！

慣れてきたら、ぜひ有志の方が公開されているチュートリアル動画なども参考にしてみてください。明確に作りたいものが決まらないときの練習に最適なので、手を動かしつつ真似をしてみることで3DCG制作の理解を深めていけるはずです。
また、もしBlenderが「肌に合わないな」と感じた場合は他のソフトを試してみるのもよさそうです。3DCGを扱うソフトには、同じく「DCCツール」の「Maya」、「スカルプト」特化の「ZBrush」、ゲーム制作用のソフトながら映像制作にも使える「Unity」や「Unreal Engine」など、様々なソフトがリリースされています。やりたいことに合わせて使い分けてみましょう！

最後に、本書籍を読んでいただき誠にありがとうございました。「Blender」を通して3DCGでの作品制作のおもしろさ、楽しさを感じていただけたなら本望です。これからの読者の皆様の「Blenderライフ」がより豊かなものになることを心から願っております。もし第2弾があったら、今回紹介しきれなかった「シェーディング」や「アニメーション」などについても紹介できたらなと思います...！
それではこのあたりで。ウワンでした！ ありがとうございましたー！

Index

【タ行】

【ナ行】

【ハ行】

【マ行】

【ラ行】

■著者プロフィール

ウワン（UWAN）

3Dクリエイター系バーチャルYouTuber。
普段はYouTubeにて「Blender」や「Unity」についての初心者向け講座動画や自主制作の映像作品の投稿、ライブ配信などをメインに活動している。
Twitter：@UwanAkanome
YouTube：youtube.com/c/UWANCHANNEL

■STAFF
ブックデザイン：霜崎 綾子
DTP：AP_Planning
編集協力：小関 匡
編集：伊佐 知子

てい ねいに学ぶ Blenderモデリング入門［Blender 3 対応］

2022年 11月28日 初版第1刷発行
2023年 5月15日 第3刷発行

著者 ウワン
発行者 角竹 輝紀
発行所 株式会社 マイナビ出版
〒101-0003 東京都千代田区一ツ橋2-6-3 一ツ橋ビル 2F
TEL：0480-38-6872（注文専用ダイヤル）
TEL：03-3556-2731（販売）
TEL：03-3556-2736（編集）
E-Mail：pc-books@mynavi.jp
URL：https://book.mynavi.jp
印刷・製本 シナノ印刷株式会社

ISBN978-4-8399-7900-3